多入多出（MIMO）电力线通信

[西]拉斯·伯杰 (Lars T.Berger)，[德]安得里亚斯·斯瓦格 (Andreas Schwager)
[法]帕斯卡尔·帕加尼 (Pascal Pagani)，[德]丹尼尔·施耐德 (Daniel M.Schneider)　　著

李建岐　刘伟麟　陆　阳　安春燕　等　编译

中国电力出版社
CHINA ELECTRIC POWER PRESS

内 容 提 要

本书全面系统地介绍了电力线信道特性、PLC 电磁兼容、现有 PLC 系统及其发展、PLC 物理层和 MAC 层关键技术、频谱认知与干扰避免技术等，是集合了近十年来最新的 MIMO PLC 技术研究进展的权威 PLC 技术专著。

本书可供电力线通信技术领域的技术和管理人员参考使用。

MIMO Power Line Communications

Narrow and Broadband Standards,EMS,and Advanced Progressing

by Lars T. Berger,Andreas Schwager, Pascal Pagani,Daniel M. Schneider/ISBN: 978-1-4665-5752-9

图书在版编目（CIP）数据

多入多出（MIMO）电力线通信/（西）拉斯·伯杰（Lars T.Berger）等著；李建岐等编译. —北京：中国电力出版社，2019.5

书名原文：MIMO Power Line Communications-Narrow and Broadband Standards, EMC, and Advanced Processing

ISBN 978-7-5198-2652-9

Ⅰ. ①多… Ⅱ. ①拉… ②李… Ⅲ. ①电力线载波通信系统 Ⅳ. ①TM73

中国版本图书馆 CIP 数据核字（2018）第 273047 号

北京市版权局著作权合同登记
图字：01-2016-2207

出版发行：中国电力出版社
地　　址：北京市东城区北京站西街 19 号（邮政编码 100005）
网　　址：http://www.cepp.sgcc.com.cn
责任编辑：闫姣姣（010-63412433）　张　亮
责任校对：黄　蓓　太兴华　常燕昆
装帧设计：郝晓燕
责任印制：石　雷

印　　刷：三河市万龙印装有限公司
版　　次：2019 年 5 月第一版
印　　次：2019 年 5 月北京第一次印刷
开　　本：787 毫米×1092 毫米　16 开本
印　　张：34.5
字　　数：811 千字
印　　数：0001—1500 册
定　　价：150.00 元

编译组成员

李建岐　刘伟麟　陆　阳　安春燕　高鸿坚

万　凯　褚广斌　赵　勇　陶　锋　张东磊

付俭定　黄毕尧　刘国军　白　巍

序　言

　　电力线通信是指利用已有电力线作为介质实现数据传输的一种通信技术。电力线通信技术最早出现于 20 世纪 20 年代初期，电力部门利用电力系统的高压、中压线路来完成电力系统调度、远程自动化测量与控制等任务，但传输带宽较窄，物理层数据传输速率仅几千比特每秒，通常称之为窄带电力线通信系统。20 世纪 90 年代，随着宽带电力线通信技术的研究进展，物理层数据传输速率达到了上百兆比特每秒，这标志着宽带电力线通信技术时代的到来。

　　进入 21 世纪，随着通信技术的迅速发展，更先进的调制技术、编码技术、信道均衡技术以及灵活高效通信组网协议得以应用，电力线通信抗干扰能力和系统性能也获得显著改善，能充分满足不同业务的要求，应用范围也逐步扩展，除了电力系统本身配用电自动化、用户用电信息采集等业务需要，也可用于接入网和用户驻地网。研究和开发电力线通信技术，对于充分利用电力线网络资源，发展电力线通信产业具有十分重要的战略意义。

　　本书的译者全球能源互联网研究院有限公司电力线通信研发团队，在国内外最早提出了面向智能电网的跨频段认知电力载波通信技术，掌握了核心技术，研发了装置样机，并开展了在智能配用电系统的推广应用。团队结合电力线通信技术研究和应用成果，在本专著原著中贡献了部分内容。团队在繁忙的工作中抽出宝贵时间编译、出版这本《多入多出（MIMO）电力线通信》专著，将电力线通信领域国际最新的研究成果介绍给国内读者，做了一件很有意义的工作。

　　这本书不仅适合于高校的教师和研究生阅读和参考，也适合于科研单位技术人员、相关产品研发人员、企业以及相关行业应用人员参考。我衷心希望，能有更多读者从本书得到启发，并从研发、应用和管理各个方面，推动电力线通信技术的发展，更好地发挥电力线路资源在信息通信中的作用。

中国工程院院士

2019 年于石家庄

译者序

近年来，宽带电力线通信（Broadband Power Line Communication，BPLC）技术发展迅速，在欧美国家"最后一公里"宽带接入、家庭互联等得以实现和应用。在我国，常规的窄带低速电力线载波通信已经大规模应用于电力公司用电信息采集、配电自动化等工业自动化领域。随着社会信息化、电网智能化的不断发展，用户对电力线通信接入的带宽速率、网络的可靠性、业务的服务质量等提出更高要求，电力线通信技术将跟随无线通信技术的进步向更高速率、广深覆盖及多业务支撑方向发展。

本书原著由 Lars T. Berger，Andreas Schwager，Pascal Pagani，Daniel M. Schneider 撰写，全面系统地介绍了电力线信道特性、PLC 电磁兼容、现有 PLC 系统及其发展、PLC 物理层和 MAC 层关键技术、频谱认知与干扰避免技术等，是一本集合了近十年来最新的 MIMO PLC 技术研究进展的难得的权威 PLC 技术专著。通过本书，读者可以全面清楚地理解电力线通信技术的基本原理、系统构成、标准规范及其最新技术发展及应用，并对 PLC 研究、开发以及标准规定的编写等工作有所指导和帮助。

本书由全球能源互联网研究院有限公司电力线通信研发团队负责翻译工作，团队有幸参与了《MIMO Power Line Communications：Narrow and Broadband Standards，EMC，and Advanced Processing》专著的编写，并贡献了第 3 章、第 23 章，以及第 21 章的部分内容。PLC 研发团队的李建岐、陆阳、安春燕、高鸿坚承担主要翻译工作，参加翻译工作的还有万凯、褚广斌、赵勇、陶锋等。全球能源互联网欧洲研究院刘伟麟博士在百忙之中对本书的第一译稿进行了数次校对和补遗。此外，华北电力大学硕士研究生胡超、张月、习悦和北京邮电大学硕士研究生迂姗姗完成了本书部分文字和图表的翻译等工作。全书由李建岐负责统稿审定。

本书是译者在尽量忠实于原书的基础上翻译的，并尽量保持了原书特色。本书的内容仅代表了作者个人的观点和见解，并不代表中国电力出版社有限公司和译者的观点。

本书的出版得到了各位校译者、中国电力出版社有限公司有关同志的大力支持。在此鸣谢为本书付出辛勤劳动的各位校译者，同时对为本书提供过帮助的人员一并表示诚挚的谢意。

由于译者水平有限，在翻译、整理本书的过程中一定还有很多不足，如有不准确之处，恳请读者批评指正。

译　者

2018 年 12 月

原版前言

自从 20 世纪 90 年代中期以来，人们对于无线通信的多输入多输出（Multiple-Input Multiple-Output，MIMO）技术开展了大量的研究。如今，为了提高数据传输速率和通信可靠性，主要的无线系统，如 WCDMA、LTE、WiMAX 以及基于 IEEE 802.11n 的无线局域网（Wireless Local Area Networks，WLANs），均采用了不同的 MIMO 处理技术。同时，针对有线通信，数字用户线（Digital Subscriber Line，DSL）系统必须处理调制解调器之间的近端和远端串扰。最新的研究将 DSL 电缆当作 MIMO 通信信道，以便利用其多用户协调与干扰抑制技术。

很长一段时间以来，电力线信道均被看作是基于两根导线的单输入单输出（Single-Input Single-Output，SISO）信道。事实上，许多室内设施利用了三根导线，中压和高压设施通常会有四根或更多根的导线。尽管多导体传输线的理论基础在 20 世纪就被广泛奠定了，然而针对 MIMO 电力线信道和噪声特性的大规模测量结果，直到近年来才得以获得。2011 年，国际电信联盟（International Telecommunications Union，ITU）发布了一个 MIMO 收发器的标准（G.9963），并将其纳入了 ITU G.hn 标准系列。同时，作为工业联盟的 HomePlug 也将 MIMO 信号处理技术引入了其 HomePlug AV2 标准。

增进家庭娱乐和通信的需要推动了对更高数据速率和多用户支持的需求。例如，可以想象这样的场景，一个家庭中的人们在观看多路高清视频的同时，浏览互联网以及拨打 IP 电话。在该场景下，重点是要满足高数据速率应用需求，并提供先进的服务质量差异化保障。另一方面，越来越多的智能设备成为新兴智能电网的一部分，这也推动了需求的增长。在这种情况下，覆盖率、可靠性和可伸缩性将成为重要的属性。最后同样重要的是，不断增长的物联网（Internet of Things，IoT）在需要大量的低数据速率设备进行通信的同时，对设备的功耗和可重配置性也提出了更高的要求。

综上，本书深刻全面地介绍了目前的电力线载波通信（Power Line Communications，PLC）技术。本书包括五个部分：

——第一部分（第 1～5 章）：电力线信道和噪声：特征与建模。

——第二部分（第 6～9 章）：规范，电磁兼容与 MIMO 容量。

——第三部分（第 10～15 章）：现有 PLC 系统及其演进。

——第四部分（第 16～20 章）：先进的 PHY 和 MAC 层处理技术。

——第五部分（第 21～24 章）：实施，案例研究与现场实验。

第一部分的各个章节关注窄带与宽带信道特性，给出了来自于美国、欧洲和中国的信道测量与建模结果。在此基础上，考虑电磁兼容（Electro-Magnetic Compatibility，EMC）

的现行规范，第二部分描述了 MIMO 信号处理策略以及相关的 MIMO 容量与吞吐量估计结果。第三部分的各章节详尽描述了目前窄带和宽带 PLC 的标准和规范。首先讨论了窄带 PLC 标准 ITU-T G.9902、G.9903、G.9904 和 IEEE 1901.2，其次是宽带 PLC 标准 ITU G.hn、IEEE 1901 和 HomePlug AV2，最后介绍了基于 IEEE 1905.1 的混合系统，实现了 PLC 与其他有线和无线系统的结合。第四部分介绍了先进的 PLC 处理技术，涉及波束赋形/预编码、时间反转、多用户处理与中继等诸多研究领域。第五部分总结了全书，通过案例研究和现场实验的实际例子进一步解释了所介绍的先进技术，内容涉及信道与噪声模拟、认知陷波、干扰抑制以及 MIMO PLC 的硬件可行性。

　　本书所有章节都是以尽可能独立的方式编写的。此外，全书章节之间被广泛地交叉引用，以方便每位读者能够遵循个人的阅读顺序。我们希望您能够享受书中来自工业界和学术界的专家学者贡献的精彩内容，同时也相信这本书将成为 MIMO PLC 这一领域的重要著作。

拉斯·伯杰

安德里亚斯·斯瓦格

帕斯卡尔·帕加尼

丹尼尔·施耐德

目　录

序言

译者序

原版前言

1　电力线载波通信信道与噪声特性介绍·····1
　　1.1　引言·····1
　　1.2　PLC 频带和拓扑·····1
　　1.3　耦合方法·····3
　　1.4　信道和噪声测量方案·····7
　　1.5　信道特性及建模方法·····10
　　1.6　噪声特性及建模方法·····15
　　1.7　结论·····17
　　附录 1.A　传输线理论介绍·····18
　　参考文献·····22

2　办公室环境中的窄带信道特性·····31
　　2.1　窄带 PLC 信道建模·····32
　　2.2　信道参数的测量·····33
　　2.3　噪声·····34
　　2.4　信道衰减·····48
　　2.5　信噪比·····49
　　2.6　接入阻抗·····51
　　2.7　结论·····54
　　参考文献·····54

3　中国接入网窄带信道测试·····56
　　3.1　引言·····56
　　3.2　阻抗决定因素·····56
　　3.3　低压电网拓扑结构和测试场景·····57
　　3.4　测量结果及讨论·····58
　　3.5　结论·····70
　　参考文献·····70

4 室内宽带信道特性与基于相关性的建模 ·················· 72

    4.1 引言 ·· 72

    4.2 MIMO 电力线信道现场测试系统 ················· 73

    4.3 信道统计分析 ······························ 75

    4.4 提出的电力线信道模型 ····················· 85

    4.5 MIMO 电力线信道噪声特性 ················· 90

    4.6 结论 ·· 96

    参考文献 ·· 96

5 室内宽带信道统计与随机建模 ·················· 99

    5.1 动机 ·· 99

    5.2 统计评估结果 ······························ 99

    5.3 基于实验数据的 PLC MIMO 信道统计建模 ········ 114

    5.4 结论 ·· 132

    参考文献 ·· 132

6 PLC 电磁兼容规范 ·························· 134

    6.1 历史回顾 ···································· 134

    6.2 EMC 规范的建立 ·························· 135

    6.3 PLC 专用规范 ···························· 137

    6.4 宽带 PLC 信号输出功率 ··················· 139

    6.5 宽带 PLC 标准中 PSD 限值 ················· 143

    6.6 结论与展望 ································ 144

    参考文献 ·· 144

7 MIMO PLC 电磁兼容统计分析 ·················· 148

    7.1 动机 ·· 148

    7.2 测试描述 ···································· 148

    7.3 辐射测量 ···································· 149

    7.4 $k-$因子结果的统计评估 ··················· 150

    7.5 对无线电广播干扰的主观评估 ············· 154

    7.6 FM 无线电广播的干扰门限 ················· 155

    7.7 结论 ·· 156

    参考文献 ·· 156

8 MIMO PLC 信号处理理论 ·················· 158

    8.1 引言 ·· 158

    8.2 MIMO 信道矩阵及其固有模式的分解 ········· 159

    8.3 MIMO-OFDM 系统 ························ 162

    8.4 空—时—频编码 ·························· 164

    8.5 （预编码）空间复用 ····················· 167

    8.6 仿真结果 ···································· 175

8.7　结论 ·· 180

参考文献 ·· 181

9　MIMO PLC 容量和吞吐量分析 ····························· 184

9.1　引言 ·· 184

9.2　MIMO PLC 信道容量 ··· 185

9.3　MIMO PLC 吞吐量分析 ······································ 190

9.4　结论 ·· 198

参考文献 ·· 199

10　现有电力线载波通信系统综述 ··························· 202

10.1　简介 ·· 202

10.2　NB-PLC ·· 204

10.3　BB-PLC ·· 206

10.4　结论 ··· 212

参考文献 ·· 213

11　窄带电力线通信标准 ······································· 218

11.1　历史回顾 ··· 218

11.2　IEEE 1901.2 技术规范 ··· 221

11.3　ITU-T G.9902 建议：G.hnem ································· 222

11.4　ITU-T G.9903 建议：G3 - PLC ······························ 226

11.5　ITU-T G.9904 建议：PRIME ································· 231

11.6　NB-PLC 共存 ··· 233

11.7　NB-PLC 技术定性比较 ··· 234

11.8　结论 ·· 239

参考文献 ·· 239

12　ITU G.hn：宽带家庭网络 ································ 243

12.1　本章结构 ··· 243

12.2　G.hn 简介 ·· 243

12.3　MIMO 简介 ··· 262

12.4　G.hn MIMO ·· 267

12.5　结论 ·· 282

参考文献 ·· 283

13　IEEE 1901：宽带电力线网络 ····························· 285

13.1　引言 ·· 285

13.2　IEEE 1901 室内架构 ·· 286

13.3　IEEE 1901 FFT-PHY 功能描述 ······························· 289

13.4　IEEE 1901 室内 MAC：功能概述 ···························· 295

13.5　IEEE 1901 FFT-OFDM 接入系统 ···························· 302

13.6　IEEE 1901 FFT-OFDM 接入：系统描述 ···················· 303

13.7　IEEE 1901 FFT-OFDM 接入：信道接入 ················· 306

13.8　IEEE 1901 FFT-OFDM 接入：路由 ····················· 308

13.9　IEEE 1901 FFT-OFDM 接入：能量管理 ················· 309

13.10　结论 ··· 309

参考文献 ··· 310

14　HomePlug AV2：下一代宽带电力线通信 ················ 312

14.1　引言 ·· 312

14.2　系统架构 ·· 314

14.3　HomePlug AV2 物理层改进 ································· 315

14.4　HomePlug AV2 MAC 层改进 ································ 332

14.5　HomePlug AV2 相比于 HomePlug AV 的增益 ··········· 336

14.6　结论 ·· 337

参考文献 ··· 337

15　IEEE 1905.1：融合的数字家庭网络 ······················ 341

15.1　引言 ·· 341

15.2　IEEE 1905.1 ··· 342

15.3　拓扑发现协议 ·· 346

15.4　链路度量与信息分发协议 ···································· 349

15.5　IEEE 1905.1 安全设置 ··· 351

15.6　IEEE 1905.1 数据模型 ··· 353

15.7　混合网络性能 ·· 355

15.8　结论 ·· 361

参考文献 ··· 361

16　智能波束赋形：改善 PLC 电磁干扰特性 ················· 363

16.1　引言 ·· 363

16.2　测试及系统配置 ··· 363

16.3　特征和点波束赋形的区别 ····································· 364

16.4　波束赋形辐射结果 ··· 365

16.5　EMI 友好型波束赋形 ·· 368

16.6　不通过测试获得 EMI 特性 ···································· 371

16.7　结论 ·· 374

参考文献 ··· 375

17　使用时间反转的 PLC 辐射干扰抑制 ······················ 376

17.1　引言 ·· 376

17.2　电力线载波通信的时间反转 ································· 377

17.3　实验设置 ··· 380

17.4　结果和统计分析 ··· 382

17.5　基于频域测试的验证 ·· 386

    17.6   结论 ·· 388

    参考文献 ··· 388

18 多载波和多播 PLC 的线性预编码 ······································ 391

    18.1   引言 ·· 391

    18.2   多载波系统的线性预编码 ··· 392

    18.3   LP-OFDM 资源分配 ·· 400

    18.4   时域预编码到二维预编码的扩展 ······························ 410

    18.5   多播场景 ··· 412

    18.6   结论 ·· 415

    参考文献 ··· 415

19 PLC 多用户 MIMO 技术 ·· 419

    19.1   引言 ·· 419

    19.2   MU-MIMO 场景 ··· 420

    19.3   MU-MIMO 预编码 ··· 421

    19.4   仿真结果 ··· 430

    19.5   结论 ·· 433

    参考文献 ··· 434

20 室内 PLC 中继协议 ·· 436

    20.1   引言 ·· 436

    20.2   PLC 系统模型 ··· 438

    20.3   机会译码转发 ··· 440

    20.4   机会放大转发 ··· 444

    20.5   数值结果 ··· 445

    20.6   结论 ·· 449

    参考文献 ··· 449

21 窄带 PLC 信道与噪声模拟 ·· 453

    21.1   NB-PLC 信道模拟器 ··· 454

    21.2   模拟窄带干扰 ··· 454

    21.3   使用 Chirp 函数模拟扫频噪声 ······························· 455

    21.4   模拟脉冲噪声的时域波形 ·· 457

    21.5   模拟时变背景噪声 ·· 459

    21.6   信道传输函数的模拟 ·· 459

    21.7   基于模拟器的测试平台 ··· 468

    21.8   OFDM 系统的性能评估 ·· 469

    21.9   结论 ·· 472

    参考文献 ··· 473

22 EN 50561-1：2012 中的认知频率排除 ····························· 474

    22.1   引言 ·· 474

22.2 "认知频率排除"的标准化 ·· 475

22.3 短波无线电广播概述 ·· 475

22.4 "认知频率排除"的思想 ·· 477

22.5 在一个演示系统上的实现 ·· 488

22.6 在建筑内对"认知频率排除"的验证 ································· 489

22.7 对未来电磁兼容协调的展望 ·· 491

参考文献 ··· 491

23 降低 PLC 对广播电台的干扰 ··· 494

23.1 引言 ··· 494

23.2 测试场景与测量设置 ·· 496

23.3 测量结果与分析 ··· 499

23.4 认知 PLC 的自适应检测 ·· 506

23.5 结论 ··· 509

参考文献 ··· 510

24 MIMO PLC 硬件的可行性研究 ··· 512

24.1 引言 ··· 512

24.2 系统架构 ·· 512

24.3 检测与伪逆计算 ··· 516

24.4 预编码：与 V 相乘 ··· 523

24.5 信道与 SNR 估计 ··· 525

24.6 码本搜索 ·· 526

24.7 替代方法：预编码训练符号 ·· 528

24.8 MIMO PLC 演示系统的验证 ·· 529

24.9 结论 ··· 535

参考文献 ··· 535

电力线载波通信信道与噪声特性介绍

1.1 引言

自 20 世纪 90 年代末以来，为了设计以配电网作为数据传输媒介的通信系统，许多科研机构对电力线载波通信（Power Line Communication，PLC）信道特性开展了持续深入的研究。❶

如今，将可靠的 PLC 系统用于家庭网络、网络电视（Internet Protocol Television，IPTV）、智能楼宇和智能电网等领域已成为现实。然而，电力线并不是为通信而设计的，在电力线信道环境下，采用早期的模拟信号或者现在普遍使用的先进数字 PLC 系统传输信息并不是件容易的事。如 1.5 节所述，PLC 信道呈现出频率选择性多径衰落、低通特性、短时周期性变化和突发性变化。与此同时，电力线噪声也可以按照其时域、频域的特征进行分类。例如[5,6]，电力线噪声可以分为有色背景噪声、窄带（Narrow-Band，NB）噪声、周期脉冲噪声（与工频异步或同步）和非周期脉冲噪声（见 1.6 节）。正是由于上述恶劣的信道特性，电力线信道时常被称为"可怕的信道"[7]。

PLC 的实质是在工频电力线路上传输高频小信号。就电压而言，如果 PLC 设备的通信端口直接连接到电网上，将会造成 PLC 设备的损坏。不仅如此，对于 PLC 测试与测量设备，如频谱分析仪等来说也存在类似的情况。因此，需要采用 PLC 耦合器将通信信号耦合到电力线上，同时保护通信设备免受强电损坏。耦合器可以是感性或容性的，详细的耦合方法见 1.3 节。在此之前的 1.2 节，主要关注 PLC 所使用的频带和常见的拓扑结构，这些可能是研究 PLC 信道和噪声特性不可或缺的内容。接下来，1.4 节提供测量设备和测量步骤的信息，其将会被用于获得本书中各章节的信道测量结果。进一步地，1.5 节和 1.6 节分别介绍了 PLC 信道和噪声建模的基本概念，为读者进行后续章节的阅读提供帮助。本章的附录介绍了双导体传输线理论的基本原理，对于刚接触 PLC 的读者来说，可以作为背景材料阅读。

1.2 PLC 频带和拓扑

国际电信联盟（International Telecommunications Union，ITU）规定的频带如图 1-1 所示[8]。频带可划分为超低频（SLF）、特低频（ULF）、甚低频（VLF）、低频（LF）、中频

---

❶ 本章部分内容来自于文献[1-4]。

（MF）、高频（HF）、甚高频（VHF）、特高频（UHF）、超高频（SHF）、极高频（EHF）、至高频（THF）。当前仅甚低频（VLF）到甚高频（VHF）频带之间的频率可用于 PLC 系统。这些系统常被细分为窄带（NB）PLC 和宽带（BB）PLC，前者工作在 1.8MHz 以下，后者工作在 1.8MHz 之上[9]。相应这些频带的详细规定可见第 6 章。窄带 PLC 系统和宽带 PLC 系统的总体概述可见第 10 章。

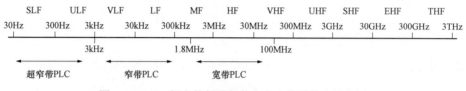

图 1-1 ITU 规定的频带及其在电力线通信中的应用

除了 NB-PLC 和 BB-PLC 的划分，还可以根据电力线的电压等级来划分电力线拓扑结构[2,9,10]。

110～380kV 的高压（High-Voltage，HV）线路被用于国内甚至是国际的电力传输。它由长距离的架空线路组成，并且线路分支很少，甚至没有分支。相比于中压（Medium-Voltage，MV）和低压（Low-Voltage，LV）线路，高压线路 PLC 传输在单位长度线路上具有较小的衰减。但是，目前高压 PLC 对宽带通信业务的支撑能力十分有限。由十几个分贝的噪声功率波动带来的时变高压电弧和电晕噪声，以及将通信信号耦合到这些线路上的实用性和成本是高压 PLC 面临的一个问题。此外，光纤链路在满足宽带通信业务方面具有很强的竞争力。在一些情况下，这些光纤链路甚至会与高压系统的地线复合连接起来[11,12]。但是，在报告[13-16]中仍然有一些使用高压线路进行 PLC 传输的成功实验。

10～30kV 的中压线路经过主变电站与高压线路相连。中压线路用于城市、城镇和大型工厂间的配电。中压线路包括架空线路和地埋线路，它们具有较少的分支，会直接连接到智能电子设备（Intelligent Electronic Devices，IED），例如自动重合器、分段器、电容器组和相量测量单元。IED 监测和控制仅需要相对较低的传输速率，NB-PLC 可以为此提供经济且有竞争力的通信解决方案。有关中压 PLC 的研究和实验可以见[17-20]。

110～400V 的低压线路通过配电变压器连接到中压线路。中压线路的通信信号可以穿过配电变压器到达低压线路，但通常会伴随一个很大的衰减，大约为 55～75dB[21]。因此，如果要建立高速率的通信路径，往往需要一种特殊的耦合装置（感性、容性）或一种 PLC 中继器。低压线路通常直接或架设在街道上空进入用户的建筑物内。需要注意的是，许多地区低压线路的拓扑结构是不同的。例如，在美国，一个电线杆上的小容量配电变压器可能给单一住户或几户房屋供电。而在欧洲，100 多个住户共用一个配电变压器是很常见的。而且，如同[22]中所指出的，建筑类型之间亦存在很大差异，大体可以分类为：公寓式住宅、普通多层住宅、别墅和高层建筑。不同的线路拓扑影响信号的衰减，并且在不同用户的 PLC 网络之间会产生相互干扰[23]。大多数情况下，电网由室内接入点（House Access Point，HAP）进入家庭，包括电能表及配电盒（熔断器盒）。从那里开始，低压线路构成了一个树型或星型拓扑，连接室内每个房间的插座。人们常常把从室外进入建筑物的 PLC 系统称作接入系统，在建筑物内的 PLC 系统称作室内系统。可以总结为，接入网场景通过架空或地埋配电网为多个用户建立通信连接[7,24-26]，室内场景使一个用户住所内的不同设备间可以相互通信[7,27-32]。

除了以电压等级进行分类外，还可以将 PLC 分为车载 PLC 和 MIMO PLC。

车载 PLC 用于为诸如火车[33]等行驶中的交通工具提供数据接入和车辆内部通信，还包括汽车[34]、航空航天、空间飞行器[35,36]、船舶[37]以及潜水艇[38]等应用。PLC 比起其他有线通信技术的优势是重量轻，减少了设备内部连接管脚的数量，降低了布线复杂度。人们尤为关注电动汽车停车充电时基于 PLC 的通信，并把电动汽车整合入当今世界范围内正在建设的智能电网[39]。车载 PLC 在消费电子产品方面也开始重振售后市场业务。

MIMO PLC 建立在无线通信多输入多输出（Multiple-Input Multiple-Output，MIMO）信号处理技术的基础上[40,41]，值得注意的是，中压和高压线路常使用四根或更多根的导线。对此，许多学者正在广泛讨论多导体传输线（Multi-Conductor Transmission Line，MTL）的理论框架[42]。许多室内三线线路很常见，即通常所说的相线（L）、零线（N）和地线（PE）。欧洲电信标准化协会（European Telecommunications Standards Institute，ETSI）正在研究如何在世界范围内实现上述技术的应用。其专家工作组（Specialist Task Force，STF）410[43]的调查工作基于以下几个方面：

——研究独立的接地系统，并调查各个国家使用哪种接地系统。这些信息可以从电工方面的教材获得。

——罗列交流插座的类型，以及它们的使用区域。例如，通用的旅行适配器可表明在世界上存在有多少种不同的插座。可以很容易地查看插头和插座接地管脚是否存在。但是，存在接地管脚并不能保证插座上一定有接地线。比如当翻新房屋时，插座的接地保护或者与插座后面的零线断开，或者根本没有连在一起。

——研究某个国家强制执行安装接地的时间，并估计从那时起已安装了多少这样的电气设备。

——销售信息的调查，例如，全世界漏电保护器（Residual Current Devices，RCDs）的销量，或者电缆（包括地埋电缆），这些信息可用于估计某个国家的地线使用情况。

——世界范围内，调查来自每个国家电气标准委员会和工程师协会的数据。

文献［43］列出了上述每一条内容的详细信息和统计评估结果，总结如下：

三线制现存在于中国和英联邦国家的所有插座，存在于西方国家的大部分插座，并仅存在于日本和俄罗斯的极少部分插座。

1.3　耦合方法

PLC 耦合方法一般分为感性耦合和容性耦合。注意到感性耦合可以确保线路间的平衡，而容性耦合由于器件制造的偏差，常引起线路的不对称。除了对称性，信号带宽和保护通信设备的措施，例如，抗雷击或抗电网侧高压电击，亦决定了耦合器的特性。此外，信道特性与耦合设备注入和接收电力线信号的方式有关。针对中压、高压，甚至特高压线路的感性和容性耦合器见文献［44］5.5.1 章节。此外，低压感性耦合单输入单输出（Single-Input

Single-Output，SISO）信号的详细内容见[45,46]。以下重点介绍低压感性 MIMO 耦合方法，这种方法在本书各相关章节都扮演了重要的角色。

图 1-2 展示了三种感性 MIMO 耦合器，分别是△型耦合器（D）[47]、T 型耦合器（T）[48]和星型耦合器（S）[47]。耦合器的设计与其辐射发射有紧密的联系，详细的研究见第 6 章和第 7 章。根据毕奥—萨伐尔定律，主要的辐射源是共模（Common-Mode，CM）电流，用 I_{CM} 表示。为了避免辐射，传统的 PLC 调制解调器制造商尽可能考虑注入对称的信号。通过这种方式，会产生相差为 180°的电场，以抵消 PLC 产生的辐射。这种理想的对称传输方式也称作差模（Differential-Mode，DM），与之关联的电压信号为 U_{DM}。在一个对称网络中，差模电流 I_{DM} 从其馈电点通过电网流回源点的过程如图 1-3 所示。如果存在不对称，例如由寄生电容引起（如图 1-3 的冰箱），一小部分差分注入的射频（Radio Frequency，RF）电流 I_{DM} 会转变为共模电流 I_{CM}。它流向地面或其他的用户设备，并且通过网络中一系列不对称的设备返回它的源头。一般地，在 PLC 拓扑结构中存在许多不对称结构。例如，电灯开关会引起一种不对称的电路，因此，即使 PLC 耦合器仅注入差模信号，也会出现差模转变为共模的情况[49]。

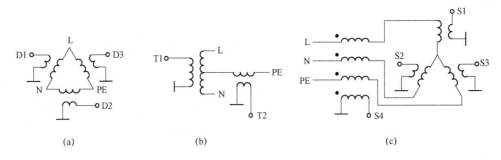

(a)　　　　　　　　(b)　　　　　　　　(c)

图 1-2　感性 PLC 耦合器

（a）△型（D）；（b）T 型（T）；（c）星型（S）

因此，为了避免额外的共模电流，可以使用△或 T 型耦合器来注入 MIMO PLC 信号。考虑到可能注入共模信号的风险，不推荐使用星型耦合器（也称作纵向耦合器）。如图 1-2 所示，△型耦合器，也叫作横向探头，由三个巴伦（平衡–不平衡变换器）组成，呈三角形排列在火线、零线和地线之间。三部分注入的电压之和为零（符合基尔霍夫定律），因此，三个信号中只有两个是独立的。对于 T 型耦合器，它在火线和零线之间注入差模信号，在相线和零线到地线间的中点处加入第二个信号。每一种耦合器类型优缺点的讨论详见文献 [43]。

三种类型的耦合器都适合用于接收信号，特别是星型耦合器，其有三条线路以星型拓扑连接到中点。基尔霍夫定律规定流入中心点的所有电流之和为零，这样，仅三分之二的接收（Rx）信号是独立的。然而，由于寄生分量，在第三个端口的信号可能额外地提升 MIMO PLC 系统的容量（详细见第 5 章）。但是，一个更重要的优势是它可能接收到共模信号，即第四条接收路径。共模变压器是磁性耦合的（法拉第类型），一般来说，共模信号比差模信号衰减更小，这使得人们对接收共模信号更感兴趣，特别是对于衰减较大的信道[47]（见第 5 章）。

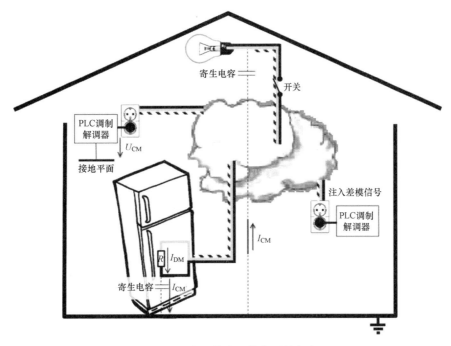

图 1-3　建筑物内共模信号的产生

　　一般来说，电网的输入阻抗可能会在 L-N 和 L-PE 之间呈现阻抗不平衡，尤其是在低频段 50Hz 负载起到很大作用时[27]，有效的共模阻抗也不同于差模阻抗（详细见第 5 章）。表 1.1 中，从公开的文献和本书其他章节总结出了电力线输入阻抗的预测值，可以看出欧洲和美国的阻抗相近。L-N 阻抗与 L-PE 阻抗相比具有明显的不同。例如，当频率低于 500kHz 时，L-PE 阻抗约为 L-N 阻抗的三倍，而当频率在 1～30MHz 时，L-PE 阻抗约为 L-N 阻抗的两倍。但是，当观察高于 100MHz 的统计平均数据时，阻抗水平会比较集中，可产生一个更平衡的 MIMO 系统，这种原因可能是相关测量中使用 MIMO 耦合器在三个端口都终止信号注入。更详细的内容可参见第 5 章。

表 1.1　　　　　　　　　　　　　　电　力　线　阻　抗

频率	国家	L-N（Ω）	L-PE（Ω）	N-PE（Ω）	参考文献
50～500kHz	日本	0.5 – 20（6.5）			[50, 51]
	德国	1 – 60（10）			第 2 章
	欧洲		1 – 200（30）		[52]
	中国	1 – 9（5）			第 3 章
	美国		1 – 150（18）		[52, 53]

续表

频率	国家	L-N（Ω）	L-PE（Ω）	N-PE（Ω）	参考文献
	日本	3 – 1k（83）			[54]
1~30MHz	德国	10 – 300（30）	20 – 400（60）		[27]
	欧洲	（102）	9 – 400（90）		[47, 52]
	美国		6 – 400（95）		[52, 53]
1~100MHz	欧洲	10 – 190（86）	10 – 190（89）	10 – 190（87）	第 5 章

注　表格中的括号表示平均值。如果有不止一个参考文献，阻抗范围由来自参考文献的最小/最大值求得，并计算算术平均值来获得一个唯一的中间值。

　　在 MIMO 耦合器的设计中，可能会引入输入阻抗的统计学知识。MIMO 耦合方法大多需要采用隔离转换器/巴伦，以使多个信号独立传输。为了获得第 5 章和第 7 章中的宽带信道和噪声特性，以及电磁兼容（Electro-Magnetic Compatibility，EMC）测量结果，本章设计了一种单耦合电路，具体设计方案如图 1-4 所示，这种电路可以实现如图 1-2 中的 T 型、△型和星型耦合。

　　图 1-4 左边是通过 Schuko 型（欧式）插座到电网的物理连接。在中间，是通过标有 Sw1 和 Sw2 的开关，用于选择耦合器类型。在右边，有端口 T1~T2、D1~D3 和 S1~S4，用于将耦合器连接到测量设备，例如网络分析仪（Network Analyser，NWA）或数字采样示波器（Digital Sampling Oscilloscope，DSO）。△型和 T 型端口是通过电流巴伦连接的，以有利于平滑信号并进一步最小化共模注入及其产生的辐射。△型耦合器中的巴伦是一个 1：4 的 Guanella 型低损耗转换器。它们可提供 50Ω 到 200Ω 的阻抗转化。考虑三线中任何一对的差模阻抗为 102Ω，在 MIMO 情况下，这种阻抗有两次串联、一次并联（结果是 68Ω），Guanella 型变压器 200Ω 的输出阻抗似乎是最佳的配置方案。Sw3 可以在馈线端口的 MIMO 和 SISO 之间切换。星型终端使用电流耦合转换器（共模扼流器），它们的功能是通过三线路（L‖PE‖N）测量共模电流。每个绕组的电感需要选得足够小，以避免滤除有用的 PLC 信号（1~100MHz）。此外还有一个开关（没有在图 1-4 中显示）可能会引起这些共模扼流器二次线圈（磁感应）短路，当不使用时应使其对于整个电路是透明的。

　　从图 1-4 中的其他电子组件中，可以看到每一排有一系列 4.7nF 的耦合电容，起到主要的耦合功能，同时与对地电容保持对称性。此外，它降低了漏电流，以免其引起漏电保护器的失效。这些电容的击穿电压大体上是均方根的两倍，也就是工频波形峰值的 1.5 倍。电网上的插座连接可以随时断开，此时电容可能会充电到危险电压，并在这种情况下通过并联电阻器放电，电阻值足够大，不至于使耦合电容出现短路，但这会影响电容的滤波性能。为了防止拔掉 Schukou 插头时意外触动附加在上面的弹簧，需要调整 RC 时间使得隔直电容在 15ms 放电。除了耦合电容的保护，还采用了额外的保护设备用于吸收瞬变电压。浪涌保护二极管在三线上并行排列。这些保护设备的输入阻抗足够高，不会耗尽或滤除 PLC 信号。耦合电容的主接线侧（跨越 L-N）使用气体放电设备和金属氧化变阻器（Metal-Oxide

Varistors，MOVs）。它们用于过电压保护，并且并行部署，由于它们拥有不同的速率和功率特性，可以实现互补。对浪涌保护的补充信息参见文献［55－58］。图1－4中耦合器特有的安全组件及其校准数据见文献［45］。

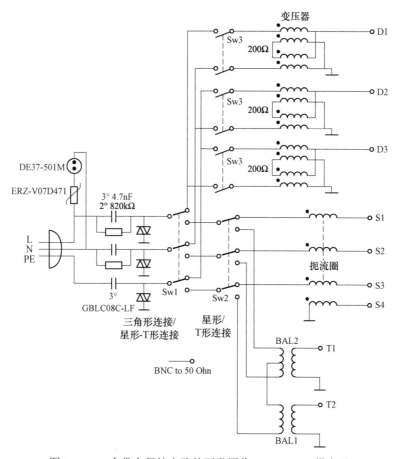

图1－4 一个带有保护电路的两发四收 MIMO PLC 耦合器

1.4 信道和噪声测量方案

本节介绍了信道测量方案、信道测量设备，以及低压电网 MIMO PLC 信道的反射特性和噪声特性。这是本书第5、7章的基础，并贯穿于第9、16、17、22章。接下来的测量任务包括：

——频率范围为1～100MHz。

——信道传输函数（Channel Transfer Function，CTF）测量。

——噪声水平测量。

——输入阻抗测量。

——耦合系数测量［耦合系数或 k 系数是指由信号辐射引起的电场和注入电网的信号

功率之间的比值[59]（第 7 章）]。

——所有的测量都使用同样的耦合器，以便可以直接比较结果。

1.4.1 传输函数测量

传输函数可在频域内测量，使用传统的网络分析仪记录散射参数 S_{21}（对于散射参数的介绍见文献［60］）。图 1-5 介绍了室内信道测量的方案。

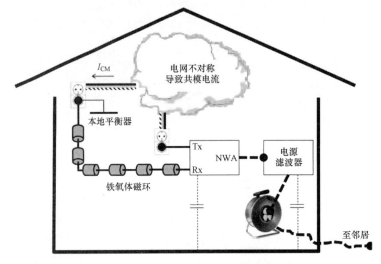

图 1-5 室内信道测量装置

图 1-6 与 PLC 耦合器连接的接地平面

网络分析仪的输入（Tx）和输出（Rx）端口分别连接到两个 PLC 耦合器上，耦合方式按照图 1-4 中所示方案进行。所有的端口 T1～T2、D1～D3 以及 S1～S4 都连接一个 50Ω 的阻抗，以避免所连接设备引起额外的信号反射。

图 1-6 中，接地平面与接收耦合器紧密相连。为了获得低阻抗或高容量接地，需要一个大的接地平面，尤其是为了再现接收的共模信号。当人体接触不再影响测量结果时，表明接地平面的尺寸已足够大。从物理角度看，人体接触导致对地电容增加，当接地平面本身的容量已足够大时，即使人体接触不会影响测量结果。低频接收需要一个比高频接收更大的接地平面。在实际的设备中，例如高清电视（High-Definition Television，HDTV），它的底板可以作为其内部的 PLC 调制解调器的接地平面。网络分析仪可以为 S_{21} 测量提供一个 120dB 的动态范围。考虑到许多商用 PLC 调制解调器的动态范围是 90dB，120dB 应该足够了。但是，为了获得有用的结果，同轴电缆特别是连接网络分析仪接收端和接收耦合器的同轴电缆，需要支持这样的动态范围，这意味

着要求使用双屏蔽电缆。考虑到建筑物内的长距离,还应首选衰减小的电缆。可以使用 RG214 或 Ecoflex10 型电缆。为了避免进入电缆的信号从接收耦合器返回到网络分析仪,电缆每隔 15cm 用轴向铁氧体磁环抑制,如图 1-5 所示。

如果将测量仪器(即网络分析仪)连接到电网,进行电磁干扰(Electro-Magnetic Interference,EMI)、阻抗和传输函数测量,那么测量仪器作为额外的负载,可能会导致测量误差。因此,尽可能地通过延长线从邻近的公寓引来电源给测量设备供电。在图 1-5 的右边,可以看到"电源滤波器 CM+DM"。这个滤波器用于隔离地线,它由一个隔离转换器和线性阻抗稳定网络(Line Impedance Stabilisation Network,LISN)组成。此外,在三线中的每一线上采用一个 MIMO 电源滤波器用来消除差模信号,同时加入一个共模扼流圈来去除潜在的纵向信号。这种 MIMO 电源滤波器不是商用产品,而是为本次测量任务而特别研制的。使用该装置的 S_{21} 测量结果参见第 5 章。

1.4.2 反射测量和输入阻抗计算

低压配电网(LV Distribution Network,LVDN)具有难以确定的复杂特性阻抗。通常,测量输入阻抗的绝对值没有什么实际意义。外加的一段电缆很可能会改变测量结果。因此,ETSI STF 410 通过测量耦合器"△"终端的反射损耗来代替,其由散射参数 S_{11}[60]表示。

一般地,反射测量信号在网络分析仪同一端口注入和接收,因此仅需要发送耦合器。测量装置如图 1-5 所示,但是此时无需连接接收耦合器。网络分析仪通过将同轴电缆的终端配置为"短路"、"开路"和"50Ω 阻抗"来进行校准,并认为 MIMO PLC 耦合器是 PLC 信道的一部分。

S_{11} 是一个复数值,是负载阻抗和测量系统特性阻抗的函数(见公式 1.14 的一般定义)。测量系统包含网络分析仪,其特性阻抗为 50Ω,且在 MIMO 耦合器内有一个巴伦,可以将 50Ω 转变为 200Ω,即 $Z_{coup} = 200Ω$。理论上,除非由于巴伦内部的传输线长度导致相位旋转,在 200Ω 侧测量的 S_{11} 与 50Ω 侧的 S_{11} 相同。可以记录 S_{11} 的实部和虚部。为了达到工程目的,获取绝对值 $|S_{11}|$ 通常就足够了。通过它计算最大线性输入阻抗 $Z_{DM\,max}$,即

$$Z_{DM\,max} = Z_{coup} \cdot \frac{1 + |S_{11}|}{1 - |S_{11}|} \tag{1.1}$$

但是,计算 Z_{DM} 还需要知道相位,Z_{DM} 作为频率和巴伦线长(记为 x,约为 0.3m^{-1})的函数,表示为

$$Z_{DM} = Z_{coup} \cdot \frac{1 + S_{11} \cdot e^{j\beta x}}{1 - S_{11} \cdot e^{j\beta x}} \tag{1.2}$$

相位常量 β 可由附录 1.A 中的式(1.12)获得,假定巴伦中的波速 $\approx 200\ 000\ 000\text{m/s}$。

1.4.3 噪声测量

噪声测量方案如图 1-7 所示。图 1-4 中的 MIMO 耦合器配置为星型结构(端口 S1、S2、S3 和 S4)。这样,相线、零线和地线的噪声电压,以及共模电压可以通过连接的 DSO(带有数字信号处理探针 P1~P4)在时域内直接采样。采样率是 500MHz/s。数字信号处理器(Digital Signal Processing,DSP)的寄存器可以存储 4 个超过 20ms 的信号,每 20ms 对应 50Hz 交流信号的一个周期。

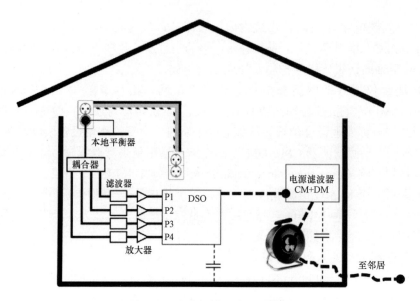

图 1-7　室内信道噪声测量装置

时域测量的一个缺点是带外噪声很容易影响测量结果。因此，为了减小带外噪声，DSO 探针使用带通滤波器。对于每种配置，都进行了四种不同带宽的测量，频率范围分别为 2～100MHz、2～88MHz、30～100MHz 和 30～88MHz。在低噪声水平的信道环境中，可以在数据记录前使用低噪声放大器放大输入信号。每一个放大器的频率响应在 100MHz 以下是平坦的，其增益为 28dB。

1.5　信道特性及建模方法

电力线信道和噪声主要依赖于 1.2 节中所介绍的场景，因此变化比较大。一般来说，可以观察到频率选择性多径衰落、低通特性、与交流周期相关的短时变性和突发的长时变性（见第 2～5 章的例子）。

1.5.1　信道特性

多径衰落是由不均匀的电力线分段造成的，其中线路及其所连接的不同阻抗的负载均会引起信号的反射，从而造成同相和反相的不同到达信号分量的混叠。传输函数相应的闭式解可以由无限长单位冲激响应（Infinite Impulse Response，IIR）滤波器获得，基本原理见附录 1.A。获得频率选择特性的一个重要参数是均方根时延扩展（Delay Spread，DS）。例如，设计正交频分复用（Orthogonal Frequency-Division Multiplexing，OFDM）系统时，保护间隔可以选择 2～3 倍的均方根时延扩展来达到良好的系统性能[61]。作为一个参考，对于频带从 1MHz 到 30MHz 中压、低压接入网和低压室内电网的情况[21,26]，均方根时延扩展平均值分别为 1.9、1.2 和 0.73μs。第 4 章中，在 1.8～8.8MHz 工作频带范围内，低压室内测量获得的均方根时延扩展的范围是 0.2～2.5μs。

除了多径衰落，由于负载与线路的连接或断开[62]，导致 PLC 信道呈现出时变性。通过与电网交流电源周期同步的信道测量，可以看出室内信道以周期平稳的方式变化[47,63]（参见第 2 章和第 21 章）。

PLC 信道还具有低通特性。这是由于导体间绝缘介质的损耗而造成的，低通特性在较长的电缆中更加显著，如室外地埋电缆。不同类型、不同长度电缆的传输函数测量结果见文献［6，25］。

1.5.2　信道建模综述

信道特性和信道模型密切相关。通过信道测量获得的信道特性对于推导、验证和微调信道模型是必不可少的，与此同时，信道模型会有助于理解以及促进信道特性的研究。

一般地，PLC 信道模型可以归纳为物理模型和参数模型（或称为自下而上的模型和自上而下的模型，如文献［7］中所述）。物理模型用于描述传输线路的电气特性，例如电缆类型（线性参数）、电缆长度和分支位置[48,64-67]（见附录 1.A）。参数模型是通过对物理特性进行一种更高程度的抽象来描述信道，例如，通过其脉冲响应或传输函数进行描述[25,68,69]（见第 4、5 章）。

此外，每一类信道模型均可以分为确定模型和随机模型。确定模型的目的是用于描述一个或一小组确定的、可重复的 PLC 信道，而随机模型的目的是根据发生的概率来反映广泛的信道。上述信道模型的分类如图 1−8 所示，对每一种模型的简要描述如下。

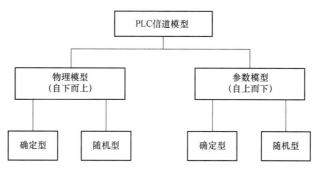

图 1−8　PLC 信道模型分类

物理确定模型描述传输线路的电气特性，例如电缆参数、电缆长度、分支位置等[64-67,70]。大部分物理模型是基于以 ABCD 或 S 参数[60]的形式表示的电力线单元和负载，它们相互连接产生信道频率响应[64-67,70-73]。文献［1，74］介绍了电力线单元和作为 IIR 滤波器的连接负载，如若通信信号以电磁波的形式通过 PLC 信道，且相邻线路可能存在不连续点无限次的反射，那么这是一种新颖和直观的方法。物理确定模型特别适于展现和描述确定的电力线情况。在附录 1.A 中详细介绍了一种基本的传输线理论。MTL 理论[42]特别适合 PLC 传输，这是因为它可以描述沿互联导线的任意拓扑或任意一组连接的负载传输的信号。物理确定模型有时候也称为"自下而上"的模型，这是由于它们始于对所考虑电网的精确描述，来获得传输信道整体的特性。对于一个给定的电力线网络，物理确定性方式可以提供 CTF 模型，其非常接近真实的测量结果。缺点是它需要大量的数据和强大的计算能力，特别是如果想从大量不同的网络拓扑中导出信道的统计特性。

物理随机模型将上述确定方法和统计因素结合起来。在文献［75，76］中，提出一个称为"统计自下而上"的方法，其采用确定算法从准确的网络拓扑中计算 CTF。该模型的随机性来自实际电网拓扑的随机生成，它基于一些观察布线导出的规则，这种方法在文献[1]中提及。物理随机模型既具有确定方法在物理传输场景下准确性的优点，同时还允许统计代表性信道的随机产生。系统工程师常用数字仿真整个系统，这样可以评估不同的信号处理算法的效率和性能。因此，随机信道模型需要通过产生大量的随机信道实现，来再现传输信道的主要特性。所产生的信道是现实信道的统计代表。

参数确定模型可能是最常用的类型之一，但通常不称为"参数确定"。这里是指所测量参数的数据库，例如 CTF，其中测试数据的简单回放可以用于 PLC 系统仿真和性能研究。这种模型的优点是使用在实际中观察到的精确参数，可以避免生成由于模型不精确造成的不切实际的信道。另一方面，需要大量多样化的数据库，从而在更广泛的层面获得有意义的结果。第 5 章给出了一个这样的数据库例子，其中的数据来自于 6 个欧洲国家。

参数随机模型高度抽象地描述信道，例如，通过信道冲激响应特性[6,68,77]。分析收集到的测量数据，可以获得模型的数学表达式。这种模型的数学形式没有必要与电磁信号传输过程中的物理现象有联系，但是需要真实地再现所研究信道的主要特性。模型的参数以统计的方式定义，它允许生成 CTF（或信道的脉冲响应）的不同随机实现，其与测试数据有相似的统计特性。这种模型的策略有时称为"自上而下"，在某种意义上，它首先考虑传输信道的整体统计特性，以定义更详细的信道结构。这种方法一般可以提供真实的结果，缺点是这些结果需要大量的实验数据支撑。文献［25］中的模型是这种统计信道早期的模型，其基于一个简单电网拓扑上信号传输的物理考虑定义了一个一般性的 CTF 模型。模型参数通过用数学模型拟合 0～20MHz 范围内的一系列实验数据所得。这种模型的最新实例见文献［78，79］，其中信道模型是在不同住所内进行 144 次 0～100MHz 频段内的测量基础上得到的。根据观察到的信道容量，这些测量被细分为 9 个不同的种类，每一种都提供一个统计信道模型。

表 1.2 比较了不同的 PLC 信道模型。表格中右边的四列给出了特定应用下它们各自的优缺点。因此，在决定采用的信道模型类型之前，"信道模型应该做什么？"这个问题非常关键。作为例子，一个信道模型可取的特征可能包括：

（1）描述在链路上、系统仿真和算法测试中，时变信道对接收信号质量的影响，例如，对脉冲噪声的抑制、信噪比的估计、信道滤波器的跟踪、MIMO 方案的影响。

（2）对信道和噪声方差时域和空域相关性的建模。

（3）支持多点（多用户）PLC 系统的研究。

（4）允许仅根据一小部分额外场景的测量，扩展到多种不同的传输场景。

（5）描述可用于 MIMO 耦合器设计的模态耦合。

（6）辅助研发调制解调器的模拟前端。

表 1.2 PLC 信 道 模 型 比 较

特性	物理确定模型	物理随机模型	参数确定模型	参数随机模型
模型原理	电磁传输理论	电磁传输理论和拓扑生成	实验测量参数的重现	适合于实验测量参数的统计拟合

续表

特性	物理确定模型	物理随机模型	参数确定模型	参数随机模型

特性	物理确定模型	物理随机模型	参数确定模型	参数随机模型
测量要求	无	无	大量数据	大量数据
拓扑要求	详细	详细随机模型	无	无
模型设计复杂程度	中	高	低	中
信道产生复杂程度	高	高	非常低	低
相互关联的多用户研究	直接	直接	直接	困难
实验数据的密切关系	精确地考虑拓扑	以统计为基础	准确	以统计为基础
外推能力	有	有	无	无

上述（1）～（3）条和第（5）条可以采用物理模型（自下而上）或参数模型（自上而下）通过或多或少的努力实现。但是采用参数模型难以实现（4）和（6）。一般来说，参数模型需要大量的测量结果去调整模型参数。相反，物理模型允许应用已有的知识，例如，用一个新场景下的物理参数校对物理模型的参数后，仅需要很少的测量就可以进行验证。对于 MIMO PLC 系统信号处理相关的问题，参数模型具有某些优势。它可能更容易实现并且很容易可以通过无线领域相关的研究[80]理解其参数，如空间相关性。但是，对于 MIMO 耦合器的实现或模拟前端的调整等实际实现问题，物理模型更接近真实的电子元器件，可能会更有用。通过这些例子，可以明确信道模型的选择可以根据实际情况逐一进行。

1.5.3 MIMO 信道模型

具体到 MIMO 信道，除了早期的专利文献［81-84］，最先发布在文献［85］上的结果也研究了 MIMO 接入方法，其采用了完全隔离的多相线路。鉴于 MIMO 信号处理在无线领域的成功[41]，文献［86］进行了大量公开的室内宽带 PLC 的 MIMO 信号处理参数确定方法研究。基于小规模测量的类似评估结果见文献［87，88］。顺应这种趋势，MIMO PLC 系统的信道测量和噪声特性在文献［47，89-92］中有所研究。例如，文献［87，88］得出的结论是，采用 2×2 的 MIMO 信号处理技术可为室内 PLC 容量带来约 1.9 倍的增益。文献［86］中，这种容量增益随着接收端口数量的增加而增加。在 2×3MIMO 配置中，取决于发送端发射功率水平，平均容量增益在 1.8 到 2.2 倍之间。当增加共模接收时，平均容量增益在 2.1 到 2.6 倍之间。更多的 MIMO 容量和吞吐量结果可见第 9 章。

到目前为止，对物理确定型 MIMO 信道模型的研究并不多。最直接的针对由几条线路组成的信道的自下而上建模方法是采用 MTL 理论[42,60]。如图 1-9 所示，MTL 理论可以依据给定的线路位置 x 和时间 t，计算在三线传输中的电流 $i_1(x,t)$、$i_2(x,t)$ 和 $i_3(x,t)$，以及相应的差分电压 $v_1(x,t)$、$v_2(x,t)$ 和 $v_3(x,t)$。为了计算这些量，需要知道单位长度线路的参数，即线路 1、2 和 3 的电感 L_{11}、L_{22} 和 L_{33}，电阻 R_{11}、R_{22} 和 R_{33}，任意线路间的互感（L_{12}、L_{13} 和 L_{33}），电容（C_{11}、C_{22} 和 C_{33}），每条线路对地的电导（G_{11}、G_{22} 和 G_{33}），互容（C_{12}、C_{13} 和 C_{23}）以及线路间电导率（G_{12}、G_{13} 和 G_{23}）。一些学者仅考虑了有三条传输线的简化模型，并假定地线对地等效[93]。然而在高频情况下，这种假设是不成立的，特别是如图 1-3 中介绍的接收共模信号时的情况。在这种情况下，如图 1-9 给出的一种更完善的模型提供了更精确的结果。MTL 建模方法已经被用在 Banwell 和 Galli 对室内低压电网的研究[48,66,94]中，以及 Anatory 等对架空中压或高压电网的研究中[73]。但是，这些研究没有为 MIMO 通信考虑使用三线电力线路。

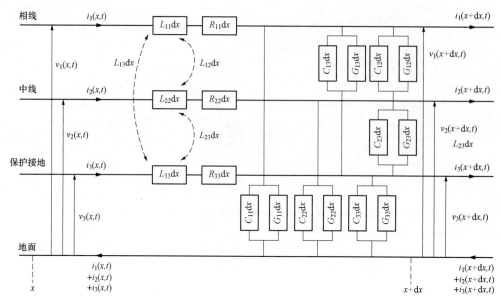

图 1-9 MTL 理论：单位长度三相传输线路的等效电路

文献［93，95］首先在物理随机方法中使用 MTL 理论对 MIMO PLC 信道进行了建模，在三条传输线的情况下重新计算了 MTL 公式，从而扩展了文献［76］中的物理随机 SISO 信道模型。使用文献［76］中的随机拓扑生成器，为大量的随机电力网络产生 CTF 矩阵是可行的。

参数随机方法已经被一些研究团队所采纳，用于设计 MIMO PLC 信道模型。在文献［96］的研究中首次对其进行了尝试，包括一个 2×4 的 MIMO 信道，可以同时处理两个不同的差分端口，并考虑 4 个接收端口，以及共模路径。根据欧盟项目 OPERA 的定义，模型首先考虑由 5～20 个抽头组成的 SISO PLC 信道脉冲响应（Channel Impulse Response，CIR）。通过产生这个 CIR 的 8 个形式，生成 2×4 的 MIMO 信道矩阵。每种形式具有同样的抽头结构，但是其中一些抽头的幅值需要乘上不同的随机相位，这些随机相位服从［0，2π）的均匀分布。对越多的抽头进行随机相移，信道的相关性就越不强。这种模型生成的 MIMO 信道的相关值与文献［87］中所测量到的类似。文献［97］采用相同的方法并进行了扩展，设计了适合法国信道测量结果的 3×3 的 MIMO 信道模型。采用矢量网络分析仪，对 5 个不同住所内总共 42 个 3×3MIMO 信道进行了测量。所提出的 MIMO 信道模型建立在由 Zimmermann 和 Dostert[25]首次定义的 SISO 信道模型之上，之后由 Tonello 通过提供补充的信道统计特性[98]进行了扩展。在接下来的部分，在 OMEGA 项目[99]中采纳的表达式将会被采用，其 CTF $H(f)$ 是频率 f 的函数

$$H(f) = A\sum_{p=1}^{N_p} g_p \mathrm{e}^{-\mathrm{j}(2\pi d_p/v)f} \mathrm{e}^{-(a_0+a_1 f^K)d_p} \qquad (1.3)$$

式中：v 为铜导线中电磁波的传播速度（可近似为光速的 2/3），即 200 000 000m/s；d_p 为传输路径的长度；g_p 为传输路径的增益；N_p 为传输路径的数量；a_0、a_1、K、A 为衰减系数。

在图 1-10 中给出了信道实现的一个例子。在第 5 章中将会再介绍这种方法，目的是基于欧洲的现场测量结果设计出新的信道模型。

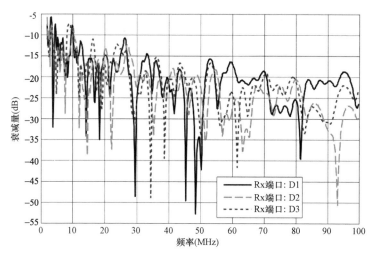

图 1-10　使用 Hashmat[97]的 MIMO PLC 信道模型的
CTF 仿真结果（仅有 Tx 端口 D1）

文献［100］介绍了另一种可选的参数随机方法。该研究通过分析在北美 5 座房屋中的 96 个 MIMO 信道的测量结果，描述了 MIMO 信道协方差矩阵 R_h 的特征。文献［80］也采用了类似的方法，对于每个频率 f，MIMO 信道矩阵 H（f）有

$$H(f) = K(f) \cdot R_r^{1/2}(f) \cdot H'(f) \cdot R_t^{1/2}(f) \qquad (1.4)$$

式中：$K(f)$ 为归一化常量；$H'(f)$ 为由独立同分布的复数高斯变量组成的信道矩阵；$R_r(f)$ 和 $R_t(f)$ 分别代表 Rx 和 Tx 的相关矩阵。

每一个信道的相关矩阵通过其特征向量和特征值的分解来建模。这种模型可以直接重现 MIMO 信道的相关特性，在第 4 章中有该模型的进一步介绍。

1.6　噪声特性及建模方法

与其他许多通信信道不同的是，电力线信道噪声的一个显著特点为其不能被描述为加性高斯白噪声（Additive White Gaussian Noise，AWGN）。

1.6.1　噪声特性

根据产生原因、噪声水平和时域特征，一般可以将室内电力线网络的噪声归结为几种类型[101]。电力线噪声可以根据时域和频域特征进行分类。如图 1-11 所示，电力线噪声可以分为有色背景噪声、窄带噪声、异步周期脉冲噪声、同步周期脉冲噪声和非周期脉冲噪声[5,6]。

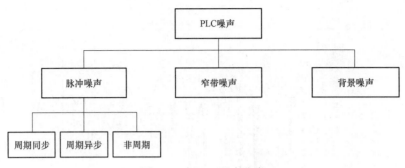

图 1-11　PLC 噪声分类

第一类包括由连接到电网上的电子设备，如开关电源、调光器或荧光灯产生的脉冲噪声。这种噪声持续时间短（几微秒），但会产生相对较高的电压，大约几十毫伏。由于工频电压的周期性，产生噪声的设备会以与交流电周期同步的方式产生脉冲噪声。在这种情况下，可以认为脉冲噪声是周期性的，并与工频频率是周期同步的，其频率是 50 或 60Hz 的整数倍。其他噪声源产生的脉冲具有更高的频率，可达几千赫，这种噪声被称为异步周期脉冲噪声。除此之外，强脉冲也可以偶尔观察到，其没有任何周期性，这种类型的噪声有时被称为非周期脉冲噪声。第 5 章给出了这种类型噪声的现场测量实例。基于文献［102］中的实验数据，对脉冲噪声不同特性进行统计分析。脉冲噪声的综合模型在文献［101］中提出，首先对这类脉冲的幅值、持续时间和重复频率等特性进行统计分析，之后以噪声状态的马尔可夫链对整体的噪声特性进行了建模。

第二类噪声包括窄带噪声。这种类型的噪声通常来自于广播电台，特别是在短波（Short-Wave，SW）和调频（Frequency-Modulation，FM）频带。还有一些是由周边电气或工业设备信号的能量泄漏造成的。这种类型的噪声通常长时间在一个窄的频带中产生强烈的干扰，频带范围约为几十千赫。

最后，其余的噪声源表现出一个较低的干扰水平，形成的第三类噪声称为背景噪声。背景噪声通常是有色的，在某种意义上，它的功率谱密度（Power Spectral Density，PSD）在低频段较强。在文献［30］中，将背景噪声 PSD 建模为功率随频率递减的函数。类似的方法已被 OMEGA 项目[99]采纳，将背景噪声建模为功率随频率衰减的函数并辅以一个表示广播信号的窄带干扰。平均有色背景噪声模型的统计方法在文献［21］中进行了介绍，它是基于中压电网、低压接入网和低压室内场景下大量的噪声测量结果得到的。一个结论是平均噪声功率随频率的增加而呈指数衰减。另外，文献［103］采用了一种有趣的、完全不同的方法建模 SISO PLC 背景噪声，其采用了神经网络技术用于模型的构建。

与所有类型噪声有关的一个重要特征是它们的时间依赖性。由于噪声源不受控制，在插座处测量得到的噪声特性会随着时间的推移发生很大变化。例如，在住所内人为活动增加时，例如下班后，会有更多家用电器工作并产生噪声。这种噪声的周期平稳特性并不太明显。这种效应主要是由于网络终端负载的阻抗根据工频周期呈周期性变化所导致的。文献［104］中对 SISO PLC 噪声的时变特性进行了全面研究。

此外，第 2 章给出了由单一变电站供电的小型低压接入网窄带 SISO 噪声的测量结果。除了已经研究的噪声类型——背景噪声和脉冲噪声，还通过仔细观察噪声特性确定了窄带干扰和开关频率噪声（见第 2 章）两种稳定出现的噪声类型。

另一方面，第 3 章介绍了中国典型低压地埋接入网的窄带 SISO 噪声测量结果。可以发现噪声功率随着频率增加而显著降低。测量结果表明，在 50kHz 处平均噪声功率的范围在 50～90dBμV，在 500kHz 处平均噪声功率的范围在 30～60dBμV。此外，还给出了一天中不同时间段的不同噪声水平测量结果。

1.6.2　MIMO PLC 噪声建模

针对 MIMO 噪声的建模方法到目前为止并不多。例如，文献［89，105－107］在法国的五处房屋中进行了噪声测量实验，并在此基础上对背景噪声建模。在时域上，使用 DSO（如前面 1.4 节所述）进行测量。然而，模型主要目标是再现频域噪声特性。在文献［106］中，将测量结果与两个参数化的 SISO 背景噪声模型进行了比较，即 Emsailian 模型[30]和 OMEGA 模型[99]。这些模型适用于每个 MIMO 接收端口接收到的噪声，并且模型参数的统计值是分别通过每个接收端口获取的。文献［107］认为 MIMO 噪声是一种多变量时间序列（Multi-Variate Time Series，MTS），其可以获取每个端口上接收到的噪声的本质特性和它们的互相关性。使用自回归滤波过程可以对噪声 MTS 进行建模。所建模噪声的 PSD 与实验结果呈现出高度的相似性。然而，该模型还有改进的空间，特别是需要考虑其再现如脉冲噪声等突发时域事件的能力。同时，第 5 章介绍了 MIMO 噪声测量和噪声建模的结果。测量是在欧洲五个国家的 31 个不同公寓进行的，包括比利时、法国、德国、西班牙和英国。从测量结果中可以看出，在任何线路组合情况下，共模信号比差模信号平均会多受 5dB 噪声的影响。这种差异是因为共模信号对外界的干扰更敏感，如无线电广播。此外，还观察到 L、PE 和 N 端口呈现出相似的噪声统计数据。然而，当考虑高噪声水平的数据时（其中 5%的数据），可以观察到 PE 端口比 N 和 L 端口对噪声更敏感（约为 2dB）。同样，在低噪声水平时（其中 95%的数据），与 N 或 PE 端口相比，L 端口对噪声更不敏感（约为 1dB）。

此外，第 4 章基于在美国实验测量收集到的数据对 MIMO 噪声进行了建模。特别是，L-N、L-PE 和 N-PE 接收端口的噪声是相互关联的，其中，L-PE 和 N-PE 接收端口之间的相关性最强。此外，与高频段相比，低频段的相关性更强。通过研究噪声相关性对 2×3MIMO 系统容量的影响发现，噪声相关性确实有助于提高 MIMO 系统的信道容量。

除了上述针对 MIMO 系统噪声特性描述和建模的工作，大量 MIMO PLC 噪声的特性仍然有待于进一步研究和建模分析。特别是脉冲噪声发生时，其时域的变化和在不同接收端口上噪声脉冲的相关性，仍需要进一步研究。

1.7　结论

本章介绍了 MIMO PLC 信道、噪声特性及其建模方法。信道和噪声特性与耦合方式是相关的，这些耦合方式在本章中也给予了详细介绍，特别是针对低压室内（或建筑内）场景，其 MIMO 拓扑由相线、零线和保护地线组成，因此存在多种 MIMO 发射端和接收端拓扑的可能性。发射端和接收端之间的主要区别是，通常在发射端阻止共模信号的注入，因为共模信号会产生空间辐射，而这种辐射是受政府监管的。然而，电力线信道因为不对称以及寄生电容的存在确实会产生共模信号。因此，如果接收端复杂度允许，接收端可以很好的测量和处理共模信号，以获得接收分集和数据吞吐量的最大化。

本章在大量相关文献的基础上给出了 SISO 信道的特性和建模方法。有两种主要的建模方法，物理（自下而上）方法和参数（自上而下）方法。每种方法可采用确定性或随机性方式建模。一般来说，参数模型基于一系列实际测量，并提供一个简洁的描述来获得实验特性。物理模型则更详细地描述了底层的传播现象，它们有利于预测在已知环境中的传输条件，或在随机拓扑生成器的帮助下，开展物理随机性的研究。

对于 SISO 噪声，本章引用了重要的参考文献来获得主要的噪声特性。脉冲噪声主要由时域上突发的瞬时过电压引起，而窄带噪声和背景噪声主要在频域进行分析。

由于 MIMO PLC 系统信号处理技术是最近才提出的，目前很少有文献对 PLC MIMO 信道模型和 MIMO 噪声特性进行研究和建模。本章主要对这一领域现有的研究进行了综述和评论。本章不具体介绍信道特性和建模方法的细节，仅为这一主题的后续章节提供铺垫。第 2 章提出了一种在窄带信道（小于 500kHz）时变特性影响下确定低压电网链路质量的方法。除了噪声和 CTF，还涉及低压电网的接入阻抗，并给出了一个大学校园低压电网的测量结果。

第 3 章介绍了中国低压接入网窄带电力线信道。在一个典型的城市地埋线网络测试的基础上，评估了 30～500kHz 范围内的主要信道特性，例如接入阻抗、干扰和衰减。

第 4 章介绍了室内 MIMO 电力线信道的特性以及 1.8～88MHz 频率范围内的噪声情况，这是在多个美国室内信道测量结果的基础上进行的。特别关注了 MIMO 电力线信道的空间特性，介绍了参数随机 MIMO 信道模型与测量的一致性。此外，将噪声测量用于分析它们的频谱和影响 PLC MIMO 容量的相关性。

第 5 章进一步研究了宽带（1～100MHz）低压室内 MIMO 信道、噪声特性和建模方法。基于一系列在欧洲进行的测量结果，推导出了新的参数随机模型。

附录 1.A 传输线理论介绍

以下两小节介绍了双导体传输线模型。在理解 1.5 节中介绍的 MTL 理论前，有必要了解下双导体传输线理论。本附录介绍了一些基本概念，从线路参数到传播常数，从特性阻抗再到双导体实例网络的物理（自下而上）模型，说明了线路各部分的连接如何引起信道的多径效应，从而导致频率选择性衰减。

1.A.1 传播常数、特性阻抗和相位速度

双导体传输线可以看作集总元件的级联，如图 1-12 所示。R、L、G 和 C 分别表示单位长度的串联电阻（Ω/m），单位长度的串联电感（H/m），单位长度的并联电导（S/m）和单位长度的并联电容（F/m）。有了这些集总元件参数（也称为主要线路参数），就可以计算线路的传播常数 γ 和特性阻抗 Z_0。

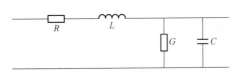

图 1-12 集总元件传输线表示法

由电缆或导线组成的电网的主要功能是传输电能。因此，电力电缆制造商往往没有针对 PLC 感兴趣的频段设计线路参数。这些线路参数可以基于电磁理论来获得，参见文献

[29，108，109] 及其中的参考文献。然而，采用这种直接方法涉及的数学计算是相当复杂的。作为代替的手段，如文献 [110，111] 的不同的电磁仿真工具均可以用于获得线路参数。在文献 [108] 中，主要线路参数是线路的几何拓扑、介电常数、磁导率和电导率组成的函数。除了 R，几乎所有的参数都与频率不相关。R 近似地与相应频率的平方根成比例，即 $R \propto \sqrt{f}$。电导 G 进一步可近似为 0。同样的，文献 [6] 基于特定的线缆结构、介电常数、磁导率和介质损耗角，介绍了线路的主要参数。与文献 [108] 不同，文献 [6] 中的 G 是频率的线性函数。文献 [112] 给出了一组基于低压配电网架空线路测量结果的主要线路模型参数。最后，在文献 [108] 的附录 C 中，可以通过测量开路和短路情况下的传输线输入阻抗来获取线路参数。作为一个例子，表 1.3 具体给出了文献 [108] 中双导体室内电缆的线路参数值。

表 1.3 　　　　　　　　　　　　　线 路 参 数 集 合 举 例

参　　数	线路 1	线路 2	线路 3	线路 4	线路 5
名称/类型	H07V-U－1	H07V-U－2	H07V-R－1	H07V-R－2	H07V-R－3
横截面 mm²	1.5	2.5	4	6	10
半径 mm	0.691	0.892	1.128	1.382	1.784
隔离层厚度 mm	0.960	1.060	1.072	1.32	1.616
等效相关介电常数	1.45	1.52	1.56	1.75	2
线缆的几何因数	2.7	2.4	2.17	1.96	1.69
$C, pF/m$	15	17.5	20	25	33
$L, \mu H/m$	1.08	0.96	0.87	0.78	0.68
$R, \sqrt{(f)} \cdot \Omega/m$	$1.20e^{-4}$	$9.34e^{-5}$	$7.55e^{-5}$	$6.25e^{-5}$	$4.98e^{-5}$
$G, S/m$	0	0	0	0	0
Z_0, Ω	270	234	209	178	143

从传输线的集总参数开始，使用基尔霍夫定律，复传播常数 γ 可以通过频域内的波动方程得到[60]，即：

$$\gamma = \sqrt{(R + j\omega L)(G + j\omega C)} = \alpha + j\beta \qquad （1.5）$$

式中：ω 为角频率，即 $\omega = 2\pi \times f$，f 为频率。

$Re\{\gamma\} = \alpha$ 表示波经过线路的衰减，也叫做衰减常量。$I_m\{\gamma\} = \beta$ 表示波的相位旋转，也叫做相位常量或波数。

γ、α 和 β 的单位是 1/m。由于 β 对应相位旋转，它的单位有时表示为 rad/m。

在低损耗线路的情况下，即 $G \leqslant \omega C \wedge R \leqslant \omega L$，$\gamma$ 可以近似为[6,60]：

$$\gamma|_{low\ loss\ app} = j\omega\sqrt{LC}\left(1 - \frac{j}{2}\left(\frac{R}{\omega L} + \frac{G}{\omega C}\right)\right)$$
$$= j\omega\sqrt{LC} + \frac{1}{2}\left(R\sqrt{\frac{C}{L}} + G\sqrt{\frac{L}{C}}\right) \qquad （1.6）$$

因此有：

$$\alpha\big|_{\text{low loss app}} = \frac{1}{2}\left(R\sqrt{\frac{C}{L}} + G\sqrt{\frac{L}{C}}\right) \tag{1.7}$$

$$\beta\big|_{\text{low loss app}} = \omega\sqrt{LC} \tag{1.8}$$

线路的特性阻抗 Z_0 非常重要，它有助于在不同的线路分段和负载连接情况下，确定线路阻抗非连续处的传输系数和反射系数。以波动方程为基础，线路特性阻抗为线路的电压与电流之比[60]，即：

$$Z_0 = \frac{V_0^+}{I_0^+} = \frac{-V_0^-}{I_0^-} = \frac{R + j\omega L}{\gamma} = \sqrt{\frac{R + j\omega L}{G + j\omega C}} \tag{1.9}$$

其中，V_0^+，I_0^+，V_0^-，I_0^- 分别表示经过线路的前向和反向的电压和电流。低损耗线路的 Z_0 也可以简化为[60]：

$$Z_0\big|_{\text{low loss app}} = \sqrt{\frac{L}{C}} \tag{1.10}$$

再看时域的电压波形，得到波长和相位速度为[60]：

$$\lambda = \frac{2\pi}{\beta} \tag{1.11}$$

$$v = \frac{\omega}{\beta} = \lambda f \tag{1.12}$$

利用公式 1.8，低损耗线路的相位速度可以近似简化为：

$$v\big|_{\text{low loss app}} = \frac{1}{\sqrt{LC}} \tag{1.13}$$

1.A.2　传输线传输函数

为了理解引起频率选择性衰落的原因，以来自于文献［77］的开路截断线路为例（图1-13）。在 A 端设置与发射端相匹配的阻抗。在 C 端设置与接收端相匹配的阻抗。因此，在这个简单的例子中，无需担心网络的输入端和输出端阻抗出现不连续。D 表示 70 Ω 的并联负载。B 为 T 型连接点。l_x 和 Z_x 分别表示线路长度和特性阻抗。t_{xy} 和 r_{xy} 分别表示阻抗不连续处的传输系数和反射系数，这个不连续阻抗与特性阻抗的关系可以参考文献［60］。一般地，当从 Z_a 到 Z_b 阻抗不连续时，反射系数和传输系数给定如下：

$$r_{ab} = \frac{Z_b - Z_a}{Z_b + Z_a} \tag{1.14}$$

$$t_{ab} = 1 + r_{ab} \tag{1.15}$$

特别地，对于图 1-13 中的情况，r_{1B} 给定为：

$$r_{1B} = \frac{(Z_2 \mathbin{/\mkern-5mu/} Z_3) - Z_1}{(Z_2 \mathbin{/\mkern-5mu/} Z_3) + Z_1} \tag{1.16}$$

其中，$(Z_2 \mathbin{/\mkern-5mu/} Z_3)$ 表示 Z_2 和 Z_3 并联时的阻抗。

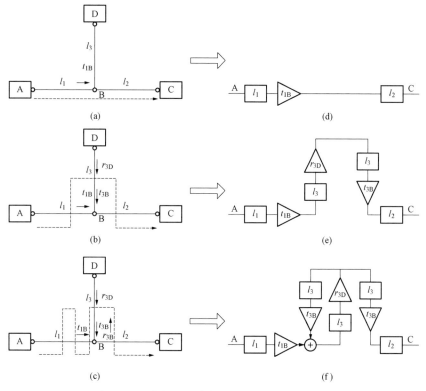

图 1-13 波传播与滤波器元件之间的关系举例

（a）～（c）波的传播路径；（d）～（f）对应的 IIR 滤波器元件

如图 1-13（a），PLC 信号以直射波的形式从 A 经过 B 到 C。如图 1-13（b），另一个波从 A 经过 B 到 D，反射到 B，再到达 C。所有其他从 A 到 B 的波在到达 C 之前，经过 B 和 D 间的多次反射，如图 1-13（c）所示。B 和 D 之间的反射次数是无限的，因而推断，IIR 滤波器可能可以用于表示电力线网络。考虑将反射系数和传输系数作为增益，并且考虑长度只与时延相关的理想传输线，这样简

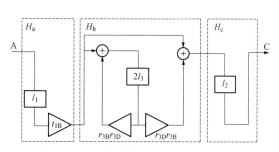

图 1-14 短截线的 IIR 滤波器表示示例

单的截断线路示例就可以转化为如图 1-13（d）～（f）中所示的 IIR 滤波器元件，其中方框表示时延，三角形表示滤波器系数。

图 1-14 中是更加传统规范的完整滤波器的表示形式。考虑离散时间形式，最小时间步进 T_s 与系统的采样频率有关，$f_s = 1/T_s$。因此，与单位线长相关的时延（表示为采样点数）可以表示为：

$$N_{\text{delay},x} = \frac{\text{delay}_x}{T_s} = \frac{l_x}{T_s \cdot v_x} \tag{1.17}$$

式中，l_x 和 v_x 分别表示线 x 的长度和波速（约 200 000 000m/s）。图 1-14 中的滤波器可以在时延给出的情况下，通过 Z 变换函数表示为 $z^{-\text{Round}\{l_x/T_s \cdot v_x\}}$。$\text{Round}\{\}$ 表示四舍五入。线路长度 l_x 引起的时延的 Z 变换记为 z^{-l_x}。图 1-14 中子滤波器模块的 Z 变换函数记为 H_a，H_b 和 H_c：

$$H_a = t_{1B} \cdot z^{-l_1} \tag{1.18}$$

$$H_b = 1 + \frac{t_{3B} \cdot r_{3D} \cdot z^{-2l_3}}{1 - r_{3B} \cdot r_{3D} \cdot z^{-2l_3}} \tag{1.19}$$

$$H_c = z^{-l_2} \tag{1.20}$$

短截线示例的整体 Z 变换函数可以通过三个子滤波器模块的级联得到：

$$
\begin{aligned}
H &= H_a \cdot H_b \cdot H_c \\
&= t_{1B} \cdot z^{-l_1} \cdot \left(1 + \frac{t_{3B} \cdot r_{3D} \cdot z^{-2l_3}}{1 - r_{3B} \cdot r_{3D} \cdot z^{-2l_3}} \right) \cdot z^{-l_2} \\
&= \frac{t_{1B} \cdot z^{-(l_1+l_2)}}{1 - r_{3B} \cdot r_{3D} \cdot z^{-2l_3}} + \frac{(t_{3B} - r_{3B}) \cdot r_{3D} \cdot t_{1B} \cdot z^{-(l_1+l_2+2l_3)}}{1 - r_{3B} \cdot r_{3D} \cdot z^{-2l_3}}
\end{aligned}
\tag{1.21}
$$

所获得的 H 是短截线从输入 A 到输出 B 的滤波器。星形连接或一般负载的详细推导见文献［1］。尽管上述模型非常精确，但是这种物理（自下而上）模型涉及的数学计算非常复杂，特别是考虑多导体传输线时。然而，这仍是个非常好的例子，有助于我们理解多径效应产生的过程以及随之而来的 PLC 信道频率选择性衰减。

参考文献

[1] L.T.Berger and G. Moreno-Rodríguez, Power line communication channel modelling through concatenated IIR-filter elements, Academy Publisher Journal of Communications, 4 (1), 41-51, February 2009.

[2] L.T.Berger, Broadband powerline communications, in Convergence of Mobile and Stationary Next Generation Networks, K. Iniewski, Ed. John Wiley & Sons, Hoboken, NJ, 2010, ch. 10, pp. 289-316.

[3] L. T. Berger, Wireline communications in smart grids, in Smart Grid-Applications, Communications and Security, L. T. Berger and K. Iniewski, Eds. John Wiley & Sons, Hoboken, NJ, April 2012, pp. 191-230.

[4] L. T. Berger, A. Schwager and J. J. Escudero-Garzás, Power line communications for smart grid applications, Hindawi Publishing Corporation Journal of Electrical and Computer Engineering, no. ID 712376, pp. 1-16, 2013, Received 3August 2012; Accepted 29December 2012, Academic Editor: Ahmed Zeddam. [Online] Available: http://www.hindawi.com/journals/jece/aip/712376/.

[5] M. Zimmermann and K. Dostert, An analysis of the broadband noise scenario in power-line networks, in International Symposium on Power Line Communications and Its Applications (ISPLC), Limerick, Ireland, April 2000, pp. 131-138.

[6] M. Babic, M. Hagenau, K. Dostert and J. Bausch, Theoretical postulation of PLC channel model, The OPERA Consortium, IST Integrated Project Deliverable D4v2.0, March 2005.

[7] E. Biglieri, Coding and modulation for a horrible channel, IEEE Communications Magazine, 41 (5), 92 – 98, May 2003.

[8] International Telecommunications Union (ITU), ITU radio regulations. [Online] Available: http: // life.itu.int/radioclub/rr/art02.htm (accessed March 2013), 2008, Vol. 1, Article 2; Edition of 2008.

[9] S. Galli, A. Scaglione and Z. Wang, For the grid and through the grid: The role of power line communications in the smart grid, Proceedings of the IEEE, 99 (6), June 2011.

[10] K. Dostert, Powerline Communications. Prentice Hall, Upper Saddle River, NJ, 2001.

[11] G. Held, Understanding Broadband over Power Line. CRC Press, Boca Raton, FL, 2006.

[12] P. Sobotka, R. Taylor and K. Iniewski, Broadband over power line communications: Home networking, broadband access, and smart power grids, in Internet Networks: Wired, Wireless, and Optical Technologies, ser. Devices, Circuits, and Systems, K. Iniewski, Ed., CRC Press, Boca Raton, FL, December 2009, ch. 8.

[13] R. Pighi and R. Raheli, On multicarrier signal transmission for high voltage power lines, in IEEE International Symposium on Power Line Communications and its Applications (ISPLC), Vancouver, British Columbia, Canada, April 2005.

[14] D. Hyun and Y. Lee, A study on the compound communication network over the high voltage power line for distribution automation system, in International Conference on Information Security and Assurance (ISA), Busan, Korea, April 2008, pp. 410 – 414.

[15] R. Aquilu, I. G. J. Pijoan and G. Sanchez, High-voltage multicarrier spread-spectrum system field test, IEEE Transactions on Power Delivery, 24 (3), 1112 – 1121, July 2009.

[16] N. Strandberg and N. Sadan, HV-BPL phase 2 field test report, U.S. Department of Energy, Technical Report DOE/NETL – 2009/1388, 2009, http: //www.netl.doe.gov/smartgrid/referenceshelf/reports/HV-BPL_Final_Report.pdf (accessed December 2010).

[17] P. Wouters, P. van der Wielen, J. Veen, P. Wagenaars and E. Steennis, Effect of cable load impedance on coupling schemes for MV power line communication, IEEE Transactions on Power Delivery, 20 (2), 638 – 645, April 2005.

[18] R. Benato and R. Caldon, Application of PLC for the control and the protection of future distribution networks, in IEEE International Symposium on Power Line Communications and Its Applications (ISPLC), Pisa, Italy, March 2007.

[19] A. Cataliotti, A. Daidone and G. Tiné, Power line communication in medium voltage systems: Characterization of MV cables, IEEE Transactions on Power Delivery, 23 (4), 1896 – 1902, October 2008.

[20] N. Pine and S. Choe, Modified multipath model for broadband MIMO power line communications, in IEEE International Symposium on Power Line Communications and Its Applications, Beijing, China, April 2012.

[21] P. Meier, M. Bittner, H. Widmer, J-L. Bermudez, A. Vukicevic, M. Rubinstein, F. Rachidi, M. Babic and J. Simon Miravalles, Pathloss as a function of frequency, distance and network topology for various LV and MV European powerline networks, The OPERA Consortium, Project Deliverable, EC/IST FP6 Project No. 507667D5v0.9, April 2005.

[22] A. Rubinstein, F. Rachidi, M. Rubinstein, A. Vukicevic, K. Sheshyekani, W. Bschelin and C. Rodríguez-Morcillo, EMC guidelines, The OPERA Consortium, IST Integrated Project Deliverable D9v1.1,

October 2008, IST Integrated Project No. 026920.

[23] A. Vukicevic, Electromagnetic compatibility of power line communication systems, Dissertation, École Polytechnique Fédérale de Lausanne, Lausanne, Switzerland, June 2008, no. 4094.

[24] N. Gonzáez-Prelcic, C. Mosquera, N. Degara and A. Currais, A channel model for the Galician low voltage mains network, in International Symposium on Power Line Communications (ISPLC), Malmö, Sweden, March 2001, pp. 365 – 370.

[25] M. Zimmermann and K. Dostert, A multipath model for the powerline channel, IEEE Transactions on Communications, 50 (4), 553 – 559, April 2002.

[26] H. Liu, J. Song, B. Zhao and X. Li, Channel study for medium-voltage power networks, in IEEE International Symposium on Power Line Communications (ISPLC), Orlando, FL, March 2006, pp. 245 – 250.

[27] H. Philipps, Performance measurements of powerline channels at high frequencies, in International Symposium in Power Line Communications, Tokyo, Japan, March 1998, pp. 229 – 237.

[28] D. Liu, E. Flint, B. Gaucher and Y. Kwark, Wide band AC power line characterization, IEEE Transactions on Consumer Electronics, 45 (4), 1087 – 1097, 1999.

[29] H. Philipps, Hausinterne Stromversorgungsnetze als übertragungswege für hochratige digitale Signale, Dissertation, Technical University Carolo-Wilhelmina zu Braunschweig, Braunschweig, Germany, 2002.

[30] T. Esmailian, F. R. Kschischang and P. G. Gulak, In-building power lines as high-speed communication channels: Channel characterization and a test channel ensemble, International Journal of Communication Systems, 16, 381 – 400, 2003.

[31] ETSI Technical Committee PowerLine Telecommunication (PLT), PowerLine Telecommunications (PLT); Hidden Node review and statistical analysis, Technical Report TR 102 269 V1.1.1, December 2003.

[32] A. Schwager, L. Stadelmeier and M. Zumkeller, Potential of broadband power line home networking, in Second IEEE Consumer Communications and Networking Conference, January 2005, pp. 359 – 363.

[33] P. Karols, K. Dostert, G. Griepentrog and S. Huettinger, Mass transit power traction networks as communication channels, IEEE Journal on Selected Areas in Communications, 24 (7), 1339 – 1350, July 2006.

[34] T. Huck, J. Schirmer, T. Hogenmuller and K. Dostert, Tutorial about the implementation of a vehicular high speed communication system, in International Symposium on Power Line Communications and Its Applications (ISPLC), Vancouver, British Columbia, Canada, April 2005, pp. 162 – 166.

[35] S. Galli, T. Banwell and D. Waring, Power line based LAN on board the NASA space shuttle, in IEEE 59th Vehicular Technology Conference, Milan, Italy, Vol. 2, May 2004, pp. 970 – 974.

[36] J. Wolf, Power line communication (PLC)in space-Current status and outlook, in ESA Workshop on Aerospace EMC, Venice, Italy, 2012, pp. 1 – 6.

[37] S. Tsuzuki, M. Yoshida and Y. Yamada, Characteristics of power-line channels in cargo ships, in International Symposium on Power Line Communications and Its Applications (ISPLC), Pisa, Italy, March 2007, pp. 324 – 329.

[38] J. Yazdani, K. Glanville and P. Clarke, Modelling, developing and implementing sub-sea power-line

communications networks, in International Symposium on Power Line Communications and Its Applications, Vancouver, British Columbia, Canada, 2005, pp. 310 – 316.

[39] L. T. Berger and K. Iniewski, Smart Grid-Applications, Communications and Security. John Wiley & Sons, New York, April 2012.

[40] G. J. Foschini and M. J. Gans, On limits of wireless communications in a fading environment when using multiple antennas, Wireless Personal Communications, (6), 311 – 335, 1998.

[41] L. Schumacher, L. T. Berger and J. Ramiro Moreno, Recent advances in propagation characterisation and multiple antenna processing in the 3GPP framework, in XXVIth URSI General Assembly, Maastricht, the Netherlands, August 2002, session C2.

[42] C. R. Paul, Analysis of Multiconductor Transmission Lines. John Wiley & Sons, New York, 1994.

[43] European Telecommunication Standards Institute (ETSI), Powerline Telecommunications (PLT); MIMO PLT; Part 1: Measurement Methods of MIMO PLT, February 2012. [Online] Available: http: // www.etsi.org/deliver/etsi_tr/101500_101599/10156201/01.03.01_60/tr_10156201v010301p.pdf.

[44] International Electrotechnical Commission (IEC), Power line communication system or power utility applications-Part 1: Planning of analog and digital power line carrier systems operating over EHV/HV/MV electricity grids, September 2012.

[45] ETSI Technical Committee PowerLine Telecommunication (PLT), PowerLine Telecommunication (PLT); Basic data relating to LVDN measurements in the 3MHz to 100MHz frequency range, Technical Report TR 102 370V1.1.1, November 2004. [Online] Available: http: //www.etsi.org/deliver/etsi_tr/102300_102399/102370/01.01.01_60/.

[46] European Telecommunication Standards Institute (ETSI), Powerline Telecommunications (PLT); MIMO PLT Universal Coupler, Operating Instructions-Description, May 2011. [Online] Available: http:// www.etsi.org/deliver/etsi_tr/101500_101599/101562/01.01.01_60/tr_101562v010101p.pdf.

[47] A. Schwager, Powerline communications: Significant technologies to become ready for integration, Dissertation, Universität Duisburg-Essen, Fakultät für Ingenieurwissenschaften, Duisburg-Essen, Germany, 2010. [Online] Available: http: //duepublico.uni-duisburg-essen.de/servlets/DerivateServlet/Derivate – 24381/Schwager_Andreas_Diss.pdf.

[48] T. Banwell and S. Galli, A novel approach to the modeling of the indoor power line channel part I: Circuit analysis and companion model, IEEE Transactions on Power Delivery, 20 (2), 655 – 663, April 2005.

[49] M. Ishihara, D. Umehara and Y. Morihiro, The correlation between radiated emissions and power line network components on indoor power line communications, in IEEE International Symposium on Power Line Communications and Its Applications, Orlando, FL, 2006, pp. 314 – 318.

[50] M. Tanaka, High frequency noise power spectrum, impedance and transmission loss of power line in Japan on intrabuilding power line communications, IEEE Transactions on Consumer Electronics, (CE – 34), 321 – 326, May 1988.

[51] S. Tsuzuki, S. Yamamoto, T. Takamatsu and Y. Yamada, Measurement of Japanese indoor power-line channel, in Fifth International Symposium Power-Line Communications, Malmö, Sweden, 2001, pp. 79 – 84.

[52] J. A. Malack and J. R. Engstrom, RF impedance of United States and European power lines, IEEE Transactions on Electromagnetic Compatibility, EMC − 18, 36 − 38, February 1976.

[53] J. R. Nicholson and J. A. Malack, RF impedance of power lines and line impedance stabilization networks in conducted interference measurements, IEEE Transactions on Electromagnetic Compatibility, EMC − 15, 84 − 86, May 1973.

[54] Ministry of Internal Affairs and Communications (MIC), Report of the CISPR committee, the information and communication council, June 2006, available only in Japanese. [Online] Available: http: // www.soumu.go.jp/joho_tsusin/policyreports/joho_tsusin/bunkakai/pdf/060629_3_1 − 2.pdf.

[55] M. Hove, T. O. Sanya, A. J. Snyders, I. R. Jandrell and H. C. Ferreira, The effect of type of transient voltage suppressor on the signal response of a coupling circuit for power line communications, in IEEE AFRICON, Livingstone, Zambia, 2011, pp. 1 − 6.

[56] G. R. and S. K. Das, Power line transient interference and mitigation techniques, in IEEE INCEMIC, Chennai, India, 2003, pp. 147 − 154.

[57] N. Mungkung, S. Wongcharoen, C. Sukkongwari and S. Arunrungrasmi, Design of AC electronics load surge protection, International Journal of Electrical, Computer and Systems Engineering, 1 (2), 126 − 131, 2007.

[58] Littlefuse, Combining GDTs and MOVs for surge protection of AC power lines, application Note EC640. [Online] Available: www.littelfuse.com.

[59] ETSI Technical Committee PowerLine Telecommunication (PLT), Power line telecommunications (PLT); Channel characterization and measurement methods, Technical Report TR 102 175 V1.1.1, 2003. [Online] Available: http: //www.etsi.org/deliver/etsi_tr/102100_102199/102175/01.01.01_60/tr_102175v01 0101p.pdf.

[60] D. M. Pozar, Microwave Engineering, 3rd edn. John Wiley & Sons, New York, 2005.

[61] S. Galli, A simplified model for the indoor power line channel, in IEEE International Symposium on Power Line Communications and Its Applications (ISPLC), Dresden, Germany, March 2009, pp. 13 − 19.

[62] F. J. Cañete Corripio, L. Díez del Río and J. T. Entrambasaguas Muñoz, A time variant model for indoor power-line channels, in International Symposium on Power Line Communications (ISPLC), Malmö, Sweden, March 2001, pp. 85 − 90.

[63] F. J. Cañete, L. Díez, J. A. Cortés and J. T. Entrambasaguas, Broadband modelling of indoor power-line channels, IEEE Transactions on Consumer Electronics, 48 (1), 175 − 183, February 2002.

[64] T. Esmailian, F. R. Kschischang and P. G. Gulak, An in-building power line channel simulator, in International Symposium on Power Line Communications and Its Applications (ISPLC), Athens, Greece, March 2002.

[65] F. J. Cañete, J. A. Cortés, L. Díez and J. T. Entrambasaguas, Modeling and evaluation of the indoor power line transmission medium, IEEE Communications Magazine, 41 (4), 41 − 47, April 2003.

[66] S. Galli and T. Banwell, A novel approach to the modeling of the indoor power line channel-Part II: Transfer function and its properties, IEEE Transactions on Power Delivery, 20 (3), 1869 − 1878, July 2005.

[67] T. Sartenaer and P. Delogne, Deterministic modeling of the (shielded)outdoor power line channel based on

the multiconductor transmission line equations, IEEE Journal on Selected Areas in Communications, 24 (7), 1277 – 1291, July 2006.

[68] H. Philipps, Development of a statistical model for powerline communication channels, in International Symposium on Power Line Communications (ISPLC), Limerick, Ireland, April 2000, pp. 153 – 160.

[69] J-H. Lee, J-H.Park, H-S.Lee, G-W.Lee and S-C. Kim, Measurement, modelling and simulation of power line channel for indoor high-speed data communications, in International Symposium on Power Line Communications (ISPLC), Malmö, Sweden, March 2001, pp. 143 – 148.

[70] S. Barmada, A. Musolino and M. Raugi, Innovative model for time-varying power line communication channel response evaluation, IEEE Journal on Selected Areas in Communications, 7 (24), 1317 – 1326, July 2006.

[71] S. Galli and T. C. Banwell, A deterministic frequency-domain model for the indoor power line transfer function, IEEE Journal on Selected Areas in Communications, 24 (7), 1304 – 1316, July 2006.

[72] J. Anatory, N. Theethayi and R. Thottappillil, Power-line communication channel model for interconnected networks-Part I: Two-conductor system, IEEE Transactions on Power Delivery, 24 (1), 118 – 123, January 2009.

[73] J. Anatory, N. Theethayi and R. Thottappillil, Power-line communication channel model for interconnected networks-Part II: Multiconductor system, IEEE Transactions on Power Delivery, 24, 124 – 128, January 2009.

[74] G. Moreno-Rodríguez and L. T. Berger, An IIR-filter approach to time variant PLC-channel modelling, in IEEE International Symposium on Power Line Communications and Its Applications (ISPLC), Jeju, South Korea, April 2008, pp. 87 – 92.

[75] A. M. Tonello and F. Versolatto, Bottom-up statistical PLC channel modeling-Part II: Inferring the statistics, IEEE Transactions on Power Delivery, 25 (4), 2356 – 2363, October 2010.

[76] A. M. Tonello and F. Versolatto, Bottom-up statistical PLC channel modeling-Part I: Random topology model and efficient transfer function computation, IEEE Transactions on Power Delivery, 26 (2), 891 – 898, April 2011.

[77] M. Zimmermann and K. Dostert, A multi-path signal propagation model for the power line channel in the high frequency range, in International Symposium on Power-Line Communications and its Applications (ISPLC), Lancaster, U.K., April 1999, pp. 45 – 51.

[78] M. Tlich, A. Zeddam, F. Moulin and F. Gauthier, Indoor power line communications channel characterization up to 100MHz-Part I: One-parameter deterministic model, IEEE Transactions on Power Delivery, 23 (3), 1392 – 1401, July 2008.

[79] M. Tlich, A. Zeddam, F. Moulin and F. Gauthier, Indoor power line communications channel characterization up to 100MHz-Part II: Time-frequency analysis, IEEE Transactions on Power Delivery, 23 (3), 1402 – 1409, July 2008.

[80] J. P. Kermoal, L. Schumacher, K. I. Pedersen, P. E. Mogensen and F. Frederiksen, A stochastic MIMO radio channel model with experimental validation, IEEE Journal on Selected Areas in Communications, 20, (6), 1211 – 1226, August 2002.

[81] C. S. Cowies and J. P. Leveille, Modal transmission method and apparatus for multi-conductor wireline cables, Patent EP 0 352 869A2, January, 1990. [Online] Available: http: //worldwide.espacenet.com/ espacenetDocument.pdf?flavour = trueFull&locale = es_LP&FT = D&date = 19900131&CC = EP&NR = 035 2869A2&KC = A2&popup = true, accessed October 2012.

[82] J. Dagher, System and method for transporting high-bandwidth signals over electrically conducting transmission lines, Patent US 5 553 097A, September 1996. [Online] Available: http: //worldwide.espacenet. com/espacenetDocument.pdf?flavour = trueFull&locale = es_LP&FT = D&date = 19960903&CC = US&N R = 5553097A&KC = A&popup = true, accessed October 2012.

[83] D. C. Mansur, Eigen-mode encoding of signals in a data group, Patent US 6 226 330B1, May 2001. [Online] Available: http: //worldwide.espacenet.com/espacenetDocument.pdf?flavour = trueFull&locale = es_LP&FT = D&date = 20010501&CC = US&NR = 6226330B1&KC = B1&popup = true, accessed October 2012.

[84] B. Honary, J. Yazdani and P. A. Brown, Space time coded data transmission via inductive effect between adjacent power lines, Patent GB2 383 724, December 2001. [Online] Available: http: //worldwide.espacenet. com/publicationDetails/biblio?DB = EPODOC&
II = 0&ND = 3&adjacent = true&locale = en_EP&FT = D&date = 20030702&CC = GB&NR = 2383724 A&KC = A, accessed October 2012.

[85] C. L. Giovaneli, J. Yazdani, P. Farrell and B. Honary, Application of space-time diversity/coding for power line channels, in International Symposium on Power Line Communications and Its Applications (ISPLC), Athens, Greece, March 2002.

[86] L. Stadelmeier, D. Schill, A. Schwager, D. Schneider and J. Speidel, MIMO for inhome power line communications, in Seventh International ITG Conference on Source and Channel Coding (SCC), Ulm, Germany, January 2008.

[87] R. Hashmat, P. Pagani and T. Chonavel, MIMO capacity of inhome PLC links up to 100MHz, in Third Workshop on Power Line Communications, Udine, Italy, October 2009.

[88] R. Hashmat, P. Pagani and T. Chonavel, MIMO communications for inhome PLC networks: Measurements and results up to 100MHz, in IEEE International Symposium on Power Line Communications and Its Applications, Rio de Janeiro, Brazil, March 2010.

[89] R. Hashmat, P. Pagani, A. Zeddam and T. Chonavel, Measurement and analysis of inhome MIMO PLC channel noise, in Fourth Workshop on Power Line Communications, Boppard, Germany, September 2010.

[90] D. Veronesi, R. Riva, P. Bisaglia, F. Osnato, K. Afkhamie, A. Nayagam, D. Rende and L. Yonge, Characterization of in-home MIMO power line channels, in 2011IEEE International Symposium on Power Line Communications and Its Applications (ISPLC), April 2011, pp. 42 – 47.

[91] D. Rende, A. Nayagam, K. Afkhamie, L. Yonge, R. Riva, D. Veronesi, F. Osnato and P. Bisaglia, Noise correlation and its effects on capacity of inhome MIMO power line channels, in IEEE International Symposium on Power Line Communications, Udine, Italy, April 2011, pp. 60 – 65.

[92] D. Schneider, A. Schwager, W. Baschlin and P. Pagani, European MIMO PLC field measurements: Channel analysis, in 2012 16th IEEE International Symposium on Power Line Communications and Its Applications (ISPLC), Beijing, China, March 2012, pp. 304 – 309.

[93] F. Versolatto and A. M. Tonello, MIMO PLC random channel generator and capacity analysis, in IEEE International Symposium on Power Line Communications and Its Applications, Udine, Italy, April 2011, pp. 66 − 71.

[94] T. Banwell, Accurate indoor residential PLC model suitable for channel and EMC estimation, in IEEE 6th Workshop on Signal Processing Advances in Wireless Communications, New York, June 2005, pp. 985 − 990.

[95] F. Versolatto and A. M. Tonello, An MTL theory approach for the simulation of MIMO power-line communication channels, IEEE Transactions on Power Delivery, 26 (3), 1710 − 1717, July 2011.

[96] A. Canova, N. Benvenuto and P. Bisaglia, Receivers for MIMO-PLC channels: Throughput comparison, in IEEE International Symposium on Power Line Communications and Its Applications, Rio, Brazil, March 2010.

[97] R. Hashmat, P. Pagani, A. Zeddam and T. Chonave, A channel model for multiple input multiple output in-home power line networks, in 2011 IEEE International Symposium on Power Line Communications and Its Applications (ISPLC), Udine, Italy, April 2011, pp. 35 − 41.

[98] A. M. Tonello, Wideband impulse modulation and receiver algorithms for multiuser power line communications, EURASIP Journal on Advances in Signal Processing, 1 − 14, 2007.

[99] M. Tlich, P. Pagani, G. Avril, F. Gauthier, A. Zeddam, A. Kartit, O. Isson et al., PLC channel characterization and modelling, OMEGA, European Union Project Deliverable D3.2v.1.2 IST Integrated Project No ICT − 213311, February 2011. [Online] Available: http: //www.ict-omega.eu/publications/ deliverables.html (accessed April 2013).

[100] A. Tomasoni, R. Riva and S. Bellini, Spatial correlation analysis and model for in-home MIMO power line channels, in IEEE International Symposium on Power Line Communications and Its Applications, Beijing, China, April 2012.

[101] M. Zimmermann and K. Dostert, Analysis and modeling of impulsive noise in broad-band powerline communications, IEEE Transactions on Electromagnetic Compatibility, 44 (1), 249 − 258, February 2002.

[102] V. Degardin, M. Lienard, A. Zeddam, F. Gauthier and P. Degauque, Classification and characterization of impulsive noise on indoor power lines used for data communications, IEEE Transactions on Consumer Electronics, 48 (4), 913 − 918, November 2002.

[103] Y-T. Ma, K-H.Liu, Z-J.Zhang, J-X.Yu and X-L. Gong, Modeling the colored background noise of power line communication channel based on artificial neural network, in Wireless and Optical Communications Conference, Shanghai, China, May 2010.

[104] J. A. Cortés, L. Díez, F. J. Cañete and J. J. Sánchez-Martínez, Analysis of the indoor broadband power line noise scenario, IEEE Transactions on Electromagnetic Compatibility, 52 (4), 849 − 858, November 2010.

[105] P. Pagani, R. Hashmat, A. Schwager, D. Schneider and W. Baschlin, European MIMO PLC field measurements: Noise analysis, in 2012 16th IEEE International Symposium on Power Line Communications and Its Applications (ISPLC), Beijing, China, March 2012, pp. 310 − 315.

[106] R. Hashmat, P. Pagani, T. Chonavel and A. Zeddam, Analysis and modeling of background noise for

inhome MIMO PLC channels, in IEEE International Symposium on Power Line Communications and its Applications, Beijing, China, March 2012.

[107] R. Hashmat, P. Pagani, T. Chonavel and A. Zeddam, A time domain model of background noise for inhome MIMO PLC networks, IEEE Transactions on Power Delivery, 27 (4), 2082 – 2089, October 2012.

[108] F. J. Cañete Corripio, Caracterizacion y modelado de redes electricas interiorescomo medio de transmision de banda ancha, Dissertation, Universidad de Malaga, Escuela Tecnica Superior de Ingenierya de Telecomunicacion, Malaga, Spain, 2006.

[109] T. Sartenaer, Multiuser communications over frequency selective wired channels and applications to the powerline access network, PhD dissertation, Faculty of Applied Sciences of the Université Catholique de Louvain, Louvain-la-Neuve, Belgium, September 2004.

[110] Ansoft Corporation, Maxwell 2D, web page, accessed April 2013. [Online] Available: http: //www.ansys. com/Products/Simulation + Technology/Electromagnetics/Electromechanical + Design/ANSYS + Maxwell.

[111] T. Hubeny, Line parameters simulator of symmetric lines, web page, http: //matlab.feld.cvut.cz/en/ view.php?cisloclanku = 2006011801 (accessed April 2013).

[112] T. Bostoen and O. Van de Wiel, Modelling the low-voltage power distribution network in the frequency band from 0.5MHz to 30MHz for broadband powerline communications (PLC), in International Zurich Seminar on Broadband Communications, Zurich, Switzerland, 2000, pp. 171 – 178.

2

办公室环境中的窄带信道特性

可靠的通信手段在智能电网的增值服务、配电自动化、自动抄表、负荷控制和远程诊断等方面扮演着重要角色。称为窄带 PLC（NB-PLC）的频带范围可达 500kHz 的 PLC 系统及其应用正变得越来越流行。NB-PLC 具有相对较大的通信覆盖范围，通常可将其用于智能电网中。然而，窄带电力线信道表现出高度动态的不可预测性和不可再现特征。此外，它还是一个具有频率选择性衰减和非常复杂噪声的信道环境。这样的信道条件甚至使得低速数据传输也非常具有挑战性。

本章将在传输信道时变特性的影响下，提供一种方法来确定低压电网的链路质量。除了噪声和信道传输函数（Transfer Function，TF）之外，低压电网的接入阻抗作为一个至关重要的因素也将会受到关注。具体的分析与实现方法将在稍后讨论。本章也将给出在一个小的大学校园低压电网中测量得到的代表性结果。该低压电网的拓扑结构如图 2-1 所示，包含一个 630kVA 的变压器，其通过电缆为几个办公楼供电。变压器到各建筑间的距离在图 2-1 中给出。所有电缆均由四根线组成（三根相线加一根零线），其中一些电缆作了屏蔽处理。还有两根连接到变电站母线的电缆，通过分支线为其他两个建筑供电，没有在图 2-1 中给出。

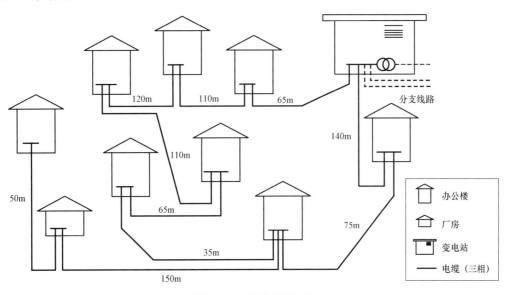

图 2-1 低压电网拓扑

首先，本章介绍 NB-PLC 信道模型以及获取信道特性的测量方法。在 2.3～2.6 节中，介绍了基本的信道特性如噪声、衰减、信噪比（Signal-to-Noise Ratio，SNR）和接入阻抗的评估结果。

2.1 窄带 PLC 信道建模

为了描述电力线网络中 PLC 发送端（Tx）和接收端（Rx）之间的电力线信道，我们使用一种扩展的单向线性时变模型。如图 2-2 所示，它由电网接入阻抗、一个线性滤波器和一个加性噪声源组成。t 和 f 分别表示时间和频率，用来描述信道的时变特性。时变的接入阻抗 $\underline{Z}_A(t,f)$ 是从电源插座看进去的等效阻抗，它与发送端等效时不变输出阻抗 $\underline{Z}_T(f)$ 一起决定了可以注入到电力线网络的信号电平。令 $x(t)$ 和 $s_A(t)$ 分别表示原始信号和注入信号，$X(t,f)$ 和 $S_A(t,f)$ 分别是其频域表示，则 $s_A(t)$ 对 $x(t)$ 的信号电平比可以由下式获得：

$$H_A(t,f) = \frac{S_A(t,f)}{X(t,f)} = \frac{\underline{Z}_A(t,f)}{\underline{Z}_A(t,f) + \underline{Z}_T(f)} \tag{2.1}$$

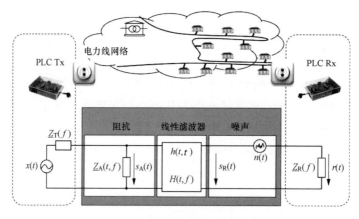

图 2-2　信道的等效电气模型

$H_A(t,f)$ 通常是频率选择性的，一般其幅度在多数频带范围内小于 1。这种频率选择性衰减是由阻抗不匹配造成的，称之为耦合损耗[1]。为了补偿耦合损耗进行了很多尝试。例如，采用自适应算法或者特殊耦合电路，实现信号传输过程中的阻抗匹配[2]。耦合损耗也可以通过减少 $\underline{Z}_T(f)$ 来降低，对于具有该特性的系统来说，$\underline{Z}_A(t,f)$ 的影响可以忽略不计。接收到的信号 $s_R(t)$ 通常是经过衰减和畸变的 $s_A(t)$ 信号。对于线性系统，$s_R(t)$ 与 $s_A(t)$ 之间的关系可以通过频域的传输函数 $H(t,f)$ 或时域的脉冲响应 $h(t,\tau)$ 来描述。一般来说，在时刻 $t-\tau$ 给一个脉冲激励，$h(t,\tau)$ 在时刻 t 得到一个响应。t 和 τ 也分别称为瞬时观测时间和激励时间[3]。$s_R(t)$ 与 $s_A(t)$ 的关系如下：

$$s_R(t) = \int_{-\infty}^{\infty} h(t,\tau) \cdot s_A(t-\tau) \mathrm{d}\tau \tag{2.2}$$

$h(t,\tau)$ 和 $H(t,f)$ 的关系如下：

$$H(t,f) = \int\limits_{-\infty}^{\infty} h(t,\tau) \cdot e^{-j2\pi f\tau} d\tau \tag{2.3}$$

加性噪声 $n(t)$ 是在接收端处干扰噪声的集合。关于时变性，可以认为许多连接到电网的电气设备的等效输入阻抗是周期性变化的，且与交流电周期或它自身的谐波同步。这种现象会引起传输信号和干扰信号的周期性频率选择性衰落[4]。与此同时，许多电气设备本身也会产生与工频电压同步的噪声[5,6]。

从信号处理的角度来看，时域接收信号 $r(t)$ 可表示为：

$$r(t) = x(t) \cdot h_A(t,\tau) \cdot h(t,\tau) + n(t) \tag{2.4}$$

其频域信号表示为：

$$R(t,f) = X(t,f) \cdot H_A(t,f) \cdot H(t,f) + N(t,f) \tag{2.5}$$

信道传输函数 $H(t,f)$ 描述了在某个特定频率和时间上，接收端的电压与注入电网的电压之间的比值（幅度和相位）。一般来说，NB-PLC 信道的传输函数是不对称的。

2.2　信道参数的测量

本节的重点是噪声、衰减和阻抗的实际测量方法。针对现实中各种场景的适用性是选择测量方法的关键。下面将对有代表性的测量结果进行展示和讨论。

噪声和接入阻抗具有周期平稳的特性，因此信道的传输函数和信噪比也具有周期平稳性。鉴于这个原因，信道测量需要与工频电压过零点同步。考虑到信道的时变性，所有信道参数需要同时确定或者至少在很短的时间内予以确定。在测量过程中还使用了多个分布式部署的测量设备，这样就能在某一时刻获得整个电网的整体特性。测量过程周期性地执行以下步骤：

（1）检测空闲信道：在每个周期的开始记录噪声。

（2）传输/抓取测量序列：每个设备（一个接一个地）以一个预定的顺序发送测量序列，并与工频同步，序列由离散频率的正弦信号组成。

所抓取数据的分析是在测量完成后离线进行的。将每一个工频周期均匀划分为 20 个间隔，并计算信道参数的统计值，通过这些统计数据的分析获得信道在一个测量周期内的短时特性和长时特性。

为了获得所有相关的信道参数，必须进行系统的测量。针对低压电网研究的需要部署了三个高度灵活的测量和通信平台[7]。

每个平台允许耦合任意的测量信号到电力线，还可以接收和抓取信号，接收到的信号通过 USB 接口实时地传输到电脑上，并可以抓取任意长度的信号。发送和接收使用的采样率为 1.333MHz，它允许观测的频率可达 500kHz。平台与电网的工频保持同步。此外，该平台也可以配置为正交频分复用（Orthogonal Frequency-Division Multiplexing，OFDM）调制解调器模式来进行数据传输。测量过程分为多个测量周期，总体上，在每个测量周期进行三个步骤。第一步，所有三个平台同时记录 30s 本地噪声；第二步，测量从一个位置到另一个位置的传输函数。信道传输特性通常是不对称的（见 2.4 节），因此，每个链路必须进行双向信道测量。故使用三个测量平台后，共涉及六个测量方向。第三步，三个平台其中之一发送探测信号，此时其他两个平台记录接收到的畸变的信号用来估计信道失真。通过这种方式，可以同时研究两个方向上的信道传输特性。当一个平台完成发送后，会切换到接收模式，另一个平台开始发送探测信号。这一过程持续进行，直到获得所有六个方向上的信道衰减值。

在一个小型低压电网开展了上述测量工作。本章给出的测量结果主要是基于两个测试活动：一个是在图 2-3 中 S1、S2 和 S3 三个点上进行的 24h 测试，另一个是在 S1、S3 和 S4 三个点上进行的测试。此外，在 2.6 节中，为研究接入阻抗，还在郊区和农村低压电网进行了阻抗测量。

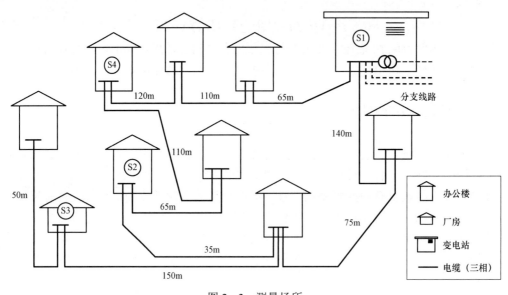

图 2-3　测量场所

2.3　噪声

噪声是影响信道质量的重要因素。一方面，信号传输有很大的衰减，通信质量主要是由接收端不同的噪声决定的。另一方面，电力线信道噪声与传统的加性高斯白噪声不同，它有着更为复杂的频谱特性和时变特性。因此有必要具体分析噪声，并依据真实的噪声环境来评估 NB-PLC 系统。本节介绍了对测量期间所记录噪声的分析。首先，概述了噪声的特性，包括在一个工频周期内的短时特性，以及数小时或数天的长时特性。在随后的章节中，详细分析了不同类型的噪声。典型的噪声可以分为窄带干扰、脉冲噪声和有色背景噪声三类。此外，将讨论窄带干扰的一个新的子类，在这个子类中的窄带干扰都有一个扫频特征。鉴于这个频谱特性，其也被称为扫频噪声（Swept-Frequency Noise，SFN）。

2.3.1　概述

为了深入分析，抓取 N_c 个工频周期时长的噪声，将每一个工频周期平均划分为 20 个间隔（见图 2-4），这样抓取的噪声为时长约 1ms（50Hz 情况下），长度为 L 的抽样（在 1.333MHz 采样率下约 1333 个抽样点）。根据工频周期的实际长度，这个值可能会略有不同。

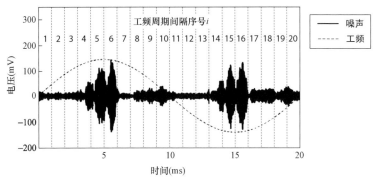

图 2-4　工频周期分段

首先，计算每个工频周期分段的总噪声功率。对于每个时间间隔，通过使用频谱估计器计算功率谱密度：

$$\hat{S}_{n,k,i} = DFT\{\tilde{x}_{n,i,l}\omega_L\} \tag{2.6}$$

式中：$\tilde{x}_{n,i,l}$（$n=1$，…，N_c；$l=1$，…，L；$i=1$，…，20）表示在第 n 个工频周期内第 i 个间隔的第 l 个抽样值；ω_L 是布莱克曼-哈里斯（Blackman-Harris）窗，其长度等于一个间隔的长度。对于每个工频周期间隔，均在时域和频域上估计噪声的均值和方差。

鉴于低压电网中频率小于 500kHz 时阻抗存在时变性，而需要测量的是电压幅度而不是功率，故结果分别用 dBV² 或 dBV²/Hz 为单位表示。

图 2-5（a）展示了在一个典型的靠近用户单元（一栋建筑内电表位置）处的噪声观测结果。其中，图上部展示了在一个工频周期内噪声水平的统计数据。

可以看出，在每个工频周期的 1ms 时间间隔内的噪声能量波动很大，但波动是周期性的，周期为 10ms。可观察到在一个工频周期内，不同时间间隔的噪声能量偏差大于 15dB。噪声主要集中在工频电压最大和最小时。

图 2-5（b）是一个工频周期噪声的频谱。噪声功率最大程度地集中在低于 70kHz 的频段。但是当时域上某个工频周期间隔内噪声功率开始增加时，在相同的时间间隔内噪声带宽也会超出 70kHz。这是由这些瞬时时刻时域信号的脉冲特性所造成的。虽然噪声带宽增加了，然而，由脉冲引入的额外功率大多仍低于 70kHz。此外，窄带噪声分量在不同频率处变得显著。这些窄带干扰各自的功率在一个工频周期时间内变化缓慢，且一般强烈地依赖于特定的测量位置。

为了便于作长期分析，把在短期分析中得到的一个工频周期上的噪声功率平均值串联起来。图 2-6 描述了一个 24h 的测量结果。可以看出，一个工频周期内的噪声功率特性在几小时内几乎是不变的，但在日间和夜间却发生明显的变化，在夜间噪声功率显著降低。

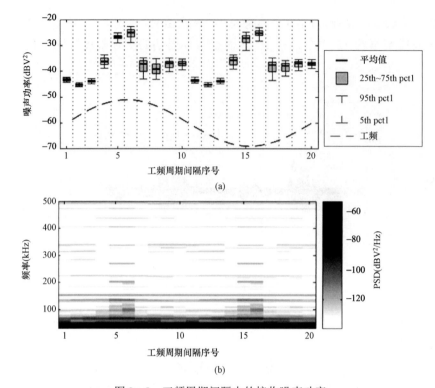

(a)

(b)

图 2-5 工频周期间隔内的接收噪声功率

（a）时域上的噪声功率统计值；（b）频域上的噪声功率分布（平均值）

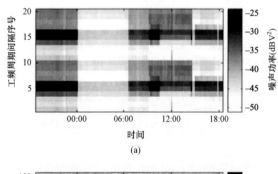

(a)

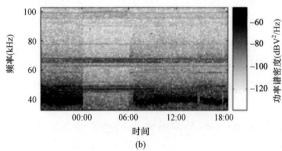

(b)

图 2-6 24h 内的噪声功率分布

（a）每个工频周期间隔的总体噪声功率；

（b）噪声功率随频率的分布（100kHz 以内）

总结噪声特性，发现噪声信号的中位值在相当长一段时间内呈现出近似周期平稳的特征。从一个工频周期内噪声功率中位值的变化过程可以看出，其特性在几个小时内保持不变。对应到工频周期内的某个瞬时时间，频域上噪声功率分布（噪声功率谱密度）的变化与时域上噪声功率的变化是一致的，在时域上噪声功率的最大值与频域上噪声带宽的增加同时发生。

在下面几节中，详细分析了不同类型的噪声。

2.3.2 窄带干扰

相比于背景噪声，窄带干扰的特点是在频域会产生一个较高的噪声水平[1]。已经测得频率在 25、30、49、55、75 和 82kHz 处存在窄带干扰，这些干扰可能是由开关电源造成的。也有报道称，窄带噪声主要分布在低于 140kHz 或高于 410kHz 的频率处，平均带宽约为 3kHz[8]。具有时不变振幅的窄带干扰已经得到了充分研究，建模和模拟这种噪声也很方便。由于电力线网络的时变特性，许多窄带干扰的包络也表现出动态性。接下来将具体介绍时变包络的估计方法。最后，提出一种简化模型来描述这些包络。

（1）噪声功率估计。

图 2-7（a）展示了一段在大学实验室测得的、持续 40ms 的噪声，其时域波形主要由脉冲噪声占据，非脉冲分量的整个包络随时间而变化。该噪声短时傅里叶变换（Short-Time Fourier Transform，STFT）的频谱图如图 2-7（b）所示，可以看出在 64kHz 有一个重要的窄带频谱分量，其带宽为 4kHz，频谱密度周期性变化，局部最大值与工频电压的峰值同步。这是一个具有周期平稳特征的窄带干扰的很好示例。为了估计窄带干扰包络与时间的相互关系，其他类型噪声，如有色背景噪声和脉冲噪声所带来的影响应尽可能小。

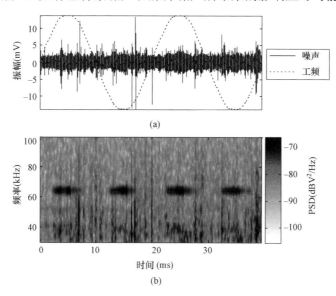

(a)

(b)

图 2-7　具有周期平稳特征的窄带噪声

（a）噪声和缩尺工频电压时域波形；

（b）噪声的 STFT 频谱图（布莱克曼窗，窗长度：500μs，重叠率：83.33%）

图 2-8 从另一个角度展示了噪声的 STFT 频谱。b_M 为包含最大噪声功率的频带，b_L 和 b_R 分别是其左右直接相邻的频带，b_L 和 b_R 与 b_M 有相同的带宽。在 b_L 和 b_M，以及 b_M 和 b_R 之间保留一定间隔，以避免每个频带的尾部影响其他两个频带。

相比于窄带噪声，背景噪声的 PSD 相对较小。因此，为简单起见，假定在三个频带中，背景噪声具有相同的功率谱密度。瞬时脉冲的频谱通常表现出宽带特性，

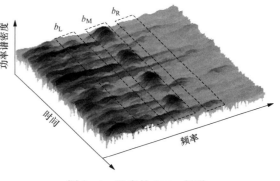

图 2-8　噪声的 STFT 频谱

PSD 值随频率而降低。因为与脉冲噪声的带宽相比，这三个频带是相对较窄的，并且它们彼此相互接近，故假定脉冲噪声的功率是频率的线性函数。因此，对于该脉冲噪声，落入到 b_M 内的功率近似为 b_L 与 b_R 内噪声功率的平均值：

$$P_M(t)|_{dB} = \frac{P_L(t)|_{dB} + P_R(t)|_{dB}}{2} \tag{2.7}$$

式中：$P_M(t)|_{dB}$、$P_L(t)|_{dB}$ 和 $P_R(t)|_{dB}$ 分别定义为在 b_M、b_L 和 b_R 内脉冲噪声功率值的对数表示形式。中间频带噪声的线性表示形式可以用以下公式估计：

$$P_M = 10^{[\log_{10}(P_L) + \log_{10}(P_R)]/2} \tag{2.8}$$

（2）噪声波形重建。

图 2-9 给出了重建窄带干扰时域波形 $n_{nbn}(t)$ 的流程图。基本思想是分别估计包络 $A_M(t)$ 和振荡波形 $\tilde{n}_M(t)$，然后使用 $A_M(t)$ 调制 $\tilde{n}_M(t)$。三个 FIR 带通滤波器用来获得每一个频带内噪声分量的波形，f_M、f_L 和 f_R 分别定义为 b_M、b_L 和 b_R 的中心频率。紧随每个滤波器后的是一个平方运算器和一个截止频率为 f_E 的低通滤波器，这两个单元被用于估计落入每个频带内的噪声功率的时变包络。$P_{total}(t)$、$P_L(t)$ 和 $P_R(t)$ 分别表示中间、左边和右边频带的包络。图 2-10（a）给出了 $P_L(t)$、$P_{total}(t)$ 和 $P_R(t)$ 包络估计的结果。区域 A_1 到 A_5 包含了与窄带干扰重叠的脉冲，而 B_1 和 B_2 包含了出现在两个窄带干扰间的脉冲噪声。图 2-10（b）中的 $n_M(t)$ 是对应于脉冲和背景噪声叠加的窄带干扰的滤波波形。$P_L(t)$ 和 $P_R(t)$ 用来为中间频带估计非窄带噪声功率 $P_M(t)$。

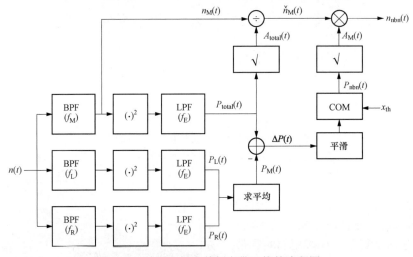

图 2-9 检测和提取单频窄带干扰的流程图

下一步，从 $P_{total}(t)$ 中减去 $P_M(t)$，其差值 $\Delta P(t)$ 主要包含窄带干扰。通过适当平滑 $\Delta P(t)$，可以进一步降低由背景噪声引起的误差。一个比较器用于将平滑的 $\Delta P(t)$ 与阈值 x_{th} 进行比较，大于 x_{th} 的值表示为窄带噪声的有效包络；否则，可以认为是无效的，需要置零。通过这种方式，可以估计出窄带干扰 $P_{nbn}(t)$，它的平方根 $A_M(t)$ 是 $n_{nbn}(t)$ 的期望包络。

提取 $\tilde{n}_M(t)$ 的关键步骤是将 $n_M(t)$ 与 $\tilde{n}_M(t)$ 保持相位一致。第一个思路是估计 $n_M(t)$ 的相

位，用它来合成正弦波形。如果频率不随时间变化，相位估计算法可以非常简单；否则，必须实现一个复杂的频率跟踪策略。另一种方法是估计和补偿 $n_{\mathrm{M}}(t)$ 包络的波动。以这种方式，频谱特性不会受到影响，因此，即使 $n_{\mathrm{M}}(t)$ 具有时变频率，这种方法也可以采用。该方法由 $n_{\mathrm{M}}(t)$ 除以 $A_{\mathrm{total}}(t)$ 来实现，其表示 $P_{\mathrm{total}}(t)$ 的平方根。

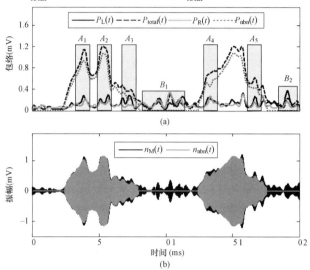

图 2-10 窄带干扰包络估计结果

（a）估计所有三个子带的包络；（b）提取窄带干扰的包络

在最后一步中，$n_{\mathrm{nbn}}(t)$ 通过 $\tilde{n}_{\mathrm{M}}(t)$ 乘以 $A_{\mathrm{M}}(t)$ 获得。在估计包络并合成窄带干扰后，$n_{\mathrm{nbn}}(t)$ 从原始的时域噪声 $n(t)$ 中去除。图 2-11（a）给出了剩余噪声的波形，图 2-11（b）给出了它的 STFT 频谱图。可以看出，窄带干扰从噪声中消失，同时与图 2-7 相比背景噪声和脉冲噪声未受到影响。

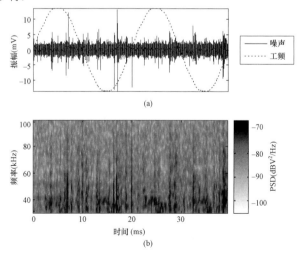

图 2-11 剩余噪声的波形和 STFT 频谱图，周期平稳的窄带干扰被去除

（a）修改后的噪声和缩尺工频电压时域波形；

（b）修改后的噪声的 STFT 频谱图（布莱克曼窗，窗长度：500μs，重叠率：83.33%）

（3）噪声包络建模。

单独的包络可以由一个或多个不对称三角函数来建模。归一化峰值的波形和位置由下式决定：

$$y(t) = \begin{cases} 0, & t \leqslant t_1, \\ \dfrac{t-t_1}{t_2-t_1}, & t_1 \leqslant t < t_2, \\ \dfrac{t_3-t}{t_3-t_2}, & t_2 \leqslant t < t_3, \\ 0, & t_3 \leqslant t, \end{cases} \tag{2.9}$$

其中，t_1、t_2 和 t_3 分别是三角曲线开始、峰值和结束的时间点。图 2-12 显示了经归一化的所测量的包络和人为重建的包络图［图 2-12（a）］。仿真是三个基本波形 $y_1(t)$、$y_2(t)$ 和 $y_3(t)$ 之和。

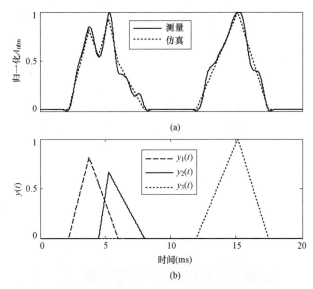

图 2-12　窄带干扰测量和仿真的包络
（a）经归一化的所测量的包络和仿真重建的包络；　（b）三个基本波形示意图

2.3.3　扫频噪声

除了典型的窄带干扰，还在室内信道和接入网信道中观察到一类干扰，其频率随时间变化。考虑频域的特性，在下面章节称该类噪声为 SFN。

（1）典型波形和 STFT。

图 2-13～图 2-15 给出了一些 SFNs 的测试结果。测试是在大学实验室里进行的，包括几台电脑、荧光灯、不间断电源（Uninterruptible Power Supply，UPS）、打印机和一些测量仪器。图 2-13（a）中的噪声波形是由一个通带在 22～35kHz 之间的带通滤波器过滤所得。按比例缩小的工频电压同样显示在图中，用于说明噪声包络与工频频率同步。显然，噪声包络随着电源电压达到绝对峰值的同时达到最大。图 2-13（b）中的 STFT 的频谱图

显示了两个交叉周期的轨迹，第一个轨迹在 2ms 处从 22kHz 线性增长到 5ms 处的 32kHz，第二个频率轨迹在相同的时间间隔内，从 30kHz 递减到 22kHz。

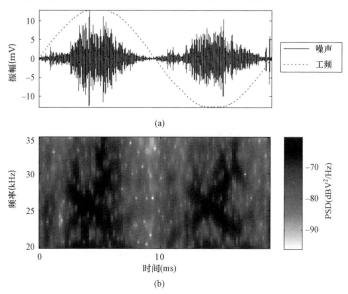

图 2-13 所测量的同时具有上升和下降扫频特征的周期噪声

（a）时域波形的包络周期性波动并与工频电压同步； （b）相应的 STFT 频谱图

图 2-14 给出了配电室变压器处获得的另一个例子。同样，可以观察到两个周期频率的轨迹。与图 2-13 中的轨迹类似，这里的频率也是线性变化和周期性的。然而，其扫描的频率更高，在 185～210kHz 范围。两个轨迹没有重叠区域，它们是一个接一个地出现。此外，噪声水平在时域上并不表现出明显的波动。

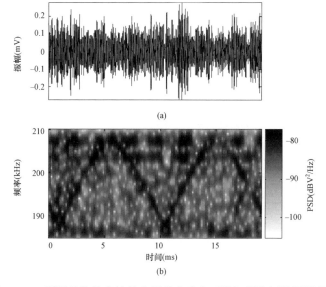

图 2-14 所测量的具有接替出现的上升和下降扫频特征的周期噪声

（a）时域波形； （b）STFT

图 2-15 给出了第三个例子，其噪声水平远远高于前两个例子。波形看起来像一个持续时间约 2ms 的阻尼振动。STFT 频谱图展示了一个更复杂的模式。很明显，频率随着时间的推移并没有线性改变。相反，可以观察到两个凸型轨迹。长一点的轨迹始于 140kHz，减少到 45kHz。与此同时，在 45kHz 时 PSD 到达最大。接着，频率再次增加直到 140kHz，第二个轨迹似乎是一次谐波。

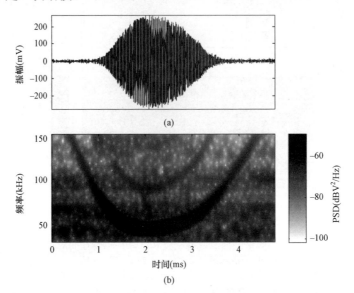

图 2-15 在配电室测量的具有上升和下降扫频特征的噪声
（a）时域波形；（b）STFT

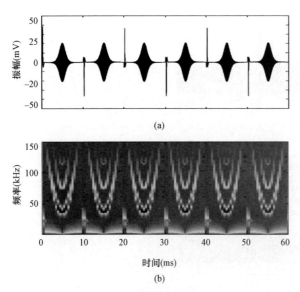

图 2-16 周期性的阻尼振荡[9]
（a）时域周期性波形；（b）STFT 频谱图

在测试过程中，这种噪声波形的出现可看作一个单独的噪声事件。然而，类似的形式会以 10ms 为周期周期性地出现，文献 [9] 给出了多个这种周期性噪声，并命名它们为周期振荡。图 2-16 所示的一个例子可用于快速比较，在荧光灯打开之后对噪声进行记录，经滤波的噪声波形几乎达到 2V，个别振荡与图 2-15（a）中的包络非常相似。在频谱图中，30~140kHz 间的频谱曲线也与图 2-15（b）所示的凸形状相匹配。

上述所有的例子都有一些共同之处。在频域，其瞬时频率具有较小的带宽，但随着时间的推移而改变，或如图 2-13 和图 2-14 所示呈线性，或如图 2-15 和

图 2-16 所示呈非线性。扫频带宽的范围可以从几十到几百 kHz。此外，几乎所有的窄带频段可能被干扰。在时域上，它们的包络可以呈周期性，且与电网工频频率同步，或相对稳定。它们甚至可以是非周期的，表现为局域范围的高噪声水平。

（2）SFN 的来源。

这类噪声的主要来源之一是在终端用电设备（如荧光灯和电脑）供电模块中的有源功率因数校正（Power Factor Correction，PFC）电路。图 2-17 显示了一个具有有源 PFC 模块的简化的开关电源（Switch Mode Power Supply，SMPS）电路。

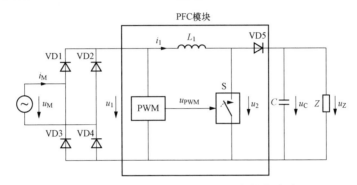

图 2-17　PFC 增强型前置调节器的简化电路

在一个没有 PFC 电路的 SMPS 中，输入电容器 C 直接安置在整流二极管 VD1～VD4 的后面。电流 i_M 来自电网，向电容 C 充电。如图 2-18 所示，C 将只在整流电压 u_1 超过 C 的电压 u_C 时才能充电。因此，在电容充电时，i_M 会有突发的电流峰值，而在其他时刻电流为零，这种波形含有大量的谐波。同时，功率因数定义为有功功率与视在功率的比值，通常非常低。低功率因数会给电网带来负担，因为它们必须提供更多的功率。与此同时，谐波失真也会降低电能质量，引起电磁兼容性（Electro-Magnetic Compatibility，EMC）问题。

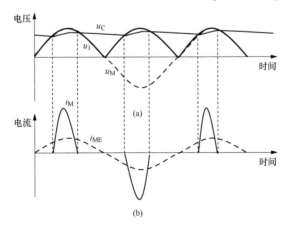

图 2-18　没有任何 PFC 模块时在 SMPS 中的电压和电流波形[11]
（a）电压波形；（b）电流波形，i_{ME} 是基于统一功率因数的期望电流波形

有源 PFC 模块用来保持电流的相位与电网电压相位同步，降低输入电流的畸变，这样

可以提高功率因数。如图 2-17 所示，PFC 电路实际上是一个增强型转换器，主要由一个电感器（L），一个脉宽调制（Pulse-Width Modulation，PWM）和功率 MOSFET 开关（S）。增强型转换器能够输出一个比峰值电压 u_1 更高的电压 u_2。同时，必须很好地控制 i_L，以使得 i_M 在任何时刻与 u_M 成正比。控制单元的实现细节可见[10,11]。图 2-19 显示的是当 PFC 在连续模式下运行时，i_M、i_L 和 PWM 信号 u_{PWM} 的波形。假设最初电感 L 是没充电的。当开关在 t_0 时刻关闭，u_{PWM} 成为逻辑高电平。电感电流 i_L 呈线性增加：

$$i_L(t) = i_{MIN}(t_0) + \frac{1}{L} \cdot u_L \cdot (t - t_0), \quad t_0 < t < t_{ON} + t_0 \tag{2.10}$$

其中，u_L 是 L 两端的电压，在 t_{ON} 时间内可近似为一个常量：

$$u_L = u_1, \quad t_0 < t \leqslant t_{ON} + t_0 \tag{2.11}$$

一旦 $i_L(t)$ 在 t_1 时刻达到 $i_{MAX}(t)$，开关打开（在时间窗口 t_{OFF} 内 u_{PWM} 较低），电感开始放电，放电电流为：

$$i_L(t) = i_{MAX}(t_1) + \frac{1}{L} \cdot u_L \cdot (t - t_1), \quad t_1 < t < t_{OFF} + t_1 \tag{2.12}$$

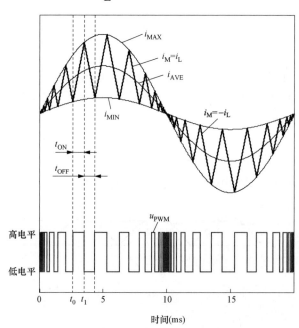

图 2-19　PFC 电路在连续工作模式下产生的电流波形和 PWM 控制信号

其中，u_L 是当前时刻 u_1 和 u_C 的差值：

$$u_L = u_1 - u_C, \quad t_1 < t \leqslant t_{OFF} + t_1 \tag{2.13}$$

由于增强型变换器的特点，u_C 将会大于 u_1，则 u_L 为负值。因此，i_L 保持其方向且线性减少，一旦 i_L 下降到 i_{MIN}，开关关闭了。通过这种方式，来自电网的电流 i_M 一直在限定的区域 i_{MAX} 和 i_{MIN} 之间，它的平均值 i_{AVE} 跟随电压 u_M，因此与电源电压同相。根据 $i_{MIN}(t)$ 的值，PFC 模块可以在不连续或连续模式操作。在第一种模式，整个电源周期内 $i_{MIN}(t)$

为零，i_L 可以达到零，其电流波形在 0 和 i_{MAX} 之间波动。如果 $i_{MIN}(t)$ 是大于零且与 $i_{MAX}(t)$ 同步，如图 2-19 所示，i_L 在开关周期中永远不可能达到零。

在 i_M 中的高频分量可以通过任何连接的阻抗转换为电压。尽管许多 SMPS 在它们的整流桥和电源插头之间有 EMI 滤波器，但其在降低频率高达 150kHz 的差模噪声下并不那么有效。因此，大多数噪声频谱分量任然可以出现在电网中，还可以耦合到 NB-PLC 系统。图 2-20（a）显示了经过带通滤波的 i_M 波形，STFT 谱如图 2-20（b）所示。从噪声波形和频谱特性上来看，在合成噪声和测量噪声间有一定的相似性，如图 2-15 和图 2-16 所示。

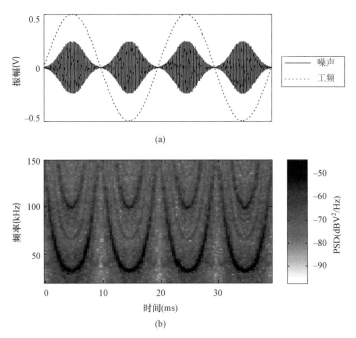

(a)

(b)

图 2-20 通过应用带通滤波器获得的 i_M 的高频分量（通带：20～150kHz）
（a）滤波的波形；（b）STFT 频谱图

越来越多的 PFC 模块用来降低终端用户设备的谐波辐射，从而满足相关国际标准的要求，如 IEC 61000-3-2 等。此外，有源 PFC 电路是限制具有高频镇流器的照明设备的谐波的最佳解决方案[9]。因此，SFN 对 NB-PLC 系统性能的影响将更大，重要的是改善通信系统对 SFN 的鲁棒性。与此同时，有必要添加这类噪声到噪声场景中，并尽可能准确地进行模拟。

2.3.4 脉冲噪声

脉冲噪声通常被分为三个不同的类型：① 异步周期性脉冲噪声，主要由开关电源造成的；② 同步周期性脉冲噪声，由电源整流二极管的切换造成的；③ 异步脉冲噪声，源于切换事件引起的瞬变。撇开时间行为，如到达时间，独立的脉冲都有一些共同特点。在时域，脉冲的时间较短但具有很高的电平。不像背景噪声的波形是随机的，大多数脉冲噪声都有确定的形状，这种急剧上升后的边缘紧随着是阻尼振荡、迅速结束的低级振荡[12]，等间距或不等间距的脉冲链[13]。在频域，脉冲噪声可以通过提升的宽带 PSD 而与背景噪声区分开来。在大部分的频率范围，大多数测量的脉冲超过背景噪声谱密度至少 10～15dB。图 2-21（a）展示了一个噪声片断，其中有大量的脉冲噪声和背景噪声。使用之前介绍的方法，所有的窄带干扰已被移除。图 2-21（b）显示了其瞬时功率，图 2-21（c）是 16～17.5ms 部分的详细剖析。背景噪声 $n_1(t)$ 的电平与脉冲噪声 $n_2(t)$ 的 $n_{nbn}(t)$ 之间差异非常大。

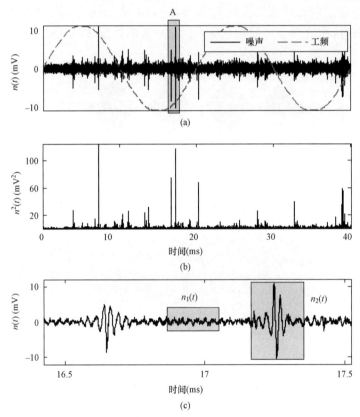

图 2-21　时域测量的噪声

（a）噪声波形 $n(t)$；（b）$n^2(t)$；（c）$n(t)$ 的放大图，对应图（a）中的 A 部分

2.3.5　有色背景噪声

有色背景噪声是由所有可能由源头产生的低电平噪声的集合，其平均功率取决于连接其处于工作状态的电气设备的数量和类型。因此，它也可以被认为具有周期平稳特性[6,13]。为了研究时变特性，有必要把噪声波形分成多个部分，并且估计每一段的瞬时 PSD。为此，对已经去除窄带噪声和脉冲噪声的剩余噪声波形进行 STFT 处理。除了在时域的变化外，可以认为有色背景噪声的频谱是平滑的，功率谱密度是一个频率的递减函数[1,8]。因此，STFT 的结果分别在时域和频域被平滑处理。图 2-22（a）显示了所有噪声片断叠加的 PSDs。平均 PSD 可以近似表示为两个指数函数之和：

$$\hat{P}_{\mathrm{BGN}}(f) = a \cdot \mathrm{e}^{b \cdot f} + c \cdot \mathrm{e}^{d \cdot f} \tag{2.14}$$

式中：f 为频率，单位为 kHz。

表 2.1 所示是一组拟合平均 PSD 的系数。

表 2.1   多 项 式 系 数

a	b	c	d
0.4413	-0.12	3.132×10^{-4}	-1.32×10^{-4}

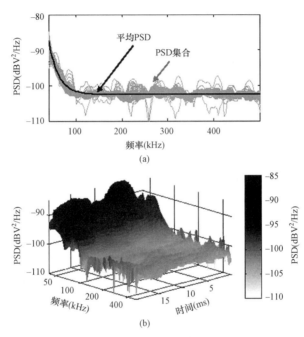

图 2-22 背景噪声的 PSD
（a）PSD 在时间轴上的叠加；（b）PSD 的时频图

图 2-22（b）显示了剩余噪声的平滑 STFT。可以清楚地看到在 100kHz 以下的频率范围，PSD 随时间的波动。最大的噪声水平与工频电压的峰值同步。扰动也可以在更高的频率内观察到。由于噪声水平相对较低，为了简单，这些扰动可以忽略。

设 $m(t)$ 表示工频电压，可以获得参数 $a(t)$ 为：

$$a(t) = \frac{|m(t)|}{A_0} + A_1 \tag{2.15}$$

式中：A_0 和 A_1 分别确定比例因子和最低水平的波动。

表 2.2 列出了用于背景噪声时变 PSD 建模的一组推荐参数。

表 2.2   推 荐 参 数

A_0	A_1	b	c	d
200	1	-0.12	3×10^{-4}	-3×10^{-4}

2.4 信道衰减

信道衰减是在离散频率上评估的。为此，需要发送一个与工频同步的测试序列。这个序列是在时间索引 k 上离散频率 f_k 的正弦信号，如图 2-23（a）所示，每个设备都要发送该序列。信号由接收机获取。通过在发送端监控注入测试信号，可以补偿耦合电路和发送端阻抗变化带来的影响。信号流如图 2-23（b）所示。

传输信号的傅里叶变换为 $S(f)$，信道传输函数为 $H(f)$，频域噪声为 $N(f)$，则假设：

$$|S(f)C_{\mathrm{T}}(f)H(f)|\gg|N(f)|\qquad(2.16)$$

在离散频率 f_k 处信道 TF 的模在频域约为：

$$|\hat{H}(f_k)|=\frac{|R(f_k)|}{|S_{\mathrm{R}}(f_k)|}\qquad(2.17)$$

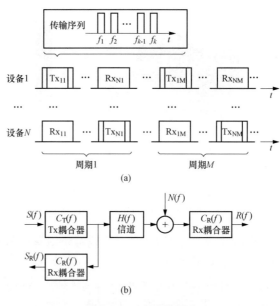

图 2-23 衰减的评估

（a）测试序列流；（b）信号路径

值得注意的是，$|\hat{H}(f_k)|$ 给出了特定频率下接收电压与发送电压的比值。其衰减深受与特定接收机位置相邻连接的特定电气设备的影响。因此，TF 一般是不对称的，衰减测试必须在两个方向上进行。

在所分析的噪声场景下，计算一个工频周期间隔内的平均值和方差。图 2-24 描述了两个测试点间长达 24h 的信道衰减测量结果（频率最高为 100kHz）。

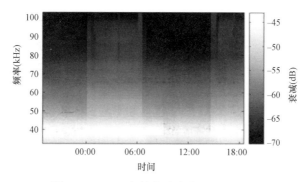

图 2-24   24h 内的衰减变化（S1→S3）

显然，TF 会随着时间发生变化，但是变化仍然相对较小，在任何观测间隔内 TF 的整体特征不发生改变。上行和下行信道衰减的区别是很明显的，如图 2-25 所示。上行链路中的缺口是由窄带干扰引起的；由于低信噪比，在该频率处计算的信号衰减并不可靠。

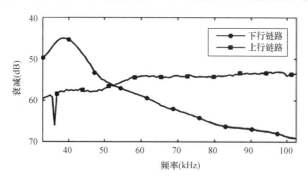

图 2-25   下行和上行的信道衰减（S1-＞S3）

2.5   信噪比

完成 TF 分析后，接收到的信号电平在每个频率是已知的。下一步是估计噪声水平。假设处于一个特定频率处的噪声能量在一个短时间及小带宽内是恒定的，因此，对于时间和频率索引 k（见 2.4 节），噪声估计的傅里叶变换 $\hat{N}_k(f_k)$ 可以通过计算测试序列前后接收到的噪声以及信号频率为 f_k 时频率 f_{k-4} 和 f_{k+4} 处的能量的平均值得到：

$$|\hat{N}_k(f_k)| = \frac{1}{4}(|R_k(f_{k-4})| + |R_k(f_{k-4})| + |R_{k-1}(f_k)| + |R_{k+1}(f)|) \qquad (2.18)$$

信噪比的系数可以很容易地由式（2.19）获得：

$$SNR_k(f_k) = \frac{|R_k(f_k)|}{|\hat{N}_k(f_k)|} \qquad (2.19)$$

这个估计只有在 TF 的假设（式 2.16）成立时才准确。该方法是一种实用的方法，因为它限制信噪比需要高于 0dB。对于我们的研究这已经足够了，因为发送测试序列的能量是非常高的。事实上，测试信号序列的能量远高于任何真正实现的通信系统。

类似于噪声场景的分析，我们研究了在一个工频周期内的短期特性。某个频段处的噪声在一个工频周期内是变化的，如图 2-26 所示。图中 SNR 在一个工频周期内有明显的变化，在相同的周期间隔内，有一个与中位值相关的更强的偏差。

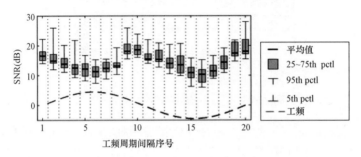

图 2-26　一个工频周期内在 32.5kHz 的 SNR 统计结果（S1→S4）

考虑一个工频周期内 SNR 的平均值，24h 内所有测试频段上的研究反映了之前噪声场景和 TF 的分析结果，如图 2-27 所示，信噪比长时间保持不变。

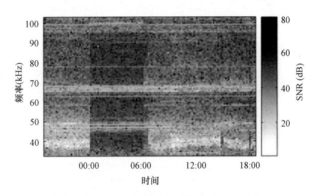

图 2-27　24h 内的 SNR 变化（S1→S3）

此外，图 2-28 给出了接收机输入处的统计 SNR。整个信噪比似乎很高。然而，这些值应该正确评估，因为发射机 $U_{meas} = 2.8V$ 且每个发送正弦测试信号的观察窗是 20ms。换句话说，所描述的 SNR 在一个符号速率 $r_{meas} = 50Bd$ 的单载波系统中是有效的。为了简化，假设每个频率时隙是高斯分布的。一个符号速率为 r_{com}、传输幅度为 U_{com} 的通信系统的实际 SNR 值的粗略估计，可以通过测试的 SNR 值获得：

$$SNR_{com}(f_k) = SNR_{meas}(f_k) - 20\log\left(\frac{U_{meas}}{U_{com}}\right) - 10\log\left(\frac{r_{com}}{r_{meas}}\right) \tag{2.20}$$

若符号速率为 $r_{com} = 10kBd$，且传输幅度为 $U_{com} = 1V$，则与测试结果相比 SNR 会减小 32dB。在这种情况下，图 2-28 中 67~72kHz 间的 SNR 将会减少到 0dB。显然在这个环境下通信系统采用这个频段不太合理了。

对于多载波系统，发送机输出幅度在有一个固定最大值的情况下，发送信号的峰均比率越高（与单载波系统相比），这个 SNR 值就越低。

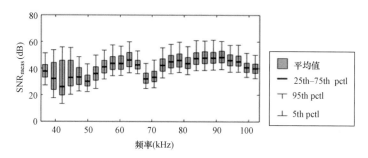

图 2-28 不同频率 SNR 的统计结果（S1→S3）

2.6 接入阻抗

阻抗研究是电力线调制解调器技术发展和信道传输特性建模的关键方面。因此，这方面需要明确描述。低压电网一个特定点处的阻抗是任何在线电气设备及其连接线的叠加。虽然最近几年有许多关于低频段接入阻抗的研究结果，例如文献［14-16］，但是由于连接到电网中的电气设备更换了很多，阻抗测试也需要进行更新。尤其是在最近几年里，越来越多的设备开始使用 SMPS。

一般来说，一个矢量网络分析仪（Vector Network Analyser，VNA）可用于测定散射参数。然而，500kHz 频率以下的阻抗很低，因此测试的阻抗和 VNA 内部阻抗（通常为 50Ω）之间有很大差异。在任何情况下，均需要使用耦合电路来连接电网和 VNA。这种耦合电路的特征需要详细描述，且需要适当补偿由其带来的影响。此外，实际电网中各种噪声的水平高，故对于测量绝对值低于 1Ω 的阻抗时，需要更高的功率以获得准确的结果。因此在测试中，选择在耦合电路的一次侧进行直接的电压和电流测试。用于信道衰减测试的测试装置（见 2.4 节）可以同时用来评估接入阻抗，如图 2-29 所示。在传输路径上插入一个分流器用来测试电流，波形发生器包括一个强大的前端，它在测试极低的阻抗（甚至为 0Ω）时仍能提供大电流。阻抗测量原理图如图 2-29 所示。

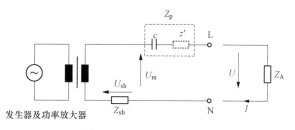

图 2-29 阻抗测量原理

每次测量均与工频周期的过零点同步，这样可以用来分析电力线信道的周期平稳特性。为了弥补分流电阻和电路串行阻抗的寄生效应，进行了两次测量用于校正：一个是输出短路（U_{m1}/U_{Sh1}），另一个是定义参考负载 $Z_{Ref} = 1Ω$（U_{m2}/U_{Sh2}）：

$$\frac{U_{m1}}{U_{Sh1}} Z_{Sh} = Z_p \tag{2.21}$$

$$\frac{U_{m2}}{U_{Sh2}} Z_{Sh} = Z_p + Z_{Ref} \tag{2.22}$$

Z_{sh} 和寄生串行阻抗 Z_p 可由下式估计：

$$Z_{\text{Sh}} = \frac{Z_{\text{Ref}}}{\left(\dfrac{U_{\text{m2}}}{U_{\text{Sh2}}} - \dfrac{U_{\text{m1}}}{U_{\text{Sh1}}} \right)} \tag{2.23}$$

$$Z_{\text{p}} = \frac{U_{\text{m1}}}{U_{\text{Sh1}}} Z_{\text{Sh}} \tag{2.24}$$

根据式 2.21～式 2.24，接入阻抗表达为：

$$Z_{\text{A}} = \frac{U_{\text{m}} \cdot Z_{\text{Sh}}}{U_{\text{Sh}}} - Z_{\text{p}} \tag{2.25}$$

在一个工频周期内进行 20 次阻抗测量以弥补其变化，测试是在低压配电网中不同的三相上进行的，测量设备的连接尽可能接近用户单元，图 2-30 给出了具有代表性的三个例子。在小型建筑，所有电器通常非常接近房中的配电箱，阻抗通常是非常低的和不规则的。图 2-30 中，虚线是在一个独立的房屋中，只有一个节能灯打开时的阻抗情况。这个例子说明，接入阻抗主要受输入阻抗较低的电器影响，特别是该电器离测试点的位置不是很远时。这是因为修改后的接入阻抗可以看成是电器的输入阻抗和未加电器时测试的输入阻抗的并联电路。对于低频段，导线的去耦合影响在线路很长的情况下才能观测到。

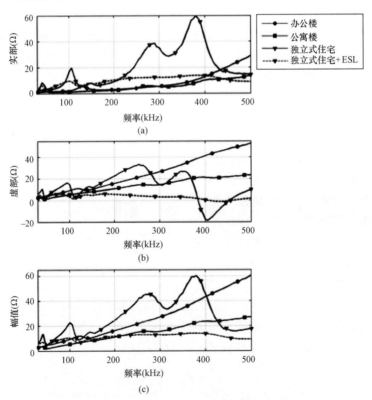

图 2-30　在不同建筑处测量的接入阻抗（平均值）
（a）实部；（b）虚部；（c）幅值

在更大的建筑（公寓楼和办公楼），一般来说阻抗特性更规则些。电阻、电感以及电抗随频率的增加而增加。若负载远离房屋连接点，那么阻抗整体会比较高。100kHz 以下阻抗的绝对值通常低于 10Ω；对于更低的频率，可以观察到阻抗的绝对值低于 1Ω。

　　阻抗在很长一段时间（几个小时）内是稳定的。然而，开关操作会引起阻抗突然的改变。阻抗在一个工频周期（20ms）内的周期变化主要受相邻电器的影响。上述三个例子的变化如图 2-31 所示。

　　与独立式住宅相比，可以观察到在办公楼和公寓楼中的阻抗几乎没有变化。将观测时间增加到 36h，情况也类似（见图 2-32）。尽管阻抗在测试开始和最后有所下降，这是由于打开了与测试点非常近的荧光灯引起的，几乎观测不到阻抗的任何变化。

　　从不同测试的结果中可知，对于房屋中没有电器离配电箱非常近时，阻抗一般是感性的，且随频率升高而增加。对于小型建筑，一般电缆的长度较短，阻抗的特性不可预知，且主要取决于离用户单元较近的电器的性质。

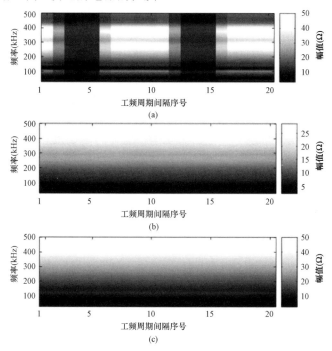

图 2-31　一个工频周期内接入阻抗的变化
（a）独立式住宅（靠近 ESL）；（b）公寓楼；（c）办公楼

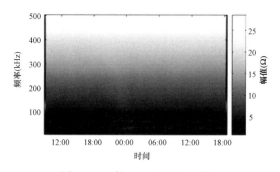

图 2-32　接入阻抗的长期特征

2.7 结论

通过所提出的测量方法，可以全面研究与 PLC 通信系统相关的低压接入网的实际电力线信道特性。所建议的方法可以支持同时对电网中的链路进行短期和长期的信道特性分析。我们在一个由单一变压器供电的小型低压网络中成功地进行了信道测试，并获得了信道特性研究方面有价值的数据。噪声信号功率在时域和频域上是周期性的，并与工频周期同步，其分布特性在几小时内保持稳定。噪声整体特性主要取决于测试的位置和测试的时间段。

除了研究比较多的背景噪声和脉冲噪声，通过对噪声场景进行详细分析，确定了两种稳定出现的噪声类别：幅度随时间变化的窄带干扰和扫频噪声。我们对这两种噪声类别都进行了详细研究，并提出了相应合适的模型。

由于低压网络中 SMPS 的数量逐渐增多，SFN 对 NB-PLC 系统的影响在不久的将来会变得非常重要。我们提出的 SFN 模型为全面研究 SFN 提供了一个很好的基础。

通过之前测量的结果可以得出结论，信道 TF 在长时间内是稳定的，但是其整体特性取决于测试的位置。它的特性并不需要是对称的。结合在接收机中观测到的噪声，这使得接收机处的 SNR 变化很大，这对稳定的数据传输来说是一个需要考虑的非常重要的因素。

一般来说，速率适中的、可靠的通信在低频范围比较容易实现。然而，一种固定的通信设置有可能在变化的信道环境下失效。事实上，可靠的 NB-PLC 系统需要一种自适应通信方法。

最后，窄带信道和噪声模拟器的研究将在第 21 章给出。

参考文献

[1] O. G. Hooijen. A channel model for the residential power circuit used as a digital communications medium, IEEE Trans. Electromagn. Compat., 40 (4), November 1998, 331 – 336.

[2] W. Choi and C. Park, A simple line coupler with adaptive impedance matching for power line communication, IEEE International Symposium Power Line Communications and its Applications, Pisa, Italy, 2007, pp. 187 – 191.

[3] T. A. C. M. Claasen and W. F. G. Mecklenbraeuker, On stationary linear time-varying systems, IEEE Trans. Circuits Syst., 29 (3), March 1982, 169 – 184.

[4] M. H. L. Chan and R. W. Donaldson, Attenuation of communication signals on residential and commercial intrabuilding power-distribution circuits, IEEE Trans. Electromagn. Compat., EMC – 28 (4), November 1986, 220 – 230.

[5] F. J. Cañete, J. A. Cortés, L. Díez and J. T. Entrambasaguas, Analysis of the cyclic shortterm variation of indoor power line channels, IEEE J. Sel. Areas Commun., 24 (7), July 2006, 1327 – 1338.

[6] M. Katayama, T. Yamazato and H. Okada, A mathematical model of noise in narrowband power line communication systems, IEEE J. Sel. Areas Commun., 24 (7), July 2006, 1267 – 1276.

[7] M. Sigle, M. Bauer, W. Liu and K. Dostert, Transmission channel properties of the low voltage grid for

narrowband power line communication, in IEEE International Symposium Power Line Communication and Application, Udine, Italy, 2011, pp. 289 – 294.

[8] J. Bausch, T. Kistner, M. Babic and K. Dostert, Characteristics of indoor power line channels in the frequency range 50 – 500kHz, IEEE International Symposium on Power Line Communications and its Applications, Orlando, FL, March 2006, pp. 86 – 91.

[9] A. Larsson, On high-frequency distortion in low-voltage power systems, Doctoral thesis, Universitetstryckeriet, Luleå, Sweden, 2011.

[10] Fairchild semiconductor, Power factor correction (PFC)basics, Application note 42047, Rev.0.9.0, August 19, 2004.Downloaded by [Yang Lu] at 02: 13 02April 2014

[11] U. Tietze, C. Schenck and E. Gamm, Electronic Circuits: Handbook for Design and Application, 2nd edn, Spinger, New York, 2008.

[12] M. Zimmermann and K. Dostert, Analysis and modeling of impulsive noise in broad-band powerline communications, IEEE Trans. Electromagn. Compat., 44 (1), February 2002, 249 – 258.

[13] J. A. Cortes, L. Diez, F. J. Canete and J. J. Sanchez-Martinez, Analysis of the indoor broadband power-line noise scenario, IEEE Trans. Electromagn. Compat., 52 (4), November 2010, 849 – 858.

[14] M. Arzberger, K. Dostert, T. Waldeck and M. Zimmermann, Fundamental properties of the low voltage power distribution grid, International Symposium on Power Line Communications (ISPLC), Proceedings, Essen, Germany, 1997.

[15] O. G. Hooijen, A channel model for the low-voltage power-line channel: Measurement-and simulation results, Power Line Communications and Its Applications, Proceedings, Essen, Germany, 1997.

[16] M. Katayama, S. Itou, T. Yamazato and A. Ogawa, A simple model of cyclostationary powerline noise for communication systems, International Symposium on Power Line Communications (ISPLC), Proceedings, Tokyo, Japan, 1998.

3
中国接入网窄带信道测试

3.1　引言

9～500kHz 频段窄带电力线载波通信（NB-PLC）已被广泛应用于低压抄表系统（Automatic Metering Infrastructure，AMI）中[1-4]。该频段范围内的 NB-PLC 信道条件较差，低频段内的电力线信道具有"时频域选择性干扰、接入阻抗低、频率选择性衰减"的特征[2-8]。在低频段的电缆损耗可忽略不计的条件下，接入网的电力线信道主要取决于网络中负载特性，特别是客户住宅。这是电力线信道时变性的主要原因，也是对设计可靠的 NB-PLC 系统的挑战。在中国，配电网络及客户住宅中各种电力设备对 NB-PLC 性能的影响是比较明显的，部分原因是这些电力设备没有严格遵守电磁兼容性（Electro-Magnetic Compatibility，EMC）规定。为提高 NB-PLC 的可靠性，并提高其支撑先进智能电网服务的能力，加深对低频段电力线信道特性的了解仍是很有必要的。

在中国，低压（Low Voltage，LV）接入网有三种主要类型：城市高层建筑区接入网、城市/城郊低层建筑区接入网以及农村分散住宅区接入网。城市高层建筑区低压接入网通常为每幢楼房配置一根专用电力电缆，电缆的长度较短。这种类型的网络对研究 NB-PLC 起不到很大的作用。本章重点研究了城市/城郊低层建筑区低压接入网的电力线信道。

噪声和衰减是电力线信道的两个主要特性。为了比较不同信道，我们引入了链路质量因子（Link Quality Index，LQI），其包含了噪声和衰减，可用来描述特定链路的质量。

一个合适的耦合模式对 NB-PLC 是非常重要的，配电变压器中同时存在单相和三相耦合，采用这两种方法各有利弊。本章的测试会对两种耦合模型进行对比。

本章的结构如下：3.2 节介绍了测试单相和三相耦合的接入阻抗的方法；3.3 节介绍了信道测试时低压接入网的三种类型，以及测试的网络场景；3.4 节则对信道测试结果进行了列举和分析；最后，3.5 节对本章进行了总结。

3.2　阻抗决定因素

接入阻抗的大小取决于耦合方式。当客户端设置相—零耦合（单相耦合）为默认模式时，在变压器处可能会出现相—零耦合或三相—零耦合（三相耦合）。这样，单相耦合的接入阻抗值在低频段就很小。三相间的平行连接将会导致更低的接入阻抗，可能会造成注入电网中有效信号电平的额外减小。

在文献［7］中，提出了一种基于电压/电流的方法来决定接入点的阻抗。这种方法也适用于这里。图 3-1 描述了测试装置，以及对应的耦合网络。R_{sh} 为电流测试的分流电阻[7]，C 为 1μF 的耦合电容，Z_p 则表示整个耦合网络的寄生阻抗，包括耦合线路、耦合引线和耦合熔断器。在低频段，Z_p 可表示为一个电感 L 和电阻 R，在所使用的耦合网络中 $L \approx 6$μH，$R \approx 0.6$Ω。根据耦合网络是单相还是三相的，电网中的单相耦合阻抗记为 $Z_{m,A}$，$Z_{m,B}$ 及 $Z_{m,C}$，而三相耦合阻抗记为 $Z_{m,ABC}$，m 为参照面。这样，以 l 为参照面的接入阻抗就能根据 $Z_{m,A}$、$Z_{m,B}$、$Z_{m,C}$ 及 $Z_{m,ABC}$ 算出，并在耦合网络的基础上做了相应的校准。令以 l 为参照面的单相及三相耦合接入阻抗分别为 $Z_{l,A}$，$Z_{l,B}$ 及 $Z_{l,C}$ 和 $Z_{l,ABC}$，有（X = A，B，C）：

$$Z_{l,X} = Z_{m,X} - \left(R + \mathrm{j}\omega L + \frac{1}{\mathrm{j}\omega C} \right) \tag{3.1}$$

$$Z_{l,ABC} := Z_{m,ABC} - Z_{\text{calibration}} \tag{3.2}$$

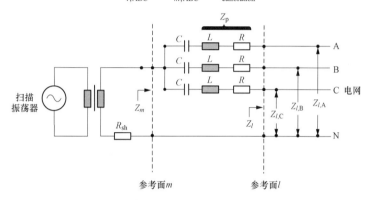

图 3-1　阻抗测试装置

在近似法中，校准阻抗 $Z_{\text{calibration}}$ 为耦合网络中所有三相相对于零线的阻抗 Z_m。由于耦合网络中导体间存在着相互的电磁耦合，$Z_{\text{calibration}}$ 不同于 $(R + \mathrm{j}\omega L + 1/\mathrm{j}\omega C)/3$。这样的话，在给出单相耦合接入阻抗 $Z_{l,A}$，$Z_{l,B}$ 及 $Z_{l,C}$ 的基础上，能够推出三相耦合接入阻抗的理论值 $Z'_{l,ABC}$。它们之间的关系如下：

$$Z'_{l,ABC} = \frac{1}{(1/Z_{l,A} + 1/Z_{l,B} + 1/Z_{l,C})} \tag{3.3}$$

$Z'_{l,ABC}$ 是一个理论值，其忽略了平行相之间的电磁耦合效应。这种耦合效应相比单向耦合会导致每一相电感值的增大，每一相电感的增大也会使得三相耦合接入阻抗幅度的增大。因此，实际的 $Z_{l,ABC}$ 幅度会大于理论值 $Z'_{l,ABC}$ 幅度。换句话说，$|Z'_{l,ABC}|$ 是 $Z_{l,ABC}$ 的下边界。

3.3　低压电网拓扑结构和测试场景

在中国，大部分低压配电网都是放射式拓扑结构。下面介绍三种主要的网络拓扑结构。

3.3.1　高层居民住宅供电网络

在这种网络中，一台变压器为 1～5 幢建筑物供电，其中每幢楼房约有 10～30 层。在每幢建筑物下有一根电缆，长度小于 150m，这种网络常见于大城市中。

3.3.2　低层居民住宅供电网络

在这种网络中，一台变压器为许多低层建筑物供电，每幢建筑物的楼层不超过 8 层。一般地，一根地下电缆为一幢或多幢建筑物输送电能。从变压器引出的电力线距建筑物的主网开关通常会小于300m。这种网络在城市及市郊区域较为常见。

3.3.3　分散居民住宅供电网络

在这种网络中，一台变压器为数十或数百户分散用电居民输送电能。从变压器到居所的电力线一般串联在架空线处。最长的电力线距离为500～2000m。这种网络拓扑结构常见于农村。

3.3.4　测试场景描述

在华北地区的一个典型城市住宅区进行了电力线信道测试。图 3－2 描述了测试选择的三处建筑物#1、#2 和#3 的网络。每一幢建筑物都使用一根专用地下电力线缆。变压器和配电柜（House Access Point，HAP）间的距离对应地分别为50m、250m 及350m。建筑物#1、#2 分别有三个单元，每一单元都有 6 层，并且有一台含有 12 部单相电表的电表箱；建筑物#3 是一个 8 层楼的单元，有一台含有 16 部单相电表的电表箱。电表箱与 HAP 间的距离约为 5～20m。

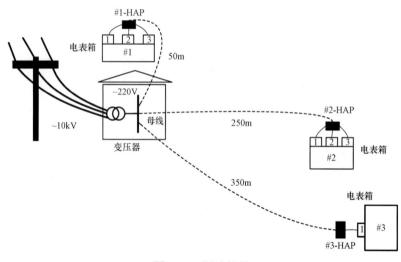

图 3－2　测试场景

3.4　测量结果及讨论

3.4.1　阻抗

测试了单相及三相耦合的阻抗 Z_m，并且根据式（3.1）和式（3.2）计算出相应的接入阻抗 Z_l（如图 3－1 所示）。

图 3－3 表示了变压器端接入阻抗的一个例子（幅度和相位）。它证实了其他测试和报告[7-8]中的结论，即接入阻抗主要为感性和容性的。单相耦合的接入阻抗幅度在 30kHz 时为 1Ω，在 500kHz 处为 9Ω。在该例中，不同单相耦合模式下接入阻抗间的差异并不大，这

可能是因为导线结构，及每相的线路特性都很相似，并且在某一相上不存在特别的负载。与预期的一样，三相耦合的接入阻抗幅度 $Z_{l,\text{ABC}}$ 小于单相耦合对应的接入阻抗大小。50kHz 以下，该值低于 $1\,\Omega$；在 50kHz 时，阻值增加至 $6\,\Omega$。为做对比，同时也描述了式（3.3）理论计算的三相耦合接入阻抗值 $\left|Z'_{l,\text{ABC}}\right|$。如 3.2 节中所述，$Z'_{l,\text{ABC}}$ 是假定在各相间不存在电磁耦合的理想情况下的阻抗值。因此，$\left|Z'_{l,\text{ABC}}\right|$ 是 $\left|Z_{l,\text{ABC}}\right|$ 的下边界。

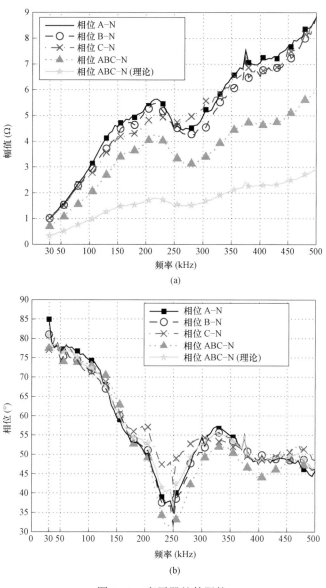

图 3－3　变压器处的阻抗
（a）幅值；（b）相位

图 3－4 描述了#2 建筑物 HAP 处的阻抗（幅度和相位）。这里，接入阻抗大部分为感性的。阻抗大小值较为稳定，30kHz 处低于 $1\,\Omega$，在 500kHz 处为 $9\,\Omega$。在这里，不同相间的

接入阻抗值差异比变压器处大。图 3－5 描述了#2 建筑物电表箱处的阻抗（幅度和相位），电表箱距离 HAP 有 5m。一般情况下，这里的阻抗测量值应该与 HAP 处所测的值区别不大，但由于测试电表箱离用户的距离更近，一些电气负载的特性会产生较为明显的影响。在该例中，B 相在 40～70kHz 间，接入阻抗出现一个局部最大值，峰值为 7Ω，低频范围内接入阻抗的相位变化范围大于 90°。负载在一小段频率范围内呈现出容性，这种现象可能是用户端负载的并联谐振电路引起的。

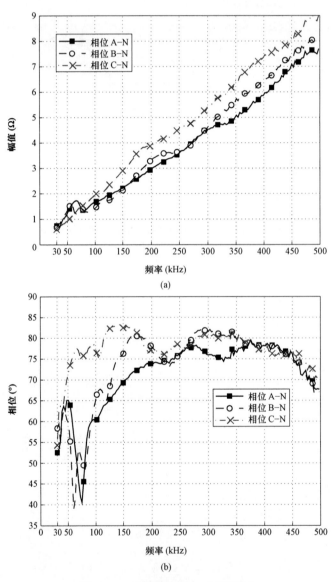

(a)

(b)

图 3－4　#2 建筑物 HAP 处的阻抗

（a）幅值；（b）相位

图 3－6 描述了在不同 HAP 处不同相线所测得的单向耦合接入阻抗值。证实了在低频

段 30kHz 处阻值较小，维持在 1～2Ω；500kHz 处阻抗约为 8～9Ω。由于网络中可能存在特殊的负载，在特定的相位处可能出现局部最大值。随着电力负载或网络可能出现的变化，阻抗也可能出现对应的时变性。

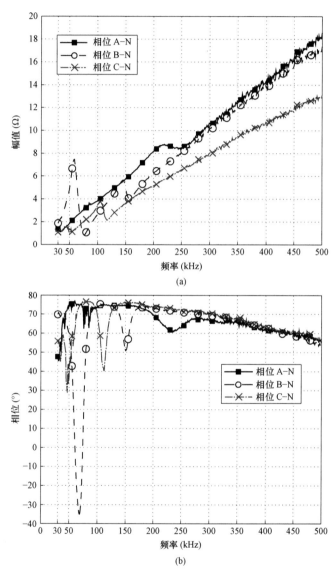

图 3-5 #2 建筑物电表处的阻抗
（a）幅值；（b）相位

图 3-7 对变压器 A-N 相在两个不同时间所测得的接入阻抗幅度进行了对比，其中一个测试时间为 2012 年 9 月 16 日，另一个测试时间为 2012 年 11 月 8 日，两个测试间隔接近 2 个月。在这个实例中可以看出的是，阻抗的大小在 2 个月基本上没有太大变化。

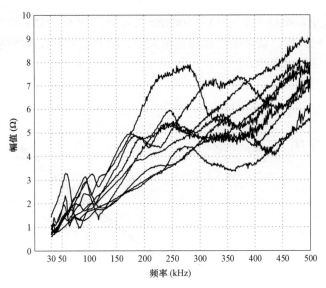

图 3－6 单相耦合下不同 HAP 处及不同相线
条件下测得的接入阻抗的大小

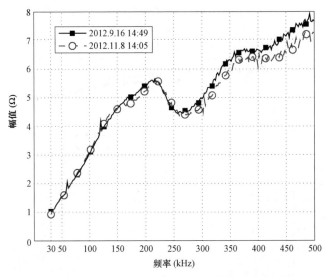

图 3－7 同一地点（变压器的 A-N 相）不同时间所测得的阻值大小
（测量时间为 2012 年 9 月 16 日和 2012 年 11 月 8 日）

3.4.2 噪声

噪声是窄带 PLC 领域中一个较为重要的特性。有不同种类的噪声：背景噪声、周期脉冲噪声、异步脉冲噪声，频率选择性窄带干扰等（详见第 5 章）[2-4]。图 3－8 描述了在变压器 A 相处采集的噪声例子。噪声的记录时间不同，一次是在夜晚 0:00 左右［图 3－8（a）］，另一次是在午间［见图 3－8（b）］。工频交流电周期作为一个时间参考也在图中给出。图 3－8（a）表明夜间电力线上的噪声很小，没有显著的脉冲噪声，而午间的噪声水平［见

图 3-8（b）] 明显提高很多，且能观察到周期性脉冲噪声。这可能是午间用户住宅处的电气设备使用数量增多造成的。

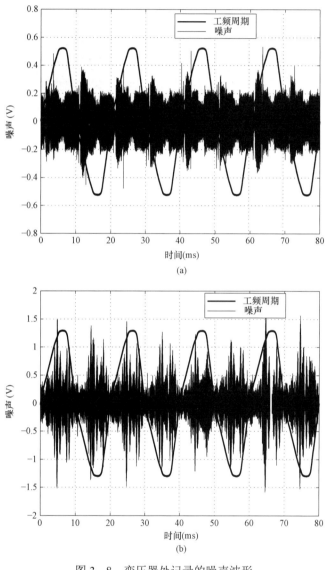

(a)

(b)

图 3-8 变压器处记录的噪声波形
（a）午夜 0:20；（b）中午 12:00

图 3-9 描述了傍晚 19:30 在#1 建筑物 HAP 处所记录的噪声。根据图 3-9 能够观察到该噪声的周期与交流电周期相关，噪声电平的最小值出现在交流电过零处。但是，在该例中，噪声水平不是很高，周期脉冲的峰值与午间变压器处所测得的噪声相比低了很多。

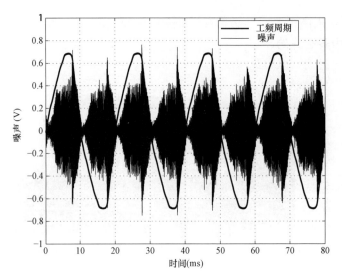

图 3-9　#1 建筑物 HAP 处所测得的噪声波形（测试时间 19:03）

计算 1s（50 个交流电周期）内噪声的自相关可以发现，如文献［9，10］中所述噪声在较宽范围内表现出固定周期性的特点，周期是交流电周期的一半，即 10ms。图 3-10 描述了在所记录 1s 噪声基础上 10ms 周期内的对应噪声方差的标准差。与夜间记录的噪声作对比，午间噪声方差变化明显。在图中能够观察到两个最大值：一个出现在距交流电过零点 5ms 处，另一个出现在距交流电过零点 7.5ms 处，这与图 3-8（b）中所示的周期脉冲噪声一致。噪声方差的最大值与最小值间相差接近 17dB［$20 \times \log_{10}(0.7V / 0.1V)$］。HAP 处采集的噪声方差在距交流电过零点 7.8ms 处也取得了最大值，但这个最大值与变压器处采集的噪声方差最大值相比还是小了很多。

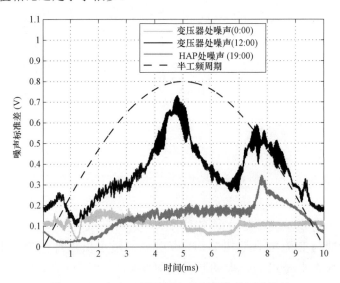

图 3-10　半个工频周期内噪声变化的标准偏差

通过频谱分析仪对时域噪声功率进行捕获，噪声的分辨带宽为 10kHz。

  图 3-11 为单相耦合条件下在变压器处所测得的噪声功率频谱图。随着频率增大，功率呈减小趋势。其中 A 相的减小幅度最大，噪声功率在 50kHz 时为 80 dBμV，而在 500kHz 处已降至 33 dBμV，减小量超过了 45dB。由图可知，B 相和 C 相噪声功率从 50 到 500kHz 减小量约为 30dB。B、C 相和 A 相噪声功率谱的差异在 10～15dB 间，且不同相间噪声功率谱的曲线形状很相似，也说明了不同相间存在着耦合。

  图 3-12 描述了不同耦合模式下不同的 HAP 处不同相间噪声功率谱。从图 3-12 中可以直观地看出噪声的可变性，低频率下的噪声功率水平相对于高频处的大。在 50～100kHz 频率范围内，噪声功率主要集中在 50～80 dBμV，而在 400～500kHz 频率范围内，噪声功率主要集中在 30～60 dBμV，两者之间的差异较大，约有 30～40dB。工作在低频范围内（如 CENELEC A 频段）的窄带电力线载波通信可能会面临着较强的噪声。

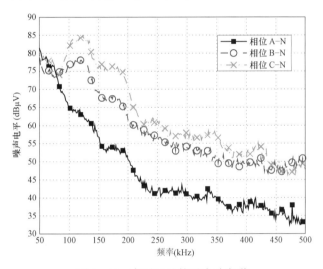

图 3-11 变压器处的噪声功率谱

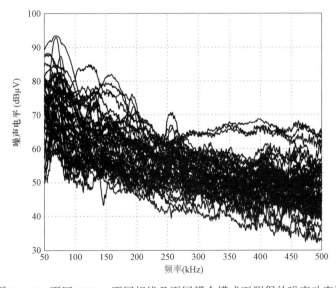

图 3-12 不同 HAP、不同相线及不同耦合模式下测得的噪声功率谱

3.4.3　衰减

衰减是在变压器和三幢建筑物的 HAP 间测得的，测量借助了扫频发生器。接收端的阻抗小于 1Ω，这样能够将较大的信号导入到电力线信道中。衰减包含发送端和接收端的耦合。

图 3–13 中列举了#1，#2 和#3 建筑物的 HAP 与变压器间的衰减。变压器采用的是三相耦合，接收端采用的是 B 相–零线间的单相耦合。从图中可以看出，衰减在 30～70dB 间变化。这同宽带 PLC 是有区别的，因为在低压接入网中的窄带电力线载波通信，衰减的水平与频率、传输距离并没有很大的关联性，图 3–13 也能看出这一点。

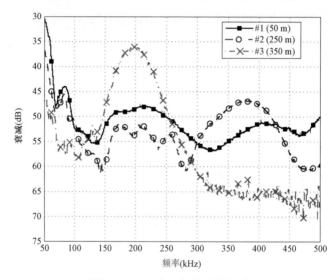

图 3–13　三个下行链路的衰减

变压器的三相耦合是常见的，这种耦合方式能够覆盖大多数 PLC 用户节点。但是，三相耦合可能会产生两种影响。首先，三相间的并行连接将会导致更小的接入阻抗，这将会使得有效注入信号变得比较困难；其次，信号将会分散到三相中。这些会导致接收端信号水平的降低，而相比之下发送和接收采用相同的单相耦合的效果会好很多。

作为一个实例，图 3–14 比较了单相和三相耦合条件下变压器和#2 建筑物 HAP 间的衰减。在单相耦合情况下，两端均使用同一相。在本例中，单相耦合下衰减的水平比三相耦合下衰减的水平低了很多，150kHz 时二者相差接近 30dB。明显地，对 PLC 节点来说单相耦合是比较适合的耦合方式。将 PLC 不同相连接起来的方法有很多种，其中较为复杂的一种是用三个发射器分别向三个相同时注入一样的信号。另一种是通过串扰，很多文献，如文献［7，8］中就提到了在一定频段上不同相间的串扰。通过串扰，一个 PLC 节点能够直接接收到能量足够大且从别的相线耦合过来的信号。在同一电表箱中的不同相线上可以观测到明显的串扰。

图 3–15 描述了变压器与不同 HAP 间不同耦合方式所测得的衰减统计。可以看出，不同情况下的衰减相差很大，在 28～70dB 范围中波动。衰减的大部分情况是在 35～60dB 间。

当频率高于 250kHz 时，衰减的程度也随之增大。

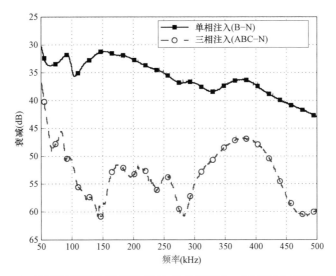

图 3-14　从变压器到#2 建筑物 HAP 处单相耦合、三相耦合情况下的衰减

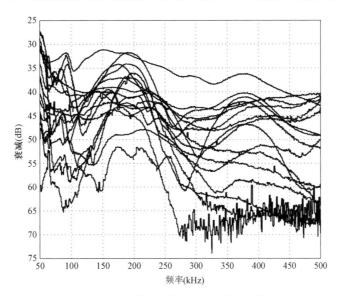

图 3-15　变压器和不同 HAP 间的衰减集合

3.4.4　链路质量因子

为了对电力线信道质量进行评估，并考虑以上所列两种信道特性，即噪声和衰减特性对电力线信道质量的影响，引入了一个链路质量因子 LQI (f, t)。这个物理量是电力线信道的噪声和衰减之和：

$$\text{LQI}(f,t) = \text{Noise}(f,t) + \text{Loss}(f,t) \tag{3.4}$$

式中：Noise (f, t) 表示信道中的噪声功率，单位为 dBμV 或 dBm，主要是根据给定的噪声带宽及频率 f、时间 t 来确定；Loss (f, t) 表示信道中的实际衰减量，单位 dB。

因此，LQI（f, t）与 Noise（f, t）有同样的单位。链路的 LQI（f, t）等同于在接收端接收到 0dB 信噪比（Signal to Noise Ratio，SNR）时发送端所发送的信号功率。给出链路的 LQI（f, t），以及发送端的信号功率 Tx（f, t）（单位为 dBμV 或 dBm），就能够计算出链路接收端对应的信噪比：

$$SNR(f, t) = Tx(f, t) - LQI(f, t) \tag{3.5}$$

从上式可以看出，信噪比一定的情况下，LQI（f, t）越小，所需要的信号功率也越小。

图 3-16 给出了从变压器到三幢建筑物 HAP 间所有下行链路的 LQI。噪声带宽为 10kHz，变压器端采用的是三相耦合方式。#2 建筑物的下行链路在 375kHz 处取得最小 LQI 值 85 dBμV，在 300kHz 处取得最大 LQI 值 109 dBμV。从图中可以看出，#3 建筑物的下行链路 LQI 最高，若获得同样的 SNR 则所需要的信号功率也必高于其他两条链路。值得注意的是，这条链路长度也较长，为 350m。不过，链路的最小 LQI 并不是在低频段取得，而是分布在较高的频段区间（350～500kHz）。

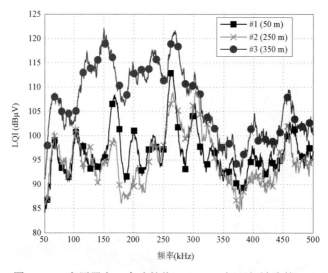

图 3-16 变压器和三个建筑物（HAPs）间下行链路的 LQI

图 3-17 列出了不同测试下所得 LQI 的统计值。噪声带宽为 10kHz，由图可以看出最小 LQI 值为 80 dBμV，最大值为 137 dBμV。大部分链路的 LQI 值集中在 85～115 dBμV。随着频率的增大，LQI 有减小的趋势。

3.4.5 在 CENELEC A 频段的窄带 PLC 信噪比实例

若 CENELEC A 频段信号使用 EN 50065-1 中所定义的信号电平[11]，在如上图 3-17 所示的 LQI 值条件下能获得多大的 SNR 是值得讨论的问题。

为达到这个目的，假定使用峰值-RMS 比率为 8dB、频率在 40～90kHz 间的正交频分复用（OFDM）信号。对宽带信号（＞5kHz）来说，EN 50065-1 限定了信号的一些特性：AMN 测量得到的三相耦合信号峰值限制在 140 dBμV，AMN 内的输入阻抗在 5～20Ω 间[11]。这就意味着对假定 OFDM 信号来说 RMS 需限制在 132 dBμV。图 3-17 中所列举的 LQI 值

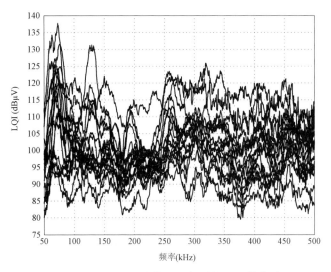

图 3-17　不同测试情况下得到的 LQI 的集合

包括在图 3-1 中的耦合网络时的情况，为确定出适合的 SNR，需要推导输入耦合网络中发送信号的 RMS。由于耦合网络在 40～90kHz 频段间阻抗的大小在 0.3～1.3 Ω 的范围内，与输入阻抗（5～20 Ω）相比小了很多，因此耦合网络中的信号损失可以忽略不计。因此，在耦合网络的输入端 OFDM 信号在 40～90kHz 内 RMS 值接近 132 dBμV。根据图 3-17 中的 LQI，在 10kHz 恒定噪声带宽的条件下 SNR 的计算方法为：

$$\mathrm{SNR}(f) = 132\mathrm{dB\mu V} - 10\log_{10}(50\mathrm{kHz}/10\mathrm{kHz}) - \mathrm{LQI}(f) = 125\mathrm{dB\mu V} - \mathrm{LQI}(f) \quad (3.6)$$

式（3.6）中的 SNR 值描绘在图 3-18 中。由图可以看出，大部分可用 SNR 值在 10～40dB 间。也可以看出，个别链路的 SNR 值随着频率变化很大。60～75kHz 的频带范围内，SNR 值取到最小值，且一些最小值低于 0dB。

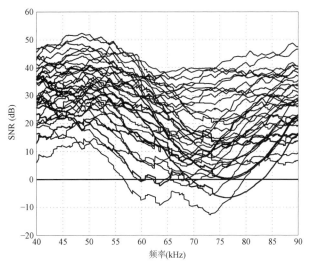

图 3-18　不同 LQI 链路情况下的 SNR
（根据文献［11］中的最大信号允许值，并采用 CENELEC A 频带 40～90kHz 的 OFDM 信号）

实际的 PLC 系统可能并不会限定信号的最大值。PRIME 规定对 42～89kHz 频段范围内采用三相耦合方式的 OFDM 信号来说，输入阻抗为 1Ω 时，发送信号的最小 RMS 值为 114 dBμV。这个阻抗值与测试耦合网络的阻抗值相同。因此，假设耦合网络中的信号损失为 6dB，这就需要输入端发送信号至少要达到 120 dBμV（114 dBμV + 6dB）。这种情况下，与之前描述的发送最大信号电平的 OFDM 信号方案[11]相比，PRIME 信号的 SNR 将会降低约 12dB。图 3 - 18 中 SNR 值整体减小 12dB，则意味着对于不同 LQI 的链路而言，PRIME 传输的可靠性降低。

3.5 结论

本章基于测试结果评估了中国典型的低压接入网窄带电力线信道特性。三相耦合在变压器处的阻抗很低，与单相耦合形式相比，信号经过这种三相耦合网络可能会出现一定程度的信号损失。信号的衰减水平在 20～70dB 之间。与宽带电力线载波通信相比，窄带 PLC 中的衰减与频率和传输距离的关联程度不大。另一方面，窄带 PLC 的噪声功率会随着频率的增大而减小，一系列的测试能够证明这一点。如 10kHz 带宽的平均噪声功率在 50kHz 频率时为 50～90 dBμV，而在 500kHz 时为 30～60 dBμV。噪声水平在夜间和白天会有很大的差异，同时噪声也会表现出一定的周期性，噪声的周期对应交流电周期的一半。链路质量因子 LQI 综合考虑了噪声和衰减的水平，能够用来比较不同的信道。通过对给定链路的 LQI 做分析，可以得出在不同的频率下 LQI 的变化很大的结论。一般情况下，信号频率较高，LQI 值越低。

参考文献

[1] Liu, J., Zhao, B., Geng, L. et al., Current situations and future developments of PLC technology in China, Proceedings of IEEE International Symposium Power Line Communications and Its Applications, Beijing, China, 28 - 30March 2012.

[2] Galli, S., Scagllone, A. and Wang, Z., For the grid and through the grid:The role of power line communications in the smart grids, Proceedings of the IEEE, 99 (6), 998 - 1027, June 2011.

[3] Dostert, K., Power Line Communications. Prentice Hall, Upper Saddle River, NJ, 2001.

[4] Ferreira, H. C., Lampe, L., Newbury, J. et al., Power Line Communications. John Wiley & Sons, West Sussex, UK, 2010.

[5] Sigle, M., Bauer, M., Liu, W. et al., Transmission channel properties of the low voltage grid for narrowband power line communication, Proceedings of IEEE International Symposium Power Line Communications and Its Applications, Udine, Italy, 3 - 6April 2011, pp. 289 - 294.

[6] Varadarajan, B., Kim, I., Dabak, A. et al., Empirical measurements of the low-frequency power-line communications channel in Rural North America, Proceedings of IEEE International Symposium Power Line Communications and Its Applications, Udine, Italy, 3 - 6April 2011, pp. 463 - 467.

[7] Sigle, M., Liu, W. and Dostert, K., On the impedance of the low-voltage distribution grid at frequencies up

to 500kHz, Proceedings of IEEE International Symposium Power Line Communications and Its Applications, Beijing, China, 28 – 30March 2012.

[8] Arzberger, M., Dostert, K., Waldeck, T. et al., Fundamental properties of the low voltage power distribution grid, Proceedings of IEEE International Symposium Power Line Communications and Its Applications, Essen, Germany, 2 – 4April 1997, pp. 45 – 50.

[9] Katayama, M., Yamazato, T. and Okada, T., A mathematic model of noise in narrowband power line communications systems, IEEE Journal on Selected Areas in Communications, 24 (7), 1267 – 1276, July 2006.

[10] Katayama, M., Itou, S., Yamazato, T. et al., Modeling of cyclostationary and frequency dependent power-line channels for communications, Proceedings of IEEE International Symposium Power Line Communications and Its Applications, Ireland, April 2000, pp. 123 – 127.

[11] CENELEC, EN 50065 – 1Signaling on low-voltage electrical installations in the frequency range 3kHz to 148.5kHz-Part 1:General requirements, frequency bands and electromagnetic disturbances, April 2011.

[12] PRIME Alliance, Power Line Intelligent Metering Evolution (PRIME)Specification, v1.3E, 2010.

4

室内宽带信道特性与基于相关性的建模

4.1 引言

未来的家用网络将会是一种混合网络，通过稳定的宽带骨干网提供多媒体业务（详见第 15 章）。正是由于这个愿景，在过去的几年里，家庭插电联盟（HomePlug Alliance）发布了电力线（Power Line，PL）规范 HomePlug AV 1.1（HPAV 1.1）[4]。这个方案可实现最大 200Mbit/s 的 PL 传输速率（PL；详见第 13 章）。当今的市场需求对网络性能提出了更高的要求，以便支持高分辨率的多媒体业务和游戏等。为了适应容量、可靠性和覆盖范围的高要求，家庭插电联盟定义了下一代 PL 技术规范，即 HomePlug AV 2.0（HPAV 2.0）（详见第 14 章）。其中一个主要的技术提升就是引入了多输入多输出（Multiple-Input Multiple-Output，MIMO）技术。该技术已经在无线通信中引起广泛关注（例如 IEEE 802.11n[5] 和 3GPP LTE[6]标准）。一些文献介绍了 MIMO 在电力线中的应用，如信道容量[7, 8]，不同的 MIMO 方案[9, 10]（详见第 9 章）等。另外，MIMO PL 信道也在文献[11 – 18]中有介绍。本书第 1 章介绍了 PL 信道和噪声特性，概括了可在相关文献中查阅的大多数典型室内电力线模型。本章和第 5 章将会详细介绍 MIMO 信道特性。现有文献中，PL 噪声特性并没有被广泛研究，很多资料中仅是简单地将其认为是附加的高斯白噪声（Additive White Gaussian Noise，AWGN）。实验结果表明，当 MIMO 技术得到推广使用后，室内 PL 信道容量可提升近 2 倍左右。

本章介绍了基于美国实验测量数据的 MIMO 电力线信道和噪声的统计特性，提出了一个基于相关矩阵的信道建模方法。第 5 章中，介绍了欧洲室内信道和噪声的统计特性，以及基于实验数据库的随机信道模型。通过对大量测量数据的分析，发现了最重要信道和噪声参数的统计分布。通过美国北部 5 个家庭中的测量，室内 PL 信道的设置包括 92 个传输函数，频率范围为 1.8～88MHz。

本章构成如下，4.2 节详细介绍了测量设置和估算 MIMO 电力线信道系数的程序；4.3 节提出了一个基于采集数据的统计分析方法，并与之前文献所提及的分析方法比较；基于这些结论，4.4 节提出了一种与空间特性相关的 MIMO 电力线信道模型；4.5 节主要介绍了 MIMO 电力线噪声的特性及其对信道容量的影响；最后 4.6 节给出了结论。

下述符号将被用到，向量和矩阵用加粗符号表示。符号$(\cdot)^{\mathrm{T}}, (\cdot)^{-1}, (\cdot)^{\mathrm{H}}, (\cdot)^*, E[\cdot]$ 分别表示转置、逆、共轭转置、共轭和期望。

4.2　MIMO 电力线信道现场测试系统

本节介绍了用于描述 MIMO 电力线信道特性的仪器设备和信号测量方法。具体的，需要描述信道的传输函数以及基于不同接收端的噪声。一个典型的方法就是，使用矢量网络分析仪（Vector Network Analyser，VNA）观察一个信道的传输函数。矢量网络分析仪测量信道并计算各种 S 参数,这可以精确测量信道传输函数,然而信道的时域特性无法通过 VNA 观测。

为了观测时域信号波形并采样噪声，这里选择了一种信道时域特性测试方法。系统框图如图 4−1 所示。尽管三个端口都可用来发送信号，但只有 2 个端口可同时传输。这是因为在发送端，第三个端口的电压与另两个端口电压线性相关（基尔霍夫定律）。相线−中性线（L-N）和相线−接地保护线（L-PE）作为传输的对偶线。在发送端，两个独立信号由泰克（Tektronix）AWG2021 任意波形发生器生成，并通过模拟前端（Analogue Front End，AFE）进行发送。双端口模拟前端放大信号并通过耦合电路注入电力线路中。两个时域波形的数据包由两部分组成：前同步码和净负荷。同步码用于自动增益控制调节、帧检测和同步。净负荷部分采用正交频分多路复用（Orthogonal Frequency Division Multiplexing，OFDM）调制方式，其中含有 4096 个子载波，频率间隔为 24.414kHz（如 HPAV 1.1 规范）。为了简化 MIMO 信道系数的估计，两路传输信号采用正交编码；因此，在净负荷中，每个 OFDM 符号重复两次，通过固定符号编码，[＋1，＋1]码用于一个端口的信号传输，而[＋1，−1]用于另一个端口的信号传输。考虑到 200MHz 的采样频率，两个信号占据的频率范围从 0～100MHz。在 HPAV 1.1 中，实际起始频率为 1.8MHz，为避免 FM 带的噪声干扰，88MHz 以上的频率会被屏蔽。每个数据包含有 5 对正交符号。

图 4−1　MIMO 电力线信道现场测试系统

为提高接收信号的质量，在接收端可以用三个端口接收，即 L-N，L-PE 和 N-PE。实际上，如果能获取到共模信号，还可以使用第四个端口[9]。现场实验系统的接收器由一个三端口接收器模拟前端 AFE 和耦合模块组成，接收器与一个采样速率为 200Mbit/s、4 通道 16bit 的数字转换器相连。这里需要注意的是发送端和接收端的耦合都是容性的，将 AFE 端口间的串扰降低到最小。数字转换器连接个人电脑，背板的通用接口总线（General Purpose Interface Bus，GPIB）用于装载由个人电脑生成的两路传输波形。从电力线路 L-N、L-PE、N-PE 双线耦合的信号在接收端分别独立滤波和放大。

信号示意图如图 4−2 所示。任意波形发生器发出三个数据包的重复序列，如图 4−2 所示。波形发生器先使用两个端口进行 MIMO 传输，然后使用 L-N 线对进行单输入单输出（Single-Input Single-Output，SISO）传输，最后使用 L-PE 线对进行 SISO 传输。按顺序持续重复，在接收端采集 16 个 MIMO、SISO L-N 和 SISO L-PE 信号。在 L-N-和 L-PE-发送输中，发送功率提高 3dB，以保持在 MIMO 和 SISO 传输过程中的信号功率谱密度（Power Spectral Densities，PSDs）相当。在发送耦合器的输出端，MIMO 数据包信号在 1.8～88MHz 带宽内的功率谱密度为 –67dBm/Hz（序列中第一个传输包），在 SISO 传输包中为 –64dBm/Hz（序列中第二、三个传输包）。

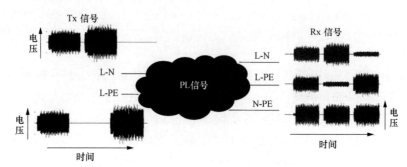

图 4-2　电力线 MIMO 现场测试系统的信号示意图

如图 4-2 所示，不同数据包间有间隙。在接收端采样的数据包间隙波形是电力线上的噪声，这些采样值用于表示电力线噪声。

这个测试系统用于收集 5 个家庭中分布的 92 条线路的数据。所有家庭的居所是独立的，使用 5～25 年不等，大小 180～320m² 不等。实际收集波形的相关信道和噪声参数的提取在后面描述。

在 MIMO 过程传输中，在频域子载波 k 接收的采样值表示如下：

$$x_k = H_k a_k + n_k \tag{4.1}$$

其中：

$a_k = [\, a_k^{(1)}, \quad a_k^{(2)} \,]^{\mathrm{T}}$ 为两个发送端口的发送符号；

$x_k = [\, x_k^{(1)}, \quad x_k^{(2)}, \quad x_k^{(3)} \,]^{\mathrm{T}}$ 为三个接收端口接收的采样值；

$n_k = [\, n_k^{(1)}, \quad n_k^{(2)}, \quad n_k^{(3)} \,]^{\mathrm{T}}$ 为三个接收端口的噪声采样值；

H_k 为子载波 k 的 3×2 信道矩阵

$$H_k = \begin{bmatrix} H_k^{(1,1)} & H_k^{(1,2)} \\ H_k^{(2,1)} & H_k^{(2,2)} \\ H_k^{(3,1)} & H_k^{(3,2)} \end{bmatrix} \tag{4.2}$$

信道矩阵 $H_k^{(r,t)}$ 表示子载波 k 从信道发送端口 t 传送至接收端口 r。需要注意的是，在电力线上噪声不总是加性高斯白噪声，即 n_k 是一个高斯随机向量，其平均值为 0，协方差矩阵 $R_{n,k} \neq I$，I 为单位矩阵（$n_k \in \mathrm{N}_3(\mathbf{0}, R_{n,k}), \mathbf{0} = [0,0,0]^{\mathrm{T}}$）。噪声协方差矩阵定义为 $R_{n,k} = E[n_k n_k^{\mathrm{H}}]$。

式（4.1）中的线性模型可以通过与 $(R_{n,k})^{-1/2}$ 相乘达到白化的目的。根据预白化方程式（4.1），有：

$$(\boldsymbol{R}_{n,k})^{-1/2}\boldsymbol{x}_k = (\boldsymbol{R}_{n,k})^{-1/2}\boldsymbol{H}_k\boldsymbol{a}_k + \boldsymbol{w}_k \qquad (4.3)$$

式中：$\boldsymbol{w}_k \in N_3(\boldsymbol{0},\boldsymbol{I})$。因此，预白化信道 $\boldsymbol{H}_{w,k} = (\boldsymbol{R}_{n,k})^{-1/2}\boldsymbol{H}_k$ 将称为复合通道（噪声相关性和信道衰减的影响结合在一个矩阵中）。

$a_k^{(t)}[m]$ 是调制在子载波 k 上的符号，$k = 1, 2, \cdots, 4096$；发送端口 $t = 1, 2$；$m = 1, 2, \cdots,$ N。令 $x_k^{(r)}[m]$ 为载波 k 的接收端采样信号，在接收端口 r 处（$r = 1, 2, 3$）该信号有 m 个 OFDM 符号。鉴于两个正交码应用于传输信号的定义，信道的估计系数由以下方程定义：

$$H_k^{(r,t)} = \begin{cases} \dfrac{1}{N/2}\displaystyle\sum_{m=1}^{N/2}\dfrac{x_k^{(r)}[2m] + x_k^{(r)}[2m-1]}{2 \cdot a_k^{(1)}[2m]} & t = 1 \\[3mm] \dfrac{1}{N/2}\displaystyle\sum_{m=1}^{N/2}\dfrac{x_k^{(r)}[2m] - x_k^{(r)}[2m-1]}{2 \cdot a_k^{(2)}[2m]} & t = 2 \end{cases} \qquad (4.4)$$

通过使用式（4.4），假设 OFDM 符号从 m 条信道到 $m+1$ 条是不改变的。在我们的研究中，传输 OFDM 符号的数量 N 为 10。r 和 t 为给定值，通过对 $H_k^{(r,t)}$ 作快速傅里叶逆变换（Inverse Fast Fourier Transform，IFFT）计算，获得信道冲激响应 $h_u^{(r,t)}$（$u = 1, 2, \cdots,$ L_H）。选定 $L_H = 2000$，这样能够保存至少 99% 的信道能量在 200MHz 的采样频率下，采样时间等于 5ns。因此，信道脉冲响应 $L_H = 2000$ 时采样时间相当于 10μs。下一节会对 92 路的通道路径进行分析和估测。

对于一个给定的载波噪声采样值 $\boldsymbol{n}_k = [n_k^{(1)}, n_k^{(2)}, n_k^{(3)}]^{\mathrm{T}}$，噪声协方差矩阵 $\boldsymbol{R}_{n,k}$ 可以通过对现场实验系统采样值做总体平均获得。

4.3 信道统计分析

在本节，通过对估测信道的分析，提供了 MIMO 电力线信道响应特性一些有用的统计描述。作为一个例子，图 4-3 表示了从 MIMO 信道中提取的一个通用 SISO 信道中捕获的时域脉冲响应和频率响应。换句话说，图 4-3 描述了 $\boldsymbol{H}$ 矩阵的一个元素的时域和频率特征，图 4-3（b）的虚线部分详细指出了一个在 4.4 节中实现的信道。

4.3.1 平均衰减随频率的变化

在本节中，每个 MIMO 信道被认为是一组六个 SISO 通道的集合，每个通道的能量归一化计算如下：

$$\overline{H}_k^{(r,t)} = \frac{H_k^{(r,t)}}{\sqrt{\displaystyle\sum_{k=1}^{4096}\left| H_k^{(r,t)} \right|^2}} \qquad (4.5)$$

$\overline{H}_k^{(r,t)}$ 表示归一化信道矩阵 $\overline{\boldsymbol{H}}_k$ 的系数。在图 4-4（a）中，信道频率响应适应于所有的归一化信道，叠加加粗的黑色曲线代表了平均值。可以观察到，PL 信道的线性增益依赖于频率的负斜率，信道增益的线性平均近似可以定义为：

$$\left| H(f) \right|_{\mathrm{dB}} = A \cdot f + B \qquad (4.6)$$

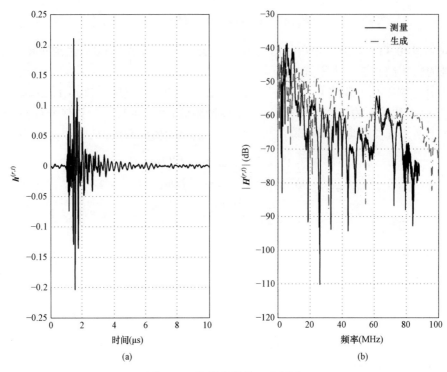

图 4-3 信道实现的一个例子

（a）时域脉冲响应；（b）频域响应

这里 $A = -1.9819 \times 10^{-7}$（1/Hz），$B = 1.2578$，如图 4-4 所示的加粗直灰线是线性近似部分。观察捕获的噪声如何影响信道测量也是关注的问题之一，这种影响的现象可以从测量图中一个在 65MHz 处存在一个凸起清楚地看到。在图 4-4（b）中，信道增益的概率密度函数（Probability Density Function，PDF）通用于所有载波。PDF 的平均值和标准偏差提取后附加用于高斯分布。在这个载波中，截断高斯分布（如图所示虚线）适用于信道增益的 PDF，这种情况适用于所有的载波。通过其他实验数据的观测，也验证了瑞利或威布尔分布的存在。

4.3.2 信道系数的分布

为了便于评价信道脉冲响应的统计特性，在分析中，所有的时域参量的最大值是保持一致的。换句话说，信道脉冲响应随时间转移，其最大绝对值总是在给定时间即时出现。假定最大绝对值出现的时间为 MaxPos，图 4-5 描述了所有估计信道冲激响应的叠加，信道脉冲响应取最大绝对值时 MaxPos = 300。

在给定的时间分析原信道系数的分布，三个统计分布可以描述所有信道脉冲响应。时域范围为 $\chi_L = [1, MaxPos - 2]$ 时，信道系数为随机信号，振幅值服从威布尔分布描述。时域范围为 $\chi_C = [MaxPos - 1, MaxPos + 1]$ 时，信道系数为随机信号，振幅值服从非零均值高斯分布。时域范围为 $\chi_R = (MaxPos + 2, L_H)$ 时，信道系数服从高斯分布，均值为 0。作为一个例子，图 4-6 用黑线描述了测量 PDF，用明显的灰色线描述了分布曲线，发生时间分别为：（a）MaxPos - 5；（b）MaxPos；和（c）MaxPos + 5。

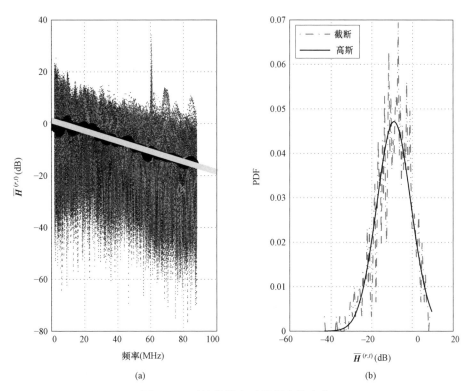

(a)

(b)

图 4-4　平均信道衰减随频率的变化

（a）归一化信道的信道频率响应；（b）第 2048 载波幅值的 PDF

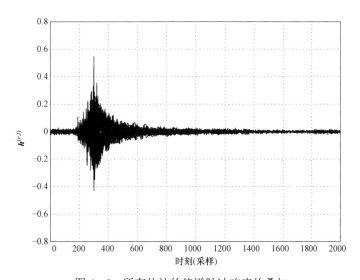

图 4-5　所有估计的信道脉冲响应的叠加

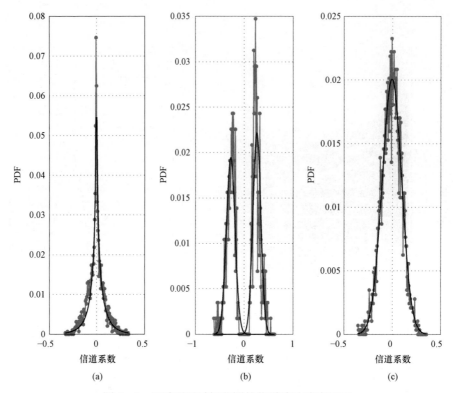

图 4-6　三种不同时间范围的信道脉冲响应 PDF

威布尔（Weibull）随机变量 x 的 PDF 是由两个参数——形状特征参数 k 和尺度参数 λ 决定的：

$$f(x,\lambda,k)=\begin{cases}\dfrac{k}{\lambda}\left(\dfrac{x}{\lambda}\right)^{k-1}\mathrm{e}^{-(x/\lambda)^{k}} & x\geqslant 0 \\ 0 & x<0\end{cases}\qquad（4.7）$$

令形状参数 k 为一个等于 3/4 的常数，尺度参数 λ 表示为一个时间的函数：

$$\lambda_{p}=\mathrm{e}^{C_{0}+C_{1}\cdot p+C_{2}\cdot p^{2}+C_{3}\cdot p^{3}+C_{4}\cdot p^{4}+C_{5}\cdot p^{5}}\qquad（4.8）$$

$C_{0}=-6.83$，$C_{1}=9.5\times 10^{-3}$，$C_{2}=-2.25\times 10^{-4}$，$C_{3}=2.07\times 10^{-6}$，$C_{4}=-6.98\times 10^{-9}$，$C_{5}=9.15\times 10^{-12}$。图 4-7（a）中的虚线表示了尺度参数相对于时间的函数值，式（4.8）给出了计算公式。

表 4.1 列出了均值非零的高斯分布的平均值和标准偏差值。提取参数的时间范围为 $[\mathrm{Max}Pos-1，\mathrm{Max}Pos+1]$。

均值为 0 的高斯 PDF 的一个典型特点是标准偏差可表示为一个瞬时时间函数：

$$\sigma_{p}=\mathrm{e}^{C_{0}+C_{1}\cdot p+C_{2}\cdot p^{2}+C_{3}\cdot p^{3}+C_{4}\cdot p^{4}+C_{5}\cdot p^{5}}\qquad（4.9）$$

$C_{0}=1.1$，$C_{1}=-1.59\times 10^{-2}$，$C_{2}=1.84\times 10^{-5}$，$C_{3}=-1.37\times 10^{-8}$，$C_{4}=5.62\times 10^{-12}$，$C_{5}=-9.22\times 10^{-16}$。图 4-7（b）中用虚线描述了标准偏差的值，式（4.9）给出了基于时间的函数。

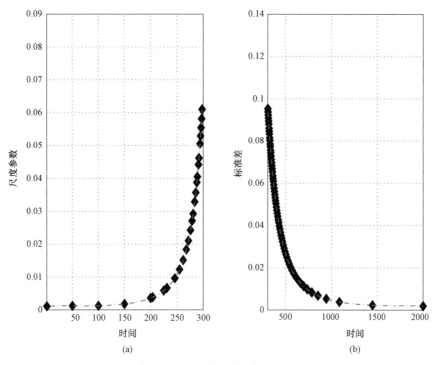

图 4-7　信道参数分布示意图

（a）尺度参数与时间；（b）标准偏差与时间

表 4.1　　　　　　　　　　　非零均值高斯分布的均值及标准偏差值

参　　数	瞬时常量的值		
	Max*Pos* − 1	Max*Pos*	Max*Pos* + 1
均值	1.45×10^{-1}	2.56×10^{-1}	1.47×10^{-1}
标准偏差值	6.96×10^{-2}	8.16×10^{-2}	7.49×10^{-2}

4.3.3　均方根时延扩展随衰减的变化

文献[19]中提出了均方根时延扩展（Root Mean Square of the Delay Spread，RMS-DS）和电力线信道的平均增益之间的关系。

图 4-8 显示了一个经过最小二乘算法计算的电力线测量值及其趋势的散点图。在此图中，MIMO 信道被认为是六个独立的 SISO 信道的组成，子信道分别用圆圈进行描述。在图中，衰减值形成了两个截然不同的"云"。一般来说，路径越长，衰减值越大。要注意的一个方面是，实验测量属于一个有限集。随着采集的测试数据的增加，可以看出的是平均衰减的范围为 −70～−10dB。在图 4-8 中，同文献[19]中的关系一样（标记为"文献参考值"），$\sigma_{\tau,\,\mu s} = -0.01 \cdot G_{dB}$（$\sigma_{\tau,\,\mu s}$ 为 RMS-DS，G_{dB} 为平均信道衰减），根据 MIMO 电力线测量（标记为" MIMO 趋势线"）获得等效的结果。需要注意的是文献[19]中的测量分析也属于 HomePlug 联盟过去几年的一组信道测量。

基于这些结果，文献[19]中提出的 RMS-DS 和平均增益之间的关系也适用其他五个

SISO 信道，共同构成复合 3×2MIMO 信道。

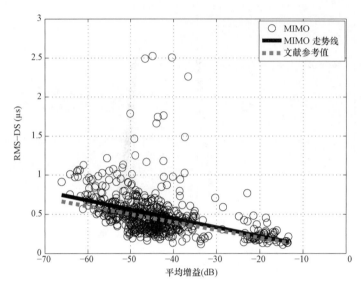

图 4-8 RMS-DS 与平均信道增益关系图

4.3.4 MIMO 信道相关性

假定载波 k 的信道矩阵奇异值分解为 $\boldsymbol{H}_k = \boldsymbol{U}_k \boldsymbol{S}_k \boldsymbol{V}_k^{\mathrm{H}}$，矩阵 $\boldsymbol{S}_k$ 在主对角线上只有两个非零项，$\lambda_{H_k}^{(i)}$（$i=1$，2）是 $\boldsymbol{H}_k$ 的奇异值。类似于文献[8]，载波 k 的信道相关因子为：

$$\kappa_k = \left(\frac{\min\{\lambda_{H_k}^{(1)}, \lambda_{H_k}^{(2)}\}}{\max\{\lambda_{H_k}^{(1)}, \lambda_{H_k}^{(2)}\}} \right)^2 \tag{4.10}$$

根据定义，当信道完全相关时，$\kappa_k = 0$；当信道完全不相关时，$\kappa_k = 1$。图 4-9 分析了这个因素，在考虑所有的测量和频率的情况下，描绘了 κ_k 的累积分布函数（Cumulative Distribution Function，CDF），图 4-9（b）描绘了所有的频率（标记为"测量"）下测得的 κ_k 的平均值。图 4-9 虚线描绘的信道将在 4.4 节详细介绍。

从图 4-9（a）中可以明显看出，估计信道的相关因子 κ_k 不均匀地分布在区间[0，1]中，在 90%的情况下，相关因子均低于 0.2。对每个载波而言，相关因子有相同的 PDF（考虑了所有的估计信道）。为证明这一观点，图 4-9（b）描述了信道相关因子的平均值与频率。很明显，频率基本上是恒定的。因此，4.4 节提出的信道模型将会引入一个适用于所有载波的独特相关因子。

本节研究 MIMO PL 信道的"空间"属性，这里"空间"指的是 MIMO 端口。

空间相关性分析的第一步是在频域范围内评估信道系数的奇异值。作为一个例子，图 4-10 描述了定义在 4.3.4 节现场测量的对数尺度信道 $\boldsymbol{H}$ 奇异值的平方。显然可以看出，在高频率部分信道会出现强烈衰减现象（奈奎斯特频率为 100MHz，信道测量频率范围为 1.8～88MHz，载波间距等于 24.414kHz）。

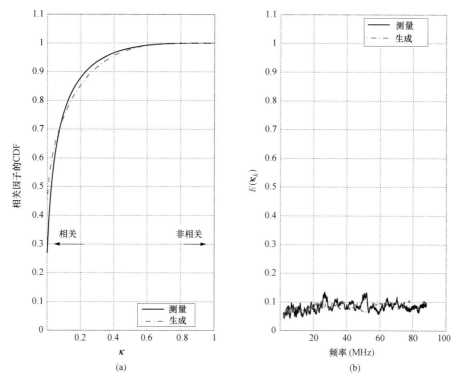

(a)

(b)

图 4-9 MIMO 信道相关性示意图

（a）信道相关性的 CDF；（b）不同频率下的信道相关性平均值

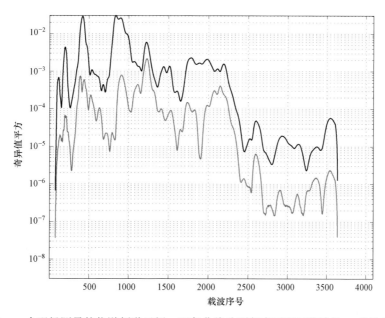

图 4-10 一个现场测量的信道频谱示例，两条曲线分别代表了不同载波的 **H** 奇异值的平方

信道端口 $h_u^{(r,t)}$ 为零，即（如前部分所示）：

$$E[h_u^{(r,t)}] = 0 \qquad (4.11)$$

第二步统计的情况更为复杂，事实上，信道端口不能认为是独立的。网络的拓扑结构可以很容易地理解：电线长度几乎相同，线路路径相似。此外，接收端也满足基尔霍夫定律。所有的这些影响都可通过一个信道协方差矩阵获得：

$$R_h = E[vect(H)vect(H)^H] \qquad (4.12)$$

维度大小为 $N_t N_r \times N_t N_r$，代表所有的耦合的信道端口，N_t 和 N_r 分别代表发射端和接收端的数量。$vect(\cdot)$ 将一个 $N_r \times N_t$ 矩阵的列元素排序组成一个长度为 $N_r N_t$ 的列向量。

信道的协方差矩阵为：

$$R_h = G^2 \cdot R_t \otimes R_r \qquad (4.13)$$

G 为常数代表所有信道的增益；

R_t 和 R_r 为发送端和接收端的协方差矩阵；

$\otimes$ 为克罗内克积，其中标准化选择为：

$$\mathrm{tr}(R_t) = N_t \qquad (4.14)$$

$$\mathrm{tr}(R_r) = N_r \qquad (4.15)$$

$\mathrm{tr}(\cdot)$ 指的是路径。

从实地测量发射和接收端口信道，进而对协方差矩阵进行分析计算是一个值得关注的方面。大部分载波使用的协方差矩阵并不适于高动态范围，如图 4-10 所示。相比高频段，频率越低衰减也越小。因此，协方差矩阵也可以用作加权平均计算。

尽管信道衰减的研究主要用于对 MIMO 电力线信道频谱特性的建模，同样也有助于描述相同信道的空间特性。首先，样本 H 的平均功率计算为：

$$P_h(k) = \frac{1}{N_t N_r} \mathrm{tr}(H^H H) = \frac{1}{N_t N_r} \sum_{r=1}^{N_r} \sum_{t=1}^{N_t} \left| H_k^{(r,t)} \right|^2 \qquad (4.16)$$

一旦获得每一个载波的 $P_h(k)$，它用于分别计算在发射端和接收端测量的相关性矩阵：

$$\hat{R}_t = G_t \cdot \sum_k \frac{1}{P_h(k)} H_k^T H_k^* \qquad (4.17)$$

$$\hat{R}_r = G_r \cdot \sum_k \frac{1}{P_h(k)} H_k^* H_k^T \qquad (4.18)$$

G_t 和 G_r 为归一化参数，是计算式（4.14）和式（4.15）的必要因素。

图 4-11 描述了现场测量的一个例子。空间相关性矩阵突出显示了对角线元素和非对角元素的下限值。这种研究应该在建模阶段加以考虑。图 4-12 和图 4-13 中用虚线描述了 $\hat{R}_t$ 及 $\hat{R}_r$ 的测量所得值（如下分析，实线代表合成值）。x 轴上的每个点代表 $N=92$ 的测量，水平线是相应曲线的平均值。

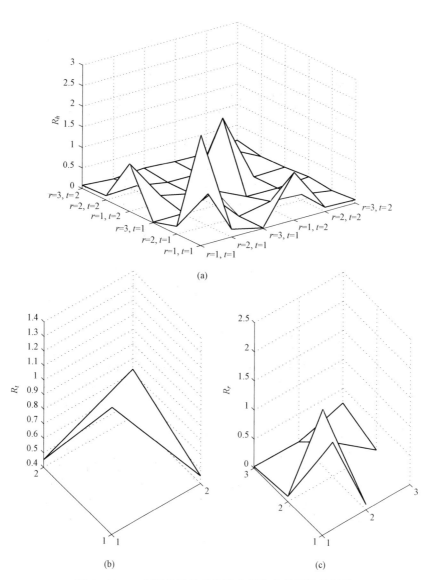

图 4 - 11　一个现场测量的信道空间协方差矩阵的例子

（a）信道协方差矩阵；（b）发送端协方差矩阵；（c）接收端协方差矩阵

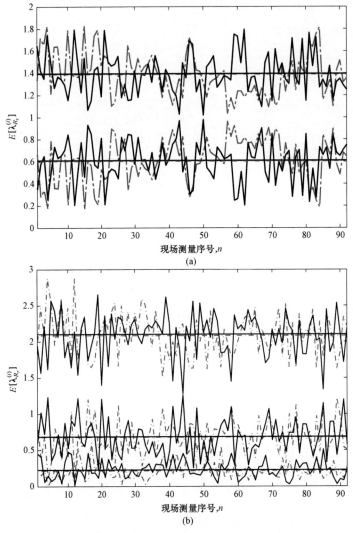

图 4-12　信道协方差矩阵的特征值

（a）R_t；（b）R_r

　　虚线表示实际测量值，实线则是通过模型模拟所得的结果，水平线表示现场测量所得的平均值。

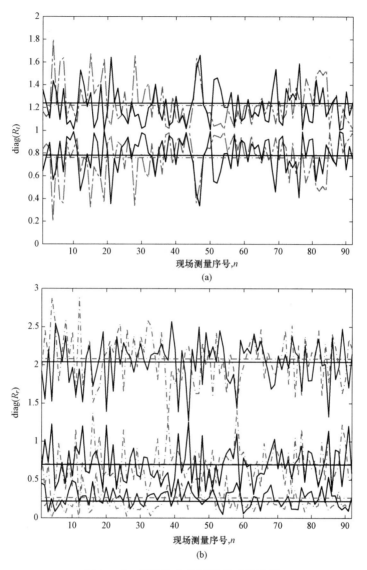

图 4-13 信道协方差矩阵的对角元素
（a） $R_t^{(i,i)}$；（b） $R_r^{(i,i)}$

　　虚线表示实际测量值，实线则是通过模型模拟所得的结果，水平线现场测量所得的平均值。

4.4 提出的电力线信道模型

4.4.1 SISO 信道模型

　　在 4.3 节中电力线 SISO 信道模型是通过生成每个信道脉冲响应分布系数得到的。值得注意的是，到目前为止相邻样本之间的相关性还没有考虑在内，为了引入到所生成的脉冲响应系数，应考虑所有范围在[1，…，L_H]内的信道系数不应该全是随机生成的，其中有一些由生成的组合获得。在 χ_R 范围内考虑信道系数，可以观察到一些标准偏差值较大的样值的时间相关性很小。另一方面，偏差值较小的样值的时间相关性很大。基于这些理论，定义了一组时间变量 χ_L^*，在该组数据中为每一个元素建立了随机变量，图 4-7（a）中用方块表述了时间变量 χ_L^*。相同的考虑也适用于 χ_R 的样本范围，这里考虑到尺度参数而不是标准偏差。图 4-7（b）中用方块表述了 χ_R^* 及其元素。最后，对所有 χ_C 范围内的时间变量进行随机生成，可以观察到 $\chi_C^* = \chi_C$。根据前面的一些定义，可以用以下程序实现电力线 SISO 信道的建模：

（1）对 χ_L^* 中的每一个时间变量而言，根据威布尔分布及式（4.8）的比例因子生成一个相应的随机变量，其中形状参数等于 3/4。然后，任意改变每个随机变量。

（2）对 χ_C^* 中的每一个时间变量而言，根据高斯分布及表 4.1 中所示的方差值能够生成一个相应的随机变量。然后，能够对每个随机变量进行任意改变。

（3）对 χ_R^* 中的每一个时间变量而言，根据高斯分布及式（4.9）所示的零方差能够生成一个相应的随机变量。然后，能够对每个随机变量进行任意改变。

（4）建立的信道必须满足在 MaxPos 处取得最大绝对值；绝对值大于 ξ 的采样值需要从 χ_L^*、χ_C^* 和 χ_R^* 中移出。

（5）在所有时间变量 χ_L^*、χ_C^* 和 χ_R^* 的信道脉冲响应中插入一个线性函数（移出的样值需要通过内插方法获得）。

（6）对生成的电力线 SISO 信道的 RMS-DS 进行评估。

（7）根据文献[19]中提出的 RMS-DS 及平均衰减值间的关系引出平均衰减的概念，并在图 4-8 中表示出。

令 $H_{\text{SISO},k}$ 为信道频率响应，图 4-3（b）虚线表示了一个例子。

4.4.2 MIMO 信道模型

令 $\tilde{H}_{\text{MIMO},k}$ 为表示载波 k 的 MIMO 信道系数的 $N_r \times N_t$ 矩阵，三个接收信号间并不是完全线性独立的，因此系数 $\tilde{H}_{\text{MIMO},k}^{(r,t)}$ 可表示为：

$$\tilde{H}_{\text{MIMO},k}^{(r,t)} = H_{\text{SISO},k} \tag{4.19}$$

每组（r，t）代表不同的 SISO 信道实现。因此，通过研究可知，系数 $\tilde{H}_{\text{MIMO},k}$ 在统计上是相互无关的。但图 4-9 所示的情况下，$\tilde{H}_{\text{MIMO},k}$ 是相关的。

根据观察可知，相关信道模型的建立是基于信道端口作为两个链路端口的假设（与文献[20，21]中描述的无线信道类似），也就是说，对于通用的子载波 k，相关的 MIMO 信道系数如下：

$$H = G \cdot R_r^{1/2} H' R_t^{1/2} \tag{4.20}$$

$N_t N_r$ 信道端口 $h_u'^{(r,t)} \in N(0，1)$ 为独立同分布变量，这是因为 G 和两个相关矩阵 R_t 和 R_r 可以任意扩展。

因此，问题是获得一个合成模型，以使生成矩阵尽可能接近观察数据。

在下面的几节中，将对如何引入统计相关性进行分析。

（1）空间相关性建模。

对 R_t 和 R_r 进行建模。协方差矩阵的特征值也需要研究，特征向量和特征值的分解如下：

$$\boldsymbol{R}_t = \boldsymbol{U}_t \cdot \boldsymbol{D}_t \cdot \boldsymbol{U}_t^{\mathrm{H}} \tag{4.21}$$

$$\boldsymbol{R}_r = \boldsymbol{U}_r \cdot \boldsymbol{D}_r \cdot \boldsymbol{U}_r^{\mathrm{H}} \tag{4.22}$$

在遵循信道特性（如 4.3.4 节所述）的基础上，特征向量和特征值也分别列出。

特征值作为均匀随机变量模型化（如图 4-12 虚线所示），通过优化了的平均和标准偏差值评估测量值。然而，需要注意的是，协方差矩阵已实现归一化。由于每个方阵的迹等于其特征值的总和，这种约束条件与方阵的特征值相关，也可以满足，比如说将其做归一化处理。目前，将一个迹归一化为 1。为了对 $\boldsymbol{R}_t$ 特征值的分布进行建模，两个均匀分布 $[\mathrm{U}(\cdot)]$ 的变量 x_1 和 x_2 由下式获得：

$$\overline{x_1} = \frac{x_1}{x_1 + x_2} \tag{4.23}$$

$x_i \in \mathrm{U}(x_{i,\min}, x_{i,\max})$。相似地，对 $\boldsymbol{R}_r$ 而言有

$$\overline{x_1} = \frac{x_1}{x_1 + x_2 + x_3} \tag{4.24}$$

首先，注意到前面的两个例子可以被认为是特殊情况：

$$\overline{x} = \frac{x}{x + y} \tag{4.25}$$

$x \in \mathrm{U}(x_{\min}, x_{\max})$，y 满足任何 PDF $f_Y(y)$。在前一种情况下，$y = x_2$ 也满足均匀分布。后一种情况下，$y = x_2 + x_3$ 将展示一个三角式 PDF。同样，高阶的卷积均匀变量易于推导和集成。归一化变量的 PDF 计算如下：

$$
\begin{aligned}
f_{\overline{x}}(\overline{x}) &= \int\limits_{x=x_{\min}}^{x_{\max}} \frac{1}{\varDelta_x} \int\limits_{y_{\min}}^{y_{\max}} f_Y(y) \delta\left(\overline{x} = \frac{x}{x+y}\right) \mathrm{d}y\mathrm{d}x \\
&= \frac{1}{\varDelta_x} \max\left(\int\limits_{\max\left(x_{\min}, \frac{1-\overline{x}}{\overline{x}} y_{\min}\right)}^{\min\left(x_{\max}, \frac{1-\overline{x}}{\overline{x}} y_{\max}\right)} \underbrace{\frac{x}{\overline{x}^2} f_Y\left(x\frac{1-\overline{x}}{\overline{x}}\right)}_{@z} \mathrm{d}x, 0\right) \\
&= \frac{1}{\varDelta_x(1-\overline{x})^2} \max\left(\int\limits_{\max\left(x_{\min}\frac{1-\overline{x}}{\overline{x}}, y_{\min}\right)}^{\min\left(x_{\max}\frac{1-\overline{x}}{\overline{x}}, y_{\max}\right)} z f_Y(z) \mathrm{d}z, 0\right)
\end{aligned}
\tag{4.26}
$$

$\varDelta_x = x_{\max} - x_{\min}$，$\delta(\cdot)$ 是广义脉冲（狄拉克）函数。式（4.26）中的积分可以简单地解释为 y 的截断期望。最后，如果 $\overline{x}$ 被考虑，那么实际的综合特征值即得到以下方程：

$$\lambda = \alpha\overline{x} \tag{4.27}$$

$$f_\Lambda(\lambda) = \frac{f_{\overline{x}}(\lambda/\alpha)}{\alpha} \tag{4.28}$$

对应地，$\alpha = N_t$ 或 N_r。借助于先前的 PDF，$N_t = 2$，$N_r = 3$ 时均匀特征值的方差需要进行迭代优化，以便一般情况下均值和方差在所有的实验中尽可能接近测量的特征值。表 4.2 描述了这些优化结果。

表 4.2 　　　　　　均匀随机变量 x_i 特征值模型的上下边界、平均值和标准偏差

参数　　　均匀随机变量	$x_1^{(t)}$	$x_2^{(t)}$	$x_1^{(r)}$	$x_2^{(r)}$	$x_3^{(r)}$
最大值	1.33	0.75	1.6	0.52	0.19
最小值	0.67	0.13	0.4	0.13	0.01
平均值	1	0.44	1	0.325	0.1
标准偏差	0.190 5	0.179 1	0.346 4	0.112 6	0.052

图 4-12（a）和（b）中对之前模型中的测量特征值进行了比较。虚线是实际特征值，实线是根据最优化的参数获得的合成特征值。如前所述，水平线表示 $N=92$ 个信道测量的平均值，预计这种情况匹配效果较好。

在对特征向量的选择上需要注意，其中的重点是 $\boldsymbol{R}_t$ 和 $\boldsymbol{R}_r$ 的主对角线元素必须尽可能地接近实际。如果特征向量为循环分布（统一的超球面服从均匀 PDF 分布），那么可以从众多策略中选取一个，例如，奇异值分解，特征值-特征向量分解或方阵的 QR 分解、零均值高斯抽样。事实上并非如此，图 4-11 表述了协方差矩阵的对角元素，与非对角元素做对比。无论如何，一个方阵的 QR 分解与高斯采样仍然可以结合使用，但需要突出偏置主对角线元素的均值：

$$\boldsymbol{QT} = a\boldsymbol{I} + \boldsymbol{W} \tag{4.29}$$

式中：$w^{(i,j)} \in \mathrm{N}(0,1)$，$\boldsymbol{Q}$ 满足 $\boldsymbol{QQ}^{\mathrm{H}} = \boldsymbol{Q}^{\mathrm{H}}\boldsymbol{Q} = \boldsymbol{I}$），$\boldsymbol{T}$ 为上三角部分。

在取极限的情况下，当 $a \to 0$ 时，$\boldsymbol{Q}$ 满足循环分布；反之，当 $a \to \infty$，$\boldsymbol{Q} \to \boldsymbol{I}$；因此，协方差矩阵为对角结构。

为了避免特征向量的列位置对 $\boldsymbol{Q}$（选择 QR 是基于连续 Gram-Schmidt 正交化过程）的影响，$\boldsymbol{Q}$ 的列和行满足置换矩阵 $\boldsymbol{\Pi}$ 的随机排列，有：

$$\boldsymbol{U} = \boldsymbol{\Pi}\boldsymbol{Q}\boldsymbol{\Pi}^H \tag{4.30}$$

偏置参数 a_t 和 a_r 已做数值最优化的处理，并找到相应的最佳匹配 $\boldsymbol{R}_t$ 和 $\boldsymbol{R}_r$。优化结束后 $a_t = 1.25$ 和 $a_r = 8$。图 4-13 中对测量的合成对角线元素进行了对比。同样的，虚线代表实际值，实线是式（4.21）和式（4.22）中矩阵的对角线元素，特征值和特征向量均满足所列的两个方程。横线代表 $N=92$ 个信道测量的平均值。由图可以看出，模型和实际测量之间的匹配性较好。

最后，对协方差矩阵的对角元素进行统计研究。事实上，图 4-13 元素之间的映射和发射、接收端口间并不统一。实际上，一些端口可能获得更大的增益，也能够与一些高特征值找到相关性，图 4-14 表述了这些统计数据。

（2）简易相关性建模。

本节介绍了一个更简单的空间相关性模型。在一些介绍 MIMO 信道建模的现有文献中（例如文献[22]），也列举了每个 SISO 链路间的空间相关性。基于文献[23]中的定义，发射端和接收端相关矩阵为：

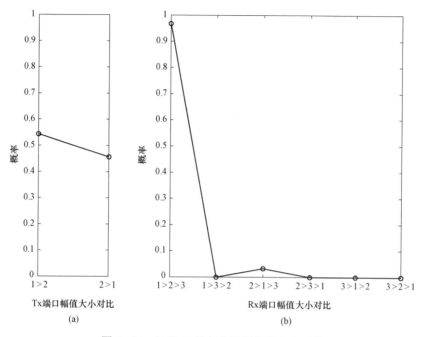

图 4-14 $\boldsymbol{R}_t$ 和 $\boldsymbol{R}_r$ 的对角元素幅值大小对比

（a）发送端口 1 和 2 分别对应耦合器 L-N 和 L-PE；（b）接收端口 1，2 和 3 分别对应耦合器 L-N，L-PE 和 N-PE

$$\boldsymbol{R}_t = \begin{bmatrix} 1 & \rho_t \\ \rho_t & 1 \end{bmatrix}, \boldsymbol{R}_r = \begin{bmatrix} 1 & \rho_r & \rho_r^2 \\ \rho_r & 1 & \rho_r \\ \rho_r^2 & \rho_r & 1 \end{bmatrix} \tag{4.31}$$

$$\begin{cases} \lambda_{R_t}^{(1)} = 1 + \rho_t \\ \lambda_{R_t}^{(2)} = 1 - \rho_t \end{cases} \tag{4.32}$$

相应地，存在：

$$\begin{cases} \lambda_{R_r}^{(1)} = 1 - \rho_r^2 \\ \lambda_{R_r}^{(2)} = \dfrac{1}{2}(2 + \rho_r^2 + \sqrt{8 + \rho_r^2}) \\ \lambda_{R_r}^{(3)} = \dfrac{1}{2}(2 + \rho_r^2 - \sqrt{8 + \rho_r^2}) \end{cases} \tag{4.33}$$

结合 4.3.4 中获得的 $\boldsymbol{R}_t$ 和 $\boldsymbol{R}_r$ 的测量特征值的平均值，$\rho_t = 0.4$ 的值和 $\rho_r = 0.6$ 能够保证类似方程 4.31 中模型的特征值。因此，为达到模拟信道模型尽可能接近场测试的信道容量的目的，之前的模型参数值被建议采纳。$\boldsymbol{R}_t$ 和 $\boldsymbol{R}_r$ 的对角线元素仍然等于 1，图 4-11 和图 4-14 中某些特征上并不能观察出。然而，这个简单的模型可以用来研究电力线 MIMO 信道的空间相关性或信道容量。

4.5　MIMO 电力线信道噪声特性

相比于 MIMO 电力线信道模型，MIMO 电力线噪声的分析尚未开始，在一些之前的电力线信道中，噪声不被提及或仅简单地假设其满足独立高斯分布。在文献[15]中帕加尼等使用 ETSI STF410 测量不同的地域和频率下噪声功率的变化特征。Hashmat 等在文献[16、17]提供两个统计模型以分析 MIMO 电力线信道中的背景噪声。除了文献[15－17]中介绍了一些特别的噪音，文献[24－27]也介绍了在 MIMO 通信系统中相关噪声的情况。

如图 4－2 所示，在未通信期间通过采集三个接收端口观察噪声特性。噪声样本用于计算在 4.2 节中定义的每一个载波的噪声协方差矩阵 $\boldsymbol{R}_{n,k}$。根据对噪声协方差矩阵的研究，能够估计出三个接收端口的噪声功率以及它们之间的相关性。

每个接收端口的噪声功率与 $\boldsymbol{R}_{n,k}$ 的对角元素是相关的。图 4－15 表述了噪声功率随频率的变化规律，取值为所有路径在各频率下功率的平均值。由图可以看出，与高于 30MHz 频段的噪声功率相比，1.8～30MHz 频段的噪声似乎更高一些。同时也可以看出，所有三个接收端口的平均噪声功率是相近的。因此，仅从噪声功率的角度，并不能选择出一个较好的接收端口。

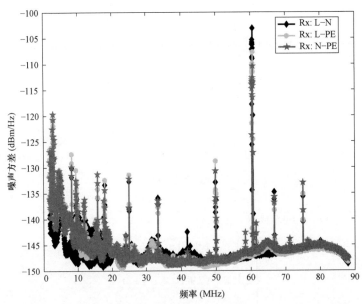

图 4－15　不同频率下的噪声功率变化（取所有路径的测量平均值）

对任一个载波 k，根据 $\boldsymbol{R}_{n,k}$ 可计算出接收机端口 i 和 j 间的噪声相关系数：

$$C_k^{(i,j)} = \frac{\left| R_{n,k}^{(i,j)} \right|}{\sqrt{R_{n,k}^{(i,i)} R_{n,k}^{(j,j)}}}, i,j=1,\cdots,N_r \tag{4.34}$$

需要注意的是 $\boldsymbol{R}_{n,k}$ 的非对角元素是比较复杂的，这是由于噪声 $\boldsymbol{n}_k$ 很复杂，因此，式（4.34）中根据 $\boldsymbol{R}_{n,k}^{(i,j)}$ 的量级介绍了相关性的概念，当端口 i 和 j 的噪声相同时，$C_k^{(i,j)}=1$。当噪声是完全不相关的，相关系数变成 0。图 4-16 收集了所有测量路径的各个载波的 MIMO 电力线噪声相关系数，来获取 PDF 和 CDF。如图 4-16 所示。注意，密度函数是重尾的，即在电力线上不太可能出现高相关性噪声。同样，CDF 的变化规律也表明 L-PE 和 N-PE 线对上相关性更高。例如，$C_k^{(2,3)}$ 大于 0.7 的可能性有 20%，而 $C_k^{(1,2)}$ 或 $C_k^{(1,3)}$ 大于 0.7 的几率仅只有 15%。

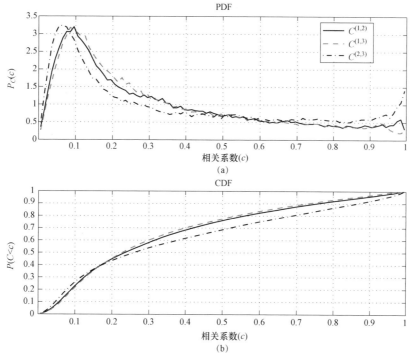

图 4-16　MIMO PL 噪声密度和分布函数的相关系数
(a) PDF；(b) CDF

图 4-17 中表述了在不同频率下的电力线噪声相关系数。可以看出，噪声在低频段会有更高的相关性，高频段则相反。同时，与其他输出端口的线对相比，L-PE 与 N-PE 线对的噪声相关性也更高。

4.5.1　MIMO 电力线信道固有传输特性分析

本节介绍电力线 MIMO 信道的固有传输特性。对于一个给定的信道矩阵 H，固有传输特性被定义为矩阵 $H^H H$ 的最大特征值的平方根与最小特征值的平方根的比率[28]。若 H 为方阵，则固有传输特性为最大特征值之比；若 H 为矩阵，则固有传输特性为最大奇异值与最小奇异值之比。固有传输特性也称为一个矩阵的条件数，在我们的例子中，信道采用 3×2 矩阵，因此条件数的定义是 $\Psi = \lambda_H^{(1)} / \lambda_H^{(2)}$，其中 $\lambda_H^{(1)}$ 是 H 的最大奇异值，$\lambda_H^{(2)}$ 是最小奇异值。一个较大的传输特征值意味着信道相关性更高（信道更加恶劣），而一个小传输特征值意味着信道相关性更低。两个传输流的信号噪声比为（$\lambda_H^{(1)}$）² 和（$\lambda_H^{(2)}$）² 的比值[9]。固有传输特性较高意味着对应最大的特征值的第一个传输流的 SNR 明显比其他传输流好。由于信噪比与特征值成正比，MIMO 信道的容量也依赖于特征值[9]。因此，为了理解噪声相关性是如何影响信道，也需要了解噪声相关性是如何影响特征值和固有传输。

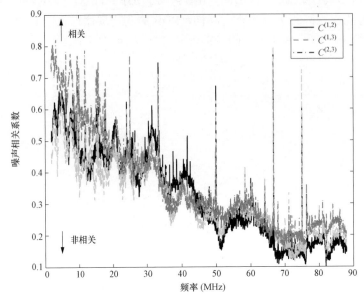

图 4−17　不同频率下的噪声相关系数变化

为单独考虑噪声相关性的影响，固有传输特性适合于三种不同情况：

（1）对复合信道而言，$H_w = (R_{n,k})^{-1/2}H$。本例中的固有传输特性通过相关噪声影响 PL 信道容量。

（2）对原始的电力线信道 H 而言，固有传输特性通过电力线信道噪声影响信道容量。

（3）对于噪声为独立但不恒等分布的虚拟信道而言，$H_D = (R_{n\text{diag}})^{-1/2}H$。在这种情况下，$R_{n\text{diag}}$ 是一个对角矩阵，对角元素各不相同。在虚拟信道中，接收到的不同 MIMO 信道所接收的噪声间并不具相关性。它提供一个从噪声相关性的角度来研究信道和噪声的机制，并且能够直接比较相关和独立噪声情况。本例中的固有传输特性通过 i.n.i.d. 噪声影响电力线信道容量。为了保持复合信道固有传输的公平性，$R_{n\text{diag}}$ 生成的元素满足弗罗贝尼乌斯（Frobenius）规范 $R_{n\text{diag}}$ 和 R_n 相等，也就是说，$\|R_{n\text{diag}}\| = \|R_n\|$。这是通过计算每个对角元素而得：

$$R_{n\text{diag}}^{(v,v)} = \sqrt{\sum_{r=1}^{N_r} \left| R_n^{(v,r)} \right|^2}, v = 1, \cdots, N_r \tag{4.35}$$

之前的归一化操作保留了在 R_n 和 $R_{n\text{diag}}$ 端的每个接收机的噪声功率。因此，H_w 和 H_D 的信道容量或固有传输特性的比较是公平的，因为它在对比不相关和相关的噪声时具有相同的有效功率。

MIMO 电力线信道的固有传输特性随频率的变化如图 4−18 所示。一个给定载波的固有传输特性通过对所测所有信道的平均固有传输特性求均值来获得。原始电力线信道的固有传输特性和 i.n.i.d 噪声的虚拟信道基本不随频率变化。复合 MIMO 信道 H_w 的固有传输表明了在低频频段中固有传输特性随频率变化的更大。

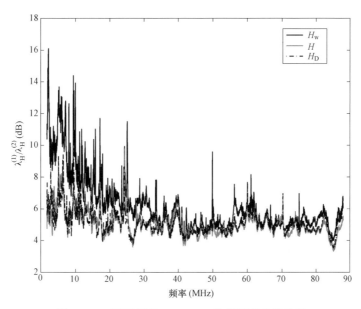

图 4-18　不同频率 MIMO PL 信道固有传输特性

电力线 MIMO PL 信道 PDF 如图 4-19 所示。PDF 是通过研究所有测量信道中载波相应的信道矩阵获得，可以看出，一般情况下三种不同的固有传输不是很高。

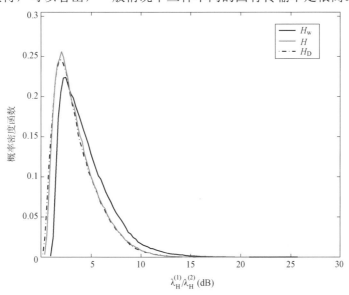

图 4-19　MIMO PL 信道 PDF

PDF 可以由瑞利分布近似得到，这一事实也被用于获取随机矩阵的固有传输特性[29]。

从图中也可以看出，原始电力线信道与 i.n.i.d 噪声虚拟信道的固有传输服从同一分布。因此，只要噪声是独立的，三个不同端口的实际的噪声功率对固有传输特性没有大的影响。在这种情况下，固有传输特性仅由信道的相关性控制。复合信道的固有传输特性高于独立噪声信道。这表明，噪声间的相关性增加了复合信道的固有传输性。因为固有传输性意味着信道相关性的增加，这反过来又意味着噪声间的相关性若降低的话，会引起信道容量的降低。

然而，信道相关性或固有传输特性并不是唯一决定容量的因素。实际上，信道容量由各自信道矩阵的特征值决定。复合电力线 MIMO 信道 R_n 和 R_{ndiag} 的两个特征值如图 4－20 所示。需要注意的是，当噪声类型为 i.n.i.d 时两个特征值会比较接近，且噪声间相关时特征值间的差值会增大。当噪声相关时，每个特征值都会增加。由于信噪比与特征值成正比，噪声相关时信道容量会增加，因此，噪声相关性的提高能够增大传播的特征值（如图 4－20 所示），通过增大单个特征值的值也能够补偿信道的容量。相关内容在参考文献[24]中有介绍，在下一节电力线 MIMO 信道中也会有介绍。

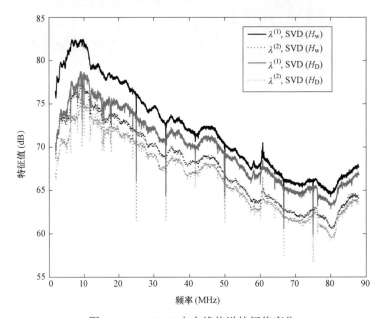

图 4－20　MIMO 电力线信道特征值变化

4.5.2　噪声相关性对 MIMO 电力线系统的影响

本节研究了有 2～3 个接收端口的 MIMO 电力线系统中噪声相关性对容量的影响。在噪声相关的条件下，MIMO 系统的单载波信道容量可计算如下：

$$C = BW \log_2(I + R_n^{-1}HFH^H) \tag{4.36}$$

系统容量通过对所有载波的容量求和而得。根据式（4.3）很容易从预白化线性信道模型中推导出表达式（4.36）。在式（4.36）中，BW 是载波带宽，F 是通过对复合 MIMO 信道 $H_w = R_n^{-1/2}H$ 进行奇异值分解后根据注水原理建立的一个物理量。

结果表明，MIMO 电力线信道中的噪声是具有相关性的。为了研究噪声相关性对容量的影响，如 4.5 节的开头所述研究三种不同假设噪声对信道容量的影响，也即相关噪声、i.i.d 噪声及 i.n.i.d 噪声。图 4－21 描述了 2×2 及 2×3 电力线 MIMO 信道在相关噪声和独立噪声条件下信道容量的变化。结果说明，噪声相关性能够提高信道容量。这个结论也可以在文献[24－27]中找到。在噪声相关的情况下 2×2 和 2×3MIMO 信道容量大于独立噪声时的情况。

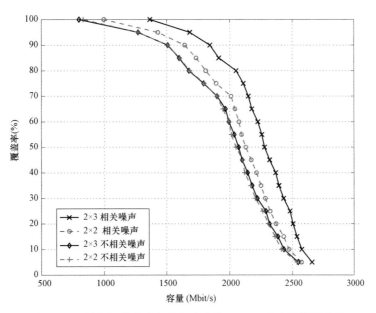

图 4-21 具备相关噪声和独立噪声的 MIMO 电力线信道容量

这里需要注意的是 2×3MIMO 和 2×2MIMO 的信道容量在两种噪声下有很大的不同。相比于 2×2MIMO 系统，2×3 系统中额外的接收端口为 N-PE 线对。L-PE 和 N-PE 间的相关性高于其他线对（见图 4-16）。因此，与 2×2 系统相比，由于增加了 N-PE 线对，2×3 系统中通过噪声样值间的相关性提高了容量。

通过每个载波的容量求和得到信道的总容量。容量容易受一些噪声相关性低的载波影响，减小其信道容量。图 4-22 描绘了信道容量作为频率函数的变化情况。

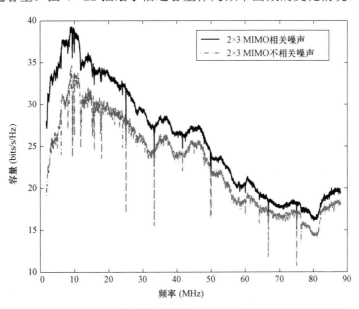

图 4-22 相关和非相关噪声条件下 MIMO 容量随频率的变化

单载波的容量通过对每条被测路径的载波容量求取平均值来获得。可以看出噪声相关时能够在所有频率下提高容量。低频条件下，噪声相关性会更高，信道容量也更大，如图 4-17 所示。

4.6　结论

本章从 MIMO 的角度分析了 1.8～88MHz 频率下的噪声变化情况，并对电力线信道进行了统计描述。92 条路径的信道和噪声样本分别在 5 个北美家庭中采集，组成了分析的基本数据。

本章首先介绍电力线 MIMO 信道的重要物理特性，并与之前研究的电力线 SISO 信道进行了对比。接着根据实地测量和提取的相关统计数据，提出了一种电力线 MIMO 信道模型。作为第一步，每一条通信链路的 MIMO 信道矩阵通过统计数据进行特征化处理，定义了电力线 MIMO 信道模型，并通过一些代表性的现场测试验证了信道相关性。这里提出的信道模型能够在现实的场景中完成系统仿真实验。

本章的最后一部分描述了电力线 MIMO 噪声的相关特性。特别是，证实了噪声在 L-N、L-PE 和 N-PE 接收机端口是相关的。通过测试可知，L-PE 和 N-PE 接收机端口之间的相关性最高。此外，与高频的条件相比，噪声在低频条件下相关性更高。同时该部分对含有两个和三个接收端口的电力线 MIMO 系统进行了噪声相关性影响的测试，并进一步证实了噪声相关性确实有助于提高 MIMO 信道容量。

到目前为止，所描述的分析和模型都可以方便地模拟和比较不同的电力线 MIMO 通信系统的性能。

参考文献

[1] D. Veronesi, R. Riva, P. Bisaglia, F. Osnato, K. Afkhamie, A. Nayagam, D. Rende and L. Yonge, Characterization of in-home MIMO power line channels, in Power Line Communications and Its Appliications(ISPLC), IEEE International Symposium on, Udine, Italy, April 2011, pp. 42-47.

[2] D. Rende, A. Nayagam, K. Afkhamie, L. Yonge, R. Riva, D. Veronesi, F. Osnato and P. Bisaglia, Noise correlation and its effects on capacity of inhome MIMO power line channels, in Power Line Communications and Its Applications(ISPLC), IEEE International Symposium on, Udine, Italy, April 2011, pp. 60-65.

[3] A. Tomasoni, R. Riva and S. Bellini, Spatial correlation analysis and model for in-home MIMO power line channels, in Power Line Communications and Its Applications(ISPLC), IEEE International Symposium on, Beijing, China, March 2012, pp. 286-291.

[4] Homeplug AV Specification, Version 1.1, 21 May 2007, Homeplug PowerLine Alliance. http://www. homeplug.org.

[5] Standard for Local and Metropolitan Area Networks-Part 11: Wireless LAN MAC and PHY Specifications. Amendment 5: Enhancements for Higher Throughput, http://standstds.ieee. org/ findstds/standard/

802.11n－2009.html, IEEE 802.11n.

[6]   3G Release 8. See version 8 of Technical Specifications and Technical Reports for a UTRAN-based 3GPP system, 3GPP TR 21.101, http://www.3gpp.org/article/lte, accessed 17 October 2013.

[7]   R. Hashmat, P. Pagani and T. Chonavel, MIMO capacity of inhome PLC links up to 100MHz, in Workshop on Power Line Communications(WSPLC), Udine, Italy, October 2009, pp. 4－6.

[8]   R. Hashmat, P. Pagani, A. Zeddam and T. Chonavel, MIMO communications for inhome PLC networks:Measurements and results up to 100MHz, in Power Line Communications and Its Applications(ISPLC), IEEE International Symposium on, Rio de Janerio, Brazil, March 2010, pp. 120－124.

[9]   L. Stadelmeier, D. Schill, A. Schwager, D. Schneider and J. Speidel, MIMO for inhome power line communications, in International ITG Conference on Source and Channel Coding(SCC), Ulm, Germany, January 2008, pp. 1－6.

[10] C. L. Giovaneli, B. Honary and P. G. Farrell, Space-time coding for power line communications, in Communication Theory and Applications(ISCTA), International Symposium on, Ambleside, Lake Districk, UK, July 2003, pp. 162－169.

[11] R. Hashmat, P. Pagani, A. Zeddam and T. Chonavel, A channel model for multiple input multiple output in-home power line networks, in Power Line Communications and Its Applications (ISPLC), IEEE International Symposium on, Udine, Italy, April 2011, pp. 35－41.

[12] F. Versolatto and A. M. Tonello, A MIMO PLC random channel generator and capacity analysis, in Power Line Communications and Its Applications(ISPLC), IEEE International Symposium on, Udine, Italy, April 2011, pp. 66－71.

[13] A. Schwager, W. Bäschlin, H. Hirsch, P. Pagani, N. Weling, J. L. González Moreno and H. Milleret, European MIMO PLT field measurements:Overview of the ETSI STF410Campaign & EMI analysis, in Power Line Communications and Its Applications (ISPLC), IEEE International Symposium on, Beijing, China, April 2012, pp. 298－303.

[14] D. M. Schneider, A. Schwager, W. Bäschlin and P. Pagani, European MIMO PLC field measurements: Channel analysis, in Power Line Communications and Its Applications (ISPLC), IEEE International Symposium on, Beijing, China, April 2012, pp. 304－309

[15] P. Pagani, R. Hashmat, A. Schwager, D. M. Schneider and W. Bäschlin, European MIMO PLC field measurements:Noise analysis, in Power Line Communications and Its Applications(ISPLC), IEEE International Symposium on, Beijing, China, April 2012, pp. 310－315.

[16] R. Hashmat, P. Pagani, T. Chonavel and A. Zeddam, Analysis and modeling of background noise for inhome MIMO PLC channels, in Power Line Communications and Its Applications(ISPLC), IEEE International Symposium on, Beijing, China, April 2012, pp. 316－321.

[17] R. Hashmat, P. Pagani, T. Chonavel and A. Zeddam, A time domain model of background noise for inhome MIMO PLC networks, IEEE Trans. Power Deliv., 27(4), 2082－2089, October 2012.

[18] F. Versolatto and A. M. Tonello, An MTL theory approach for the simulation of MIMO power-line communication channels, IEEE Trans. Power Deliv., 26(3), 1710－1717, July 2011.

[19] S. Galli, A simplified model for the indoor power line channel, in Power Line Communications and Its Applications(ISPLC), IEEE International Symposium on, Dresden, Germany, March 2009, pp. 13 – 19.

[20] D. McNamara, M. Beach and P. Fletcher, Spatial correlation in indoor MIMO channels, in Proceedings of IEEE International Symposium on Personal, Indoor and Mobile Radio Communications, Pavilho Atlantico, Lisbon, Portugal, September 2002, pp. 290 – 294.

[21] K. Yu, M. Bengtsson, B. Ottersten, D. McNamara, P. Karlsson and M. Beach, Second order statistics of NLOS indoor MIMO channels based on 5.2GHz measurements, in Proceedings of IEEE Global Telecommunications Conference, San Antonio, TX, November 2001, pp. 156 – 160.

[22] J. P. Kermoal, L. Schumacher, K. I. Pedersen, P. E. Mogensen and F. Frederiksen, A stochastic MIMO radio channel model with experimental validation, IEEE J. Sel. Areas Commun., 20(6), 1211 – 1226, August 2002.

[23] S. L. Loyka, Channel capacity of MIMO architecture using the exponential correlation matrix, IEEE Commun. Lett., 5(9), 369 – 371, September 2001.

[24] S. Krusevac, P. Rapajic and R. A. Kennedy, Channel capacity estimation for MIMO systems with correlated noise, Proceedings of IEEE GLOBECOM '05, St. Louis, MO, December 2005, pp. 2812 – 2816.

[25] Y. Dong, C. P. Domizioli and B. L. Hughes, Effects of mutual coupling and noise correlation on downlink coordinated beamforming with limited feedback, EURASIP J. Adv. Signal Process., 2009, Article ID 807830, 2009.

[26] C. P. Domizioli, B. L. Hughes, K. G. Gard and G. Lazzi, Receive diversity revisited: Correlation, coupling and noise, in Proceedings of the IEEE Global Telecommunications Conference(GLOBECOM '07), Washington, DC, November 2007, pp. 3601 – 3606.

[27] J. W. Wallace and M. A. Jensen, Mutual coupling in MIMO wireless systems:A rigorous network theory analysis, IEEE Trans. Wireless Commun., 3(4), 1317 – 1325, 2004.

[28] V. Madisetti and D. B. Williams, The Digital Signal Processing:Handbook, CRC Press, Boca Raton, FL, 1997.

[29] A. Edelman, Eigenvalues and condition numbers of random matrices, PhD dissertation, Department of Mathematics, Massachusetts Institute of Technology, Cambridge, MA, 1989.

5

室内宽带信道统计与随机建模

5.1 动机

当前可用的 PLC 系统在两个插座之间只使用一个传输路径，是在相线（火线）和零线之间的差模信号（Differential Mode，DM），这些系统被称为单输入单输出（Single-Input Single-Output，SISO）。相比之下，多输入多输出（Multiple-Input Multiple-Output，MIMO）PLC 系统使用了第三条电力线，即保护接地线（Protective Earth，PE），它为通过低压电网的发送和接收信号提供了另外的传输通道。各种研究性出版刊物，比如文献[1 – 3]描述了多达 8 条传输路径可能同时被用于室内 PLC 传输。

如本书所描述的信道测量结果已被欧洲电信标准化协会（European Telecommunications Standards Institute，ETSI）所验证。2010 年，ETSI 成立了一个专业工作小组，致力于在欧洲多个国家测量电力线 MIMO 信道特性、噪声与电磁干扰特性。

由于 MIMO PLC 调制解调器也使用了保护地线，它们能够可选择地注入信号到相线 – 零线、相线 – 保护地线和零线 – 保护地线。保护接地线可以从建筑内部（如建筑物地基）或者建筑外（如在变电站）接地，并为 50Hz 交流电源提供了低阻抗。然而，高频信号测试表明保护接地线是一个相当优越的通信线路，它绝非仅代表一个接地。这得益于保护接地线的传导特性。

这一章阐述了对以上特性以及 MIMO 信道间的空间相关性的统计性评估。另外分析了 MIMO PLC 系统接收到的噪声。有关保护地线的引入、测量方法、MIMO 拓扑结构和相应的耦合装置在第一章中有详细讲述。最后，本章陈述了基于统计观察所得到的 MIMO 信道传递函数模型，以及基于统计观察的多输出噪声模型。

5.2 统计评估结果

5.2.1 信道传递函数与衰减

在 36 栋大楼对 MIMO PLC 信道的 S21 参数进行了测试，使用网络分析仪总共收集了 4684 个扫描记录。每一个扫描记录了 1601 个频率值下的衰减，总计 7 499 084 条测试记录用于后续的统计分析。

图 5 – 1 描绘了两个插座之间的所有 MIMO 路径的扫描测试例子。总共有 12 条路径在三相三角形接法发射端口 D1、D2 和 D3 以及星形接法接收端口 S1、S2、S3 和共模端口 S4。这里所提到的端口以及用于测试的 PLC 耦合器在第一章有讲述。图 5 – 1 中的黑色区域显示

了所有扫频的最小衰减以及最大值之间的距离。此外，给出了 3 个独立记录。路径之间的差值在 15dB～35dB 之间，并与信号频率相关，显然越高频其衰减性越大。第 9 章表明各个路径之间的链接偏差越大，采用 MIMO 技术带来的增益越大，在图 5-1 中所记录的位置处，调频无线电接收是相当好的。一些调频电台信号进入到网络分析仪，在图中也是可见的。PLC 和调频无线电接收之间的电磁兼容性将在第 7 章讨论。

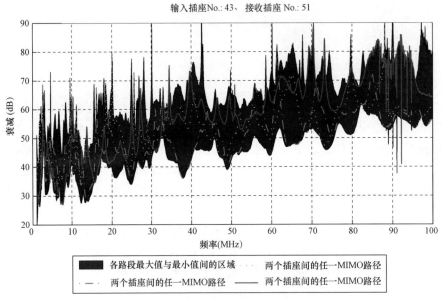

输入插座No.: 43、接收插座 No.: 51

图 5-1　两插座之间的 MIMO 路径

图 5-2 表示诸如衰减测量的累积概率分布。通常，一个从左下角到右上角的 S 形曲线在图中被放大显示。这些图形可以用以下方式读取：

（1）右上角，100%点：图 5-2 中记录的最大衰减值是 100dB。

（2）图 5-2 中用△标注的浅灰色线条的 80%点：发送端口采用 D1，衰减测试值中有 80%小于 66dB。

（3）中点或者 50%点：在图 5-2 中，实测衰减中大于或小于 53dB 的数量相同。

（4）左下角，0%点：衰减最低值为 5dB。

所有的衰减测试独立于地区、国家和频率，并与输入端口无关：三角形耦合器 D1、D2 和 D3，T-型耦合器的 T1 和 T2，它们的统计分布见图 5-2。一个在高衰减值区的放大记录（图 5-2 的右下角）显示 T-型耦合器具有更好的 PLC 覆盖率，它们的衰减低于其他信号入方式。用于传统的 PLC 调制解调器的两根电线（相线-零线，D1）在这种情况下显示出最差的覆盖率。这可能是由于房间内多个用电器连接到了相线与零线之间。

注意：在这些测试中没有用到的耦合器端口以 50Ω 端接。经典的单输入单输出调制解调器对称地经由相线 P 和中性线 N 发送和接收信号，在 SISO 中未使用的端口可能开路或者无端接。在相同的功率下，理论上未使用的端口端接会从电网中消耗 1.96dB 的信号能量，而无端接的耦合器不会产生损耗。

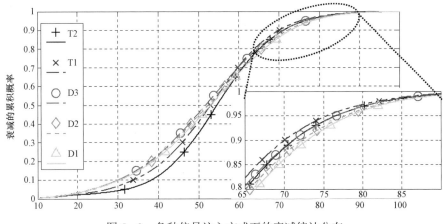

图 5-2　各种信号注入方式下的衰减统计分布

　　采用与图 5-2 相同的分析过程，所有接收方式下的累积概率结果如图 5-3 所示。右下角是高衰减值的部分。这些统计数据来源于已呈现在图 5-2 的相同测试，但按照接收类型进行了存储接收方式进行了排序。在显示的接收可能性中，耦合器的端口 S4（◇）的共模接收提供了最佳的覆盖率（在高衰减信道中有较少的衰减）。

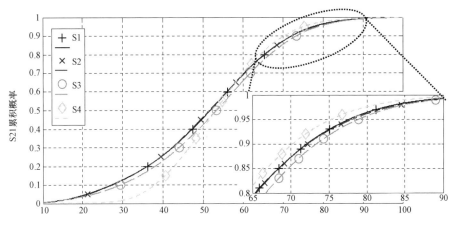

图 5-3　所有接收方式下衰减（S21）的累积概率

　　注意：在这些统计中耦合器本身被认为是信道中的一部分。ETSI TR 101562 在 7.1.6 [5] 条款中表明与在 S1、S2 或者 S3 端口处的接收相比，STF 410 耦合器的共模接收增加了 3～4dB。如果不考虑 STF 410 耦合器对衰减的影响，ETSI TR 10562[5-7] 测试数据中表征 S4（共模）的线条将要向低衰减区域移动。在高衰减区域，表示 S4（共模）的线条与其他线条之间的间距将变大。

　　针对所有的信号注入与接收方式，图 5-4 给出了不同频率处信道衰减 10% 的值、中位值以及 90% 的值。在图 5-4 中，每一种信号注入与接收端口的曲线显示了 3 次。最上方曲线代表 90% 衰减值，它们还随着频率的增加而增加，在 60～80dB 范围内变化，有些高衰减信道值超越了图 5-2 和图 5-3 的右上角区域。图 5-4 中间的曲线值给出了所有测试的中位值，10%的值拥有更大的方差，如图5-4的下方曲线集所示。在5～100MHz频率范围内可以发现一个规律。衰减随频率的增加线性增长，斜率为 0.2dB/MHz。上述规律适用于所有发送或者接收端口，且在信道衰减极小时仍有效。

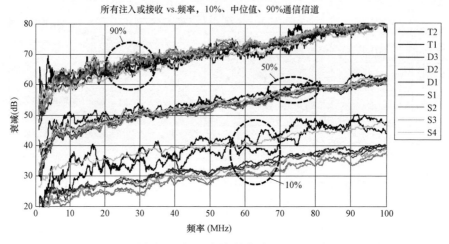

图 5-4　不同频率的衰减（S21）

图5-5显示共模通道（在S4端口接收）在高衰减信道中提供较低的衰减。图5-5显示90%衰减值与频率有关。这种共模比差模或者单端线路（S1、S2或S3）具有更少的衰减特性出现在所有频段。

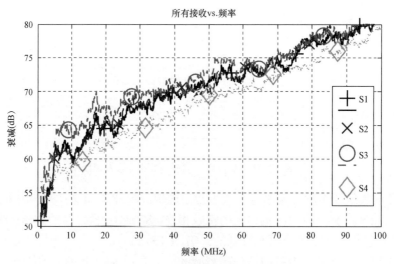

图 5-5　共模信道衰减示意

对每个地方衰减的平均值和标准方差进行比较是非常有意思的，每个地方的扫描数在一定程度上指出了测试地点面积的大小和统计数据的完备性。图5-6用钻石图形表示衰减均值，标准方差用误差线表示，扫描次数列出在误差线下。

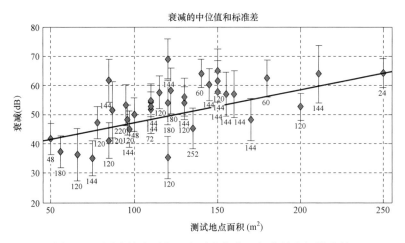

图 5-6 测试地点面积、衰减中位值、标准差和扫描次数

图 5-6 显示了测试地方的大小与两个插座接口间衰减之间的关系。假设这两参数间存在线性关系，可以在图 5-6 中绘出一条合适的直线。这条直线的表达式为：

$$衰减值（dB）=0.11dB/m^2×面积（m^2）+36.07dB$$

图 5-7 显示了在每个国家衰减测试的均值。最大的衰减发现在德国，这是由于德国住宅里安装了三相电路。另外，误差线条展示了标准方差，有趣的是标准方差在每个国家几乎是相同的。一个接口处的记录值跟其他接口处或者不同地点的记录值有着很大的区别，然而，比较两个地方的大量的统计数据却有着相同的结果。每个柱状图里的数字意味着在这个国家的扫描数。

在英国和英联邦国家大部分采用环形电线连接插座，进出口插座沿着环线呈雏菊式链接。因此每个插座接口被连接到两组导线上，每条线在房间里向着不同的方向延伸出去。世界上其他地方的电器装置遵循星型（在保险丝柜处）和树型（分支进入到房间、插座、电灯开关等）的组合。即便是英国使用的环状线安装也没有显示出结果的主要差异性。

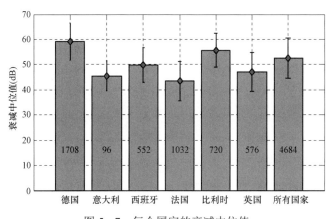

图 5-7 每个国家的衰减中位值

5.2.2 反射（S11）

反射测量在比利时、法国、意大利、德国、西班牙和英国的 33 个地方进行，总共 661

个扫频被记录，每个频率有 1601 个点，产生了一个拥有 1 058 261 个值的统计汇总。

图 5-8 表示了扫描记录在星型耦合器的反射参数。三个单端端口 S1（◇）、S2（o）和 S3（x）在高于 10MHz 有着类似的反射特性，与之前所示的衰减测试相比，共模端接（S4，+）与其他端口不同，在频率上提供了较少的衰减性。

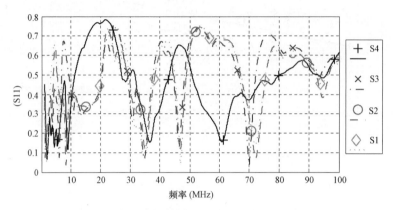

图 5-8　在一个典型插座处采用星型耦合器的 S11

图 5-9 显示了所有测量的反射参数的概率概况。室内的电力网络呈现弱势阻抗条件。由于参数 S11 的较高变化性，耦合器难以实现阻抗匹配。时间、频率和位置相关特性影响耦合器的发送与接收特性。当 S11 的值为 0，或者其对数表示形式的值为负无穷时，表示没有反射。如果 S11 的值为 1，或者其对数表示形式的值为 0dB 时，表示全反射。如果该参数 S11 小于 -6dB（-6dB＜S11＜0dB），过半的发送信号在插座接口处被反射到耦合器中。这种情况在测量数据中出现的概率大于 60%（使用△或 T 型耦合器）。星型耦合器的反射性能最佳，T 型耦合器最差。

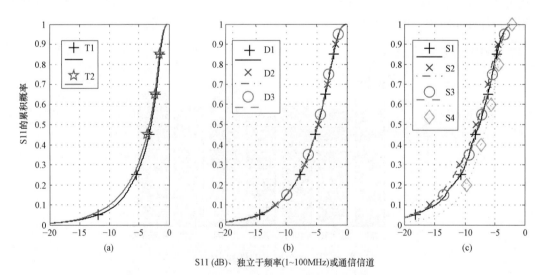

图 5-9　在 T 型（a）、△型（b）和星型（c）耦合情况下
S11 的累积概率分布（独立于测试地点和频率）

典型插座接口处的△型端口 D1（o）、D2（x）和 D3（＋）的在每一频率下的阻抗值显示在图 5－10。非常有趣地发现阻抗的方差在各个不同接口处的差异是非常小的，这种现象同样出现在图 5－8 中的单端星型端口。显然，如果每一个 MIMO PLC 耦合器和主电路阻抗匹配，那么多输入多输出线路可以相同地被匹配。

英国的环形线路安装可能提供欧式插座一半的阻抗，因为插座接口连接到了两组导线中。表 5.1 比较了英国与所有欧洲大陆测量的平均阻抗，正如所料，英国表现出较低的阻抗，但是并非欧洲大陆平均阻抗的一半。

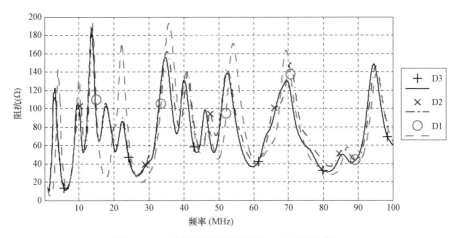

图 5－10　典型插座处的阻抗 Z（△型耦合）

表 5.1　　　　　　　　　　　　　每种注入和接收方式的平均阻抗

注入/接收方式	阻抗（Ω），所有地点	阻抗（Ω），除英国外所有地点	阻抗（Ω），美国
D1	86.04	86.86	77.14
D2	87.41	88.27	78.31
D3	88.94	89.73	81.96

5.2.3 噪声

MIMO PLC 的噪声测试在欧洲 5 个国家的 31 个居住单元进行，这些国家有比利时、法国、德国、西班牙和英国，测试包含不同大小的公寓和私人住宅。通常考虑了四种电源插头型式，考虑到测试过程中包含四种不同信号（相线、保护地线、零线和共模），采用了四种滤波器用于采集每一种信号，统计数据集由 1928 条记录组成，每条记录持续 20ms。

5.2.3.1 频域结果

对所采集的噪声信号的分析是在最大达 100MHz 的频域内进行。为此，所记录的噪声的功率谱密度采用 Welch 方法[8]评估。频域内的数据的最终带宽分辨率是 122kHz，这相当于在电磁干扰测试中常用的分辨率。将 122kHz＝50.9dB（Hz）的带宽分辨率从噪声记录值中减掉，即可获得噪声的功率谱密度，如图 5－11～图 5－16。

第一个统计结果示于图 5－11，其中该实验在整个频带区域（频段 1）所记录的噪声功率谱密度的不同百分比被示出。所考虑的数据包括所有的测量，无论位置或者接收端口。对于每一频率，该图给出了1%、25%、中值、75%和99%。所观测到的功率谱密度分布在最小值−160dBm/Hz和最大值−80dBm/Hz之间。短波广播频率的存在显然是明显的，在6，7.3，9.5，12，13.5，15.5，17.5和21MHz（分别在米波段49，41，31，25，22，19，16和13m）。在最大频率高于87MHz，强噪声峰值显示出广播信号的存在。

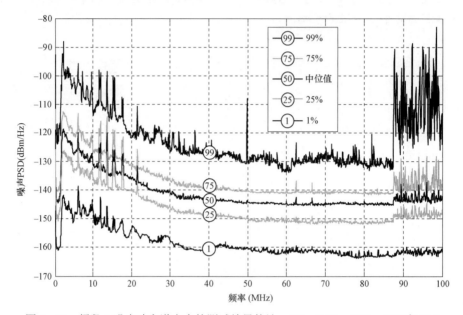

图5−11　频段1噪声功率谱密度的测试结果统计：1%、25%、50%、75%和99%

　　为了能够观测低水平的噪声，我们应该确保该信号不被数字取样示波器的量化效应限制所掩盖。为了避免这个问题，噪声又通过比较窄的频带使用滤波器记录的。在试验的设置中，频段2不包括调频信号，频段3不包括短波信号，频段4两者都不包括。在这些测量中，将（0~30MHz）范围内的频带2、（30~80MHz）范围内的频带4和（80~100MHz）范围内的频带3测试的结果聚合在一起，形成合并频段下的测试结果。

　　图5−12再现了类似于图5−11的结果，基于来自合并频段的结果。采用合并频段主要提高对低噪声信号的灵敏度。对于1%曲线，（30~87MHz）频段内的最低值已被减少到−168dBm/Hz。

　　现在观测接收方式对采集来的噪声的影响。图5−13给出了噪声功率谱密度的累积分布函数，分别在相线、保护接地线、零线及共模端进行测试。首先观察到的是共模信号相比于在相线、保护接地线和零线上传递的信号受到更强的噪声的影响。这5dB的差别可以解释为共模信号对外界干扰有更强的灵敏度。然而，对于大噪声记录（5%），我们可以发现保护接地端比零线或者相线端口对噪声灵敏度高大约2dB。类似地，对于低噪声记录（95%），相线端口比零线或保护接地端口对噪声灵敏度低大约1dB。

　　图5−14给出了在合并频段下，以不同接收模式下测量所得的噪声功率谱的平均值。这种频域的观察证实，共模噪声比单个在火线、保护接地线和零线的噪声强，这种现象在1~

45MHz 的频率范围内相当明显。这将导致产生这样的假设：进入到电网的噪声主要是背景噪声而不是传导噪声。对这种现象的另一种解释为传导噪声源主要产生的是共模噪声，并非差模噪声。在统计的均值来看，相线、保护接地线、零线端口在整个合并的频段里有类似的结果值。

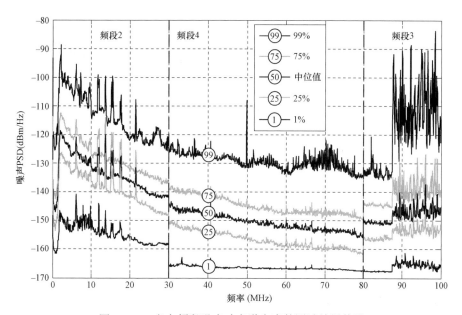

图 5－12　多个频段噪声功率谱密度的测试结果统计

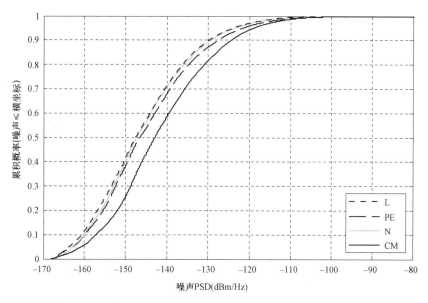

图 5－13　噪声功率谱密度在不同接收方式下的统计结果

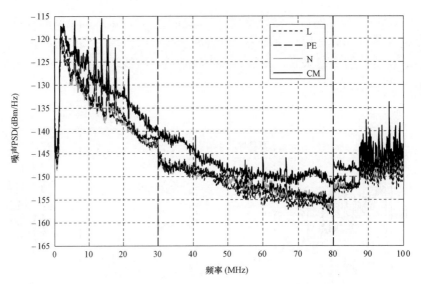

图 5－14　不同接收方式以及合并频段下的平均噪声功率谱密度

噪声测量在欧洲不同国家的 35 个地方进行，这是一次观测噪声功率谱密度与地方大小之间的可能关联的机会。在没有进一步的知识时，人们可以假设拥有更多家用电器的大房子会导致更大的可观测的噪声值。图 5－15 描述了噪声功率谱密度随着位置大小的测量统计结果。地方位置的大小范围从 50～200m²，噪声统计包括 1%、25%、中值、75% 和 99% 百分比。统计上，可以预测大房子装有更多的家用设备。然而，我们可以清楚地观察到房子的面积大小和统计的噪声功率谱密度并无联系。换而言之，噪声的聚集独立于地方的大小。可以得出结论，PLC 调制解调器将主要受其附近的干扰源或外界广播信号的干扰。同一电网中的距离较远电磁干扰源似乎并不会对接收端的噪声产生显著影响。

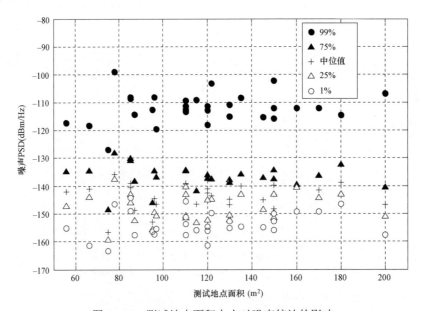

图 5－15　测试地点面积大小对噪声统计的影响

最后,分析比较了在不同国家接收的噪声大小。图 5–16 显示了 10 个频段上(每 10MHz 为一频段)采集的噪声功率谱密度平均值,它们分别来自于以下国家:比利时、法国、西班牙、英国和德国。基于在合并频段上的测量数据获得展示的噪声数据表明,采集的噪声大小在德国、法国和英国是相当的,但当频率高于 70MHz 时,法国的噪声较大。西班牙在低于 10MHz 及高于 90MHz 频率范围内的噪声最大,在 40～80MHz 频率范围内最小。通过在比利时进行的测试,我们可以断定这里的噪声水平在频率为 80MHz 以下时比其他国家低。然而,在调频频段内,强干扰性在比利时记录里是可被观测到的。

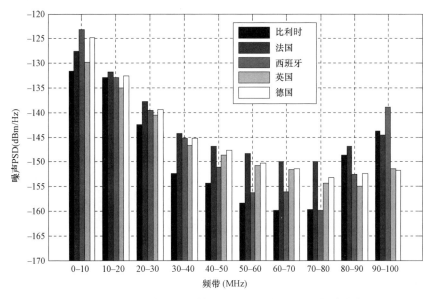

图 5–16 在每 10MHz 频段上采集的不同国家的噪声功率谱密度平均值

5.2.3.2 时域结果

接下来,在时域内分析噪声的特性。从这 1928 条每个历时 20ms 的噪声记录中,四种典型噪声可以被识别出来:

(1)背景噪声:大多数的记录呈现平坦的结构,无明显的波动,如图 5–17 所示,该类噪声在所有噪声记录中所占的比例为 2/3。

(2)同步周期噪声:在一些记录中,可以明确地观察到其周期为 10 ms,这是图 5–18 中给出的示例的情况。这种噪声的周期是对应 50Hz 电网工频周期的一半,这种噪声由比如带开关模式的电源或日光灯产生。这种结构在我们的观测中大概占 10%～15% 的比例。

(3)异步周期噪声:其记录显示出一个典型的周期结构,但是没有与 50Hz 的电网工频同步。图 5–19 呈现出一个周期的、非同步的噪声,同时伴随 1.3kHz 的脉冲噪声。这种噪声在观测记录中所占的比例在 10%～15% 之间,主要是由于诸如电子设备或者紧凑型荧光灯所产生。

(4)脉冲干扰:在数据库里,一些记录呈现出更强电压值,例如在图 5–20 中所给出的那样,这种强脉冲占所有的观测情况的 10%～15%。

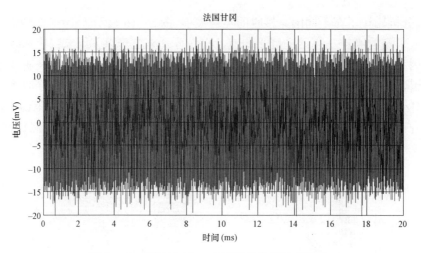

图 5-17　在时域 20ms 内采样的背景噪声记录

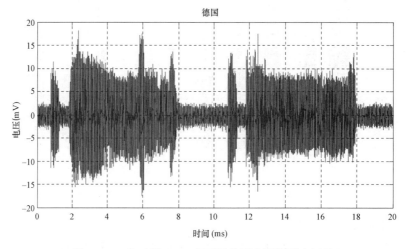

图 5-18　在时域 20ms 内采样的同步周期噪声记录

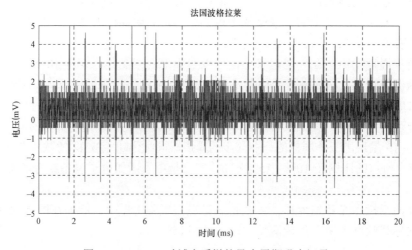

图 5-19　20ms 时域内采样的异步周期噪声记录

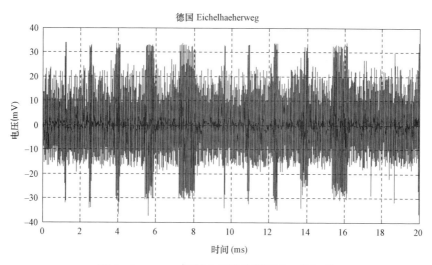

图 5-20　20ms 时域内采样的强脉冲干扰记录

最后，通过火线、保护接地、零线和共模端口接收的噪声，研究它们的相关性。统计相关性 $\rho_{k,l}$ 在噪声 $n_k(t)$ 和 $n_l(t)$ 之间的计算公式如下：

$$\rho_{k,l} = \frac{\overline{n_k(t) \cdot n_l(t)} - \overline{n_k(t)} \cdot \overline{n_l(t)}}{\sqrt{\left(\overline{\left|n_k(t)\right|^2} - \left|\overline{n_k(t)}\right|^2\right)\left(\overline{\left|n_l(t)\right|^2} - \left|\overline{n_l(t)}\right|^2\right)}}, \tag{5.1}$$

式中：$\overline{n_k(t)}$ 代表变量 $n_k(t)$ 在时域里的平均值。

如文献［9］所述，相关性取值范围在 0（完全不相关）到 1（完全相关）之间。

图 5-21 表示在任意两个接收端口之间的平均噪声相关性，对于频段 1（左边部分）和频段 4（右边部分）。在频段 1 中，对应于在（2～100MHz）频率范围内的单次测量中，火线和保护接地端口之间获得的最高的相关性值。保护接地和共模端口之间有着最低的相关性值。相比于频段 4（在测量中不包括调频和短波频段时），平均相关性值降低 0.1。

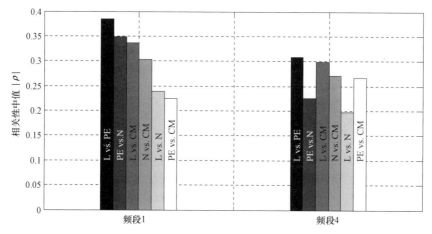

图 5-21　频段 1 和频段 4 任意接收端口间的平均噪声相关性

由此可以得出结论，在调频和短波频带上所产生的广播干扰，它导致不同端口接收的噪声采样之间的相关性增加了。

5.2.4 奇异值和空间相关性

用所使用的输入和输出端口定义 MIMO PLC 信道。例如若发送端采用△型耦合器，3个端口（D1、D2、D3）中至少可以利用 2 个。（参照第 1 章中对 MIMO 耦合的相关介绍）。T 型耦合器的所有端口都可以用来发送信号。在接收端，星型耦合器的四个端口可能都可以被利用。令 N_T 为发射端口的数量，N_R 为接收端口的数量，h_{nm} 为对于每一个频率测试点（从 1～100MHz 中的 1601 个频率点）从发射端口到接收端口的复信道系数。然后，对于每一个频率下测试的信道矩阵可以被定义如下：

$$H = \begin{pmatrix} h_{11} & \cdots & h_{1N_T} \\ \vdots & \ddots & \vdots \\ h_{N_R 1} & \cdots & h_{N_R N_T} \end{pmatrix} \tag{5.2}$$

奇异值分解（Singular Value Decomposition，SVD）已经在第 4 章中介绍过，分解信道矩阵为三个矩阵：

$$H = UDH^H \tag{5.3}$$

其中 H 是厄米算符（转置和共轭复数）；D 是对角矩阵，它包含了信道矩阵 H 的所有奇异值 $\sqrt{\lambda_j}$，并按递减顺序排列，r 是 H 的秩。

非零奇异值的数量由发送端口和接收端口的数目决定，为 $r = \min(N_T, N_R)$，如果 H 具有满秩。实际上，这个条件一直能满足（见稍后的空间相关性分析的结果）。U 和 V 是幺正矩阵，亦即 $U^{-1} = U^H$ 和 $V^{-1} = V^H$。奇异值分解将信道矩阵分解为平行而独立的单输入单输出信道。

由于 U 和 V 是幺正矩阵，乘以这些矩阵其总能量值不变。D 的奇异值 $\sqrt{\lambda_j}$ 描述了分解后的单输入单输出信道的衰减（注意信道矩阵 H 在计算奇异值分解之前并未归一化）。采用奇异值分解为平行而独立的单输入单输出信道在 MIMO 理论中是非常有价值的，这将在第 8 章和第 9 章讨论。

图 5-22 显示了不同 MIMO 配置下，第一奇异值 $-20\log_{10}(\lambda_1)$（第一个 MIMO 流）的衰减的概率（柱状图）和累积概率（线性图）。图中的基础数据都是来源于所有建筑物、所有国家以及在所有频率下的 MIMO 测试信道（共 346 个）。每一个从左到右的柱状图显示出图例所示（从上到下）的 MIMO 配置。如前面所解释的，用使用的发射和接收端口的数目定义 MIMO 流数：如果只使用一个发射端口，一个空间流是可用的；如果使用两个发射端口以及两个以上的接收端口，两个空间流是可用的。图 5-23 展示了图 5-22 在高覆盖率区域的放大版本。图 5-24 展示在第二个空间流可用时，第二奇异值的相应衰减。也就是 2×2(◁) 和 2×4(▷) 的配置。增加发送和接收端口的数目会降低空间流的衰减。MIMO 配置（▷）和 SISO（1×1 配置，□）的比较显示出 MIMO 增益。2×4(▷) MIMO 配置的第一个数据流在 50% 点（中点）处与 SISO 相比，衰减减少了 11dB。与此同时，2×4(▷) MIMO 配置的第二个数据流也支持数据发送，但其衰减比 SISO 的衰减高了 3dB。在高衰减区的放大图揭示了 MIMO 具有更高的增益。考虑到 90%，第一个数据流与 SISO 相比，衰减减少了 13dB，

但第二个数据流与 SISO 相比，衰减只增加了 1.5dB。MIMO 尤其提高了高衰减信道的性能，这对满足覆盖率尤为重要。

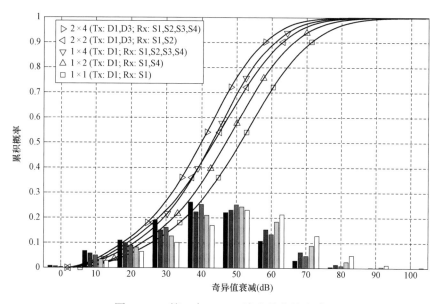

图 5-22　第一个 MIMO 流奇异值的衰减

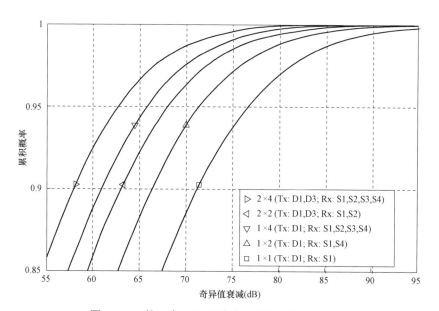

图 5-23　第一个 MIMO 流奇异值的衰减：放大图

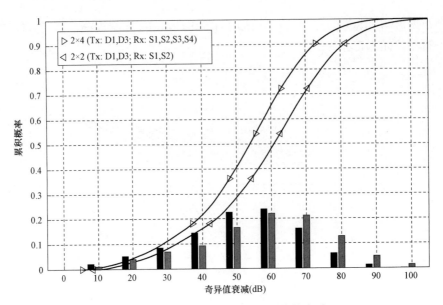

图 5-24　第二个 MIMO 流奇异值的衰减

　　MIMO 路径之间的联系归根于空间相关性，它也是 MIMO 信道的一个重要衡量，空间相关性不仅影响信道容量（见第 9 章），而且影响不同 MIMO 方案的性能（见第 8 章和第 9章），关于 MIMO PLC 的空间相关性的讨论在第 4 章也可以找到。矩阵的条件数可以用作空间相关性的量度，矩阵的条件数被定义为最大奇异值和最小奇异值的比例：

$$20\log_{10}\left(\frac{\sqrt{\lambda_1}}{\sqrt{\lambda_2}}\right) \tag{5.4}$$

　　正如前面所解释的，奇异值描述了 MIMO 流的衰减。根据式（5.4）计算的比率使信道衰减部分降低。根据式（5.4），条件数越高，第二流比第一流的衰减更大，空间相关性更高。空间相关性的定义可以用一个极端情况例子解释，一个全相关的 MIMO 信道，其信道矩阵的全部信道系数具有相同值。其结果是，这个信道矩阵的秩为 1，第二个奇异值为 0，所以根据式（5.4），空间相关性趋近为无穷大。根据式（5.4），图 5-25 展示了 2×2、2×3 和2×4MIMO 配置的空间相关性的概率。极少发生的条件数的高值象征着 MIMO PLC 信道的一个相当高的空间相关性。2×4MIMO 配置下 60%的信道和频率的空间相关性>10dB。尽管在这种情况下第二流比第一流被显著衰减，必须牢记的是，第一流相比较于 SISO 衰减有显著减少。所述 MIMO 性能是通过两个空间流的组合得以增强，而不是仅由第二数据流的可用性决定（见第 9 章的信道容量结果）。

5.3　基于实验数据的 PLC MIMO 信道统计建模

5.3.1　MIMO 信道传递函数建模

　　在本节中，将逐步描述基于实验数据的 PLC MIMO 信道传递函数（Channel Transfer Function，CTF）统计建模。此模型的目的是为了捕捉传输信道的主要物理特性，包括它的平均衰减、频域路径损耗特性、多径和频率衰减分布和不同 MIMO 路径之间的相关性，这些参数在 5.2.1 中的实验测量中进行了表征。该模型是统计性的，并按照自上而下的方法开发。所以，其目的不是为了再现恰好在给定的测量位置的传递函数的测量，而是使随机传递函数 CTF 表现出与实际信道测量结果相同。

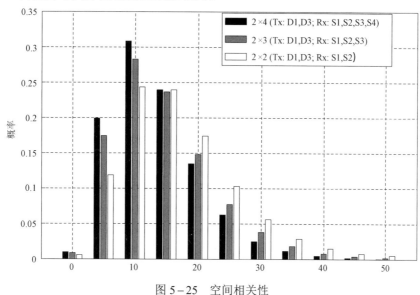

图 5−25　空间相关性

在建模过程中使用的理念在文献[10]被首次提出。在该文献中，模型的参数是从一组在法国的五个房间里执行的测量结果，由 42 个信道传递函数组成的一个集合中提取的。测试在发送端和接收端都采用了差分端口，根据这个模型产生了 3×3MIMO 信道矩阵。

在本研究中，采用了更大的数据集，因为已经在六个不同国家（比利时、法国、德国、意大利、西班牙和英国）的 36 座建筑物中进行了测量。不同于文献[10]中的分析，用于该测量系列的耦合器在发送端使用了差分端口（D1：火线−零线端口，D2：零线−保护接地线端口，D3：保护接地线−火线端口），在接收端使用了星型端口（S1：火线端口，S2：零线端口，S3：保护接地线端口）。此外，第四个接收端口（S4）通过这 3 根导线能接收共模信号。更多关于 MIMO 耦合的详细信息可以在第 1 章中找到。这相应的 MIMO 配置被称为 3×4MIMO，所以任意两个进出端口之间测量的传递函数是一个 4×3 矩阵，如图 5−26 所示。所有的测量包含了 351 个 4×3 传递函数矩阵，关于测量以及相应的信道特性的更多细节分析可以在第 5.2 节中找到。

$$
\begin{array}{cccc}
输入 & L\text{-}N & N\text{-}PE & PE\text{-}L \\
端口 & D1 & D2 & D3
\end{array}
$$

$$
H(f)=\begin{bmatrix}
h_{S1,D1}(f) & h_{S1,D2}(f) & h_{S1,D3}(f) \\
h_{S2,D1}(f) & h_{S2,D2}(f) & h_{S2,D3}(f) \\
h_{S3,D1}(f) & h_{S3,D2}(f) & h_{S3,D3}(f) \\
h_{S4,D1}(f) & h_{S4,D2}(f) & h_{S4,D3}(f)
\end{bmatrix}
\begin{array}{cc}
S1 & L \\
S2 & N \\
S3 & PE \\
S4 & CM
\end{array}
$$

输出
端口

图 5−26　测量及建模的信道矩阵描述：输入端口与输出端口

正如在第 5.2.1 节中所分析的，在不同国家的信道测试并没有发现显著的差异。高衰减的信道和具有较好的传播条件的信道在每个国家都存在。因此，接下来的建模会独立地捕获各个国家的测量统计，输出将代表欧洲 PLC 的信道传输情况。

5.3.1.1 平均信道增益建模

第一个代表 PLC 信道传递函数的是平均信道增益，因为它决定了被一个传输系统所预期的整体信号的衰减。在这里，信道传递函数的平均增益被定义为：矩阵 A，它提供信道矩阵 $H(f)$ 里每一个元素在频域里的平均值：

$$A = \begin{bmatrix} A_{S1,D1} & A_{S1,D2} & A_{S1,D3} \\ A_{S2,D1} & A_{S2,D2} & A_{S2,D3} \\ A_{S3,D1} & A_{S3,D2} & A_{S3,D3} \\ A_{S4,D1} & A_{S4,D2} & A_{S4,D3} \end{bmatrix} = \mathrm{med}\,(|H(f)|) \tag{5.5}$$

其中 $\mathrm{med}(\ )$ 代表中值运算。信道平均增益以 dB 为单位的表示将被表示为 A_{dB}：

$$A_{\mathrm{dB}} = 20 \cdot \log_{10}(A) = \mathrm{med}\,(10 \cdot \log_{10}(|H(f)|^2)) \tag{5.6}$$

作为第一步，首先考察 D1－S1 链路的统计平均增益 $A_{S1,D1}$。图 5－27 里的实线代表这些以 dB 为单位的参数的累计分布函数。可以观察到，平均增益在 －80dB（对于最强衰减信道）～ －10dB（对于弱衰减信道）之间变化。这一观察是对比图 5－2 的结果，图中提供了在所有频率下以及给定的馈送方式下的信道衰减的累计分布概率。此外，累计分布函数的曲线形状显示参数的分布接近高斯分布。该虚线表示近似的高斯拟合，其中平均值 $\mu_A = 50.1\mathrm{dB}$，标准方差 $\sigma_A = 15.6\mathrm{dB}$。所以，这个模型的第一参数是 $A_{\mathrm{dB}\,S1,D1}$，它会被随机挑选，并呈以下正态函数分布：

$$A_{\mathrm{dB}\,S1,D1} = \mathcal{N}(\mu_A, \sigma_A) \tag{5.7}$$

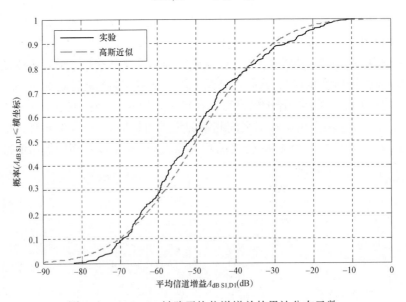

图 5－27　D1－S1 链路平均信道增益的累计分布函数

其中，高斯分布的概率密度函数（Probability Density Function，PDF）由下式给出：

$$p_X(x) = \frac{1}{\sqrt{2\pi}\sigma} \exp\left(-\frac{(x-\mu)^2}{2\sigma^2}\right) \tag{5.8}$$

为了表征矩阵 A_{dB} 的其他元素，也就是，MIMO 信道矩阵其他链路的平均增益，分析它们如何与参数 $A_{dB\,S1,D1}$ 相关联是很有意义的。为此目的，图 5-28 为这 351 个信道测量矩阵提供了观测值 $A_{dB\,S2,D1}$ 和 $A_{dB\,S3,D1}$ 分别与之比较的散点图。需要提醒的是，$A_{dB\,S2,D1}$ 提供了链路 D1-S2 的平均信道增益，$A_{dB\,S3,D1}$ 提供了链路 D1-S3 的平均信道增益。从这些图中可以看出，平均增益参数是高度相似的，因为这些曲线大致沿着 $y=x$（虚线）对准。类似的观察在定性阶段：在图 5-3 中，它显示信道衰减是类似的，当考虑到接口 S1、S2 或者 S3 时。在图 5-28 中，这些绘制的参数间的差异可以看作是偏离完美相等的偏差。比较图 5-28（a）和（b），可以得出 $A_{dB\,S3,D1}$ 和 $A_{dB\,S1,D1}$ 之间的偏差比 $A_{dB\,S2,D1}$ 和 $A_{dB\,S1,D1}$ 之间的偏差大一些。这可以从物理上解释，因为输出端口 S1（相线）和 S2（零线）都包括到差分输入端口 D1（相线—零线）的有线连接，并且彼此对称。相反，输出端口 S3 对应于未连接到输入端口 D1 的保护接地线，这是导致了更大偏差的原因。

类似的特性在所有输入端口 D1、D2 和 D3，以及输出端口 S1、S2 和 S3 处都可以观测到。所以，建议将参数 $A_{dB\,Sm,Dn}$，$n \in [1,2,3]$，$m \in [1,2,3]$，建模如下：

$$A_{dB\,Sm,Dn} = A_{dB\,S1,D1} + \mathcal{N}(0, \sigma_{Sm,Dn}) \tag{5.9}$$

其中 $A_{dB\,S1,D1}$ 和 $A_{dB\,Sm,Dn}$ 之间偏差建模为一个平均值为 0、标准方差为 $\sigma_{Sm,Dn}$ 的高斯分布。最后一个参数可以很容易地从实验测量中推导出来，计算 $A_{dB\,Sm,Dn}$ 和 $A_{dB\,S1,D1}$ 之间的标准方差，此计算将会在接下来几章完成。

进一步需要对信道平均增益参数 $A_{dB\,S4,\,Dn}$ 进行分析，当涉及输出端口 S4 时，也就是，采用了共模接收。图 5-29 提供的参数 $A_{dB\,S4,\,D1}$ 和 $A_{dB\,S4,\,D3}$ 散点图与图 5-28 相似。

在这两种情况下，我们可以观测到图 5-29 的近似值特性不再有效。实际上，散点图不再与虚线对齐。对于高衰减信道（图中左下角），采用共模接收趋近产生一个较低的衰减；然而对于低衰减信道（图中左上角），当使用共模端口（S4 端口）时衰减更强。这种特殊性早在统计分析试验测量时已经观察到（见图 5-3 和图 5-4）。线性回归分析表明，这些散点图与给定直线 $y = 0.5x - 30$（实线）可以更好的拟合。参数 $A_{dB\,S4,D3}$（数据未示）持有相同的结果。所以，考虑到 MIMO 链路包括共模接收端口 S4 时，可采用如下优化模型（$n \in [1-3]$）：

$$A_{dB\,S4,Dn} = 0.5 \times A_{dB\,S1,D1} - 30 + \mathcal{N}(0, \sigma_{S4,Dn}) \tag{5.10}$$

其中，系数 0.5 和 -30 分别代表图 5-29 中观测到的特殊形状的散点图的斜率和 y 轴截距。这种线性模型的偏差可由均值为 0、标准偏差为 $\sigma_{S4,Dn}$ 的高斯分布给出。$\sigma_{S4,Dn}$ 的值可以很容易从实验测量结果中得来。所有以 dB 为单位的标准方差 $\sigma_{Sm,Dn}$ 被归一为如下的矩阵：

$$[\sigma_{Sm,Dn}] = \begin{bmatrix} 0 & 5.1 & 3.8 \\ 2.9 & 5.7 & 5.2 \\ 6.6 & 7.8 & 6.9 \\ 4.6 & 5.9 & 5.1 \end{bmatrix} \text{（以 dB 为单位）} \tag{5.11}$$

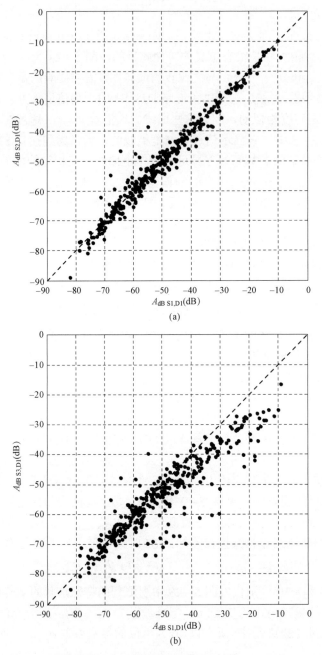

图 5-28 平均信道增益散点图

（a） $A_{dB\ S2,D1}$ 与 $A_{dB\ S1,D1}$ 对比；（b） $A_{dB\ S3,D1}$ 与 $A_{dB\ S1,D1}$ 对比

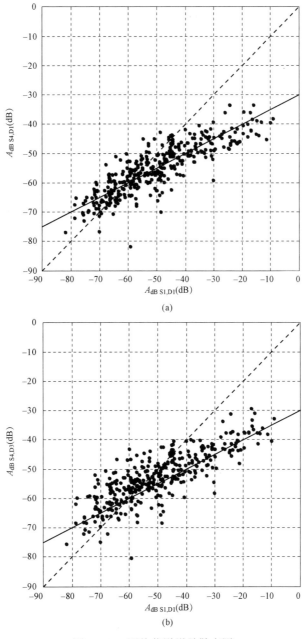

图 5-29 平均信道增益散点图

（a）$A_{\text{dB S4,D1}}$ 与 $A_{\text{dB S1,D1}}$ 对比；（b）$A_{\text{dB S4,D3}}$ 与 $A_{\text{dB S1,D1}}$ 对比

5.3.1.2 频域路径损耗模型

一旦平均信道增益确定下来，重点将放在对频域路径损耗的建模上。为此，建议的
MIMO 信道模型建立在一个首先由 Zimmerman[1]提出且被广泛接受的 SISO PLC 信道模型。
这个模型既考虑到 PLC 信道的多路径特性又考虑到特定频率下功率的衰减。同样的表达式
也在 ICT OMEGA 工程中使用。这个信道传递函数数学上的描述如下：

$$H(f) = A\sum_{p=1}^{N_p} g_p e^{-j(2\pi d_p/v)f} e^{-(a_0+a_1 f^K)d_p} \qquad （5.12）$$

式中：v 代表在铜导线中的电磁波的速度；d_p 和 g_p 分别代表传播路径的长度和增益；N_p 代表传播路径的数目；其他参数 a_0、a_1、K 和 A 是衰减系数。

该模型的一个有趣的统计扩展被 Tonello 在文献[13]中提出，并进一步在文献[12]中利用。此扩展假设多路径是由一个强度为 Λ、信号路径最大强度为 L_{max} 的泊松到达过程产生的。此外，传播路径的增益 g_p 被认为均匀地分布在区间[−1，1]。根据这些假设，Tonello 计算频域路径损耗的统计期望值为：

$$PL(f) = A^2 \frac{\Lambda}{3} \frac{1-e^{2L_{max}(a_a+a_1 f^K)}}{(2a_0+2a_1 f^K)(1-e^{-\Lambda L_{max}})} \qquad （5.13）$$

在此模型中，参数 A 掌握这个信道的任意衰减。式（5.13）提供的预期路径损耗的表达式对于从实验测量数据中推断参数 a_0、a_1 和 K 是十分有用的。为此，参数 A 被当作为每一个测量的平均增益，正如在文献[12]中参数 L_{max} 以及 Λ 被任意固定为 800m 和 $0.2\ \mathrm{m}^{-1}$。选择 $L_{max}=800\,\mathrm{m}$ 是因为考虑到信号沿着 800m 以上的路径（包括多次反射）传播时，不会对路径损耗的结构起到显著的作用。这个假设是合理的，由于信号随着距离的增加，增强了其衰减。选择 $\Lambda=0.2\ \mathrm{m}^{-1}$ 意味着任意两个连续传播路径之间的平均过量长度为 5m。这意味着电力网络中任意两个连续节点或者插座进出口之间的平均距离为 2.5m。这个值是符合室内电网观测到的实际接线情况。

对于每一次测量参数 a_0、a_1 和 K 的值可以直接采用模拟退火过程获得。这个方法需要输入参数，以及在 OMEGA 项目中用到过的值，即 $a_{0,init}=3\times10^{-3}$，$a_{1,init}=4\times10^{-3}$，$K_{init}=1$。图 5−30 呈现一个例子的拟合情况，它是在一个德国房子里为 D1−S1 链路进行信道传递函数测试的结果。在此特定实例中，模拟退火方法得到下面的路径损耗参数：$a_0=3.6\times10^{-4}$，$a_1=4\times10^{-10}$，$K=1.04$。

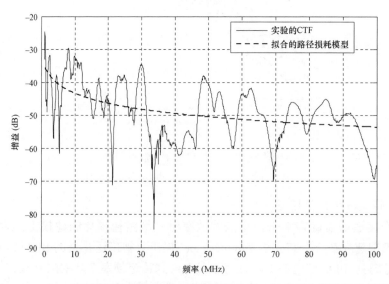

图 5−30　在一个德国室内测量的 PLC 信道传递函数，以及拟合的路径损耗模型

得到的路径损耗参数针对 351 个测试中的每一个 MIMO 信道矩阵的 12 种可能情况链路。其结果是，4212 个值是可用于每个路径损耗参数的统计评估。被检测出的路径损耗参数与所述 MIMO 矩阵内考虑的特定链路没有特别的相关性。所以，每个参数的统计分布是从 4212 个样本中全局考虑的。图 5−31 提供了参数的概率分布函数的试验评估，采用了标准化的直方图。可以观测到参数遵循具有最低负值的指数衰减。因此，它被建议采用移位指数分布来模拟该参数。移位指数分布的概率密度函数定义如下：

$$p_X(x) = \frac{1}{\gamma} \exp\left(-\frac{x-\delta}{\gamma}\right) \tag{5.14}$$

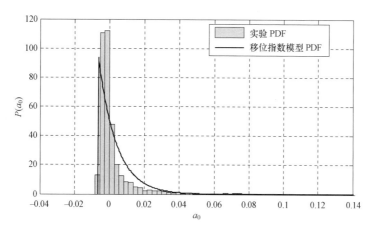

图 5−31　基于参数 a_0 的实验 PDF 与移位指数模型 PDF

图 5−31 也表示对于参数 a_0 的移位指数模型 PDF，其中最好的拟合参数由下式给出：$\mu_{a0} = 1.04 \times 10^{-2}$，$\delta_{a0} = -6.7 \times 10^{-3}$。这些参数将被用来随机生成参数 a_0 的实际值。同样的统计分布已经在文献[10]中观测到，具有类似的参数值。

参数 a_1 更容易建模。实际上，对于 97% 的测试信道，$a_{1,init} = 4 \times 10^{-10}$ 的估计值 a_1 等于输入值。所以，这个值在所提出的模型中恒定不变，正如在文献[10]中的情况。

最后，图 5−32 以归一化直方图的形式表示参数 K 的 PDF 的实验估计。该 PDF 呈现出稍不对称的形状，这一般可以由重尾分布予以很好地表示。威布尔分布 $\mathcal{W}(\alpha, \beta)$ 是这种重尾分布的一个例子，可以通过调整它的参数 α 和 β 实现对实验数据的拟合。威布尔分布的概率密度函数由下式给出：

$$p_X(x) = \alpha\beta \cdot x^{\beta-1} \exp\left(-\alpha \cdot x^{\beta}\right) \tag{5.15}$$

实验参数 K 的最佳威布尔分布拟合是在参数 $\alpha_K = 5.7 \times 10^{-2}$ 和 $\beta_K = 57.7$ 时。它的理论概率分布函数呈现在图 5−32 中。在目前的工作中，更大的数据集能够支持对该估计的进一步完善，特别是能够说明分布的不对称性。表 5.2 总结了路径损耗参数的统计模型。

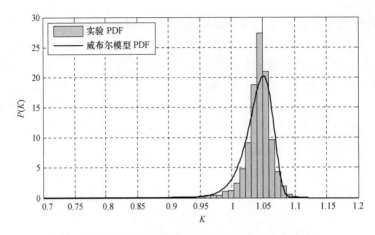

图 5-32　基于变量 K 的实验 PDF 和威布尔模型 PDF

表 5.2　　　　　　　　　　　　　　　　路径损耗参数的统计模型

路径损耗参数	模型	参数
$A_{\mathrm{dB\,S1,D1}}$	$N(\mu_{\mathrm{A}}, \sigma_{\mathrm{A}})$	$\mu_{\mathrm{A}} = -50.1\mathrm{dB}$
$A_{\mathrm{dB\,Sm,Dn}}(m \in [1-3])$	$A_{\mathrm{dB\,Sm,Dn}} = A_{\mathrm{dB\,S1,D1}} + N(0, \sigma_{Sm,Dn})$	$\sigma_{\mathrm{A}} = 15.6\mathrm{dB}$
$A_{\mathrm{dB\,S4,Dn}}$	$A_{\mathrm{dB\,S4,Dn}} = 0.5 \times A_{\mathrm{dB\,S1,D1}} - 30 + N(0, \sigma_{S4,Dn})$	$[\sigma_{Sm,Dn}] = \begin{bmatrix} 0 & 5.1 & 3.8 \\ 2.9 & 5.7 & 5.2 \\ 6.6 & 7.8 & 6.9 \\ 4.6 & 5.9 & 5.1 \end{bmatrix} \mathrm{dB}$
a_0	$\mathcal{E}_{shift}(\mu_{a0}, \delta_{a0})$	$\mu_{a0} = 1.04 \times 10^{-2}$ $\delta_{a0} = -6.7 \times 10^{-3}$ $a_1 = 4 \times 10^{-10}$
a_1	常数	$\alpha_K = 5.7 \times 10^{-2}$
K	$\omega(\alpha_K, \beta_K)$	$\beta_K = 57.7$
$L_{\max}$	常数	$L_{\max} = 800\mathrm{m}$
Λ	常数	$\Lambda = 0.2\mathrm{m}^{-1}$

5.3.1.3　针对 SISO 线路——中线（D1）到线（S1）的多径模型

一旦确定了 MIMO 信道模型的路径损耗参数，建模过程就集中在 PLC 信道的多径和频率衰落结构上。专用于 SISO 链路的统计信道模型已经存在，其中充分体现了该特征。特别是提议的 MIMO 信道模型建立于 SISO 信道框架之上，由 Zimmermann 和 Tonelloy 开发[11, 14]。更具体地，MIMO 信道模型的第一步包括采用式（5.12）模拟 D1-S1 链路，其中通用的参数 A 被 $A_{S1,D1}$ 所替代，路径损耗参数 $A_{S1,D1}$、a_0、a_1 和 K 是根据表 5.2 中的统计分布进行选择的。根据文献[12]，路径长度 d_p 由具有强度特性 Λ 的泊松到达过程 $\mathcal{P}(\Lambda)$ 的事件随机产生。采用一个最大长度 $L_{\max}$，泊松过程也会导致一个有限数量的路径 N_p。注意 Λ 和 $L_{\max}$ 的值是固定的，并且呈现在表 5.2。最后，传播路径的增益 g_p 采用在区间$[-1，1]$内的均匀统计分布产生。

图 5-33 是根据所提出的信道模型构建的一个 D1-S1 链路的信道传递函数。相应的路

径损耗模型也被表现出来。可以注意到它与图 5－30 中一个测试获得的信道传递函数相似。

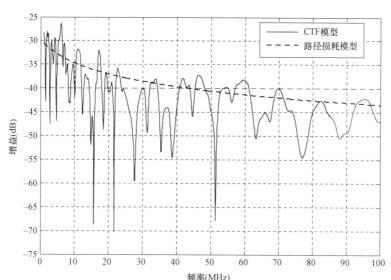

图 5－33　采用 SISO 模型和相应的路径损耗模型产生的 PLC 信道传递函数

5.3.1.4　多径模型到 MIMO 信道矩阵的扩展

为了该 SISO 信道模型延伸到完整的 MIMO 矩阵，首先有必要研究该模型打算捕获的上述特征的特点，即不同 MIMO 链路之间的相关性。正如在 5.2.4 节所描述，MIMO 信道矩阵之间相关性的程度影响着信道容量和 MIMO 信号处理技术的性能(见第 9 章)。为了捕获 MIMO 矩阵中各个信道之间频率衰减相关性，本研究采用在文献[10]中已被引用的皮尔森相关系数。但应指出这个系数的计算需要估算信道增益的统计期望。因为我们只关心信道传递函数的快速衰减的行为。皮尔森相关系数将会在标准化信道传递函数下进行计算，定义如下：

$$\tilde{h}_{S_m,D_n}(f) = \frac{h_{S_n,D_m}(f)}{\sqrt{PL_{S_n,D_m}(f)}},\tag{5.16}$$

式中：$h_{S_n,D_m}(f)$ 代表在输入端口 D_m 和输出端口 S_n 之间的信道传递函数；$PL_{S_n,D_m}(f)$ 代表根据式（5.13）所期待的路径损耗。

这个归一化的信道传递函数是广义平稳的，因而在相关系数的计算中使用的统计期望可以由频域平均取代。在 MIMO 矩阵中信道和信道之间的复杂相关系数最终采用以下等式进行计算：

$$\rho_{S_nD_m,S_iD_j} = \frac{\left\langle \tilde{h}_{S_n,D_m}(f)\tilde{h}^*_{S_i,D_j}(f)\right\rangle - \left\langle \tilde{h}_{S_n,D_m}(f)\right\rangle\left\langle \tilde{h}^*_{S_i,D_j}(f)\right\rangle}{\sqrt{\left(\left\langle\left|\tilde{h}_{S_n,D_m}(f)\right|^2\right\rangle - \left|\left\langle \tilde{h}_{S_n,D_m}(f)\right\rangle\right|^2\right)\left(\left\langle\left|\tilde{h}_{S_i,D_j}(f)\right|^2\right\rangle - \left|\left\langle \tilde{h}_{S_i,D_j}(f)\right\rangle\right|^2\right)}}\tag{5.17}$$

式中：$\langle\ \rangle$ 代表频域平均；* 表示复数的共轭运算符。

注意式（5.17）提供了一个独立于频率的相关性系数，通过比较任意两个信道在其测量频率范围的变化，计算频率相关的相关性系数也是可能的，但是需要同时考虑一个测试矩阵的所有信道。

对于 351 个测试信道矩阵中的每一个以及对于 MIMO 链路中每个可能的对，计算其相关系数。当测试采用三种可能发送端口（D1 到 D3）和四种接收端口（S1 到 S4）时，MIMO 信道矩阵包含 12 种可能链路，所以有 66 种不同的对可以进行考虑。图 5-34 提供了在一些特定情况下相关系数的统计累积分布函数。相关性系数的统计分布可以在整个信道对（△标志）进行分析。可以注意到相关性系数具有一个准均匀的分布并在 0～1 的范围内变化。所以，相关信道（$|\rho|>0.8$）和不相关信道（$|\rho|<0.2$）都可以被测量。为了获得更多 MIMO 链路之间相关性性质，图 5-34 表示了测量集合的子集的相关性系数的累积分布函数，即：

● 所有信道对采用相同发送端口 Tx（o 标志）；

● 所有信道对采用相同接收端口 Rx（＋标志）；

● 所有信道对采用不同发送 Tx 和接收 Rx 端口，其中一个信道采用共模（S4）接收端口（□标志）；

● 所有信道对采用不同发送 Tx 和接收 Rx 端口，其中未采用共模（S4）接收端口（×标志）。

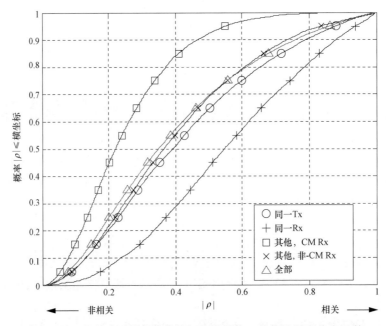

图 5-34　从实验测试中获得的相关性系数 ρ 的统计累积分布函数

累积分布函数结果的观察揭示采用相同的发送端口并没有显著增加其相关性。然而，采用相同的接收端口，两个信道有着高于平均值的相关性，因为其相应的累积分布函数曲线移向图的右边。当考虑到信道对既不使用相同发送端口也不使用相同接收端口时，对于不共享相同 Tx 端口或相同 Rx 端口的信道对，其相关系数类似于不使用 CM 端口时的平均值。然而，采用 CM Rx 端口可以提供这样一种信道，该信道较使用不同端口的其他任何信道具有更小的相关性。这个可以从物理学角度分析，因为共模接收包括了不同于经典电线接收的独特传输机构。

通过评测 MIMO 信道矩阵的相关性特征，可以制定一个完整的 PLC 多输入多输出模型。

单输入单输出 D1－S1 链路已经采用第 5.3.1.3 节所描述的步骤建立了模型。其他所有 MIMO 信道矩阵将采用一个定义如下的延伸的信道传递函数：

$$H(f) = A\sum_{p=1}^{N_p} g_p e^{-j\varphi_p} e^{-j(2\pi d_p/v)} e^{-(a_0+a_1 f^K)d_p} \qquad (5.18)$$

在这个信道传递函数中，每一个路径被额外任意分配一个相位 φ_p。文献[10]的最初想法是给每一个路径在给定的区间 $[-\Delta\varphi/2, \Delta\varphi/2]$ 采用均匀分布 $\mathcal{U}(-\Delta\varphi/2, \Delta\varphi/2)$ 任意分配一个相位，φ_p 值越大，导致零线到 SISO 路径的信道相关性越低。对于极限值 $\Delta\varphi/2 = \pi$，相应信道预计有较低相关性。相反，选择 $\Delta\varphi/2 = 0$ 将会产生一个和参考信道一致的信道，其相关性系数 $\rho = 1$。为了保证包含火线、零线，或者保护接地接收端口的信道的相关性程度，建议当在 MIMO 矩阵内不同的链路时只更改两个参数：平均增益 A 和任意相位角相量 $\{\varphi_p, \rho = 1, \cdots, N_p\}$。这个选择与物理观察到的拓扑结构是一致的，独立于所考虑的 MIMO 链路。所以，当考虑火线、零线或者保护接地接收时，保持诸如路径长度分布 $\{d_p, \rho = 1, \cdots, N_p\}$ 或者路径增益 $\{g_p, \rho = 1, \cdots, N_p\}$ 这些参数为恒定值。共模接收（端口 S4）是个例外，正如图 5-34 所观察到的，这些信道与不同接收端口信道之间呈现出更低的相关性。所以，对于共模接收，作为 LN-N 路径长度 $\{d_{S4,p}, \rho = 1, \cdots, N_{p,S4}\}$ 的具体分布将采用相同的泊松到达过程 $\mathcal{P}(\Lambda)$ 产生。互补地，一个新的路径增益 $\{g_{S4,p}, \rho = 1, \cdots, N_{p,S4}\}$ 将由一个在区间[-1, 1]的均匀分布拟定。

为了选择合理的值 $\Delta\varphi$，运行了蒙特卡罗仿真，并将由此产生的信道相关因子与实验观察进行比较。推荐接下来的值：

为了从链路 D1－S1 产生链路 D1－S2，从链路 D1－S1 产生链路 D1－S3，选择 $\Delta\varphi = 2\pi$。

当 $m = 1, \cdots, 4$ 时，从链路 D1－Sm 产生链路 D2－Sm，从链路 D1－Sm 产生链路 D3－Sm，选择 $\Delta\varphi = 4\pi/3$。

表 5.3 汇总了对于仿真任意 3×4MIMO 信道矩阵所需要的所有必要参数。

表 5.3   **MIMO 多径参数的统计模型**

MIMO 多径参数	模型	参数
$\{d_{p}, p = 1\cdots N_p\}$	$P(\Lambda)$	$\Lambda = 0.2\text{m}^{-1}$
		$L_{\max} = 800\text{m}$
$\{g_{p}, p = 1\cdots N_p\}$	$U(g_{\min}, g_{\max})$	$g_{\min} = -1\text{V}$
		$g_{\max} = 1\text{V}$
$\{d_{S4p}, p = 1\cdots N_{p,S4}\}$	$P(\Lambda)$	$\Lambda = 0.2\text{m}^{-1}$
		$L_{\max} = 800\text{m}$
$\{g_{S4p}, p = 1\cdots N_{p,S4}\}$	$U(g_{\min}, g_{\max})$	$g_{\min} = -1\text{V}$
		$g_{\max} = 1\text{V}$
v	常数	$v = 2\times10^8\text{m/s}$
$\{\varphi_{p}, p = 1\cdots N_p\}$	$U(-\Delta\varphi/2, \Delta\varphi/2)$	$\Delta\varphi = 2\pi$ rad，从 D1-S1 产生链路 D1-S2 和 D1-S3
		$\Delta\varphi = 4\pi/3$ rad，从链路 D1-S$m(m = 1, \cdots, 4)$ 产生链路 D2-Sm 和 D3-Sm

注：参数 $g_{\min}$ 和 $g_{\max}$ 为归一化电压。

5.3.1.5 信道模型评估

图 5-35 提供了基于所提出的统计 MIMO PLC 信道模型生成的 CTF 的示例。信道模型一般生成 3×4 信道矩阵，但为了易读性，只给出了与差分端口（D1）相关的四个值。我们可以注意到，该模型产生随机 PLC MIMO，它忠实地复制了观察实验测量的多路径结构（见第 5.2.2 节）。通过构造，信道模型还再现观察到的主要路径损耗参数的统计信息，即平均信道增益和频域内功率衰减参数 a_0、a_1 和 K。

最后，分析所建议的 MIMO 信道模型怎么样呈现出 MIMO 矩阵中不同链路之间的相关性。为此目的，一个随意抽取的 351 个 3×4MIMO 信道矩阵将会生成。从该合成的数据组中，每一个 MIMO 矩阵中的任意两个链路之间的相关性系数 ρ 都采用在第 5.3.1.4 中所描述的方法。在相同的特定情况下为试验数据组，ρ 幅值的累积分布函数显示在图 5-36：为共用相同发送端口的信道，为共用相同接收端口的信道，为采用共模接收端口但没有任何相同端口的信道，为在接收端采用火线、零线或者保护接地但没有任何相同端口的信道。通过比较图 5-34 和图 5-36，我们可以观察到建议模型和实际测量之间有着类似的相关性趋势。尤其很好地再现了共用相同接收端口之间的信道有较大的相关性。此外，包含共模端口与其他信道之间低的相关性也被捕捉到关系共模接收的信道和其他信道之间有低相关性。最后，所有其他矩阵体现出平均相关性，以准均匀的方式横跨区间[0，1]。

5.3.2 多输出噪声建模

5.3.2.1 多元时间序列

一个完整且具体的噪声模型可以通过频域和时域技术获得。然而，一个多输出噪声模型，最重要一个特征是在不同端口接收的信号之间的相关性，试验中观测到的噪声相关性

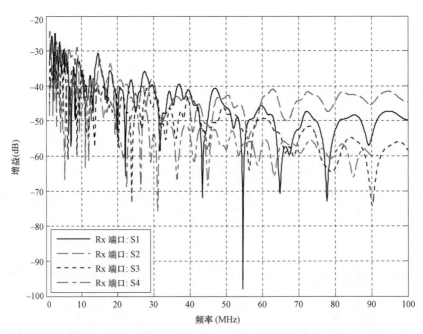

图 5-35 采用建议的 MIMO 模型产生的 PLC 信道传递函数（发送端口：D1）

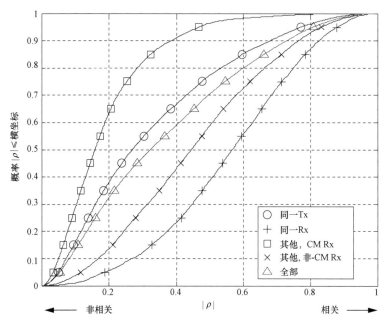

图 5-36　通过模型仿真所获得的相关性系数 ρ 的统计累计分布函数

特性在第 5.2.3.2 节被揭示。另一方面，由于接收信号的多路径结构，它在频域内产生衰减凹口，可以被认为是时域上连续采样之间的相关性。所以，多输出噪声建模在时域上呈现低复杂度和高效性。

　　多元时间序列（Multivariate Time Series，MTS）分析是一个应用于对时间序列未来值进行模拟和预测的一个强大的数学方法。通常用于多元时间序列建模的数学模型是向量自回归模型。在 MIMO PLC 噪声背景环境下多元时间序列建模的适合性和实用性在文献[15]中被证实，它被应用于在法国家庭中进行的一系列噪声测量。在接下来的章节中对该方法进行了描述，并且它被用于处理第 5.2.3 节给出的 ETSI 噪声测量结果。

　　第 5.2.3 节里提到的时域噪声，在四个端口同时被测量：S1、S2、S3 和 S4。这种噪声可以被视为四种时间序列的一种特殊多元时间序列情况。多元时间序列是一个在固定的等时间间隔 Δt 下的独立时间序列信号群。一个多元时间序列包括几个变量的同步观测。考虑一个具有 n 个变量的多元时间序列 MTS $\{N_t\}$，其中 $N_t = (x_{1t}, \cdots, x_{nt})$，$T$ 代表转置。一个四种时间序列包括 $\{x_{1t}\}$、$\{x_{2t}\}$、$\{x_{3t}\}$ 和 $\{x_{4t}\}$。测量到的噪声可以被表征为一个 $n = 4$ 和采样时间间隔 $\Delta t = 2$ ns 的多元时间序列。需要强调的是 $\{x_{1t}\}$、$\{x_{2t}\}$、$\{x_{3t}\}$ 和 $\{x_{4t}\}$ 分别代表 S1、S2、S3 和 S4 噪声。为了分析，我们考虑这个向量的持续时间为 46.52μs，这相当于 HomePlug AV2 标准中 OFDM 的符号长度（见 14 章）。

　　5.3.2.2　模型验证中的优势

　　每一个噪声测量由四个噪声序列组成。因此它们的频谱需要独立观测。噪声的整体频谱是一个下降的指数函数如图 5-11 所示。此刻，我们定义一个参数 $\psi_{i,j}$，如等式 5.19 所示，它代表频域内测量噪声功率谱密度与建模噪声功率谱密度之间的互相关性。$\psi_{i,j}$ 作为一个计算测量噪声和建模噪声之间的频谱相似度的参数：

$$\psi_{i,j} = \frac{\overline{N_i(f)N^*_i(f)} - \overline{N_i(f)}\,\overline{N^*_i(f)}}{\sqrt{(\overline{N_i(f)^2} - \overline{N_i(f)}^2)((\overline{N_i(f)^2}) - \overline{N_i(f)}^2)}} \qquad (5.19)$$

式中：$N(f)$ 为以 dBm/Hz 为单位的噪声功率谱密度的包络；下标 i 和 j 分别代表所测量和建模的噪声；$\overline{(.)}$ 代表频域平均。

自然地，$\psi_{i,j}$ 的值越高意味着建模噪声和测试噪声之间的相似度越大。

均根方误差也经常被用于分析两个数据集之间的紧密程度或者匹配程度。在以下例子中，我们采用频域均方误差（Root Mean Square Error，RMSE）作为测试噪声和建模噪声之间的一个频谱相似矩阵。这个频域均方误差 $\varepsilon_{rms,f}$ 就定义如下：

$$\varepsilon_{rms,f} = \sqrt{\frac{1}{K}\sum_{k=1}^{K}[N_i(f_k) - N_j(f_k)]^2} \qquad (5.20)$$

式中：$N_i(f_k)$ 和 $N_j(f_k)$ 代表以 dBm/Hz 为单位的给定的 MIMO PLC 噪声频谱测量及 VAR 实现，分别测量给定的频率 f_k；K 是频域内噪声序列的长度。

频域内根均方误差，如 $\psi_{i,j}$ 是一个用于估测向量自回归模型精确率的参数，越低的根均方误差值意味着越高的精确率，反之亦然。

5.3.2.3 向量自回归模型

在前面的几节中，描述了噪声的现场测量和数学特性。在这一节，我们呈现一个噪声模型并且验证它的准确性和有效性。

一个向量自回归模型是一个基本自回归模型的二维延伸。向量自回归模型利用时间序列的预测性对其进行建模。向量自回归模型的符号是 VAR（p），其中 p 代表模型阶数。一个具有 m 个变量的多元时间序列 VAR（p）采用以下的数学形式：

$$x_t = w + \sum_{l=1}^{p} A_l x_{t-l} + \varepsilon_t, \mathrm{cov}(\varepsilon_t) = \boldsymbol{C} \qquad (5.21)$$

式中：$x_t \in \mathcal{R}^m$ 是在给定的时间 t 时的多元时间序列向量；ε_t 是零均值，无相关性的任意噪声向量；$\boldsymbol{C} \in \mathcal{R}^{m \times m}$ 是噪声协方差矩阵；$A_1, \cdots, A_p \in \mathcal{R}^{m \times m}$ 是模型的系数矩阵。

如果多元时间序列没有零均值[16]，向量 $w \in \mathcal{R}^m$ 用于引入均值。

对于给定值 m 和 p，从给定的插座口测量噪声数据中，等式 5.21 常被用来提取向量自回归模型的参数。自回归模型的参数包括 $A_1, \cdots, A_p, \boldsymbol{C}$ 和 w。我们用 VAR$(p)_{socket}$ 表示这个模型，因为它关联到一个给定的插座口在给定阶数的情况。一旦获得 VAR$(p)_{socket}$，多元时间序列噪声可以采用式（5.21）通过计算机模拟产生。

5.3.2.4 阶数选择和自回归模型的提取

正如第 5.3.2.2 节所提到的，频域内的交叉相关性 $\psi_{i,j}$ 和频域内的根均方误差 $\varepsilon_{rms,f}$ 用来评估噪声模型的准确性。这两个参数可以有效地分析测量噪声与它的自回归模型实现的 VAR$(p)_{socket}$ 之间的频谱相似度。为此，人们需要计算在不同 p 下给定测量噪声的频谱和它相应 VAR$(p)_{socket}$ 之间的根均方误差，对于 $\psi_{i,j}$ 也执行类似的计算。图 5-37 展示了基于 116 个测试结果的均方根误差与自回归模型阶数的依赖关系。如图 5-38，类似于在文献[15]的观测，根均方误差 $\psi_{i,j}$ 最初随着自回归模型阶数的增加而急剧下降，但是后来稳定在 0.93 附近。

我们选择一个具体的值 $p = 50$，也就是 VAR（50）模型作为复杂度和精确性之间的折中。

自回归模型阶数的选择是第一步，在我们的例子，它被固定在 $p = 50$。建模的下一步是从测试数据提取模型参数。为了简化，我们观测到从图 5－17 到图 5－20 测试数据具有零均值；所以，w 可以被设定为 1×4 的零向量。在这一点上，需要指出的是具有四个变量的多元时间序列需要矩阵 A 和 C 分别是 4×200 和 4×4 的矩阵。A 和 C 的估算方法已经在文献[16]被阐述。值得强调是矩阵 A 和 C 是实值。因为我们在 116 个 PLC 插座测量数据，所以我们最终获得 116 个 A 和 116 个 C 矩阵。

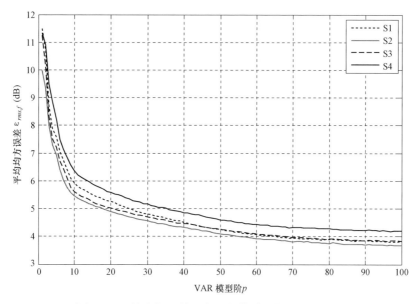

图 5－37 均方根误差对自回归模型阶数的依赖关系

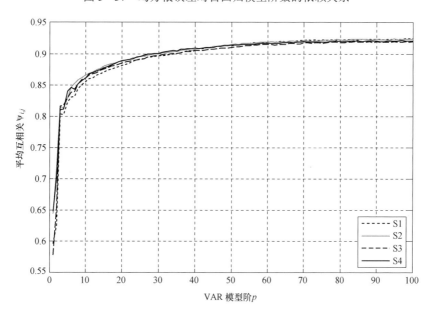

图 5－38 $\psi_{i,j}$ 对自回归模型阶数的依赖性

5.3.2.5　结果和模型验证

我们首先考虑一个典型测量噪声的频谱如图 5－39 所示。可以观测到是，这是一个典型的有色噪声，低频段具有高功率谱密度。当频率增加时，噪声功率谱密度降低。调频 FM 噪声的存在是显而易见的。噪声测量采样样本见第 5.2.3.1 中的静态噪声特性。

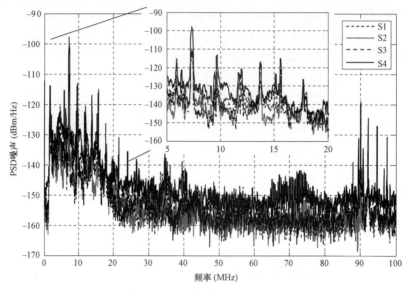

图 5－39　一个典型测量噪声的功率谱密度

现在研究从 VAR（50）仿真获得的功率谱密度。图 5－40 清晰表明建模噪声模型成功地捕获了测量噪声的有色特性。调频噪声功率谱密度也成功地被这个模型保留。尽管精确的峰值—峰值匹配在测量噪声与建模噪声之间未能达到，VAR（50）明确地反映了频率和功率谱密度之间的整体反向关系。

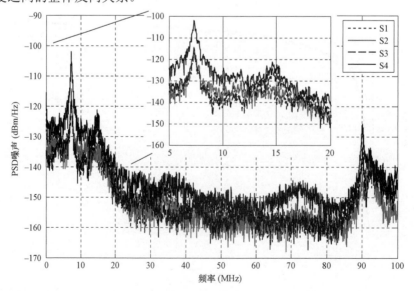

图 5－40　对应于图 5－39 中测量噪声的 VAR（50）建模噪声的功率谱密度

现在统计分析自回归模型的效率。首先考虑频域上测量噪声与 VAR（50）模型之间的交叉相关性，正如图 5–41 所示的累积分布函数。累积分布函数代表这 116 个测量数据表，图 5–41 展示 VAR（50）的 90%的测试结果达到一个具有 0.85～0.98 的相关性，典型相关性的中值是在 0.93 附近，高相关性值意味着 VAR（50）高效地捕捉和产生测试噪声的频谱特性。

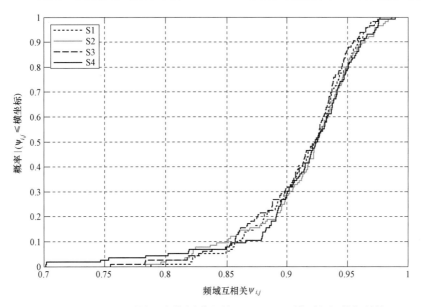

图 5–41　CDF：测量噪声的频谱和其 VAR（50）模型之间的相关性

测试噪声 $\varepsilon_{rms,f}$ 和 VAR（50）模型之间的根均方误差取值范围在 2～7dB，如图 5–42 所示。典型均方根误差的中值在 4.5 附近。我们注意到 90%的均方根误差值低于 6dB，也就是，±3dB 绝对值。统计数据证明，VAR（50）模型成功地再现了测量噪声的频谱特性。

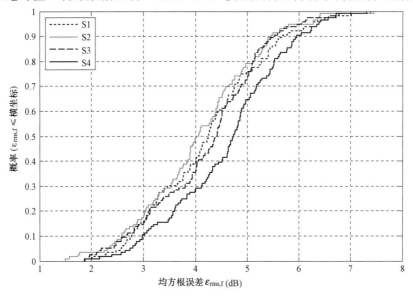

图 5–42　CDF：测量噪声的频谱和其 VAR（50）模型之间的 RMSE

5.4　结论

本章根据一个统一的测量规范，并采用相同的测量装置，在欧洲 7 个国家的一些私人住宅内开展了 MIMO PLC 信道特性的大规模现场测试。

当分析所获得的测量数据时，可以得出以下结论：

（1）T－型耦合器在高衰减信道具有较小的衰减（这对于实现最大范围的覆盖很重要）。

（2）共模接收在较差的链路中同样具有较小的衰减。

（3）55dB 是电网在频率范围 $1MHz < f < 100MHz$ 下的平均衰减，其中衰减增幅为 0.2dB/MHz。

（4）任意大小的私人住宅里的平均衰减为 $0.11dB/m^2 \times size（m^2）+ 36.07dB$。

（5）德国的三相设施导致其在所测量的欧洲国家中具有最高的信道衰减。

（6）插座处的匹配阻抗是非常低的，其中星型耦合器具有最好的匹配特性，T－型耦合器具有最差的匹配特性。

（7）通常，在同一插座的所有线路上，阻抗随频率的变化是相同的。

（8）英国的环线显示出比欧洲大陆更低的输入阻抗。

（9）MIMO PLC 信道的空间相关性是相对较高的。对于 $2 \times 4MIMO$ 配置，60%的信道和频率呈现出大于 10dB 的空间相关性，也就是说，第二个空间流比第一个空间流有大于 10dB 的衰减。

（10）背景噪声在频率范围 $30MHz < f < 87MHz$ 内是最低的，其中，平均功率谱密度是 $-150dBm/Hz$。

（11）噪声水平与房间大小无关。

（12）在时域，脉冲噪声存在于三分之一的测量结果中，这是由于电子设备的存在，如开关模式的电源或荧光灯。

进一步地，本章基于所述测量结果，针对 MIMO 信道传递函数矩阵提出了一个新的统计信道模型。该模型允许产生随机信道传递函数，并能够如实再现现场观察到的路径损耗、多径结构和信道相关性系数。这样一个模型对于评估现有 MIMO PLC 传输系统的性能是非常有用的，并且有助于挖掘信道特性从而设计出最优的信号处理策略。提出通过拟合测量噪声序列到一个具有限定参数集的多元时间序列，实现了多输出噪声的建模。这种形式允许再现噪声的多路径结构以及输出端口之间的相关性。未来这种方法将变的很重要，从而能够更好地理解 MIMO PLC 信道的噪声成分，并建立起代表各种噪声环境的随机模型。

参考文献

[1]　R. Hashmat, P. Pagani, A. Zeddam and T. Chonavel, MIMO communications for inhome PLC networks: Measurements and results up to 100MHz, International Symposium on Power Line Communications and Its Applications(ISPLC), Rio de Janerio, Brazil, 2010.

[2]　A. Schwager, Powerline communications: Significant technologies to become ready for integration, PhD

dissertation, Universität Duisburg-Essen, Duisburg, Germany, 2010. http:// duepublico.uni-duisburg-essen.de/servlets/DerivateServlet/Derivate − 24381/Schwager_Andreas_Diss.pdf.

[3]   L. Stadelmeier, D. Schneider, D. Schill, A. Schwager and J. Speidel, MIMO for inhome power line communications, International Conference on Source and Channel Coding(SCC), Ulm, Germany, 2008.

[4]   Special Task Force 410. http://portal.etsi.org/stfs/ToR/Archive/ToR410v11_PLT_MIMO_ measurem.doc.

[5]   ETSI TR 101 562 − 1V1.3.1, PowerLine Telecommunications(PLT); MIMO PLT; Part 1: Measurement Methods of MIMO PLT.

[6]   ETSI TR 101 562 − 2V1.2.1, PowerLine Telecommunications(PLT); MIMO PLT; Part 2:Setup and Statistical Results of MIMO PLT EMI Measurements.

[7]   ETSI TR 101 562 − 3V1.1.1, PowerLine Telecommunications(PLT); MIMO PLT; Part 3:Setup and Statistical Results of MIMO PLT Channel and Noise Measurements.

[8]   P. D. Welch, The use of Fast Fourier transform for the estimation of power spectra:A method based on time averaging over short, modified periodograms, IEEE Trans. Audio Electroacoust., 15, 70 − 73, June 1967.

[9]   D. Rende, A. Nayagam, K. Afkhamie, L. Yonge, R. Riva, D. Veronesi, F. Osnato and P. Bisaglia, Noise correlation and its effects on capacity of inhome MIMO power line channels, IEEE International Symposium on Power Line Communications, ISPLC 2011, Udine, Italy, April 2011.

[10]   R. Hashmat, P. Pagani, A. Zeddam and T. Chonavel, A channel model for multiple input multiple output inhome powerline networks, IEEE International Symposium on Power Line Communications and Its Applications(ISPLC), Udine, Italy, April 2011.

[11]   M. Zimmermann and K. Dostert, A multipath model for the power line channel, IEEE Trans. Commun., 50(4), 553 − 559, April 2002.

[12]   Seventh Framework Programme:Theme 3ICT − 213311OMEGA, Deliverable D3.2, v.1.2, PLC Channel Characterization and Modelling, February 2011(http://www.ict-omega.eu/ publications/deliverables.html).

[13]   A. M. Tonello and F. Versolatto, New results on top-down and bottom-up statistical PLC channel modeling, Third Workshop on Power Line Communications, Udine, Italy, October 2009.

[14]   A. M. Tonello, Wideband impulse modulation and receiver algorithms for multiuser power line communications, EURASIP J. Adv. Signal Process., 2007, 1 − 14.

[15]   R. Hashmat, P. Pagani, T. Chonavel and A. Zeddam, A time domain model of background noise for inhome MIMO PLC networks, IEEE Transactions on Power Delivery, 27(4), 2082 − 2089, October 2012.

[16]   A. Neumaier and T. Schneider, Estimation of parameters and eigenmodes of multivariate autoregressive models. ACM Trans. Math. Softwares 2001, 27(1), 27 − 57.

6

PLC 电磁兼容规范

本章介绍了与电力线载波通信（PLC）相关的电磁兼容性（EMC）的全球法规。作为重点，介绍了在第 9 章用于 PLC 容量和吞吐量分析的信号输出功率。

6.1 历史回顾

规范是保证或简化产品交易过程的基本方法之一。在中国、埃及、希腊、印度、罗马帝国的早期文明中，已经建立了一些规范。度量标准是建立规范的首要条件；货币可能是下一个条件，通过其强制手段能够调节人与人间的关系。从历史上看，只有非竞争性生产者创造了贸易壁垒，才能保护自己的市场。此外，不透明的规定会促使作弊行为的出现。在欧盟的形成历史中，撤销各个国家内部法规的运动保证了人、产品和服务间的无缝连接。撤销各个国家内部法规需要在国际层面上达成一致，大部分情况下是不容易实现的。全球运营组织，如国际标准化组织（ISO）、国际电工委员会（IEC）和国际电信联盟（ITU）创立了各种标准来协调产品间的关系。ISO 着重于机械工程，IEC 着重于电气和电子技术方面，ITU 则对各种形式的通信进行了定义。每个国际组织都有地区分委员会，例如，欧洲标准化委员会（ComitéEuropéen de Normalisation，CEN），欧洲电工标准化委员会（ComitéEuropéen de NormalisationÉlectrotechnique，CENELEC）和欧洲电信标准协会（ETSI）。另外，还有像德国标准学会（DIN）和德国电工委员会（DKE）之类的国家组织，这些国家组织委派专家参与国际标准组织，经常为民众提交一些国家级提案。

当市场引进新产品时，需要一个认证过程。在美国，这个被称为"FCC 认证"（FCC 代表联邦通信委员会）。在欧洲，这个过程称为"CE 认证"（CE 代表欧盟）。一般来说，制造商宣称产品符合基本应用需求，例如，欧洲委员会（EC）需求。除了其他几个测试，EMC 验证了抗干扰能力，检测了设备的抗干扰水平。这里列举一个电视机免疫能力测试，使用电视时需要确保房间里用户的安全，屋顶天线应该能够避免被雷击中。EMC 测试的标准是由国际无线电干扰专委会（Comité International Spécial des Perturbations Radioélectriques，CISPR）颁布，这属于 IEC 组织的一部分。另外，ITU 可以提出与 EMC 相关的建议。一般的，所有国家都遵守由 CISPR 颁布的 EMC 标准。当然也有例外，例如，美国和日本有关主管部门会有个别特殊规定。从历史上看，1844 年美国莫尔斯用电报线在华盛顿和巴尔的摩间成功传输消息不久后，对实现无边界通信的需求就发展起来。国际电信联盟 ITU 于 1865 年成立，是第一个为填补这一空白而建立起来的国际组织。标准化的做法很明显是成功的，因为我们可以记得在普鲁士颁布的通过电报把柏林和边境地区联系起来所需的 15 个协议。

信息通信发明出现以来，工程师们不断应对新的挑战，提出一些创新的方法来提高发电和输电能力。W·冯·西门子基金会提供了资金，并在 1866 年发明了发电机。很快地，发动机、火车、电梯等也相继出现。

如果不制定 EMC 规范，通信（低压[LV]信号）和大功率应用可能会引起干扰。根据文献[1]，1892 年在普鲁士颁布了第一个 EMC 规范。这个规范明确了只允许官方建立和操作电报设备，并且在新安装的设备周围安装消除干扰的设备。1908 年，法律作了修改，对无线传输也需要颁布相关的规范。第一个干扰投诉发生在 1890 年代的革新城市，该城市已经使用了电车和电报。第二次干扰投诉的原因，是铁路信号线路受到了电力传输的干扰。很快地，铁路运营商、能源公用事业和电信运营商分别开始制定相关的规范。世界上第一个商用无线电台是由西屋电气公司于 1920 年在美国宾夕法尼亚州匹兹堡创建。从那时起，电车的电磁干扰（EMI）经常中断广播服务。同时，在 19 世纪 20 年代，旋转拨号盘式电话也成为 EMC 干扰源。在早期，输电线路也用于传输广播节目。在挪威，这种技术被称为 Linjesender，广播节目经过特种转换器注入传输线。为了防止不受控传输的出现，在传送系统中变电站和线路分支附近安装了筛选载波频率的滤波器。短波（SW）无线电接收器使用电源作为磁单极子拉杆天线的平衡器，在不同的应用程序使用同一种媒体时，需要特别注意 EMC。在第二次世界大战中，发现了另一个 EMC 来源：雷达。晶体管——1947 年由贝尔实验室成功开发，标志着微电子学的成功建立，并发现了各种 EMC 来源及干扰物。1964 年在夏威夷 1445km 外发现了最引人注目的干扰源之一，这是一次黑夜降临时的高空核试验，命名为海星计划[1]。

除了 PLC 之外，"数字红利"（移动互联网业务供应商和电视广播间的新频率分配）和发光二极管（LED）灯饰辐射，都是 EMC 相关专家至今研究的热点。当在手机扬声器附近进行操作时，终端用户能够明显检测到一个 EMC 问题。人耳能够检测出移动信号传输中在可听频率范围内的干扰。在这个问题上，市场监管当局并没有采取相关措施，可能是因为将手机放在不同的位置就可以解决这个问题。

6.2　EMC 规范的建立

每当有一个新的 EMC 问题时，监管委员会可能会要求通过一个新的工作项提案（NWP）来解决这个问题。国家分委员会提交 NWP，当提交至国际组织，例如 IEC 时，需要其他国家支持。如果新的工作提案被接受，就需要成立新组织来解决相关政治利益的问题。通常，有一个工业界代表（联盟）组织设备制造商或服务提供商、国家当局、测量设备制造商、大学（有学术交流相关的）和其他一些顾问监控此过程。找到一个折中点通常像调解一对已婚夫妇一样困难，总有一方的抗干扰能力阈值过低或其他的辐射电平水平太高，在某些情况下应用自适应/认知技术，可能是解决问题的方法。在特殊的时间或地点条件下，这种适应性是可能实现的。从技术上讲，频域也是可行的。在第 22 章中列出了一个已被 ETSI 和 CENELEC 批准的自适应案例，主要是研究处理 PLC 频谱的动态陷波。

经典的 EMC 概念需要持续发射和对抗高频（HF）信号的抗扰度限值。发送限值和设备自身抗扰度阈值规定了所有设备的工作范围。工作在这个范围内的设备不会对周围环境产生任何严重干扰。图 6−1 的左侧描述了 EMC 的经典概念，不足的地方是存在一些资源闲置。此外，尽管大部分情况下并没有出现造成干扰的信号，设备仍需要昂贵的屏蔽或隔离。设备在运行时，在大部分频段范围内是处于屏蔽独立状态。简而言之，不能实现资源的有效利用。

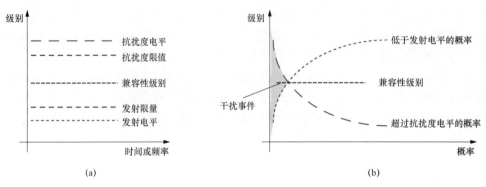

图 6−1　EMC 协调的理想和实际状况
（a）理想状态；（b）真实状态

在一些情况下，尽管周围的设备符合相关电磁兼容标准，接收的低功率信号仍受到一些干扰。图 6−1（b）所示为实际情况。在极少数情况下，在抗干扰水平低于辐射电平时可能会发生干扰问题。从经济和技术角度来看，这种情况并不能让人满意。在这种情况下，需要采取更严格的限制。另外，当设备能进行一些自适应的操作时，这些少见的情况就可以避免。在将来，会开发出更多的自适应方法。

每当一个可能被接受的议案提交至 EMC 委员会后，如何将议案加入到现有的 EMC 文件成为面临的一个问题。工程师将在技术角度上以一种创新的方式描述新解决方案。由于 EMC 标准的审批流程较繁琐（国家相关部门尽管经常不参加 EMC 委员会讨论，仍需要持有同意意见后方案才能够通过），对所有决策者解释清楚创新解决方案是一件比较困难的事情。这就是为什么在一些较小或最小的进展中只有部分拥有修正案，能够筹划出新版本的文档。许多"付出"和"得到"需要从最初的偶然想法，甚至技术层面不明确到经过多次的修改和添加才能够形成最终的成果。在历史上一些规定规范的文件的基础也包括一些不一致的风险。例如，CISPR 16[2]规定了电网中的共模（CM）电压（U_{cm}）应该是 U_a、U_b 矢量和的一半，其中，U_a 是电源终端和地之间的矢量电压，U_b 是其他电源终端和地之间的矢量电压。CISPR 22[3]规定了 U_{cm} 为阻抗稳定网络中经过共模阻抗后的被测设备（EUT）的电压。如果 EUT 是一个 PLC 调制解调器，那么阻抗稳定网络（ISN）中并没有实现完全对称，这样就会导致 CISPR 16 和 CISPER 22 两个标准中的定义不匹配。然而，连接到供电网的信息设备产品认证时必须遵守上述两个标准。

修改现有的文档时，需要考虑收集已有的 EMC 规范数据甚至回退到祖父年代的数据。即使这些有经验的代表不在陈述，改变任何值或测量方法通常有一些负面作用。当然，这并不意味着是一种折中。例如，在文献[4]中提出了 CISPR 电力线载波通信项目团队（PT PLT）工作中的主要挑战之一是优化 CISPR 22 中有关 PLC 的方法。然而，CENELEC 在决定起草一个专用的 PLC 产品标准之后会很快地制定出相关协议。

6.3 PLC 专用规范

电力线缆并不是为传输通信信号设计的，因此，传导辐射及空间辐射可能会带来干扰，例如，业余无线电或无线电广播接收器会受到一定的干扰。根据电力线 EMC 规范，PLC 可以划分为窄带（NB）－PLC 和宽带（BB）－PLC。

NB-PLC 规范规定了窄带的频带范围为 3～500kHz。表 6.1 列出了有关 NB-PLC 的一些重要规定，其中 CENELEC 频段是在全球所有地区唯一可兼容的频带，就像所有其他频段的一个子集一样。四个 CENELEC 频段分别界定为：A（9～95kHz），B（95～125kHz），C（125～140kHz）和 D（140～148.5kHz）[5]。除了一些特殊的发送限定和测量程序，CENELEC 标准还规定了 A 频段只能供电力供应商及在他们的许可范围内使用，而其余的频段能够被用户使用。并且，在 C 频段运行下的设备必须遵守载波监听介质访问/冲突避免（CSMA/CA）协议，该协议允许的最大信道占有时间为 1s，同一设备使用该信道的时间间隔最短为 125ms，两次占用信道间的时间间隔至少为 85ms。在美国，一些研究正致力于指定 NB-PLC 中符合 CSMA/CA 协议的 9～534kHz 的频段[6]，以达到符合 CENELEC EN 50065－1 的目的[5]。这样做的好处是设备制造商能够将生产的 NB-PLC 产品很容易地推广至遵循这些标准的欧盟（EU）和美国（US）市场，以及其他市场。第 11 章中详细地介绍了当前 ITU 和 IEEE NB-PLC 中频带计划的相关标准。

表 6.1   NB－PLC 的 重 要 规 定

国别	频率（kHz）	机构名称	参考文献
欧洲	3～148.5	CENELEC	[5]
美国	10～490	FCC	[7]
日本	10～450	ARIB	[8]

对 BB-PLC 来说，划分了 1～30MHz 和 30～100MHz 两个相互区分的频带范围，第一段主要是传导辐射（美国除外），第二段则主要是空间辐射。在 30MHz 处进行频段划分在技术上的原因之一是受电磁波暗室的尺寸限制。低频段上波长较长导致远场条件无法实现，低于 30MHz 的发射测试只能在磁场中实现；而高于 30MHz 的部分只能在电场中进行。从这个角度来看，选择 30MHz 作为门限而不考虑一些过渡段就不足为奇了。值得注意的是，抗干扰能力测试的门限频率为 80MHz。

传导辐射测试的目的是在实验室静态可重复条件下观察场域的一些特性。因此，CISPR 规定了阻抗稳定网络（ISN）[2] 和人工电源网络（AMN）[3] 的相关规范。当评估一个设备的 EMI 水平时，需要获得网络中共模（CM）信号的电平大小。ISN 根据实际情况生成量级类似的 CM 信号，图 6－2 就详细地说明了 ISN 传导辐射的原理。PLC 调制解调器产生差分信号注入电网，设备中最小的元件也能产生 CM 信号（如图 6－2 中的 Z_{Para}）。ISN 规定了差模（DM）阻抗（Z_{DM}），共模阻抗（Z_{CM}）及非对称电平—纵向转换损失（LCL）。LCL 为网络中对称信号和非对称信号间的比率，LCL 的水平能够根据串并联非对称电阻（图 6-2 中的 $Z_{Asym-series}$ 和 $Z_{Asym-shunt}$）的阻值大小来做一些调整。ISN 的内部实现遵循有关实现方案，CISPER 22 仅规定了 ISN 的外部参数，如阻抗值和 LCL 等。相比较 $Z_{Asym-shunt}$，实现 $Z_{Asym-series}$ 需要更高的 ISN 外部反馈参数水平。CM 扼流圈的设置阻挡了外界对 CM 信号的干扰，DM 扼流圈则防止了 Z_{CM} 对 DM 信号截短这种情况的发生。DM 信号注入 ISN 中后，转化生成了 CM 信号，这样的信号被称作"转换"CM 信号。PLC 中，经过转换的 CM 信号比原始 CM 信号更明显。经过 Z_{CM} 对地的信号用来评估被测设备的干扰大小。图 6-2 中并未展示 ISN 隔离电网工频电流的安全保护电路器件。

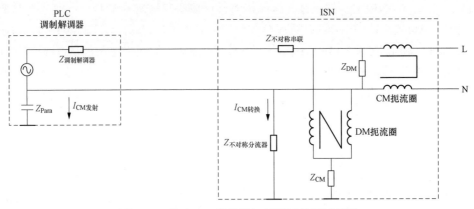

图 6-2 基于 ISN 的传导辐射测试装置原理图

CISPR I PT PLT 规定了调节 BB-PLC 中干扰的相关内容[4]。起初，CISPR 22[3]中定义了电信设备进行传导辐射所需遵循的两种限制及测试方法。其中一种为通信接口，另一种为电网接口。PLC 调制解调器并未对 PLC 信号接口进行定义，这个接口同时也是供电端口，是电网及通信的接口。CISPR 22 早期的版本并没有关于 PLC 应用的内容，无线电接口接入的是对称性电缆。

一个打开的照明开关或非对称性寄生电容的不对称性将对称的反馈信号转化为 CM 信号（详见第 1 章）。然而根据 CISPR 16 的规定[2]，这种方法需要将设备连接在主网中，同时也要测量各相及中性线与地之间的非对称电压大小。对于 PLC 调制解调器来说，这并不是一件容易的事情，因为电压中同时包含对称和非对称电压，发射信号和期望信号均有干扰部分，都要进行相关的测量和对比。

IEC CISPR/I/89/CD[12]试图通过遵循 CISPR 22 中无线电通信应用，解释 PLC 使用情况，因此，如同在数字用户线路设备的测试，同样使用了 LCL 参数。

使用 LCL 参数的好处是测量的简单，它是一个反射参数，在测量时仅需要在电网中的某一个位置处接入设备即可获得。另一种验证干扰可能的方法是放置天线测量测试注入电力线中 PLC 信号产生的场强，例如，美国 FCC 的认证过程。然而，这种现场场强测试设备较复杂，且不容易重复。然而，考虑到 PLC 信号在电网中传输时电力线路衰减较大，CISPR 22 中规定的 LCL 反射参数仅仅反映了在本地接入侧的反射参数，而不是给出 PLC 信号在电网中传输的参数发生的变化情况[3]。这里横向变换转移损耗（TCTL）[11]从工程的角度来看应该是一种较好的方法，但 LCL 已引入了 CISPR EMC，因此这种测试方法被 CISPR I PT PLT 采纳[4]。2008 年颁布的 CISPR/I/257/CD 中 LCL 参数减少了 6dB[13]。同时，CISPR/I/258/DC 中也规定了像 PLC 调制解调器的认知陷波技术[15, 16]和动态发送功率管理技术[17]等来解决 EMC 问题，一些新的自适应方法也开始加入 EMC 文件中[14]。

CIS/I/301/CD[18]通过定义 PLT 接口回答了 PLC 是连接到通信还是电网的问题。在该文件中，降低 EMI 的适配器技术被标准化。但是，CISPR 从未进行过委员会草案投票。这也是继 CISPR 之后出现 CENELEC 的原因，都是为了在全欧洲找到一个可接受的解决方案。2012 年 9 月 FprEN 50561－1：2012 以国家委员会 91%的投票率通过了审核[17]，该文件的具体内容有：

（1）没有通信时在 PLT 端口进行辐射测试。

（2）有通信时，在 PLT 端口进行测量。记录 PLC 调制解调器馈送的信号电平，验证注入的对称性信号电平；使用之前 CISPR 文件中规定的、与 PLC 电平评估不相关的 LCL 参数将信号转化为 CM 信号。

（3）对无线电频谱中属于业余无线电及航空业务的频带进行持续陷波处理。

（4）进行自适应性陷波时，PLC 设备感知无线电服务频段，并从其工作频段中将对受影响的频率进行陷波处理。

（5）进行自适应发送功率管理时，发送设备根据信道衰落和噪声情况来调整发送功率，保证其不超过允许的最高限值，并满足数据通信速率要求的水平。

EN50561－1：2012 标准的通过确定了欧洲 PLC 干扰的限值。在美国，FCC 负责对电磁辐射的管理。通常所有数字设备都要遵守 FCC 第 15 部分标准（47CFR §15）[7]。特别地，在 1.705～80MHz 频段的中低压 PLC 接入系统遵守标准 G 部分内容，这里传导辐射明显不适用，但空间辐射通过发送功率谱密度（PSD）的抑制处理后能够得到利用。此外，PLC 系统还必须对其他服务已经使用的频率进行陷波处理。此外，FCC 还定义了一些 PLC 不能使用的频段，以及 PLC 设备不能接入的地域范围。服务提供商对 PLC 接入网的部署和处理上提出相关的意见也是需要完成的工作。在文献[19, 20]中也介绍了有关 PLC 的 EMC 管理及传导、辐射干扰测试的一些具体内容。"IEEE 电力线载波通信设备标准—电磁兼容性（EMC）需求分析—测试方法"建立，旨在提供一个国际认可水平的 EMC 测量方法，并引用其他标准，如 CISPR 22 及 FCC 第 15 部分的内容作为参考。由 CISPR/CENELEC 及 FCC 第 15 部分的发展可以看出，下一代 PLC 设备将会在 PSD 抑制及自适应性陷波的应用方面达到更高的水平。

6.4 宽带 PLC 信号输出功率

一般情况下，PLC 调制解调器的输出功率主要是以 PSD 表示，例如，在第 2 章有 V^2/Hz，在第 9 章有 dBm/Hz。使用上述功率单位是因为调制解调器主要与弱阻抗网络连接。第 5 章显示了一个电源插座接入阻抗在 10Ω 至数百欧姆的范围变化。如果在某个频率是电流信号注入电网而其他频率是电压信号注入电网，那么用功率来描述两种情况是最好的单位。如 CISPR 或 CENELEC 文档描述，如果 PLC 调制解调器是连接到一个可再现的环境，并有 ISN

提供一个给定的阻抗，那么用电流或电压都可以定义。对称电线端口的输入阻抗 Z_{DM} 大约为 100Ω[15]，频率范围为 $1MHz < f < 30MHz$。对多输入多输出（MIMO）PLC 调制解调器来说，这种类型的阻抗存在于所有三线对的组合（参见第 5 章）。

转换因子 $CF_{dBm2dB\mu V}$ 从 dBm 转换至 dBμV 的对数表示方法为：

$$
\begin{aligned}
CF_{dBm2dB\mu V} &= (V/\mu V) - Z_{DM} - (mW/W) \\
&= 20 \times \log_{10}(1e6) - 20 \times \log_{10}(100\Omega) - 10 \times \log_{10}(1e-3) \\
&= 110 dB(\mu V/mW)
\end{aligned}
\tag{6.1}
$$

在时域中，PLC 调制解调器发送未知占空比的突发数据串。频谱分析仪提供多种检波器来记录时变数据：峰值、准峰值、均方根（RMS）、均值和采样值，检波器的选择将会影响测量结果。

使用采样检波器时，结果是很难重复出现的，因为它是在最大值和最小值之间捕获的一个任意值。峰值检波器是最常用的设备，因为它只记录信号峰值，排除了采样间隔内静默期或未变化的信号。然而，这种检测器所提供的测量的可重复生成程度最大，因为像实际传输数据负荷之类的参数并不影响结果，然而使用可选探测器时情况则相反。均值检波器对采样周期内有信号和无信号做了平均。准峰值、均方根（RMS）检波器介于峰值和均值之间，采用了测量接收机和频谱分析仪 CISPR $16-1-1$[2]的标准中定义的平均权重因子。

所有的 CISPR 中[11, 13, 18]均使用平均和准峰值检波器，这是由于 CISPR 现有文件中的规定。FprEN $50561-1$：2012[17]中首次介绍了 PLC 测量的峰值检波器。

根据人类对干扰带来的心理烦扰进行的分界处理，模拟接收机定义出了一个权重因子。准峰值检波器的提出就是用来调节调幅（AM）业务的直观效果。然而，这种直观上的效果取决于接收者是听觉还是视觉上的接收。

数字接收机的干扰由比特误码率（BER）度量，通过纠错编码实现 BER 最小化。第 9 章中对信号和噪声水平进行比较，以计算出信道容量的理论值。这里，将使用前向纠错（FEC）的数字通信信号与频谱分析仪所记录的噪声信号进行比较。并非所有可用的检波器权重因子都能做出合理的判定，均值检波器被选中，是因为它平衡了周期内有无信号的权重。与准峰值相比，均值探测器也能快速有效地做扫频测量，例如记录噪声。从准峰值检波器到均值检波器的转换是通过减去 8 分贝实现的，这个值可以使用频谱分析通过实验获得。

像正交频分复用（OFDM）信号这样具有矩形谱特性信号的电平通常使用功率谱密度来描述。如果它是一个功率信号，PSD 就用 dBm/Hz 来表示。从技术上讲，通过 dBm/Hz 表示的 PSD 测量难度较大（即使很多频谱分析仪都使用此单位提供结果），这是因为 PSD 是集中在一个无穷小的带宽（BW）中的信号功率，也就是说，推导 $\Delta P/\Delta BW$。如果 BW 变得无限小，测量检波器面临不可能实现的问题，因为信号不能再有变化，同时，测量时间延长为无穷大。

为简化计算，PSD 通过未使用任何加权窗口的功率减去分辨率 BW（ResBW）来计算出。例如，测量功率 $P=1mW$，$BW ResBW=9kHz$，PSD 的计算如下：

$$
PSD = P - ResBW = 10 \times \log_{10}(1mW) - 10 \times \log_{10}(9kHz) = -39.5 dBm/Hz
\tag{6.2}
$$

CISPR 22[3]中规定了频率范围 30MHz 以下，分辨率 BW 为 9kHz。但这个计算仍属于理论值，因为测量必须使用检波器装置，而矩形加权窗口的检波器在频域中无法实现。

6.4.1 美国

文献[22，23]中规定了美国对 PLC 设备辐射的评估方法，文件中称宽带电力线载波（BPL）系统是当前一种新型的载波技术。PLC 设备载波信号发送限值规定，距外墙建筑 30m 处的辐射场强为 $E_{f<30\text{MHz}\ @\ 30\text{m}} = 30\mu\text{V/m}$（$=29.5\text{dB}\mu\text{V/m}$，准峰值，Res$BW = 9\text{kHz}$），频率范围 $1.705\text{MHz} < f < 30\text{MHz}$（FCC 15[24]§15.209 中有相关规定）。在 3m 距离处（B 类设备）辐射场是 $E_{f>30\text{MHz}\ @\ 3\text{m}} = 100\mu\text{V/m}$（$=40\text{dB}\mu\text{V/m}$，准峰值，Res$BW = 120\text{kHz}$），频率范围 $30\sim88\text{MHz}$。在指定距离以外的发送限值需要查阅 FCC 15[24]§15.31（f）中规定。EF 为距离外推因子，$EF_{\text{NF}} = 40\text{dB}/$十倍频时代表天线位于近场（NF），频率低于 30MHz；$EF_{\text{FF}} = 20\text{dB}/$十倍频，代表天线位于远场（FF）频率高于 30MHz。

过了 30MHz 限值会下降，计算过程为：

$$
\begin{aligned}
\text{Drop}_{@30\text{MHz}} &= E_{f<30\text{MHz}@30\text{m}} + 10\times\log_{10}(120\text{kHz}/9\text{kHz}) - E_{f>30\text{MHz}@3\text{m}} + EF \\
&= 29.5\text{dB}\mu\text{V/m} + 11\text{dB(Hz)} - 40\text{dB}\mu\text{V/m} + EF \\
&= 0.5\text{dB} + EF
\end{aligned}
\tag{6.3}
$$

现在的问题是，当下降至 30MHz 时应该使用哪个 EF（EF_{NF} 或 EF_{FF}）？查阅 PLC 互操作性标准 IEEE 1901[25]和 ITU-T G.9964[26]可以看出，对选择两种方法折中的 30dB，并没有进一步的详细描述。

A 类设备是指在工业环境中运行的设备，而 B 类设备主要用于民用住宅。此外，FCC 指定 A 类适用于中压（MV）电力线路，B 类适用于低压（LV）电力线。通常，对 A 类设备限值增加了 10dB。

此外，需要对航空、移动和无线电导航服务占用的频段进行陷波，且在某些地理区域中必须排除额外的频率，同时也必须注意公共安全服务。FCC 也规定了自适应干扰抑制技术。为了更好地分析对比不同情况下的 PSD，第 9 章计算容量时未考虑对 PSD 进行陷波的情况。

选定三个有代表性的建筑物来进行辐射测试验证，将天线放置在院子的不同的位置。天线的高度可以在 $1\sim4\text{m}$ 之间调整，测量时需要将天线调至最高，为方便起见也可以将天线的高度设为 1m，但此时测量值需要添加 5dB。

PLC 调制解调器的信号输出功率可通过耦合系数得出。耦合系数是建筑物的辐射电场电平减去注入电网的对称信号电平。在欧洲，ETSI 规定了一些耦合系数测量方法[27-29]。而在美国并未规定详尽的测量方法。这就是为什么第 9 章中会列出在假设 -50dBm/Hz 的 PSD_{US}（准峰值）或 -58dBm/Hz（平均）条件下的容量计算过程。

在美国有关 RF 中 PLC 辐射规范的简报可以在 ITU 标准 ITU SM.1879-1[30]中找到。

6.4.2 欧洲

FprEN 50561-1：2012[17]规定了 $1.6065\sim30\text{MHz}$ 频段范围内 PLC 信号输出最大电平 95dBμV，在 EUT 和辅助设备之间使用一个大于 40dB 衰减。根据式（6.1）和（6.2），PLC 调制解调器的 PSD 可以计算得出：

$$PSD_{Europe} = 95dB\mu V - 110dB(\mu V/mW) - 39.5dBm/Hz = -55dBm/Hz \qquad (6.4)$$

此外,在欧洲,2012 年 12 月的 TC 210[31]会议上,CENELEC 决定起草一份适用于 30MHz 以上频段的 EMC 标准,文档目前还未完成。低于频段 II（调频无线电频段（FM），范围为 87~108MHz;确切的数字因国家而异）的频谱内包含的需要屏蔽频率的敏感保护服务更少。即便被保护的服务数量较低,但 CENELEC 的标准化工作还是没有完成。为方便这里的计算,把 30~86MHz 内的馈电水平降低 30dB。然而,如何证明 30MHz 的分界造成 30dB 的差距仍然是一个悬而未决的问题。第 7 章中列举的建筑物内部或外部的辐射测量,从未观察到 30MHz 处增加的 30dB 潜在干扰。

如前所述,为更好地比较不同的输出 PSD,在所有可能的计算中,针对航空、业余无线电、紧急服务、广播和调频收音机影响的强制性陷波都没有考虑。

6.4.3 日本

日本通过测量 PLC 设备与电网接口处共模（CM）电流限制高频段发送功率,日本所用的测量方法类似于 CISPR 22 中的概念。根据 ITU SM.1879-1 中的规定[30],日本的阻抗稳定网络（ISN）特性为：$LCL = 16dB$, $Z_{DM} = 100\Omega$, $Z_{CM} = 25\Omega$。调制解调器的通信信号通过 ISN 从对称性输出水平转换为共模（CM）电流进行测量来评估。然而,这些特性并不完全适用于典型的日本建筑。统计上讲,日本建筑中发现的统计中值为 $LCL = 35.5dB$, $Z_{DM} = 83.4\Omega$ 和 $Z_{CM} = 240.1\Omega$[32],选中的 16dB 的 LCL 值是累积分布 99% 的最坏值,低 LCL 值在 ISN 中能生成一个高 CM 信号。生成的 CM 信号（通常多于 1000 次）远远高于 PLC 调制解调器所正常发送的任意 CM 信号,这是因为 PLC 调制解调器通常会得益于高度对称的实现方案。此外,低 Z_{CM} 值也会导致在测试中出现高 CM 电流,电流的大小会超过在住宅范围所得的测试值。结果导致在选择测试方案中,需要降低所允许的最大输出电平。

此外,在日本低于和高于 15MHz 的频率限制会相差 10dB。频率小于 15MHz 时,CM 电流 I_{CM} 不得超过 $I_{CM\ f<15MHz} = 20dB\mu A$（平均）,高于 15MHz 时则有 $I_{CMf>15MHz} = 10dB\mu A$（平均）。

在测试平台测试的 PSD 结果（使用 JP ISN）取决于 PLC 调制解调器的 CM 阻抗值。一个典型的 PLC 调制解调器（大小与人的拳头相同）可能发送的 PSD 大小：

$$PSD_{Japan\,f<15MHz} = -71dBm/Hz, PSD_{Japan\,f>15MHz} = -81dBm/Hz(average) \qquad (6.5)$$

然而,这种测量方法的误差大约是 14dB,这是由于调制解调器的 CM 阻抗通常是由调制解调器的大小决定。

Kitagawa 测量了在日本建筑内 PLC 调制解调器注入电流的差异[33]。日本 ISN 选择的非典型参数和测量的不确定性导致在调制解调器的验证设置中 CM 电流超过限制值约 40dB。

此外,日本调制解调器忽略了业余无线电和一些高频无线电广播电台。在进一步的计算中并没有考虑额外频率陷波或禁用,30MHz 以上频段同样没有考虑。

6.4.4 输出功率比较

基于对前面章节的分析和考虑,图 6-3 描述了美国、欧盟和日本 PSD 限值,这些限值可以用于第 9 章的容量计算。

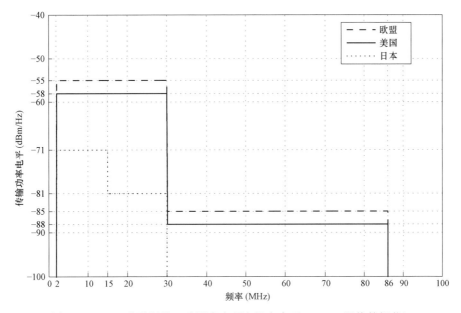

图6-3 PSD 发送限值（欧洲尚未颁布规定高于30MHz限值的规范）

6.5 宽带 PLC 标准中 PSD 限值

PSD 限值在 PLC 通信标准中仅与互操作性相关，而非产品认证。这就意味着，例如，当一个相邻的发射装置在给定的输出功率下，接收装置不能出现过载，接收装置同样不准备从互操作标准规定需进行陷波的频段中接收信息。下面给出了与 EMC 参数有关的几个标准。

6.5.1 ITU-T G.hn 限值

ITU-T G.hn 工作组在 ITU-T G.9964 中规定了一个 PSD 限值[25]，具体内容见 12 章，PSD 上限值为 −55dBm/Hz。PSD 应该采用 RMS 检测器通过一个"最大值保持"函数来验证，很难使用平均、准峰值或峰值检测器对结果进行比较。然而，这种"最大值保持"函数增强了在等待几个扫频信号后测量脉冲暂停−中断 PLC 信号的再现性。推荐标准指定了一个100Ω的网络终端，在 1.8MHz＜f＜50MHz 频段内接收器输入阻抗最少为40Ω。该标准并未推荐 PLC 调制解调器、对端设备及测量接收机通过 ISN 连接。此外，ITU-T.2010.G.9964[25]允许动态调低发送功率和频率陷波。

频率在 30～100MHz 之间时，PSD 限值会降低 30dB，即 −85dBm/Hz。ITU-T.2010.G.9964[25]中规定了 80MHz 以上的子载波将会被限制（零功率传输），但没有给出任何 PSD 限值结果。考虑到与调频 FM 无线电频段 Band Ⅱ重叠在第 7 章中考虑了 FM 的干扰阈值，在应用最大PSD 时，PLC 调制解调器会影响调频收音机 25%的信号拥塞。

6.5.2 IEEE 1901 限值

IEEE 对 PSD 频谱限值进行了标准化规定，在 IEEE 1901[25]（参见第 13 章）中规定了30MHz 以下为 −55dBm/Hz，30MHz 以上为 −85dBm/Hz。与 ITU-T G.hn 相比，IEEE 1901

适用于准峰值检波器，并且规定了传输频率到 50MHz，从而为无线电调频 FM 电台提供更好的保护。同时，终端阻抗的值为 100Ω。标准中需注意的一项是，这些限值适用于 B 类设备，而 A 类接入设备可增加 10dB。

在 IEEE 1901 中也规定了功率关闭及频率陷波的相关内容，在 FprEN 50561 – 1：2012[16] 和 22 章描述了动态陷波优化方案。

6.5.3　HomePlug AV2 限值

HomePlug AV2[34]规定了（参见第 14 章）通过准峰值检波器 30MHz 以下的 – 50dBm/Hz 的 PSD 限值。超过 30MHz 被标记为"待定义"，对无线电调频电台的特殊保护是可预见的，但没有指定细节。如今，它是唯一提供了电路对独立 MIMO 输出功率进行测试的规范。使用一个 50Ω 的测量接收机来顺序记录三线路信号，通过对三线路信号电平的求和计算出总 PSD。当测量单线路时也未使用的线路通过 50Ω 的电阻接地，这样会导致两线间出现 100Ω 的终端。辅助设备通过衰减网络连接。在第 14 章会解释 HomePlug AV2 调制解调器的吞吐率在减小最大发送功率会出现更好的原因。此外，规范中也规定了采用数字滤波灵活陷波来减小发送资源的流失。

6.6　结论与展望

本章对 PLC 规范进行了综述。最近有关 PLC 调制解调器输出信号电平的 EMC 标准发展表明，通过自适应设计理念解决在确定的地点、频段和时间下因 PLC 设备工作产生的干扰。接下来讨论了超过 30MHz 时 PLC 输出功率的 EMC 规定。在这个方面上，如今起草的规范仍然没有考虑到 PLC，导致了进行评估时的不明确。其高频段（VHF）的无线电调频服务需要比高频段调幅 AM 电台更低的保护阈值要求。此外，阻抗调节设备——触发输入阻抗与 AC 线路周期相同[16]，可能会引起 PLC 信号间的互调，这样也能弥补调频保护最初建立时的缺陷。在这里，另一个适应性可能解决这个问题。具体来说，PLC 调制解调器在阻抗触发发生时暂停发送信号。如今 PLC 调制解调器能够根据可用的频率相关信噪比（信噪比）为载波提供自适应星座应用（见第 9 章）。信道的估计是通过定期在一个周期内不断循环和捕获信号（每个载波调制的比特数）实现的。如今在电力线网络中已实现了以上所述的自适应步骤，通过添加一些小附件就可以避免互调现象的发生。

参考文献

[1] Anton Kohling, EMV: Umsetzung der technischen und gesetzlichenAnforderungen an Anlagen und Gebäudesowie CE-Kennzeichnung von Geräten, ISBN – 10: 3800730944, VDE-Verlag, 2012.

[2] CISPR 16 – 1 – 1, Specification for radio disturbance and immunity measuring apparatus and methods-Part 1 – 1: Radio disturbance and immunity measuring apparatus-Measuring apparatus.

[3] CISPR, Information technology equipment;radio disturbance characteristics;limits and methods of measurement, ICS CISPR, International Standard Norme CISPR 22: 1997, 1997. Was updated later by CISPR, Specification for radio disturbance and immunity measuring apparatus and methods. Part 1 – 1:

Radio disturbance and immunity measuring apparatus-Measuring apparatus, 2003. and CISPR, Amendment to CISPR 22: Clarification of its application to telecommunication system on the method of disturbance measurement at ports used for PLC, 2003.

[4] Project Team of Power line Telecommunication at CISPR, Limits and method of measurement of broadband telecommunication equipment over power lines, http:// www.iec.ch/dyn/www/f?p = 103:14:0::::FSP_ORG_ID, FSP_LANG_ID:3204, 25.

[5] European Committee for Electrotechnical Standardization(CENELEC), Signalling on low-voltage electrical installations in the frequency range 3kHz to 148.5kHz-Part 1:General requirements, frequency bands and electromagnetic disturbances, Standard EN 50065 − 1, September 2010.

[6] National Institute of Standards and Technology(NIST), Priority Action Plan 15(PAP15), Harmonize Power Line Carrier Standards for Appliance Communications in the Home, Coexistence of narrow band power line communication technologies in the unlicensed FCC band, April 2010, http://collaborate.nist.gov/twiki-sggrid/pub/SmartGrid/PAP15PLCForLow BitRates/NB_PLC_coexistence_paper_rev3.doc (accessed December 2010).

[7] FCC, Title 47 of the code of federal regulations(CFR), Federal Communications Commission, Technical Report 47 CFR §15, July 2008, http://www.fcc.gov/oet/info/rules/ part15/PART15 07 − 10 − 08.pdf(accessed February 2009).

[8] Association of Radio Industries and Businesses(ARIB), Power line communication equipment (10kHz − 450kHz), November 2002, STD-T84, Version 1.0(in Japanese), http:// www.arib.or.jp/english/html/overview/doc/1 − STD-T84v1_0.pdf(accessed April 2013).

[9] L. T. Berger and K. Iniewski, Eds., Wireline communications in smart grids, in Smart Grid-Applications, Communications and Security, Hoboken, NJ:John Wiley & Sons, April 2012, ch. 7, ISBN:978 − 1 − 1180 − 0439 − 5.

[10] L. T. Berger, A. Schwager and J. J. Escudero-Garzás, Power line communications for smart grid applications, Hindawi Publishing Corporation, Journal of Electrical and Computer Engineering, 2013, [Online] http://www.hindawi.com/journals/jece/aip/712376/(accessed February 2013).

[11] ETSI TR 102 175V1.1.1 (2003 − 03); Power Line Telecommunications(PLT); Channel characterization and measurement methods.

[12] CISPR/I/89/CD:Amendment to CISPR 22:Clarification of its application to telecommunication system on the method of disturbance measurement at port used for PLC(power line communication), IEC, November 2003.

[13] CISPR, CISPR 22am3f1ed. 5.0, Limits and method of measurement of broadband telecommunication equipment over power lines, February 2008.

[14] CISPR, Report on mitigation factors and methods for power line telecommunications, February 2008.

[15] European Telecommunication Standards Institute, PowerLine Telecommunications(PLT); Coexistence between PLT modems and short wave radio broadcasting services, August 2008.

[16] A. Schwager, Powerline communications:Significant technologies to become ready for integration, Dissertation, Universität Duisburg-Essen, Fakultät für Ingenieurwissenschaften, Duisburg-Essen, Germany,

2010, http://duepublico.uni-duisburg-essen.de/servlets/DerivateServlet/ Derivate－24381/Schwager_Andreas_ Diss.pdf.

[17] CENELEC, Power line communication apparatus used in low-voltage installations-Radio disturbance characteristics-Limits and methods of measurement-Part 1:Apparatus for in-home use, November 2012.

[18] CISPR, Amendment 1to CISPR 22ed. 6.0, Addition of limits and methods of measurement for conformance testing of power line telecommunication ports intended for the connection to the mains, July 2009.

[19] The OPEN meter Consortium, Description of current state-of-the-art of technology and protocols description of state-of-the-art of PLC-based access technology, European Union Project Deliverable FP7－ICT－2226369, March 2009, d 2.1Part 2, Version 2.3, http://www.openmeter.com/files/deliverables/ OPEN-Meter%20WP2%20D2.1%20part2%20v2.3.pdf(accessed April 2011).

[20] R. Razafferson, P. Pagani, A. Zeddam, B. Praho, M. Tlich, J-Y. Baudais, A. Maiga, O. Isson, G. Mijic, K. Kriznar and S. Drakul, Report on electromagnetic compatibility of power line communications, OMEGA, European Union Project Deliverable D3.3v3.0, IST Integrated Project No ICT－213311, April 2010, [Online] http://www.ictomega.eu/publications/ deliverables.html(accessed December 2010).

[21] Institute of Electrical and Electronics Engineers, IEEE standard for power line communication equipment-Electromagnetic compatibility(EMC)requirements-Testing and measurement methods, January 2011.

[22] Amendment of Part 15regarding new requirements and measurement guidelines for access broadband over power line systems, Report and Order in ET Docket No. 04－37, FCC 04－245, released 28October 2004, http://hraunfoss.fcc.gov/edocs_public/attachmatch/ FCC－04－245A1.pdf.

[23] Amendment of Part 15regarding new requirements and measurement guidelines for access broadband over power line systems; carrier current systems, including broadband over power line systems Memorandum Opinion and Order in ET Docket No. 04－37, FCC－06－113released 07/08/2006, http://hraunfoss.fcc. gov/edocs_public/attachmatch/ FCC－06－113A1.pdf.

[24] FCC Part 15－Radio Frequency Devices, http://www.gpo.gov/fdsys/pkg/CFR－2009－ title47－vol1/pdf/ CFR－2009－title47－vol1－part15.pdf(accessed March 2013).

[25] Institute of Electrical and Electronics Engineers, IEEE Std 1901－2010:IEEE Standard for Broadband over Power Line Networks:Medium Access Control and Physical Layer Specifications, IEEE Standards Association, 2010.

[26] ITU-T. 2010. G.9964, Unified high-speed wireline-based home networking transceivers- Power spectral density specification.

[27] ETSI TR 102 259V1.1.1(2003－09); Power Line Telecommunications (PLT); EMI review and statistical analysis.

[28] ETSI TR 102 370V1.1.1(2004－11); PowerLine Telecommunications (PLT); Basic data relating to LVDN measurements in the 3MHz to 100MHz frequency range.

[29] ETSI TR 101 562－2V1.2.1(2012－02); PowerLine Telecommunications (PLT); MIMO PLT; Part 2:Setup and statistical results of MIMO PLT EMI measurements.

[30] Recommendation SM.1879－1(09.11), The impact of power line high data rate telecommunication systems

on radiocommunication systems below 30MHz and between 80and 470MHz.

[31] CLC/TC 210Technical Committee on Electromagnetic Compatibility, http://www. cenelec.eu/dyn/ www/f?p = 104:7:4171075401399912::::FSP_ORG_ID, FSP_LANG_ID:814, 25(accessed in March 2013).

[32] Ministry of Internal Affairs and Communications (MIC), Report of the CISPR Committee, the Information and Communication Council, June 2006, available only in Japanese, http://www.soumu.go.jp/joho_tsusin/ policyreports/joho_tsusin/bunkakai/pdf/060629_3_1 − 2.pdf(accessed 2006).

[33] M. Kitagawa and M. Ohishi, Measurements of the Radiated Electric Field and the Common Mode Current from the In-house Broadband Power Line Communications in Residential Environment, EMC Europe, September 2008.

[34] HomePlug Alliance, HomePlug AV Specification Version 2.0, HomePlug Alliance, January 2012.

7

MIMO PLC 电磁兼容统计分析

7.1 动机

本章描述了在遵循 ETSI[1]和 STF410[2]中相关规范下的场强测试，记录了用户家庭电力线载波通信（PLC）信号注入电网产生的辐射电场。特别对多输入多输出（MIMO）PLC 所有可能出现的辐射电场做了对比。此外，对调频（FM）无线接收器的干扰特性也做了相关测试。

7.2 测试描述

7.2.1 简介

低压配电网（LVDN）的电磁干扰（EMI）特性可以在时域（TD）或频域（FD）中记录。时域中的一个例子就是连续发送伪随机序列，接收端计算出其与信道脉冲响应的相关性，频域中的测量则是通过网络分析器（NWAs）对感兴趣频段扫频，接收器通过对载频幅值和相位的分析监测信道的变化，测量前会对每一种测试方法的优点和缺点进行评估。经过比较，频域测量法更适合，原因如下：

（1）早期大部分 PLC 电磁兼容性（EMC）测试都采用的是频域（FD）测试法。因此，可以对比以前的测试结果，这样更简单易行。

（2）人耳也属于一种较为重要的频率分析器。

（3）人耳对信号、干扰、噪声传播及所有（SINPO）的干扰评估测试，一般使用调幅接收器或调频无线接收机等电子设备。早期这些测试在 ETSI TR 102 616[6]及 ITU-R[7]中实现，测试信号或同时或循环式地反馈到所有传送路径中，形成脉冲信号，供人的耳-脑系统进行认知和评估。

（4）现场干扰水平用一个校准天线来检测，可以在频域中直接处理。在时域中对电磁干扰进行测试会出现干扰，主要是由周期传送 PN 序列引起的额外噪声。此外，测量的动态范围不一定够。

（5）频域测量可以通过一个梳形发生器和频谱（或 EMI）分析仪实现，使用这些设备的好处是发送器和接收器不需要同步。另一方面，由于从梳形发生器输出的能量分布在所有载波信号中，其动态范围及频率分辨率会受到限制。

网络分析器可以被选作扫描信号源。接收来自天线的信号时，要注意一些额外信号的干扰，这些干扰是连接天线和网络分析器的长电缆带来的。为减小此类干扰的影响，设备中应该安装双屏蔽式电缆、共模吸收器（CMADs）及铁氧体等（详见第 1 章），优点是能满足更快速率的扫频及大动态范围的要求。

德国、瑞士、比利时、法国及西班牙在这方面均做了有相关测试。为保证每个国家记录数据的兼容性，各个研究团队均使用相同的探头及 PLC 耦合器。天线依次运送至各个团队，实际的测量都采用常规的 NWA。

一个商用的双锥天线（含放大器）可用的频段范围大于 100MHz。在某个地点设置环形天线（最大频率不超过 30MHz）与之前的测量结果作比。图 7-1 描述了家庭室内 EMI 辐射测试设备的结构。

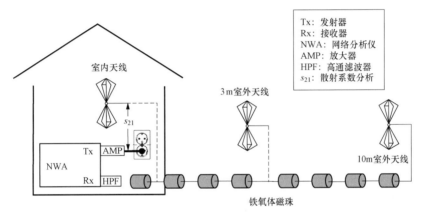

图 7-1 家庭室内测试示意图

7.2.2 测试的一般要求

所有 EMI 测试所需的信号都使用 MIMO PLC 耦合器，这些耦合器及测试装置所需要的电源都在第 1 章中有所介绍。

7.3 辐射测量

辐射测试由 NWA 与电网通过 MIMO PLC 耦合器相连接。为了提高测量的动态范围，NWA 连接了放大器，放大的信号输入至耦合器，信号至少要比噪声高 10dB。输出的功率应不超过 1W，这样能够避免损坏耦合器及连接在电网的设备。另一方面，天线通过一个含铁氧体的电缆与高通滤波器、NWA 的接收端相连，具体如图 7-1 所示。高通滤波器的衰减低于 2MHz，在一定程度上减小了 NWA 的动态范围。

在以前，NWA k-因子测试会使用同轴电缆与耦合器连接，当时并不被接受，因为信号可能会被电缆过滤掉。为证实此想法，将同轴电缆设备（包括铁氧体玻璃粉）与光纤链路做了对比，结果并无差异。因此，考虑到频带范围小、噪声大、安装不易等原因，光纤链路未被使用。

PLC 信号注入电网的墙壁电源插座是从建筑物室内任意选择的，天线将架设在建筑物外面距建筑物外墙的 3m 或 10m 处（见图 7-1）。

7.3.1 矢量网络分析仪的校准

在建筑物中使用长电缆传输信号会带来噪声等干扰，从而产生误差。因此，对 NWA 需要进行校准操作。校准通过对同轴电缆进行截短处理来实现，常规的适配器（BNC 接口到 BNC 接口）用作校准套件，MIMO 耦合器则作为 PLC 信道的一部分。

7.3.2 辐射测量因数（k-Factor）计算

耦合因子或 k-Factor 是信号辐射引起的电场与注入电网的信号之间的比率。k-Factor 最先用于 ETSI TR102 175[8]协议中。

建筑物内的辐射可以计算如下：

$$
\begin{aligned}
k_{E,H} &= E_{antenna} - P_{max,feed}, \\
&= U_{Receiver} + AF - P_{max,amp\_output} + A_{PLC\_Coupler}, \\
&= P_{Receiver} + Conv_{dBm2dB\mu V} + AF - P_{max,amp\_output} + A_{PLC\_Coupler}, \\
&= s_{21} + Conv_{dBm2dB\mu V} + AF + A_{PLC\_Coupler}
\end{aligned}
\tag{7.1}
$$

式中：$k_{E,H}$ 为 $k-$ 因子，单位 dB（μV/m）$-$dBm（考虑电场元素 k_E）或 dB（μA/m）$-$dBm（考虑磁因素 k_H）；$E_{antenna}$ 为天线位置处接收到的电场强度，单位 dB（μV/m）；$P_{max,feed}$ 为 PLC 耦合器输出端的信号功率，单位 dBm；$U_{Receiver}$ 是天线输出端的电压，单位 dB（μV）；AF 为天线因子，单位 dB（1/m）；P_{max,amp_output} 为放大器输出端的信号功率，单位 dBm；$A_{PLC\_Coupler}$ 为 PLC 耦合器的衰减，单位为 dB，见 ETSI TR 101 $562-2$[4]；$P_{Receiver}$ 为天线输出端的功率，单位 dBm；$Conv_{dBm2dB\mu V}$ 为 50Ω 环境：107dBμV-dBm 下从 dBm 到 dBμV 的转换因子；s_{21} 为校准网络分析器测得的散射参数，单位符号为 dB（见图 $7-1$）。

早期该公式的含义为：如果一个大小为 0dBm 的信号注入一个建筑内电网，那么在建筑物内外均会形成一个电场 $E_{antenna}$（dBμV/m）。

用 NWA 记录的 s_{21} 结果，利用式（7.1）能够推导出 $k-$ 因子。

不同天线的极性位置、方向都会产生影响，表 7.1 中的计算综合了来自不同输入端口、插座及天线位置的 $k-$ 因子。环形天线仅从一个位置或方向捕获信号，双锥形对称天线则从极点周围按顺序从两个方向捕获信号，第一个定位为天线位置，第二个为地平线或垂直线。经过计算两个方向所记录的最大值或环形天线的三维矢量和，来推断生成场的大小。

表 7.1 不同天线类型下 $k-$ 因子的计算值

天线类型	$k-$ 因子的计算值
双锥形	$k_{res} = \max(k_{horizontal}, k_{vertical})$
环形	$k_{res} = \sqrt{\|k_x\|^2 + \|k_y\|^2 + \|k_z\|^2}$ ，x，y，z 为三个方向

不同频率所对应的计算都是独立完成的。

7.4 $k-$ 因子结果的统计评估

在西班牙、法国和德国的 15 个区域进行 $k-$ 因子测量。

图 7-2 描述了自 1~100MHz 典型扫频下 $k-$ 因子的测量。$k-$ 扫频波形也显示了因子的衰减特征。信号从第 01 号插座注入，端口"LNNT"为第 1 章中的 MIMO PLC 耦合器的 D1，缩写为'live to neutral'代表相线–中性线；其他端口为非终端端口，是单输入单输出（single-input single-output，SISO）馈线；'A03–D0'为建筑物外墙 10m 处的 3 号位置天线（标记为"D0"）。

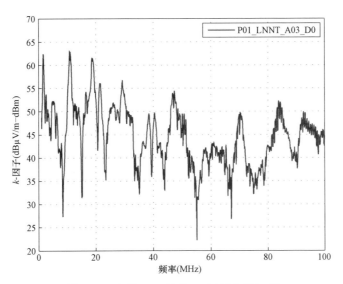

图 7-2　室外 10m 处的 $k-$ 因子典型扫频

测试过程中共有 1294 个扫频记录。

图 7-3 和图 7-4 描述了不同馈电情况下各自的数据中值。每个测试频率下的中值都独立计算，这些数值都是根据室内和室外 3m 和 10m 处的天线接收数据推导出来的。

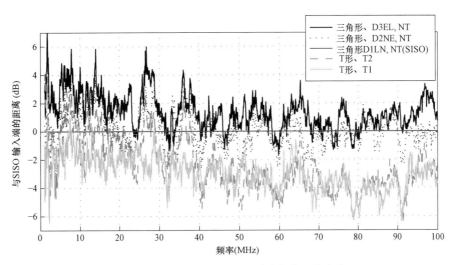

图 7-3　未端接△型和 T 型馈线条件下的中值

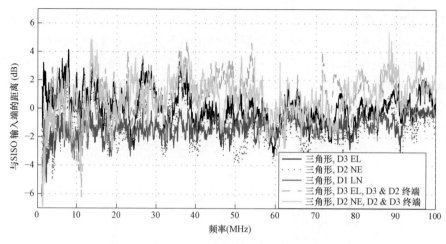

图 7-4　delta 型馈电下的中值

MIMO PLC 与传统的 SISO 馈电类型做了对比。上述图 7-3 和图 7-4 中所有中值都与 SISO 相关。

图 7-3 描述了无端接的 delta 型和 T 型馈电结构，SISO（LN 及 NT）情况就是其中的一种，为 0dB 线。图 7-4 描述了含接端的 delta 馈线。据图可知，所有 delta 端口为终端，或 2/3 的端口为终端。经过 PLC 耦合器后，三端口终端（D1、D2、D3）会比仅有一个端口的终端（左侧含 D1 NT、D2 NT、D3 NT）的功率降低 1.3dB。最强电场的馈电类型为未端接 D3，原因可能是保护接地线和相线间的主网没有和任何设备接入，在这些端口间也不存在任何消耗高频功率的电阻。两个 T-类型的耦合表示了干扰的最小可能，这在全监测频率下是有依据的，显而易见的是，主网中的对称性是最优的。

表 7.2 中列举了室内及室外距建筑物外墙 3m 和 10m 处的天线位置的 $k-$ 因子值。

由于在不同位置下测得的结果差异较大及测量数据样点数偏少，每个国家的 $k-$ 因子的统计估值并没计算出。此外，各个位置记录的数据也是唯一的，表 7.2 中记录了一些数据。天线的数量是根据测试位置的面积、空地的大小及可能靠近的距离等设置的。在所有频率和可能的馈电情形下，10m 距离间共记录 771 682 次（482 次扫频），3m 间共记录 650 006 次（406 次扫频），室内共记录 441 876 次（扫频 276 次）。为什么中值数据分布的解释可能是由于测量地点附近建筑物及公寓内部条件决定的。在大多数测量中，建筑物区域是平坦的，户外天线的位置也与建筑物齐高。

表 7.2　　　　　　　　　　　　　不同地点的耦合因子中值

地点	国家	室内 $k-$ 因子中值 （dBμV/m-dBm）（记录组数）	3m 距离处 $k-$ 因子中值 （dBμV/m-dBm）（记录组数）	10m 距离处 $k-$ 因子中值 （dBμV/m-dBm）（记录组数）
Duerrbachstr	德国	72.60（38 425）	未测量	45.63（76 849）
ImGeiger	德国	69.17（51 233）	未测量	44.77（102 465）
Nauheimerstr	德国	73.48（51 233）	未测量	43.24（102 465）
Rothaldenweg	德国	73.60（12 809）	未测量	51.54（102 465）
Schlossbergstr	德国	68.46（38 425）	57.10（115 273）	44.74（76 849）

续表

地点	国家	室内 k-因子中值 (dBμV/m-dBm)（记录组数）	3m 距离处 k-因子中值 (dBμV/m-dBm)（记录组数）	10m 距离处 k-因子中值 (dBμV/m-dBm)（记录组数）
VickiBaumWeg	德国	61.19（51 233）	未测量	47.70（102 465）
Boenen	德国	71.88（38 425）	62.38（25 617）	未测量
Universitaet	德国	未测量	55.58（12 809）	49.84（12 809）
Voerde	德国	未测量	69.53（60 839）	59.76（60 839）
El_Puig	西班牙	55.89（48 031）	40.04（144 091）	未测量
Sant_Sperit	西班牙	未测量	49.51（144 091）	44.87（48 031）
Torre_en_Conill	西班牙	57.83（48 031）	45.12（96 061）	31.87（48 031）
Guingamp	法国	72.92（25 617）	59.52（25 617）	54.22（12 809）
RueBunuel	法国	69.61（12 809）	未测量	52.67（12 809）
RueDepasse	法国	70.67（25 617）	62.89（25 617）	50.69（12 809）
All locations		67.98	51.3	46.96

如果住宅单元是一个二层或多层的建筑物，某些馈电端口距天线的垂直位置就有一些额外的变化。例如，法国的 k-因子测试、德国弗尔德位置的记录中所有馈电端口都设置在平坦区域的地面，这也是户外 k-因子值会偏高的原因。

同一位置 k-因子的补充累积分布（C-CDF）的三种天线测量数据如图 7−5 所示。

早期 k-因子记录数据由电场天线测得，这是因为磁场 EMC 天线在 100MHz 的频段内并不适用，此外，室内的用户电器设备在高频及甚高频范围内均使用电场天线。从图 7−5 中的曲线可看出距建筑物 3m 处测量的 k-因子约 20%的结果大于 51.6dBμV/m-dBm。

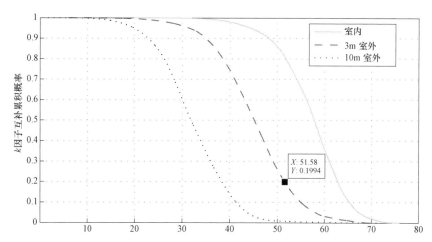

图 7−5　某处的 k-因子 C-CDF（室内扫频数 33，3m 处扫频数 66，10m 出扫频数 33）

在德国的弗尔德记录了磁场和电场的区别，具体使用一个电场双锥天线[9]和磁场环形天线[10]做辐射测量，在 3m 和 10m 处固定好天线用来读取数据。为了比较磁场和电场的幅值，磁场以 dBμA/m 记录的数据需要转换为电场，自由空间波阻抗变换为 377Ω = 51.5dBΩ。

图 7-6 描述了 3m 处磁场和电场的低相关性。显然，3m 的距离可能仍属于近场，377Ω 的自由空间波阻抗并不能应用。在距建筑物 10m 处，特别是对于频率高于 15MHz 的频带范围，电场和磁场显示出相似的模式，如预期的远场（见图 7-7）。图中仅显示了截至 30MHz 的测试，因为环形天线[10]最高仅能测试到这个频率。在频率高于 30MHz 频带范围内，建筑物的远场辐射条件预计会比近距离甚至在室内更有效。

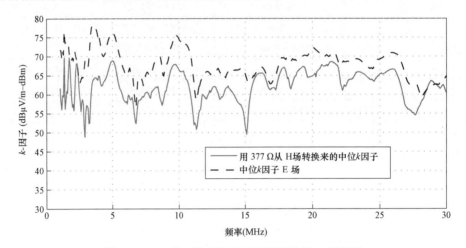

图 7-6　3m 处双锥天线及环形天线测得 k-因子值

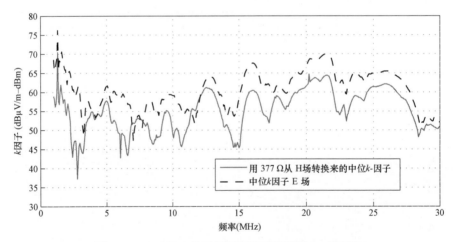

图 7-7　10m 处双锥天线及环形天线测得 k-因子值

7.5　对无线电广播干扰的主观评估

对高频段的调幅无线电接收干扰的主观评估过去由 TD ETSI TR 102[6]来实现。用所有 MIMO 馈电情形执行相同的测试可能会出现不稳定的结果，因为接收信号水平的变化（TD 衰落）比操作员做测试可能出现的变化更强。在 MIMO 测试期间，应该对所有来自 MIMO 馈电的干扰做对比。高频段的信号通常不稳定，Schwager[11]描述了电离层反射造成的接收高频信号的动态变化。在甚高频段（VHF）内广播条件会更稳定，此时允许对比几分钟内的记录数据。

信号源为宽带噪声发生器和能够将噪声转移到所需频率的频率调制器。发生器可以开启和关闭，以区分干扰和免干扰状态。在第 1 章所示的 MIMO 耦合器的所有馈电模式下，调频信号作为干扰信号输入至主网中。

7.5.1 验证和校准

在测试之前，必须用测量接收机或频谱分析仪对 3dB 带宽的干扰信号做分析记录处理。作为第一步，发电机之间的放大输出电平和信号注入 MIMO PLC 耦合器，且必须确定 BNC 插头卡口。信号发生器的馈电电平为 U_{max_feed}。

7.5.2 测量步骤

在无线电台选定的每个频率处，射频发生器调整到一个较低的水平，这样就无法辨别出无线电接收机中的干扰。根据这个值，发电机水平会增加至难辨别出干扰。达到干扰信号的电平后，对 U_{gen}（dBμV）进行验证和记录。

由于以下量的不同，重复这个过程：

（1）耦合类型；

（2）选择的频率；

（3）馈电出口（注入点）；

（4）无线电接收机；

（5）无线电接收机的位置。

此外，测量无线电接收机过程中要做电池驱动和电源供电。

7.6　FM 无线电广播的干扰门限

调频无线电广播的干扰水平在 10 个不同的地方进行测试，现场测试装置如图 7－8 所示。一共有 1179 PLC 干扰的主观评估，分别可以被人耳、调频收音机测出。这包括 131 个电台的九种馈电类型，不同的位置有各种无线电设备。测量协议中，已标记出人耳能够检测的干扰阈值。

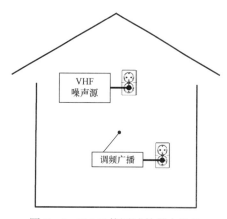

图 7－8　FM 干扰测试的基本设备

图 7－9 显示了在所有位置处所有独立的广播服务无线电设备或使用电源的 C-CDF 阈值。x 轴是注入一个电源插座的馈电 PSD。MIMO 馈电类型都是在黑色区域，三个 delta 馈电水平是明确给出的。收到了较低信号电平的调频服务也会受到 PLC 反馈电平的干扰。如图 7－9 所示的左上角，只有个别反馈类型之间有小幅度变化。当其他馈电类型被选中时，敏感的调频电台不显示潜在干扰是较高还是较低。

当在 AM 无线电台所在的高频范围内执行类似的测试时，会出现显著的干扰现象[9]。高频无线电设备也通过电网进行通信（类似于 PLC 调制解调器），其将电力线当作为第二根天线，以实现双极接收的目的，而不是只有单极接收。这种现象不能在甚高频段被验证；

且耦合路径并不占主导地位。

换句话说，在这个测试中使用的调频收音机接收器充分隔绝电源干扰。电源供电或电池驱动对调频无线电没有任何影响。

在居民公寓区使用无线电接收器进行调频无线电的抗干扰域测试。所有无线电设备的抗干扰能力几乎是相同的。至今并未发现设备制造商之间，高保真无线电系统与厨房无线电之间的关联。

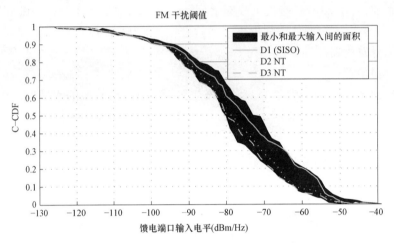

图 7-9　能被人耳识别的干扰门限的 C-CDF

7.7　结论

通过在建筑物间测量 PLC 的辐射干扰以及对调频无线电接收机的干扰，对 EMI 进行了实地测试。测试结果显示，私人住宅中连接电源插座的三相电线也有类似的潜在干扰。在电网中注入信号时，任何 MIMO 馈电类型均没有发现与传统的 SISO 之间有显著的差异。第 16 章会进一步描述关于辐射场波束形成影响的实验。

参考文献

[1]　European Telecommunications Standards Institute, http://www.etsi.org, accessed April 2013.

[2]　Special Task Force 410. http://portal.etsi.org/STFs%5CToR%5CToR410v11_PLT_MIMO_ measurem.doc Members to STF410:Andreas Schwager (STF Leader), Sony, Germany; Werner Bäschlin, JobAssist, Switzerland; Holger Hirsch, University of Duisburg-Essen, Germany; Pascal Pagani, France Telecom, France; Nico Weling, Devolo, Germany; Jose Luis Gonzalez Moreno, Marvell, Spain; Hervé Milleret, Spidcom, France. STF410 produced following technical reports: [ETSI TR 101 562-1]; [ETSI TR 101 562-2]; [ETSI TR 101 562-3].

[3]　ETSI TR 101 562-1 V1.3.1 (2012-02), PowerLine Telecommunications (PLT); MIMO PLT; Part 1:Measurement methods of MIMO PLT.

[4]　ETSI TR 101 562 – 2 V1.3.1 (2012 – 10), PowerLine Telecommunications (PLT); MIMO PLT; Part 2:Setup and statistical results of MIMO PLT EMI measurements.

[5]　ETSI TR 101 562 – 3 V1.1.1 (2012 – 02), PowerLine Telecommunications (PLT); MIMO PLT; Part 3:Setup and statistical results of MIMO PLT channel and noise measurements.

[6]　ETSI TR 102 616 V1.1.1 (2008 – 03): PowerLine Telecommunications (PLT); Report from plugtests™ 2007 on coexistence between PLT and short wave radio broadcast; Test cases and results.

[7]　ITU-R Recommendation BS.1284: General methods for the subjective assessment of sound quality.

[8]　ETSI TR 102 175 V1.1.1 (2003 – 03): PowerLine Telecommunications (PLT); Channel characterization and measurement methods.

[9]　SCHWARZBECK MESS-ELEKTRONIK; EFS 9218:Active electric field probe with biconical elements and built-in amplifier 9kHz … 300MHz.

[10]　R&S®HFH2 – Z2: Loop Antenna Broadband active loop antenna for measuring the magnetic field-strength; 9kHz – 30MHz.

[11]　A. Schwager, Powerline communications:Significant technologies to become ready for integration, PhD dissertation, Universität, Duisburg-Essen, 2010, http://duepublico.uni- duisburg-essen.de/servlets/Derivate Servlet/Derivate – 24381/Schwager_Andreas_Diss.pdf.

8

MIMO PLC 信号处理理论

8.1 引言

多输入多输出（MIMO）[1-3]的思想如今已在多个研究领域中得到实践，大部分主要是无线领域中的应用。MIMO 技术如今成功地被一些无线标准采纳，如 IEEE 802.11n、WiMAX 以及 LTE[4]。与基本的单输入单输出（SISO）方案相比，这些标准在不需要更大发送功率和带宽的情况下，可以提供更高数据率。通过使用两条以上的导线，如在室内电力线载波通信（PLC）系统（详见第 1 章）使用安全接地线（PE）、火线和零线，MIMO 技术就能够应用于 PLC 中。MIMO PLC 信道的特性具体在本书第 4 章、第 5 章中讨论，本章主要介绍了 MIMO 信号的处理理论和 MIMO PLC 的应用。在指出本章的大纲结构前，先对 PLC 环境中 MIMO 方案应用的情况进行简单的介绍和回顾。

文献 [5-9] 应用时空编码来接入 PLC 系统，并假设了不同相线间的良好隔离。这就意味着从一个发送端口输入的信号只能在对应的接收端口处收到。根据相同信道的假设[10]，为 PLC 提出了一种基于时空所谓正交频分多路复用（OFDM）的 MIMO 系统。文献 [11] 考虑了一种针对室内应用并基于空频编码的 M 位频移键控的 2×2 MIMO 系统。电线间假设是非耦合的，也就是说导线间没有串扰存在。文献 [12] 中首次考虑了耦合接入 MIMO PLC 信道，但也局限于时空、频空的编码方式。文献 [13] 研究了一种适于室内 PLC 的多输入单输出（MISO）系统，这种系统使用 OFDM 和空—频码。在日本，主要使用双线接入。但如果发送器放置在熔断器盒中的话，熔断器盒采用三线结构是能够让 MISO 可行的。这里考虑了不同相线间的串扰。文献 [14] 研究了一种 MISO 接入 PLC 系统，这种系统是基于单载波调制，主要用于窄带信道环境。这里也考虑了导线间的串扰问题。一些学者在假设不存在 MIMO 信道的情况下引入了空—时编码的思想，文献 [15] 在 OFDM 子载波间运用了空—时编码方法，这样能够在频率选择性 PLC 信道间充分利用子载波间的多样性。文献 [16] 中在多跳传输中应用了分布式空—时编码，这样每一个网络节点都相当于中继器。分布式空—时编码的使用将允许接收器端高效率的结合，不同的中继器节点间也能够同时进行传输。文献 [17-20] 分析了室内宽带 PLC 环境下可用的不同 MIMO 方案和系统提案。这些涉及的算法将在下述章节中讨论。

本章的大纲可概括如下：第一步，将介绍 MIMO 矩阵信道的概念以及其并行分解，并引入基于奇异值分解（SVD）的独立 MIMO 数据流的概念（见 8.2 节）。接下来，本章在考虑到 MIMO PLC 信道基本特征的基础上，着重对一些 MIMO 方案和它们在宽带 PLC 环境中的可行性进行对比。

为应对 PLC 信道的频率选择特性，如今的 SISO-PLC 系统使用多载波调制，如 OFDM。8.3 节介绍了基本的 MIMO-OFDM 系统，包括本章采用的一些系统假设等。下一步中，本章提出和探讨了一些基本的 MIMO 方案。不同的 MIMO 方案能够根据达到的不同目的分为两大类。MIMO 提供空间分集来对抗信道衰减。空间多样性根据可用的 MIMO 路径来定义，在不同的 MIMO 信道传输信号时得到利用。这些 MIMO 方案称作空—时—频编码，在 8.4 节中以 Alamouti 算法为例进行了介绍。一般地，这些方案在发送端并不会使用信道状态信息（CSI）。第二类 MIMO 方案的目标是通过可用发送端口输送不同数据流来获得最大吞吐量。8.5 节将会介绍一种空间复用（spatial multiplexing，SMX）机制，这种方法包括发送端的预编码技术，这种预编码利用了发送端的 CSI。

特别地，MIMO 检测后需要对信噪比（SNR）进行计算。在欧洲（ETSI　STF410，详见第 5 章）测试的 MIMO PLC 信道是 MIMO 检测后，相对于 SNR 不同 MIMO 方案详细对比的基础（见 8.6 节）。本章所讨论的 MIMO 信号处理基本原则是后续章节处理 MIMO 的基础。SVD 分解能够用于推导出信道容量以及 MIMO 解码后 SNR 的计算，同时也能够计算 MIMO　PLC 系统在自适应调制中的吞吐量计算，详见第 9 章。本章也为下一代宽带 PLC 规范中加入 MIMO 算法提供了一些背景参考资料。

8.2　MIMO 信道矩阵及其固有模式的分解

8.2.1　MIMO 信道矩阵

第 1 章描述了如何使用 PE 导线实现 MIMO 通信，同时也讨论了 MIMO 信号在 PLC 信道中的耦合。这里使用的输入输出端口定义为 MIMO 信道。图 8-1（a）为包含所有可用 MIMO 路径的 MIMO 测量装置示意图。当第 1 章中的△类耦合器引入 MIMO 路径中时，三个馈电端口都可用（根据基尔霍夫定律，多于两个的都能够同时使用）。星形耦合器的使用将会允许 4 个接收选择。假定输入端口 D1、D3 和输出端口 S1、S2 和 S4 用于通信（如图 8-1（a）中粗体箭头所示），图 8-1（b）中就表示出了 MIMO PLC 信道，其中发送端口数量 $N_T = 2$，接收端口数量 $N_R = 3$，这样能够产生共 6 条传输路径。

图 8-2 表述了 ETSI MIMO PLC 信道测量中一个典型测试的传输函数幅值响应（详见第 5 章），其中发送端使用△类耦合器，使用 D1、D3 端口；接收端使用星型耦合器，4 个接收端口 S1～S4 均使用。频率范围扩展至 100MHz。由于 $N_T = 2$、$N_R = 4$，所有的 8 种传输函数都能得到运用。图形能够说明 MIMO 路径间的关系，在 8.2.2 中使用相同的 MIMO PLC 信道意在阐述固有模式的分解。例子表明了馈电至端口的信号不仅能够在相同的可作为馈电端口的接收端口可接收的效果，也能够在所有其他接收端口中接收，导线间耦合产生的串扰能够在所有可能 MIMO 路径中产生。传输函数的相似类型（尤其是低频段）是由不同的 MIMO 路径的相同优先拓扑结构引起的。通常，并行传输的导线会面临相同的多径传输效应，幅度响应展示了 PLC 信道的频率选择特性。对于 MIMO PLC 信道特性，详见第 4 章和第 5 章。

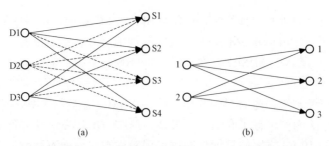

图 8-1　基于输入端口 D1、D3 和输出端口 S1、S2、S4 构造 MIMO 信道矩阵

（a）测量的 MIMO 路径；（b）构造的 MIMO 信道矩阵

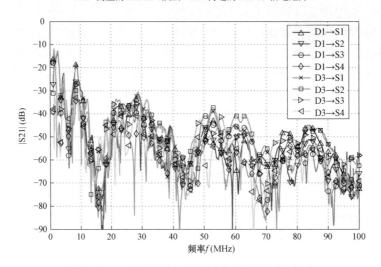

图 8-2　一个典型 MIMO PLC 信道的幅值响应

　　图中频段范围 0～100MHz；MIMO 架构：D1、D3 为馈电端口，S1～S4 作为接收端口；SISO 架构：D1 作为馈电端口，S1 作为接收端口。

　　设 $h_{ml}(f)$ 是从馈电端口 $l\,(l=1,\cdots,N_{\mathrm{T}})$ 到接收端口 $m\,(m=1,\cdots,N_{\mathrm{R}})$ 的复数频率响应，则各个频率下的 MIMO 信道矩阵为：

$$\boldsymbol{H}(f)=\begin{bmatrix} h_{11}(f) & h_{12}(f) & \cdots & h_{1N_{\mathrm{T}}}(f) \\ h_{21}(f) & h_{22}(f) & \cdots & h_{2N_{\mathrm{T}}}(f) \\ \vdots & \vdots & \ddots & \vdots \\ h_{N_{\mathrm{R}}1}(f) & h_{N_{\mathrm{R}}2}(f) & \cdots & h_{N_{\mathrm{R}}N_{\mathrm{T}}}(f) \end{bmatrix} \tag{8.1}$$

　　这里需要注意 $h_{ml}(f)$ 为复数，因此 $\boldsymbol{H}(f)$ 为复数矩阵。$h_{ml}(f)$ 与网络分析器（如第 5 章共有测试点 $N=1601$）测试的复数传输函数 $H_{ml}(n\Delta f)$（$n=1,\cdots,N$）相关，也即网络分析器将信道分为多个窄带子信道进行测量。根据图 8-1 中描述的 2×3 MIMO 测试环境，式（8.1）所描述的矩阵维度应该为 3×2。因为馈电端口、接收端口的最大值分别为 $N_{\mathrm{T}}=2$，$N_{\mathrm{R}}=4$，则达到 2×4 维 MIMO 是可行的。

8.2.2　固有模式的分解

　　为简化注释，达到更好的可识别性，信道矩阵 $\boldsymbol{H}(f)$ 对 f 的依赖性将在下部分进行描述。

SVD[21]将信道矩阵 **H** 分解为三个不同的矩阵：

$$\boldsymbol{H} = \boldsymbol{U}\boldsymbol{D}\boldsymbol{V}^{\mathrm{H}} \qquad (8.2)$$

D 为 $R \times R$ 维对角矩阵，包括实数奇异值 $\sqrt{\lambda_p}$，$p = 1, \cdots, R$：

$$\boldsymbol{D} = \mathrm{diag}(\sqrt{\lambda_1}, \cdots, \sqrt{\lambda_p}) = \begin{bmatrix} \sqrt{\lambda_1} & 0 & 0 \\ 0 & \ddots & 0 \\ 0 & 0 & \sqrt{\lambda_R} \end{bmatrix} \qquad (8.3)$$

R 定义为发送和输出端口的最小值，也即 $R = \min(N_T, N_R)$。需要注意的是，奇异值均为实数，且不失一般性按递减顺序排列[21]。$\boldsymbol{U}$ 和 $\boldsymbol{V}$ 满足 $\boldsymbol{U}^{-1} = \boldsymbol{U}^{\mathrm{H}}$，$\boldsymbol{V}^{-1} = \boldsymbol{V}^{\mathrm{H}}$。$(\cdot)^{\mathrm{H}}$ 为厄密算符，也就是转置矩阵 $(\cdot)^{\mathrm{T}}$ 和共轭复数 $(\cdot)^{*}$。$(\cdot)^{-1}$ 为矩阵逆运算。复数矩阵 $\boldsymbol{U}$ 和 $\boldsymbol{V}$ 的维度分别为 $N_R \times R$ 和 $N_T \times R$。SVD将信道矩阵分解为并行和独立的 SISO 分支或数据流[3]。图 8−3 给出了形象化的分解过程，发送端口数量 $N_T = 2$，对应的接收端口分别有 $N_T = 2$ 和 $N_R = 4$。在有两个发送端口的例子中，至少需要两个接收端口，这样才能支持 $R = 2$ 的空间数据流。图 8−3（a）中的全信道矩阵（端口用实线表示 2×2 MIMO，包含虚线所示接收端口 2×4 MIMO）分解在两个 SISO 分支中，如图 8−3（b）所示。

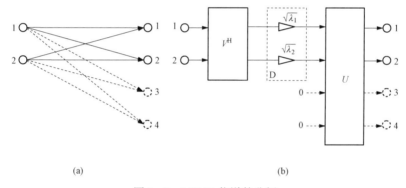

(a)　　　　　　　　　　　　(b)

图 8−3　MIMO 信道的分解

（a）分解为两条平行的 SISO 信道或空间数据流（实线所示端口和路径 2×2 MIMO，虚线所示端口和路径 2×4 MIMO）；

（b）SVD 分解示意图

$\boldsymbol{U}$ 和 $\boldsymbol{V}$ 矩阵的乘积能够保持能量守恒。矩阵 $\boldsymbol{D}$ 的奇异值 $\sqrt{\lambda_p}$ 描述了已分解 SISO 分支的衰减情况。

图 8−4 描述了已分解 MIMO 信道的衰减情况，相同的测量结果在图 8−2 中有相关表述。发送端口 D1 和 D3 作为馈电端口，S1～S4 为接收端口。发送端口数量为 $N_T = 2$，接收端口的数量 $N_R = 4$，也就是说 $R = \min(N_T, N_R) = 2$ 个奇异值 $\sqrt{\lambda_1}$ 和 $\sqrt{\lambda_2}$ 能够获得。两个奇异值与 SISO 信道的衰减做比较（D1 用作输入，S1 用作接收）。与 SISO 相比，第一条数据流衰减程度较小，但第二条数据流的衰减会依据频率的变化时强时弱。奇异值按递减顺序排列，就导致了第一条数据流的强度比第二条大很多，奇异值也代表了 MIMO 的增益。与 SISO 中的传输数据流不同，两条 MIMO 数据流是可用的。被分解的数据流衰减程度较高且仍有很强的频率选择性。这里以图 8−2 中 15MHz 附近的幅值响应为例，在该频率附近所

有的 MIMO 路径都有很高的衰减性，MIMO 信道的奇异值也表现出强烈的衰减性（如图 8-4 中 15MHz 附近）。奇异值的衰减不仅反映了 MIMO 信道的衰减，也表明了 MIMO 路径间的空间相关性（如第 4、5 章所述）。

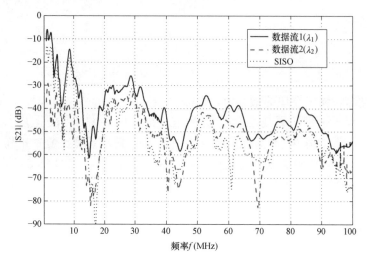

图 8-4　分解 MIMO 数据流（奇异值）和 SISO（与图 8-2 中的测量相同）间的幅值响应对比图

图中，MIMO 配置：D1 和 D3 输入端口，S1～S4 接收端口；SISO 配置：D1 供电端口，S1 接收端口。

8.3　MIMO-OFDM 系统

本章介绍了基于 OFDM 技术的基本 MIMO 系统。OFDM 将频率选择性信道分为并行、正交子频带或子载波[22]。如果 OFDM 子载波的数量较大，那么每一条子频带就较窄，其对应的幅度响应较为平坦。换言之，子载波间距必须比信道相干带宽窄。均衡得到了简化，只需通过一个复数标量进行归一化处理。每个子载波都有独立的调制，这使得 OFDM 在一些确定频段范围内能够抵抗较强衰减，或在一些确定的子频带处抵抗较强的噪声（窄带干扰）。基于以上条件，OFDM 为一种理想的 PLC 调制方式[23]。为消除符号间干扰（ISI），OFDM 需要有保护间隔。间隔区的长度主要取决于脉冲响应的持续时间。保护间隔的嵌入降低了 OFDM 的带宽利用率。

图 8-5 是基于 OFDM 的 MIMO 系统发送器的基本结构，发送器含有两个发送端口。通常一些二进制比特源通过前向纠错编码方式（FEC）进行编码。FEC 在图中用虚线表示，因为本章接下来所讨论的重点并不是 FEC。编码比特通过正交幅度调制（QAM）方式进行调制，QAM 根据不同的子载波信息选择不同的调制阶数。接下来，复数 QAM 字符通过 MIMO 编码块进行处理，MIMO 编码会通过串并转换对不同发送端口的字符进行分离，同时也可以进行预编码操作（见 8.5 节）。在空—时—频编码（见 8.4 节）中，字符在这个模块中进行重新排列。每一条 MIMO 数据流的复合符号经过 OFDM 调制，能获得数字时域信号。块发送器（Tx）滤波器包括脉冲成形、上变频变换、传输过滤和数模转换。最后，模

拟信号通过两个发送端口发送至 MIMO PLC 信道中。

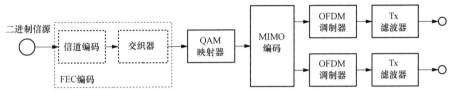

图 8-5　MIMO 发送器框图

图 8-6 表述了含有 4 个接收端口的 MIMO 接收器框图，4 个接收前端（接收器［Rx］过滤器）从对应的端口接收信号，并依次经过接收端的滤波、模数（A/D）转换和下变频转换。接下来，每一个信号都经过 OFDM 解调，接收器的 MIMO 处理过程取决于 MIMO 的部署方案，在后续的章节中都有具体介绍。

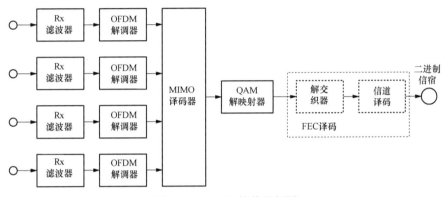

图 8-6　MIMO 接收器框图

若采用 SMX 方案，MIMO 解码块包含一个均衡器或检测器，这样能够获得两条逻辑 MIMO 数据流，并通过并串（P/S）转换获得复数 QAM 字符。QAM 解映射器将会继续对 QAM 字符进行处理。最后，解调比特通过 FEC 译码得到发送信息比特。

图 8-5、图 8-6 中描述的 FEC 是包含信道编码和交织的一个实例。但是，不同的结构都是可能实现的，例如，一些内码与外码的级联并配有多个交织器，Turbo 码或低密度奇偶校验（LDPC）码（见本书第 10～15 章所描述 PLC 系统）。

这里介绍的 MIMO 系统主要是对 QAM 字符进行处理，MIMO 编码在发送端处于 QAM 调制之后，而接收端则在 QAM 解调之前。FEC 处理单条比特流。这样的编码通常称作纵向编码，因为多个发送端口的数据流将在一起进行统一编码。另一方面，横向编码对每一条 MIMO 数据流进行单独处理。从一个 SISO 系统开始，纵向编码不需要改变编解码，其应用到 MIMO 系统也比较简单。这样可能更有利于在保证向下兼容性的同时将 SISO 系统衍变为 MIMO 通信系统，例如对于一个已有的标准，可以减小复杂度。

图 8-6 中所描述的接收器并未包含同步或信道估量装置，这里假设同步条件和信道估计条件都较为理想，并且系统为采用 FEC 编码。

如前所述，OFDM 将信道带宽分解为多个间隔很小的子载波。设 N 为子载波的数量，

$n=1$，…，N 是子载波序号。子载波 n 的信道矩阵 $\boldsymbol{H}(n)$ 描述了发送器 OFDM 调制和接收器 OFDM 解调制包括耦合器的系统情况。信道矩阵 $\boldsymbol{H}(n)$ 不仅包含 MIMO PLC 信道，也包含发送端和接收端的所有滤波器。$\boldsymbol{s}_k(n)$ 为 $N_T \times 1$ 的符号向量，表示由 N_T 个发送端口发送的符号；$\boldsymbol{r}_k(n)$ 为 $N_R \times 1$ 的符号向量，表示由 N_R 个接收端口接收的符号，k 和 n 分别表示时间和子载波的序号数。发送符号 $s_{l,k}(n)$ 有平均功率 P_T / N_T $(l=1,\cdots,N_T)$，其中 P_T 为总发送功率。OFDM 调制输入和解调输出间的系统可描述为：

$$\boldsymbol{r}_k(n) = \boldsymbol{H}(n)\boldsymbol{s}_k(n) + \boldsymbol{n}_k(n) \tag{8.4}$$

其中 $\boldsymbol{n}_k(n)$ 为子载波 n 在 k 时的噪声采样字符矢量，采样噪声遵循零平均值高斯分布，方差为 N_0，各子载波和接收端口间的噪声相互独立。信道在几个 OFDM 符号时长内假设是不变的。一般来说室内 PLC 信道时变性不明显，除非网络拓扑发生改变（电灯开关的操作或新设备接入主网）。另外，也有一些发生频率较高，一般有周期时变性规律的信道变化，主要是阻抗调制设备引起，如小功率输送器。接下来，假定一个准静态信道结构，$\boldsymbol{H}(n)$ 与时间 k 无任何关系，MIMO-OFDM 系统的方框图就如图 8-7 所示，其中 $N_T=2$，$N_R=4$。

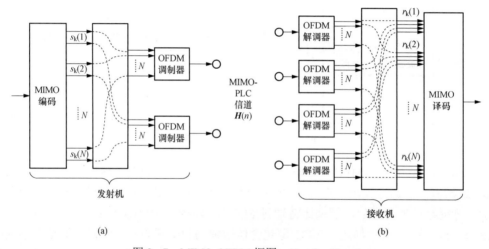

图 8-7　MIMO-OFDM 框图，$N_T=2$，$N_R=4$

8.4　空—时—频编码

可用 MIMO 路径的数量定义为空间分集。含 N_T 个发送端口、N_R 个接收端口的 MIMO 系统提供了 $N_T N_R$ 种空间分集的可能。空—时—频码能够通过利用每一条可用 MIMO 路径来发送信号，以实现最大的空间分集。空—时分组编码会在不同的发送端口处以一定的时间间隔重复发送各个字符，这样能提高传输的可靠性。但是，比特率并不是最大的。正交空—时分组编码为这些码的子类，有更简易的解码方式。这里以含有两个发送端口的室内 PLC 为例，正交空—时分组编码就是有名的 Alamouti scheme 方案，这部分内容将在 8.4.1 中介绍，一些其他的空—时—频编码方法将在 8.4.2 中简要介绍。

8.4.1 Alamouti 方案

Alamouti 方案对两个 QAM 符号进行编码，第一个时间间隔 k，两个字符 $b_{1,k}(n)$、$b_{2,k}(n)$ 分别在子载波 n 上通过发送端口 1 和 2 传送。发送字符构成矢量 $\boldsymbol{s}_k(n)=\begin{bmatrix}b_{1,k}(n)\\b_{2,k}(n)\end{bmatrix}$；在第二个时间间隔（$k+1$）时，字符 $-b_{2,k}^*(n)$ 和 $-b_{1,k}^*(n)$ 分别从发送端口 1 和 2 发送。需要注意的是，$(\cdot)^*$ 为取共轭复数操作。发送字符矢量为 $\boldsymbol{s}_{k+1}(n)=\begin{bmatrix}-b_{2,k}^*(n)\\-b_{1,k}^*(n)\end{bmatrix}$。两个 QAM 字符在两个时间间隔中传输，OFDM 字符在发送端的两个端口上发送。因此，空间码速率为 $r_s=1$。各个字符通过每一个发送端口发送出去，通过每一条可能的 MIMO 路径中到达接收器。因此，全空间分集 $N_T N_R$ 是可能实现的。Alamouti 方案在各个接收端口间是独立工作的。MISO 同时也是可行的。图 8-8 描述了 Alamouti 方案的方框图。以第一个子载波为例，阐述了空—时编码的过程。

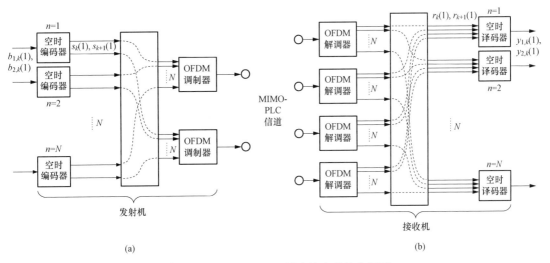

(a)   (b)

图 8-8　MIMO-OFDM 最大比合并接收框图
（a）发射机；（b）接收机

图中，以第一条子载波为例，阐述了空—时编码的过程，$N_T=2$，$N_R=4$。
两个发送字符矢量可归纳在空—时编码矩阵中：

$$\boldsymbol{S}(n)=\begin{bmatrix}\boldsymbol{s}_k(n)&\boldsymbol{s}_{k+1}(n)\end{bmatrix}=\begin{bmatrix}b_{1,k}(n)&-b_{2,k}(n)^*\\b_{2,k}(n)&b_{1,k}(n)^*\end{bmatrix} \tag{8.5}$$

$\boldsymbol{S}(n)$ 的两列间为正交关系，这样能够简化接收端的解码工作。根据式（8.4）和式（8.5），两个时间间隔间的接收字符矢量为：

$$\boldsymbol{r}_k(n)=\boldsymbol{H}(n)\boldsymbol{s}_k(n)+\boldsymbol{n}_k(n) \tag{8.6}$$

$$\boldsymbol{r}_{k+1}(n)=\boldsymbol{H}(n)\boldsymbol{s}_{k+1}(n)+\boldsymbol{n}_{k+1}(n) \tag{8.7}$$

这里需要注意的是，假定信道状态在两个时间间隔间并不会发生任何变化，也即

$$H_k(n) = H_{k+1}(n) = H(n) \text{。}$$

考虑到式（8.7）中的共轭复数，对信道矩阵进行重排序，有：

$$H(n) = [h_1(n) \quad h_2(n)] \tag{8.8}$$

$$\breve{H}(n) = [h_2^*(n) \quad -h_2^*(n)] \tag{8.9}$$

由此，有：

$$r_{k+1}^*(n) = \breve{H}(n)s_k(n) + n_{k+1}^*(n) \tag{8.10}$$

根据式（8.6）和式（8.10）中矩阵描述，有：

$$\begin{bmatrix} r_k(n) \\ r_{k+1}^*(n) \end{bmatrix} = \underbrace{\begin{bmatrix} H(n) \\ \breve{H}(n) \end{bmatrix}}_{G(n)} s_k(n) + \begin{bmatrix} n_k(n) \\ n_{k+1}^*(n) \end{bmatrix} \tag{8.11}$$

$G(n)$ 为级联信道矩阵，由于 $s(n)$ 的每一列间均为正交关系，$G(n)$ 的各列间也为正交关系，即：

$$G^H(n)G(n) = \beta(n)I_2 \tag{8.12}$$

其中 $\beta(n) = \|H(n)\|_F^2$，$\|H(n)\|_F = \sqrt{\sum_{l=1}^{N_T} \sum_{m=1}^{N_R} |h_{ml}(n)|^2}$ 为信道矩阵的 Frobenius 范数，$h_{ml}(n)$ 为信道矩阵 $H(n)$ 的矩阵元素。

对式（8.11）左乘 $\dfrac{1}{\beta(n)}G^H(n)$，有：

$$\begin{aligned}
y_k(n) = \begin{bmatrix} y_{1,k}(n) \\ y_{2,k}(n) \end{bmatrix} &= \frac{1}{\beta(n)}G^H(n)\begin{bmatrix} r_k(n) \\ r_{k+1}^*(n) \end{bmatrix} \\
&= s_k(n) + \frac{1}{\beta(n)}G^H(n)\begin{bmatrix} n_k(n) \\ n_{k+1}^*(n) \end{bmatrix} \\
&= \begin{bmatrix} b_{1,k}(n) \\ b_{2,k}(n) \end{bmatrix} + \frac{1}{\beta(n)}G^H(n)\begin{bmatrix} n_k(n) \\ n_{k+1}^*(n) \end{bmatrix}
\end{aligned} \tag{8.13}$$

其中 $y_k(n)$ 包括对叠加了过滤噪声的发送字符矢量 $s_k(n) = \begin{bmatrix} b_{1,k}(n) \\ b_{2,k}(n) \end{bmatrix}$ 的估计。式（8.13）表述了 Alamouti 方案的处理过程。首先，第一个接收字符矢量 $r_k(n)$ 及接下来的接收字符矢量的共轭形式 $r_{k+1}^*(n)$ 叠加在一个向量中。然后，根据信道矩阵 $H(n)$ 形成 $\dfrac{1}{\beta(n)}G^H(n)$。叠加接收向量与 $\dfrac{1}{\beta(n)}G^H(n)$ 相乘能够估计出受噪声干扰的两个发送字符。根据式（8.13），经过 Alamouti 方案处理的信号能量为 $E\left\{|b_p|^2\right\} = \dfrac{P_T}{2}\,(p=1,2)$，过滤噪声的方差为：

$$\left[\frac{1}{\beta(n)} \boldsymbol{G}^{\mathrm{H}}(n) \frac{1}{\beta(n)} \boldsymbol{G}(n) \right]_{\mathrm{pp}} N_0 = \frac{N_0}{\beta(n)} (p = 1, 2)，其中 [\cdot]_{ml} 代表矩阵（m，l）处的元素。因此，$$

经过 Alamouti 处理后子载波 n 上的信噪比 SNR 为：

$$\Lambda(n) = \frac{\left(\dfrac{P_{\mathrm{T}}}{2} \right)}{\left(\dfrac{N_0}{\beta(n)} \right)} = \| \boldsymbol{H}(n) \|_{\mathrm{F}}^2 \frac{\rho}{2} \tag{8.14}$$

$\rho = P_{\mathrm{T}} / N_0$，参数 1/2 是因为总的发送功率是在两个发送端口上发送的。所有字符的 SNR 是相同的，因为各个字符均通过每个 MIMO 路径传输。同样，Alamouti 方案并未从两个发送端口不均衡功率分布（PA）的情况中受益。

Alamouti 编码方法应用于空域和时域中，空—频编码方法也是可行的。这种情况下，两个发送字符并不是在两个时间发送，而是在同一时间内在两个相邻子载波中发送。只有两个相邻子载波的信道矩阵完全相同，才能保证正确的解码。这种假想在子载波数量充足的情况下是可行的，但子载波信道矩阵间的小差异可能会导致失真。这在检测过程中会引起误差，特别是在高 QAM 星座情况（如 1024－QAM 或 4096QAM）下更严重。

8.4.2　一般的空—时—频编码

如前所述，Alamouti 方案是一种两个发送端口的正交空—时或空—频分组编码方案。多于两个发送端口的情况下，也有一些正交空—时或空—频分组编码。为简化译码而保持正交性，与两个发送端口相比空间编码率 r_s 需要降低，即 $r_s < 1$[25]。非正交空—时—频分组编码在达到较高的空间编码率的同时还能满足全空间分集。文献［26］提出了一种适于两个发送端口的全分集空—时编码方法，实现了 $r_s = 2$。文献［27］将这种编码扩展到了任意数量的发送端口。文献［20］及其参考文献讨论了 MIMO PLC 的空—时—频分组编码方法。空—频编码比空—时编码更加适合 PLC，因为准静态 PLC 信道不能提供时间分集。这里需要注意的是，Alamouti 方案需要信道在发送两个连续 OFDM 字符时长内不能发生变化。因此，Alamouti 方案并不能利用空间分集，而 Alamouti 方案中的编码是为了实现全空间分集而设计的。高速率空—频编码需要计算复杂的最大似然（ML）译码。在 ML 译码中，对发送码的估计是通过对比所有接收码来找出最为相似的。这种算法的复杂度随着发送端口的数量和调制阶数基础上的分组长度（捆绑的子载波数目）呈指数形式增长。计算过于复杂以至于难以实现，尤其对高星座 QAM 调制的情况来说（如 1024－QAM）。球形译码[25]降低了 ML 解码的难度。但自适应调制的应用是困难的，因为解码后实现载波精准的 SNR 计算基本上是不可能的。自适应调制已适应了频率衰减情况，使得空—频编码对于 PLC 并不十分高效（如 9.3.2 所述）。

8.5　（预编码）空间复用

SMX 通过在不同的发送端口传送不同数据流来增大比特率。MIMO 数据流的数量或空分编码率 r_s 受发送和接收端口最小值的限制：

$$r_s \leqslant \min(N_T, N_R) \qquad (8.15)$$

空间分集主要依靠检测算法及预编码的应用。图 8-9 描述了基于 OFDM 的 SMX 系统基本框图。两个复数 QAM 符号分配到子载波上形成矢量 $\boldsymbol{b}_k(n) = \begin{bmatrix} b_{1,k}(n) \\ b_{2,k}(n) \end{bmatrix}$。$\boldsymbol{F}(n)$ 为可选预编码矩阵。如果不进行预编码，$\boldsymbol{F}(n) = \boldsymbol{I}_{N_T}$ 且有 $\boldsymbol{s}_k(n) = \boldsymbol{b}_k(n)$。根据式（8.4）可知，接收字符矢量 $\boldsymbol{r}_k(n)$ 为两个发送字符经过信道矩阵 $\boldsymbol{H}(n)$ 加权后的和。MIMO 检测能够恢复出两个发送数据流。在本图中，考虑了线性检测的情况，检测矩阵为 $\boldsymbol{W}(n)$。

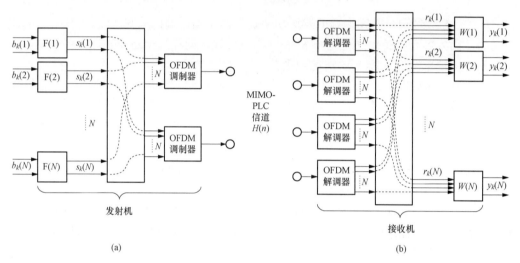

图 8-9　MIMO-OFDM 空间复用系统预编码框图（$N_T = 2$，$N_R = 4$）
（a）发射机；（b）接收机

8.5.1 节中介绍了不同的检测算法，下一步需要着重介绍预编码技术。最佳预编码矩阵可以分为酉码（8.5.2 节中）和 PA（8.5.3 节中）。最后，8.5.4 节介绍了如何在信道矩阵中将预编码技术和噪声白化滤波相互结合起来，实现一个等效信道。这种等效信道可用于 8.5.1 节中提出的检测算法。为提高易读性，下文将省去子载波编号 n 和时间编号 k，如果没有特殊制定，下文中出现的矢量和矩阵将分别单独应用于各个子载波。

8.5.1　检测

检测或均衡算法有线性和非线性的区别，接下来会简要介绍一些不同的检测算法，具体的内容可参考文献 [3，29]。

（1）线性均衡：迫零和最小均方误差。

根据图 8-9，检测矩阵 $\boldsymbol{W}$ 应用于接收字符矢量 $\boldsymbol{r}$ 来获得对发送字符矢量 $\boldsymbol{s}$ 的估计。根据式（8.4）有 $\boldsymbol{r} = \boldsymbol{Hs} + \boldsymbol{n}$，则：

$$\boldsymbol{y} = \boldsymbol{Wr} = \boldsymbol{WHs} + \boldsymbol{Wn} \qquad (8.16)$$

假定总发送功率 P_T 均匀分布于 N_T 个发送端口中，噪声功率 N_0 在 N_R 个接收端口处也是均匀分布的。根据式（8.16），第 p 个符号 y_p（$\boldsymbol{y}$ 的第 p 行，$p = 1, \cdots, r_s$）包含第 p 个发送符号 s_p。s_p 根据式（8.16）中对角线元素 $[\boldsymbol{WH}]_{pp}$ 进行加权，信号能量为 $\left|[\boldsymbol{WH}]_{pp}\right|^2 \dfrac{P_T}{N_T}$。

y_p 也受信道内部间干扰的影响，主要是其他发送符号 $s_i (i=1,\cdots,r_s, i \neq p)$，这些字符为式 （8.16）中 $\boldsymbol{WH}$ 的非对角元素。干扰信号的能量为 $\dfrac{P_\text{T}}{N_\text{T}}\sum_{i=1,i\neq p}^{r_c}\left|[\boldsymbol{WH}]_{pi}\right|^2$。另外，$y_p$ 也受噪声的影响。噪声方差为 $[\boldsymbol{WW}^\text{H}]_{pp}N_0$，经过数据流的线性检测（$p=1,\cdots,r_s$）信号干扰噪声比（SINR）为：

$$\Lambda = \frac{\left|[\boldsymbol{WH}]_{pp}\right|^2 \dfrac{P_\text{T}}{N_\text{T}}}{\sum_{i=1,i\neq p}^{r_s}\left|[\boldsymbol{WH}]_{pp}\right|^2 \dfrac{P_\text{T}}{N_\text{T}} + [\boldsymbol{WW}^\text{H}]_{pp}N_0} = \frac{\left|[\boldsymbol{WH}]_{pp}\right|^2}{\sum_{i=1,i\neq p}^{r_s}\left|[\boldsymbol{WH}]_{pi}\right|^2 + [\boldsymbol{WW}^\text{H}]_{pp}\dfrac{N_\text{T}}{\rho}} \qquad (8.17)$$

其中，$\rho = P_\text{T}/N_0$。如果 $r_s = 1$，式（8.17）中 $\sum_{i=1,i\neq p}^{r_s}\left|[\boldsymbol{WH}]_{pp}\right|^2 = 0$。

一般的线性接收器含有两种类型：迫零（ZF）检测和最小均方差（MMSE）检测。ZF 检测能够排除信道间干扰，并在检测中不考虑噪声。MMSE 检测将噪声和信道间干扰降低至最小。线性 SMX 接收器的分集度为 $N_\text{R}-N_\text{T}+1$（$N_\text{R}\geqslant N_\text{T}$）[29]。

1）迫零。

ZF 的检测矩阵 $\boldsymbol{W}$ 为信道矩阵的伪逆形式：

$$\boldsymbol{W} = \boldsymbol{W}_\text{ZF} = \boldsymbol{H}^\dagger = (\boldsymbol{H}^\text{H}\boldsymbol{H})^{-1}\boldsymbol{H}^\text{H} \qquad (8.18)$$

式（8.18）中令 $\boldsymbol{W} = \boldsymbol{W}_\text{ZF}$，并根据式（8.4）有：

$$\begin{aligned}\boldsymbol{y} = \boldsymbol{Wr} &= \boldsymbol{W}(\boldsymbol{Hs}+\boldsymbol{n}) = \boldsymbol{H}^\dagger \boldsymbol{Hs} + \boldsymbol{H}^\dagger \boldsymbol{n} \\ &= (\boldsymbol{H}^\text{H}\boldsymbol{H})^{-1}\boldsymbol{H}^\text{H}\boldsymbol{Hs} + \boldsymbol{H}^?\boldsymbol{n} = \boldsymbol{s} + \boldsymbol{H}^\dagger \boldsymbol{n}\end{aligned} \qquad (8.19)$$

式（8.19）再一次描述了设计准则。如果噪声为 0，发送字符矢量就会恢复，信道间干扰也会被完全移出。但如果有噪声存在，检测后 $\boldsymbol{H}^\dagger \boldsymbol{n}$ 的方差与 $\boldsymbol{n}$ 的方差相比有可能会增大。

将式（8.18）代入至式（8.17），则检测后的 SINR 为：

$$\Lambda_p = \frac{1}{[\boldsymbol{WW}^\text{H}]_{pp}}\frac{\rho}{N_\text{T}} = \frac{1}{\left\|\boldsymbol{w}_p\right\|^2}\frac{\rho}{N_\text{T}} = \frac{1}{[(\boldsymbol{H}^\text{H}\boldsymbol{H})^{-1}]_{pp}}\frac{\rho}{N_\text{T}} \qquad (8.20)$$

$\boldsymbol{w}_p$ 为检测矩阵 $\boldsymbol{W}$ 的第 p 行。

2）最小均方差。

检测矩阵 $\boldsymbol{W}$ 的最小均方差 MMSE 为：

$$\boldsymbol{W} = \boldsymbol{W}_\text{MMSE} = \left(\boldsymbol{H}^\text{H}\boldsymbol{H} + \frac{N_\text{T}}{\rho}\boldsymbol{I}_{N_\text{T}}\right)^{-1}\boldsymbol{H}^\text{H} \qquad (8.21)$$

将式（8.21）中的检测矩阵 $\boldsymbol{W} = \boldsymbol{W}_\text{MMSE}$ 应用于接收矢量 $\boldsymbol{r}$，并根据式（8.4）可知：

$$\boldsymbol{y} = \boldsymbol{Wr} = \boldsymbol{W}(\boldsymbol{Hs}+\boldsymbol{n}) = \underbrace{\left(\boldsymbol{H}^\text{H}\boldsymbol{H} + \frac{N_\text{T}}{\rho}\boldsymbol{I}_{N_\text{T}}\right)^{-1}\boldsymbol{H}^\text{H}\boldsymbol{Hs}}_{J} + \boldsymbol{Wn} \qquad (8.22)$$

式（8.22）中的 $\boldsymbol{J}$ 表述了剩余信道间干扰。移出信道干扰和降低噪声质量间需要有一种折中。当 $\rho \to \infty$ 时，式（8.22）等效为 ZF 检测器，且 $\boldsymbol{J} = \boldsymbol{I}$。检测后的 SINR 能够通过将式（8.21）代入式（8.17）中计算得到。

（2）非线性均衡：（有序）连续干扰消除和最大似然估计。

1）连续干扰消除。

前面章节中介绍的线性均衡器能够检测并行的不同数据流。式（8.16）中检测矩阵 $\boldsymbol{W}$ 能够应用于所有发送字符的估测。连续干扰消除（SIC）算法能够对字符进行连续检测，算法的基本思想与高斯消除是相似的。以发送端口 $N_T = 2$，接收端口 $N_R = 4$ 为例进行说明。式（8.4）能够扩展为：

$$\underbrace{\begin{bmatrix} h_{11} & h_{12} \\ h_{21} & h_{22} \\ h_{31} & h_{32} \\ h_{41} & h_{42} \end{bmatrix}}_{\boldsymbol{H} = [\boldsymbol{h}_1 \ \boldsymbol{h}_2]} \cdot \underbrace{\begin{bmatrix} s_1 \\ s_2 \end{bmatrix}}_{\boldsymbol{s}} + \underbrace{\begin{bmatrix} n_1 \\ n_2 \\ n_3 \\ n_4 \end{bmatrix}}_{\boldsymbol{n}} = \underbrace{\begin{bmatrix} r_1 \\ r_2 \\ r_3 \\ r_4 \end{bmatrix}}_{\boldsymbol{r}} \tag{8.23}$$

上标 (p)，$p = 1, 2$，表示检测两个字符 S_1 和 S_2 的迭代次数。第一次迭代即 $p = 1$ 时有 $\boldsymbol{H}^{(1)} = \boldsymbol{H}$，$\boldsymbol{r}^{(1)} = \boldsymbol{r}$。第一次迭代的检测矩阵为：

$$\boldsymbol{W}^{(1)} = \boldsymbol{W} \tag{8.24}$$

对应式（8.18）或式（8.21），有 $\boldsymbol{W} = \boldsymbol{W}_{ZF}$ 或 $\boldsymbol{W} = \boldsymbol{W}_{MMSE}$。

假定第一个字符先被检测，有：

$$y_1 = \boldsymbol{w}_1^{(1)} \boldsymbol{r}^{(1)} \tag{8.25}$$

$\boldsymbol{w}_1^{(1)}$ 为 $\boldsymbol{W}^{(1)} = \boldsymbol{W}$ 中的第一行。这样估计出的发送字符为：

$$\hat{s}_1 = Q(y_1) \tag{8.26}$$

其中 $Q(\cdot)$ 为决策算子。式（8.26）实现了一种非线性检测算法，尽管其他所有的步骤均为线性操作。

假设决策是正确的，也即 $\hat{s}_1 = s_1$。根据式（8.23），从接收矢量 $\boldsymbol{r}$ 中除去第一个字符的影响，即：

$$\underbrace{\boldsymbol{h}_2}_{\boldsymbol{H}^{(2)}} s_2 + \boldsymbol{n} = \underbrace{\boldsymbol{r}^{(1)} - \boldsymbol{h}_1 \hat{s}_1}_{\boldsymbol{r}^{(2)}}$$

$$\boldsymbol{H}^{(2)} s_2 + \boldsymbol{n} = \boldsymbol{r}^{(2)} \tag{8.27}$$

式（8.27）与式（8.23）相似，将矩阵运算简化为矢量运算。新的检测矩阵 $\boldsymbol{W}^{(2)} = \boldsymbol{w}_1^{(2)}$ 是根据新信道矩阵 $\boldsymbol{H}^{(2)}$ 推导出，第二个字符检测出为：

$$y_2 = \boldsymbol{w}_1^{(2)} \boldsymbol{r}^{(2)} \tag{8.28}$$

且有：

$$\hat{s}_2 = Q(y_2) \tag{8.29}$$

根据式（8.17），两个 MIMO 数据流检测后的 SINR 为：

$$\Lambda_1 = \frac{\left|[\boldsymbol{W}^{(1)}\boldsymbol{H}]_{11}\right|^2}{\left|[\boldsymbol{W}^{(1)}\boldsymbol{H}]_{12}\right|^2 + [\boldsymbol{W}^{(1)}(\boldsymbol{W}^{(1)})^{\mathrm{H}}]_{11}\dfrac{2}{\rho}} \tag{8.30}$$

且有：

$$\Lambda_2 = \frac{\left|\boldsymbol{W}^{(2)}\boldsymbol{H}^{(2)}\right|^2}{\boldsymbol{W}^{(2)}(\boldsymbol{W}^{(2)})^{\mathrm{H}}\dfrac{2}{\rho}} \tag{8.31}$$

与并行线性检测相比，第一个数据流的 SINR 并没有发生变化，第二个数据流的 SINR 有一些提高。式（8.31）假设了第一条字符正确解码，信道估测的环境没有噪声存在。实际情况下这种简化条件并不能实现，也不能忽略其中的误差传播。文献［30］描述了如何将误差传播合并在检测后的 SINR 中。

2）有序 SIC。

前面的章节对第一个符号先进行检测。有序串行干扰消除（OSIC）考虑了检测的最佳顺序。为找出这样的最佳检测顺序，各个符号检测后的 SINR 都需要进行评估，SINR 值最高的符号先被译码。方程（8.30）给出了第一个符号的 SINR，第二个符号的 SINR 为：

$$\Lambda_2 = \frac{\left|[\boldsymbol{W}^{(1)}\boldsymbol{H}]_{22}\right|^2}{\left|[\boldsymbol{W}^{(1)}\boldsymbol{H}]_{21}\right|^2 + [\boldsymbol{W}^{(1)}(\boldsymbol{W}^{(1)})^{\mathrm{H}}]_{22}\dfrac{2}{\rho}} \tag{8.32}$$

如果式（8.30）中求出的第一个符号的 SINR 比式（8.32）中求出的第二个符号的 SINR 大，那么需要先对第一个符号进行译码操作。这样根据式（8.30）、式（8.31）就能求出两个符号的 SINR 值。否则，先对第二个符号进行译码操作，根据式（8.32）计算两个符号的 SINR，有：

$$\Lambda_1 = \frac{\left|\boldsymbol{W}^{(2)}\boldsymbol{H}^{(2)}\right|^2}{\boldsymbol{W}^{(2)}(\boldsymbol{W}^{(2)})^{\mathrm{H}}\dfrac{2}{\rho}} \tag{8.33}$$

其中 $\boldsymbol{H}^{(2)} = \boldsymbol{h}_1$，$\boldsymbol{W}^{(2)}$ 可根据检测方案（ZF 或 MMSE）在新的信道 $\boldsymbol{H}^{(2)}$ 的基础上推导出。

3）最大似然估计。

ML 译码为最佳的译码方法，可对所有可能的发送矢量 $\boldsymbol{s}$ 与接收矢量 $\boldsymbol{y}$ 进行对比，找出最为相似的一个。这种统计式评估解决方案的工作是几何级数增加的：

$$\boldsymbol{y} = \arg\min_{\boldsymbol{s}} \|\boldsymbol{r} - \boldsymbol{H}\boldsymbol{s}\|^2 \tag{8.34}$$

ML 接收器对所有可能出现的发送字符矢量进行检索，这种检索的复杂性随着发送端口 N_{T} 数量的增多呈指数形式增大。当采用 1024 – QAM 和两个发送端口的情况下，这样的检索需要在 1024^2 个矢量字符中进行。如 8.4.2 中介绍的一样，ML 检测后对 SINR 的估测是困难的，而自适应调制需要这个 SINR 值。

8.5.2 特征波束赋形

在式（8.16）中将发送符号矢量替换为 $s = Fb$，则有：

$$y = Wr = WHFb + Wn \qquad (8.35)$$

预编码 SMX 系统的最佳线性预编码矩阵 F 可以分解成两个矩阵 V 和 $P*$：

$$F = VP \qquad (8.36)$$

根据文献 [31]，最后的预编码器可以通过最小化 MSE 矩阵获得，MSE 矩阵列表示为：

$$E\{(y-b)(y-b)^{\mathrm{H}}\} = \mathrm{MSE}(F,W) = (WHF - I)R_{bb}(WHF - I)^{\mathrm{H}} + WR_{nn}W^{\mathrm{H}} \qquad (8.37)$$

其中，$R_{bb} = E(bb^{\mathrm{H}})$，$R_{nn} = E(nn^{\mathrm{H}})$。

P 为对角矩阵，描述了总发送功率传送至各个发送数据流的 PA，PA 的概念将在 8.5.3 中进行介绍。V 为将信道矩阵 $H = UDV^{\mathrm{H}}$ 进行 SVD 分解后的右酉矩阵，U 为左酉矩阵，D 为含有信道矩阵 H 奇异值的对角矩阵。V 为酉矩阵，因此平均信号功率不受预编码矩阵的影响。

根据 $F = V$ 进行预编码的方式通常称为酉预编码或特征波束赋形。式（8.35）中令检测矩阵 $\check{W} = U^{\mathrm{H}}$，有：

$$y' = \check{W}HVb + \check{W}n = U^{\mathrm{H}}\underbrace{H}_{UDV^{\mathrm{H}}}Vb + \check{W}n = Db + U^{\mathrm{H}}n \qquad (8.38)$$

根据式（8.38），预编码矩阵、信道矩阵和检测矩阵的组合能够将信道分解成并行的数据流，这些数据流可以通过对角矩阵 D（如图 8-10）描述。

通过 D^{-1} 进行归一化处理可以估计发送字符矢量 b，有：

$$y = D^{-1}y' = b + D^{-1}U^{\mathrm{H}}n \qquad (8.39)$$

因此，最终的检测矩阵为 $W = D^{-1}U^{\mathrm{H}}$。

如果只有一条空间数据流载有信息，即 $b = \begin{bmatrix} b_1 \\ 0 \end{bmatrix}$，则预编码可简化为：

$$s = Vb = \begin{bmatrix} v_1 & v_2 \end{bmatrix}\begin{bmatrix} b_1 \\ 0 \end{bmatrix} = v_1 b_1 \qquad (8.40)$$

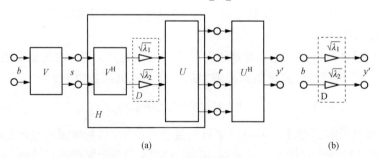

(a)　　　　　　　　　　　　　(b)

图 8-10　EBF

（a）统一预编码和检测；（b）将等效信道分解为并行数据流

v_1 为预编码矩阵的第一列，单数据流的波束赋形（BF）也称作点波束。尽管仅有一个逻辑 MIMO 数据流载有信息，两个发送端口都需要使用，因为 s 为 2×1 矩阵。如果只有一个接收端口可用（MISO）或接收端仅能对一条数据流进行解码（MIMO 仅使用一条数据流），这样仅有一条数据流 BF 可使用。这种情况下，检测过程就能够简化为矢量乘法：

$$W = w = \frac{1}{\sqrt{\lambda_1}} u_1^H \tag{8.41}$$

其中 u_1 为 U 的第一列，在低 SINR 信道的情况下，点波束提高了均值水平。

当 $b_1 \neq 0, b_2 \neq 0$ 时，预编码矩阵 V 对符号 b 进行叠加，发送符号矢量 s 包含了 b 的所有符号，也即各个符号通过每一条 MIMO 路径进行传送，这样就能达到 $N_T N_R$ 的空间分集。

U^H 为酉矩阵，当噪声功率在所有接收端口处相同时，式（8.38）中 n 的噪声方差并不受 U^H 的影响。D 的对角线元素为奇异值 $\sqrt{\lambda_p}$，根据式（8.39）可求出两个数据流检测后的 SINR：

$$\Lambda_p = \frac{\rho}{N_T} \lambda_p, p = 1, 2 \tag{8.42}$$

如果每一条 MIMO 数据流独立进行调制，r_s 条 MIMO 数据流信号将会非相关：

$$E\{bb^H\} = I_{r_s} \tag{8.43}$$

如果未采用预编码，发送信号也不相关，有 $E\{ss^H\} = E\{bb^H\} = I_{N_T} (r_s = N_T)$。如应用了预编码技术，相关矩阵为：

$$E\{ss^H\} = E\{(Fb)(Fb)^H\} = F E\{bb^H\} F^H = FF^H \tag{8.44}$$

在 EBF 中有 $F = V$，V 的酉特性就能够将式（8.44）简化 $VV^H = I_{N_T}$，同时发送信号仍然是不相关的。如果采用单数据流 BF 或 PA（见下文），并不能提供任何简化。这样发送信号间就是相关的。MIMO 传输对 EMI 的影响在第 7 章和第 16 章详细讨论。

8.5.3 空间复用流的功率分配

在 MIMO-OFDM 系统中有两种方法来分配总传输功率。功率在子载波中分配或功率分布在可用 MIMO 数据流中。在 PLC 中，第一个方法子载波间的 PA 仅能用在监管评估的分辨带宽中（低于 30MHz 为 9kHz，高于 30MHz 为 120kHz）。EMC 规范可以接受平稳功率谱密度作为全部子载波的最大功率水平。如果子载波间隔小于用于监管评估的分辨带宽，就能将载波间的能量进行转移。

接下来讨论在可用 MIMO 数据流中分配总发送功率的问题。注水法（WF）为最佳 MIMO PA 法，能够将系统容量扩展至最大[3]。输入信号为高斯分布式信号时，系统容量最大；但如果输入信号是从一些有限符号中取出的，如 QAM，那么注水法并不是一个最佳选择。文献 [33] 推导了适用于高斯白噪声干扰的并行信道和任意输入分布的最佳 PA 方案。这种算法称为注汞法（MWF）。本章不详细介绍这种算法，具体见文献 [33，34]。这里仅对一些重要的结论进行讨论，MWF 算法的 PA 系数与每条 MIMO 数据流的 SNR 和调制方式相关。两个 MIMO 数据流的 PA 系数 a_1 和 a_2 需要满足约束：

$$a_1 + a_2 = 2 \tag{8.45}$$

需要注意的是，总发送功率 P_T 假定为常量，发送符号的平均功率为 $P_T/2$（见 8.3 节）

式（8.45）保证了$(a_1+a_2)P_T/2 = P_T$。PA 矩阵的结构为：

$$P = \begin{bmatrix} \sqrt{a_1} & 0 \\ 0 & \sqrt{a_2} \end{bmatrix} \qquad (8.46)$$

图 8-11 表明了 MWF PA 系数 a_1（图中等值线所示）与每一条 MIMO 数据流的 SNR 和调制方案之间的关系。图 8-11（a）描述了两条 MIMO 数据流间的二进制相移键控（BPSK）和正交相位键控（QPSK）调制，图 8-11（b）分别描述了数据流 1、2 的 16-QAM 和 1024-QAM。根据 WF 算法，大多数功率都分配给了 SNR 最大的 MIMO 数据流，但在一些特殊环境下 MWF 表现出相反的特点，如图 8-11（b）所示。假设第一条数据流 SNR = 15dB，第二条数据流 SNR = 36dB，根据图 8-11（b）可知更多的功率都分配给了较弱数据流 1（$a_1 = 1.2$）而不是数据流 2（$a_2 = 0.8$）。

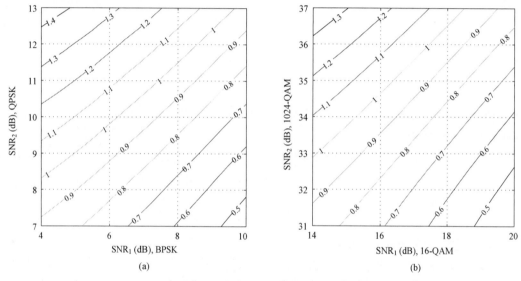

图 8-11　MWF 的 PA 系数

一种简化 PA 算法可能会与自适应调制共用[18,20]。这里仅采用三个 PA 系数：0、1 和 $\sqrt{2}$。如果一条子载波的数据流因为 SNR 不充足未能满足最低星座调制而未分配任何信息，功率就会加在另一条数据流中。这就造成了该数据流的 SNR 值增高 3dB。如果子载波的两条数据流均含有信息，功率就会均等分配在两个数据流中（$a_1 = a_2 = 1$）。发送端从来自接收端的自适应调制反馈中获得 PA 系数。因此，并不需要额外的 PA 系数反馈信息。这种简化的 PA 算法性能与最优化 MWF 相近（见 9.3 所述）。

8.5.4　等效信道和检测

（1）包含预编码的等效信道。

等效信道矩阵是预编码矩阵 F 和信道矩阵 H 的乘积：

$$\tilde{H}_{pre} = HF \qquad (8.47)$$

通过 $\tilde{H}_{pre}$ 代替 H，8.5.1 中介绍的检测算法能够应用在等效信道矩阵中。

对于最佳酉预编码矩阵 $F = V$，8.5.1 节中介绍的不同检测算法在检测后能够得到相同的 SINR（见文献［20］）。如果使用 EBF，最简单的均衡器（ZF 均衡器）就已足够使用。实际上，ZF 均衡器有 $W = D^{-1}U^H$，与 8.5.2 节中介绍的检测矩阵是相同的（见文献［20］）。若对预编码矩阵 V 进行量化处理得到最佳预编码矩阵 $F = \tilde{V}$，则该预编码不再是最佳的并且均衡器需要变得更加复杂。在量化精度足够高时，这些复杂的均衡器相对于 ZF 检测器的性能增益非常小。

（2）相关噪声白化。

噪声相关性引起噪声协方差矩阵 $N_c = E\{nn^H\}$ 与等比例单位矩阵并不相同。噪声能够通过与接收矢量 r 乘以 $N_c^{-\frac{1}{2}}$ 进行白化处理：

$$\tilde{r} = N_c^{-\frac{1}{2}}Hs + N_c^{-\frac{1}{2}}n \qquad (8.48)$$

其中 $N_c^{-\frac{1}{2}}$ 满足：

$$N_c^{-\frac{1}{2}}N_c^{-\frac{1}{2}} = N_c^{-1} \qquad (8.49)$$

N_c 为埃尔米特矩阵，也即 $N_c = N_c^H$，有 $E\{nn^H\}^H = E\{nn^H\}$。一个埃尔米特矩阵 N_c 能够通过一个酉矩阵 U_c 进行对角化处理：

$$N_c = U_c D_c U_c^H \qquad (8.50)$$

D_c 为含实数的对角矩阵，通过 $N_c^{-1} = U_c D_c^{-1} U_c^H$，可以定义 $N_c^{-\frac{1}{2}}$ 为：

$$N_c^{-\frac{1}{2}} = U_c D_c^{-\frac{1}{2}} U_c^H \qquad (8.51)$$

$D_c^{-\frac{1}{2}}$ 包括 D_c 元素平方根的倒数。

式（8.51）满足方程（8.49），因为：$N_c^{-\frac{1}{2}}N_c^{-\frac{1}{2}} = U_c D_c^{-\frac{1}{2}} U_c^H U_c D_c^{-\frac{1}{2}} U_c^H = U_c D_c^{-1} U_c^H = N_c^{-1}$。

过滤后的噪声 $\tilde{n} = N_c^{-\frac{1}{2}}n$ 不相关，有：

$$E\{\tilde{n}\tilde{n}^H\} = N_c^{-\frac{1}{2}} \underbrace{E\{nn^H\}}_{N_c} \left(N_c^{-\frac{1}{2}}\right)^{H(0.51)} = D_c^{-1}D_c = I_{N_R} \qquad (8.52)$$

等效信道矩阵：

$$\tilde{H}_{\text{white}} = N_c^{-\frac{1}{2}}H \qquad (8.53)$$

能够通过用 $\tilde{H}_{\text{white}}$ 代替 H 来决定检测矩阵和最佳预编码矩阵。

8.6 仿真结果

本节在 8.3 节 MIMO-OFDM 系统的基础上进行性能仿真，采用 1296 个子载波，频率范围为 4～30MHz。

噪声模型定为零均值加性高斯白噪声，同时假定其不相关且在各个接收端口处噪声功率是相同的。相对于噪声功率水平的发送功率假设为 $\rho = 65\text{dB}$。这个值相当于 -55dBm/Hz 的发送功率谱密度（见第 6 章）以及 -120dBm/Hz 的平均噪声功率谱密度（这与第 5 章中 90% 的噪声 CDF 对应）。仿真中忽略了脉冲噪声，重点是对比 MIMO 和 SISO 方案。可以预见的是脉冲噪声会以相似的方式影响所有的接收端口，因此 SISO 系统中的消除技术能够运用在 MIMO 中[23,35]。仿真中的测试 MIMO PLC 信道环境采用欧洲测量标准（见第 5 章，ETSI STF410）。对 MIMO 来说，使用两个发送端口 D1 和 D3（见第 5 章，L-N 和 L-PE）和所有的四个接收端口（S1－S4）。对于 SISO，D1 端口（L-N）为发送端，S1 端口（L）为接收端，其中接收端使用 S2 端口的性能与 S1 相同。根据各子载波的信道矩阵能够计算出来的 SNR（信道估计为理想条件），与前面的章节描述的 MIMO 方案有关。

图 8－12 对比了不同 MIMO 方案检测后的 SNR：Alamouti 方案、采用 ZF 检测的 SMX 方案、以及单数据流多数据流 BF。BF 条件下的预编码矩阵假设是理想的。图中描述了一种典型的 MIMO 信道，两个数据流间并未应用 PA。

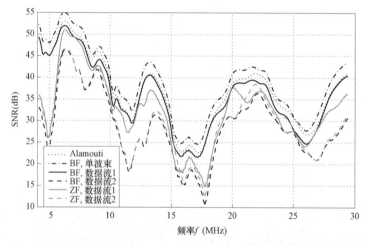

图 8－12　不同 MIMO 方案中多路复用数据流 1 和 2 的 SNR 随频率变化图（$\rho = 65\text{dB}$，$N_\text{T} = 2$，$N_\text{R} = 4$）

所有 MIMO 方案的检测后 SNR 仍然具有频率选择性，单数据流 BF 以及 Alamouti 方案的 SNR 值最大，但这两种算法仅支持单 MIMO 数据流。这里需要考虑到比特率的问题（如 9.3 中所述）。SMX 方案提供了两条 MIMO 数据流。对未预编码的 SMX 来说，不存在优先选择的空间数据流，两条数据流的 SNR 范围相同。这里考虑 20～25MHz 间的频率：一些频率下，第一条数据流比第二条数据流对应的 SNR 值更高，而在另一些频率下则反之。预编码（BF）将一条数据流的能量提高，减弱了另一条数据流。但是，第一条数据流上获得的增益比第二条数据流上的性能损失更大。这样的现象在低频段更明显，这就使预编码能够实现高比特率性（见第 9 章）。单数据流 BF 的 SNR 曲线与 EBF 第一条曲线相比增加了 3dB，第二条数据流并没有应用，因此功率完全分配至第一条数据流中。

图 8－13 列出了不同 SMX 方案检测后的 SNR。图 8－13（a）和图 8－13（b）中分别表述了第一、第二两条 MIMO 数据流。为了显示出 MMSE 的优点，这里采用了与图 8－12

相同的信道，相对于噪声功率水平的发送功率减小至 $\rho = 44\text{dB}$，以便于观测较低的 SNR。BF 增益同样在第一条数据流中可以观察到。第一条数据流的 ZF 检测和 SIC 有相同的 SNR，因为对于第一条数据流所用的检测方法相同（如 8.5.1 节所述）。第二条数据流的 SIC 增益观测较为明显，在 SNR 较低的地方 MMSE 检测能够显著提高 SNR（17MHz 频段附近）。在高 SNR 区域，MMSE 相比于 ZF 的增益就不明显了。

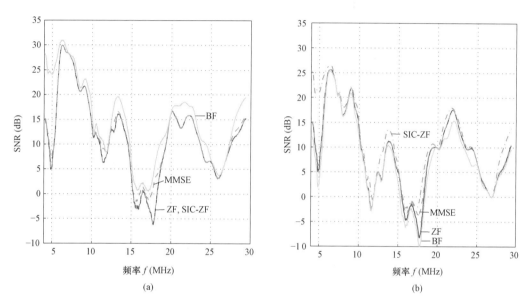

图 8-13　不同空间多路复用 MIMO 方案中数据流的 SNR 随频率变化图
（设置同图 8-12，$\rho = 44\text{dB}$，$N_\text{T} = 2$ 和 $N_\text{R} = 4$）
（a）数据流 1；（b）数据流 2

　　图 8-14 对比了采用 PA 后 BF 和 SIC 的 SNR。图中上面一行展示了 SNR，而下面一行是 MWF 的 PA 系数。在某些频段，第二条数据流的 SNR 值较低，且没有通过自适应调制分配信息，功率完全分配给第一条数据流。这时第一条数据流的 PA 系数为 2，第二条为 0，见图 8-14（c）。在这些频段，两条数据流的 BF 退化为一条数据流的 BF，见图 8-14（a）。与 BF 相比，SIC 方案中两条数据流上的 SNR 相互之间更接近一些。因此，PA 系数的变化并不明显，相比 BF 方案，极端的 PA 系数 0 和 2 并不常出现。与未经预编码处理的 SMX 相比，EBF 的 PA 增益更加明显。其他 SMX 方案（ZF，MMSE）也可以得到相同的结论，SNR 较高时 PA 增益较小。

　　图 8-15 展示了所有 MIMO PLC 信道测试的 SNR 累计分布函数（CDF），这里并没有应用 PA。空间数据流都是相互分开的。SISO 及 Alamouti 方案中仅使用了一条数据流，而 ZF、SIC-ZF 及 EBF 的 SMX 方案均使用两条数据流。由图可以看出，Alamouti 方案以及 EBF 方案的第一条数据流有最大的 SNR 值。注意 Alamouti 方案仅采用一条数据流，而后者采用两条可进行通信的数据流。图 8-15 中第二条数据流的 SNR 值最低。EBF 使第一条数据流获得的 SNR 值最大。尽管第二条数据流相对来说较弱，但两条数据流的总和可以获得最好的性能。这也可以从第 9 章吞吐量结果看出来，EBF 的 SNR 增益在 SNR 较低时

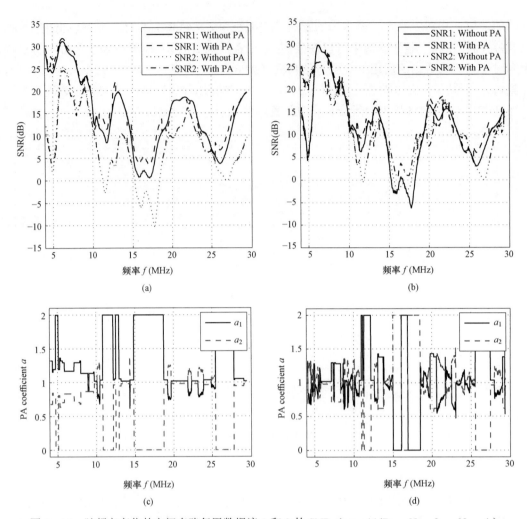

图 8-14　随频率变化的空间多路复用数据流 1 和 2 的 SNR（ $\rho = 44\text{dB}$ ， $N_\text{T} = 2$ ， $N_\text{R} = 4$ ）

（a）BF；（b）SIC；（c）BF 的功率分配系数；（d）SIC 的功率分配系数

更加明显，这对于覆盖范围更为重要。SMX-ZF 两条数据流的 SNR 值差不多，这是因为 SMX 对两条数据流没有偏好。在中值点处，SNR 比 SISO 低约 3dB。SIC-ZF 的第一条数据流的 SNR 值几乎与 ZF 的相同，这是因为二者对于第一条数据流使用相同的检测方法，但前者第二条数据流的 SNR 比 ZF 的多 7dB。

图 8-16 描述了不同检测算法的 SMX 方案和 EBF 方案的 CDF 曲线。除了图 8-15 中已列出的 ZF、SIC-ZF 和 EBF，这里还对比了 MMSE 和 SIC-MMSE。对 ZF 和 SIC-ZF 来说，MMSE 和 SIC-MMSE 第一条数据流的 SNR 相同。MMSE 仅在低 SNR 区域能提高 SNR（10% 点处有 4dB 增益），在中、高 SNR 区域 ZF 和 MMSE 性能相似。比较 SIC-MMSE 与 EBF 方案能得到下述结论，在高 SNR 值区域，后者第一条数据流的增益与前者最强数据流间对比的结果与后者第二条数据流的损耗与前者最弱数据流间的对比极为相似。这也说明了在忽略传输误差的情况下，低衰减信道中两种方案的吞吐量相同（见 9.3 节）。但在低 SNR 区域，由于 EBF 会将第一条数据流的性能提至最高，EBF 第一条数据流将会携带信息，而

SIC-MMSE 的两条数据流可能因为信号太弱不能进行相互通信（见 9.3 节）。

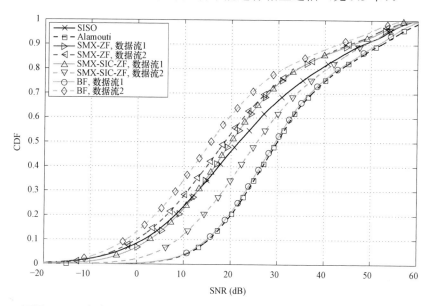

图 8－15　不同 MIMO 方案及 SISO 方案的多路复用数据流 1 和 2 的 SNR 累计分布函数（CDF）
（$\rho = 65\text{dB}$，$N_\text{T} = 2$，$N_\text{R} = 4$）

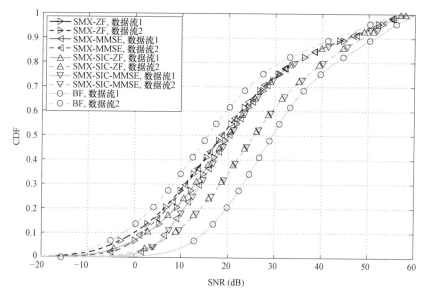

图 8－16　不同双流 MIMO 方案的多路复用数据流 1 和 2 的 SNR 累计分布函数（CDF）
（$\rho = 65\text{dB}$，$N_\text{T} = 2$，$N_\text{R} = 4$）

表 8.1 对不同 MIMO 方案进行了总结和定性对比，描述了 MIMO PLC 的优缺点。第一列中列举了本章所涉及的 MIMO 方案，第二列列举了发送和接收端口的最低配置。SISO 作为一种特殊的 MIMO 配置，其包含单发送单接收端口。SISO 在耦合器使用不同的发送或接收端口从而得到选择分集。但在进行信号处理时仅使用一条发送或接收数据流。Alamouti

方案需要两个发送端口、至少一个接收端口，也就是说 MISO 配置是足够使用的。SMX 方案使用两条数据流模式，至少需要两个发送和接收端口，EBF 与其相同。点波束仅使用一条数据流，MISO 配置足够使用，至少需要两个发送端口形成波束。第三、四列分别展示了低 SNR 信道下的覆盖率性能以及高 SNR 信道下的最大吞吐量。与 SISO 相比，Alamouti 方案在低 SNR 信道中的性能更好，但是由于传输的通道只有一个空间流，在高 SNR 情况下没有多路复用增益。SMX 方案使用两个空间流，因此在高信噪比信道实现了良好的性能。低信噪比信道的性能取决于 MIMO 检测算法或均衡器性能。最简单的检测算法是 ZF，但在相关性较高的信道中信噪比较低。如果不考虑实际应用中的缺陷，一些更复杂的检测算法，如 SIC-ZF、 MMSE、 SIC-MMSE、OSIC-ZF 和 OSIC-MMSE 能够显著提高性能。BF 方案能够实现所有信道的最佳性能，因为采用了预编码从而能够更好地适应信道。第一条空间数据流最大化，能提高低信噪比信道的最好性能。对高衰减信道来说，检测后第二条空间数据流的信噪比较低。因此，单数据流和两条数据流 BF 方案在高覆盖范围几乎能实现相同的性能。在低衰减信道中，单数据流 BF 不能实现多路复用增益，因此两条数据流 BF 方案优于单数据流 BF 方案。最后三列比较了 MIMO 方案的复杂性。BF 方案通常需要接收器把相关信息反馈给发送器。反馈信息并没有明显的 PLC 缺点，结论部分将对其进行讨论。考虑发射器和接收器的实现复杂度，作为参考 SISO 的复杂性非常低。不需要预编码技术的 Alamouti 方案和 SMX 方案需要解多路复用来将接收的比特或 QAM 符号分给两个发送端口。BF 方案在发送端采用矩阵乘法的预编码应用。在接收端，Alamouti 译码基本上是一个利用 Alamouti 码正交属性的矩阵乘法。SMX 方案的检测复杂性随着均衡算法的复杂度而增加。对于 BF 方案来说，运用最简单的检测算法如 ZF 检测就足够。对于单数据流的 BF 方案来说，复杂性更是进一步降低，因为只需要译码一条空间数据流。

表 8.1   PLC 不同 MIMO 方案的定性比较

MIMO 方案	配置	高覆盖域性能（信噪比低）	最大吞吐量性能（信噪比高）	反馈需要	发送端灵活性	接收端灵活性
SISO	1×1	o	o	不需要	很低	很低
SISO（SD）	1×1[a]	+	o	不需要	很低	低
Alamouti	2×1	+ +	o	不需要	低	中等
SMX-ZF	2×2	−	+	不需要	低	中等
SMX-MMSE	2×2	o	+	不需要	低	中等 – 高
SMX –（O）SIC-ZF/MMSE	2×2	o	+ +	不需要	低	高
单数据流 BF（spot BF）	2×1	+ +	+	需要	中等	低 – 中等
双数据流 BF（EBF）	2×2	+ +	+ +	需要	中等	中等

注　SISO（SD）需要若干发送及接收端口，但仅处理一条数据流。

8.7　结论

本章介绍了 MIMO 信号处理理论及其在 MIMO PLC 中的应用。对几个 MIMO 方案的对比旨在选出最适合室内 PLC 的 MIMO 方案。虽然研究关注的重点在室内 PLC，很多方面和结论也适用于接入网 PLC。本章对接收端 MIMO 处理后的信噪比进行了研究。与 SISO 相比，Alamouti 方案提高了信噪比。但是，并没有实现多路复用增益，因为它是将每个字符进行两次传输。SMX 使用两个空间数据流，且使用不同的检测算法。ZF 检测是最简单的检测方案。然而，ZF 检测在高相关性信道中信噪比检测结果较低，甚至在高空间相关性情况下可能低于 SISO 的信噪比。一些更复杂的检测算法（如 MMSE 和 SIC）能够提高 SMX 方案的性能。特别的，SIC 接收器在低衰减信道中更接近 BF 的性能。然而，对相关信道的研究仍是面临的普遍问题。

BF 方案通过调整传输通道的固有模式能够在所有信道条件下提供最高的信噪比。其在高衰减信道下也能实现全空间分集，而 SMX 增益仅能在低衰减信道中实现。其中最简单的 ZF 检测算法，可以使用在 BF 方案中，因为 BF 的性能独立于检测算法。传输信号的空间相关性可能导致电力线中出现更高的辐射。然而，如果预编码前两条数据流互不相关，EBF 方案中所有的酉预编码矩阵不会对信号的相关性产生任何影响。第 16 章将会介绍点波束对 EMI 的影响。BF 方案提供了灵活性较高的接收器配置。如果只有一个接收端口可用，那么发射端只有一条空间数据流可被激活，也就是说，如果出口不配备第三线或仅使用简化的接收机，只能支持一条空间数据流。由于 BF 方案旨在最大化单数据流，与没有预编码的 SMX 方案相比，没有利用第二条数据流的性能损耗相对较小。在高衰减性和高相关性信道中，第二条 MIMO 数据流的 SNR 非常低甚至有可能不会携带任何信息。这些信道对 PLC 覆盖率和大多数 MIMO 方案来说是很重要的。BF 方案在发射端使用 CSI。通常，CSI 以预编码矩阵的形式从接收端反馈至发送端。基于这种反馈，BF 方案也被称为闭环 MIMO 方案，而开环 MIMO 方案在发送端并不需要 CSI。这样的反馈需要额外的开销。然而，预编码矩阵的反馈可以与自适应调制的反馈结合（见第 9 章）。此外，反馈更新的速度也比较低，因为由于 PLC 信道的时变性是较低的（网络拓扑的变化）。文献［18，20］研究了在没有性能损失情况下的反馈预编码的量化。

第 9 章研究了不同的 MIMO 方案吞吐量。特别是，检测后的信噪比用于实现自适应调制和计算比特率。HomePlug 和 ITU-T G.hn 分别在其下一代规范 HomePlug AV2（见第 14 章）和 G.hn/G.9963（见第 12 章）中采用 MIMO 和预编码 SMX 和 BF。

参考文献

[1] G. J. Foschini，Layered space-time architecture for wireless communication in a fading environment when using multi-element antennas，Bell Labs Tech. J.，1（2），41－59，1996.

[2] I. E. Telatar，Capacity of multi-antenna Gaussian channels，Eur. Trans. Telecom.，10，585－595，1999.

[3] A. Paulraj，R. Nabar and D. Gore，Introduction to Space-Time Wireless Communications. Cambridge University Press，Cambridge，U.K.，2003.

[4] L. Schumacher，L. T. Berger and J. Ramiro Moreno，Recent advances in propagation characterisation and multiple antenna processing in the 3GPP framework，in XXVIth URSI General Assembly，Maastricht，the Netherlands，August 2002，session C2.［Online］Available：http：//www.ursi.org/Proceedings/ProcGA02/

papers/p0563.pdf.

[5] C. L. Giovaneli，P. F. J. Yazdani and B. Honary，Application of space-time diversity/coding for power line channels，in International Symposium on Power Line Communications and Its Applications，Athens，Greece，2002，pp. 101 – 105.

[6] C. L. Giovaneli，P. G. Farrell and B. Honary，Improved space-time coding applications for power line channels，in International Symposium on Power Line Communications and Its Applications，Kyoto，Japan，2003，pp. 50 – 55.

[7] C. L. Giovaneli，B. Honary and P. G. Farrell，Optimum space-diversity receiver for Class A noise channels，in International Symposium on Power Line Communications and Its Applications，Zaragoza，Spain，2004，pp. 189 – 194.

[8] A. Papaioannou，G. D. Papadopoulos and F.-N. Pavlidou，Performance of space-time block coding over the power line channel in comparison with the wireless channel，in International Symposium on Power Line Communications and Its Applications，Zaragoza，Spain，2004，pp. 362 – 366.

[9] A. Papaioannou，G. D. Papadopoulos and F.-N. Pavlidou，Performance of space-time block coding in powerline and satellite communications，J. Commun. Inf. Syst.，20（3），174 – 181，2005.

[10] C. Giovaneli，B. Honary and P. Farrell，Space-frequency coded OFDM system for multi-wire power line communications，in International Symposium on Power Line Communications and Its Applications，Vancouver，British Columbia，Canada，April 2005，pp. 191 – 195.

[11] B. Adebisi，S. Ali and B. Honary，Multi-emitting/multi-receiving points MMFSK for power-line communications，in International Symposium on Power Line Communications and Its Applications，Dresden，Germany，2009，pp. 239 – 243.

[12] L. Hao and J. Guo，A MIMO-OFDM scheme over coupled multi-conductor power-line communication channel，in International Symposium on Power Line Communications and Its Applications，Pisa，Italy，2007，pp. 198 – 203.

[13] H. Furukawa，H. Okada，T. Yamazato and M. Katayama，Signaling methods for broadcast transmission in power-line communication systems，in International Symposium on Power Line Communications and Its Applications，Kyoto，Japan，2003.

[14] F. de Campos，R. Machado，M. Ribeiro and M. de Campos，MISO single-carrier system with feedback channel information for narrowband PLC applications，in International Symposium on Power Line Communications and Its Applications，Dresden，Germany，2009，pp. 301 – 306.

[15] M. Kuhn，D. Benyoucef and A. Wittneben，Linear block codes for frequency selective PLC channels with colored noise and multiple narrowband interference，in Vehicular Technology Conference，VTC Spring 2002，vol. 4，Birmingham，AL，2002，pp. 1756 – 1760.

[16] L. Lampe，R. Schober and S. Yiu，Distributed space-time coding for multihop transmission in power line communication networks，IEEE J. Sel. Areas Commun.，24（7），1389 – 1400，2006.

[17] L. Stadelmeier，D. Schneider，D. Schill，A. Schwager and J. Speidel，MIMO for inhome power line communications，in International Conference on Source and Channel Coding（SCC），ITG Fachberichte，Ulm，Germany，2008.

[18] D. Schneider，J. Speidel，L. Stadelmeier and D. Schill，Precoded spatial multiplexing MIMO for inhome power line communications，in Global Telecommunications Conference，IEEE GLOBECOM，New Orleans，LA，2008.

[19] A. Canova，N. Benvenuto and P. Bisaglia，Receivers for MIMO-PLC channels：Throughput comparison，in International Symposium on Power Line Communications and Its Applications，Rio de Janeiro，Brazil，2010，pp. 114 – 119.

[20] D. Schneider，Inhome power line communications using multiple input multiple output principles，Dr-Ing. dissertation，Verlag Dr. Hut，January 2012.

[21] R. A. Horn and C. R. Johnson，Matrix Analysis. Cambridge University Press，Cambridge，U.K.，1985.

[22] J. Proakis，Digital Communications，4th edn. McGraw-Hill Book Company，New York，2001.

[23] E. Biglieri，Coding and modulation for a horrible channel，IEEE Commun. Mag.，41（5），92 – 98，2003.

[24] S. Alamouti，A simple transmit diversity technique for wireless communications，IEEE J. Sel. Areas Commun.，16（8），1451 – 1458，1998.

[25] B. Vucetic and J. Yuan，Space-Time Coding. John Wiley，Chichester，U.K.，2003.

[26] W. Zhang，X-G. Xia，P. Ching and H. Wang，Rate two full-diversity space-frequency code design for MIMO-OFDM，in Workshop on Signal Processing Advances in Wireless Communications，New York，June 2005，pp. 303 – 307.

[27] W. Zhang，X-G. Xia and P. C. Ching，High-rate full-diversity space-time-frequency codes for broadband MIMO block-fading channels，IEEE Trans. Commun.，55（1），25 – 34，January 2007.

[28] E. Viterbo and J. Boutros，A universal lattice code decoder for fading channels，IEEE Trans. Inf. Theory，45（5），1639 – 1642，July 1999.

[29] A. Paulraj，D. Gore，R. Nabar and H. Bolcskei，An overview of MIMO communications-A key to gigabit wireless，Proc. IEEE，92（2），198 – 218，February 2004.

[30] A. Boronka，Verfahren mit adaptiver Symbolauslschung zur iterativen Detektion codierter MIMO-Signale，Dr-Ing. dissertation，Institute of Telecommunications，University of Stuttgart，November 2004.

[31] A. Scaglione，P. Stoica，S. Barbarossa，G. Giannakis and H. Sampath，Optimal designs for space-time linear precoders and decoders，IEEE Trans. Signal Process.，50（5），1051 – 1064，May 2002.

[32] CISPR 16 – 1：1999：Specification for radio disturbance and immunity measuring apparatus and methods. Radio disturbance and immunity measuring apparatus，CISPR Std.

[33] A. Lozano，A. Tulino and S. Verdu，Mercury/waterfilling：Optimum power allocation with arbitrary input constellations，in International Symposium on Information Theory，Adelaide，South Australia，Australia，2005，pp. 1773 – 1777.

[34] A. Lozano，A. Tulino and S. Verdu，Optimum power allocation for parallel Gaussian channels with arbitrary input distributions，IEEE Trans. Inf. Theory，52（7），3033 – 3051，2006.

[35] D. Fertonani and G. Colavolpe，On reliable communications over channels impaired by bursty impulse noise，IEEE Trans. Commun.，57（7），2024 – 2030，2009.

9

MIMO PLC 容量和吞吐量分析

9.1　引言

多输入多输出（Multiple-Input Multiple-Output，MIMO）系统已经在无线领域使用多年[1,2]。在发射端（Tx）和接收端（Rx）使用多天线的主要好处是可以获得通信覆盖和容量的剧增。对于一个单用户传输来说，假设 Tx 和 Rx 已经很清楚地知道信道的信息，那么信道容量将随着天线数量的增加而线性增长。然而，在实际的无线场景中，MIMO 系统的容量取决于一系列实际因素，包括在时变环境下的信道估计，由多天线引入的空间相关性，以及在接收端 Rx 可用的信噪比（Signal-to-Noise Ratio，SNR）值等。最近，MIMO 技术已经被应用在电力线载波通信（Power Line Communications，PLCs）的相关领域中，旨在提供更大的信道容量以及更大的系统覆盖，而这是通过在相线（L）和中线（N）之外使用保护地线（Protective Earth，PE）来实现的[4-8]（见第 1 章）。这种 MIMO 技术的新应用提供了不同于无线通信的特性，它可以影响 PLC 获得的容量增益。另一方面，一个 PLC 信道输入输出端的数量比无线信道更受限制。根据基尔霍夫定律，只有两个不同的差分输入端可以被同时使用，有三种可能的组合（L-N，N-PE 和 PE-L）。在 Rx 端，监测三种不同组合的信号，可以是基于同一条线或者不同线上的差分接收。此外，在 Rx 端还能检测到由于传输介质的非对称性而产生的共模（Common Mode，CM）信号，提供了 MIMO 系统的第四个输出。这样，一个 MIMO PLC 传输可以实现 2×4 的结构。对于更多的关于 MIMO 信号的注入和接收耦合的细节在第 1 章中有所述。典型 PLC 场景中的 SNR 值比经典无线通信的值要高。这种较高的 SNR 值对 MIMO 传输是有益的，因为与单输入单输出（Single-Input Single-Output，SISO）相比，即便信道呈现出高度的空间相关性，仍然能保证一个较高的信道容量增益。

本章分成两个主要部分。由 MIMO 技术提供的 PLC 信道容量详细分析见 9.2 节。信道容量对可达到的吞吐量提供了一个上限，并且无需考虑系统实施细节或特定的 MIMO 机制。9.3 节研究了在具有自适应调制的 OFDM 系统中针对不同 MIMO 机制的可达到的吞吐量。9.2 节中的子小节对信道容量分析进行了详尽阐述。首先，9.2.1 小节阐述了用于信道容量计算的数学框架。其次，9.2.2 小节对文献中不同场景下提出的信道容量结果进行了讨论。最后，9.2.3 小节呈现了基于第 5 章中所提到的 ETSI STF 410 实验测量工作的 MIMO 信道容量的统计分析。9.3 节对吞吐量进行了分析，结构如下：首先，如 9.3.1 小节所述，将自适应调制应用于第 8 章所述的 MIMO-OFDM 系统，如第 8 章所述，不同 MIMO 机制下经 MIMO 检测/均衡后的 SNR 仍然是频率选择性的。因此，应对频率选择性的方法是对子载波采用自适应调制。在 9.3.2 小节中对不同的 MIMO PLC 系统可达到的比特率开展了研究，其所采用的是与 9.2 节中用于研究信道容量的相同的 MIMO PLC 信道集合。

9.2 MIMO PLC 信道容量

9.2.1 理论背景

接下来，考虑一个宽带信号传输，传输信号 $s(f)$ 定义在 $[f_{\min}, f_{\max}]$ 区间的一组频率集中。一般来说，例如正交频分复用（Orthogonal Frequency Division Multiplexing，OFDM）的多载波传输机制通常被用于传输宽带信号，该信号不会由于信道的频率选择性而产生符号间干扰（Inter-Symbol Interference，ISI）。更多的关于 MIMO-OFDM 系统的信息见第 8 章。对于一个 SISO 信道传输，包含一个 Tx 端口和一个 Rx 端口，接收信号 $r(f)$ 和传输信号 $s(f)$ 的关系如下所示：

$$r(f) = h(f)s(f) + n(f) \tag{9.1}$$

式中：$h(f)$ 代表对所有频率 f 定义的 SISO 信道传输函数（Channel Transfer Function，CTF）；$n(f)$ 表示接收到的噪声。

信道容量的概念是由香农在文献［9］中提出的。根据信息论，数据传输可以在一个任意低的错误率下，提供比最大的信道容量低的数据速率。信道容量是指在一个给定信道上理论上可以获得的最大传输速率。对于一个单载波的 SISO 信道，信道容量 C_{SISO} 如下所示：

$$C_{\text{SISO}} = B \cdot \log_2(1 + \Lambda)[\text{bit/s}] \tag{9.2}$$

式中：B 代表信号带宽，单位为 Hz；Λ 代表接收端的信噪比 SNR。

对于一个在频率 $f_1 \sim f_L$ 范围内、子载波间隔为 Δf 的具有 L 个子载波的多载波传输，式（9.2）可转换为：

$$C_{\text{SISO}} = \Delta f \cdot \sum_{n=1}^{L} \log_2[1 + \Lambda(f_n)](\text{bit/s}) \tag{9.3}$$

在 Tx 端口，考虑一个给定的信号功率谱密度（Power Spectral Density，PSD）$P(f)$（单位为 W/Hz），在 Rx 端，定义 $N(f)$ 为噪声 PSD，则式（9.3）可以进一步表示为：

$$C_{\text{SISO}} = \Delta f \cdot \sum_{n=1}^{L} \log_2\left(1 + \frac{P(f_n)|h(f_n)|^2}{N(f_n)}\right)(\text{bit/s}) \tag{9.4}$$

假设一个 MIMO 传输包含了 N_T 个 Tx 端口和 N_R 个 Rx 端口，发送信号 $s(f)$ 表示 $N_T \times 1$ 的符号向量，接收信号 $r(f)$ 代表 $N_R \times 1$ 的符号向量，则下面的公式给出了它们之间的关系（也可见 8.2 节）：

$$r(f) = H(f)s(f) + n(f) \tag{9.5}$$

其中：

$n(f)$ 是 $N_R \times 1$ 的符号向量，代表在 N_R 个 Rx 端口接收的噪声；

$H(f)$ 是 $N_R \times N_T$ 的 MIMO CTF 矩阵，表示为：

$$H(f) = \begin{bmatrix} h_{11}(f) & h_{12}(f) & \cdots & h_{1N_T}(f) \\ h_{21}(f) & h_{22}(f) & \cdots & h_{2N_T}(f) \\ \vdots & \vdots & \ddots & \vdots \\ h_{N_R 1}(f) & h_{N_R 2}(f) & & h_{N_R N_T}(f) \end{bmatrix} \tag{9.6}$$

其中 $h_{ml}(f)$ 代表在发送端口 l（$l = 1$，$\cdots$，N_T）和接收端口 m（$m = 1$，$\cdots$，N_R）间的 CTF。

如 8.2 节所示，信道矩阵 $H(f)$ 可以被分解为 $R = \min(N_T, N_R)$ 个并行流，流的衰减可以由 $H(f)$ 的奇异值 $\sqrt{\lambda_p(f)}$，$p = 1, \cdots R$ 描述。

信道容量式（9.4）可以被扩展成 R 个独立 SISO 流的信道容量之和，如下所示[10]：

$$C_{\text{MIMO}} = \Delta f \cdot \sum_{n=1}^{L} \sum_{p=1}^{R} \log_2 \left(1 + \frac{P(f_n)\lambda_p(f_n)}{R \cdot N(f_n)} \right) (\text{bit/s}) \tag{9.7}$$

在式（9.7）中，假设 N_R 接收端的噪声是非相关的，并且噪声功率对于所有接收端是相同的。在式（9.7）中可以注意到，信号 PSD $P(f)$ 被 $R = \min(N_T, N_R)$ 分解，从而可用功率在 R 个并行和独立的流中共享。注意到，这种假设可能考虑了最差的情况。MIMO PLC 信号的 PSD 不受总功率的限制，而是受到传输的 EMI 特性限制。关于 MIMO PLC 传输的 EMI 性质的讨论可以见第 7 章。第 7 章的分析中暗示了在两个发送端口的情况下，每个发送端口传输功率的减弱可能是小于 3dB。第 7 章对波束赋形的分析将在第 16 章深入研究。

根据式（9.7），MIMO 信道容量公式可以通过考虑接收端的相干噪声进一步精确描述。假设噪声协方差矩阵为：

$$N_c(f) = E\{n(f)n^H(f)\} \tag{9.8}$$

其中，$N_c(f)$ 的维数是 $N_R \times N_R$。如 8.5.4 节所示，一个噪声白化滤波器 $N_C^{-\frac{1}{2}}(f)$ 可以被应用到接收端。滤波后噪声 $\tilde{n}(f) = N_c^{-\frac{1}{2}}(f)n(f)$ 不相关。

$$E\left\{ \tilde{n}(f)\tilde{n}^H(f) \right\} = I_{NR} \tag{9.9}$$

噪声白化滤波器 $N_C^{-\frac{1}{2}}(f)$ 和信道矩阵 $H(f)$ 可以形成一个等价的信道：

$$\tilde{H}(f) = N_c^{-\frac{1}{2}}(f)H(f) \tag{9.10}$$

将 SVD 应用到等价信道，得出奇异值 $\sqrt{\tilde{\lambda}_p(f)}$。使用新的等价奇异值 $\sqrt{\tilde{\lambda}_p(f)}$，信道容量式（9.7）可被扩展成：

$$C_{\text{MIMO}} = \Delta f \cdot \sum_{n=1}^{L} \sum_{p=1}^{R} \log_2 \left(1 + \frac{P(f_n)\tilde{\lambda}_p(f_n)}{R} \right) (\text{bit/s}) \tag{9.11}$$

注意到 $N(f_n)$ 在式（9.11）中被移除，这是因为在 $\tilde{\lambda}_p(f)$ 通过噪声白化滤波器 $N_C^{-\frac{1}{2}}(f)$ 已经考虑了噪声功率，因此根据式（9.9），噪声功率等价于 1。MIMO 传输提供了另一个自由度，即总传输功率可以实现在 R 个 MIMO 流中的分配。对于具有 $\sum_{p=1}^{N_T} a_p = N_T$ 限制的每个传输流，该功率分配（Power Allocation，PA）可以通过一个因数 a_p 包含在式（9.11）中。与信道容量相关的最优 PA 是通过注水算法（Water Filling，WF）实现的（见文献［10］）。使用注水法的 MIMO PLC 信道容量研究见文献［8］。它展示了对于具有低 SNR 的链路，注水法可以有效提升信道容量，但对于具有中、高 SNR 的链路在应用了注水法后信道容量的提升有限。总的来说，具有低 SNR 的链路可能因 PA 受益。第 8 章中讨论了将 PA 应用到 MIMO PLC 系统。在本章的仿真结果中不考虑注水法。

9.2.2 文献中 MIMO 信道容量计算的回顾

MIMO PLC 信道容量的第一次研究是基于德国室内和公寓中的 PLC 信道测量进行的[4]，这些研究在文献［8］中作了深入阐述。作者发现 MIMO 信道容量平均是 SISO 信道容量的两倍。基于法国的测量结果，这一结论在文献［6，11］中被证实，并且扩展到一个频率范围高达 100MHz 的范围。在文献［12］中，基于理论的 MIMO 信道模型和加性高斯白噪声（Additive White Gaussian Noise，AWGN）比较了不同 MIMO PLC 机制的吞吐量。文献［13］基于在北美的测量，研究了 MIMO PLC 信道和信道容量，重点关注了相关噪声对信道容量的影响。文献［14］提出了一个自底向上的 MIMO PLC 信道模型，并将所提出 MIMO PLC 信道模型的信道容量和基于之前测量结果的 MIMO 信道容量进行了比较。文献［15］分析了 MIMO PLC 信道，并且基于 ETSI STF 410 的 MIMO 信道测量工作计算了 MIMO 信道容量（见第 5 章[16-18]）。然而，在该分析中噪声被假设为不相干的白噪声。

9.2.3 基于欧洲现场测量的 MIMO 信道容量统计分析

基于欧洲 ETSI STF 410 的现场测试工作获得的 MIMO PLC 信道特性开展了信道容量的统计分析。该测量工作记录了在数以百计插座间不同的 MIMO 注入以及接收方式下的信道 S_{21} 离散参数。此外，对于所有 MIMO 端口，均同时记录了插座处的噪声，这有利于得出接收端口间噪声的相关性。在下面的信道容量分析中考虑了噪声的相关性。测量的频率范围高达 100MHz，该测量是在德国、意大利、西班牙、法国、比利时和英国进行的。关于测量活动的细节可以参见第 5 章。在稍后的统计分析中，共计使用了 285 组信道。值得注意的是，对等信道的测量结果已经从测试数据集中移除。

在接下来的分析中，发送功率被作为一个参数来反映世界各区域不同的法规限制。这里，使用了第 6 章介绍的发送 PSD 限值。特别地，使用了图 6-3 中欧洲、美国和日本的发送 PSD 限值。

根据式（9.11）对每一条链路计算信道容量。图 9-1～图 9-3 展示了在欧洲、美国和日本不同发送功率限值下信道容量的互补累积分布函数（Complementary Cumulative Distribution Function，C-CDF）。通过分析超过特定比特率的概率，C-CDF 可以获得不同的覆盖值。针对不同的 MIMO 配置导出信道容量。表 9.1 中总结了图 9-1～图 9-3 中从左到右的 MIMO 配置。第一个配置是 SISO，其中 delta 型耦合器的 D1 端口（L 和 N 间的差分输入）被用于发射端，星型耦合器的 S1 端口（L）被用于接收端。需要注意的是，以在 D1 上发送和在 S2（N）上接收的 SISO 配置与在 D1（L）上接收的 SISO 配置具有相同的性能。因此，第二种 SISO 配置未在图 9-1～图 9-3 中示出。使用 3 种 SIMO 配置，发送端均采用 D1 端口（L-N），接收端端口数量依次增多。1×2 的配置可以用在第三条线不存在的室内环境。如果所述发射端是一个传统的（非 MIMO）调制解调器，而接收机具有充分的 MIMO 能力，即可以使用 1×4 的配置。三个 MIMO 配置使用与 SIMO 配置相同的接收端口，并使用发送端 D1（L-N）和 D3（L-PE）。关于耦合器和端口定义的细节可以参见第 1 章。2×2 的结构可能是最有利的，这是因为发射或接收信号时耦合器资源是对称使用的。2×4 是当前三条线路的网络中的最高配置。

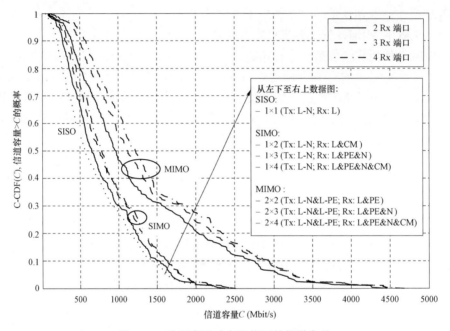

图 9-1　欧洲发送功率限值下的信道容量

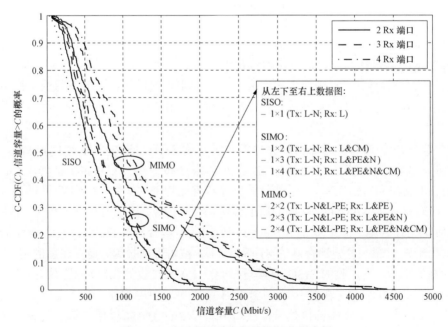

图 9-2　美国发送功率限值下的信道容量

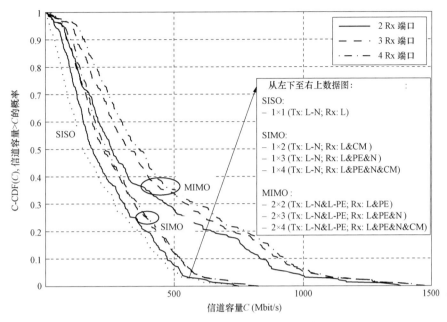

图9-3 日本发送功率限值下的信道容量

表9.1	MIMO 配 置	
MIMO 配置	Tx 端口	Rx 端口
1×1	D1（L–N）	S1（L）
1×2	D1（L-N）	S1（L）和 S4（CM）
1×3	D1（L-N）	S1（L），S2（N）和 S3（PE）
1×4	D1（L-N）	S1（L），S2（N），S3（PE）和 S4（CM）
2×2	D1（L-N）和 D3（L-PE）	S1（L）和 S3（PE）
2×3	D1（L-N）和 D3（L-PE）	S1（L），S2（N）和 S3（PE）
2×4	D1（L-N）和 D3（L-PE）	S1（L），S2（N），S3（PE）和 S4（CM）

表9.2总结了在图9-1～图9-3示出的C-CDF的中位值（50%的点）和98%的点（高覆盖率点），得出以下结论。首先，考虑中位值：

（1）当只有一个发射端口时，SIMO配置相比于SISO已经提供了增益。信道容量的最佳SIMO方案为1×4，与SISO相比增加了37%（欧洲），39%（美国）和56%（日本），并在表9.2中以比特率的形式体现出来。比特率越高，SIMO的相对增益越低。反之亦然，当信道仅支持较低的比特率时，将提供相对于SISO的最高增益。对于在高覆盖点区域的MIMO亦观察到相同的趋势。相比欧洲，美国和日本的比特率在发送功率限值下相对较低：美国限值较欧洲限值低5dB，而日本限值甚至不允许任何高于30MHz的信号传输。

（2）使用第二个发射端口将形成完全的MIMO配置，在相较于SISO的比特率方面提供显著的提升，在2×2配置下分别达到71%（欧洲和美国）和72%（日本），在2×4配置下分别达到116%（欧洲和美国）和146%（日本）。

表 9.2   不同发送功率限值下相较于 SISO 的信道容量和增益：中位值和 98% 覆盖点

MIMO 配置	欧洲限值				美国限值				日本限值			
	中值		98%		中值		98%		中值		98%	
	Mbit/s	增益	Mbit/s	增益	Mbit/s	增益	Mbit/s	增益	Mbit/s	增益	Mbit/s	增益
1×1	568		82		499		62		149		6	
1×2	651	1.15	126	1.55	571	1.14	103	1.65	184	1.24	23	3.63
1×3	751	1.32	154	1.88	670	1.34	127	2.04	226	1.51	31	4.81
1×4	777	1.37	173	2.12	694	1.39	143	2.30	233	1.56	34	5.7
2×2	971	1.71	153	1.87	851	1.71	121	1.94	257	1.72	23	3.52
2×3	1126	1.98	201	2.46	984	1.97	160	2.57	323	2.17	35	5.48
2×4	1227	2.16	235	2.88	1077	2.16	190	3.05	367	2.46	41	6.35

作为结论，采用完全 MIMO（2×4）配置的 MIMO 信道容量平均是 SISO 容量的两倍以上。

接下来，考虑高覆盖区域（98% 点）：

（1）在高覆盖率区域，SIMO 配置相比于 SISO 已经提供了显著的增益：对于 1×4 的配置，增益系数为 2.12（欧洲），2.03（美国），甚至 5.37（日本）。

（2）与 1×4MIMO 相比，2×2 的配置提供较少的增益：在欧洲、美国和日本的限值下分别为 1.87、1.94 和 3.52。其次，弱流（本征模）对于低信噪比信道贡献不大。它主要是在接收机处收集所有可用的信号能量，这是通过接收端口的数量来反映的。

（3）结合最大数量接收端口以及 2×4 配置下双流的使用，可以获得相比于 SISO 的最高增益：在欧洲、美国和日本限值下分别为 2.88、3.05 和 6.35。

在高覆盖率区域的 MIMO 增益甚至高于中位值时的增益。这样一来，MIMO 技术将尤为改善具有强衰减以及由此带来的接收端低 SNR 的链路，使得 MIMO 成为满足苛刻覆盖要求的一种很有前途的方法。注意到，这里所呈现的结果是理论信道容量。MIMO 机制的选择，以及调制、编码、系统实现细节与局限性等方面将影响实际调制解调器可达的吞吐量。例如，一个 10 位的模拟数字转换器（Analogue-to-Digital Converter，ADC）可能无法使用信道中全部可用的 SNR。

9.3   MIMO PLC 吞吐量分析

本节的目的是针对不同的 MIMO PLC 系统来验证之前章节所述的 MIMO 信道容量增益。特别地，研究了在第 8 章中介绍的基于 OFDM 的 MIMO PLC 方案及其可获得的比特率。根据 SNR 对每个子载波进行比较加载和调制（见第 9.3.1 小节）。经 MIMO 处理后的信噪比仍具有很大的频率选择性，这使得对于特定子载波的自适应调制成为最大化 PLC 吐吞量的一个好的选择。基于一整套 MIMO PLC 信道集合，9.3.2 小节分析了可获得的比特率。

9.3.1   自适应调制

频率选择性 PLC 信道使得对于不同的 OFDM 子载波呈现较高的 SNR 变化。为了克服这个问题，可以采用自适应调制方法。每个子载波根据相应的 SNR 进行比特加载和调制。信噪比越高，可以使用的正交幅度调制（Quadrature Amplitude Modulation，QAM）的阶数越高。图 9-4 给出了一种典型的 SISO PLC 信道的例子。4～30MHz 频率范围内的 SNR 显示出这是一个频率选择性信道。这里使用的调制阶数为 M 的 QAM 星座图是二相相移键控（Binary Phase-Shift Keying，BPSK）（$M=2$），或从四相相移键控（Quadrature Phase-Shift Keying，QPSK）到 4096-QAM（$M=4$，16，64，256，1024，4096）。每个 QAM 符号的比特数为 $\log_2(M)$。在图 9-4 中，使用水平线给出了对应每种调制阶数 M 的 SNR 门限 θ_M。这些门限根据每个子载波的 SNR 定义 QAM 星座图的分配。如果某个子载波的 SNR 过低而无法携带任何信息，也可以将该子载波陷波。

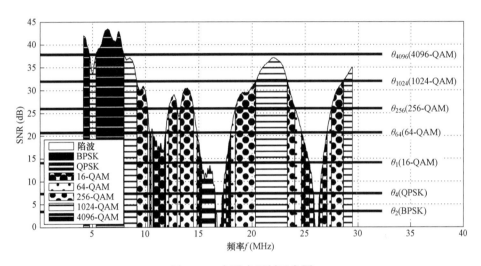

图 9-4　自适应调制示意图

如果 $\Lambda(n)$ 是子载波 n（$1\leqslant n\leqslant N$）的 SNR，子载波 n 的调制阶数 $M(n)$ 可以依据每种调制阶数对应的 SNR 门限 θ_M 来确定：

$$M(n)=\begin{cases}1, & \Lambda(n)<\theta_2(未调制)\\2, & \theta_2\leqslant\Lambda(n)<\theta_4(\text{BPSK})\\4, & \theta_4\leqslant\Lambda(n)<\theta_{16}(\text{QPSK})\\16, & \theta_{16}\leqslant\Lambda(n)<\theta_{64}(16-\text{QAM})\\64, & \theta_{64}\leqslant\Lambda(n)<\theta_{256}(64-\text{QAM})\\256, & \theta_{256}\leqslant\Lambda(n)<\theta_{1024}(256-\text{QAM})\\1024, & \theta_{1024}\leqslant\Lambda(n)<\theta_{4096}(1024-\text{QAM})\\4096, & \theta_{4096}\leqslant\Lambda(n)(4096-\text{QAM})\end{cases} \qquad （9.12）$$

在式（9.12）中，调制阶数 $M=1$ 表示没有信息被分配到子载波，即 $\log_2(1)=0$ 个比特被分配。SNR 门限 θ_M 的选择将影响可获得的比特率和误比特率（Bit Error Ratio，BER）。比特率 D 是加载到所有子载波上的比特数之和除以 OFDM 符号的长度 T_u：

$$D = \frac{\sum_{n=1}^{L} \log_2[M(n)]}{T_u} \tag{9.13}$$

BER 取决于信噪比 Λ 和调制阶数 M。对于 AWGN 信道，BER 由严格的近似[19,20]给出：

$$P_b(M, \Lambda) = \begin{cases} \dfrac{1}{2} \cdot \mathrm{erfc}(\sqrt{\Lambda}) & M = 2 \\ \dfrac{2}{\log_2(M)} \cdot \left(1 - \dfrac{1}{\sqrt{M}}\right) \cdot \mathrm{erfc}\left(\sqrt{\dfrac{3\Lambda}{2(M-1)}}\right) & \log_2(M) \text{偶数} \end{cases} \tag{9.14}$$

其中，互补误差函数：$\mathrm{erfc}(x) = \dfrac{2}{\sqrt{\pi}} \int_x^\infty \exp(-t^2)\mathrm{d}t$。在式（9.14）中，二进制映射格雷位标签被用于偶数星座图（$\log_2 M$）。

调制阶数为 $M(n)$ 信噪比 $\Lambda(n)$ 的子载波 n（$1 \leqslant n \leqslant N$），误比特率 $P_b[M(n), \Lambda(n)]$ 可以根据式（9.14）计算。整体的平均误比特率 $\bar{P}_b$ 由下式给出[20]：

$$\bar{P}_b = \frac{\text{出错的数量}}{\text{比特的数量}} = \frac{\sum_{n=1}^{N} P_b[M(n), \Lambda(n)] \cdot \log_2[M(n)]}{\sum_{n=1}^{N} \log_2[M(n)]} \tag{9.15}$$

根据式（9.12），信噪比门限 θ_M 决定各子载波的调制阶数 $M(n)$，并且同时影响比特率［式（9.13）］和平均 BER［式（9.14）］。信噪比门限 θ_M 的设计可以依据两个不同的准则进行优化：

（1）对于固定比特率最小化 BER；

（2）对于固定 BER 最大化比特率。

这里考虑第二个准则。一种保证一定目标 BER P_b' 且 $\bar{P}_b \leqslant P_b'$ 的简单算法使用了固定的 SNR 门限。对于给定的目标 BER P_b' 和调制阶数 M，根据式（9.14）求得，然后 Λ 用作信噪比门限 θ_M。图 9−5 显示了对于不同的调制阶数，根据 SNR 确定的 BER。该图还提供了对于 $P_b' = 10^{-3}$ 目标 BER 的 SNR 门限。10^{-3} 的 BER 值对于原始物理层可能是足够的，因为额外的前向纠错（Forward Error Correction，FEC）算法将用于改进 BER。该算法保证了在任何情况下平均 BER $\bar{P}_b$ 不会超过目标 BER P_b'。通常情况下，平均 BER $\bar{P}_b$ 将低于目标 BER P_b'，因为许多子载波具有的 SNR 比 SNR 门限更高。

文献［5，8］提出了一种算法，针对目标 BER P_b' 实现比特率 D 的最大化。该算法考虑了给定信道的 SNR 分布，也就是说，该算法根据当前的信道条件自适应调整 SNR 门限。

图 9−4 示出的 SNR 门限是根据前面所述的算法，并面向 10^{-3} 的目标 BER 而获得的。需要注意的是，相对于图 9−5 所示的固定 SNR 门限，该 SNR 门限较低。因此，相比于固定门限的算法，所提出算法的比特率较高。

如第 8 章所述，MIMO 方案和检测算法决定 MIMO 流的 SNR。自适应调制单独应用于每个 MIMO 流。图 9−6（a）示出了 MIMO 自适应调制算法的框图。SNR 门限 θ_M 是根据 MIMO 检测后的子载波 SNR 计算得到的。这些门限被用来将 QAM 星座分配到每个子载波。需要注意的是，在图 9−6 框图中自适应 QAM 模式和自适应门限需要所有子载波的 SNR 信息；因此，这些部分是并行执行的。基于 SNR 和 QAM 星座图可以计算 PA 系数（参见 8.3

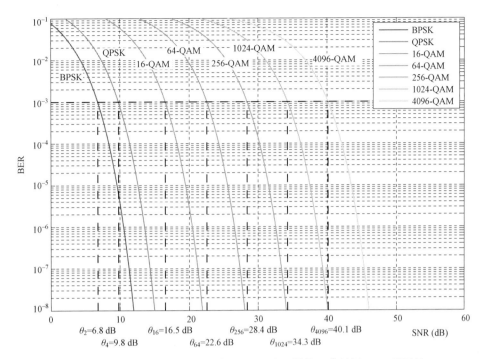

图 9-5　不同 QAM 阶数下的 SNR 与 BER，以及满足 10^{-3} 目标 BER 需要的 SNR

节），这将导致 PA 对自适应调制的依赖，如图 9-6（b）所示。在这种情况下，自适应调制和 PA 的结合必须进行迭代计算。

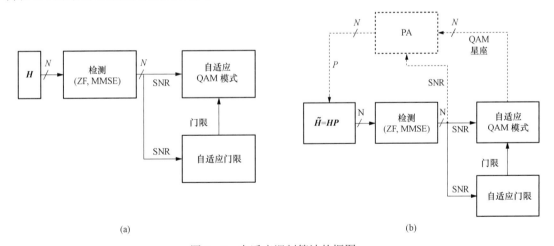

图 9-6　自适应调制算法的框图

（a）无 PA；（b）有 PA

9.3.2　仿真结果

将第 8 章中描述的 MIMO-OFDM 系统作为仿真的基础。在 4～30MHz 的频率范围内使用了 1296 个子载波，每个子载波根据第 9.3.1 节中所述的自适应调制算法进行自适应调制。未编码系统的平均目标 BER 调整到 10^{-3}，额外的 FEC 可进一步降低该 BER。比特率定义为分配给所有的子载波的比特数之和除以 OFDM 的符号长度。该比特率描述了在不考虑保护间隔长度、训练数据和 FEC 开销情况下的原始物理层比特率。表 9.3 总结了系统的基本参数。

表 9.3   基 本 系 统 参 数

快速傅里叶变换（FFT）点数	2048
奈奎斯特频率（MHz）	40
频带（MHz）	4～30
激活子载波的数量（4～30MHz）	1296
载波间隔（kHz）	19.53
符号长度（μs）	51.2
调制（每个子载波）	BPSK，QPSK，16 –，64 –，256 –，1024 –，4096 – QAM
未编码目标误比特率	10^{-3}

噪声建模为具有零均值的 AWGN，并假定噪声是不相关的，且噪声功率对于所有接收端口是相同的。发射功率与噪声功率之比为 $\rho = 65\,dB$。此值对应于 $-55dBm/Hz$ 的发射 PSD（见第 6 章）和 $-120dBm/Hz$ 的平均噪声 PSD（根据第 5 章，这相当于噪声 CDF 的 90% 的点）。这里，不考虑脉冲噪声，重点是 MIMO 和 SISO 方案之间的比较。据预计，脉冲噪声会以类似的方式影响所有接收端口。因此，SISO 系统中的干扰抑制技术可以被采用[21,22]。在系统仿真中使用了在欧洲测量活动期间（ETSI STF 410，见第 5 章）获得的 MIMO PLC 信道。在 MIMO 情况下，两个注入端口 D1 和 D3（即 L-N 和 L-PE，见第 1 章）和所有四个接收端口（S1、S2、S3 和 S4）被使用；在 SISO 情况下，发射端使用了 D1（L-N）端口，接收端使用了 S1（L）端口。可以看出，在接收端使用 S2（N）端口与使用 S1 端口具有相同的性能。根据第 8 章给出的 MIMO 方案，基于每个子载波的信道矩阵对相应的 SNR 进行计算（假设信道估计是完美的）。然后，所导出的 SNR 用于自适应调制算法，并以此来确定子载波的星座图。自适应调制被应用到本节中的每一种 MIMO 方案。

图 9-7 比较了不同的 MIMO 方案在 $\rho = 44\,dB$ 时比特率的 C-CDF，即 SISO、Alamouti 方案和具有不同检测算法和 BF 的空间复用（Spatial Multiplexing，SMX）方案（见第 8 章）。所测量的 MIMO PLC 信道构成了比较的基础。这里没有使用 PA。SISO 预计将提供最低的比特率。然而，对于大多数信道来说，与 SISO 相比采用迫零（Zero Forcing，ZF）检测的 SMX 性能基本持平甚至更糟。电力线信道的高相关性导致在所述检测矩阵中元素的数值较大，即导致了噪声的放大（可参见第 8.6 节）。这种效应可通过使用更先进的检测算法来减轻。如图 9-7 所示，采用最小均方差（Minimum Mean Squared Error，MMSE），串行干扰消除（Successive Interference Cancellation，SIC）–ZF 和 SIC-MMSE 时比特率增加。有序的 SIC（Ordered SIC，OSIC）接收机未在图 9-7 中示出，因为它们相对于 SIC 的性能改善是有限的。特征波束成形（Eigenbeamforming，EBF）达到最高的比特率。所述 Alamouti 方案的性能几乎与 EBF 一样，尤其是对于低比特率或高覆盖点来说。相对 SISO，MIMO 的比特率增益在低比特率的区域是最高的，如图 9-7 所示。

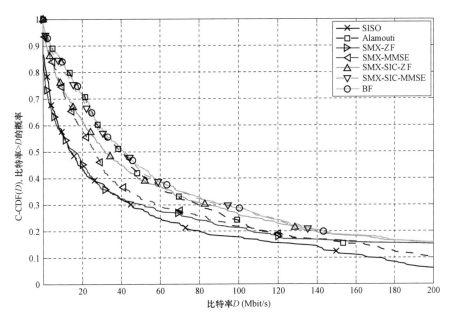

图 9-7 不同 MIMO 方案下比特率的 C-CDF（$\rho = 44\text{dB}$，无 PA，$N_T = 2$，$N_R = 4$）

图 9-8 与图 9-7 类似，具有 $\rho = 65\text{ dB}$ 较高的发射信号与噪声功率比。这里，对比图 9-7，采用 ZF 检测的 SMX 方案性能超过了 SISO，同时，MMSE 相比 ZF 的增益变小。SIC 接收机与 EBF 的性能趋同。但是，必须指出的是，这里并未考虑 PA 和 SIC 接收机的差错传播。Alamouti 方案对于 C-CDF 的高值区域性能良好。然而，由于副本的传输，对高比特率的信道没有复用增益（图 9-8 中可以通过 C-CDF 的低值区域看出，其中所述 Alamouti 方案的曲线与 SISO 曲线重合）。

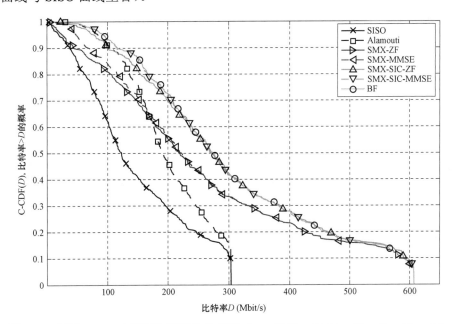

图 9-8 不同 MIMO 方案下比特率的 C-CDF（$\rho = 65\text{dB}$，无 PA，$N_T = 2$，$N_R = 4$）

图 9-9 比较了 $\rho=44\,\text{dB}$、$\rho=65\,\text{dB}$ 时，不同 PA 算法下 SMX 和 BEF 的性能。相比简化的 PA 算法（如在第 8 章中所述），采用汞注水法（Mercury Water Filling，MWF）算法仅带来细微的性能改进。PA 的增益在低 ρ 值时最为明显。如第 8 章所述的 SNR 结果（见图 8-14），EBF 得益于 PA。SMX 的 PA 增益（SMX-ZF）相对较小，这在 SMX 的所有接收机处均观察到。

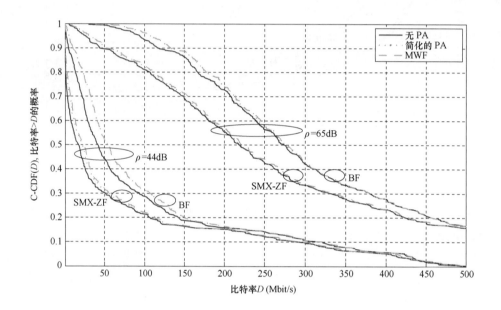

图 9-9　SMX-ZF，BF 和不同 PA 方案下比特率的 C-CDF（无 PA，简化 PA 和 MWF，
$\rho=44\text{dB}$，$\rho=65\text{dB}$，$N_\text{T}=2$，$N_\text{R}=4$）

图 9-10 类似于图 9-7，但它包含了 PA。此外，图中示出了单流 BF，其中总功率分配给了第一个数据流。图 9-10（a）显示了完整的覆盖范围，图 9-10（b）显示了中位值覆盖点，图 9-10（c）显示了高覆盖点。对于衰减较大的信道，EBF 的第二个数据流通常不好携带信息。如果第二个数据流的载波没有携带任何信息，那么将第二个数据流的发送功率转移到 EBF 的第一个数据流，将导致第一个数据流的 SNR 提高 3dB。显然，单流 BF 的性能接近于双流 BF，因为第二个数据流只有少数的载波对比特率有所贡献。相比图 9-7 中没有 PA 的情况，BF 相对 Alamouti 方案的卓越性能是非常明显的。需要注意的是，PA 不能用于 Alamouti 方案，因为每个码元均是通过每个发送端口发送。

表 9.4 总结了不同 MIMO 方案的比特率平均值。考虑了 $\rho=44\,\text{dB}$ 和 65dB 两个发送信号与噪声功率比。MIMO 方案的增益被定义为所述 MIMO 比特率与 SISO 比特率的比值。

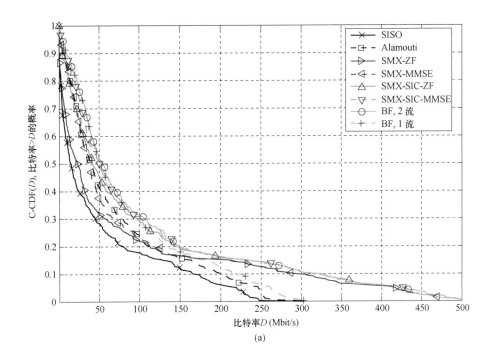

(a)

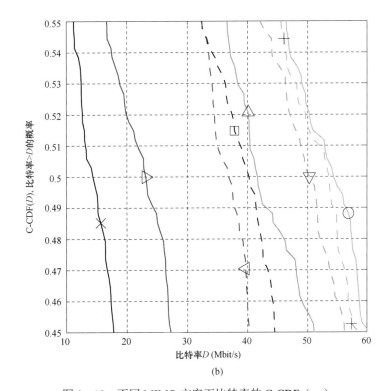

(b)

图 9-10 不同 MIMO 方案下比特率的 C-CDF（一）

（a）不同 MIMO 方案下比特率的 C-CDF，有 PA， $\rho = 44$dB， $N_T = 2$， $N_R = 4$；

（b）分图（a）在比特率 10～60Mbit/s 范围内的放大图

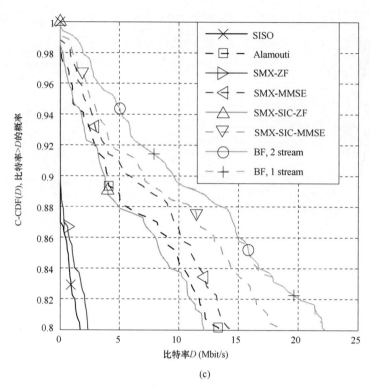

(c)

图 9 – 10 不同 MIMO 方案下比特率的 C-CDF（二）

（c）分图（a）在比特率 0～25Mbit/s 范围内的放大图

表 9.4 　　　　不同 MIMO 和 PA 方案下的比特率的平均值，2×4MIMO 配置

MIMO 方案	$\rho = 44\ dB$						$\rho = 65\ dB$					
	没有 PA		简化的 PA		MWF		没有 PA		简化的 PA		MWF	
	Mbit/s	增益	Mbit/s	增益	Mbit/s	增益	Mbit/s	增益	Mbit/s	增益	Mbit/s	增益
SISO	55	1	不能使用 PA				147	1	不能使用 PA			
Alamouti	79	1.4	不能使用 PA				201	1.4	不能使用 PA			
单流 BF	93	1.7	不能使用 PA				217	1.5	不能使用 PA			
SMX-ZF	85	1.6	88	1.6	91	1.7	264	1.8	266	1.8	269	1.8
SMX-MMSE	92	1.7	98	1.8	101	1.8	270	1.8	273	1.9	276	1.9
SMX-SIC-ZF	105	1.9	110	2.0	113	2.1	306	2.1	309	2.1	313	2.1
SMX-SIC-MMSE	109	2.0	114	2.1	117	2.1	310	2.1	313	2.1	316	2.1
双流 BF	110	2.0	119	2.2	120	2.2	311	2.1	315	2.1	317	2.2

9.4　结论

本章基于 ETSI STF 410 测量活动期间获得的 MIMO PLC 信道集合，开展了理论 MIMO

信道容量的分析，按照不同的发送功率限值要求对信道容量进行了计算。不仅考虑了所测量的 MIMO CTF，同时也考虑了所测量噪声的统计特性及噪声的空间相关性。MIMO 信道容量平均为 SISO 信道容量的两倍。特别地，强衰减信道从 MIMO 的应用中受益最大，使得 MIMO 技术成为提高 PLC 覆盖范围的一种有效方法。

在下一步中，针对不同的 MIMO PLC 系统验证了其吞吐量的增益。如第 8 章所述的 MIMO PLC 方案采用了自适应调制机制，并且对可获得的比特率进行了分析，类似的结论在对吞吐量的分析中也可以得到。一般来说，与 SISO 传输相比，所有 MIMO 方案下的比特率均会有显著增加，这证实了本章 9.2 节所述的信道容量增益。Alamouti 方案与 SISO 相比，不仅提高了比特率，并且对于强衰减信道展现了良好的性能。然而，它却没有获得复用增益，原因是因为每个符号均要进行副本的传输。自适应调制能够适应频率选择性信道，使得 Alamouti 方案可以克服衰落带来的影响。针对弱衰减信道，与 Alamouti 方案相比，SMX 方案增加了比特率。需注意 MIMO 检测算法的使用，对于强相关性的信道 ZF 检测失效，这时建议使用更复杂的检测算法（如 MMSE 和 SIC）以提高性能。早先的 MIMO 方案主要是开环方案，其不需要在发射端知晓信道状态信息。如使用在发射端知晓信道状态信息的闭环 MIMO 方案，如 BF，可以获得额外的性能增益。在所有情况下，BF 可以提供接近信道容量的最高的比特率。对于强衰减信道，实现了全空间分集增益，并且对于弱衰减信道，实现了最大的比特率增益。

BF 需要在发射端了解信道状态信息。通常，只有接收机具有信道状态信息。因此，关于预编码矩阵的信息必须从接收端反馈到发送端。自适应调制的应用也需要来自接收端反馈的星座图，该反馈路径也可以被用来将 BF 信息返回到发射端。可以采用较低的反馈频率，因为室内 PLC 信道相较移动信道来说具有较低的时变性。文献 [5，8] 研究了关于反馈预编码矩阵信息所需的反馈开销，表明预编码矩阵所需的反馈与自适应调制所需的反馈在相同的数量级。由于这些原因，基于 BF 的具有自适应调制的 MIMO-OFDM 系统对于 PLC 来说是一个非常合适的 MIMO 系统。在第 12 章 G.hn/G.9963 和第 14 章 HomePlug AV2 中，MIMO 以及采用预编码的 SMX 或 BF 方案均被引进到最新的 PLC 标准讨论中。关于具有 BF 的 MIMO PLC 硬件实现的研究可以参阅第 24 章。

参考文献

[1] A. Paulraj，D. Gore，R. Nabar and H. Bolcskei，An overview of MIMO communications-A key to gigabit wireless，Proceedings of the IEEE，92（2），198 – 218，February 2004.

[2] L. Schumacher，L. T. Berger and J. Ramiro Moreno，Recent advances in propagation characterisation and multiple antenna processing in the 3GPP framework，in XXVIth URSI General Assembly，Maastricht，the Netherlands，August 2002，session C2. ［Online］ Available：http：//www.ursi.org/Proceedings/ProcGA02/papers/p0563.pdf.

[3] A. Goldsmith，S. Jafar，N. Jindal and S. Vishwanath，Capacity limits of MIMO channels，Selected Areas in Communications，IEEE Journal on，21（5），684 – 702，2003.

[4] L. Stadelmeier，D. Schneider，D. Schill，A. Schwager and J. Speidel，MIMO for inhome power line

communications，in International Conference on Source and Channel Coding（SCC），ITG Fachberichte，Ulm，Germany，2008.

[5] D. Schneider，J. Speidel，L. Stadelmeier and D. Schill，Precoded spatial multiplexing MIMO for inhome power line communications，in Global Telecommunications Conference，IEEE GLOBECOM，New Orleans，LA，2008.

[6] R. Hashmat，P. Pagani，A. Zeddam and T. Chonavel，MIMO communications for inhome PLC networks：Measurements and results up to 100MHz，in International Symposium on Power Line Communications and Its Applications，Rio de Janeiro，Brazil，2010，pp. 120 – 124.

[7] A. Schwager，Powerline communications：Significant technologies to become ready for integration，Dr-Ing. dissertation，Universität Duisburg-Essen，Germany，May 2010.

[8] D. Schneider，Inhome power line communications using multiple input multiple output principles，Dr-Ing. dissertation，Verlag Dr. Hut，Germany，January 2012.

[9] C. Shannon，Communication in the presence of noise，Proceedings of the IRE，37（1），10 – 21，1949.

[10] A. Paulraj，R. Nabar and D. Gore，Introduction to Space-Time Wireless Communications. Cambridge University Press，New York，2003.

[11] R. Hashmat，P. Pagani and T. Chonavel，MIMO capacity of inhome PLC links up to 100MHz，in Workshop on Power Line Communications，Udine，Italy，2009.

[12] A. Canova，N. Benvenuto and P. Bisaglia，Receivers for MIMO-PLC channels：Throughput comparison，in International Symposium on Power Line Communications and Its Applications，Rio de Janeiro，Brazil，2010，pp. 114 – 119.

[13] D. Rende，A. Nayagam，K. Afkhamie，L. Yonge，R. Riva，D. Veronesi，F. Osnato and P. Bisaglia，Noise correlation and its effect on capacity of inhome MIMO power line channels，in International Symposium on Power Line Communications and Its Applications，Udine，Italy，2011，pp. 60 – 65.

[14] F. Versolatto and A. Tonello，A MIMO PLC random channel generator and capacity analysis，in International Symposium on Power Line Communications and Its Applications，Udine，Italy，2011，pp. 66 – 71.

[15] D. Schneider，A. Schwager，W. Bäschlin and P. Pagani，European MIMO PLC field measurements：Channel analysis，in International Symposium on Power Line Communications and Its Applications，Beijing，China，2012，pp. 304 – 309.

[16] ETSI，TR 101 562 – 1v1.3.1，Powerline telecommunications（PLT），MIMO PLT，part 1：Measurement methods of MIMO PLT，Technical Report，2012.

[17] ETSI，TR 101 562 – 2v1.2.1，Powerline telecommunications（PLT），MIMO PLT，part 2：Setup and statistical results of MIMO PLT EMI measurements，Technical Report，2012.

[18] ETSI，TR 101 562 – 3v1.1.1，Powerline telecommunications（PLT），MIMO PLT，part 3：Setup and statistical results of MIMO PLT channel and noise measurements，Technical Report，2012.

[19] S. T. Chung and A. Goldsmith，Degrees of freedom in adaptive modulation：A unified view，IEEE Transactions on Communications，49（9），1561 – 1571，September 2001.

[20] J. Proakis，Digital Communications，4th ed. McGraw-Hill Book Company，New York，2001.

[21] E. Biglieri，Coding and modulation for a horrible channel，IEEE Communications Magazine，41（5），92 − 98，2003.

[22] D. Fertonani and G. Colavolpe，On reliable communications over channels impaired by bursty impulse noise，IEEE Transactions on Communications，57（7），2024 − 2030，2009.

10

现有电力线载波通信系统综述

10.1 简介

电力线通信（power line communications，PLCs）技术研究始于 20 世纪初[6,7]。该技术利用已有的电力线进行通信，它的一个显著优势是能够充分利用已广泛存在的电力基础设施，无需重新布线。因此，理论上 PLC 网络部署成本仅包括将 PLC 设备及连接到电网的耦合器的成本。根据参考文献 [8]，PLC 技术分为以下几类：

（1）超窄带（Ultra Narrowband，UNB）PLC 技术。

该技术工作在极低频（Ultra-low-frequency，ULF）（0.3～3kHz）或超低频（Super-low-frequency，SLF）（30～300Hz）的高频范围内，数据速率很低。采用 UNB-PLC 技术的系统有音频脉动通信系统（Ripple Carrier Signalling，RCS）[6]、Turtle 系统[9]、以及双向自动通信系统（Two-way Automatic Communications System，TWACS）[10,11]。特别地，常用的自动抄表系统（Automated Meter Reading，AMR）也采用 UNB-PLC 技术实现网络接入和控制。UNB-PLC 技术设计的初衷是支持长距离通信且信号可穿过低压/中压变压器，进而最小化所需耦合器及转发器的个数。UNB-PLC 技术的缺点是速率低，如 Turtle 的速率为 0.001bit/s、TWACS 的速率为 2bit/工频周期。此外，上述 NB-PLC 系统有时仅用作单向通信。

（2）窄带（Narrowband，NB）PLC 技术。

该技术工作在甚低频、低频和部分中频（Very-low-frequency，Low-frequency，Medium-frequency，VLF/LF/MF）范围内。例如，欧洲电工标准化委员会（European Comité Européen de Normalisation Électrotechnique，CENELEC）规定 NB-PLC 的工作频率范围为 3～148.5kHz，美国联邦通信委员会（Federal Communications Commission，FCC）规定 NB-PLC 的工作频率范围为 10～490kHz，日本无线工业及商贸联合会（Japan Association of Radio Industries and Businesses，ARIB）规定 NB-PLC 的工作频率范围为 10～450kHz，中国 NB-PLC 的工作频率范围为 3～500kHz。NB-PLC 技术细分为以下几类：

1）低速（Low Data Rate，LDR）窄带技术。该类技术通常采用单载波或扩频调制技术，数据速率通常为几千比特每秒。典型的 LDR NB-PLC 技术包括：ISO/IEC 14908 − 3（LonWorks）、ISO/IEC 14543 − 3 − 5（KNX）、CEA − 600.31（CEBus）、IEC 61334 − 3 − 1、IEC 61334 − 5（FSK 及扩频 FSK）。上述技术主要由国际电工委员会（International Electrotechnical Commission，IEC）和国际标准化组织（International Organization for Standardization，ISO）等国际标准研发组织（Standard Development Organisations，SDO）制定。此外，现存一些由非标准研发组织制定的 LDR NB-PLC 技术标准，如 Insteon、X10、

HomePlug C&C、SITRED、Ariane Controlsand BacNet 等。LDR NB-PLC 技术又被称为配电线载波技术或电力线载波技术。

2）高速（High Data Rate，HDR）窄带技术。该类技术通常基于正交频分复用（Orthogonal Frequency Division Multiplexing，OFDM）技术[12]，数据速率在几十千比特每秒到 500 千比特每秒之间。典型的 HDR NB-PLC 技术包括由国际电信联盟电信标准化部门（International Telecommunications Union-Telecommunication Standardization Sector，ITU-T）制定的的 NB-PLC 系列标准[13-15]、以及电气和电子工程师协会（Institute of Electrical and Electronics Engineers，IEEE）制定的 P1901.2 标准[16]。非 SDO 制定的工业技术规范 G3－PLC 和电力线智能抄表演进（Powerline-Related Intelligent Metering Evolution，PRIME）已分别成为 ITU-T 建议 G.9903 和 G.9904。

（3）宽带（Broadband，BB）PLC 技术。

该类技术工作在中频、高频或甚高频（Medium-frequency、High-frequency、Very-high-frequency，MF/HF/VHF）范围内（1.8～250MHz），数据速率在几兆 bit/s 到几百兆 bit/s 之间。典型的 BB-PLC 技术包括：TIA－1113（HomePlug1.0）、IEEE1901 和 ITU-T G.hn（G.9960－G.9964）。其他非 SDO 制定的技术规范包括：HomePlug AV2、HomePlug Green PHY、UPA Powermax 和 Gigle MediaXtreme。BB-PLC 技术适用于"最后一公里"接入，故该技术又被称为宽带电力线（Broadband over Power Lines，BPL）技术。

图 10－1 对 UNB-PLC、NB-PLC 和 BB-PLC 技术规范及标准进行了归纳整理。除此之外，Watteco 公司[17]研发的瓦特脉冲通信（Watt Pulse Communication，WPC）技术的频率范围为 500kHz～7MHz，速率为 10～50kbit/s，它不适用于上述 UNB/NB/BB 分类。

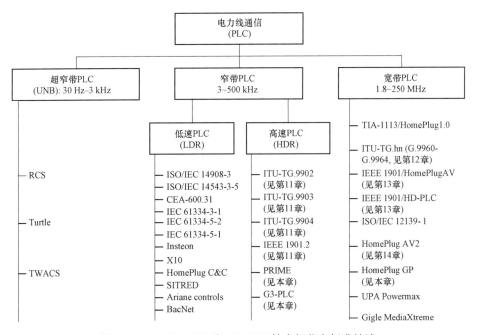

图 10－1　UNB、NB 和 BB-PLC 技术规范和标准综述

在 WPC-PLC 系统中，发送端通过预先设置的阻抗将 AC 短路，进而在交流电工频上产生脉冲，并利用脉冲间的时间间隔来传输数据。由于发送端无需数模转换器（Digital-to-Analogue Converter，DAC）或放大器[18]，系统的实现成本很低。尽管 WPC-PLC 系统在存在大量命令和控制的通信场景、智能家居应用中具有很大的优势，但不容易实现电磁兼容（Electromagnetic Compatibility，EMC）控制或频率陷波（见第 22 章），这制约了 WPC-PLC 系统的应用。

本章 10.2、10.3 节分别简要介绍现有的 NB-PLC、BB-PLC 系统。第 11 章将详细介绍 NB-PLC 系统，包括 IEEE 1901.2、ITU-T 的 NB-PLC 系列。第 12～14 章将分别介绍 ITU-T G.hn、IEEE 1901 和 HomePlug AV2 等 BB-PLC 系统。

10.2 NB-PLC

NB-PLC 系统通常工作在 3～500kHz 频率范围内，即 CENELEC/ARIB/FCC 频段。LDR NB-PLC 系统的先驱是 LonWorks 系统。虽然当前 PLC 技术规范通常仅规定 ISO–开放系统互连（ISO-Open Systems Interconnection，ISO-OSI）模型的一层或两层功能，LonWorks 技术规范规定了从可编程的网络应用层到物理层等七个层次，且物理介质包含电力线、双绞线、无线及光纤。在成为 ANSI 标准后，LonWorks 成为 ISO/IEC14908–3[19,20]。根据应用的不同，基于 LonWorks 的 PLC 收发器可工作在两个频率中的一个。当面向电力应用时，LonWorks 使用 CENELEC A 频段；当面向室内/商业/工业应用时，使用 CENELEC C 频段。LonWorks 的数据速率约为几千 bit/s。

另一个 LDR NB-PLC 标准为 ISO/IEC14543–3–5（KNX，EN50090）[21]。它涵盖了 OSI 参考模型的所有层功能，除了可应用在电力线通信中之外，还可以应用在其他媒体通信中，例如双绞线、无线。

当前应用最广泛的 NB-PLC 技术通常基于 IEC 61334–5–2[22]中规定的移频键控（Frequency Shift Keying，FSK）技术或者 IEC 61334–5–1[23]中规定的扩频–FSK 技术。针对上述技术的标准包括从物理层到应用层的通信协议［如能源计量配套规范（Companion Specification for Energy Metering，COSEM）IEC62056–53］[24]，这有利于实现不同技术标准间的互操作。多家公司提供了上述高级量测体系（Advanced Metering Infrastructure，AMI）的实现方案，且已成功地应用在多家电力公司中。

随着通信速率需求的提高，以及各国对改造老化电网、建立智能电网项目的关注度日益增长，人们对工作在 CENELEC/FCC/ARIB 频段的 HDR NB–PLC 解决方案产生了浓厚的兴趣[2,8]。本节侧重于介绍目前主流的 HDR-PLC 系统。和许多其他通信系统相同，HDR-PLC 系统采用 OFDM 调制方式。典型的 HDR NB-PLC 系统包括 G3–PLC[25]和 PRIME[26]，它们最初分别由工业联盟 G3–PLC 和 PRIME 设计的，目前已分别成为 ITU-T 推荐标准 G.9903[14]和 G.9904[15]。HDR NB-PLC 对设备处理能力的要求不高，因此可在同一硬件中实现多种不同的技术，如通过数字信号处理（Digital Signal Processing，DSP）平台实现。上述特性使得可通过软件更新来实现设备升级，进而增加智能电网设备的寿命。电力公司甚至可在数十年的时间里使用同一个智能电网设备[8]，这是 HDR NB-PLC 系统的一个巨大优势。HDR NB-PLC 系统的一个技术挑战是当同一个 PLC 网络中存在成百上千个节点时，系统的上层应如何应对，例如在智能抄表网络中，有成百上千个智能电表连接在同一个 PLC 网络中。在系统共存方面，美国国家标准与技术研究院（US National Institute of Standardsand Technology，NIST）的优先行动计划 15（Priority Action Plan 15，PAP15）工作组发布了如下规定：新开发的 NB-PLC 标准必须具备共存协议，最小化新的 NB-PLC 设备对已有 NB-PLC 设备的影响，已有设备包括基于 ISO/IEC 14543-3-5 或 IEC 61334 系列标准[27]的设备。此外，PAP15 工作组还通过了基于 OFDM 的 NB-PLC 技术间的共存协议，具体内容参见 IEEE P1901.2。

本节接下来介绍 PRIME 和 G3-PLC 技术，第 11 章将详细介绍 IEEE P1901.2[16]及 ITU-T 的 NB-PLC 系列推荐标准[13-15]。PRIME 和 G3-PLC 最初分别由 PRIME 联盟和 G3-PLC 联盟提出，且属于联盟的私有技术，但鉴于它们是最初的基于 OFDM 的 HDR NB-PLC 技术，本节对这两种技术进行介绍。

10.2.1 PRIME

PRIME 是 PRIME 联盟提出并发布的，PRIME 联盟的筹划委员会由西班牙 Iberdrola 电力公司[28]领导。2012 年，PRIME 1.3.6 版本成为国际标准 ITU-T 推荐标准 G.9904[15]。

PRIME 系统的频率范围为 CENELEC A 频段中的 42~89kHz，共包含 96 个 OFDM 子载波。此外，PRIME 采用差分二进制相移键控（Differential Binary Phase Shift Keying，DBPSK）、差分四相相移键控（Differential Quadrature Phase Shift Keying，DQPSK）和差分八相相移键控（Differential 8-Phase Shift Keying，DQPSK）三种调制方式以及一个可选的、码率为 1/2 的卷积编码器。PRIME 的 PHY 峰值数据速率为 128.6kbit/s[29]。OFDM 符号周期为 2240μs，包含应对电力线时延扩展的长度为 192μs 的循环前缀。为了应对不可预知的脉冲噪声，PRIME 采用基于选择重传机制[30]的自动重传请求（Automatic Retransmission Request，ARQ），ARQ 为 PRIME 的可选功能。

在系统架构方面，PRIME 网络由多个子网构成，每个子网含一个基本节点和多个服务节点。基本节点被称为"主站"，通过周期性地发送信标信息来管理子网的资源和连接，基本节点还负责 PLC 信道接入管理。在 PRIME 网络中，存在两种信道接入方式：非竞争接入和竞争接入，每种接入方式的持续时间由基本节点决定。非竞争信道接入采用时分多路复用（Time Division Multiplex，TDM）技术，基本节点在同一时刻仅将信道资源分配给一个节点。竞争信道接入采用载波侦听多路访问/冲突避免（Carrier Sense Multiple Access with Collision Avoidance，CSMA/CA）[26,29]信道接入技术。

在 PRIME 系统中，为了实现介质访问控制（Medium Access Control，MAC）层和应用层之间的连接，在两者之间定义了汇聚层（Convergence Layer，CL）。CL 包含两部分：公共部分汇聚子层（Common Part Convergence Sublayer，CPCS）和业务相关汇聚子层（Service-specific Convergence Sublayer，SSCS）。CPCS 的主要功能是分段与重组，并提供和特定应用的接口。目前，PRIME 定义了三种 SSCS：① 空汇聚子层，实现应用层数据的透明传输，适用于对汇聚层功能无特殊要求的应用，实现简单、开销小；② IPv4 汇聚子层，提供了实现 IPv4 数据包通过 PRIME 网络传输的有效方法；③ IEC 61334-4-32 汇聚子层，使用 IEC 61334-4-32 标准[31]中的原语，故 PRIME 可很容易地支持使用 IEC 62056-62 标准数据模型[32]的高级量测应用。因此，PRIME 也可以用来取代单载波电力线标准 IEC 61334-5-1[23]中过时的 PHY 和 MAC 层标准，即 S-FSK。

10.2.2 G3-PLC

基于 OFDM 的另一项 HDR NB-PLC 技术规范是发布于 2009 年 8 月的 G3-PLC[33-35]规范。2012 年，G3-PLC 联盟成员将最初的 G3-PLC 规范提交至 ITU-T，ITU-T 对 G3-PLC 进行了改进并加入一些功能。改进后的 G3-PLC 于 2012 年成为国际标准，即 ITU-T 推荐标准 G.9903[14]。

G3-PLC 的工作频率范围为 10～490kHz（FCC、CENELEC、ARIB 频段）。G3-PLC 使用 DBPSK、DQPSK 和 D8PSK 进行星座映射，采用时频交织技术，以及由卷积码和里德-所罗门码级联构成的前向纠错（Forward Error Correction，FEC）编码码技术，提供可选的鲁棒模式（ROBO，鲁棒 OFDM）。G3-PLC PHY 的峰值数据速率约 300kbit/s。文献[36]给出了 G3-PLC 使用不同频段时的峰值速率和典型数据速率。

G3-PLC 采用基于 IEEE 802.15.4—2006[37]的 MAC 层，并使用 6LoWPAN[38]实现 MAC 和 IPv6[39]间的适配。这使得应用层可以采用 ANSI C12.19/ C12.22[40]或 IEC 62056-61/62（DLMS/COSEM）[41,42]标准，提供标准互联网服务。第 11 章将详细介绍 G.9903 的其他特性。

文献[43]对比分析了 PRIME 和 G3-PLC，特别是 PHY 技术。分析结果表明，G3-PLC 的鲁棒性优于 PRIME，但 PRIME 的实现复杂度较低。本书 11.7 节给出了 NB-PLC 技术间其他方面的对比。

10.3 BB-PLC

在过去十年中，市场上相继出现了由 Intellon❶、DS2❷、Gigle❸及松下等半导体厂商推出的 BB-PLC 芯片，这些芯片的工作频率通常在 2～86MHz 之间，在某些情况下选择性地增加至 300MHz。上述芯片主要基于三个联盟研发的技术规范：家庭插电联盟（HomePlug Powerline Alliance，HomePlug）、通用电力线联盟（Universal Powerline Association，UPA）和高清电力线载波通信联盟（High-Definition Power Line Communication，HD-PLC）。相关产品的数据速率约为 200Mbit/s，但不同产品间不能实现互操作。

然而，为了促进 BB-PLC 系统得到广泛的应用，BB-PLC 国际标准显得非常重要。ITU-T 以及 IEEE 分别在其下一代 BB-PLC 标准 ITU-T G.hn[44]和 IEEE1901[45]中投入了大量工作。

ITU-T G.hn 不仅适用于电力线，还适用于电话线和同轴电缆，是第一个同时面向多种主要有线通信介质的技术标准。ITU-T 于 2008 年底通过了包含 PHY 层和系统整体架构的推荐标准 G.9960[46]，2010 年 6 月通过了数据链路层（Data Link Layer，DLL）推荐标准 G.9961[47]，2011 年 9 月通过了多输入多输出（Multiple-input Multiple-output，MIMO）收发

---

❶ Intellon 于 2009 年被 Atheros 公司收购；Atheros 公司于 2011 年被 Qualcomm 公司收购。

❷ DS2 于 2010 年被 Marvell 公司收购。

❸ Gigle 于 2010 年被 Broadcom 公司收购。

器扩展推荐标准 G.9963[48]。此外，为了推进 ITU-T G.hn 标准应用并解决认证和互操作问题，创立了 HomeGrid 论坛[49]。第 12 章将详细介绍 ITU-T G.hn。

同时，IEEE P1901[50]制定了"宽带电力线通信网络标准：媒体访问控制和物理层规范"[51]，包含了接入网通信规范、室内通信规范、以及两个网络间的共存。该技术标准于 2010 年 12 月正式发布，即 IEEE 1901—2010。为了获得工业界的支持，IEEE 1901 标准包含了两种可选的 PHY 技术，即 FFT-PHY（基于 HomePlug AV 技术）和小波－PHY（基于 HD-PLC 技术）。FFT-PHY 和小波－PHY 不能实现互操作，但 IEEE P1901 定义了强制性的系统间共存协议（Inter-system Protocol，ISP）来保证两种物理层的共存。HomePlug 联盟[52]是基于 IEEE 1901FFT-PHY 标准产品的认证机构，HD-PLC 联盟是基于 IEEE 1901 小波－PHY 标准产品的认证机构。基于 IEEE 1901 小波－PHY/HD-PLC 技术的产品主要出现在日本市场中，基于 IEEE 1901FFT-PHY/HomePlug AV 技术的产品出现在全球很多国家中，HomePlug 系列技术是在世界范围内部署产品最多的 BB-PLC 技术。第 13 章将对 IEEE 1901 进行详细介绍。

类似于 ITU-T G.hn 引入 MIMO 技术，HomePlug 联盟在 2012 年 1 月推出了 HomePlug AV2 技术规范。HomePlug AV2 技术规范包括以下特性：MIMO 波束赋形、扩展的工作频率范围（最大频率高达 86MHz）、有效陷波、多种发送功率优化技术、4096－正交振幅调制（4096－quadrature Amplitude Modulation，QAM）、省电模式、短定界符和延迟确认，最大 PHY 速率约为 2Gbit/s（详见第 14 章）。此外，为了覆盖同一家庭中的多个网络媒体，IEEE P1905.1 发布了"汇聚数字家庭网络异构技术标准"[53]，在家庭网络技术之上定义了一个抽象层，可实现不同家庭网络技术之间的互联互通。目前 IEEE P1905 包含的家庭网络技术有四种：IEEE 1901、IEEE 802.11（Wi-Fi）、IEEE802.3（以太网）和 MoCA 1.1 标准，但未来可进行扩展。第 15 章将对 IEEE1905.1 进行详细介绍。

10.3.1　IEEE 1901 及 ITU-T G.hn

IEEE 1901 的工作频率范围为 2～50MHz，其中 30MHz 以上为可选频段。ITU-T G.hn（G.9960/G.9961）的工作频率范围为 2～100MHz，带宽具有较大的灵活性，定义了三种不同但可实现互操作的工作频段：2～25MHz、2～50MHz 及 2～100MHz。IEEE 1901 和 ITU-T G.hn（G.9960/ G.9961）的网络结构在某些方面非常相似。例如 ITU-T G.hn 将一个子网称为一个网络域，域主站负责管理该域中的操作和通信，且通信方式为一对多。类似地，IEEE 1901 的子网称为基本服务集（Basic Service Set，BSS），BSS 管理器等效于 ITU-T G.hn 中的域主站，负责和所谓的通信站点进行通信。表 10.1 总结了上述网络的网络元素以及系统相关的术语。

ITU-T G.hn 和 IEEE 1901 的许多功能看似是各自独立制定的，但其实是相同的。ITU-T G.hn 和 IEEE 1901 在信道相干时间、相干带宽、保护间隔和滚降窗时长等方面的规定很相似，这一事实表明制定两种技术规范时对 BB-PLC 信道进行了相似的分析，且全球各地的 BB-PLC 信道没有明显的差别。此外，相似之处还包括：PHY 帧头均采用 QPSK、码率为 1/2 的 FEC 和重复编码；将应用数据映射到 PLC 数据包的分段过程也相似，且两者均使用 AES－128[54]加密算法；MAC 周期或信标周期均为 2 个工频周期；载波的比特加载可以依赖于工频周期；采用即时或延迟确认机制。

表 10.1　　　　　　　**BB-PLC 标准术语概述（ITU-T G.hn 和 IEEE 1901）**

类别	ITU-T G.hn	IEEE 1901
子网	域	BSS
收发器	节点	站点（STA）
子网控制器	域主站（DM）	BSS 管理器/中央协调器（CCO）
OSI 模型的第 2 层（L2）	数据链路层（DLL），含应用、协议汇聚功能	媒体接入控制（MAC）层及汇聚层
中继收发器	中继（L2）	转发器（L2）
网络控制器代理	中继（指定为代理）	代理 BSS 管理器
频率分配	频段规划	频谱掩码
时间帧	MAC 周期	信标间隔
帧间隔	帧间间隔	帧间间隔
同步和训练符号	前导	前导
起始广播信息	PHY 帧头（168 位）	帧控制（128 位）
鲁棒传输	鲁棒通信模式（RCM）	鲁棒 OFDM（ROBO）模式
SINR 评估信号	探测信号（Probe）	探测信号（Sound）
SINR 反馈信息	比特分配表（BAT）	陷波表（Tone map）
最小数据包	逻辑链路控制（LLC）协议数据单元（LPDU）	PHY 块
加密主体	LLC	BSS 管理器
链路建立及 QoS 管理主体	DLL 管理	连接管理器
接入方式	CSMA/CA、TDMA、STXOP（共享传输机会）	CSMA/CA、TDMA
接入控制调度	媒体接入计划（MAP）	信标
与高层的接口	A－接口	H1 接口

若一个家庭中同时安装了 ITU-T G.hn 和 IEEE 1901 调制解调器，那么其中一个发送端就成为另一个发送端的干扰源。ITU-T G.hn 和 IEEE 1901 数据帧起始处的前导信号不同，故两者不会混淆。两者接收端均通过相干器检测前导信号来获取精确的数据帧定时同步信息，并根据上述定时同步信息基于 ITU-T G.hn 或 IEEE 1901 掩码判断此次是否为 PLC 传输。多模接收端可以识别上述两种前导符号，并将之后的数据信号转发给相应的解码处理器。

当两个距离较近的区域内同时安装有 ITU-T G.hn 和 IEEE 1901 调制解调器时，就会存在所谓的邻居网络干扰。为此，ITU-T G.hn 规定不同的网络使用不同的前导信号，故不同的 ITU-T G.hn 网络即使不使用时分复用技术也能够共存以及同时进行通信。同时，链路自适应技术通过调整吞吐量来应对信干噪比（Signal to Interference plus Noise ratios，SINR）降低的情况。其实在大多情况下，稍微降低吞吐量便使得不同 ITU-T G.hn 网络间几乎无干扰。另一方面，IEEE 1901 采用 CSMA/CA 信道接入方式，但这可能增加冲突次数。为此，IEEE 1901 引入了协调模式，允许相邻的网络为特定的通信分配专属信道接入时间，进而避免冲突。

除上述差异外，两者采用的 FEC 也不同，即 ITU-T G.hn 采用低密度奇偶校验码（Low-density Parity-check Code，LDPC），IEEE 1901 采用 Turbo 码，两种 FEC 的对比分析见文献[55]。由于 FEC 在芯片中占据的空间/成本是不可忽视的，一些专家认为很难（或者价格很高）在同一个芯片上同时集成 ITU-T G.hn 及 IEEE 1901 技术。即便如此，市场上已出现了双模设备。

考虑到数据速率及硅成本，实现 ITU-T G.hn 和 IEEE 1901 技术的芯片主要面向室内数据传输、web 浏览以及音视频传输等应用。此外，面向电网自动控制及能源管理业务（10.2节 HDR NB-PLC 的主要业务），ITU-T G.hn 定义了低复杂度配置文件（Low Complexity Profile，LCP），HomePlug 在 IEEE 1901 的基础上制定了 HomePlug Green PHY 技术规范。10.3.2 和 10.3.3 节将分别介绍上述两项技术规范。

10.3.2 ITU-T G.hn LCP

可以设想未来将 G.hn 节点嵌入到智能电网家庭（Smart Grid home，SGH）网络设备中。SGH 节点通常会采用 ITU-T G.hn LCP 技术，工作在 2～25MHz 频率范围内，并能够与 G.hn 节点实现互操作，上述设计可以减少成本和功耗。SGH 节点可以是加热或空调装置、插电式电动车（Plug-in Electric Vehicles，PEVs）或电动车供电设备（Electric Vehicle Supply Equipment，EVSE），上述设备一起形成多域家庭网络（home area network，HAN）。

上述 SGH 节点通过能源服务接口（Energy Service Interface，ESI）与电力公司接入网络（Utility's Access Network，UAN）及其 AMI 进行交互。AMI 域由 AMI 表计（AMI Meter，AM）、AMI 子表计（AMI Submeter，ASM）和一个 AMI 头端（Head End，HE）组成。HE 是本地交换机（集中器），控制其管理域中的所有表计并提供和电力广域网络/骨干网络的接口。每个 AMI HE 可管理由高达 250 个 AM/ASM 节点形成的 AMI 域（在城市密集区，AMI 域的节点个数通常在 150～200 个之间）。此外，一个网络最多含 16 个 AMI 域，支持高达 $16 \times 250 = 4000$ 个 AMI 设备。上述特性是 G.hn 的一般特性，不是仅限于面向智能电网/AMI 的应用。实际上，可以在任何线路中形成域，域内的节点可分成 SGH 节点和非 SG 节点。为安全起见，通过安全的上层协议将非 SG 节点与 SGH 节点进行逻辑隔离。

每个域包含一个域主站，负责协调所有节点的操作。不同域中的 G.hn 节点通过域间桥（Inter-domain Bridge，IDB）进行通信。IDB 工作在 OSI 的第 3 层或更上层，提供简单的数据通信服务，可将来自一个域中节点的数据转发至另一个域中的节点。当网络中存在多个域时，全局主站（Global Master，GM）协调不同 G.hn 域间的资源分配、优先级及其他操作。此外，ITU-T G.hn 域可与非 G.hn 域通过外部域网桥进行通信，如 IEEE 1901/1901.2 及无线技术域。例如，除了通过 ESI 和 UAN/AMI 连接外，HAN 还可能通过外部域网桥经由数字用户线或电缆调制解调器网关与外部世界连接。

10.3.3 HomePlug GreenPhy

类似于 ITU-T G.hn LCP，HomePlug 联盟发布了 HomePlug GreenPhy（HomePlugGP）技术规范。HomePlug GP 是 HomePlug AV 面向智能电网应用的简化配置文件，设计初衷是推动 HAN 在客户家庭内部的应用。HomePlug GP 需要在降低成本和功耗的同时保证与 HomePlug AV/IEEE 1901 设备的互操作性，且不减少可靠性及覆盖范围。为了降低功耗和成本，HomePlug GP 仅使用 HomePlug AV 中最鲁棒的通信模式。HomePlug GP 的 OFDM 载波间隔、前导信号、帧控制和 FEC 均与 HomePlug AV/IEEE 1901 相同，因此两者具有相同的覆盖范围和可靠性。HomePlug GP 采用 CSMA/CA 信道接入方式，此外，当业务对时延性能要求不高时，节点可长时间处于省电模式。在休眠状态下，调制解调器的功耗仅是常规模式下的 3%，因此和标准 HomePlug AV 产品相比，HomePlug GP 的平均功耗降低了 90%以上。

HomePlug AV 和 HomePlug GP 的最大区别之一是 PHY 峰值速率。HomePlug AV 的 PHY 峰值速率为 200Mbit/s，远远大于智能电网应用所需速率。经过与电力行业专家的广泛探讨，发现覆盖范围和可靠性是设计面向智能电网业务的通信系统时必须考虑的两个重要因素。与此同时，可以通过降低 PHY 峰值速率来降低成本和功耗。HomePlug GP 的 PHY 峰值速率为 10Mbit/s，主要在 HomePlug AV 的基础上做了如下简化：

（1）仅采用 QPSK 调制方式。

（2）仅采用 ROBO 模式，不采用自适应比特加载技术及频率管理技术。

仅采用 QPSK 调制方式降低了对模拟前端和线性驱动器的要求。因此，HomePlug GP 设备的集成度高、成本低、体积小。

HomePlug GP 和 HomePlug AV 的 MAC 机制相同，即采用相同的 CSMA 和优先级解决方案。但是，HomePlug GP 不支持可选的 TDMA 机制。

上述两项简化对于在保持 HomePlug GP 设备与 HomePlug AV/IEEE 1901 设备的互操作性、覆盖范围和可靠性的同时，实现低成本、低功耗具有重要的作用。表 10.2 给出了 HomePlug AV 和 HomePlug GP 之间的主要区别。

表 10.2 HomePlug AV 与 HomePlug GreenPhy 主要参数/功能对比

参数/功能	HomePlug AV	HomePlug GP
频率范围	2~30MHz	2~30MHz
频分复用方式	OFDM	OFDM
子载波个数	1155	1155
子载波间隔	24.414kHz	24.414kHz
调制方式	BPSK、QPSK、16QAM、64QAM、256QAM、1024QAM	QPSK
FEC 类型	Turbo	Turbo
FEC 码率	1/2 和 16/21（打孔）	1/2
鲁棒模式的数据速率	4~10Mbit/s	4、5、10Mbit/s
自适应比特加载数据速率	20~200Mbit/s 通过预先商定的子载波传输	无（但存在三种鲁棒模式，简化 ROBO 模式：3.8Mbit/s、标准 ROBO 模式：4.9Mbit/s、高速 ROBO 模式：9.8Mbit/s）
信道接入方式	CSMA/CA 与可选的 TDMA	CSMA/CA
中央协调器	有	有（模式受限）
省电模式	无	有（与 HomePlug AV2 相同）
带宽共享	无（信道接入为 CSMA/CA、TDMA）	分布式带宽控制（Distributed Bandwidth Control，DBC）

与 HomePlug AV/IEEE 1901MAC 相比，HomePlug GP MAC 具备一些独有的特征。首先，为了确保 HomePlug GP 设备不对 HomePlugAV 网络吞吐量产生很大的影响，HomePlug GP 采用分布式带宽共享算法来限制 HomePlug GP 设备的在线时间（Time on Wire，ToW）。其次，HomePlug GP 采用特定的路由协议来使能转发器功能。再次，HomePlug GP 定义了新型省电机制。最后，HomePlug GP 包含信号衰减识别方法，有助于在公共停车场中将电动汽车和收费设备连接起来。

当速度较慢的 HomePlug GP 设备和大量承载音视频的 HomePlug AV 设备共存时，若允许 HomePlug GP 设备无约束地访问信道，可能会严重影响 HomePlug AV 的吞吐量。为此，HomePlug GP 支持分布式带宽控制（Distributed Bandwidth Control，DBC），当检测到存在不同信道接入优先级（Channel Access Priorities，CAP）的业务时，DBC 将限制 HomePlug GP 的总信道接入时间，即将 ToW 减小到 7% 及以下。这相当于 HomePlug GP 的有效 PHY 速率为 700kbit/s（最大 PHY 速率为 10Mbit/s，ToW 等于 7%）时，MAC 吞吐量为 400～500kbit/s，足以满足智能电网应用需求。HomePlug GP 数据包的帧起始（Start of Frame，SOF）定界符中包含一个特殊的标识位，在每个由两个线性周期组成的滑动窗口中，HomePlug GP 设备均要根据 SoF 定界符中的标识位来检测信道的占用情况，以便在信道空闲时马上开始竞争信道。当待处理数据包将导致 HomePlug GP 的总 ToW 超过 7% 时，不允许该数据包以优先级 CAP3（最高优先级）来竞争接入信道。由于传输媒体通常不是在所有时刻均完全被占用，HomePlug GP 设备可利用未使用的 ToW，以 CAP0（最低优先级）竞争接入信道。当某区域不存在 HomePlug AV 设备时，HomePlug GP 设备的 ToW 可为 100%。

HomePlug GP 路由和转发与 IEEE 1901 转发可实现互操作（见第 13 章）。转发功能的主要作用是扩大 HomePlug 网络的覆盖范围，实现和距离较远站点间的无差错通信。为此，每个 HomePlug GP 站点建立并维护一个局部路由表（Local Routing Table，LRT），包含了其到网络中每个相关联站点的路由信息，如下一跳站点标识符、路由数据速率（Route Data Rate，RDR）及跳数（Route Number of Hops，RNH）。此外，网络时不时启动特定的路由更新过程，并根据备用路径的 RDR 和 RNH 选择新路径。

电动汽车充电是智能电网的主要应用之一，且在家庭、工作场合及公共停车场提供充电设施的需求日益增加。为了确保无差错计费，须明确了解 PEV 连接到了哪个充电桩，即 EVSE。HomePlug GP 根据信号电平衰减特性（Signal Level Attenuation Characterisation，SLAC）来实现可靠的 PEV/EVSE 连接检测。具体来说，首先 PEV 发送 SLAC 广播消息；处于 PEV 监听域的所有可用 EVSE 计算接收的来自 PEV 的信号强度，并将其反馈给 PEV；PEV 选择接收信号强度最大的 EVSE，并在充电期间和该 EVSE 建立一个专用网络。ISO/IEC 15118－3[56]详细给出了 HomePlug GP SLAC 在电动汽车中的应用。

最后，低功耗是影响智能电网应用的一个关键因素。为此，HomePlug GP 引入一个特殊的省电模式。该省电模式也应用在了 HomePlug AV2 中，详见第 14 章。

10.3.4　BB-PLC 共存和互操作

不同的 BB-PLC 系统间具有相似性。但是，G.hn 定义了工作在多种有线介质上的 PHY/DLL，通过调整 OFDM 参数来适应不同介质的信道特性和噪声特性，并实现在传输介质间的切换。相反，IEEE 1901 分别基于 HomePlug AV 和 HD-PLC 定义了两种完全不同的

PHY/MAC 技术。IEEE 1901 两种技术之间的一个关键区别是频分复用方式。基于 HomePlug AV 的 IEEE 1901 技术使用快速傅里叶变换（Fast Fourier Transform，FFT），而基于 HD-PLC 的 IEEE 1901 技术使用小波变换。因此，这两种技术分别称为 FFT-PHY 和小波 – PHY。当基于上述两种技术的 IEEE 1901 设备同时工作在同一条电力线上时，需要使用共存机制，即 IEEE 1901 标准中的 ISP（参见文献［57，58］）。ITU-T 推荐标准 G.9972[59]是和 ISP 非常相似的共存机制，G.cx。NIST PAP15 成员同时参与了 ITU-T 和 IEEE 技术标准的修订工作，他们确保了两种技术的一致性。因此，NIST PAP 15 建议所有的 BB-PLC 技术强制实现推荐标准 ITU-T G.9972 或 ISP[60]（参见文献［8］的第Ⅲ.E.节）。

ISP 协议基于 TDM 方式实现室内通信系统之间、以及室内通信系统与 PLC 接入系统之间的共存。不同类别 PLC 系统之间的调度方式为循环轮询（Round Robin）调度，即依次为每种类别 PLC 系统分配一个 ISP 窗口。分配 ISP 窗口时需考虑：电力线上 PLC 系统的个数；各系统的类型；各系统的带宽要求。如图 10 – 2 所示，室内和接入系统的 TDM 同步周期用参数 T_H 表示。单个 T_H 周期含四个 ISP 时隙（T_{ISP}），分别用于调制解调器接入（Access Modem，ACC）、室内小波变换系统（In-home Wavelet，IH-W）、室内 OFDM 系统（In-home OFDM，IH-O）和室内 G.hn 系统（In-home G.hn，IH-G）。每个 ISP 时隙包含三个 TDM 单元（TDM Unit，TDMU），故每个 T_H 周期含有 12 个 TDMU。每个 TDMU 又包含 8 个 TDM 时隙（TDMS），记为 TDMS#0～TDMS#7。图 10 – 2 也给出了 TDM 与 AC 周期的对应关系。节点在位于 TMDU#0、TMDU#3、TMDU#6、TMDMU#9 的 TDMS#0 时隙的 ISP 窗口中发送/检测 ISP 信号。TDMU 的持续时间等于信标间隔/MAC 周期的长度，即 2 个 AC 周期。

ISP 时隙中周期发送的 ISP 信号的相位表示共存信息，该信息又被称为网络状态，即表示为每个共存系统分配的网络资源。通过在分配给其他共存系统的 ISP 时隙内监听 ISP 信号，一个共存系统能够确定通过该电力线传输数据的系统的个数、类型以及其资源需求情况。同样地，共存系统通过在分配给其的 ISP 时隙中监听 ISP 信号，检测来自其他系统的同步请求。ISP 信号由 16 个连续的短 OFDM 符号组成。每个 OFDM 符号的长度为 T_S，采用 BPSK 加载一组"全 1"的比特序列。为了减少带外能量，满足发送功率谱要求，将 16 个 OFDM 符号分别乘以长度为 T_W 的窗函数。由于在同步时所有的 PLC 设备同时发送信号，ISP 信号的发送功率比常规数据信号的发送功率小 8dB。

TDM 同步方案可以确保不同 PLC 系统共享传输媒体时不相互干扰。然而，可能出现两个或多个系统通过两个或多个不同的、相互可见的 ISP 序列[51,附录 R]进行同步的情况，此时为了防止相互干扰，所有需共存的 PLC 系统必须重新同步到相同的 ISP 序列。换言之，当任一 BB-PLC 设备启动或重新启动时，必须检测所有需共存的系统。ISP 定义了同步及重新同步过程。

10.4 结论

本章概述了 UNB-PLC、NB-PLC 和 BB-PLC 系统及相关标准。第 11 章将深入介绍 ITU-T 的 NB-PLC 系列推荐标准以及 IEEE 1901.2。第 12～14 章分别详细介绍 ITU-T G.hn、IEEE 1901 以及 HomePlug AV2。最后，第 15 章将深入介绍 IEEE 1905.1，它通过在 PLC、IEEE 802.11

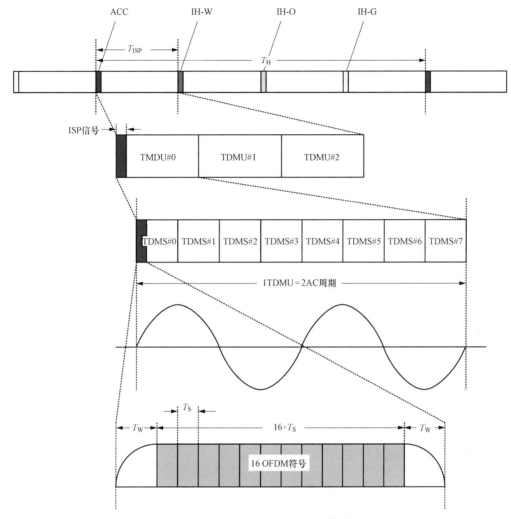

图 10-2　ISP 时分复用及定时参数

（Wi-Fi）、IEEE 802.3（以太网）和 MoCA 技术之上设计一个通用层，实现家庭的异构无缝组网，并扩大网络覆盖范围，如实现将多个高清视频流分别传输至家中较远的位置。

参考文献

[1]　L. T. Berger，Broadband powerline communications，in Convergence of Mobile and Stationary Next Generation Networks，K. Iniewski，Ed. Hoboken，NJ：John Wiley & Sons，2010，ch. 10，pp. 289－316.

[2]　L. T. Berger，Wireline communications in smart grids，in Smart Grid-Applications，Communications and Security，L. T. Berger and K. Iniewski，Eds. Hoboken，NJ：John Wiley & Sons，April 2012，ch. 7.

[3]　HomePlug Powerline Alliance，HomePlug Green PHY 1.1－The standard for In-Home Smart Grid Powerline Communications：An application and technology overview，HomePlug Powerline Alliance，Technical Report，October 2012，White Paper，Version 1.02，http：//www.homeplug.org/tech/whitepapers/HomePlug_

Green_PHY_whitepaper_121003.pdf（accessed February 2013）.

[4] L. T. Berger，A. Schwager and J. J. Escudero-Garzás，Power line communications for Smart Grid applications，Hindawi Publishing Corporation Journal of Electrical and Computer Engineering，Article ID 712376，1－16，2013，received 3August 2012；accepted 29December 2012，Academic Editor：Ahmed Zeddam，http：//www.hindawi.com/journals/jece/aip/712376/.

[5] L. Yonge，J. Abad，K. Afkhamie，L. Guerrieri，S. Katar，H. Lioe，P. Pagani，R. Riva，D. Schneider and A. Schwager，An overview of the HomePlug AV2technology，Hindawi Journal of Electrical and Computer Engineering，Article ID 892628，20，2013，http：//downloads.hindawi.com/journals/jece/2013/892628.pdf.

[6] K. Dostert，Telecommunications over the power distribution grid-Possibilities and limitations，in International Symposium on Power Line Communications and Its Applications（ISPLC），Essen，Germany，April 1997，pp. 1－9.

[7] P. A. Brown，Power line communications-Past present and future，in International Symposium on Power Line Communications and Its Applications（ISPLC），Lancaster，UK，September 1999，pp. 1－8.

[8] S. Galli，A. Scaglione and Z. Wang，For the grid and through the grid：The role of power line communications in the smart grid，Proceedings of the IEEE，99（6），998－1027，June 2011.

[9] D. Nordell，Communication systems for distribution automation，in IEEE Transmission and Distribution Conference and Exposition，Bogota，Colombia，April 2008，pp. 1－14.

[10] S. Mak and D. Reed，TWACS，a new viable two-way automatic communication system for distribution networks. Part I: Outbound communication，IEEE Trans. Power App. Syst.，101（8），2941－2949，August 1982.

[11] S. Mak and T. Moore，TWACS，a new viable two-way automatic communication system for distribution networks. Part II: Inbound communication，IEEE Trans. Power App. Syst.，103（8），2141－2147，August 1984.

[12] R. van Nee and R. Prasad，OFDM for Wireless Multimedia Communications，ser. Universal personal communication. Artech House Publishers，London，U.K.，2000

[13] International Telecommunications Union（ITU）－Telecommunication Standardization Sector STUDY GROUP 15，Narrowband orthogonal frequency division multiplexing power line communication transceivers for G.hnem networks，Recommendation ITU-T G.9902，October 2012.

[14] International Telecommunications Union（ITU）－Telecommunication Standardization Sector STUDY GROUP 15，Narrowband orthogonal frequency division multiplexing power line communication transceivers for G3－PLC networks，Recommendation ITU-T G.9903，October 2012.

[15] International Telecommunications Union（ITU）－Telecommunication Standardization Sector STUDY GROUP 15，Narrowband orthogonal frequency division multiplexing power line communication transceivers for PRIME networks，Recommendation ITU-T G.9904，October 2012.

[16] IEEE 1901.2：Draft standard for low frequency(less than 500kHz)narrow band power line communications for Smart Grid applications，http：//grouper.ieee.org/groups/1901/2/.

[17] Watteco，Next generation wireless IP sensors for the Internet of things，http：//www.watteco.com/（accessed April 2013）.

[18] P. Bertrand，O. Pavie and C. Ripoll，Watteco's WPC：Smart，safe，reliable and low power automation for home，White Paper，La Garde，France，December 2008.

[19] American National Standards Institute/Electronic Industries Association（ANSI/EIA），Control network power line（PL）channel specification，September 2006，ANSI/CEA – 709.2 – A.

[20] International Organization for Standardization，Interconnection of information technology equipment-Control network protocol-Part 3：Power line channel specification，January 2011，International Standard ISO/IEC 14908 – 3，Revision 11.

[21] International Organization for Standardization，Information technology-Home electronic system（HES）architecture-Part 3 – 5：Media and media dependent layers-Powerline for network based control of HES class 1，May 2007，international standard ISO/IEC 14543 – 3 – 5，First edition.

[22] International Electrotechnical Commission（IEC），Distribution automation using distribution line carrier systems-Part 5 – 2：Lower layer profiles-Frequency shift keying（FSK）profile，Geneva，Switzerland，Standard IEC 61334 – 5 – 2，Ed. 1.0，1998.

[23] International Electrotechnical Commission（IEC），Distribution automation using distribution line carrier systems-Part 5 – 1：Lower layer profiles-The spread frequency shift keying（S-FSK）profile，Standard IEC 61334 – 5 – 1，Ed. 2.0，2001.

[24] International Electrotechnical Commission（IEC），Electricity metering-Data exchange for meter reading，tariff and load control-Part 53：COSEM application layer，Standard IEC 62056 – 53，Ed. 2，December 2006.

[25] Électricité Réseau Distribution France，G3 – PLC：Open standard for Smart Grid implementation，http：// www.maxim-ic.com/products/powerline/g3 – plc/（accessed April 2013）.

[26] PRIME Alliance，Draft standard for PoweRline Intelligent Metering Evolution，2010，www.prime-alliance. org/Docs/Ref/PRIME-Spec_v1.3.6.pdf（accessed March 2013）.

[27] NIST Priority Action Plan 15，Narrowband PLC coexistence requirement，http：// collaborate.nist.gov/ twiki-sggrid/pub/SmartGrid/PAP15PLCForLowBitRates/Requirements_on_NB_PLC_coexistence_Final_Oc t_11r1.xls（accessed November 2011）.

[28] PRIME Alliance，Powerline related intelligent metering evolution（PRIME），http：//www.prime- alliance. org（accessed March 2013）.

[29] I. Berganza，A. Sendin and J. Arriola，PRIME：Powerline intelligent metering evolution，in CIRED Seminar 2008：SmartGrids for Distribution. Frankfurt，Germany：CIRED，June 2008，pp. 1 – 3.

[30] A. S. Tannenbaum，Computer Networks，4th edn. Englewood Cliffs，NJ：Prentice Hall International，2003.

[31] International Electrotechnical Commission（IEC），Distribution automation using distribution line carrier systems-Part 4：Data communication protocols-Section 32：Data link layer-Logical link control（LLC），November 1997.

[32] International Electrotechnical Commission（IEC），Electricity metering-Data exchange for meter reading，tariff and load control-Part 62：Interface classes，Standard IEC 62056 – 62，Ed. 2，November 2006.

[33] Electricité Réseau Distribution France（ERDF），G3 – PLC physical layer specification，August 2009，http：// www.maxim-ic.com/products/powerline/pdfs/G3 – PLC-Physical-Layer-Specification.pdf（accessed February 2011）.

[34] Electricité Réseau Distribution France（ERDF），G3－PLC MAC layer specification，August 2009，http：//www.maxim-ic.com/products/powerline/pdfs/G3－PLC-MAC-Layer-Specification.pdf（accessed February 2011）.

[35] Electricité Réseau Distribution France（ERDF），G3－PLC profile specification，August 2009，http：//www.maxim-ic.com/products/powerline/pdfs/G3－PLC-Profile-Specification.pdf（accessed February 2011）.

[36] K. Razazian，G3－PLC provides an ideal communication platform for the smart gird，in IEEE International Symposium on Power Line Communications and Its Applications（ISPLC），Rio de Janeiro，Brazil，March 2010，keynote Presentation，http：//ewh.ieee.org/conf/isplc/2010/KeynoteAndPanelFiles/ 9－40－KAVEH. pdf（accessed December 2012）.

[37] Institute of Electrical and Electronics Engineers，Local and metropolitan area networks-Specific requirements part 15.4：Wireless medium access control（MAC）and physical layer（PHY）specifications for low-rate wireless personal area networks（WPANs），September 2006，standard for Information Technology-Telecommunications and Information Exchange Between Systems.

[38] Z. Shelby and C. Bormann，6LoWPAN：The Wireless Embedded Internet. Chichester，U.K.：John Wiley & Sons，November 2009.

[39] S. Deering and R. Hinden，Internet protocol，version 6（IPv6）specification，RFC 2460，December 1998，http：//tools.ietf.org/html/rfc2460（accessed February 2011）.

[40] American National Standards Institute（ANSI），Utility industry end device data tables，ANSI Standard C12.19，2008.

[41] International Electrotechnical Commission（IEC），Electricity metering-Data exchange for meter reading，tariff and load control-Part 61：Object identification system（OBIS），November 2006，International Standard IEC 62056－61，second edition.

[42] International Electrotechnical Commission（IEC），Electricity metering-Data exchange for meter reading，tariff and load control-Part 62：Interface classes，November 2006，International Standard IEC 62056－62，second edition.

[43] M. Hoch，Comparison of G3PLC and PRIME，in IEEE International Symposium on Power Line Communications and Its Applications（ISPLC），Udine，Italy，April 2011，pp. 165－169.

[44] V. Oksman and S. Galli，G.hn：The new ITU-T home networking standard，IEEE Commun. Mag.，47（10），138－145，October 2009.

[45] S. Galli and O. Logvinov，Recent developments in the standardization of power line communications within the IEEE，IEEE Commun. Mag.，46（7），64－71，July 2008.

[46] International Telecommunications Union（ITU），ITU-T Recommendation G.9960，Unified high-speed wire-line based home networking transceivers-Foundation，August 2009.

[47] International Telecommunications Union（ITU），ITU-T Recommendation G.9961，Data link layer（DLL）for unified high-speed wire-line based home networking transceivers，June 2010.

[48] International Telecommunications Union（ITU），ITU-T Recommendation G.9963，Unified high-speed wire-line based home networking transceivers-Multiple input/multiple output（MIMO），September 2011

（ex G.hn-MIMO）.

[49] HomeGrid Forum，For any wire，anywhere in your home，http：//www.homegridforum.org/（accessed February 2011）.

[50] Institute of Electrical and Electronic Engineers（IEEE），Standards Association，Working group P1901，IEEE standard for broadband over power line networks：Medium access control and physical layer specifications，http：//grouper.ieee.org/groups/1901/（accessed February 2011）.

[51] Institute of Electrical and Electronics Engineers（IEEE）Standards Association，P1901working group，IEEE standard for broadband over power line networks：Medium access control and physical layer specification，December 2010，http：//standards.ieee.org/findstds/standard/1901–2010.html.

[52] HomePlug Powerline Alliance，About us，http：//www.homeplug.org/home（accessed February 2011）.

[53] Institute of Electrical and Electronics Engineers，Standards Association，Working Group P1905.1，IEEE standard for a convergent digital home network for heterogeneous technologies，April 2013，http：//standards.ieee.org/findstds/standard/1905.1–2013.html（accessed April 2013）.

[54] National Institute of Standards and Technology（NIST），U.S. Department of Commerce，Specification for the advanced encryption standard（AES），Federal Information Processing Standards Publication 197，November 2001.

[55] S. Galli，On the fair comparison of FEC schemes，in IEEE International Conference on Communication（ICC），Cape Town，South Africa，23–27May 2010.

[56] International Organization for Standardization（ISO），Road vehicles-Vehicle to grid communication interface-Part 3：Physical and data link layer requirements，2013，International Standard ISO/DIS 15118–3，under development.

[57] S. Galli，A. Kurobe and M. Ohura，The inter-PHY protocol（IPP）：A simple coexistence protocol for shared media，in IEEE International Symposium on Power Line Communications and Its Applications（ISPLC），Dresden，Germany，March 2009，pp. 194–200.

[58] S. Galli，M. Koch，H. Latchman，S. Lee and V. Oksman，Chap. 7：Industrial and International Standards on PLC-based networking technologies，in Power Line Communications，1st edn.，H. Ferreira，L. Lampe，J. Newbury and T. Swart，Eds. New York：John Wiley & Sons，2010，ch. 7.

[59] International Telecommunications Union（ITU），ITU-T Recommendation G.9972，Coexistence mechanism for wireline home networking transceivers，June 2010.

[60] D. Su and S. Galli，PAP 15recommendations to SGIP on broadband PLC coexistence，December 2010，http：//collaborate.nist.gov/twiki-sggrid/pub/SmartGrid/PAP15PLCForLowBitRates/PAP15_–_Recommendation_to_SGIP_BB_CX_–_Final_–_APPROVED_2010–12–02.pdf（accessed February 2011）.

11

窄带电力线通信标准

本章将概述 IEEE 及 ITU-T 推出的系列 NB-PLC 标准。

11.1 历史回顾

最早的 LDR NB-PLC 标准之一是美国国家标准协会（American National Standards Institute，ANSI）/电子工业联盟（Electronic Industries Alliance，EIA）709.1 标准，也被称为 LonWorks。该标准于 1999 年由 ANSI 发布，并于 2008 年成为国际标准（ISO/IEC 14908）[1]。该七层开放系统互连协议提供了保障设备间通过双绞线或 PLC 交换应用程序数据的相关服务，可达数据速率为几 kbit/s。当前应用最广泛的 NB-PLC 技术通常基于 IEC 61334 – 5 – 2[2]中规定的 FSK 或 IEC 61334 – 5 – 1[3]中规定的扩频 – FSK。上述 NB-PLC 技术标准包含了从物理层到应用层（如 IEC 62056 – 53 的 COSEM 应用层）的通信协议，这有利于实现不同技术标准间的互操作。

随着高数据速率需求及各国对旨在改造落后电网的智能电表项目的关注日益增长，人们对工作在 CENELEC/FCC/ARIB 频段、速率高于 LDR NB-PLC[4]的 HDR NB-PLC 解决方案产生了浓厚的兴趣。例如，由欧洲工业界发起并得到广泛支持的 PRIME 技术被认为是一种 HDR NB-PLC 解决方案，该技术基于 OFDM，工作在 CENELEC-A 频段[5]。同样地，美信公司、Sagemcom 公司和 ERDF 于 2008 年联合完成了 G3 – PLC 技术规范，并将其提交至 ITU-T。随后于 2011 年成立了 G3 – PLC 联盟[6]。G3 – PLC 是基于 OFDM 的 HDR NB-PLC 技术，可工作在 CENELEC 和 FCC 频段。此外，G3 – PLC 采用了很多提高通信可靠性的技术，如自适应频率映射、AES – 128、级联编码、鲁棒模式和基于优先级的介质访问控制等。G3 – PLC 和 PRIME 均为开放的技术规范。PRIME 及 G3 – PLC 的性能分析参见文献[7 – 12]。

表 11.1　　　　　　　　　　　　缩　略　语

缩略语	全　　称	缩略语	全　　称
6LoWPAN	面向低功耗无线个域网的 IPv6	ANSI	美国国家标准委员会
AC	交流电	AODV	无线自组织网络按需距离矢量路由协议
ACK	确认帧	ARIB	无线工业及商贸联合会
AES	高级加密标准	AWGN	加性高斯白噪声
AKM	认证和密钥管理	BPSK	二进制相移键控
AMI	高级量测体系	CCM	计数器加密模式

缩略语	全　称	缩略语	全　称
CENELEC	欧洲电工标准化委员会	LLC	逻辑链路控制
CES	信道评估符号	LOAD/LOADng	轻型按需自组织网络/距离矢量路由协议－下一代
CFP	非竞争期	LPTV	线性周期时变
CFS	非竞争时隙	LV	低压
CP	竞争期	MAC	媒体接入控制
CPCS	汇聚子层通用部分	MP2P	多点对单点
CRC	循环冗余校验	MV	中压
CSMA/CA	载波侦听多路访问/冲突避免	NACK	否定确认
CW	竞争窗口	NB-PLC	窄带 PLC
DLL	数据链路层	NIST	美国国家标准与技术研究院
DM	域主站	AES	高级加密标准
DPSK	差分相移键控	NPCW	常规优先级竞争窗口
EAP-PSK	可扩展认证协议－预共享密钥	OFDM	正交频分复用
EIA	电子工业联盟	OSI	开放系统互连
EMC	电磁兼容	P2MP	点对多点
ERM	超级鲁棒模式	P2P	点对点
EUI	扩展唯一标识符	PAN	个域网
FCC	美国联邦通信委员会	PAP	优先级行动计划
FCH	帧控制头	PEV	插电式电动车
FEC	前向纠错	PFH	PHY 帧头
FSK	频移键控	PHY	物理层
HDR	高数据速率	PLC	电力线通信
HNEM	家庭网络能源管理	PRIME	电力线智能抄表演进
HPCW	高优先级竞争窗口	PSD	功率谱密度
IEC	国际电工委员会	PSK	相移键控
IEEE	电子电气工程师协会	QAM	正交振幅调制
IFS	帧间间隔	RCM	鲁棒通信模式
IoAC	交流周期交织	RERR	路由错误
IoF	分段交织	RPL	低功耗和有损网络路由协议
ISI	符号间干扰	RREP	路由回复
ISO	全球标准化组织	RREQ	路由请求
ITU-T	国际电信联盟－电信标准化部门	RS	里德－索罗门
LDR	低数据速率	SAE	汽车工程师协会
LF	低频	SCP	共享竞争期

缩略语	全　　称	缩略语	全　　称
SDO	标准制定组织	SNR	信噪比
SGIP	智能电网互操作研究组	SSCS	特定服务汇聚子层

认识到下一代 NB-PLC 技术标准化工作的重要性后，IEEE 标准协会和 ITU-T 均于 2010 年开始研发基于 OFDM 的下一代 NB-PLC 技术，分别启动了 IEEE P1901.2[13]和 ITU-T G.hnem（家庭网络能源管理）项目。ITU-T 第 15 工作组第 15 专项组（Q15/15）[14]在制定下一代 NB-PLC 技术标准时同时考虑了 PRIME 和 G3－PLC 技术，故原始 G.hnem 项目的内容较多。然而，在后续标准化讨论中，IEEE P1901.2 和 ITU-T 的 Q15/15 均主要基于 G3－PLC，继承了 G3－PLC 的许多技术特征。

2010 年，多家公司在参加自动化标准会议时成立了 IEEE P1901.2 工作组，并讨论了如何基于低于 500kHz 频率的电力线载波通信解决方案进行标准化工作，满足 SAE J2931/3[15]、ISO/IEC15118－3[16]等自动化规范需求。在此之前，未针对工作在低频范围内（FCC 及更低频率）但高于 CENELEC 频率的 PLC 解决方案进行标准化工作。IEEE P1901.2 工作组于 2009 年秋季成立、2010 年正式开始工作，并于 2013 年底发布了技术草案。

第一个基于 OFDM 的下一代 NB-PLC 标准为 ITU-T 建议稿 G.9955[17]和 G.9956[18]。这两项建议分别包含了三项 PLC 技术（G.hnem、G3－PLC 与 PRIME）的物理层和数据链路层规范。

（1）G.hnem：由 ITU-T 成员基于 G3－PLC 与 PRIME 研发，PHY/MAC 技术规范分别参见 G.9955/G.9956，工作频率为 CENELEC A-D 频段以及美国 FCC 频段。

（2）G3－PLC：由 G3－PLC 联盟的 ITU-T 成员研发，并进行了现场测试验证。PHY 技术规范参见 G.9955 的附录 A（CENELEC-A 频段）和附录 D（FCC 频段）；DLL 技术规范参见 G.9956 的附录 A。上述附录是独立的标准化文件，不依赖于正文及其他附录。

（3）PRIME：该技术由 PRIME 联盟的 ITU-T 成员研发，并进行了现场测试验证。PHY/MAC 技术规范分别参见 G.9955/G.9956 的附录 B，工作频率为 CENELEC-A 频段。上述附录是独立的标准化文件，不依赖于正文及其他附录。

总的来说，ITU-T G.9955 和 G.9956 分别定义了三个独立的下一代 NB-PLC 技术标准，但这三个技术标准间不能够实现互操作。为了推动行业应用，ITU-T 对 G.9955 和 G.9956 的内容重新进行整合，形成了三个独立的技术标准和 1 个管理相关的技术规范。ITU-T 于 2012 年底正式批准上述四项技术标准，并取代了 G.9955/G.9956：

（1）G.9901[19]"窄带 OFDM 电力线载波通信收发器－功率谱密度（PSD）规范"。该建议包含了 G.9955 中管理相关的所有规定，如决定频谱构成的 OFDM 控制参数、PSD 掩码需求及降低发送 PSD 的一系列措施。

（2）G.9902（G.hnem）[20]'ITU-T G.hnem 网络窄带 OFDM 电力线载波通信收发器'。该建议包含了 G.hnem NB-PLC 收发器的 PHY 及 DLL 规范。G.9902 沿用了 G.9955、G.9956 建议主体及附录中的相关规定，且引用了 G.9901。

（3）G.9903（G3－PLC）[21]"G3－PLC 网络窄带 OFDM 电力线载波通信收发器"。该

建议包含了 G3－PLC NB-PLC 收发器的 PHY 及 DLL 规范。它使用了 G.9955、G.9956 建议的部分材料，具体而言使用 G.9955 的附录 A 和 D、G.9956 的附录 A。该建议引用了 G.9901。

（4）G.9904（PRIME）[22]"PRIME 网络窄带 OFDM 电力线通信收发器"。该建议包含了 PRIME NB-PLC 收发器的 PHY 和 DLL 规范。它使用了 G.9955，G.9956 和 G.9956AMD1 建议的部分材料，如 G.9955 的附录 B、G.9956 的附录件 B 和 G.9956AMD1。该建议引用了 G.9901。

由于 G3－PLC 规范进行了演进，ITU-T G.9903 规范也随着进行了演进。ITU-T G.9903（2012）建议基于原始 G3－PLC，ITU-T G.9903 2013 年的修订版基于演进后的 G3－PLC。例如，和 ITU-T G.9903（2012）建议相比，现有的 G.9903 支持相干调制，并扩大了工作频率范围（CENELEC-B 和 ARIB）。

11.2　IEEE 1901.2 技术规范

IEEE P1901.2 项目授权请求（Project Authorisation Request，PAR）书指明了其范围[13]：本标准规定了低频（小于 500kHz）窄带电力线设备通过交流电线和直流电线进行通信的相关内容。本标准支持室内和室外低压电力线通信（变压器和表计间线路，小于 1000V）、穿过变压器的低压至中压电力线通信（1000V～72kV）、穿过变压器的中压至低压电力线通信，适用于城市及农村长距离（几千米）通信场景。本标准的工作频率小于 500kHz，数据速率可根据应用需求进行调整，最高可达 500kbit/s。本标准适用于解决电网和表计间、电动汽车和充电桩间、以及室内局域网的通信，未来可能适用于照明灯和太阳能电池板间的通信。本标准侧重于保障不同低频窄带（low-frequency narrowband，LF NB）设备公平、高效地使用电力线载波通信信道，因此定义了详细的、不同 LF NB 标准研发组织（standards developing organizations，SDO）技术间的共存机制，并确保每种 LF NB 技术分配到需要的带宽。此外，本标准采用了一系列措施来最小化带外能量泄露，特别是向频率大于 500kHz 的带外能量泄露，进而确保和宽带电力线载波通信（Broadband Powerline，BPL）设备的共存。本标准还包含了必要的安全解决方案，实现通信保密性，支持安全敏感业务。本标准定义了物理层和媒体接入子层，其中媒体接入子层属于国际标准化组织（International Organization for Standardization，ISO）开放系统互连（Open Systems Interconnection，OSI）基本参考模型的数据链路层。

IEEE P1901.2 工作组包含多个专项组，每个专项组侧重于研究一个关键领域。上述关键领域包括：低频技术间的共存、穿透变压器通信的鲁棒性、电磁兼容性（electromagnetic compatibility，EMC）限值及测量、和已有 SDO 技术的共存、IP 寻址的优先次序。鉴于 CENELEC 及 ARIB 频段存在 EMC 限值而 FCC 频段尚未定义 EMC 限值，IEEE P1901.2 工作组成立了 EMC 专项组，主要负责 EMC 限值的定义，并制定测试标准确保满足上述限值。为了制定一个全球范围内适用的、简单、公平的共存机制，IEEE P1901.2 工作组成立了 NB-PLC 共存专项组。为了满足不同国家的频谱法规，IEEE P1901.2 定义了三个工作频段：CENELEC 频段（欧洲，CENELEC 频段 A-D），频率上限为 148.5kHz；ARIB 频段（日本），频率上限为 450kHz；FCC 频段（多个国家），频率上限为 490kHz。尽管上述频段都有明确的上限，通常还需在上述频段内定义子频段，在可变环境中最大化系统参数，优化系统性能，扩大可用带宽。例如，FCC 一个子频段的起始频率为 154.7kHz，终止频率为 488.3kHz。由于低频段固有的低 EMC 辐射特性，NB-PLC 可在保护带宽较小的情况下实现无干扰的信息传输。

每个子频段由起始频率和终止频率定义，包含若干个子载波。当子载波个数确定之后，需定义一个包含各子载波相位的表格。已知每个 OFDM 符号的子载波个数、每个 PHY 帧的 OFDM 符号个数、以及前向纠错（Forward Error Correction，FEC）模块添加的冗余比特个数时，可以计算出 PHY 数据速率。PHY 帧中 OFDM 符号个数的选择基于下述两个参数：所需数据速率和可接受的鲁棒性。

11.2.1 物理层

IEEE P1901.2 的物理层基于 G3 – PLC 的物理层，两者不同之处包括：每帧里德 – 所罗门编码（Reed-Solomon，RS）的码字个数、帧控制头（Frame Control Header，FCH）、交织、FCC 频段的子载波间隔。

11.2.2 媒体接入控制

MAC 层是 LLC 层和 PHY 层之间的接口，采用 CSMA/CA 信道接入技术，使用肯定（ACK）和否定（NACK）确认帧反馈数据传输情况，并负责数据包分段/重组、加密/解密。MAC 技术规范包括 MAC 子层服务规范、MAC 帧格式、MAC 控制帧、MAC 常量、帧间间隔（IFS）等 MAC 属性、MAC 功能描述以及 MAC 安全规范等内容。

IEEE 1901.2 技术规范侧重于规定 OSI 的层 1（L1）和 OSI 层 2（L2）的部分内容，不规定层 2 或层 3（L3）的路由机制。特别地，层 2 路由可采用 LOADng [24]；层 3 路由可采用低功耗有损网络路由协议（Routing Protocol for Low-Power and Lossy Networks，RPL）[25]。第 11.4.2.2、11.4.2.3 和 11.7.2 节将深入讨论 LOADng 和 RPL。

IEEE 1901.2 技术规范不同于其他 ITU-T 建议的一个特性是其前导和帧头可选择采用自适应多载波调制。上述特性可改善 PHY/MAC 协议的鲁棒性，如文献［23］证明了在美国电网中该特性增加了低压/中压电力线载波通信的可靠性。

11.3 ITU-T G.9902 建议：G.hnem

G.9902 旨在为智能电网的主要应用提供服务，包括：住宅和商业场所的高级量测基础设施（Advanced Metering Infrastructure，AMI）、需求侧响应（demand-response，DR）和智能家居等室内能源管理、家庭自动化和插电式电动汽车（plug-in electric vehicle，PEV）充电。G.9902 默认的网络层协议为 IPv6，但可以通过合适的汇聚子层来支持其他网络协议。

如图 11－1 所示，G.9902 网络由一个或多个逻辑域组成，逻辑域包括在该域中注册的所有节点。每个节点由它的域 ID 和节点 ID 标识。每个域中包含一个域主站（Domain Master，DM），DM 控制着本域中所有节点的操作、接纳控制、注册以及其他域管理操作。同一网络不同逻辑域间通过域间网桥（Interdomain Bridge，IDB）连接，进而使得归属不同逻辑域的节点间可以通信。任何域也可以通过网桥连接到非 G.9902（外来）域。

PHY 是可编程的，通过软件配置来使用不同工作频段，如 CENELEC、FCC、ARIB 频段；并适应不同类型的通信环境，如 MV、LV、室内有线、PEV 的交流线等。G.9902 定义了两种信标：同步信标（周期性发送）和异步信标（由 DM 决定何时发送）。当 DM 节点发生故障时，域中的其他节点将自动升级为 DM。

G.9902 基于 G3－PLC 和 PRIME，但不能与 IEEE 和 ITU-T 其他技术实现互操作。G.hnem 相关论文如文献［26，27］所示。

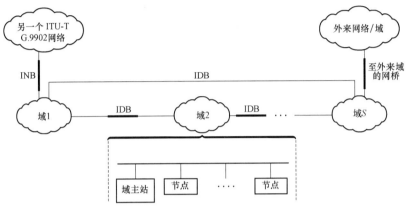

图 11－1　G.hnem 通用网络结构

11.3.1　物理层

11.3.1.1　工作频率

G.9902 定义了几个工作频段，每个 G.9902 设备须至少支持一个工作频段。其中，CENELEC 频段（3～148.5kHz）分为三个频段：CENELEC-A（35.937 5～90.625kHz）、CENELEC-B（98.437 5～120.312 5kHz）和 CENELEC-CD（125～143.75kHz）。CENELEC 频段和 FCC 频段（9～490kHz）重合。目前 FCC 频段包含：FCC（34.375～478.125kHz），FCC－1（34.375～137.5kHz）和 FCC－2（150～478.125kHz）。ARIB 频段为 154.7～403.1kHz。

11.3.1.2　调制

G.9902 采用加窗 OFDM 调制方式，可编程参数如下：

（1）子载波个数。

1）CENELEC 频段：128，其中 CENELEC-A、CENELEC-B、CENELEC-CD 频段中的有效子载波个数分别为 36、15 和 13。

2）FCC 频段：256，其中 FCC、FCC－1、FCC－2 频段中的有效子载波个数分别为 143、34 和 106。

（2）载波间隔。

1）CENELEC 频段：1.562 5kHz。

2）FCC 频段：3.125kHz。

（3）载波调制。QAM，调制阶数为 1、2、3 或 4 阶。

（4）保护间隔。帧头保护间隔为 0，负载保护间隔❶。

1）CENELEC 频段：60、120μs。

2）FCC 频段：30、60μs。

（5）发送窗口大小（PSD 整形）。

1）CENELEC 频段：8 个采样点。

2）FCC 频段：16 个采样点。

11.3.1.3 FEC 和交织

FEC 编码器由一个码率为 1/2、约束长度 L＝7 的内部卷积编码器和一个外部 RS 编码器构成。（2，1，6）卷积编码的码率为 1/2，其八进制编码矩阵为 G＝［171；133］，并通过打孔的方式获得 2/3 码率。RS 编码器输入数据块的最大长度为 239 字节，最小为 25 字节。负载数据必须采用上述级联的编码器，但 PHY 帧头（PHY Frame Header，PFH）可不进行 RS 编码。交织器可以对抗频率和时域快衰落，包括周期为 1/2AC、持续时间最大为 1/4AC 的周期性干扰。对于负载数据，交织器首先进行分段，然后将每个分段重复 2、4、6 或 12 次来增加系统的鲁棒性。G.9902 定义了两种交织模式：

（1）分段交织（Interleave Over Fragment，IOF）。

（2）交流周期交织（Interleave over AC Cycle，IoAC）。

在 IOF 模式下，独立对每个分段进行交织。在 IoAC 模式下，在每个分段之后添加重复分段，直至整个数据段的持续时间为半个 AC 周期的整数倍。IoAC 模式可用来对抗恶劣的周期性衰落信道。

G.9902 允许通过一个 PHY 帧发送多个 RS 码字。具体而言，G.9902 允许在一个 LLC 帧中最多发送 64 个分段，或单个数据块占用信道时间最大为 250ms。换言之，单个 PHY 帧一次传输的 OFDM 符合数可多达 300 个。

11.3.1.4 子载波映射

为了在可变信道条件下最大化吞吐量，G.9902 采用子载波映射机制，即基于子载波的 SNR 确定其加载的比特个数。G.9902 帧头不采用子载波映射机制，所有子载波均采用 QPSK 调制方式，但帧头需要指明后续承载负载数据的子载波的调制方式。G.9902 仅支持为每个子载波加载 1、2 或 4 位比特，且同一帧中所有子载波采用相同的调制方式。

11.3.1.5 信道估计和导频子载波

G.9902 采用相干接收，需采用精确的同步和信道估计机制。G.9902 通过在帧头和负载的预定位置处添加信道估计符号（estimation symbols，CES）和导频子载波来完成信道估计功能。其中，CES 位于 PFH 内部或紧随其后，其调制参数和前导符号相同，包括发送窗口大小。导频子载波在 OFDM 符号中的位置不固定，当前 OFDM 符号的导频子载波位置在上一 OFDM 符号导频子载波的位置处后移 3 个子载波。导频子载波可以改善 PLC 等时变信道的接收端性能。

---

❶ 为负载定义了两种保护间隔。由于调制阶数越高，对符号间干扰（Inter-Symbol Interference，ISI）越敏感，当采用 16 – QAM 时使用最长的保护间隔。

11.3.1.6　鲁棒模式

为了在信道条件恶劣的节点间提供连续的通信服务，G.9902 定义了鲁棒通信模式（Robust Communication Mode，RCM）。在 RCM 中，承载负载数据的每个子载波均加载 1 个比特（即采用 BPSK），重复编码器的重复次数为 2、4、6 或 12 次。由于 PFH 的丢失意味着整个帧的丢失，保护 PFH 至关重要。因此，PFH 使用码率为 1/2 的卷积编码器和 12 次重复编码，并采用 12 位的循环冗余校验（Cyclic Redundancy Check，CRC）。此外，G.9902 的附录 A 定义了一个可选的超级鲁棒模式（Extremely Robust Mode，ERM），其重复编码次数可以设置为 32、64 或 128。

11.3.2　数据链路层

11.3.2.1　媒体接入控制

ITU-T G.9902 采用基于竞争的媒体接入方式 CSMA/CA，且标准节点支持四种优先级；低复杂度节点支持两种优先级。对于标准节点来说，用户数据帧只能设置为较低的三种优先级，携带紧急信令信息的数据帧具有最高优先级（第四种优先级）。为了保证网络管理的及时有效性，所有控制管理帧的优先级为第三种优先级。

如图 11-2 所示，基于竞争的媒体接入机制在竞争周期（Contention Periods，CP）中实现。竞争过程在 CP 开始时启动，当竞争成功节点完成数据传输 T_{IFG_MIN} 时间后结束。当发送节点需要 ACK 时，CP 也包括了 ACK 的传输时间。上一 CP 结束后，立即开始新的 CP。CP 起始位置是 CSMA/CA 优先级解决窗口，它包括四个优先级窗口，不同优先级窗口可能会相互重叠。上述优先级窗口又称为竞争窗口（Contention Window，CW），CW 的长度和位置均可调节。节点在其优先级对应的竞争窗口中随机选择发送时隙，通过检测前导这一物理载波侦听方式来判断媒体是否空闲。当媒体在节点选择的发送时隙之前已变成忙状态时，该节点将不发送数据。媒体接入同步是可选过程。当采用该过程时，DM 将周期地发送信标，其他节点根据信标信息进行同步。

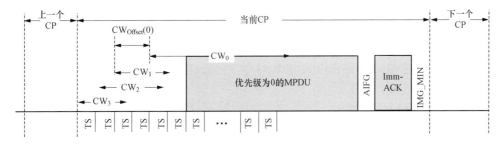

图 11-2　G.hnem 竞争期示例

11.3.2.2　链路层控制

链路层控制的一个功能是对长数据包进行分段，适应实际的信道条件。为了提高效率，一个 G.9902 帧可以携带多个分段，每个分段封装到一个链路层协议数据单元中，并进行 CRC 校验。传输包含多个分段的数据帧时使用选择性确认机制。接收端将检查每个分段的 CRC，并告知发送端所有未正确接收的分段，要求其进行重传。

和 IEEE 1901.2 相似，G.9902 未定义路由机制。因此，G.9902 可以使用 L2 路由（转发

LLC 帧）或 L3 层路由（转发 A 接口之上的协议数据单元）。在初始化之前，需为每个域设定路由模式，即使用域内 L2 路由（L2 转发模式），或不使用 L2 路由（不允许域内任何节点成为 L2 中继）。如果域内使用 L2 路由，则 DM 将指定一个或多个节点为中继器。

11.3.2.3 应用协议汇聚

G.9902 的默认应用层协议是 IPv6 协议，但其可以通过应用协议汇聚（Application Protocol Convergence，APC）功能模块支持其他网络协议。在发送数据时，G.9902 设备须在包头中指明 APC 类型。

11.3.2.4 安全

G.9902 通过对域内节点间传送的数据/管理帧进行加密和认证来保证通信安全。具体来说，采用基于 AES－128 的密码块信息链认证编码（the Counter with Cipher Block Chaining-Message Authentication Code，CCM）算法对数据和相关管理消息进行加密和认证；通过一组身份验证和密钥管理（Authentication and Key Management，AKM）过程实现节点认证、密钥生成和分配、密钥更新和节点认证更新。AKM 过程可以生成组密钥（为一组特定的节点设置一个唯一的密钥）和成对密钥（为每对通信节点分配唯一的密钥）。

11.4　ITU-T G.9903 建议：G3－PLC

G3－PLC 技术最初由美信公司、Sagemcom 公司、ERDF 联合研发，并将其提交至 ITU-T。此后，ITU-T 将此规范进行了加强，并增加了额外的功能。与此同时，来自不同领域（电力公司、系统集成、仪表制造商和芯片供应商）的公司于 2011 年组建了 G3－PLC 联盟，旨在优化该技术并建立认证机构，促进了技术的发展和推广应用。G3－PLC PHY 性能、现场试验相关论文见文献 ［8，11，12］ 及其参考文献。

G.9903 网络由一个或多个域（称为个域网或 PAN）组成，域包括注册到该域中的所有节点。每个节点由 PAN ID 和短地址（16 位 ID）标识，域中的某个节点会被指定为 DM（或PAN 协调器），负责管理所有节点的操作、接纳控制、注册和其他域范围内的管理操作、以及本域和其他域或 WAN 间的连接。

之后将详细介绍 G.9903 规范[21]及其 2013 年 5 月修订版的相关内容。下述为 G.9903 2013 年修订版中的新增功能：

（1）支持 CENELEC-B 频段；

（2）增加适用于日本、使用 ARIB 频段的附录（附录 K）；

（3）使用 CENELEC 频段时，增加一个可选的相干模式；

（4）包头压缩方式由 RFC4944 更新为 RFC6282；

（5）路由算法由 LOAD ［28］ 更新为 LOADng ［24］；

（6）增加与其他 NB-PLC 技术共存的规定，定义了何种场景下必须采用本规定，何种场景下可选择性地采用。

11.4.1　物理层

11.4.1.1 工作频率

G.9903 可工作在 CENELEC-A 频段，三个 FCC 频段，以及 ARIB 频段。工作在

CENELEC-A 频段时，频率范围为 35.938～90.625kHz，子载波间隔为 1.5625kHz。三个 FCC 频段指 FCC-1（154.6875～487.5kHz），FCC-1.a（154.687～262.5kHz）和 FCC-1.b（304.687～487.5kHz）频段。ARIB 频段的频率范围为 154.7～403.1kHz。G.9903 支持子载波映射机制，网络管理器可以据此控制有效带宽，或者将工作频率划分成几部分，分配给不同的域。目前 G.9903 正在修订 FCC 频段的相关规定。

11.4.1.2 调制

ITU-T G.9903 采用加窗 OFDM 调制方式，可编程参数如下：

（1）子载波个数。

■ CENELEC-A 频段：128，其中有效子载波个数为 36。

■ FCC 频段：128，其中 FCC-1、FCC-1.a、FCC-1.b 频段中的有效子载波个数分别为 72、24 和 40。

（2）载波间隔。

■ CENELEC 频段：1.5625kHz。

■ FCC 频段：4.6875kHz。

（3）载波调制。

■ 须采用差分相移键控（Differential Phase Shift Keying，DPSK）调制方式，每个载波加载比特数为 1、2 或 3 位。这是典型的"时域"差分调制，利用连续两个符号间的相位差来携带信息，这和 G.9904 采用的频域差分调制方式不同。

■ 两种可选的相干调制方式：PSK 和 QAM。其中 PSK 可为 2PSK、4PSK 或 8PSK，每个子载波携带 1、2、4 比特信息；QAM 为 16QAM，每个子载波携带 4 比特信息。

（4）保护间隔。帧头的保护间隔为 0，负载的保护间隔：

■ CENELEC 频段：55μs。

■ FCC 频段：18.3μs。

（5）发送窗口大小（PSD 整形）：8 个采样点。

11.4.1.3 FEC 和交织

ITU-T G.9903 使用码率为 1/2、约束长度 L=7 的内部卷积编码器和一个外部 RS 编码器。内部卷积编码器和 G.9902 的相同，但 G.9903 的 RS 编码器为 RS（255，239），可纠正的最大错误符号数为 8。负载数据必须采用上述级联的编码器，但 FCH 可不进行 RS 编码。

ITU-T G.9903 采用信道交织器，旨在纠正下述两种错误：

（1）涉及多个连续 OFDM 符号的突发错误。

（2）涉及大量 OFDM 符号若干个相邻子载波的频率深衰落。

交织器包含两个步骤：首先将每列数据循环移动若干次，且各列数据循环移动的次数均不相同，使得被干扰的 OFDM 符号上承载的数据其实是多个符号上的数据；其次将每行数据循环移动若干次，且各行数据循环移动的次数均不相同，这保证了频率选择性深衰落不会破坏同一列上的所有数据。

在 G.9903 的最初版本中，每个 PHY 帧仅发送一个 RS 码字，每个数据包至多发送 20～40 个 OFDM 符号。这降低了传输效率，但有利于对抗脉冲噪声。在 G.9903 的修订版中，当使用 FCC 频段时，每个 PHY 帧可发送两个 RS 码字。

11.4.1.4　子载波映射

G.9903 支持自适应子载波映射机制，通过选择可用的子载波、最优调制方式、码率来确保通过电力线信道实现可靠通信。调制编码方式的选择基于子载波的 SNR 估计值，G.9903 仅支持平坦比特加载。

11.4.1.5　信道评估和导频子载波

由于 G.9903 定义了强制性的非相干方案，故未定义 CES 和导频子载波。然而，对于可选的相干模式，定义了 6 个导频来进行时钟恢复和信道估计。

11.4.1.6　鲁棒模式

G.9903 定义了两种鲁棒模式：鲁棒模式和超级鲁棒模式。在鲁棒模式中，卷积编码器输出的每个比特将重复 4 次，然后作为交织编码器的输入。在超级鲁棒模式中，卷积编码器输出的每个比特将重复 6 次。两种鲁棒模式均不使用 RS 编码器，采用超级鲁棒模式传输 FCH。

11.4.2　数据链路层

ITU-T G.9903 规范的 DLL 包含两个子层：

（1）基于 IEEE 802.15.4 标准的 MAC 子层[29]。

（2）基于 6LoWPAN 修订版（面向低功耗无线个域网的 IPv6）[30]的 IPv6 适配子层。

11.4.2.1　媒体接入控制子层

G.9903MAC 子层采用 CSMA/CA 信道接入机制，为了降低冲突概率，节点在发送数据前将随机退避一段时间。当设备试图发送数据时，首先根据待发送数据的优先级来判断其竞争窗口，在对应的竞争窗口到时启动随机等待时间。若随机等待时间结束后仍检测到信道空闲，则开始发送数据；否则等待下一个 CP 到来时，重新按照上述过程竞争接入信道。

G.9903 支持 IEEE802.15.4[29]所述的、适用于非信标 PAN 的非时隙 CSMA/CA。发送节点采用截断二进制指数退避算法来计算退避时间。数据或 MAC 控制帧通过 CSMA/CA 算法发送。退避时间粒度称为退避期，长度为一个竞争时隙的持续时间（两个数据符号的长度）。

G.9903 定义了两种优先级：高优先级和常规优先级。图 11-3 给出了 G.9903 的优先级解决方案，具体来说，待发送数据为高优先级数据的节点在高优先级竞争窗口中以 CSMA/CA 方式竞争发送数据，待发送数据为低优先级数据的节点在低优先级竞争窗口中以 CSMA/CA 方式竞争发送数据。

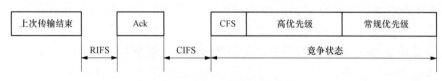

图 11-3　G.9903 优先级竞争窗口

CW 的第一时隙称为非竞争时隙（Contention-free Slot，CFS）。在 CFS 时隙中，发送节点直接发送数据，不用随机退避一段时间，这样可以保证发送节点连续地传输完同一个 MAC 数据包的不同分段，简化了传输聚合数据包时接收端的重组过程。在上述情况下，发送端仅在发送第一个分段时采用竞争接入机制，其他分段采用 CFS 发送。由于高优先级竞争窗口位于常规优先级竞争窗口之前，待发送数据为高优先级的节点将优先获得接入信道的权利。

G.9903 采用自动重传请求。当接收端成功接收到数据时，向发送端发送 ACK；当接收端接收到发生错误的数据时，向发送端发送 NACK。当发送端在预定时间内未收到任何确认信息时，认为数据传输失败，并在接下来的 CP 中尝试重新发送数据。当发送端多次尝试后仍未收到接收端的确认消息，可以选择放弃此次数据发送或者再次尝试。

11.4.2.2　IPv6 自适应子层

G.9903 采用适用于低速网络的 6LoWPAN 协议来支持 IPv6。6LoWPAN 通过报头压缩、路由、分段和重组机制等手段完成 IPv6 协议在嵌入式设备中的实现以及和 MAC 层的无缝互联。

为了在恶劣的通信环境中保证 PLC 网络的性能，6LoWPAN 有必要采用高效的路由协议来应对网络拓扑及链路的变化。G.9903 采用文献［28］中的 LOAD 协议。LOAD 为 L2 路由协议，是自组织按需距离矢量路由（Ad hoc on Demand distance Vector routing，AODV）[31] 的简化版，属于被动协议，在 IPv6 网络层之下组建 mesh 网络。

路由发现通过广播路由请求（Route Requests，RREQ）实现。在路由发现过程中，每个节点了解到其到达目的节点的邻居节点信息。目的节点接收到 RREQ 后，选择开销最小的路径作为路由路径，并通过该路径以单播方式向源节点发送路由应答（Route Reply，RREP）消息。此外，在 RREP 发送过程中若节点检测到链路故障，则广播路由错误（Route Error，RERR）消息，启动到达源节点的路由发现过程。

LOAD 起初是为无线网络设计的，为了改善其在 PLC 网络中的性能，G.9903 定义了一些增强功能，例如：

（1）非对称路由：在 PLC 网络中，由于收发端的噪声源及阻抗匹配情况不同，两节点间的双向链路可能极其不对称，即两节点间不同方向上的信道质量相差很大。然而，由于 LOAD 不允许和中间节点交流反向信道质量，其链路开销受反向链路的影响，且 LOAD 未给出任何计算节点间链路开销的方法。鉴于此，G.9903 定义了基于特定参数的链路开销计算方法，且在邻居路由表中添加了反向链路。

（2）多 RREQ 转发：由于节点在转发 RREQs 时存在时延，第一个到达中间节点的 RREQ 可能不是来自最佳路径的。然而，LOAD 协议未考虑上述情况，节点不转发后到达的 RREQ。针对上述问题，在 G.9903 中，当后到达 RREQ 的路由开销较节点之前转发 RREQ 的路由开销小时，节点将再次转发 RREQ。

（3）最小化 RREP 发送次数：目的节点会响应所有来自同一源节点、且路由开销比已响应 RREQ 小的 RREQ，这导致了会出现目的节点通过多个路径发送多个 RREP 的情况。因此，源节点在接收到 RREP 时仍需等待一段时间，确保接收到来自最佳路径的 RREP。为了减少 RREP 流量，G.9903 目的节点收到 RREQ 后等待一段时间，待接收完所有 RREQ 后从中挑选最佳路径，并通过该最佳路径发送 RREP。

（4）孤立节点：孤立节点表示其到控制节点间的信道质量曾经非常好，但是当前却非常差，其错误地认为信道质量仍旧非常好。由于 AMI 应用中节点间的信息交流相对不频繁，孤立节点/控制节点可能需要一段时间才能发现连接已失效。此时，由于孤立节点响应所有来自未注册设备的信标请求，会导致未注册设备的注册过程连续失败多次。为了缓解上述问题，G.9903 将设备到集中器间的路由开销添加至信标响应中。一旦有新设备通过孤立节点注册失败时，孤立节点再次发送信标响应时将其至控制节点间的路由开销值设置得非常大。未注册设备根据该信息避免选择通过孤立节点加入网络。

11.4.2.3　G.9903 2013 修订版及 LOADng

如 11.4 节所述，ITU-T 于 2013 年 5 月发布了 G.9903 修订版。和原始版本的主要区别之一是该修订版将路由算法 LOAD 替换为 LOADng [24]。

设计 LOADng 协议的目的是进一步增加并改善 LOAD 的功能。由于两协议均基于AODV[31]，二者的基本过程相似。例如，当源节点启动路由发现过程时均生成 RREQ，其他节点收到 RREQ 时均进行转发，目的节点根据接收到的 RREQ 生成 RREP，RREP 通过目的节点指定的路径以单播方式发送至源节点。此外，当节点转发 RREP 失败时，产生 RERR并进行广播。与 AODV 相比，LOADng 不仅进行了扩展和简化，还添加了部分有助于其适应 PLC 网络环境的特性。LOADng 添加的部分特性如下：

（1）黑名单：邻居黑名单中记录了只能实现单向通信的邻居节点地址。具体来说，当节点收到了邻居节点发送的 RREQ，但向其发送 RREP 却收不到回复时，将邻居节点加入黑名单。节点不转发来自黑名单中邻居节点的 RREQ。

（2）正向和反向路由分离：在 LOADng 中，基于路由发现过程为两个节点建立独立的正向路由和反向路由。在两节点间的正向路由和反向路由中，一项为最佳路由，另一项为可通信路由。例如，对于两节点 A、B，可能是 A 到 B 间的路由为最佳路由、B 到 A 间的路由为可通信路由；或者 B 到 A 间的路由为最佳路由、A 到 B 间的路由为可通信路由。

（3）扩展的路由开销计算：LOADng 使用 16 位计算路由开销，而 LOAD 仅使用 8 位。因此，LOADng 在计算不同路径路由开销时的准确度更高，且单条路径上的跳数更多。

（4）优化的洪泛：减少了 RREQ 产生和洪泛广播中的开销。当节点收到目的地址在其路由表中的 RREQ 时，以单播的形式将 RREQ 发送至目的节点，避免不必要的洪泛。

文献[32]对 LOADng 和 AODV 的性能进行了评估，评估结果表明，LOADng 和 AODV的性能相似，但 LOADng 的控制开销非常低。

11.4.2.4　安全

终端设备在接入网络时需要进行认证和鉴权，认证和鉴权基于下述唯一属于终端设备的两项参数进行：

（1）扩展唯一标识符（Extended Unique Identifier，EUI－48）MAC 地址。需要时，该地址可以轻易地转换为 EUI－64 地址。

（2）128 位的共享密钥（也称为预共享密钥）。该密钥由终端设备（也称为对等节点）和认证服务器共享。相互认证的前提是双方均获得了共享密钥。

认证采用可扩展的认证协议—预共享密钥（Extensible Authentication Protocol-Pre-shared Key，EAP-PSK）协议。MAC 层和 EAP-PSK 均提供通信数据的机密性和完整性保护，但二者的保护程度不同。在 MAC 层中，每个数据帧均需进行 CCM 加密，且在传输过程中每一跳均需进行加解密。为此，网络中的所有节点需要收到经 EAP-PSK 安全信道分发的组密钥。

11.5 ITU-T G.9904 建议：PRIME

PRIME 技术由 PRIME 联盟首次提出[5]。PRIME 联盟的 ITU-T 成员将 PRIME 规范 v.1.3.6 版本提交至 ITU-T，即后来发布的 ITU-T G.9904 建议稿。PRIME 的相关论文参见文献［7，9－11］。

G.9904 协议参考模型如图 11－4 所示。

汇聚层（Convergence Layer，CL）将业务数据进行分类，并建立正确的 MAC 连接，即将任意类型的业务数据映射为合适的 MAC 服务数据单元（MAC Service Data Unit，MSDU）。CL 也可能包含压缩功能。PRIME 的 CL 定义了几种 SSCS 来完成不同类型业务数据和 MSDU 间的映射。MAC 层定义了信道接入、带宽分配、连接建立/维护和拓扑解决等核心 MAC 功能，PHY 层实现邻居节点间 MPDU 的发送和接收。

G.9904 系统由子网构成，子网的覆盖范围通常为一个变压器的覆盖范围。G.9904 子网的逻辑拓扑结构为树形结构，包含两类节点：基本节点（主站）和服务节点（从站）。

基本节点位于树形网络拓扑的根部，它拥有和所有网络元素间的连接，并管理网络资源和连接，每个 G.9904 子网仅包含一个基本节点。

服务节点位于树形网络拓扑的叶部或枝部，服务节点上电后处于未连接功能状态，注册成功后才能成为网络的一部分。网络中的服务节点具有两个功能：保持和网络中其他节点的互通为其应用层提供服务、转发其他节点的数据扩大网络覆盖范围。

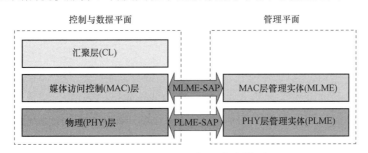

图 11－4　G.9904 协议参考模型

11.5.1 物理层

11.5.1.1　工作频率

G.9904 仅使用 CENELEC-A 频段，工作频率范围为 41.992～88.867kHz，子载波间隔为 488.281 25Hz。

11.5.1.2　调制

G.9904 采用 OFDM 调制方式，但不支持加窗。可编程参数如下：

（1）子载波个数：97，其中 96 个数据子载波和 1 个导频子载波。

（2）子载波间隔：488.281 25Hz。

（3）子载波调制：DPSK，每个子载波加载 1、2 或 3 个比特数据。与 G.9903 相反，G.9904 采用频域差分调制，即通过相邻子载波间的相位差来携带信息。

（4）保护间隔：帧头保护间隔为 0，负载保护间隔为 192μs。

（5）发送窗口大小：0 个采样点。

与时域差分调制相比，频域差分调制能够灵活应对脉冲噪声。但由于频域差分调制须通过每个 OFDM 符号的第一个子载波发送参考信号，也带来了一些挑战。例如，频域差分调制须通过每个被陷波载波后的第一个子载波发送参考信号，引入了额外开销，降低了传输效率。为此，G.9904 不采用陷波机制，故不能很好地应对窄带干扰。

G.9904 中每个 PHY 帧的 OFDM 符号个数是可变的，最大为 63。

11.5.1.3 FEC 和交织

和 G.9902、G.9903 相同，G.9904 定义了码率为 1/2、约束长度为 L＝7 的卷积编码器。但 G.9904 未定义 RS 编码器，且其卷积编码器为可选功能。G.9904 定义了信道交织器，但 G.9904 的信道交织器和 G.9903 不同，仅支持对一个 OFDM 符号内的数据进行交织。

11.5.1.4 子载波映射

和 G.9902、G.9903 相似，G.9904 支持可用子载波、调制方式、编码速率的自适应选择，以达到最大化吞吐量的目的。

11.5.1.5 信道估计和导频子载波

采用差分机制时不需要进行信道估计。尽管如此，G.9904 在帧头 OFDM 符号中定义了 13 个导频子载波来评估频率偏移，在数据 OFDM 符号中定义一个导频子载波为频域 DPSK 解调提供相位参考。

11.5.1.6 鲁棒模式

G.9904 未定义鲁棒模式。

11.5.2 数据链路层

11.5.2.1 媒体接入控制

G.9904 网络将信道接入时间划分为多个连续的 MAC 帧。在每个 MAC 帧中，网络中的服务节点和基本节点可以在竞争接入期（Shared Contention Period，SCP）中以竞争方式访问信道，或请求网络为其分配专用的非竞争期（Contention-free Period，CFP）。当服务节点向基本节点请求 CFP 时，基本节点根据信道使用状态决定是否拒绝该请求。发送设备不需进行申请便可使用 SCP，但发送设备在发送数据时需要注意 SCP 的结束时间，保证在当前 SCP 结束前发送完数据。G.9904 网络在其信标中需要明确当前 MAC 帧的构成，即 SCP 期和 CFP 期的长度。MAC 帧由一个或多个信标、一个 SCP、以及至多一个 CFP 构成（见图 11-5）。

图 11-5 PRIME MAC 帧结构

G.9904 定义了层 2 路由机制。当基本节点不能与某个节点直接通信时，需要中继节点来转发主站和该节点间的数据，这保证了网络中的每个节点都能有效地与基本节点进行通信。在 G.9904 网络中，中继节点仅转发来自/去往其控制域服务节点的数据，丢掉其他数据，进而减少网络流量。此外，中继节点不一定能够与基本节点直接进行通信，可能通过其他中继节点实现与基本节点的通信。即 G.9904 网络支持多级中继，且未限制中继级数，从而扩大了网络覆盖范围，提高了网络灵活性。

11.5.2.2 汇聚层

CL 将业务数据进行分类，并建立正确的 MAC 连接。CL 包含两个子层：

（1）公共部分汇聚子层（Common Part Convergence Sublayer，CPCS）：提供一系列通用的服务。

（2）特定服务汇聚子层（Service-specific Convergence Sublayer，SSCS）：包含了针对某个应用层的特定服务。

汇聚层仅包含一个 CPCS，但可能包含多个 SSCS。G.9904 定义了 3 种 SSCS，分别适应下述三类应用层业务：IPv4、IPv6、IEC 61334–4–32[33]。

11.5.2.3 安全

G.9904 通过安全连接方法和密钥管理策略为 MAC 层提供数据机密性、完整性保护及认证服务。

G.9904 规定必须对 MAC 控制数据进行加密，网络设备可以选择是否对业务数据进行加密，可以通过定义不同的安全配置文件来适应不同网络环境中的安全需求。G.9904 当前版本定义了两个安全配置文件。

认证的前提是每个节点均拥有私钥，且仅有节点本身和基本节点获知该私钥。实现数据完整性的前提是节点对负载和 CRC 均进行了加密。在 G.9904 的安全配置文件 0 中，不要求对网络中传输的 MAC 数据进行加密，故该配置文件仅适用于对数据机密性和完整性、认证要求不高的场景中。安全配置文件 1 采用 128 位的 AES 加密算法以及 CRC 算法。

11.6 NB-PLC 共存

IEEE 1901.2 技术规范的一个关键功能是鲁棒、可靠的共存机制。共存是为了解决共享同一电力线电缆的非互操作设备间的相互干扰问题。电源线电缆将低压变压器和一系列单独的住宅、住宅单元（由多个紧挨着的住宅组成）之间连接起来，一个住宅单元内部的信号会发生相互干扰，且也会和外部住宅的信号发生相互干扰。随着干扰（包括室内干扰和室外干扰）的增加，PLC 网络的数据速率会下降，甚至导致通信中断。电力线电缆作为一个共享介质（和同轴电缆、无线相同），不能够为用户提供专属连接。受干扰影响，PLC 网络可用的频段相对比较窄，适用于 Wi-Fi 或同轴电缆网络的频分多址接入方式不适用于 PLC 网络。因此，有必要设计相应的机制来减少 PLC 网络中来自非互操作相邻设备的干扰。PLC 共存机制设计可参考其他干扰受限系统，如 WiFi、WiMAX、Zigbee，蓝牙和 Z-Wave（见文献［34］）。

CENELEC 于 20 年前首次提出 PLC 共存问题。由于未使用专用的 PHY/MAC，CENELEC 需要提供一种公平的信道接入机制，避免非互操作设备工作在同一条线路上时的信道冲突。实际上，当非互操作设备接入传输介质时，CSMA 和虚拟载波侦听机制不起作用，必须定义一个通用的介质接入机制。CENELEC 定义了仅用于 C 频段的 CSMA/CA 机制[35]，并采用频率 132.5kHz 告知其他设备信道使用状态。

常见的共存技术有两种：频分共存和频率陷波。频分共存是指利用相互正交的频率来实现共存。频率陷波能够用来避免使用为其他应用预留的频段，实现和单载波 NB-PLC[2,3]系统，以及其他潜在系统的共存。然而，上述两种共存方法并不能够满足 IEEE 1901.2 的共存需求，需要定义额外的共存机制。

美国国家标准和技术研究院优先行动计划（National Institute of Standards and TechnologyPriority Action Plan，NIST/PAP）第 15 工作组[36]提出需要定义一种能够实现 IEEE 1901.2 与 ITU-T 三种技术（G.hnem、G3–PLC、PRIME）间共存的 NB-PLC 共存机制，且该机制能够后向兼容。为此，IEEE P1901.2 工作组开始制定适用于基于 OFDM 的 NB-PLC 网络、基于前导序列的共存机制。基于前导的共存机制公平性较好，且能够最小化对业务的影响。

基于前导的共存机制根据带宽配置种类，在一个或多个特定的频带采用固定数目的前导符号。公平性可通过在给定的时间内重复共存前导序列，或者给定每种技术占用信道的时间来保证。

共存机制涉及多个配置参数，包括：① 信道接入和信道占用时间相关的参数；② 类型、范围、描述和默认值等表示共存/公平性属性的相关参数；③ 虑技术类型和部署区域等应用共存机制时需要考虑的参数；④ 控制属性参数，用来设置启用或禁用基于前导的共存机制。例如，当某个区域内 IEEE 1901.2 设备仅工作在 CENELEC-A 频段时，由于工作在该频段的非互操作 NB-PLC 设备可以忽略不计，该区域内的 IEEE 1901.2 设备也可以不运行基于前导的共存机制，而是使用现有的频分复用或陷波技术。

G.9902 支持三种共存机制：

（1）频分共存：通过使用不相互重叠的频段来实现共存。

（2）频率陷波：通过对一个或多个子载波进行陷波，将 G.9902 产生的干扰限制在特定的（相对窄的）的频率范围内。频率陷波使得 G.9902 可与工作在同一频带中的窄带 FSK/PSK 系统共存。

（3）基于前导的共存：该机制使得 G.9902 可与工作在相同频段的其他类型 PLC 技术公平地共享传输媒体。

共存是 G.9902 的必选功能。当工作频率为电网监测控制专属频率（如 CENELEC-A 频段）时，基于前导的共存是 G.9903 的可选功能；否则基于前导的共存是 G.9903 的必选功能。G.9904 未定义共存。

11.7　NB-PLC 技术定性比较

本章介绍的四种 HDR NB-PLC 技术虽有一些相似之处，但也存在着显著的差异。例如四种协议的 MAC 层均采用不同的 CSMA/CA 信道接入技术，PHY 也存在许多不同之处。此外，G.9903 和 G.9904 支持 L2 路由，而 IEEE 1901.2 和 G.9902 未明确支持 L2 或 L3 路由。本小节将总结上述四种技术主要的不同之处。

11.7.1 物理层

表 11.2 和表 11.3 分别给出了四种 HDR NB-PLC 技术工作于 CENELEC-A、FCC 频段时的主要物理层参数。其中，在计算最大数据传输速率时考虑了循环前缀（Cyclic Prefix，CP）、FEC、FCH、前导、CES 和导频。文献［23］中得到的数据速率和表 11.2、表 11.3 相似。此外，表格中给出的数据速率是在理想信道情况下可获得的最大值，而实际数据速率取决于线路状况，通常较理想值小。

11.7.1.1 NB-PLC 信道假设

设计收发器时必须考虑物理信道，收发器的参数也反映了设计者对信道的假设。对比上述四种 NB-PLC 技术，可以看出设计者所做的信道假设相差非常大。例如，CENELEC-A 频段的保护间隔最小 55μs、最大 192μs，FCC 频段的保护间隔最小 18.3μs、最大 60μs，这说明不同的设计者对 NB-PLC 信道频率选择性的假设不同。对 ISI 的错误估计会导致接收信噪比降低，在某些场景下甚至导致只能使用低阶调制方式。

表 11.2　　　　　　NB-PLC 物理层参数及最大数据速率－CENELEC–A 频段

参　　数	ITU-T G.9902（G.hnem）	ITU-T G.9903（G3－PLC）	ITU-T G.9904（PRIME）	IEEE 1901.2
频率范围（kHz）	35.9～90.6	35.9～90.6	42～89	35.9～90.6
采样频率（kHz）	200	400	250	400
子载波个数	128	128	97	128
循环前缀（μs）	100/160	75	192	75
保护间隔（μs）	60/120	55	192	55
窗口大小（采样点个数）	8	8	0	8
子载波间隔（Hz）	1562.5	1562.5	48 828 125	1562.5
OFDM 符号长度（μs）	700/760	695	2240	695
调制方式	M-QAM	M-DPSK[a]	M-DPSK	M-DPSK
FEC	Conv＋RS	Conv＋RS	Conv[b]	Conv＋RS
交织	分段/AC 周期	数据包	OFDM 符号	数据包
鲁棒模式	是	是	否	是
PHY 帧效率	多 RS	单 RS	＜＝63 个符号	单 RS
M＝2 时最大 PHY 速率（kbit/s）	25.3	20.3	20.5	20.0
M＝4 时最大 PHY 速率（kbit/s）	50.6	34.9	41.0	34.1
M＝8 时最大 PHY 速率（kbit/s）	76.0	46.0	61.4	44.6
M＝16 时最大 PHY 速率（kbit/s）	101.3	N/A	N/A	N/A

[a]　在 G.9903 修订版中，差分调制方式为必选项，但定义了一个可选的相干模式。

[b]　PRIME 中的卷积编码为可选项。

表 11.3 NB-PLC 物理层参数及最大数据速率 – FCC 频带

参　数	ITU-T G.9902（G.hnem）	ITU-T G.9903（G3 – PLC）	IEEE P1901.2
频率范围（kHz）	34.4~478.1/150~478.1[a]	154.7~487.5	154.7~487.5
采样频率（kHz）	800kHz	1.2MHz	1.2MHz
子载波个数	256	128	128
循环前缀（μs）	50/80	25	25
保护间隔（μs）	30/60	18.3	18.3
窗口大小（采样点个数）	16	8	8
子载波间隔（Hz）	3125	4687.5	4687.5
OFDM 符号长度（μs）	350/380	231.7	231.7
调制方式	M-QAM	M-DPSK/M-QAM[b]	M-DPSK/M-QAM
FEC	Conv + RS	Conv + RS	Conv + RS
交织	分段/AC 周期	数据包	数据包
鲁棒模式	是	是	是
PHY 帧效率	多 RS	单个/两个 RS[c]	单个/两个 RS[c]
M = 2 时最大 PHY 速率（kbit/s）	210.2/150.8	106.2	106.2
M = 4 时最大 PHY 速率（kbit/s）	417.4/301.6	166.5[b]	166.5[b]
M = 8 时最大 PHY 速率（kbit/s）	616.5/448.1	207.6[b]	207.6[b]
M = 16 时最大 PHY 速率（kbit/s）	809.5/591.0	233.5[b]	233.5[b]

[a] 分别采用 FCC、FCC – 2 频段时的速率。

[b] 在 G.9903 修订版中，差分调制方式为必选项，但定义了一个可选的相干模式。

[c] 在计算数据速率时假设一帧内仅传输一个 RS 码字，如 G.9903 当前版本所述。但 IEEE 1901.2 和 G.9903 修订版均定义了采用 FCC 频段时，一帧内可以传输两个 RS 码字。

此外，四项技术中用来对抗信道噪声的鲁棒性技术也表明了设计者对信道做出了不同的假设。例如，G.9904（PRIME）仅定义了可选的卷积编码器，未定义鲁棒模式，信道交织仅在单个 OFDM 码元内进行；G.9903（G3 – PLC）采用级联编码，定义了两种鲁棒模式，信道交织在每个数据包内进行。此外，G.9902 和 G.9904 允许发送由连续多个 RS 码字或多个 OFDM 码元构成的 PHY 帧，而 G3 – PLC 为了更好地对抗脉冲噪声，不惜降低传输效率，仅允许每个数据包中包含一个 RS 码字。

另一个显著的差别是 G.9903 中定义的差分调制与 G.9904 中定义的差分调制不同。前者为传统的"时间差分"相位调制（"Time-differential" Phase Modulation，t-DPSK），即利用相邻符号间的相位差来表示所携带的信息；后者为"频率差分"相位调制（"Frequency-differential" Phase Modulation，f-DPSK），即利用相邻子载波间的相位差来表示所携带的信息。上述两种差分调制方式在加性高斯白噪声（AWGN）、块衰落信道中的性能相似，但在实际 PLC 信道环境中的性能相差很大。实际上，时域块衰落（如脉冲噪声）对 t-DPSK 的影响高于对 f-DPSK 的影响，同理频域块衰落（如窄带干扰）对 f-DPSK 的影响高于对 t-DPSK 的影响。此外，选用不同的交织器和 FEC 也将影响 PHY 的性能。

Hoch 在文献［11］中对 G.9903、G.9904 的 PHY 性能进行了对比，得出以下结论：

（1）在受有色背景噪声和周期脉冲噪声影响的平坦衰落信道环境中，G.9903 的性能优于 G.9904。这主要是因为 G.9903 采用了 RS 编码，而 G.9904 未采用。例如，在帧错误率（Frame Error Rate，FER）为 10^{-4} 的信道环境中，G.9903 获得约 6dB 的 SNR 增益。

（2）在受加性高斯白噪声影响、频率选择性衰落信道环境中，采用 DBPSK 时 G.9903 的性能优于 G.9904，但当调制阶数较高时，二者的性能相似。这可能是因为当调制阶数较高时，恶劣的信道环境（高 ISI）对两系统造成的影响相当。

（3）在受加性高斯白噪声和窄带干扰影响的平坦衰落信道环境中，G.9903 的性能明显优于 G.9904。甚至在某些情况下，G.9904 的性能恶化到无法进行通信。

最后，文献［12］表明了 G3－PLC 信号能够穿透 LV/MV 变压器，实现 LV 和 MV 间的通信互连，而目前尚无资料表明 PRIME 信号具有穿透变压器的能力。穿透低压/中压变压器的能力为网络设计提供了更大的自由。在实现 MV 和 LV 连接的网络中，通常将集中器部署在中压侧，收集整个中压线路覆盖范围内所有表计的信息，汇总后通过 PLC 或者其他可用的网络技术传输至电力公司。当前每个 MV/LV 变压器覆盖的用户数相差较多，北美大多数变压器服务的用户数少于 10，欧洲大多数变压器服务的用户数大于 200。在美国，由于单个变压器覆盖的用户数较少，将集中器部署至中压侧是一种经济的网络部署方式，能够减少所需耦合器的数量，同时可实现不同配电变压器（低压/中压/低压链路）覆盖范围内表计间的互通。在欧洲，由于单个变压器服务的用户数较多，没有必要将集中器部署在中压侧。因此，具有穿透变压器能力的 NB-PLC 技术在人口（表计）密度较低的地区具有很强的吸引力。

11.7.1.2 相干与差分调制

已有 NB-PLC 技术间的另一个差别是差分调制或 PSK/QAM 调制的选择。G.9902（G.hnem）定义了必选的 PSK/QAM 调制方式，而 G.9903（G3－PLC）、G.9904（PRIME）、IEEE 1901.2 定义了必选的（时间或频率）差分调制。尽管目前尚无公开资料对上述调制方式在 PLC 信道环境中的性能进行对比分析，G.9902 调制方式的选择对其他标准组织产生了影响。例如，ITU-T 在讨论 G3－PLC 时，在 CENELEC-A、FCC 频段定义了可选的相干调制方式；IEEE P1901.2 工作组最初仅采用 G3－PLC 的差分调制方式，最后增加了可选的相干调制方式。

差分调制的基本原理是将上一个符号的相位作为当前符号的参考相位。在 AWGN 噪声环境中，与非相干调制方式相比，相干调制的接收信噪比增益约为 3 分贝，而在慢瑞利衰落信道中，增益略小于 3 分贝（高 SNR）。最新研究提出了一种非相干解码方案，该方案可以应用于几乎所有类型的编码调制中，且在 AWGN 信道环境中随着观察时间的增加，其性能接近相干检测的性能（见文献［37］）。然而，上述方案不适用于受非高斯噪声影响的信道环境，如 PLC 信道。实际上，由于 PLC 信道受周期脉冲噪声的影响，需要增加观察时间来提高非相干检测的性能，但是这也意味着同时提高了漏检差分调制符号的概率。漏检符号将会导致差分解调失败，即若漏检了上一个符号，则其不能作为参考相位来解调当前的符号，进而导致当前符号检测失败。此外，尽管差分调制能很好地对抗载波相位的随机偏移（进而允许非相干解调），但其不能够对抗非零多普勒扩展，而 PLC 信道中存在非零多普勒扩展[38]。事实上，在这种情况下，连续符号的相位间将会失去相关性，前一个符号的相位不能够作为解调当前符号时的参考相位。因此，存在强脉冲噪声时，随着漏检概率的增大，AWGN 信道环境中相干接收的 SNR 增益可能超过典型值 3 分贝。

上述理论表明了与非相干检测相比，相干检测更具有优势。文献[40]也得出了相同的结论，表明了当信道为时变信道且受脉冲噪声影响时，非相干接收的性能将下降。由于仍需进一步的分析和现场测试来获得相干调制在典型的 NB-PLC 应用场景中能够带来多大的性能增益，当前一些 PLC 技术联盟未采用相干调制（G.9904）或者仅定义了一个可选的相干调制（G.9903 以及 IEEE 1901.2）。尽管如此，这仍是科学界应该解决的一个有趣的问题。由于当前尚无公认的 NB-PLC 信道模型，解决上述问题比较棘手。

11.7.2　层 3 及层 2 路由

如前所述，目前尚不明确智能电网应用中 L2 及 L3 路由哪种性能更好，该问题仍有待进一步讨论。L2 路由的路由功能位于数据链路层。与此相反，L3 路由的路由功能位于网络层，这与经典的 IP 网络架构相同。

在选择 L2 或 L3 路由时，首先应考虑的问题是网络可扩展性。支持 IP 的 L3 路由扩展性较好。另一方面，可以设计出类似于 L3 的 L2 寻址和路由方案，但唯一的区别是地址分配，以及其是否支持地址汇聚并据此创建可扩展的路由表。其次要考虑的问题是开销。采用 L3 路由协议时，需要在 L2 数据包中添加 40 字节的开销，该开销占 G.9903 或 IEEE P1901.2 数据包有效负载的 20%。由于和网络拓扑结构、业务流量模型等诸多因素有关，很难论证应用 L2 还是 L3 路由最佳。因此，本章仅给出一些路由相关的文献，并指出设计面向 AMI 应用的 PLC 路由时需考虑的重点问题。此外，由于 LOADng[24]和 RPL[25]是支撑智能电网应用的主要候选路由技术，本节侧重于介绍它们的性能对比。

LOADng 和 RPL 是两种较好的路由解决方案，但它们针对的具体问题不同[41]。RPL 适用于多点对一点（multi-point-to-point，MP2P）网络拓扑结构（如无线传感器网络），是该网络结构下的最优路由方式。LOADng 以分布式方式工作，适用于按需发现路径、支持双向业务的 P2P、MP2P 和点对多点（point-to-multi-point，P2MP）网络拓扑结构。大多智能电网应用的业务实际为双向业务，包括 AMI。

文献[42]通过仿真分析了 P2P 网络中 RPL 路由的性能。分析表明，在 P2P 网络场景中，RPL 的路径质量与优化的最短路径质量相似。然而，AMI 不仅包括 P2P，还包括 MP2P 和 P2MP。文献[43]研究了支持双向通信时 RPL 路由协议的性能。研究表明，在传输相同数据量相同时，LOAD 的开销较 RPL 少。文献[44]的实验结果表明 RPL 在无线网络中的性能较好；文献[45]表明先进 LOAD 的性能较好。

文献[6，7]表明，RPL 路由选择过程确保了其所找到的路径大多为单一路径且相对比较持久，这使得 RPL 不能够快速适应链路质量的变化，而 PLC 网络中链路质量经常发生变化。此外，RPL 不对所有链路质量进行评估，有时会选择可靠性很差的路径。文献[6，7]的作者还指出，为了提高路由的可靠性，需要进一步研究并改善 RPL 路由选择过程。

最后需要指出的是，已有文献大多是针对无线传感网络进行研究的，未考虑 PLC 网络的特性（低吞吐量、时变性、链路质量不对称、单向通信等，详见 11.4.2.3 节）。因此，当应用于 PLC 网络时，上述分析结果并非完全正确。

11.8　结论

设计 G.9902 时希望集成 G3 – PLC 和 PRIME 的特性，并添加一些新的特性来提升网络性能。然而，目前尚无 G.9902 的测试结果，无法确定是否达到其设计初衷。G3 – PLC 为了提高鲁棒性不惜以降低的数据速率为代价，由于智能量测应用中 HDR 不是主要的优化目标（参见文献[4]），G3 – PLC 的设计初衷是合理的。G.9903、IEEE 1901.2 设计初衷是基于 G3 – PLC 的物理层，并提高其性能。已有多项持续多年的 G3 – PLC 现场试验，G.9903、IEEE P1901.2 根据实验结果进行了大量的改进。然而，尽管 G.9903 保留了 LOAD 和 LOADng 路由机制，但 IEEE 1901.2 和 G.9902 未定义 L2 或 L3 路由方案。最后，G.9904 设计初衷是综合考虑鲁棒性和数据速率，设计一简单的协议体系。

参考文献

[1]　Open data communication in building automation，controls and building management-Control network protocol，ISO/IEC Std. DIS 14908，2008.

[2]　Distribution automation using distribution line carrier systems-Part 5 – 2：Lower layer profiles-Frequency shift keying（S-FSK）profile，IEC Std. 61334 – 5 – 2，1998.

[3]　Distribution automation using distribution line carrier systems-Part 5 – 1：Lower layer profiles-Spread frequency shift keying（S-FSK）profile，IEC Std. 61334 – 5 – 1，2001.

[4]　S. Galli，A. Scaglione and Z. Wang，For the grid and through the grid：The role of power line communications in the Smart Grid，Proc. IEEE，99（6），998 – 1027，June 2011.

[5]　Powerline Related Intelligent Metering Evolution(PRIME). [Online] Available：http：//www.prime-alliance.org，accessed 13 October 2013.

[6]　The G3 – PLC Alliance. ［Online］ Available：http：//www.g3 – plc.com/.

[7]　I. Berganza，A. Sendin and J. Arriola，Prime：Powerline intelligent metering evolution，in IET-CIRED-CIRED Seminar，SmartGrids for Distribution，Frankfurt，Germany，23 – 24 June 2008.

[8]　K. Razazian，M. Umari，A. Kamalizad，V. Loginov and M. Navid，G3 – PLC specification for powerline communication：Overview，system simulation and field trial results，in IEEE International Symposium on Power Line Communications and Its Applications（ISPLC），Rio de Janeiro，Brazil，28 – 31 March 2010.

[9]　I. Berganza，A. Sendin，A. Arzuaga，M. Sharmaand and B. Varadarajan，PRIME interoperability tests and results from field，in IEEE International Conference on Smart Grid Communications（SmartGridComm），Gaithersburg，MD，4 – 6 October 2010.

[10]　J. Domingo，S. Alexandres and C. Rodriguez-Morcillo，PRIME performance in power line communication channel，in IEEE International Symposium on Power Line Communications and Its Applications（ISPLC），Udine，Italy，3 – 6 April 2011.

[11]　M. Hoch，Comparison of PLC G3 and PRIME，in IEEE International Symposium on Power Line

Communications and Its Applications（ISPLC），Udine，Italy，3－6 April 2011.

[12] K. Razazian，A. Kamalizad，M. Umari，Q. Qu，V. Loginov and M. Navid，G3－PLC field trials in U.S. distribution grid：Initial results and requirements，in IEEE International Symposium on Power Line Communications and Its Applications（ISPLC），Udine，Italy，3－6April 2011.

[13] IEEE 1901.2：Draft Standard for Low Frequency（less than 500kHz）Narrow Band Power Line Communications for Smart Grid Applications.［Online］Available: http：//grouper.ieee.org/groups/1901/2，accessed 13 October 2013.

[14] ITU-T Question 15/15－Communications for Smart Grid.［Online］Available: http：//www.itu.int/en/ITU-T/studygroups/2013－2016/15/Pages/q15.aspx，accessed 13 October 2013.

[15] SAE J2931/3－PLC Communication for Plug-in Electric Vehicles.［Online］Available：http：//standards.sae.org/wip/j2931/3，accessed 13 October 2013.

[16] Road vehicles-Vehicle to grid Communication Interface-Part 3：Physical and data link layer requirements，ISO/IEC Std. ISO/DIS 15118－3，2013.

[17] Narrowband OFDM power line communication transceivers-Physical layer specification，ITU-T Rec. G.9955，December 2011.

[18] Narrowband OFDM power line communication transceivers-Data link layer specification，ITU-T Rec. G.9956，November 2011.

[19] Narrowband orthogonal frequency division multiplexing power line communication transceivers-Power spectral density specification，ITU-T Rec. G.9901，November 2012.［Online］Available: http：//www.itu.int/rec/T-REC-G.9901，accessed 13 October 2013.

[20] Narrowband orthogonal frequency division multiplexing power line communication transceivers for ITU-T G.hnem networks，ITU-T Rec. G.9902，October 2012.［Online］Available: http：//www.itu.int/rec/T-REC-G.9902，accessed 13 October 2013.

[21] Narrowband orthogonal frequency division multiplexing power line communication transceivers for G3－PLC networks，ITU-T Rec. G.9903，October 2012.［Online］Available: http：//www.itu.int/rec/T-REC-G.9903，accessed 13 October 2013.

[22] Narrowband orthogonal frequency division multiplexing power line communication transceivers for PRIME networks，ITU-T Rec. G.9904，October 2012.［Online］Available: http：//www.itu.int/rec/ T-REC-G.9904，accessed 13 October 2013.

[23] M. Nassar，J. Lin，Y. Mortazavi，A. Dabak，I. Kim and B. Evans，Local utility power line communications in the 3－500kHz band：Channel impairments，noise，and standards，IEEE Signal Process. Mag.，29（5），116－127，September 2012.

[24] T. H. Clausen，A. Colin de Verdiere，J. Yi，A. Niktash，Y. Igarashi，H. Satoh，U. Herberg，C. Lavenu，T. Lys，C. E. Perkins and J. Dean，The Lightweight On-demand Ad hoc Distance-vector Routing Protocol-Next Generation（LOADng），IETF Internet-Draft，7January 2013.［Online］Available: http：//tools.ietf.org/html/draft-clausen-lln-loadng－07，accessed 13 October 2013.

[25] T. Winter，P. Thubert，A. Brandt，J. Hui，R. Kelsey，P. Levis，K. Pister，R. Struik，JP. Vasseur and R. Alexander，RPL：IPv6routing protocol for low-power and Lossy networks，IETF RFC 6550，March 2012.

[26] V. Oksman and J. Zhang, G.hnem: The new ITU-T standard on narrowband PLC technology, IEEE Commun. Mag., 49 (12), 138 – 145, December 2011.

[27] A. Rossello-Busquet, G.hnem for AMI and DR, in International Conference on Computing, Networking and Communications (ICNC), Maui, HI, 30 January – 2 February 2012.

[28] K. Kim, S. Daniel Park, G. Montenegro, S. Yoo and N. Kushalnagar, 6LoWPAN Ad Hoc On-Demand Distance Vector Routing (LOAD), IETF Internet-Draft, 19 June 2007. [Online] Available: http: // tools.ietf.org/html/draft-daniel – 6lowpan-load-adhoc-routing – 03, accessed 13 October 2013.

[29] IEEE standard for local and metropolitan area networks-Part 15.4: Low-rate wireless personal area networks (LR-WPANs), IEEE Std. 802.15.4, 2006.

[30] G. Montenegro, N. Kushalnagar, J. Hui and D. Culler, Transmission of IPv6 Packets over IEEE 802.15.4 Networks, IETF RFC 4944, September 2007. [Online] Available: https: //tools.ietf.org/html/rfc4944, accessed 13 October 2013.

[31] C. Perkins, E. Belding-Royer and S. Das, Ad hoc on-demand distance vector (AODV) routing, IETF RFC 3561, July 2003. [Online] Available: http: //www.ietf.org/rfc/rfc3561.txt, accessed 13 October 2013.

[32] T. Clausen, J. Yi and A. de Verdiere, LOADng: Towards AODV version 2, in IEEE Vehicle Technical Conference (VTC), Québec City, Canada, 3 – 6 September 2012.

[33] Distribution automation using distribution line carrier systems Part 4: Data communication protocols Section 32: Data link layer logical link control (LLC), IEC Std. 61334 – 4 – 32, 1996.

[34] J. J. García Fernández, L. T. Berger, A. Garcia Armada, M. J. Fernández-Getino, V. P. Gil Jiménez and T. B. S orensen, Wireless communications in smart grids, in Smart Grid-Applications, Communications and Security, L. T. Berger and K. Iniewski, Eds. Hoboken, NJ: John Wiley & Sons, April 2012, ch. 6.

[35] Signaling on low-voltage electrical installations in the frequency range 3kHz – 148.5kHz-Part 1: General requirements, frequency bands and electromagnetic disturbances., CENELEC Std. EN 50065 – 1, 2011.

[36] Priority Action Plan (PAP – 15): Harmonize power line carrier standards for appliance communications in the home. [Online] Available: http: //www.sgip.org/pap – 15 – power-line-communications/#sthash.e6 MzyTB6.dpbs, accessed 13 October 2013.

[37] D. Raphaeli, Noncoherent coded modulation, IEEE Trans. Commun., 44, 172 – 183, February 1996.

[38] F. Cañete, J. Cortés, L. Díez and J. Entrambasaguas, Analysis of the cyclic short-term variation of indoor power line channels, IEEE J. Sel. Areas Commun., 24 (7), 1327 – 1338, July 2006.

[39] S. Galli and A. Scaglione, Discrete-time block models for transmission line channels: Static and doubly selective cases, 2011. [Online] Available: http: //arxiv.org/abs/1109.5382, accessed 13 October 2013.

[40] D. Umehara, M. Kawai and Y. Morihiro, Performance analysis of noncoherent coded modulation for power line communications, in International Symposium on Power Line Communications and Its Applications (ISPLC), Malmö, Sweden, 4 – 6 April 2001.

[41] M. P. T. Clausen and U. Herberg, A critical evaluation of the IPv6routing protocol for low power and Lossy networks (RPL), in IEEE International Conference on Wireless and Mobile Computing, Networking and Communications (WiMob), Shanghai, China, 10 – 12 October 2011.

[42] J. Tripathi, J. de Oliveira and J. Vasseur, Applicability study of RPL with local repair in Smart Grid

Substation Networks, in IEEE International Conference on Smart Grid Communications (SmartGridComm), Gaithersburg, MD, 4 – 6 October 2010.

[43] U. Herberg and T. Clausen, A comparative performance study of the routing protocols LOAD and RPL with bi-directional traffic in low-power and lossy networks (LLN), in International Symposium on Performance Evaluation of Wireless Ad Hoc, Sensor, and Ubiquitous Networks (PE-WASUN), Miami Beach, FL, 31 October – 4November 2011.

[44] J. P. Vasseur, J. Hui, S. Dasgupta and G. Yoon, RPL Deployment Experience in Large Scale Networks, IETF Internet-Draft, 5 July 2012. [Online] Available: http://tools.ietf.org/id/ draft-hui-vasseur-roll-rpl-deployment – 01.txt, accessed 13 October 2013.

[45] K. Razazian, A. Niktash, T. Lys and C. Lavenu, Experimental and field trial results of enhanced routing based on LOAD for G3 – PLC, in International Symposium on Power Line Communications and Its Applications (ISPLC), Johannesburg, South Africa, 24 – 27 March 2013.

[46] E. Ancillotti, R. Bruno and M. Conti, RPL routing protocol in Advanced Metering Infrastructures: An analysis of the unreliability problems, in IFIP Conference on Sustainable Internet and ICT for Sustainability (SUSTAINIT), Pisa, Italy, 4 – 5 October 2012.

[47] E. Ancillotti, R. Bruno and M. Conti, The role of the RPL routing protocol for Smart Grid communications, IEEE Commun. Mag., 51 (1), 75 – 83, January 2013.

12

ITU G.hn：宽带家庭网络

12.1 本章结构

本章主要介绍 G.hn 多输入多输出（Multiple-Input Multiple-Output，MIMO）电力线通信（power line communication，PLC）技术，内容如下：

第 12.2 节介绍 G.hn 系列标准，此系列标准是 G.hn MIMO 的基础。具体包括 G.hn 的网络结构、（非 MIMO）G.hn 收发器结构和 MAC 方案、G.hn 的功能和机制。

第 12.3 节介绍 G.hn MIMO，重点介绍适用于 MIMO PLC 信道的 MIMO 参数配置。此外，本节还列出了设计 G.hn MIMO 收发器的基本要求。

第 12.4 节详细介绍 G.hn MIMO。首先介绍了适用于 MIMO 传输的帧格式，特别强调了设计的目的是使接收端获得增益，并能够进行定时和频率同步、以及 MIMO PLC 信道估计。接着介绍了 G.hn MIMO 收发器结构，特别强调了在非 MIMO G.hn 收发器结构基础上增加/修改的模块，例如空间流（Spatial Stream，SS）解析器、比特加载，Tx 端口映射等。最后，本节介绍了 G.hn MIMO 负载发送方案，G.hn MIMO 定义了多种发送方案，能够实现与非MIMO G.hn 接收机间、其他 G.hn MIMO 接收机间的数据发送。G.hn MIMO 发射机和接收机间有三种发送方案，其中有两种方案采用预编码技术，需要接收端反馈信道状态信息；一种方案不需要了解信道状态信息。本节还特别强调了 G.hn MIMO 独有的特征，例如接收机可以控制 MIMO 发送端口的映射和子载波的比特加载。

12.2 G.hn 简介

12.2.1 背景

G.hn 标准化工作由国际电信联盟电信标准化部门（International Telecommunication Union，Telecommunication Standardization Sector，ITU-T）于 2006 年发起，该项工作的目的是提出一项可以工作在室内和办公场所所有有线媒体（如电力线、电话线和同轴电缆等）上的下一代家庭网络技术。

在 G.hn 之前，已有多个非国际标准化发展组织（Standardisation Development Organisation，SDO）的私人协会/联盟推出了多项家庭网络技术，但这些家庭网络技术通常仅工作在一种室内有线媒体上。与此相反，G.hn 定义通用的收发机和协议体系，并根据传输媒体来配置相关参数，可以工作在上述所有的有线媒体上。G.hn 通过采用不同的媒体专用参数来实现媒体相关的收发器和协议，例如 G.hn 采用正交频分复用（Orthogonal Frequency

Division Multiplexing，OFDM）调制，OFDM 参数中的子载波个数、子载波间隔需要根据实际使用的传输媒体来调整，这些参数即为媒体专用参数。

上述利用统一的家庭网络收发器实现通过不同媒体传输数据的思想为芯片和系统厂商开发家庭网络设备、以及终端用户（消费者）和服务提供商安装家庭网络设备提供了多种益处，包括：

（1）为从多个有线家庭网络技术发展到单一技术提供了演进路线；

（2）该标准充分利用了成员企业在工作于不同导线类型上的多种现有技术等方面的知识积累；

（3）简化了芯片研发，降低了成本；

（4）降低了系统制造商集成 G.hn 芯片的成本、工作量和风险；

（5）不需要在不同传输媒体域间安装网桥；

（6）对于消费者来说，安装和操作过程简单，可根据自身喜好部署网络。

为了增加将电力线作为传输媒体时 G.hn 网络的吞吐量和覆盖范围，ITU-T 为 G.hn 收发器增加了 MIMO 功能，即本章从 12.3 节开始介绍的 G.hn MIMO 技术。

为了促进 G.hn 技术（包括 G.hn MIMO）技术的发展及推广应用，于 2008 年成立了 HomeGrid 论坛（http：//www.homegridforum.org）。该论坛一方面通过举办学术及商业活动来促进 G.hn 技术的完善和市场化；另一方面为 G.hn 芯片和产品提供认证服务，确保这些芯片和产品符合 ITU-T 标准且不同厂商设备间可实现互操作。

2012 年 12 月，HomeGrid 论坛认证了个第一个 G.hn 芯片组，该芯片组由 Marvell 生产，包括 Marvell88 LX3142 数字基带处理器和 Marvell 88LX2718 基带模拟前端（analogue front end，AFE）。随后，HomeGrid 论坛认证了 Sigma Designs 公司的芯片组，包括数字基带芯片 CG5211 和 AFE 芯片 CG5213。其他厂商，如 Metanoia 也希望 HomeGrid 论坛对其芯片进行认证。

12.2.2　G.hn 系列标准

G.hn 技术是指一系列 ITU-T 标准。这些标准属于 ITU-T 标准的"G"系列，即"传输系统和媒体、数字系统和网络"。缩略语'G.hn'中'hn'表示家庭网络。G.hn 包括下列 ITU-T 标准，每个标准规定了该技术的一部分内容：

（1）G.9960：规定了 G.hn 的物理层（physical layer，PHY）和网络结构，见 ITU-T. 2010. G.9960。

（2）G.9961：规定了 G.hn 的数据链路层（data link layer，DLL）和安全协议，见 ITU-T. 2010. G.9961[1]。

（3）G.9961 修订 1：包含了相邻 G.hn 域间的干扰消除机制，见 ITU-T. 2012. G.9961 修订 1[2]。

（4）G.9963：采用电力线传输时支持 MIMO 技术（'G.hn MIMO'）。该标准对 G.hn 的 PHY 和 DLL 子层进行了修改，见 ITU-T. 2011. G.9963[3]。

（5）G.9964：G.hn 的功率谱密度（power spectral density，PSD）规范，见 ITU-T. 2010. G.9964[4]。

上述标准建议稿均已被 ITU-T 正式批准并发布。2009 年 G.9960 第一个被批准发布，接着 G.9961 和 G.9964 被批准发布。G.9963（G.hn MIMO）于 2011 年 12 月被批准发布。

12.2.3　G.hn 网络结构和拓扑

G.hn 网络结构如图 12-1 所示。G.hn 网络的基本组成单位为 G.hn "域"。一个域由连接到相同传输媒体的多个节点组成，其中一个节点为 "域主"（domain master，DM），其他节点为 "终端节点"。DM 负责域管理，即负责节点注册管理、传输机会（Transmission Opportunities，TXOPs）分配、拓扑保持、路由存储、以及广播相关信息（如频率陷波所需的信道状态信息等）。

G.hn 域内的结构为 Mesh 结构，节点可以和其他节点实现直接或间接通信（通过中继节点进行通信）。一个 G.hn 域内的最大节点个数至少为 32。每个节点能够同时与至少 8 个其他节点进行通信。

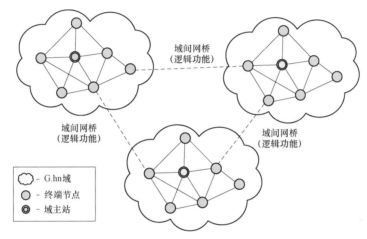

图 12-1　G.hn 家庭网络结构参考模型

分属不同域（这些域可能使用同种传输媒体、也可能使用不同传输媒体）的节点需要通过域间网桥进行通信，其中域间网桥为 L2 网桥或者 L3 网桥。网桥的操作及技术规范不属于 G.hn 标准的范畴。尽管如此，G.hn 规定了一种特定场景下的域间通信机制，即同时采用电力线作为传输媒体的不同域间的通信机制。该通信机制的主要目的是为了消除干扰，协调不同域的数据传输，进而最小化干扰。

12.2.4　G.hn 收发器

12.2.4.1　概述

G.hn 收发器基于工作在特定频率上的突发、加窗 OFDM 调制解调器，其中工作频率通过起止频点，或者中心频点和带宽定义。对于每种传输媒体来说，G.hn 均定义了几种可能的工作频率，并指明了 OFDM 参数。然而，对于特定的传输媒体来所，不管其工作在哪个频段上，子载波间隔均是相同的。上述规定是为了保障采用同种传输媒体、属于同一个域、工作在不同频率上的节点间可以实现互操作。G.hn 的工作频率如下：

（1）针对电力线定义了 3 种基带带宽，分别为 25MHz（1024 个子载波）、50MHz（2048 个子载波）和 100MHz（4096 个子载波）。子载波间隔 $F_{SC} = 24.414\ 062\ 5kHz$。

（2）针对电话线定义了 2 种带宽的基带频率，分别为：50MHz（1024 个子载波）和

100MHz（2048 个子载波）。$F_{SC}=48.828\ 125$kHz。

（3）针对同轴电缆定义了 2 种基带带宽，分别为：50MHz（256 个子载波）和 10MHz（512 个子载波）。另外定义了两种 RF 带宽，分别为 50MHz（256 个子载波）和 100MHz（512 个子载波）。$F_{SC}=195.3125$kHz。

G.hn 规定发射器在发送信号时需要添加 PSD 掩码。上述掩码由 G.hn 中为每种媒体定义的首先 PSD 掩码、国际业务无线电频率的陷波，以及当地为某些预留频率的陷波等组成。

12.2.4.2 数据帧

不管是作为终端节点还是 DM，G.hn 网络中的所有收发器发送/接收到的数据帧（PHY帧）格式均相同，包括前导、帧头和负载三部分。G.hn 数据帧格式如图 12-2 所示。

图 12-2　G.hn PHY 帧格式

前导为一训练序列，接收器据此检测已发送的 PHY 帧，训练 AGC，进行频率和时间同步，完成信道评估。

PHY 帧头（PHY frame header，PFH）长度为 168bit，用来携带控制信息。控制信息主要包括三类：① PHY 帧的类型和长度；② 和负载相关的 PHY 参数，如保护间隔长度、比特加载向量和前向纠错（forward error correction，FEC）参数等；③ 与 DLL 子层相关的控制信息。为了实现鲁棒传输，PHY 帧头采用 1/2 码率的 FEC、低阶调制方式（QPSK）以及重复编码，并通过一个专门的 OFDM 符号进行传输。

G.hn 定义了适用于不同场景的 PHY 帧类型，表 12.1 给出了一些典型 PHY 帧。从该表可以看出，某些类型的帧仅包含帧头，不包含负载。

第 12.2.7 节将给出上述不同类型帧的使用场景（如重传等）。

表 12.1　　　　　　　　　　　　　　　PHY　帧　类　型

帧类型	描　　述	头	负载
MSG	基本 PHY 帧，承载用户数据、管理数据或同时承载上述两种数据	√	√
MAP/RMAP	由 DM 发送、承载 MAP（MAC 周期调度）信息的帧，或者其他节点转发的 MAP	√	√
ACK	确认帧，帧头包含 ARQ 控制信息	√	无
PROBE	负载中携带探测符号（用于进行信道和噪声估计）的帧	√	√

注　G.hn 规范中定义了一些其他类型的 PHY 帧。

负载封装了来自上层的数据，通过一个或多个 OFDM 符号传输。封装过程将在第 12.2.4.4 节中介绍。发射器对负载数据进行扰码，并进行低密度奇偶校验（low-density parity check，LDPC）FEC 编码。LDPC 的码率可以为 1/2、2/3、5/6、16/18 或 20/21，信息块长度为 120 或 540 字节。G.hn 还定义了灵活的比特加载机制，OFDM 符号的每个子载波可以加载 1～12bit 的数据（对于承载同一负载数据的多个 OFDM 符号来说，每个子载波加载的比特数不随时间变化）。

12.2.4.3　G.hn 协议参考模型

G.hn 协议参考模型如图 12–3 所示。G.hn 标准定义了 PHY 和 DLL 层，即开放系统互连（open systems interconnection，OSI）模型的层 1 和层 2。

DLL 由以下子层组成：

（1）应用协议汇聚（application protocol convergence，APC）子层：提供与应用实体（application entity，AE）的接口，按照特定应用协议工作，如以太网协议。此外，APC 将输入数据汇聚成为数据流，接收器的 APC 还负责实现 AE 和家庭网络收发器间的数据速率适配。

（2）逻辑链路控制（logical link control，LLC）子层：负责传输数据加密、管理重传路径、管理域内节点间的连接、服务质量（quality of service，QoS）保障，支持安全协议、中继功能。

（3）MAC 子层：确保节点采用合适的媒体接入协议来使用传输媒体。

G.hn 的 PHY 层也由几个子层组成。为了简单起见，下文将 PHY 作为一个单一实体进行介绍。

PHY 将来自 MAC 层的数据单元封装成 PHY 帧，在数据前面添加前导（用于进行同步和信道估计）和 PFH（含控制参数）。PHY 对帧头和负载进行 FEC 编码，根据比特分配表（bit allocation tables，BATs）将编码后的数据加载到 OFDM 子载波上。PHY 前端操作包括 OFDM 调制器、离散逆傅里叶变换（inverse discrete Fourier transform，IDFT）、循环前缀、发射滤波器（为了满足规定）和 AFE。下面的章节将进一步详细说明。

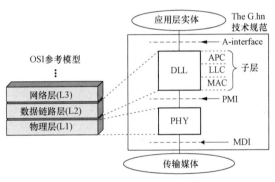

图 12–3　G.hn 家庭网络收发器协议模型

图 12–3 所示的参考模型还给出了 G.hn 收发器的接口。外部接口包括 A 接口和媒体相关接口（medium-dependent interface，MDI）。A 接口是 G.hn 收发器和 AE 间的接口，是和用户/应用相关的接口。MDI 是 G.hn 收发器和传输媒体（电力线、电话线和同轴电缆）间的接口。内部接口指 DLL 和 PHY 间的接口［物理媒体不相关接口（physical medium-independent interface，PMI）］。DLL 以上各层（A 接口以上）不属于 G.hn 标准的范畴。

12.2.4.4　DLL 的数据平面处理

图 12–4 给出了 DLL 层的整体功能模型。

本节简要概述 DLL 的数据处理流程。除了数据平面的处理功能外，DLL 还具有控制平面功能。感兴趣的读者可参考文献[1]，获取关于这些功能的更多信息。

在发送方向，应用数据原语（application data primitive，ADP）通过 A 接口从 AE 进入到 DLL。每个进入的 ADP 符合特定应用协议的格式（例如以太网帧）。APC 子层将接收到的每个 ADP 转换成 APC 协议数据单元（APC protocol data units，APDUs）。APDU 经由 x_1 接口进入 LLC 子层。G.hn 收发器的数据处理流程如图 12–5 所示。除 APDUs 外，LLC 子层还接收处理来自 DLL 管理实体的控制数据，并将其封装成链路控制数据单元（link control data units，LCDUs）。

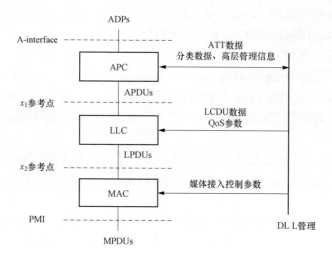

图 12-4 DLL 功能模型及子层划分

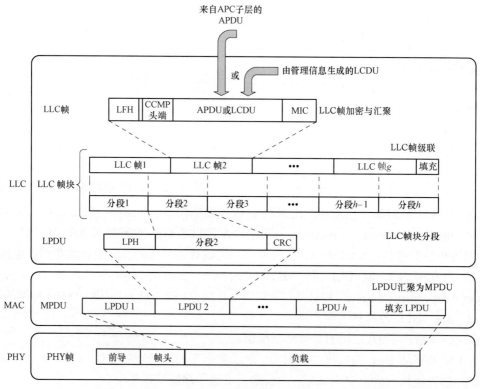

图 12-5 G.hn 发送端数据处理流程

LLC 层在接收到的 APDUs 和 LCDUs 之前添加 LFH，也可能使用分配的加密密钥进行加密，封装成 LLC 帧。当进行加密时，LLC 层还额外添加 CCM 加密协议（CCM encryption protocol，CCMP）头（CCM 是具有密码块链接消息认证码的计数器）和消息完整码（the message integrity code，MIC)。LLC 帧是中继能够处理的基本数据单元(G.hn 采用层 2 中继)。若干个 LLC 帧串联起来形成 LLC 帧块。

然后，LLC 帧块将被分割为相同大小的分段（LLC 帧块后面的填充是为了确保 LLC 帧块的长度为一个分段大小的整数倍）。LLC 层在每个分段的前面添加 LPDU 头（LPDU header，LPH），在其后面添加循环冗余码（cyclic redundancy code，CRC），形成 LLC 协议数据单元（LLC protocol data unit，LPDU）。LPDU 的长度是固定的，为 540 或 120 字节。分段是 LLC 层重传机制处理的基本数据单元，也是 PHY 层中 FEC 编码的基本数据单元。

LPDUs 经由 x_2 接口进入 MAC 子层。MAC 层数据平面的唯一操作是把接收到的 LPDUs 封装成 MAC 协议数据单元（MAC protocol data unit，MPDU）。MPDU 经由 PMI 接口传送给 PHY 层（MPDU 映射为单个 PHY 帧的负载）。

12.2.4.5　PHY 层

G.hn 发射器的 PHY 功能模型如图 12-6 所示（和其他标准相同，G.hn 标准仅规定了发射器，接收器由制造商自行决定）。

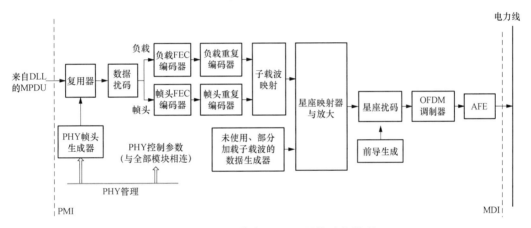

图 12-6　G.hn 收发器 PHY 层的功能模型

以下各节将描述传输流和不同 PHY 模块的操作。

12.2.4.5.1　数据扰码（用于帧头和负载）

PHY 通过 PMI 接口接收来自 DLL 层的 MPDU，将每个 MPDU 映射为一个 PHY 帧的负载，并在之前添加 FPH。FPH 包含来自 PHY 管理实体的控制信息，通常为 168 个比特，在少数特殊情况下为 336 个比特。PHY 利用伪随机序列对上述帧头和负载进行扰码(异或)，其中伪随机序列由专用线性反馈移位寄存器（linear feedback shift register，LFSR）生成。

12.2.4.5.2　FEC 编码

扰码后，PHY 对帧头和负载进行 FEC 编码。G.hn FEC 采用系统准循环 LDPC 块编码（quasi-cyclic LDPC block code，QC LDPC BC）。G.hn 在选择编码方案时对 LDPC 和双二进制 Turbo 码（duo-binary cyclic turbo code，DB-CTC）的性能进行了评估。评估结果表明，CTC 在块错误率（high block error rates，BLERs）较高时性能较好，例如在电力线等典型的恶劣通信环境中，BLER 为 $10^{-2} \sim 10^{-3}$ 时；CTC 在 BLER 较低时会出现一种差错平台现象，

例如在同轴电缆等较好通信环境中,BLER 为 $10^{-6} \sim 10^{-8}$ 时。另一方面,LDPC 在不同 BLER 环境中的性能均较好[5]（在低 BLER 环境下,LDPC 的性能优于 DB-CTC；在高 BLER 环境下,LDPC 提供与 DB-CTC 相同或更好的编码增益）。因此,G.hn 采用 LDPC 可以满足使用多种不同传输媒体的需求。此外,LDPC 的实施效率较高,在高速通信系统中优于 CTC,例如 WiFi（IEEE 802.11n 和 IEEE 802.11ac）,DVB-S2/ DVB-T2/ DVB-C2（第 2 代数字视频广播）和 10GBASE-TEthernet（IEEE802.3）系统。

FEC 编码器的结构如图 12－7 所示,由 LDPC 编码器和打孔模块构成。

图 12－7　G.hn FEC 编码器

在图 12－7 中, K 为信息块的长度, N_M 为编码块的长度（打孔前）, $N_M - K$ 为奇偶校验比特位的长度, $N_{FEC} \leqslant N_M$ 为 FEC 码字的长度（打孔后）。母码率 $R_M = K / N_M$ （打孔前）,码率 $R = K / N_{FEC}$ （打孔后）。

在对帧头进行编码时,信息块的长度为 168 比特,母码率 $R_M = 1/2$ ［对应于母码矩阵,表示为 $(1/2)_H$］。

在对负载进行编码时,信息块的长度为 960 比特（称为"短"块）或 4320 比特（称为"长"块）。G.hn 定义了五种负载码率,分别为 1/2、2/3、5/6、16/18 和 20/21。编码器基于三种母码率 $R_M = 1/2$, $R_M = 2/3$ 和 $R_M = 5/6$,对应母码矩阵分别为 $(1/2)_S$, $(1/2)_L$, $(2/3)_S$, $(2/3)_L$, $(5/6)_S$ 和 $(5/6)_L$,其中下标为 S 的矩阵表示应用于短块的母码矩阵,下标为 L 的矩阵表示应用于长块的母码矩阵。G.hn 通过打孔获得较高的码率,例如 16/18 和 20/21。打孔后输出的码字长度 $N_{FEC} \leqslant N_M$ 。表 12.2 总结了所有的编码选项。

表 12.2　　　　　　　　　　FEC 编 码 参 数

	码率（R）	信息块长度,K（bit）	母编码矩阵	FEC 码字长度,N_{FEC}（bit）
帧头	1/2	168	$(1/2)_H$	336
负载	1/2	960	$(1/2)_S$	1920
	1/2	4320	$(1/2)_L$	8640
	2/3	960	$(2/3)_S$	1440
	2/3	4320	$(2/3)_L$	6480
	5/6	960	$(5/6)_S$	1152
	5/6	4320	$(5/6)_L$	5184
	16/18	960	$(5/6)_S$	1080
	16/18	4320	$(5/6)_L$	4860
	20/21	960	$(5/6)_S$	1008
	20/21	4320	$(5/6)_L$	4536

12.2.4.5.3 重复编码

为了提高传输的鲁棒性，G.hn 定义了一个鲁棒通信模式（robust communication mode，RCM）。在该通信模式中，编码后的数据块重复 N_{REP} 次。G.hn 定义了两种鲁棒通信模式，一种适用于帧头，一种适用于负载。

在对帧头处理时必须使用重复编码。经过 FEC 编码后帧头的长度为 336 个比特（168 比特进行码率为 1/2 的 LDPC 编码），再进行 N_{REP} 次重复编码：

$$N_{REP} = \text{ceiling}(k_H / N_{FEC})$$

其中 k_H 表示加载到 OFDM 符号上的比特数（其值等于 2 比特×子载波个数，$N_{FEC} = 336$。重复 N_{REP} 次的数据依次进行串联，其中每个拷贝分量内的数据循环移位 2 个比特。串联后的信息块在 PMD 子层加载到子载波上。

发送器或者接收器决定是否采用 RCM 传输负载数据。发送器可以在和接收器建立连接后，在 BATs 建立前选择使用 RCM；接收器在信道状态变差时可以请求发送器使用 RCM。重复次数由发射器或接收器根据需求来确定。G.hn 支持的重复次数 $N_{REP} = 2$、4、6、8。重复编码根据 N_{REP}、N_{FEC} 和 K_p 将 FEC 码字及副本映射在多个 OFDM 符号上，其中 K_p 表示映射到 OFDM 符号上的比特数（其值为 2bit×子载波个数）。上述操作的目的是优化接收端的分集增益。

12.2.4.5.4 载波映射和比特分配表

载波映射器根据 BAT、当前使用的子载波组以及该子载波组能够加载的比特个数，对输入的帧头及负载进行分组。BAT 为一个向量，索引表示子载波编号，值表示对应子载波上能够加载的比特个数。BAT 用标识符 BAT_ID 来标识，且被装载在每个传输数据帧的 PFH 中。

G.hn 定义了两种 BAT：

（1）预定义 BAT：子载波索引和可加载比特个数间的关系是预先定义、且固定不变的，如每个子载波上固定地加载 1～2 个比特。

（2）动态 BAT：发送器（源节点）和接收器（目的节点）根据链路具体状态，通过协商之后建立起来的映射。协商过程是"信道估计"协议的一部分，在此期间，BAT_ID 和运行 BAT 建立关联。

PFH 使用非掩码子载波（非 MSCs），且每个子载波上固定加载 2 个比特。负载数据可以采用预定义 BAT 或者运行 BAT。

发射器与接收器间可能建立多个不同的 BAT（和 BAT_ID）。此时，每种 BAT 仅在 MAC 周期的特定时间区域内有效。例如，以电力线载波通信为例，当 MAC 周期等于 2 个交流电（Alternating Current，AC）周期时，接收端将 AC 周期分成多个时间段，每个时间段内仅有一种 BAT（和 BAT_ID）有效。上述操作能够有效应对和交流电周期同步的信道脉冲响应、噪声和干扰。

运行 BAT 的建立需要收发端之间进行通信来交换 BAT 信息，占用了信道时间。此外，收发端需要存储连接相关的 BAT 信息。为了减少因传输 BAT 产生的开销，并降低对收发端存储器的要求，可以使用 BAT 分组。如果使用了分组，属于同一组内的所有子载波将加载相同个数的比特。利用 G 表示一个 BAT 分组内的子载波个数。G.hn 节点支持 G=1（不分组）、2、4、8 和 16 的运行 BAT 分组。

载波映射情况如下：

（1）陷波子载波（Masked subcarriers，MSCS）：此类子载波上不允许传输数据。这些子载波上不加载比特。

（2）支持子载波（Supported subcarriers，SSCs）：在满足相关 PSD 限制后，允许在此类子载波上加载数据。SSC 的个数#SSC = N −#MSCC。SSC 包含两种：

1）有效子载波（Active subcarriers，ASCs）：数据传输过程中加载的比特数大于等于 1 的子载波（b≥1）。ASCs 需要进行星座映射、整形和加扰。

2）无效子载波（Inactive subcarriers，ISCS）：数据传输过程中因信噪比太低不加载比特的子载波。ISCs 的个数#I#ISC = #SSC − #ASC。ISCs 可用于信道测量。

12.2.4.5.5 无效及部分加载子载波的比特生成

在下述两种情况中，承载 MSG 帧负载的子载波上加载的全部或部分比特是由 LFSR 产生的伪随机序列，而不是编码数据比特。

（1）不加载数据比特的 ISC（b=0）。这种情况发生在接收端（计算 BATs 并把其发送给发送端）认为该子载波信噪比过低，不适合传输数据时。此时，从 LFSR 中取 2 个比特加载到该子载波上。

（2）当编码后的有效负载不足以填充 PHY 帧中最后一个 OFDM 的所有子载波时，利用 LFSR 产生部分比特，使得所有子载波上均填充了数据。此类子载波有两种类型：一种是 ASC，即该子载波上填充的前几个比特来自负载数据，后几个比特来自 LFSR；另一种是 ISC，即该子载波上填充的所有数据均来自 LFSR。OFDM 符号中上述 ASC 之后的所有子载波均为 ISC。子载波上加载来自 LFSR 的比特个数由 BAT 决定。

上述 LFSR 产生的比特也可以用来加载探测帧的负载符号，也称为"探测符号"。上述符号均仅包括 ISC，且每个子载波加载 2 个比特。接收机可以使用探测符号来进行信道和噪声评估。

12.2.4.5.6 星座映射

在进行星座映射时，将由 b 比特$\{d_{b-1}, d_{b-2}, \cdots, d_0\}$构成的比特组映射到由 I（同相分量）和 Q（正交分量）构成的星座图中。

G.hn 中每个子载波最多加载 12 个比特，如图 12−8 所示。G.hn 的发射机和接收机均必须支持偶数阶的星座图，即每个子载波加载 2、4、6、8、10 和 12 个比特。上述星座图为方形 QAM 星座图。

G.hn 的发射机必须支持奇数阶的星座图，即每个子载波加载 1、3、5、7、9 和第 11 个比特。对于接收端来说，必须能够解调加载 1 个和 3 个比特的子载波，选择是否可以解调加载 5 个比特及以上的子载波。b≥5 的星座图是交叉星座图。

G.hn 标准中定义了比特组到星座点的映射，基本上遵循已知的格雷映射规则（所有偶数阶星座和奇数阶星座）。

每个星座点(I, Q)，对应星座映射器的输出复数值$(I + jQ)$，均乘以功率归一化因子$\chi(b)$进行放大：

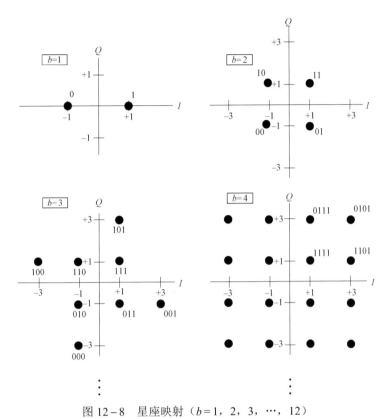

图 12－8　星座映射（$b=1$，2，3，$\cdots$，12）

$$Z = \chi(b) \times (I + jQ)$$

对于加载了 b 个比特的子载波而言，归一化因子 $\chi(b)$ 只取决于 b 的值。功率归一化因子的作用是使得星座图中的所有点 (I, Q) 被放大后，其归一化功率值相同，均为 1。

12.2.4.5.7　星座扰码

OFDM 信号是 N 个独立窄带信号（子载波）的加权和。因此，在某些情况下，当不同窄带信号相位相同时，OFDM 信号的幅值很大；而在另一些情况下，当不同窄带信号的相位相互抵消时，OFDM 信号的幅值很小。换言之，OFDM 的峰均比（Peak-to-average power ratio，PAPR）是 OFDM 亟需解决的问题之一。

由星座映射器和调幅器产生的星座点的相位根据 LFSR 发生器产生的伪随机序列进行相移。上述操作对整个数据帧（包括前导）的子载波进行操作，保证了不同子载波信号相加后不会相互增强或相互抵消，这降低了 OFDM 符号的峰均比。LFSR 发生器为每个子载波产生 2 个比特，表示该子载波的相移为 $\{0, \pi/2, \pi, 3\pi/2\}$。上述操作可以描述为：

$$Z_{i,l} = Z_{i,l}^0 \cdot \exp(j\theta) \, for \, l = 0, \cdots, M_F - 1, i = 0, \cdots, N - 1$$

其中 $Z_{i,l}^0$ 为原始星座点，l 是当前帧内 OFDM 符号的索引（M_F 表示在当前帧中 OFDM 符号的总个数），i 是 OFDM 符号内子载波的索引，θ 是旋转相位，$Z_{i,l}$ 是星座扰码器的输出（IDFT 的输入）。

12.2.4.5.8　前导

前导最多由 3 部分构成。第 1 部分由重复 N_1 次、子载波间隔为 $k_1 \times F_{SC}$ 的 OFDM 符号（"最小符号"）S_1 组成，其中 F_{SC} 表示负载 OFDM 符号的子载波间隔，k_1 的值为 1、2、4 或 8。第 2 部分的子载波间隔等于第 1 部分的子载波间隔相（$k_2 = k_1$），且时域上第 2 部分的 OFDM 符号与第 1 部分 OFDM 符号相反（$S_2 = -S_1$）。同轴电缆的前导包含 3 部分，电力线载波和电话线上的前导仅包括前两个部分。前导是接收端检测数据帧的依据。如图 12－9 所示，前导的每一部分均单独进行加窗。

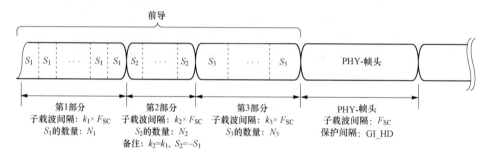

图 12－9　G.hn 前导结构

前导不进行陷波，且每个子载波上均加载 1 个比特。在进行星座映射之后，需要进行 12.2.4.5.7 小节所述的星座加扰。星座加扰中的 LFSR 产生器在前导每部分开始时进行初始化。

例如，采用电力线作为传输媒体时，前导由两部分构成。第 1 部分包括 7 个最小符号，第 2 部分包括 2 个最小符号，$k_1 = k_2 = 8$。

12.2.4.5.9　OFDM 调制

OFDM 调制器的功能框图如图 12－10 所示。

调制器的输入为一组包含 N 个复数值 $z_{i,l}$ 的信号，该信号由星座编码器（承载帧头和负载的符号）或者前导发生器（用于前导的符号）产生。IDFT 将 N 个复数 $z_{i,l}$ 转换成 N 个复数时域采样点 $x_{n,l}$：

$$x_{n,l} = \sum_{i=0}^{N-1} \exp\left(j \cdot 2\pi \cdot i \frac{n}{N} \right) \cdot z_{i,l} \quad n = 0, 1, \cdots, N-1, l = 0, 1, \cdots, M_F - 1.$$

循环前缀模块在 IDFT 输出的 N 个采样点之前添加 $N_{CP}(l)$ 个采样点，添加的 $N_{CP}(l)$ 个采样点是 IDFT 输出 N 个采样点的最后 $N_{CP}(l)$ 个。添加循环前缀的目的是防止发生符号间干扰（ISI）。添加循环前缀之后，第 l 个 OFDM 符号包括 $N_W(l) = N + N_{CP}(l)$ 个采样点，可以表示为：

$$\vartheta_{n,l} = x_{n-N_{CP}(l),l} = \sum_{i=0}^{N-1} z_{i,l} \times \exp(j)\left(j \cdot 2\pi \cdot i \frac{n - N_{CP}(l)}{N} \right)$$
$$n = 0 \; to \; N_W(l) - 1 = N + N_{CP}(l) - 1$$

注：循环移位操作不适用于前导。

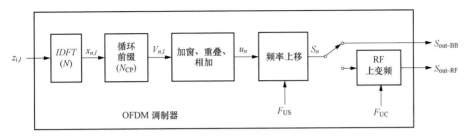

图 12-10　G.hn OFDM 调制器功能模型

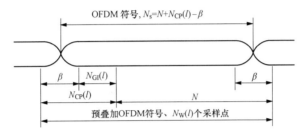

图 12-11　带有循环扩展和重叠加窗的 OFDM 符号结构

循环前缀之后，对时域采样点进行加窗。加窗的目的是对发送信号的包络进行塑形，以满足 PSD 整形要求：PSD 迅速滚降来进行深度陷波并减少带外 PSD。除前导符号外，所有 OFDM 符号的加窗均是对循环前缀的前 β 个采样点和 IDFT 输出的后 β 个采样点进行。为了降低调制开销，相邻符号的加窗采样点相互重叠，如图 12-11 所示。$N_{CP}(l) - \beta = N_{GI}(l)$ 的值为保护间隔。重叠后第 l 个 OFDM 符号的长度是 $N_s(l) = N + N_{CP}(l) - \beta$。如图 12-9 所示，对每个前导部分分别进行加窗。

加窗后，图 12-10 中参考点 u_n 处的时域采样可以表示为：

$$u_n = u_n^{(pr)} + \sum_{l=0}^{M_F-1} w[n - M(l), l] \cdot v_{n-M(l),l}$$

$$n = 0, 1, \cdots, M(M_F - 1) + N_W(M_F - 1) - 1$$

式中：$u_n^{(pr)}$ 为前导中的第 n 个采样点（$u_n^{(pr)}$ 为加窗后的信号）；$w(n,l)$ 为窗函数，由生产商自行决定；$M(l)$ 为第 l 个符号第一个采样点的索引。

给定 N_{CP} 和 β 的值时，符号速率 f_{OFDM}（每秒符号数）、符号周期 T_{OFDM} 分别表示为：

$$f_{OFDM} = \frac{N \times F_{SC}}{N + N_{CP} - \beta}, T_{OFDM} = \frac{1}{f_{OFDM}}$$

在一个 PHY 帧中，IDFT 的采样点个数 N、加窗的采样点数 β 是固定不变的，但 $N_{CP}(l)$ 以及 $N_W(l)$ 可能发生变化。$N_{CP}(l)$ 取值情况如下：

（1）对于承载帧头的 OFDM 符号、承载负载数据的前两个 OFDM 符号，$N_{CP}(l)$ 的值为默认值 $N_{G1-HD} + \beta$。

（2）承载负载数据的其他 OFDM 符号，$N_{CP}(l)$ 的值可能与默认值不同，其取值情况如表 12.3～表 12.5 所示。

图 12-10 中的频率上移模块将对发送信号进行移频，移动 F_{US}（表 12.3～表 12.5 将给

出每个频带的 F_{US} ）：

$$s_n = u_{n/p} \times \exp\left(j\frac{2\pi mn}{Np}\right) = \text{Re}(s_n) + j\text{Im}(s_n);$$

$$n = 0, [M(M_F - 1) + N_W(M_F - 1) \times p - 1]$$

其中，$u_{n/p}$ 是进行因子为 p 的内插操作后 u_n 的值。内插因子 p 的值由生产商自行决定，但必须大于等于 2（该值时避免信号失真的最小值，取决于上移频率 F_{US} 和发送信号带宽 $BW = N \times F_{SC}$ 的比值。此时假设采用了合适的低通滤波器）。

对于基带来说，调制器的输出信号是 s_n 的实部：

$$S_{\text{out-BB}} = \text{Re}(s_n)$$

对于 RF 频带（如同轴电缆 RF），RF 移频器的输出信号为：

$$S_{\text{out-RF}}(t) = \text{Re}[s(t) \times \exp(j2\pi F_{UC}t)]$$
$$= \text{Re}[s(t)] \times \cos(2\pi F_{UC}t) - \text{Im}[s(t)] \times \sin(2\pi F_{UC}t)$$

其中，F_{UC} 是 RF 移频器引入的频率偏移量。RF 上变频后，发送 OFDM 信号的中心频率为 $F_C = F_{UC} + F_{US}$。

表 12.3 电力线介质下的基带 OFDM 参数

参数 \ 带宽	25MHz [a, b]	50MHz [a,b]	100MHz [a,b]
N	1024	2048	4096
F_{SC}	24.414 062 5kHz	24.414 062 5kHz	24.414 062 5kHz
N_{GI}	$N/32 \times k$, $k = 1, \cdots, 8$	$N/32 \times k$, $k = 1, \cdots, 8$	$N/32 \times k$, $k = 1, \cdots, 8$
N_{GI-DF}	$N/4$	$N/4$	$N/4$
β	$N/8$	$N/8$	$N/8$
F_{US}	12.5MHz	25MHz	50MHz

[a] 子载波频率的范围为 $0 \sim 2 \times F_{US}$ MHz。

[b] 25、50 和 100MHz 三种带宽配置可以使用在工作在同一电力线域中的节点上。

表 12.4 电话线介质下的基带 OFDM 参数

参数 \ 带宽	50MHz [a,b]	100MHz [a,b]
N	1024	2048
F_{SC}	48.828 125kHz	48.828 125kHz
N_{GI}	$N/32 \times k$, $k = 1, \cdots, 8$	$N/32 \times k$, $k = 1, \cdots, 8$
N_{GI-DF}	$N/4$	$N/4$
β	$N/32$	$N/32$
F_{US}	25MHz	50MHz

[a] 子载波频率的范围是 $0 \sim 2 \times F_{US}$ MHz。

[b] 50 和 100MHz 两种带宽配置可以使用在工作在相同的电话线域中的节点上。

表 12.5 同轴电缆介质下的 OFDM 参数

参数 \ 带宽	同轴电缆基带		同轴电缆 RF	
	50MHz[a,c]	100MHz[a,c]	50MHz[b,c]	100MHz[b,c]
N	256	512	256	512
F_{SC}	195.3125kHz	195.3125kHz	195.3125kHz	195.3125kHz
N_{GI}	$N/32 \times k,\ k=1,\ \cdots,\ 8$	$N/32 \times k,\ k=1,\ \cdots,\ 8$	$N/32 \times k,\ k=1,\ \cdots,\ 8$	$N/32 \times k,\ k=1,\ \cdots,\ 8$
N_{GI-DF}	$N/4$	$N/4$	$N/4$	$N/4$
β	$N/32$	$N/32$	$N/32$	$N/32$
F_{UC}	25MHz	50MHz	25MHz	50MHz

a　子载波频率的范围为 $0\sim 2\times F_{UC}$MHz。

b　子载波频率范围为 $F_{UC}\sim F_{UC}+2\times F_{UC}$MHz。

c　50 和 100MHz 两种带宽配置可以使用在工作在同一同轴电缆基带域/RF 域中的节点。

在 G.hn 标准中，图 12-10 所示的 OFDM 调制器的参数与传输媒体有关。对于每种传输媒体来说（电力线、电话线和同轴电缆），G.hn 使用不同的参数来适应传输媒体的特性，如表 12.3～表 12.5 所示。

Oksman 和 Galli[5]分析了 G.hn 工作于不同传输媒体（电力线、电话线和同轴电缆）上时所需的 OFDM 参数。报告统计了均方根时延扩展（root mean square delay spread，RMS-DS）与各传输媒体信道增益的变化情况（散点图和趋势线）。RMS-DS 是优化循环前缀长度（循环前缀长度应大于最大时延扩展值从而避免 ISI）和子载波间隔（子载波间隔应小于信道相干带宽，相干带宽与信道最大延迟扩展的倒数成正比）的重要依据。上述统计数据表明，不同传输媒体的 RMS-DS 和信道增益特性相差较大，一种传输媒体的 RMS-DSs 可能是其他传输媒体的数倍，且倍数接近 2 的 N 次幂。例如在 99%最坏情况下，电力线的 RMS-DS 为 1.75μs、电话线为 0.39μs、同轴电缆为 46ns。因此，上述三种传输媒体均可以支持参数可按照 2 的 N 次幂灵活调整的 OFDM，且可以根据媒体类型来计算 OFDM 参数。在实际应用中为了提高传输效率，通常在满足计算复杂度及内存限制的条件下选择比"理论"值较大的子载波个数，但需保证 OFDM 符号不能过长（一个符号内信道条件不会发生很大的改变）。

12.2.4.5.10　发送 PSD 掩码及 AFE

G.hn 发射机发送的信号受 PSD 掩码的限制。PSD 掩码由若干元素组成，如 PSD 掩码上限、子载波陷波及 PSD 塑形机制。PSD 掩码上限由频率监管机构来决定。例如，图 12-12 给出了 G.hn 工作于电力线上时的 PSD 掩码上限。

陷波机制对带内不允许进行传输的子载波（如分配给业余无线电传输、无线电广播和其他无线电业务的频段）进行掩码。上述需要进行陷波的子载波可能是固定不变的，也可能是动态变化的（由域内 DM 告知全域中所有节点）。G.hn 节点（发射器）不在上述 MSC 上加载任何比特。当某个地区内频谱限制较 PSD 掩码上限更为严格时，DM 需要告知全域中的所有节点进行 PSD 塑形。

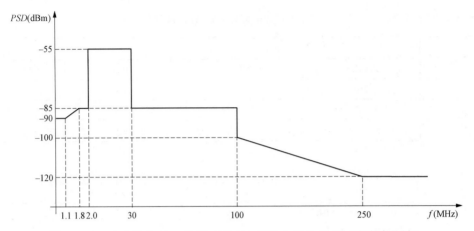

图 12-12　电力线上 25、50 和 100MHz 频段上 PSD 限制（未考虑陷波）

收发器的模拟前端包括 D/A 和 A/D 转换器、模拟滤波器和（媒体相关）线路驱动器。这些都是由生产商自行决定。

12.2.5　G.hn 媒体接入

在 G.hn 中，DM 管理域内节点的接入。G.hn 网络以周期方式工作，其工作周期称为 MAC 周期。MAC 周期可能和某个外部源同步，例如 G.hn 工作于电力线上时，其 MAC 周期和 AC 周期同步，其值等于 2 个 AC 周期且保持不变。上述规定有助于应对电力线上由电网拓扑结构、电力设备、家用电器等引入的周期性衰减及噪声。

如图 12-13 所示，MAC 周期被划分为多个时隙，称为 TxOP。在每个 MAC 周期中，DM 至少拥有一个 TxOP，用于发送媒体接入计划（medium access plan，MAP）。DM 将其他 TxOP 分配给域内不同的节点或节点组，用来发送应用数据。G.hn 定义了几种不同类型的 TxOP，稍后将详细介绍。

域中的其他节点必须与 MAC 周期同步，接收 MAP，并且仅在 DM 分配给他们的 TXOP 中传输数据（根据该 TXOP 中的 MAC 规则进行）。TxOP 中发送的数据帧间包含一个帧间隔（inter-frame gaps，IFGs）。在 IFG 期，传输媒体是空闲的。

DM 负责媒体接入调度，即 MAC 周期长度（电力线的 MAC 周期是固定的，但其他传输媒体不是），以及该 MAC 周期中 TXOPs 的数量、起止时间及其他参数。DM 根据网络节点的带宽需求情况来决定 MAC 结构，并在网络负载情况、注册节点个数、信道条件发生改变时决定是否改变当前的 MAC 结构。

12.2.5.1　媒体接入

第 n 个 MAC 周期中发送的 MAP 为第 $n+1$ 个 MAC 周期中的信道接入资源调度情况。MAP 包括以下调度信息：MAC 周期边界标识，每个 TxOP 的内容和边界［该 TXOP 中使用的 MAC 及其参数、分配给的节点、TxOP 的优先级、TxOP 内的时隙（Time Slots，TSs）数，等］，以及域操作所需的全局信息（如本域中的 PSD 陷波和掩码）。DM 在域内广播承载 MAP 数据的物理层数据帧，MAP 中继器收到 MAP 数据帧时进行转发，确保域中所有节点均能够接收到 MAP。

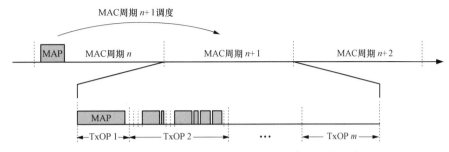

图 12-13　G.hn 受 MAP 控制的 MAC 同步周期媒体接入

12.2.5.2　传输机会和时隙

为了应对不同的应用需求和网络条件（网络负载、节点个数和信道特性等），G.hn 定义了几种不同的媒体接入方法，每种媒体接入方法使用特定类型的 TxOP。在实际应用中，由 DM 决定使用哪种媒体接入方法，在一个 MAC 周期中可以使用一种或多种媒体接入方法。为了提高系统的互操作性，所有 G.hn 终端节点必须支持所有的媒体接入方法。TxOP 可以分为两大类：

（1）非竞争 TxOP（Contention-free TxOP，CFTxOP）。

（2）共享 TxOP（Shared TxOP，STxOP）。

根据域内节点的业务需求及其他调度需求，DM 将 MAC 周期划分成 CFTxOPs 期和 STxOP 期。

12.2.5.2.1　非竞争 TxOP

DM 将非竞争 TxOP 仅分配给一个节点，故 TxOP 中的传输是非竞争的（即数据传输不会发生冲突）。例如每个 MAC 周期中分配给 DM，用来传输 MAP 的专用 CFTXOP。此外，非竞争 TxOP 分配给某个节点，用来保障某种特定业务的 QoS。

12.2.5.2.2　STxOP

STxOP 由一个或多个 TS 组成，TS 的长度由传输媒体类型决定，例如电力线的 TS 长度为 35.84μs。每个 TS 分配给一个或一组节点，这些节点在 TS 开始时以竞争方式使用信道，当某个节点竞争到信道使用权后，独占该信道直到数据传输完毕（实际信道使用时间可能大于当前 TS 时隙长度）。因此，当节点传输结束后，网络需要重新进行 TS 同步。节点也可以在为其分配的 TS 中放弃进行信道竞争，此时其必须等到下一个分配给其的 TS 中才能再次竞争信道资源。TS 中的传输规则由该 TS 的类型决定。TS 的类型包含以下两种：

（1）非竞争 TS（Contention-free TS，CFTS）。

（2）竞争 TS（Contention-based TS，CBTS）。

STxOP 可以仅包含 CFTSs，或者仅包含 CBTSs，或者同时包含 CFTS 和 CBTS。

CFTS 实际上是仅分配给一个节点的 TS。其他节点在 CFTS 中仍需要监听（虚拟载波监听）传输媒体，来获取 TS 同步信息，并及时跟分配给该节点的 TS 同步。此时，虽然 TxOP 为共享 TxOP，TS 内部是无竞争的。CFTS 可以分配给对服务质量要求较高、带宽需求相对灵活的业务，例如 VoIP、游戏、交互视频等。

CBTS 通常分配给一组特定的节点，或者允许所有节点传输某种特定优先级及以上的数据，因此，CBTS 采用竞争媒体接入方式（可能发生数据冲突）。CBTS 可用来传输尽力而为业务。CBTS 有多种媒体接入控制方案，最复杂方案的工作流程如下：想要竞争接入信道的节点首先发送一个 INUSE 信号，表示其有数据发送需求；接着节点发送优先级解决信号（priority resolution signals，PRS），声明待发送数据的优先级（在该过程中，高优先级的节点将先发送 PRS，低优先级的节点后发送 PRS）；若节点在发送 PRS 前未检测到其他节点的 PRS，则参与信道接入竞争中，否则放弃本次竞争机会，等待下个竞争时隙到来。CBTS 的信道接入过程可以描述为：竞争窗口开始时，参与竞争的节点均随机退避一段时间；节点在退避的时间内不断检测传输媒体，当其退避时间结束且传输媒体空闲时，开始发送数据，否则等待下一个竞争期的到来。由于参与竞争的节点在发送数据前均随机退避了一段时间，在一定程度上减少了冲突概率。

12.2.6 G.hn 域的建立及域内节点通信

下面将描述如何建议 G.hn 域，以及域内节点间如何建立通信。步骤 1～3 描述了如何建立 G.hn 域：

（1）DM 选择：当一个或多个节点连接（并且上电）到传输媒体上时判断周围是否已存在 G.hn 域，若无（无法接收到已有 DM 发送的 MAP），则从中选择一个作为 DM。在 DM 选择过程中，网络用户（网络服务商）将某个节点配置为 DM，或者新上电节点根据某种标准（如节点的连通度）自动选择一个节点作为 DM。当某个节点被选为 DM 后，首先选择一个唯一的域 ID，然后广播 MAP，告知其他节点该域的 MAC 周期。

（2）节点接入（注册）：希望加入 G.hn 域的终端节点首先检测 MAP，然后启动注册过程。在注册过程中，终端节点将自身功能告知 DM，并从 DM 获取唯一的设备 ID 及其他相关信息。注册成功后，新注册节点可以和域内其他节点进行通信（通信须在为其分配的 TXOP 中进行，并遵循 TXOP 的媒体使用规则）。

（3）发送拓扑（路由）信息至终端节点：为了实现 Mesh 网络通信，DM 需要收集域内所有节点的连接信息（如包含从每个节点到每个节点的路由表）。DM 将上述路由表以广播方式告知域内的每个节点，域内节点据此获知到达目的节点的路径信息（详细内容见下一节）。

步骤 4～7 为节点间建立通信的步骤：

（4）连接建立：连接建立由发送端发起，在连接建立过程中，发送端和接收端间交换连接信息，建立单向连接（发送端到接收端）。发送端和接收端间交换的信息包括是否使用确认机制、FEC 块大小、连接的类型（单播/组播/广播）等。连接释放过程由发送端或接收端发起。

（5）基于 RCM 的通信：连接建立后，发送端可以向接收端发送数据。当发送端和接收端间未建立运行 BAT（比特加载表）时，发送端采用 RCM 模式发送所有负载数据，即使用默认 BAT（通常所有 SSC 上均加载 2 位比特，即 QPSK 调制）和重复策略。

（6）信道估计（运行 BAT 建立）：在该过程中，接收端建立和发送端间的运行 BAT（每个子载波的比特加载表）。G.hn 的信道估计协议非常灵活，有多种不同的实现方法。一种方法是：接收端可以请求发送端发送探测 PHY 帧，该帧上所有负载数据均由伪随机序列发生器产生（每个子载波采用 QPSK 调制方式）；接收端根据探测帧的接收情况来进行信道

（和/或噪声）评估，并确定 BAT。另一种实现方法通过处理负载数据采用 RCM 模式传输的常规数据（MSG）PHY 帧来进行信道估计。无论采用哪种方式进行信道估计，接收端计算出 BAT 后，通过信道评估管理消息将 BAT（以及其他相关的控制信息，如 BAT 标识符 BAT_ID、比特加载组）发送至接收端。

（7）基于运行 BAT 的通信：当收发端建立运行 BAT 之后，发送端采用运行 BAT 和接收端进行通信。帧头中包含的 BAT_ID 指明了负载调制过程中的 BAT。如前所述，一个 AC 周期内仅能够使用一种 BAT，但发送端和接收端间可能拥有多个 BAT（以及相关的 BAT_ID）。发送端根据传输时隙的位置来决定使用哪种 BAT。

G.hn 安全机制相关的注意事项：当将 G.hn 域配置为安全模式时，G.hn 还需要包括与安全相关的过程，如认证与密钥管理过程（Authentication and Key management，AKM），通过该过程进行认证、加密密钥的生成和分发、周期性密钥和认证的更新。G.hn 域内的所有业务（域中节点间所有数据和管理通信业务）均使用 AES−128 加密算法进行加密（在 LLC 子层进行）。G.hn 包括以下几种加密模式，一种是每个域中仅使用一种加密密钥，一种是每个单播通信的收发端，或一个多播组内的所有节点使用一种唯一的加密密钥。

12.2.7 G.hn 其他机制概述

本节简要概述 G.hn 的其他机制和协议。本节的介绍比较简略，感兴趣的读者可以参考 G.hn 规范（参见 12.2.2 节参考文献详细列表）：

（1）确认和重传协议。

为了提高传输的鲁棒性，G.hn 定义了确认和重传机制。接收端对接收到数据帧的分段（LPDUs）进行确认，发送端重传未被接收端正确接收的数据帧。G.hn 定义了两种类型的确认机制：即时确认和延迟确认。采用即时确认时，接收端收到一个消息（message，MSG）PHY 帧后，在预定义 IFG 之后立即回复 ACK PHY 帧。采用延迟确认时，接收端将在为其分配的下一个 TxOP 中发送 ACK PHY 帧。ACK 帧中的消息指明了接收端是否成功接收了分段（LPDUs）（根据分段后面附件的 CRC 进行判断）。发送端将重传未正确接收的分段。

（2）MAPs 及数据/管理帧的转发（第 2 层）。

当使用某些传输媒体时，由于某些链路上的衰减较大或暂时出现了强噪声，网络中的一些节点对于一些节点来说可能是"不可见的"（这些节点称为"隐藏节点"），但对其他节点是可见的。为了实现隐藏节点间的通信，需要将其他节点作为中继来转发数据。G.hn 定义了复杂的中继机制：① 为 DM 的隐藏节点定义 MAP 中继，即指定某些终端节点作为中继转发 MAP（确保所有节点均能收到 MAP）；② DM 建立路由表并广播至域内的所有节点，节点通过路由表获取如何"到达"目的节点（例如若节点 A 需要通过节点 C 与节点 B 通信，则节点 C 为中继节点）。

（3）多播协议。

G.hn 协议支持多播业务的高效传输。PHY 层协议（"多播绑定协议"）使得发送端使用相同的 BAT 将同一个 PHY 发送给一组节点。在该协议中，多播组内的节点可以对接收到的数据进行确认。同时，G.hn 也定义了 DLL 层的多播协议（允许中继节点发送多播业务）。

（4）突发 PHY 帧。

在电力线中，由于信道和典型噪声通常呈现出周期性（周期为一个或半个 AC 周期），比特分配表（BAT）可能随着 AC 周期发生变化。这意味着对于特定链路，接收端（和发送端）通常将维持一组 BAT，在 AC 不同时期（称为"间隔"）使用不同的 BAT。突发 PHY 帧允许将一个长帧"划分"成若干个短帧。每一个短帧可能使用一种不同的 BAT 进行传输。发送端连续发送上述短帧，短帧间仅有一个小的帧间间隔。如果需要，接收端仅发送一个 ACK 对所有短帧进行确认。

（5）双向传输。

两节点间的双向传输可以提高吞吐量，最小化具有双向通信特性的业务（如带有确认机制的 TCP 业务）的时延。双向传输机制使得收发节点间可以交换下述数据帧：双向信息（bidirectional message，BMSG）帧和双向确认（bidirectional acknowledgment，BACK）帧。BMSG 和 BACK 均携带数据。在确认传输中，需要对收到的数据进行确认。

（6）域间干扰消除。

G.hn 定义了一系列机制来消除 G.hn 域间干扰，如多栋楼住宅（multi-dwelling unit，MDU）场景中相邻的公寓形成不同 G.hn 域间的干扰。由于相邻电线之间存在信号感应且同一根馈线上的衰减相对较小，域间干扰在电力线通信场景中很常见。G.hn 的域间干扰消除措施包括快速检测相邻 G.hn 域、测量每个节点受干扰的程度、进行干扰消除。G.hn 允许域间通信，故在域间干扰较强时干扰域的 DM 可以协调节点的数据传输。

（7）与非 G.hn 电力线网络的共存。

当 G.hn 电力线网络中存在一个使用相同电力线路、工作在同一个频率上的非互操作 PLC 网络（即 non-G.hn）时，需要采用共存机制来减少相互间的干扰。上述共存机制参见 ITU-T 规范 G.9972[6]，即"G.cx"。该机制已在第 10 章中进行了介绍。

12.3 MIMO 简介

第 8 章详细介绍了 PLC MIMO 的信号处理。为方便起见，本小节将介绍 PLC MIMO 吞吐量计算时用到的数学符号。

12.3.1 接收信号模型

MIMO 系统通常由 N_T 个发送端（或发送端口）和 N_R 个接收端（或接收端口）组成。在某个给定时刻，N_T 个发送端同时通过相同的频率发送一组相互独立或相关的数据 $(x_1, x_2, \cdots, x_{N_T})$。混合信道的信道传输矩阵 H 为 $N_R \times N_T$ 维，且元素 $h_{i,j}$ 表示发送端 j 到接收端 i 的传输响应。

上述接收模型适用于 OFDM-MIMO 系统的每个子载波，本小节将针对 OFDM 符号的单个子载波进行分析。为简单起见，本小节在描述数学符号及公式时省略了子载波索引。发送向量 $x = [x_1, x_2, \cdots, x_{N_T}]^T$、接收向量 $y = [y_1, y_2, \cdots, y_{N_R}]^T$ 和噪声向量 $n = [n_1, n_2, \cdots, n_{N_R}]^T$ 的关系如下：

$$y = H_x + n$$

噪声分量的互相关矩阵 Λ 表示为：

$$\Lambda = E\{n \cdot n^{\mathrm{H}}\},$$

其中 $E\{\cdot\}$ 为随机变量的数学期望。

12.3.2　闭环发送分集

在实际应用中选择 MIMO 方案时，闭环发送分集方案（1 个 SS，2 个 Tx 端口）更适用于无线衰落信道[7]。然而，由于 PLC 网络的信号沿着电力线进行传输，闭环发送分集方案的效果没有其在无线衰落信道中的效果好。例如，由于 PLC 网络中信号传输具有方向性，除接收端外的其他位置处也能够收到相互叠加的信号，故采用波束赋形（1SS 的波束赋形称为点波束赋形；2SS 的波束赋形称为特征波束赋形，为空分复用方案）时，两个发送端口均可能不将发送功率降至单输入单输出（single-input single-output，SISO）的一半（功率降低 3dB）。因此，一般而言，当采用波束赋形方案时，线对上的 PSD 总和通常不满足要求，需要限制 MIMO 和 SISO 系统间的发送电压。上述要求限制了发送端波束赋形，使其由最优波束赋形配置（与最佳功率分配）变为简单的一对一收发器（选择最佳发射机）。第 16 章将进一步介绍波束赋形和电磁兼容性。

12.3.3　开环发送分集

同样地，Alamouti 的空时码[8]适用于时变信道、发送端不需要了解信道状态信息，且具有显著的分集增益。然而，假设发送端已知信道状态且能够根据（慢）时变信道状态自适应地调整发送参数时，最好通过信道较好的发送端发送信息，这主要是因为当接收端采用 MRC 合并算法且假设发送端总功率一定时，Alamouti 空时码的性能次于单端口发送端（支持子载波功率选择）的性能。

12.3.4　基于预编码的空分复用 MIMO（闭环 MIMO）

在基于预编码的 SM MIMO 系统中，接收端评估信道响应矩阵，从中获得信道状态信息（通常称为"预编码矩阵"）并通过反馈信道将其传输至发送端。发送端根据信道状态信息（即预编码矩阵）调整发送策略（"预编码"），以适应变化的信道条件。上述发送方案称为"闭环 MIMO"，和"开环 MIMO"相比，闭环 MIMO 能够更好地实现接收端复杂度和信道吞吐量的折中。

注：上述描述中假设发送端通过接收端的反馈获得预编码矩阵。在 MIMO 预编码方案的通用描述中，还有一种实现方法。理论上（和在某些情况下）许多信道是对称的，发送端通过评估来自接收端的数据的接收情况来获得预编码矩阵，并据此调整发送策略。上述方案有时被称为"开环"预编码（不要与开环 MIMO 混淆，开环 MIMO 又称 SM）或者"隐行反馈"。在实际应用中，由于下述原因，开环预编码不适用于 PLC 网络：① 采用开环预编码需要添加一些测量信息，增加了 PHY 帧开销；② 实现对称信道，收发端的阻抗必须相同，这在 PLC 网络中是不可实现的。

为了推导出 MIMO 预编码方案，首先对信道响应矩阵 H 进行奇异值分解（singular value decomposition，SVD）：

$$H = UDV^{\mathrm{H}}$$

其中，$U \in C^{N_{\mathrm{R}} \times N_{\mathrm{R}}}$ 和 $V \in C^{N_{\mathrm{T}} \times N_{\mathrm{T}}}$ 为酉矩阵（即 $U^{-1} = U^{\mathrm{H}}, V^{-1} = V^{\mathrm{H}}$），$D \in \Re^{N_{\mathrm{R}} \times N_{\mathrm{T}}}$ 为非负对角矩阵。矩阵 D 对角线上的元素为 HH^{H} 特征值的非负平方根。

使用下面的正交变换（信息无损），

$$\tilde{y} = U^{\mathrm{H}} y, \tilde{x} = V^{\mathrm{H}} x, \tilde{n} = U^{\mathrm{H}} n,$$

套用第 12.3.1 节中描述的系统模型，

$$y = Hx + n$$

推导出如下等效模型：

$$\tilde{y} = D\tilde{x} + \tilde{n}$$

上述变换和模型可以描述为：

（1）接收端估计信道响应矩阵 H （此过程称为"信道估计"）。

（2）然后接收端计算出预编码矩阵 V ，例如，通过对矩阵 H 进行奇异值分解得到预编码矩阵 $V(H = UDV^{\mathrm{H}})$ 。

（3）接收端通过反馈信道将预编码矩阵 V （或其他表示形式）发送至发送端。

（4）发射端使用预编码矩阵 V ，对待发送数据 x 进行预编码，即执行 $x = V\tilde{x}$ ，然后将 x 发送出去。

（5）接收端收到的信号可以表示为： $y = Hx + n$

（6）接收端用矩阵 U^{H} 乘以接收信号：

$$
\begin{aligned}
\tilde{y} &= U^{\mathrm{H}} y \\
&= U^{\mathrm{H}} Hx + U^{\mathrm{H}} n, \\
&= U^{\mathrm{H}} UDV^{\mathrm{H}} V\tilde{x} + U^{\mathrm{H}} n, \\
&= D\tilde{x} + \tilde{n}
\end{aligned}
$$

（7）由于 D 为对角矩阵，两个信道间不存在相互耦合，接收端可以对两个信道上的数据分别进行解码处理。由于 U 为酉矩阵，上述操作不会增加噪声功率。

若噪声为加性噪声，则

$$E\{n, n\} = E\{U^{\mathrm{H}} n \cdot n^{\mathrm{H}} U\} = U^{\mathrm{H}} \Lambda U$$

因此，如果 $\Lambda = I$ ，变换后噪声向量的协方差矩阵仍为酉矩阵。通常情况下，噪声为非白噪声，这需要使用白化滤波器。在此后的分析中，计算信道响应矩阵时考虑了白化滤波器，假设 $\Lambda = I$ 。将考虑了白化滤波器的信道响应矩阵称为等效信道响应矩阵。

上述正交变换将信道分解为两个独立平行的信道：

$$\tilde{y}_i = \lambda_i^{1/2} \tilde{x}_i + \tilde{n}_i, \quad 1 \leqslant i \leqslant \min(N_{\mathrm{R}}, N_{\mathrm{T}}),$$

式中： λ_i 为 HH^{H} 的一个特征值； $\min(N_{\mathrm{R}}, N_{\mathrm{T}})$ 为信道矩阵的秩（假设它是满秩），其值等于 SS 的最大值（MIMO PLC 中该值为 2）。

各独立信道的信道容量可以表示为

$$C_i = \log_2(1 + P_{ii}\lambda_i), \quad P_{ii} \equiv E\{|x_i|^2\}.$$

为了最大化信道容量，需要最大化总的互信息。这需要在所有信道上实现最优功率分配。下面给出已有文献中的几种最优功率分配方法：

（1）假设 x_i 间相互独立，且均为均值为零的高斯变量，那么采用"注水"算法可以实现最优功率分配[9]。

（2）若 x_i 不是理想的高斯信号，而是离散的 m-PSK 或 m-QAM 信号，那么采用水银/注水算法可实现最优功率分配[10]。

需要说明的是，第 9 章给出了 PLC 信道容量的实验结果。

当信道条件随时间变化较缓慢时，基于预编码的 SM MIMO 方案可以接近信道容量。例如 PLC 信道环境中，信道的转移函数是准静态的，除了网络拓扑发生变化（如所研究插座附近插入了用电设备）时，PLC 信道随时间的变化很缓慢。一般情况下，计算预编码矩阵时需要对等效信道响应矩阵（考虑了白化滤波器）进行奇异值分解。此外，预编码方案还有利于高阶 MIMO 方案的检测。然而，预编码方案需要接收端将预编码参数发送至发送端（闭环 MIMO 配置），降低了通信速率，且应对信道变化的能力有限。同样地，在实际应用中，发送端必须配置一个相当大的存储器，来存储本节点到其他所有节点所有信道的预编码信息。

12.3.5　无预编码的空分复用 MIMO

SM MIMO 预编码（闭环）方案的替代方案是无预编码的 SM MIMO（开环）方案。开环方案于 20 世纪 90 年代末被首次提出，即贝尔实验室分层空时（Bell Labs Layered Space-Time，BLAST）方案。在上述 SM MIMO 方案中，发送端不了解信道情况，发送相当简单：通过多个 Tx 端口发送独立的数据流，从而实现空间分集（增加了吞吐量）。

首先进行 FEC 编码，然后进行 MIMO 映射的开环 MIMO 包括两个变种：垂直 MIMO 和水平 MIMO。在垂直 MIMO 中，对一个 FEC 块进行编码，然后将其映射到所有 SSs 上。在水平 MIMO 中，每个 SSs 分别映射一个独立的 FEC 块。图 12－14 和图 12－15 分别给出了垂直 MIMO 和水平 MIMO 的发送端框图（注："数据流到 Tx 端口映射"的最简单实现方案是标识映射，即数据流 1 映射到 Tx 端口 1 中）。

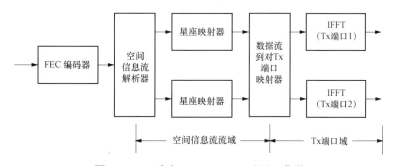

图 12－14　垂直 SM MIMO（开环）发送

在开环 MIMO 中，大部分操作位于接收端。接收端试图分离 SSs 来获得发送符号。简单来说，存在很多种解码技术来实现 SSs 的分离，有的实现简单，有的实现复杂，举例如下：迫零（zero-forcing，ZF）使用简单的矩阵求逆，但当信道较差时，性能较差；最小均方误差（minimum mean square error，MMSE）的鲁棒性更强，但噪声/干扰未知时性能提升有限；最大似然（maximum likelihood，ML），它比较了符号的所有可能组合，是最佳的接收技术，但复杂度太大，尤其是对于高阶调制。

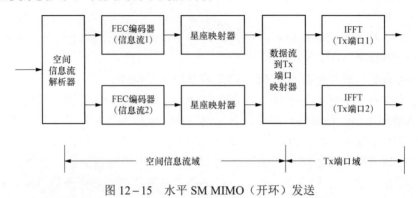

图 12-15 水平 SM MIMO（开环）发送

实际上，对于开环方案而言，设计可达信道容量且复杂度较低的接收机不是一个简单的任务。和单端口发送机不同，由于符号对中各比特的对数似然比（log-likelihood ratio，LLR）不相互独立，无法通过级联产生各比特 LLR 的 MIMO 检测器和 FEC 解码器来逼近 MIMO（垂直）编码（采用比特交织编码方案）的信道容量。一种可能的解决方案是采用"Turbo 均衡"方案对来自两信道中的信号联合解调，即信息依次作为软输入软输出 MIMO 检测器和软输入软输出 FEC 解码器的输入。

垂直 SM MIMO 方案可以采用 Turbo 均衡接收机，水平 SM MIMO 方案可以采用连续干扰消除（successive interference cancellation，SIC）接收机。水平 SM MIMO 方案中发送端独立进行编码，接收端可以对不同的码字进行连续解调。水平 SM MIMO 方案的接收端首先对数据流进行解码，然后再编码，最后从接收信号中去掉该码字，剩余的信号用来检测第二个 SS。一般来说，对于高阶水平 MIMO 方案来说，上述过程需要重复数次。在每一步中，解码器去除掉上一数据流对接收信号造成的影响后对当前数据流进行解码，解码的同时将其他数据流当作有色噪声。另一方面，水平 SM MIMO 方案采用 SIC 接收机时也存在一些缺陷（相对于垂直方案而言）：① 该方案需要存储器来存储第二个待解码数据流的信号点，直到当前数据流解码完毕且已消除了该数据流对接收信号的影响；② SIC 方案存在解码时延，这要求接收端设置较大的 IFG 周期来弥补处理时延；③ FEC 解码器的调度相对较复杂。

总之，假设 MIMO 发射机满足辐射要求及 G.hn 规定的 SISO PSD 要求（见 12.2.4.5.10），电力线通信环境中比较有前景的 MIMO 方案为 SM（有或无预编码），但其沿两个电力线传输的 PSD 总和应等于规定的 SISO PSD。上述结论与文献[11]的结论一致，且文献[11]对比了上述不同 MIMO 方案的可达吞吐量。

12.3.6 G.hn MIMO 基本要求

设计 MIMO 传输方案及帧格式时应遵循下述要求：

（1）最大限度地利用 MIMO PLC 信道（增加吞吐量和覆盖范围）：MIMO PLC 最基本的设计目标是充分利用 MIMO PLC 的信道特征，设计 MIMO 传输方案及接收端处理机制，增加家庭网络数据速率、扩大覆盖范围。如前所述，MIMO PLC 的空间分集阶数为 2，这意味着通过 2 个信道独立地发送 2 个 SS（因此，和单端口传输方案相比，理论上信道吞吐量/容量增加一倍）。

（2）与非 MIMO G.hn 节点实现互操作：研发 G.hn MIMO 时的一个基本假设是 G.hn 网络可以由传统的（本地）G.hn 节点和 G.hn MIMO 节点组成，即网络中存在不支持 G.hn MIMO 的节点，也存在支持 G.hn MIMO 的节点。所有 G.hn 节点间可以进行互操作（当两个 G.hn MIMO 节点通信时，MIMO 传输的好处才能清楚地展现出来）。上述假设提出了两个基本要求：

1）当本地 G.hn 收发器（符合 G.9960 和 G.9961 技术要求的非 MIMO 收发器）和 G.hn MIMO 收发器（符合 G.9963 技术要求的收发器）工作在同一根电力线且属于同一个域时，它们之间可以互操作。

2）当工作在同一根电力线上时，G.hn MIMO 收发器的数据传输不会降低本地 G.hn 收发器的性能（MIMO 传输存在时，非 MIMO G.hn 节点能够跟踪 MAC 周期）。

上述两个要求对 MIMO 帧结构和发送负载的选择有要求，后面将详细讲述。

（3）有助于接收端获取 MIMO 信道数据：接收端获取 PHY 帧包括检测帧（前导）、获取增益、频率和时间同步并获得初始信道估计值等步骤。上述获取算法的一个基本要求是为了应对快速变化的信道响应和噪声，G.hn MIMO 规范应提供获取每个帧所需的所有工具（不仅仅依赖探测帧）。特殊情况下，可以采用下述两种获取机制：

1）调整 AGC：该操作需要训练序列来调整接收端两个端口的 AGC，即通过两个发送端口独立地发送训练序列，为接收两个发送端口发送的有效负载做准备。

2）评估 MIMO 信道响应：提供可以在负载接收前进行 MIMO PLC 信道响应（即信道矩阵的四个系数）估计的工具。

12.4 G.hn MIMO

本节首先描述 G.hn MIMO 的发展历程。尽管传统 G.hn 规范没有提到 MIMO 传输，但它的一些实现使得可以在其基础上进行改进，进而实现类似于 MIMO 的传输方案。第 12.4.1 节将描述上述改进方案，为实现真正的 G.hn MIMO 奠定基础。

本节接下来介绍 G.hn MIMO 的各种元素。首先，第 12.4.2 节介绍 MIMO 传输的 PHY 帧结构（格式）。G.hn MIMO PHY 帧结构不仅适用于 G.hn MIMO 设备，还适用于传统 G.hn 设备，进而使得 G.hn MIMO 设备和传统 G.hn 设备间可以实现互操作。第 12.4.2 节还介绍了设计 MIMO PHY 帧结构的一些标准。

其次，第 12.4.3 节介绍 G.hn MIMO 收发器结构，特别是在传统 G.hn 收发器基础上新增的、利用 PLC 信道实现 MIMO 的模块。

最后，第 12.4.4 节介绍如何使用 MIMO PHY 帧和收发机元素，来实现负载的不同发送方案。G.hn MIMO 节点（即符合 G.9963 规范的节点）需要能够与传统（非 MIMO）G.hn 节点、MIMO G.hn 节点进行通信。这意味着 G.hn MIMO 节点需要支持两种传输选项：① 当与传统（非 MIMO）G.hn 节点（或当 PLC 第三根导线不可用时）通信时将负载数据映射成单一的 SS；② 当与其他 G.hn MIMO 节点进行通信时，将负载数据映射为 2 个 SS。如本节所述，上述两种选项均包含几种不同的传输策略，且不同传输策略的适用范围及实现复杂度不同。

12.4.1　G.hn MIMO 演进

传统 G.hn 规范定义了（在任何给定的时间）通过单一端口的数据传输，但未定义传输端口到传输媒体的映射。和其他标准相同，G.hn 仅定义了发送端，未直接定义接收端，故其接收端由设备制造商自行决定。

传统的 PLC 收发器仅使用一个发送端口和一个接收端口进行通信，这些端口通常连接在相线—中线（phase-neutral，P-N）线对上。传统 PLC 设备可以称为 SISO 设备。如前所述，由于标准通常不规定接收端，设备制造商可自行决定是接收来自多个端口的数据，选择较好的端口，还是合并来自几个端口的数据，这使得即使发送端仅通过一个端口发送数据，接收端也可以通过 MIMO PLC 信道获得接收分集增益。上述设备可以看作单输入多输出（single-input multiple-output，SIMO）设备。其他符合传统非 MIMO PLC 标准的设备，如 G.hn，也可能在发送端采用发送分集技术。例如，收发器可能连接在两个线对上，在某一时刻仅选择其中一个线对发送数据。接收端可以选择使用一个（和 Tx 端口编号相同）或多个端口接收数据。即使上述方案从本质上来说仍是 SS 传输，不会带来任何空间或容量增益，但仍可以看作 MIMO 传输方案，且能够带来一定的分集增益（发送或接收分集增益）。

上述改进的收发器都不是真正的 MIMO 收发器，由于其本质上都是基于传统 G.hn 规范的单 SS 传输，均不能达到 MIMO 系统的最大性能增益。然而，上述改进的收发器可以看作是向 G.hn MIMO 演进的中间实现方案，为实现 G.hn MIMO 铺平了道路。

12.4.2　G.hn MIMO PHY 帧

12.4.2.1　G.hn MIMO PHY 帧结构

图 12－16 给出了 MIMO 传输中的通用帧结构。

MIMO PHY 帧传输遵循以下规则：

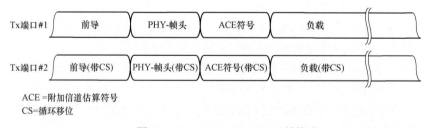

ACE =附加信道估算符号
CS=循环移位

图 12－16　G.hn MIMO PHY 帧格式

（1）两个发送端口同时发送完整的 PHY 帧，包括前导、帧头、附加信道估计（Additional channel estimation，ACE）符号和负载。

（2）两个发送端口发送的前导和帧头符号完全相同。

（3）当两个 SS 均承载有效负载时，需要在 PHY 帧的帧头之后添加一个 ACE 符号。ACE 符号不携带数据，但携带星座点的伪随机序列（每个子载波加载 2 比特），用于协助接收段评估 MIMO 信道响应（如后所述）。它与探测符号具有相同的结构（探测帧的有效负载）。第二个发送端口上发送的 ACE 符号和第一个发送端口上发送的 ACE 符号相反（即

ACE 的每个采样点均满足 $x_2^{\mathrm{ACE}} = -x_1^{\mathrm{ACE}}$，其中下标 1 和 2 表示 SS 编号）。

（4）两个发送端口可以同时承载负载数据（PHY 帧头中 MIMO_IND 字段的值为 1）或者仅有一个发送端口承载负载数据（PHY 帧头中 MIMO_IND 字段的值为 0）。

（5）第二个端口发送的符号是第一个端口发送符号的循环移位。

12.4.2.1.1 循环移位的目的

第二个发送端口对发送符号进行循环移位是为了满足接收端 AGC 的需求，即为了保证由两个端口发送的沿两根不同电力线传输的前导信号不相关，进而保证前导信息传输期间接收到的信号功率是来自两根不同电力线的信号功率之和（该技术中 MIMO 前导信号在接收端仅需要合并来自不同发送端口的相互独立的信号。然而，这使得 G.hn MIMO 不能和采用相关检测的 G.hn 实现互操作）。

12.4.2.1.2 ACE 符号的目的

增加 ACE 符号是为了使接收机能够进行 MIMO 信道估计。如前所述，设计 G.hn MIMO 的要求之一是接收端能够进行信道估计，并根据信道估计结果来进行解码。另一方面，为了保持 MIMO 传输效率，需要最小化 PHY 帧开销。为此，G.hn MIMO 规范采用下述 MIMO 信道估计方案：

（1）接收端根据接收到的 PHY 帧头（可能是前导的最后部分）进行初始信道估计。两个接收端口的接收信号分别为：

$$y_1^{\mathrm{header}} = h_{11} \bullet x_1^{\mathrm{header}} + h_{12} \bullet x_2^{\mathrm{header}} + n_1 = (h_{11} + h_{12}) \bullet x^{\mathrm{header}} + n_1,$$

$$y_2^{\mathrm{header}} = h_{21} \bullet x_1^{\mathrm{header}} + h_{22} \bullet x_2^{\mathrm{header}} + n_2 = (h_{21} + h_{22}) \bullet x^{\mathrm{header}} + n_2,$$

$$\text{前提：} x_1^{\mathrm{header}} = x_2^{\mathrm{header}} = x^{\mathrm{header}}$$

两个发送端口发送的帧头是相同的。因此，接收端口 1 和端口 2 据此得到的估计结果分别是对复合信道 $h_{11} + h_{12}$ 和 $h_{21} + h_{22}$ 的评估结果。

（2）接收端根据 ACE 符号进行另一组信道估计。两个接收端口的接收信号分别为：

$$
\begin{aligned}
y_1^{\mathrm{ACE}} &= h_{11} \bullet x_1^{\mathrm{ACE}} + h_{12} \bullet x_2^{\mathrm{ACE}} + n_1 \\
&= h_{11} \bullet x_1^{\mathrm{ACE}} + h_{12} \bullet (-x_2^{\mathrm{ACE}}) + n_1 \\
&= (h_{11} - h_{12}) \bullet x^{\mathrm{ACE}} + n_1, \\
y_2^{\mathrm{ACE}} &= h_{21} \bullet x_1^{\mathrm{ACE}} + h_{22} \bullet (-x_2^{\mathrm{ACE}}) + n_2 \\
&= (h_{21} - h_{22}) \bullet x^{\mathrm{ACE}} + n_2,
\end{aligned}
$$

$$\text{前提：} x_1^{\mathrm{ACE}} \equiv x^{\mathrm{ACE}}, x_2^{\mathrm{ACE}} = -x^{\mathrm{ACE}}$$

发送端口 2 发送的 ACE 符号与发送端口 1 发送的 ACE 符号相反。因此，接收端口 1 和端口 2 据此得到的估计结果分别是对复合信道 $(h_{11} - h_{12})$ 和 $(h_{21} - h_{22})$ 的估计结果。

（3）对于每一个接收端口来说，通过将前两个步骤中得到了复合信道评估结果相加或相减可以得出 MIMO 信道矩阵中各独立信道响应。

12.4.2.2 G.hn MIMO PHY 帧设计

本节介绍一些 G.hn MIMO 帧设计标准和性能评估准则：

（1）与传统 G.9960/1（非 MIMO）设备互操作。由于循环移位后，G.hn MIMO 帧起始处就是 G.hn 的前导和帧头，G.hn MIMO 和 G.hn 可以实现互操作。上述互操作对于同时包含 G.hn MIMO 和传统 G.hn 节点的网络非常重要，这是因为当两个 MIMO 节点使用共享 MAC（STxOP）进行通信时，其他所有传统 G.hn 节点需要能够检测到前导信号并解调出 PHY 帧头，以便获得 MAC 周期信息（"虚拟载波侦听"）。本节后面将介绍循环移位对传统 G.hn 节点检测性能的影响（通过虚拟载波侦听来被动地检测 MIMO 传输）。

（2）发送端口 2 循环移位值的选择。选择该值时需要考虑两个相反的方面：一方面当循环移位值较大时，有助于提高通过 2 个信道传输信号的独立性，进而有助于接收端进行 AGC；另一方面，循环移位值较大使得复合信道响应较宽，接收端通过帧（前导）测量得到相关信号会出现一些尖锐的脉冲。

G.hn MIMO 中循环移位值是根据实际现场中 MIMO 信道测试值选择的。测量数据库包括北美 13 个家庭 72 个 MIMO 信道的测量值。测量结果如下：

（1）AGC 不匹配因子的范围为：$CS > T_s/8$ 时为 ±1dB（TS 是前导中最小符号的持续时间，$T_s = 5.12\mu s$）、$CS > T_s/4$ 时为 ±0.5dB。

（2）循环移位对传统 G.hn 接收器检测性能的影响依赖于检测器的实际实现、阈值、目标漏检和误警率。其中一项评估（参见下一段）表明了当循环移位值为 $T_s/8$ 时，其带来的性能恶化程度是可以接受的。但当循环移位值再变大时，将严重恶化检测器的性能（$CS > T_s/2$ 时检测结果完全错误）。

根据上述分析结果，G.hn MIMO 循环移位值设置为 $CS > T_s/8$（$=0.64\mu s$），这是对两个相互矛盾的设计目标折中的结果。

MIMO 前导对采用虚拟载波侦听来检测 MIMO 传输的传统 G.hn 设备检测性能的影响有多大？

为了回答上述问题，使用实际现场中 MIMO 信道的测量值（前文中提到的测量数据库）来仿真评估循环移位的影响。仿真时假设发送端至传统 G.hn 接收端的衰减比其至 MIMO 接收端的衰减小 3dB，这样可以保持发射功率不变。由于比较关心 SISO 接收端的性能，这里仅分析评估耦合至中线（图 12-17 和图 12-18 标记为 "P-N"）上的接收端口的性能。

从检测性能的角度来看，和传统 G.hn 相比，G.hn MIMO 前导信号在某些方面能够带来性能增益，但在另一些方面会恶化检测性能。例如，由于同时通过两根线传输信号，G.hn MIMO 的鲁棒性较高；但 G.hn MIMO 的发送功率降低了 3dB。

和传统 G.hn（仅通过 P-N 电力线传输数据）相比，G.hn MIMO 需要评估 P-N 线上每个信道的检测灵敏度损耗。这里灵敏度损耗是指使用相同的互相关检测器达到相同的检测性能（漏检率和误警率）时，G.hn MIMO 所需的噪声水平和 G.hn 所需噪声水平的差值。灵敏度损耗为负表示相对于 G.hn 来说，G.hn MIMO 带来了一定的性能增益。图 12-17 给出了当循环移位值 $T_s/8 = 0.64\mu s$ 时，所有 MIMO 信道的测量结果。

图 12-18 给出了当循环移位值 $T_s/8 = 0.64\mu s$，根据 P-N 线上收发端间的衰减将 MIMO 信道分为三组时所有 MIMO 信道的测量结果。上述测量结果考虑了接收端的 SNR。

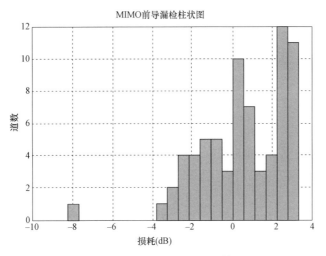

图 12-17　MIMO 前导漏检

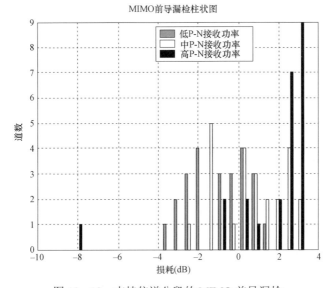

图 12-18　支持信道分段的 MIMO 前导漏检

从图 12-17 可以看出，尽管 G.hn MIMO 在某些信道上带来了一定的性能增益，但是总的来说，其性能劣于 G.hn。然而，从图 12-18 可以看出，MIMO 循环移位传输方案（相对于传统 G.hn 而言）的检测器性能增益/损耗和 P-N 线信道质量（SNR）间存在强相关性。对于质量较差的 33%信道来说，G.hn MIMO 的检测器性能较传统 G.hn 的检测器性能提高了0.9dB。对于质量较好的 33%信道来说，G.hn MIMO 的检测器性能较传统 G.hn 的检测器性能降低了 1.7dB。对于质量一般的 33%信道来说，G.hn MIMO 的检测器性能较传统 G.hn 的检测器性能降低了 0.7dB。换句话说，对于质量较差的信道来说，G.hn MIMO 能够带来一定的性能增益，这意味着使用第二根信号传输线带来的增益大于发送功率损失 3dB 带来的影响。然而，对于质量较好的信道来说，G.hn MIMO 会恶化检测器的性能，即当信道质量较好时检测器能够可靠地工作，发送功率损失 3 个 dB 不会带来实际影响。

总之，上述结果表明，G.hn MIMO 适用的信道条件比传统 G.hn 适用的信道条件广泛。G.hn MIMO 循环移位前导的显著优点是对于质量较好的信道来说检测器的性能降低不会产生实际影响。但是对于质量较差的信道来说，尽管 G.hn MIMO 会将发送功率降低 3dB，但其会提升检测器的性能。

12.4.3　G.hn MIMO 发送端

图 12-19 给出了 G.hn 发送端的 PHY 框图。

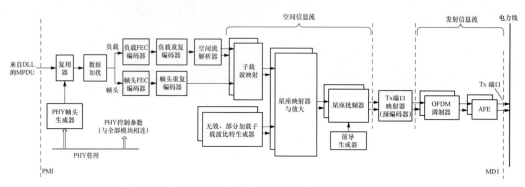

图 12-19　G.hn MIMO 收发器 PHY 功能模型

本小节重点描述和 MIMO 处理相关的模块，例如专门进行 MIMO 处理的模块、为了支持 MIMO 操作必须进行修改的模块。

12.4.3.1　数据扰码及 FEC 编码

所有帧头和负载数据（来自 DLL 层的 MPDU）都要进行扰码及 LDPC 编码，编码方式与传统 G.hn 完全相同。

12.4.3.2　（负载）数据空间流分配器

SS 分配器位于 FEC 编码器之后，对 FEC LDPC 编码器的输出数据进行分流，有两种情况：

（1）当负载为单一 SS 模式时，分配器不进行任何操作，即直接输出输入数据。

（2）当负载为两个 SS 模式时，分配器通过下述方式将负载数据分为 2 个 SS：根据每个 SS 的 BAT，解析器将（一组）比特交替地分配给两个 SS。假设 $b_i^{(q)}$ 为 BAT 中 SS q 的第 i 个子载波上能够加载的比特个数，SS 分配器将比特流中的前 $b_0^{(1)}$ 个比特分配到 SS 1 中，将接下来的 $b_0^{(2)}$ 个比特分配到 SS 2 中，将再接下来的 $b_1^{(1)}$ 个比特分配到 SS 1 中，将再接下来的 $b_1^{(2)}$ 个比特分配到 SS 2 中。（如果 $b_i^{(q)}$ 是 0，则不将数据分配到 SS q 的子载波 i 上）。

12.4.3.3　载波映射

各 SS 的载波映射器独立工作，分别根据该 SS 的 BAT（即 SS q 的 $BAT^{(q)}$，$q=1,2$）将输入比特流分成若干个比特组，并指定每个比特组需要映射到的子载波。上述信息随后发送给星座编码器。

12.4.3.4　无效子载波的比特生成、星座映射、缩放及扰码

在 MIMO 系统中，采用线性反馈移位寄存器（LFSR）独立地为每个 SS 上的无效子载波、部分加载子载波生成数据（规范规定可以通过两个或一个 LFSR 实现）。

各 SS 独立地执行星座映射和缩放操作，并确定各 SS 上映射比特组的 I 值（同相分量）和 Q 值（正交分量）（对于特定子载波 i，SS 1 和 SS 2 可以使用不同的星座）。

ITU G.hn MIMO 星座映射器的操作和传统 G.hn 相同，两个 SS 中的相同子载波对应星座点的相移相同（即根据 LFSR 的输出来确定两个 SS 中特定子载波的相移）。

12.4.3.5 Tx 端口映射（含预编码）

Tx 端口映射器的输入为 SS，输出为发送流。具体来说，输入为来自星座扰码器的一个或两个 SS。输出是由 OFDM 调制器转换成的时域采样点组成的数据流，且输出和发送端口直接相连。Tx 端口映射器针对每个子载波进行操作，它根据接收端发来的映射分配表（mapping allocation table，MAT），将各 SS 中分配给该子载波的一个或一组星座点映射成和发送端口直接相连的信号（位于 OFDM 调制器之后，即 IDFT）。对于子载波 i，Tx 端口映射器操作的数学描述如下：

$$\begin{bmatrix} S_{out}^{(1)} \\ S_{out}^{(2)} \end{bmatrix} = \begin{bmatrix} TPM_{11,i} & TPM_{12,i} \\ TPM_{21,i} & TPM_{22,i} \end{bmatrix} \cdot \begin{bmatrix} S_{in}^{(1)} \\ S_{in}^{(2)} \end{bmatrix}, \quad i = 0, \cdots, N-1,$$

式中：$S_{in,i}^{(q)}$ 表示 SS q 中子载波 i 的输入信号（当仅使用一个 SS 时，$S_{in,i}^{(q)}=0$）；$S_{out,i}^{(k)}$ 表示发送数据流 k 的子载波 i 的输出信号，子载波 i 的 Tx 端口映射矩阵（Tx port mapping matrix，TPM）TPM_i 表示为：

$$TPM_i = \begin{bmatrix} TPM_{11,i} & TPM_{12,i} \\ TPM_{21,i} & TPM_{22,i} \end{bmatrix}, \quad i = 0, \cdots, N-1,$$

其中，$TPM_{kp,i}$ 表示子载波 i 中，SS q 到传输流 k 的映射。

对于一个特定的子载波 i，利用专用映射矩阵（描述 12.4.3.6 节中 MAT 频率轴上所有子载波索引和发送端口映射间对应关系的向量）来描述不同 MIMO 策略和不同映射选项中的 Tx 端口映射：

"直接"映射：将两个输入分别映射至两个 Tx 端口 [如无预编码的空间映射（spatial mapping，SM）]。

$$TPM\#0 = \frac{1}{\sqrt{2}} \begin{bmatrix} 1 & 0 \\ 0 & 1 \end{bmatrix}$$

"复制"映射：通过复制方式将一个输入同时映射至两个 Tx 端口（例如前导和报头的映射）。

$$TPM\#1 = \frac{1}{\sqrt{2}} \begin{bmatrix} 1 & 0 \\ 1 & 0 \end{bmatrix}$$

"复制和取反"映射：将一个输入信号映射至一个 Tx 端口，同时将该输入信号的反信号映射至另一个 Tx 端口（例如 ACE 符号的映射）。

$$TPM\#2 = \frac{1}{\sqrt{2}} \begin{bmatrix} 1 & 0 \\ -1 & 0 \end{bmatrix}$$

"Tx 端口 1" / "Tx 端口 2" 映射：将一个输入信号仅映射至一个 Tx 端口（SS 1 至 Tx

端口 1 或 SS 2 到 Tx 端口 2）。

$$TPM\#3 = \begin{bmatrix} 1 & 0 \\ 0 & 0 \end{bmatrix}, \quad TPM\#4 = \begin{bmatrix} 0 & 0 \\ 0 & 1 \end{bmatrix}$$

"预编码"映射：用于带有预编码的 SM。

$$TPM\#5 = \frac{1}{\sqrt{2}} \begin{bmatrix} e^{j\varphi}\cos\theta & -e^{j\varphi}\sin\theta \\ \sin\theta & \cos\theta \end{bmatrix}; 0 \leqslant \theta \leqslant 2\pi.$$

"无 SS2 输入的预编码" / "无预编码的 SS1 输入"映射：应用于带有预编码的 SM 模式，且仅有一个输入信号时。

$$TPM\#6 = \begin{bmatrix} e^{j\varphi}\cos\theta & 0 \\ \sin\theta & 0 \end{bmatrix}, TPM\#7 = \begin{bmatrix} 0 & -e^{j\varphi}\sin\theta \\ 0 & \cos\theta \end{bmatrix} 0 \leqslant \theta \leqslant \frac{\pi}{2}; 0 \leqslant \varphi \leqslant 2\pi.$$

12.4.3.6 比特分配和 Tx 端口映射分配表

在 G.hn MIMO 中，BAT 不仅包括为每个子载波加载的可变比特个数（调制），还包括每个子载波到 Tx 端口的映射。比特分配和 Tx 端口映射分配表（Bit Allocation and Tx Port Mapping Allocation Table，BMAT）由以下元素组成：

（1）PHY 帧负载的 BAT：

SS 1 的 BAT，$BAT^{(1)}$；

SS 2 的 BAT，$BAT^{(1)}$。

（2）PHY 帧负载的 MAT。

MAT 是一个向量，表示频率轴上每个子载波索引及到特定 Tx 端口的映射（即 TPM 矩阵）。各 BMAT 均有一个索引 BMAT_ID。

接收端在信道国际过程中计算 BMAT（即 BAT 和 MAT 的结合），并通过专用的"信道估计"管理消息将 BMAT 信息发送至发送端。接收端可能拥有多个来自不同接收端的 BMAT。在传输 PHY 帧时，发送端在 PFH 的 BMAT_ID 字段中指明本次传输时使用的 BMAT。

12.4.3.7 OFDM 调制器（含第二个 Tx 端口的循环移位）

MIMO 收发器包含两个 OFDM 调制器，每个调制器对应一个发送端口。与传统 G.hn 收发器相比，MIMO OFDM 调制器引入了用来实现循环移位的功能模块。图 12-20 给出了单个 Tx 端口 OFDM 调制器框图。

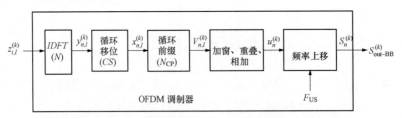

图 12-20 MIMO 发送流（k）的 OFDM 调制框图

循环移位功能模块对 IDFT 输出的 OFDM 符号的采样点 $y_{n,l}^{(k)}$ 进行循环移位，循环移位后的序列用 $x_{n,l}^{(k)}$ 表示。循环移位操作取决于发送流索引和符号类型（前导、PFH、ACE 和负载）。

循环移位操作可用下式表示：

$$x_{n,l}^{(k)} = y_{(n-CS^{(q)})modN,l}^{(k)}$$

$$= \sum_{i=0}^{N-1} z_{i,l}^{(k)} \times \exp\left(j \cdot 2\pi \cdot i \frac{n-CS_l^{(k)}}{N} \right),$$

$$n = 0,1,\cdots,N-1; k = 1,2$$

其中 $CS_l^{(k)}$ 表示第 k 个发送流中第 l 个 OFDM 符号的循环移位。表 12.6 给出了两个发送流和不同 OFDM 符号的循环移位值。

表 12.6 循 环 移 值

符号类型	子载波数目（N）			发送流 1 的循环移位（$K=1$）[采样点]	发送流 2 的循环移位（$K=2$）[采样点]
	25MHz	50MHz	100MHz		
前导	128	256	512	0	$N/8$
报头	1024	2048	4096	0	$N/64$
ACE 符号	1024	2048	4096	0	$N/64$
负载	1024	2048	4096	0	$N/64$

12.4.3.8 AFE、Tx 端口到电力线映射及 PSD 的要求

MIMO 收发器包含两个 AFE，每个 AFE 对应一个发送端口。G.hn MIMO 技术规范中未定义发送流（Tx 端口）到电力线的映射（例如，Tx 端口 1 连接到 P-N 线对），制造商可自行决定。然而，一旦节点注册到某个网络域，上述映射不能发生改变。

G.hn MIMO 收发器的 PSD 要求是两个 Tx 端口在任何频率上发射信号的 PSD 总和应不超过单端口的 PSD 发送上限（见 12.2.4.5.10 节）。

12.4.4 G.hn MIMO 负载发送策略

G.hn MIMO 收发器具备以下两种发送策略：

（1）将负载映射到一个 SS 中进行发送。该发送策略不能应用在同时使用 2 个 SS 的"全 MIMO 方案"中，但可以应用在 G.hn MIMO 节点到传统（非 MIMO）G.hn 节点数据发送（单播）或者 G.hn MIMO 节点到包含传统（非 MIMO）G.hn 节点的多播或广播组数据发送中。此外，该发送策略还应用在电力线不含第三根导线（某些地域不包括接地/保护线）的场景中。该发送策略存在几种变体，第 12.4.4.1 节将进行详细介绍。

（2）将负载映射到两个 SS 中进行发送。该类发送策略适用于 G.hn MIMO 节点间的数据传输，其目的是最大限度地实现 MIMO PLC 信道的空间分集。12.4.4.2 将详细介绍该类发送策略。

一般情况下，由于接收端了解 MIMO 信道响应信息，由接收端选择发送端的发送策略。接收端选择后，通过"信道估计"协议的管理消息将选择结果告知发送端。当选择将负载映射到一个 SS 中进行发送时，发送端有两种发送选择（传统 G.hn 节点均能够正确解码），且由发送端决定使用哪一种，如 12.4.4.1 节所述。

12.4.4.1 映射至单个空间流的负载发送策略（发送至传统 G.hn 节点）

G.hn MIMO 节点可以通过下述两种方式将负载映射至单个空间流：

（1）传统（非 MIMO）G.hn 规范中定义的发送策略。（说明：虽然传统 G.hn 规范未明确定义术语"SS"，但其本质上是单 SS 发送。）

（2）将负载映射到一个 SS 中，但通过两个 Tx 端口（第二端口对数据进行循环移位）同时发送的 MIMO 发送策略（使用 MIMO PHY 帧）。

采用上述两种发送方式时，传统（非 MIMO）G.hn 节点均能够进行解码。然而，由于第二种发送方式实际上是发送分集，当 G.hn MIMO 节点采用该方式向传统（非 MIMO）G.hn 节点发送数据时，能够改善系统性能，如扩大覆盖范围。

G.hn MIMO 节点在注册过程中选择和传统 G.hn 节点间的发送策略，且在其在网期间，上述发送策略不发生改变。但是，当 G.hn MIMO 节点脱网并重新注册时，可以选择一种不同的发送策略。上述规定是因为传统 G.hn 节点在发送连续数据帧时不改变发送规则，且域内其他节点监测到的信道也不发生变化。

12.4.4.2 映射至两个空间流的负载发送策略（发送至 G.hn MIMO 节点）

当 G.hn MIMO 节点向其他 G.hn MIMO 节点发送数据，且希望充分利用 MIMO PLC 空间复用特性时，使用将负载映射至两个空间流的发送策略。针对上述情况，G.hn 技术规范规定了以下三种发送方式：

（1）第 12.4.4.2.1 节将详细介绍的带有预编码 SM MIMO 的两个变种。12.4.4.2.1 节还将详细介绍这两个变种间的区别。

（2）无预编码的 SM MIMO（开环 MIMO）。

由接收端确定选用哪种发送方案，并在其向发送端发送的"信道估计"管理消息中指明所选择的"MIMO 模式"。由于每种发送方案都有其优缺点，G.hn 规范定义了多种不同的发送方案，这样设备制造商有多种实现选择。例如，G.hn 节点设备制造商综合考虑发送端和接收端的复杂度、内存要求、性能增益等因素，选择实现上述发送方案中的一种。

在 OFDM 系统中，可以通过 1 个子载波来实现 MIMO 传输，但在无线 MIMO OFDM 系统中并未真正实现。在 G.hn MIMO 系统中，由于接收端控制发送端的 Tx 端口映射，即决定通过一个还是两个 Tx 端口发送数据以及是否采用预编码，在采用预编码时将每个子载波的预编码参数发送给接收端，并具有控制每个子载波上加载比特个数的能力，G.hn MIMO 实际实现了基于单个子载波的 MIMO 传输。

12.4.4.2.1 G.hn MIMO 带有预编码的空间复用

本节介绍 G.hn MIMO 规范中规定的带有预编码的 SM MIMO 方案（或简称为"预编码方案"）。该方案实际上包括下述两种操作模式。实现该方案时需要考虑一些实际问题，12.3.4.1 节给出了这些问题的理论描述。

12.4.4.2.1.1 反馈格式

从接收端到发送端反馈的信道状态信息包括以下几种：

（1）非压缩反馈：反馈全信道响应矩阵 H，或全预编码矩阵 V。

（2）压缩反馈：仅反馈预编码矩阵 V，压缩反馈包括：

1）基于角度（参数）的方法：由于 V 是单位矩阵，完全可以用两个系数来描述。构建

矩阵 V 的两个系数有多种不同的方法，例如后面描述的利用幅值和相位来构建，或者利用两个角度来构建。

2）基于密码本的方法：在这种方法中，对预编码矩阵进行量化，并在预编码矩阵查找表（look-up-table，LUT）（也就是"密码本"）中查找。接收端选择跟实际计算（根据某些误差度量）得到的预编码矩阵最接近的量化预编码矩阵，并将该量化预编码矩阵在 LUT 中的索引发送至接收端。密码本方法适用于能够容忍一定误差的场景中（通常会降低 SNR）。

G.hn MIMO 采用基于角度（参数）的压缩反馈方法，原因如下：

（1）由于接收端和发送端间反馈信道传输的信息量相对较大，非压缩反馈方法通常会降低 MIMO 效率。从该角度出发，非压缩反馈是优选方案。

（2）比较基于参数和基于密码本的两种压缩反馈方法，两种方法的实际区别在于：在基于参数的压缩反馈方法中，参数直接被量化，可能不会均匀降低 SNR；而在基于密码本的压缩反馈方法中，创建密码本时试图均匀降低 SNR（这可能导致密码本条目的非均匀间隔）。进而，在保证相同反馈质量时密码本方法所需的反馈比特数较少。

（3）实际上，密码本方法还受以下限制：

——创建密码本不是一项简单的任务。这需要在不同的地域内进行大量的测试，形成测量数据库。且单个密码本通常不能够在不同的地域环境中均带来很好的性能增益。

——发送端复杂：采用基于密码本的压缩反馈方法时，发送端需要一定的存储空间来存储密码本，存储器的大小和密码本的容量有关。采用基于参数的压缩反馈方法时，发送端所需的存储量是可忽略的（可以即时计算预编码矩阵）。

——接收端复杂：采用基于密码本的压缩反馈方法时，接收端需要在密码本中进行复杂、穷举式搜索来获得最合适的预编码矩阵。为了保证系统性能，密码本通常比较大，这使得上述搜索更不切实际。

（4）对于基于参数的压缩反馈方法，比较了几种参数表示形式，如幅度/相位、对数幅度/相位表示。上述参数表示形式的性能均不如两个角度的表示形式。

G.hn MIMO 发送端用来进行发送端口映射的预编码矩阵（每个子载波）和 IEEE 标准 802.11n 中由 Givens rotation 定义的用于特殊情况的 2×2 矩阵相同。每个子载波的预编码矩阵（通常用于在两个 SS 的比特加载非零的情况下使用）由角度 θ 和 φ 定义：

$$TPM\#5 = \frac{1}{\sqrt{2}}\begin{bmatrix} \mathrm{e}^{\mathrm{j}\varphi}\cos\theta & -\mathrm{e}^{\mathrm{j}\varphi}\cos\theta \\ \sin\theta & \cos\theta \end{bmatrix}; 0 \leqslant \theta \leqslant \frac{\pi}{2}; 0 \leqslant \varphi \leqslant 2\pi.$$

实际上，接收端向发送端发送一个包含 OFDM 符号中所有子载波角度 (θ, φ) 的向量。发送端使用上述角度信息重构预编码矩阵，并据此对每个子载波上的发送数据进行预编码。

12.4.4.2.1.2　角度的量化

将角度 θ 和 φ 分别量化为 B_1 和 B_2 比特。G.hn MIMO 定义了两种量化级别，即 $B_1 = B_2 = 4$ 比特和 $B_1 = B_2 = 8$ 比特。由接收机为所有子载波选择量化等级，并封装至一个"信道估计"消息中作为反馈消息发送至发送端。每个（反馈）消息中可以使用不同的量化等级。后续将介绍角度标记和量化等级。发送端按照下述方式重构预编码矩阵：给定 θ 和 φ 的相位 P_1 和 P_2，分别满足 $0 \leqslant P_1 \leqslant 2^{B_1} - 1$ 和 $0 \leqslant P_2 \leqslant 2^{B_2} - 1$，发送端预编码矩阵中

$$\theta = \frac{\pi \cdot (2P_1 + 1)}{2^{B_1+2}}, \varphi = \frac{\pi \cdot (2P_2 + 1)}{2^{B_2}}.$$

12.4.4.2.1.3　预编码分组

预编码分组参数和 G.hn 比特加载（bit-loading，BAT）分组类似。预编码分组减少了反向信道上传输的反馈（角度）信息数量：反馈信息是每组子载波共享的 2 个角度信息，而不是每个子载波均有 2 个角度信息。这和比特加载分组不同（即预编码分组大小 PG 和比特加载分组大小 G 不同）。

和其他预编码参数相同，预编码分组也由接收端来确定。很显然，接收端应同时考虑预编码分组和预编码参数量化问题。例如，采用量化等级 (8,8) 来对两个预编码器角度 (θ, φ) 进行量化且预编码分组 PG = 2 的预编码反馈方案可能优于采用量化等级 (4,4) 且不使用预编码分组的反馈方案，虽然两者反馈数据量相同。

第二个发送流（Tx 端口）的循环移位增加了预编码分组的难度。上述循环移位导致相邻子载波间的预编码参数相差较大（预编码器参数是不光滑的），因此，对一组子载波进行相同参数化操作的分组方案是不可行的。

假设对于给定的子载波，不采用循环移位时信道响应矩阵 H 满足 SVD $H = UDV^{\mathrm{H}}$，其中预编码器矩阵 V 由两个角度唯一确定：

$$V(\theta, \varphi) = \begin{bmatrix} \mathrm{e}^{\mathrm{j}\varphi}\cos\theta & -\mathrm{e}^{\mathrm{j}\varphi}\sin\theta \\ \sin\theta & \cos\theta \end{bmatrix}$$

当第二个 Tx 端口使用循环移位时，可得到等效信道响应矩阵：

$$\tilde{H} = H \begin{bmatrix} 1 & 0 \\ 0 & \mathrm{e}^{\mathrm{j}k\alpha} \end{bmatrix},$$

其中 $\mathrm{e}^{\mathrm{j}k\alpha}$ 表示第 k 个子载波上的循环移位量（线性相移）。实际上 $\alpha = 2 \times \pi \times T_{\mathrm{CS}} \times F_{\mathrm{SC}} = 0.098\,175$ 弧度，T_{CS} 为时域循环移位值，F_{SC} 为子载波的频率间隔。使用原始矩阵分解等式，可得

$$\tilde{H} = H \begin{bmatrix} 1 & 0 \\ 0 & \mathrm{e}^{\mathrm{j}k\alpha} \end{bmatrix} = uDV(\theta, \varphi) \begin{bmatrix} 1 & 0 \\ 0 & \mathrm{e}^{\mathrm{j}k\alpha} \end{bmatrix} = uD \begin{bmatrix} \mathrm{e}^{\mathrm{j}\varphi}\cos\theta & -\mathrm{e}^{\mathrm{j}\varphi}\sin\theta \\ \mathrm{e}^{\mathrm{j}k\alpha}\sin\theta & \mathrm{e}^{-\mathrm{j}k\alpha}\cos\theta \end{bmatrix}^{\mathrm{H}},$$

$$= \mathrm{e}^{\mathrm{j}k\alpha} uD \begin{bmatrix} \mathrm{e}^{\mathrm{j}(\varphi+k\alpha)}\cos\theta & -\mathrm{e}^{\mathrm{j}(\varphi+k\alpha)}\sin\theta \\ \sin\theta & \cos\theta \end{bmatrix}^{\mathrm{H}} = \mathrm{e}^{\mathrm{j}k\alpha} uDV^{\mathrm{H}}(\theta, \varphi + k\alpha).$$

上述推导意味着若不使用循环移位时预编码参数为 (θ, φ)，使用循环移位（$k\alpha$ 的线性相移）后预编码参数变为 $(\theta, \varphi + k\alpha)$。上述参数变化表示了循环移位的影响。因此，G.hn MIMO 技术规范规定，当采用预编码分组时，若发送端接收到的预编码参数为 (θ, φ)，分别使用参数 $(\theta, \varphi), (\theta, \varphi + \alpha), \cdots [\theta, \varphi + (\mathrm{PG}-1)\alpha]$ 对该分组内的 PG 个子载波进行预编码，其中 PG 表示该预编码分组内子载波的个数。

12.4.4.2.1.4　两种预编码模式（适用于仅在一个 SS 上加载比特的特定子载波）

如前所述，G.hn MIMO 规范包括两个"带有预编码的 SM MIMO 方案"的变种。这两

个变种间的区别（G.hn MIMO 规范中称为"MIMO 模式 1"和"MIMO 模式 2"）在于对于某些特定的子载波当仅需要在一个 SS 上加载比特时如何告知发送端。Tx 端口映射操作描述为：

$$\begin{bmatrix} S_{out,i}^{(1)} \\ S_{out,i}^{(2)} \end{bmatrix} = \begin{bmatrix} TPM_{11,i} & TPM_{12,i} \\ TPM_{21,i} & TPM_{22,i} \end{bmatrix} \begin{bmatrix} S_{in,i}^{(1)} \\ S_{in,i}^{(2)} \end{bmatrix}, i = 0, \cdots, N-1.$$

换言之，要处理的情况是对于特定载波 i，不在特定 SS q 上加载比特，即 $b_i^{(q)} = 0$。此时，$S_{in,i}^{(q)} = 0$。两个预编码变种（模式）间的区别如下：

（1）在 MIMO 模式 1 中，使用下列矩阵：

$$TPM \#6 = \begin{bmatrix} e^{j\varphi}\cos\theta & 0 \\ \sin\theta & 0 \end{bmatrix} TPM \#7 = \begin{bmatrix} 0 & -e^{j\varphi}\cos\theta \\ 0 & \cos\theta \end{bmatrix}$$

（2）在 MIMO 模式 2 中，使用下列矩阵：

$$TPM \#3 = \begin{bmatrix} 1 & 0 \\ 0 & 0 \end{bmatrix}, \ TPM \#4 = \begin{bmatrix} 0 & 0 \\ 0 & 1 \end{bmatrix}$$

在上述两种模式中，当 $b_i^{(2)} = 0$（即 SS 2 上不加载比特）时使用第一个矩阵，当 $b_i^{(1)} = 0$ 时（即 SS 1 上不加载比特）使用第二个矩阵。

当某个特定传输（PHY 帧）使用上述两种模式之一时意味着该次传输使用的所有子载波（在整个数据帧周期内）均采用该种模式。换言之，所有在一个 SS 上不加载比特的子载波均遵循上述其选定模式中的规则。

12.4.4.2.1.5 功率分配

两种预编码模式间的区别在于，在所述情况下（对于特定的子载波 i，在一个 SS 上不加载比特但在另一个 SS 上加载 X 个比特），模式 1 在预编码之前将所有功率分配给加载比特的 SS，而模式 2 将所有功率分配给单个 Tx 端口。模式 2 的目的是解决模式 1 中的潜在问题：尽管模式 1 的性能可能优于模式 2，但是模式 1 可能违反辐射规定。这是因为在模式 1 中，通过两个 Tx 端口发送的数据是相关的，将所有功率分配给单个 SS 会导致（在空间中的某些点处）辐射功率可能比将所有功率分配给单个发射端口时的辐射功率大 3dB（这和使用酉预编码矩阵与为两个 SS 分配相同功率的发送策略时相反，因为此时两个 SS 上的功率相同且数据不相关）。第 16 章将讨论增加辐射功率的概率（基于现场测量数据）。模式 2 通过设定严格的等效全向辐射功率（Equivalent Isotropically Radiated Power，EIRP）（两个线对上发送信号绝对值的总和应满足总功率限制，即场强限制）来满足辐射功率要求。可以证明对于某个子载波来说，在满足 EIRP 限制条件下，最优发送策略不是通过多个可用发送端口发送加载了比特的 SS，而是通过具有最大传输函数的 Tx 端口发送。

12.4.4.2.1.6 Tx 端口映射的虚拟分组

某些接收端可能采用基于负载的信道估计策略，该策略需要跟踪记录大量的数据。对于此类信道估计过程，需要进行频域整形。上述整形要求一组子载波使用相同的 Tx 端口映射（即相同类型的 TPM 矩阵）。出于上述原因，G.hn MIMO 技术规范规定对于子载波组来说，接收端可以询问（可选）发送端是使用酉预编码矩阵（TPM#5）、模式 1 特有的矩阵（TPM#6

和 *TPM*#7）、还是模式 2 特有的矩阵（*TPM*#3 和 *TPM*#4）。当接收端询问发送端并选择酉预编码矩阵时，组内的所有子载波（包括仅在一个 SS 上加载数据的子载波）均需要使用酉预编码矩阵（*TPM*#5）。此时，对于仅在一个 SS 上加载数据的子载波，利用 LFSR（在第 12.4.3.4 中进行了描述）生成 2 个随机比特加载到原本不需加载数据的 SS 上。图 12－21 以 MIMO 模式 2 的 Tx 端口映射为例对上述过程进行了描述。在本例中，每个虚拟发送端口分组中包含 4 个子载波（分组通过接收端要求发送端为一组连续的子载波使用相同的 *TPM* 来完成）。图 12－21 给出了一个子载波的截图，包含三个虚拟发送端口分组，分别为："MIMO"组、"单 Tx 端口"组和"MIMO"组。"MIMO"组中的子载波使用 *TPM*#5（两个 Tx 端口发送功率相同），"单 Tx 端口"组使用 *TPM*#4（所有子载波的数据映射至 SS 2 中并通过 Tx2 发送，且全部功率分配给 Tx2）。本例也说明了当"MIMO"组中某些子载波仅在一个 SS 上加载数据时仍需使用 *TPM*#5。

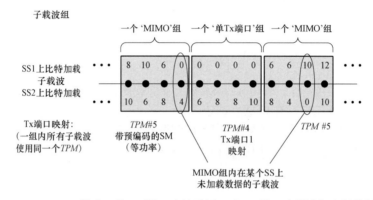

图 12－21　MIMO 模式 2 的 Tx 端口映射示例（对 Tx 端口映射进行虚拟分组）

当然引入子载波分组时，在频域平滑（子载波分组带来的性能增益）和理论性能损失之间存在折中（单从性能角度来看，最优方法是每个子载波使用独立的 Tx 端口映射）。由设备制造商来决定是否对 Tx 端口映射进行虚拟分组。

12.4.4.2.1.7　信道估计消息

接收端估计 MIMO 信道响应，确定发送端的 MIMO 配置（1 个或 2 个 SS、SM 有/无预编码及预编码模式）及其相关的参数，并将这些信息作为信道估计协议的一部分通过专用信道估计管理消息发送至发送端。当使用带有预编码的 SM MIMO 时，上述反馈信息包括：

（1）"MIMO 模式"指示：指明使用 MIMO 模式 1、MIMO 模式 2（有预编码）、还是 MIMO 模式 0（无预编码）。

（2）BMAT，包括：

1）两个 SS 的 BAT；

2）MAT，即所有子载波的矩阵索引（实际上已包含在 BAT 中）。

（3）比特加载组（G）。

（4）所有子载波的预编码角度。

（5）预编码组（Precoding Grouping，PG）。

12.4.4.2.2　无预编码的空间复用 MIMO

G.hn MIMO 规范中定义的无预编码 SM MIMO 方案是一个垂直 SM 方案（见12.3.4.2）称为 "MIMO 模式 0"。在该方案中，每个子载波上使用相同功率 MIMO 发送方案或者每个子载波使用单一端口发送。换言之，各子载波的 Tx 端口映射可以利用下述矩阵表示：

（1）对于两个 SS 上均加载比特的子载波 i，即 $b_i^{(q)} > 0$（$q=1$，2），使用下述矩阵：

$$TPM\#0 = \frac{1}{\sqrt{2}}\begin{bmatrix} 1 & 0 \\ 0 & 1 \end{bmatrix}$$

该矩阵将 SS 1 映射至 Tx 端口 1、将 SS 2 映射至 Tx 端口 2，且两个端口的发送功率相同（均比"单 Tx 端口"发送时的功率小 3dB）。注意：此映射也适用于当接收端使用虚拟 Tx 端口映射功能，其"MIMO"组中在某个 SS 上不加载数据的子载波。

（2）对于仅在其中一个 SS 上加载数据的子载波 i，即当 $q=1$ 或 2 时，存在 $b_i^{(q)} > 0$，使用下述矩阵（采用虚拟 Tx 端口映射时，属于"MIMO"分组的子载波除外）：

$$TPM\#3 = \begin{bmatrix} 1 & 0 \\ 0 & 0 \end{bmatrix}, \ TPM\#4 = \begin{bmatrix} 0 & 0 \\ 0 & 1 \end{bmatrix}$$

当 $b_i^{(2)} = 0$ 时（即不在 SS 2 上加载比特）使用第一个矩阵，当 $b_i^{(1)} = 0$ 时（即不在 SS 1 上加载比特）使用第二个矩阵。上述矩阵将所有功率分配至单一 Tx 端口。

12.4.4.2.2.1　功率分配

上述方案包含了通过"2 个 Tx 端口"发送数据的子载波（每个端口的发送功率相同，均比"单 Tx 端口"时的发送功率小 3dB）和通过"单个 Tx 端口"发送数据的子载波（将所有功率分配至单个 Tx 端口）。上述方案实际上是一个简单实用的机制，能够实现近似注水功率分配（接收端不需要将各子载波功率分配情况告知发送端），而注水功率分配算法的信道容量接近最优 MIMO 信道容量（使用"最优"MIMO 编解码时的信道容量）。

12.4.4.2.2.2　Tx 端口映射的虚拟分组

和预编码方案相同，G.hn MIMO 接收端可以要求发送端使用 Tx 端口映射，为一组子载波分配相同类型的 TPM。在无预编码的 SM MIMO 方案中，这意味着 MAT 将由组内全使用矩阵 $TPM\#0$ 或单 Tx 端口矩阵（$TPM\#3$ 和 $TPM\#4$）的子载波组构成。

12.4.4.2.2.3　信道估计消息

在无预编码的 SM MIMO 方案中，接收端向发送端发送的信道估计消息包括：

（1）"MIMO 模式"指示，指明使用 MIMO 模式 0。

（2）BMAT，包括：

● 两个 SS 的 BAT；

● MAT，即所有子载波的矩阵索引（实际上已包含在 BAT 中）。

（3）比特加载组（G）。

12.5　结论

本章回顾了 G.hn 家庭网络技术，重点介绍了 G.hn MIMO 增强技术。传统 G.hn 收发器通过单个发送/接收端口（通常一个端口连接到一个电力线线对上，例如 P-N 线对）来实现数据发送/接收，G.hn MIMO 收发器允许通过多个端口来收发数据。上述 G.hn MIMO 增强特性提高了网络吞吐量，扩大了网络覆盖范围，且不仅适用于 G.hn MIMO 收发器与其他 G.hn MIMO 收发器间的通信，还适用于 G.hn MIMO 收发器与非 G.hn MIMO 收发器间的通信。

G.hn MIMO 收发器有多种不同的工作方式，且每种工作方式均能够保证 G.hn MIMO 收发器和传统 G.hn 收发器间实现互操作，使得 G.hn 家庭网络可以同时包含 MIMO 和非 MIMO 节点。下面对 G.hn MIMO 收发器的发送策略进行简要总结：

当和传统 G.hn 节点进行通信时，G.hn MIMO 收发器的发送策略包括以下两种：

（1）G.hn 非 MIMO 发送（即与传统 G.hn 收发器使用相同的发送策略）。

（2）将负载数据映射至其中一个 SS 上，但同时通过两个 Tx 端口进行发送（第二个 Tx 端口的数据是第一个 Tx 端口数据的循环移位）。

当和 G.hn MIMO 节点进行通信时，G.hn MIMO 收发机通常采用将负载映射到 2 个 SS 上并通过 2 个 Tx 端口发送数据的 MIMO 发送策略。此时的 MIMO 发送策略包括以下三种：

（1）MIMO 模式 0：无预编码的 SM MIMO。该模式为开环模式，发送端独立地通过两个 Tx 端口发送 2 个 SS（无接收端反馈的信道消息）。

（2）MIMO 模式 1 和 2：有预编码的 SM MIMO。这两种模式为闭环模式，其中接收端将信道信息发送至发送端。发送端根据信道反馈信息对发送信息进行"预编码"，以便更好地适应 MIMO 信道。如 12.4.4.2.1 节所述，MIMO 模式 1 和模式 2 的不同之处在于它们对仅在一个 SS 上加载比特的子载波的处理方式不同。

表 12.7 总结了使用不同 MIMO 发送策略时，每个子载波的 TPM 选择情况。

在表 12.7 中，第一行包括子载波在两个 SS 上加载的比特个数均大于零（每个 SS 上加载的比特个数在 1~12 之间）的情况。此时，若使用模式 1 或模式 2，通过带有预编码的 SM 矩阵（*TPM* #5）将负载映射到两个 Tx 端口上；若使用模式 0，则通过无预编码的 SM 矩阵（*TPM* #0）进行映射。

表 12.7 中的第一行还包括了某些子载波中至少有一个 SS 不加载比特的情况，此时接收端为该子载波选择 *TPM* #5 或 *TPM* #0（取决于 MIMO 模式）。此时，本来无需加载数据的 SS 上将加载 2 个由 LFSR 产生的随机比特。上述功能被称为 Tx 端口映射的虚拟分组，该功能适用于接收端对一组子载波进行信道估计时平滑频域波形。此外，若虚拟分组中的大部分子载波均需要在两个 SS 上加载数据的话，接收端将要求发送端对所有子载波（包括在一个或两个 SS 上不加载比特的子载波）选用 *TPM* #5 或 *TPM* #0。

表 12.7　不同负载发送、不同 MIMO 发送策略下的 TPM 选择情况（SS = 2）

两个空间流的比特加载		MIMO 模式		
		无预编码的 SM	有预编码的 SM	
SS 1	SS 2	模式 0	模式 1	模式 2
$0 \leq x_1 \leq 12$	$0 \leq x_2 \leq 12$	TPM #0	TPM #5	TPM #5
$x_1 = 0$	$0 \leq x_2 \leq 12$	TPM #4	TPM #7	TPM #4
$0 \leq x_1 \leq 12$	$x_1 = 0$	TPM #3	TPM #6	TPM #3

表 12.7 的第 2 和 3 行分别给出了某些子载波上的一个 SS 不加载比特（这种选择可以优化不能实现频域平滑的一些子载波的性能）时的 Tx 端口映射选择。此时，若选用 MIMO 模式 0 或 2，通过 TPM #3 或 TPM #4（取决于哪个 SS 上可以加载比特）将负载数据映射到单个 Tx 端口上；若选用 MIMO 模式 1，通过 TPM #6 或 TPM #7（取决于哪个 SS 上可以加载比特）将负载数据映射到连个 Tx 端口上。

上述两种带有预编码 MIMO 发送策略的区别在于它们对待仅在单个 SS 上加载比特子载波（不包括使用 Tx 端口映射的虚拟分组时 "MIMO" 分组的子载波中）的方式：MIMO 模式 1 在预编码之前将所有功率分配给单个 SS，而 MIMO 模式 2 将所有功率分配给单个 Tx 端口。尽管模式 1 的性能可能优于模式 2，但是模式 1 可能违反辐射规定。模式 2 通过设定严格 EIRP 来满足辐射功率要求。

开环和两个闭环（预编码）模式使 G.hn 收发器的设计具有灵活性，可在接收端复杂度与性能间折中。另外，MIMO 发送模式允许接收端同时控制 MIMO Tx 端口映射（根据选用的 MIMO 模式）和每个子载波上的比特加载，这在某种程度上使得接收端能够进行信道估计，并根据估计结果进行频域平滑（基于负载的信道估计）。

在 MIMO 数据发送中，两个 Tx 端口同时发送 G.hn 前导和 G.hn PFH，其中第二个 Tx 端口发送的数据是第一个 Tx 端口发送数据的循环移位。继 PFH 之后，G.hn MIMO 发送 ACE 符号，从而使得接收端可以获得信道估计信息。后续的传输对传统 G.hn 收发端来说是透明的，但 G.hn MIMO 收发端可以用来调整训练 AGC、获取其他的数据帧信息（定时、频率等），为接收后续的 MIMO 负载数据做准备。

参考文献

[1] ITU-T. 2010. G.9961. Unified high-speed wire-line based home networking transceivers-Data link layer specification.

[2] ITU-T. 2012. G.9961 Amendment 1. Data link layer (DLL) for unified high-speed wire-line based home networking transceivers-Amendment 1.

[3] ITU-T. 2011. G.9963. Unified high-speed wireline-based home networking transceivers-Multiple input/multiple output specification.

[4] ITU-T. 2010. G.9964. Unified high-speed wireline-based home networking transceivers-Power spectral density specification.

[5] Oksman V. and Galli S. October 2009. G.hn:The new ITU-T home networking standard. IEEE Communications Magazine,47(10):138 – 145.

[6] ITU-T. 2010. G.9972. Coexistence mechanism for wireline home networking transceivers.

[7] Schumacher L,Berger L.T,and Ramiro Moreno J. 2002. Recent advances in propagation characterisation and multiple antenna processing 430 in the 3GPP framework,in XXVIth URSI General Assembly, Maastricht,the Netherlands,August 2002, session C2. [Online] Available:http://www. ursi.org/Proceedings/ ProcGA02/papers/p0563.pdf,accessed 29 September 2013.

[8] Alamouti S.M. October 1998. A simple transmit diversity technique for wireless communications. IEEE Journal on Selected Areas in Communications, 16(8):1451 – 1458.

[9] Gallager R.G. 1968. Information Theory and Reliable Communication. John Wiley & Sons,New York.

[10] Lozano A,Tulino A.M. and Verdu S. 2006. Optimum power allocation for parallel Gaussian channels with arbitrary input distributions. IEEE Transactions on Information Theory, 52(7):3033 – 3051.

[11] Stadelmeier L. et al. 2008. MIMO for in home power line communications,in Seventh International ITG Conference on Source and Channel Coding (SCC 2008), Honolulu,HI.

[12] ITU-T. 2011. G.9960. Unified high-speed wireline-based home networking transceivers-System architecture and physical layer specification.

13

IEEE 1901：宽带电力线网络

13.1 引言

随着互联网内容和流媒体的快速增长，再加上宽带接入（access，AC）技术在传输带宽上的大幅提升，创造了产品和服务的生态系统，这对家庭媒体提出了新的要求。媒体在家庭中应用的瓶颈是如何接入到家庭及家庭内部的互联互通。转发到网关或路由器的数据，要分发到各种媒体接收器，如电视机、智能电话、平板电脑、数字录像机和有线机顶盒。显然，无线分布是一种解决方案，但也面临着许多挑战，例如家庭网络的点状分布、高延迟和抖动，以及难以保证多媒体流的服务质量。另外一种选择是同轴电缆，但布线并不是很方便；通常，一个家庭中仅有几根，并且布置新的电缆是昂贵的和具有破坏性的。因此，多媒体的室内（in-home IH）分布仍然是一个挑战。所有家庭的普遍特征是都存在电力线，电力线提供了大量潜在的用于媒体连接的方式。因此，为了使电力线作为传输 IH 数据和多媒体分发的一种可行的介质，投入了很多努力。不同于专用介质，如同轴线缆，电力线信道面临许多独特的挑战，具体如下：

（1）它是一种预先存在的介质，并非专门为通信而设计。电力线技术可工作在室内的或电力/公共事业公司的电力线路上。

（2）由于网络拓扑可以动态地改变，电力线通信技术需要适应这种变化。例如，接通和断开电路/开关引起负荷和阻抗的变化，这反过来会改变信道的反射特性，衰减和噪声特性（见第 4、5 章）。

（3）网络可能缺乏全面的连接，这会造成隐藏站点的问题。

（4）电力线通信信号会受到其他使用该介质的信号的干扰。

（5）电力线是一个共享介质。当在多住户单元中有相邻网络时，具有一定的挑战。

（6）电力线具有非对称传输特性及时变特性。

（7）电力线会受到窄带、有色噪声和脉冲噪声的干扰。

针对上述问题，许多厂商采用了不同的解决方案，这导致了各厂商之间技术的不兼容，不同产品之间的非互操作性阻碍了电力线技术的广泛应用。

为了解决这些问题，电气与电子工程师协会（Institute of Electrical and Electronics Engineers，IEEE ）通信学会发起了 IEEE 1901 方案，来制定电力线高速通信的全球标准。该项目于 2005 年启动。2007 年，选定了使用两个最流行的电力线网络技术的综合方案。2010 年 12 月，批准和公布了 IEEE 1901 标准，选择了 FFT-OFDM 和 W-OFDM 两种技术。这两种技术都指定为可选的技术，但两者之间不能互操作。因此，开发了系统间共存协议

（intersystem protocol，ISP）（见第 10 章），来确保这两种技术的共存（coexistence，CX）。具有两种非互操作性的技术是对市场的一个必要妥协，这不是电力线技术特有的现象，之前 IEEE 802.11 标准中就包括了直接序列和跳频扩频两种技术。

IEEE 1901 标准分为以下三部分：

（1）第一部分的需求和功能是处理在家庭低压电力线上的内容分配。

（2）第二部分的需求和功能是处理在电网中通过中压和低压电力线将数据通过宽带信号传输到家庭。

（3）第三部分的需求和功能是处理即使在不基于 IEEE 1901 标准的情况下，不同的 PLC 技术的共存。

13.2 IEEE 1901 室内架构

IEEE 1901 标准规定了电力线高速通信的 PHY 层和 MAC 层。IEEE 1901 的 PHY 和 MAC 层对应于国际标准化组织（International Organization for Standardization，ISO）提出的开放系统互联［1］的基本参考模型的最低两层。图 13-1 是双 PHY 和单 MAC 的 IEEE 1901 架构示意图。为了实现灵活性，IEEE 1901 支持两种独立的 PHY，即 FFT-PHY 和小波－PHY，这两种物理层通过 ISP 共存。物理层被分成物理层相关介质（PHY layer medium-dependent，PMD）子层和物理层汇聚协议（PHY layer convergence protocol，PLCP）两部分。PMD 子层使用 FFT-OFDM 或 W-OFDM 生成在电力线介质上传输的物理信号，PMD 功能定义了通过电力线发送和接收数据的方法，并且定义了在电力线上表示数据的信号特性，供将来参考，PHY 和 PMD 也可互换使用。

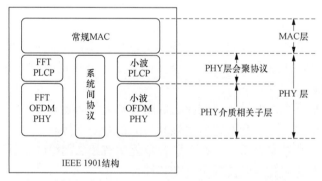

图 13-1 双 PHY 和单 MAC 的 IEEE 1901 架构示意图

PLCP 定义了将 MAC 协议数据单元（MAC protocol data units，PDU）映射至适应 PMD 系统的帧格式的方法。它是一个中间层，可将来自公共 MAC 层的数据转换到两个不同的 PMD 系统（FFT 和小波）。

图 13-2 所示为 IEEE 1901 FFT-OFDM 系统架构，由图中可知各不同的协议实体及它们之间互联关系。不同的协议实体的描述如下：

（1）PHY 层负责 PHY 层的信号格式，如符号产生、调制，以及前向纠错（forward error

correction，FEC）。

（2）MAC 层负责信道接入控制和数据平面。

（3）汇聚层提供支持 MAC 层的功能，如桥接、数据包分类、自动连接和抖动控制。

（4）连接管理器用于建立连接、为特定数据流提供服务质量保证（QoS）。

（5）基本服务集（basic service set，BSS）管理器（manager，BM）负责网络的建立和维护（一个 1901 FFT-OFDM 网络称为 BSS，见第 13.4 节），管理信道的通信资源，以及协调邻近的 BM。

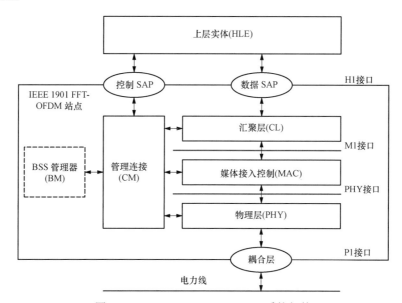

图 13-2　IEEE 1901 FFT-OFDM 系统架构

上层实体（higher layer entity，HLE）对应所有层，负责产生 IEEE 1901 FFT-OFDM 设备发送的流量（包括数据和控制消息）。HLE 使用服务接入点（service access point，SAP）传输数据和控制信息（配置站点/BSS）。

13.2.1　FFT-OFDM 概述

本节简要概述了 FFT-OFDM 技术。电力线信道和噪声有以下三个明显的特点（见第 4，5 章）：

（1）具有较高的频率选择性，平均衰减通常随着频率的增加而增加。

（2）易受窄带干扰，比如现有无线电业务、无线产品以及类似微波设备等产生的窄带干扰。

（3）电力线上的负载产生的脉冲噪声，如卤素灯和电动设备（如吹风机）等。

OFDM[2, 3]是一种调制技术，它可轻松地适应频率选择性信道。基于信噪比（signal-to-noise ratio，SNR）的不同，不同的载波可携带不同数量的信息。OFDM 具有天然的抗窄带干扰的能力（窄带干扰只影响少数子载波），并且在脉冲噪声存在的情况下具有鲁棒性。通过快速傅立叶逆变换（inverse fast Fourier transform，IFFT），可以非常有效地实现 OFDM。

FFT-OFDM 将 1.8～50MHz 频段划分为 1974 个子载波，每个子载波间隔约为 24.414kHz。可选择大于 30MHz 的可用频段。1.8～30MHz 之间的某些特定频带被用于业余（HAM）无线电广播。如第 6 章所述，世界各地的监管机构已经给这些频段的发射功率强加了限制，来避免对无线电业务的干扰。典型的，如 HAM 频带内的发射功率应比 1.8～50MHz 所允许的最大发送功率小 30dB。IEEE 1901 FFT-OFDM 采用 OFDM 符号的时域脉冲整形，可实现深度频率陷波，而不需要明确的发送陷波滤波器。只需要通过关闭处于 HAM 频带内的载波并在 HAM 频带的两侧设置 100kHz 的保护带宽，就可以很容易实现 30dB 的陷波。在 1.8～30MHz 频带范围内为满足陷波要求关掉部分载波后，可用于数据传输的活动载波有 917 个。

用于数据传输的载波可通过二进制相移键控（binary phase-shift keying，BPSK），正交相移键控（quadrature phase-shift keying，QPSK），以及 8－QAM、16－QAM、64－QAM、256－QAM、1024－QAM 和可选的 4096－QAM 六种不同的正交幅度调制（quadrature amplitude modulation，QAM）方式进行信号调制。FFT-PHY 的信道编码采用 Turbo 码[4-7]进行前向纠错（FEC）。在低信噪比的情况下，Turbo 码提供了良好的编码增益，从而优化了恶劣电力线信道条件下的性能。对于重要的管理消息和广播消息所需的额外的鲁棒性，IEEE 1901 FFT-OFDM 还提供鲁棒 OFDM（robust OFDM，ROBO）、迷你 ROBO（mini ROBO，MINI-ROBO）和高速 ROBO（high-speed ROBO，HS-ROBO）三个附加的信令方案。第 13.3 节中介绍了调制编码的其他细节。

13.2.2 W-OFDM 概述

W-OFDM[8,9]具有低旁瓣和无保护间隔（guard interval，GI）两个主要特性，相对于 FFT-OFDM 系统，可实现更好的频谱效率。W-OFDM 具有低旁瓣特性是因为它使用持续多符号时间的滤波器，而 FFT-OFDM 则使用持续单个符号时间的脉冲整形滤波器。低旁瓣有两个优点：一是它不需要关闭 HAM 频带两侧的额外载波来实现深度陷波；二是可增加了对窄带干扰的鲁棒性。

在 FFT-OFDM 中，符号之间不重叠。因此引入了 GI 来对抗任何由信道引起的符号重叠或符号间干扰（inter-symbol interference，ISI）。在 W-OFDM 中，连续符号之间设计了一定的重叠（IEEE 1901 的 W-OFDM 有四个符号的重叠因子）。因此它不需要使用 GI 来避免符号重叠。虽然这不能完全消除 ISI，但它减小了开销。

IEEE 1901 W-OFDM 物理层定义了两种不同的方式发送 W-OFDM 帧：一种是直接在基带发送；另一种是通过调制到一个带通载波上发送。IH 与 AC 应用强制性要求支持基带发送，带通发送是可选功能。

IEEE 1901 W-OFDM 物理层的基带传输，在直流 0～31.25MHz 之间划分 512 个均匀间隔的载波。只有 1.8～28MHz 之间的载波用于数据传输。除去 HAM 陷波频带后，还剩余 312 个可用于数据传输的活动载波。各载波使用 2－PAM、4－PAM、8－PAM、16－PAM 和 32－PAM（可选）五种不同的脉冲幅度调制（pulse-amplitude modulation，PAM）方式进行信号调制。每个载波携带独立数据的模式称为高速模式。为了提高传输时的鲁棒性，IEEE 1901 W-OFDM 还规定了一种在频域进行额外数据拷贝的模式，规定了强制性使用的 Reed-Solomon 和卷积码级联码，以及可选的低密度奇偶校验（low-density parity check，

LDPC）码两种类型的 FEC。

对于可选的频带传输，IEEE 1901 W-OFDM PHY 定义了 1.8－50MHz 的频率范围，可将该范围内的任意频段划分为 1024 个等间距的载波用于通信。除了允许在不同频带内使用相同数目的载波外。其他定义如编码、调制等与上述基带传输相同。

IEEE 1901 W-OFDM 物理层的物理层协议数据单元（PHY protocol data unit，PDU），包含下列字段：

（1）W-OFDM PPDU 前导，包含 11～17 个 W-OFDM 符号；

（2）载波映射索引（Tone map index，TMI）字段，在 1 个 W-OFDM 符号中，包含了产生所述帧中使用的载波映射（tone map，TM）的信息；

（3）帧长（Frame length，FL）字段，在 1 个 W-OFDM 符号，指示帧负荷的长度；

（4）帧控制（Frame control，FC）字段，是关于 PPDU 的更多控制信息；

（5）帧负载，具有可变数据和尾比特位；

（6）填充位。

TMI 和 FL 字段使用码率为 1/2 的卷积编码器，FC 字段使用 Reed-Solomon 和卷积编码级联的编码器，帧负荷先进行扰码，然后使用 RS 与卷积的级联编码或进行 LDPC 编码。编码后，TMI、FL、FC 和帧负荷进行比特交织，最后，将交织后的数据进行拷贝并映射至OFDM 载波，最后通过基带或带通 W-OFDM 传输。

13.3　IEEE 1901 FFT-PHY 功能描述

IEEE 1901 FFT-PHY 发射端功能模块示意如图 13－3 所示。从概念上讲，FFT-PHY 发射端可以认为是三个独立的处理链。减小实现的复杂度，这些处理链之间可能共享下述功能模块：

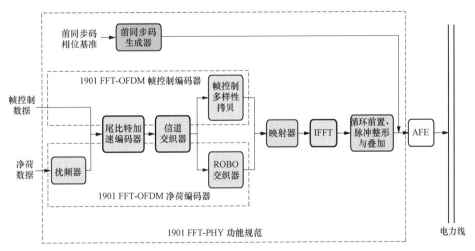

图 13－3　IEEE 1901 FFT-PHY 发射端功能模块示意图

（1）前导产生链：负责生成 IEEE 1901 FFT-OFDM 前导，提供数据包的同步功能。

（2）IEEE 1901 FFT-OFDM FC 编码链：负责产生要发送的每个 PPDU 的 FC 符号。FC 符号携带寻址信息、解调与解码数据包所需的其他信息。FC 的解码对于成功解码 PPDU 的载荷数据非常关键。如果 FC 解码失败，PPDU 的载荷数据将不能正确恢复。

（3）IEEE 1901 FFT-OFDM 载荷数据编码器：负责生成 PPDU 的载荷数据。

IEEE 1901 FFT-OFDM FC 编码器和载荷数据编码器接收由 PLCP 层处理的 MAC 分段。由 FFT-PHY 处理的最小单元称为一个 PHY 块（PHY block，PB）。一个 MAC 分段之前要加上一个 PB 头（PB header，PBH），并在尾部加上整个 PB（包含 PBH）的校验码。利用 CRC-32 和 CRC-24 两种不同长度的循环冗余校验（cyclic redundancy check，CRC）计算 PBCS。MAC 帧的分段过程如图 13-11 所示。前导码发生器不需要来自 MAC 的输入，而仅需要存储在只读存储器（read-only memory，ROM）中的 IEEE 1901 标准中指定的一个参考相位表。

如图 13-3 所示，1901 FFT-OFDM 的 FC 编码器和载荷数据编码器共享 turbo 编码器模块和信道交织模块。扰码器和 ROBO 交织块只用于载荷数据编码器。将来自 MAC 和 PLCP 的 FC 信息通过 turbo 编码器和一个 FC 分集拷贝器可以得到频域的 FC 数据。FC 分集拷贝器在不同子载波上重复 FC 比特可以引入频域分集效果。频域载荷数据由 PBs 通过加扰器、turbo 编码器以及信道交织器获得的。对于使用 ROBO 模式传输有效载荷，交织器也引入了频域和时域冗余。频域比特，不管是 FC 或数据比特，都通过一个共同的 OFDM 调制链，此链由一个映射器，IFFT 和带有重叠块的符号成形器组成。映射器负责转换比特流到调制符号。每个载波可以选择不同的调制方式。指定载波的调制模式映射的矢量称为 TM。在接收器端对 TM 进行估计并反馈给发射机端。映射器使用 TM 来决定每个载波上加载几个比特。IFFT 负责 OFDM 调制并将频域数据转换成时域 OFDM 符号。在 OFDM 码元前添加循环前缀[2]，对该复合信号进行脉冲整形。整形信号与相邻整形符号重叠，而这些重叠符号被送入模拟前端（analog front end，AFE）。IEEE 1901 FFT-OFDM 标准中未指定 AFE 模块，因此其实现是独立的。但是，标准确实指定了 AFE 输出端信号的最大电平和保真度。

PHY 实体由前导、FC 和有效载荷符号序列串联组成，称为 PPDU，其组成示意如图 13-4 所示。根据发送的 PPDU 的类型不同，可能包含或不包含有效载荷部分。例如，发送的选择性确认（selective acknowledgment，SACK）仅包含前导和 FC。

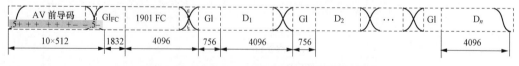

图 13-4   1901 FFT-OFDM PPDU 组成示意图

13.3.1   IEEE 1901 FFT-OFDM 前导产生器

前导为接收器提供了用于数据包同步的参考符号。前导信号具有良好的自相关性质，且通常比数据包具有更好的鲁棒性（前导甚至可以在非常低的 SNR 条件下被检测到，然而，此时载荷数据却不可能通信）。如图 13－4 所示，前导码包括重复的一系列"加"和"减"短 OFDM 符号。"加"符号被称为 SYNCP 符号，它是通过调制一组参考相位到 1.8～30MHz 之间的载波上得到的。这些载波的间隔约为 195.312 5kHz。对符号进行了加窗，并且在级联时符号间相互重叠。"减"或 SYNCM 符号通过 SYNCP 符号取反获得。前导由 7 个半 SYNCP 符号（首先是半个 SYNCP，随后为 7 个 SYNCP 符号）和 2 个半 SYNCM 符号（首先为 2 个 SYNCM 符号，最后为半个 SYNCM 符号）组成。

在接收机中，对接收到的信号和 SYNCP 符号执行了相关计算。通过组合连续相关性操作的输出，多个 SYNCP 符号的存在可用于提高检测性能。当相关峰值出现时，仍然不能确定检测到的是哪一个 SYNCP 符号。之后，接收器可以搜索 SYNCP 和 SYNCM 符号之间的过渡，确定出现峰值的 SYNCP 符号并且确定数据包的边界位置。

13.3.2　扰码

扰码只适用于 PPDU 的有效载荷部分，FC 比特位不加扰，这可能是因为来自 MAC 和 PLCP 的比特是相关的。扰码有助于随机化 Turbo 编码器的输入序列。扰码是通过工作在输入比特上的简单移位寄存器模块上实现的。扰码的生成器多项式为 $S(x) = x^{10} + x^3 + 1$。IEEE 1901FFT－OFDM 的数据加扰器操作示意如图 13－5 所示。

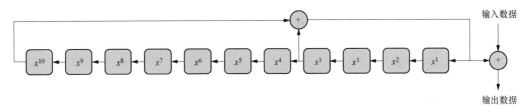

图 13－5　IEEE 1901 FFT-OFDM 的数据加扰器操作示意图

13.3.3　IEEE 1901 FFT－OFDM Turbo 编码器

IEEE 1901 FFT-OFDM 指定 Turbo 编码是两个双二进制尾比特卷积码的并行级联，如图 13－6 所示。Turbo 编码由两个相同的分量递归系统卷积（RSC）编码器构成，并且这两个 RSC 被交织器分离开。Turbo 交织器是一种算法交织。它由单个方程指定，参数包括种子表和两个变量。根据解码器输入块的大小，可得到种子表和其他两个参数的值，并且可唯一确定交织器表。IEEE 1901 标准[10]中，有关于交织器的详细介绍可供参考。

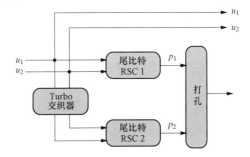

图 13－6　IEEE 1901 FFT-OFDM Turbo 编码器

分量 RSC 编码器的组成示意如图 13－7 所示。它是一个码率为 2/3 编码器，其为每两个信息位产生一个奇偶校验位。因此，在打孔之前，turbo 编码器的码率为 1/2（对于每两个信息位，每个 RSC 编码产生一个奇偶校验，并且 turbo 编码器的输出是两个信息位＋2 个奇偶校验位，故码率为 2/4）。每个分量编码器通过如图 13－7 所示的八状态线性反馈移位寄存器实现。

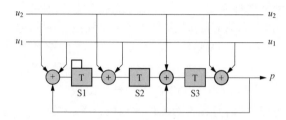

图 13-7　RSC 编码器的组成示意

　　为了有效地进行 Turbo 码译码，必须知道 RSC 的最终状态。在传统的 Turbo 码中，使用额外的终止比特来强制移位寄存器的最终状态为一个已知的值。这个额外的比特位造成了速率损失。为了避免这种损失，使用了尾比特 RSC。尾比特编码[11-14]是一种编码方法，可确保 RSC 的开始和结束状态是相同的。尾比特通常需要进行两次编码。移位寄存器被初始化为全零状态，并且信息位通过编码器。根据移位寄存器的结束状态，查找表（look-up table，LUT）提供了一种新的起始状态。然后，移位寄存器初始化为新的起始状态，随后具有相同信息比特的另一轮编码开始运行。第二轮的编码后的结束状态和 LUT 中指定的新的起始状态相同。文献［12］给出了这种方法产生新的起点状态 LUT 的基本原理。IEEE 1901 FFT-OFDM 标准[10]规定了本节中介绍的 Turbo 码的起始状态 LUT。

　　文献［11-14］对带有双二进制 RSC 分量码的 Turbo 编码进行了研究，这种 Turbo 编码不需要终止比特，同时还具有如下优势：

　　（1）对打孔不敏感：不同于传统的 Turbo 码，尾比特 Turbo 码可以容忍更高水平的打孔。实际上，IEEE 1901 FFT-OFDM 具有 16/21 的默认运行码率。

　　（2）较大的最小距离：这影响了 turbo 码在低信噪比情况下的差错性能。通常情况下，数据包的错误率的一般在 10^{-2} 左右。具有较大的最小距离提高了低 SNR 和高 BLER 区域的性能。

　　（3）双二进制 Turbo 码通常有差错平台，它比二进制 Turbo 码低几个量级。典型的帧错误率在 $10^{-1} \sim 10^{-3}$ 之间，HPAV turbo 码可以认为非常接近差错平台的。

　　（4）迭代译码具有更好的收敛性质。

　　（5）较低的延迟：对于每一个时钟周期，编码器/译码器输出两个比特而不是一个比特（如在传统的二进制 Turbo 码中），从而获得了更低的延迟。

　　IEEE 1901 FFT-OFDM 支持的码率和块大小见表 13.1。

表 13.1　　　　　　　　　　　IEEE 1901 FFT-OFDM 中支持的块大小和码率

PB 类型	PB 大小（字节）	码率
FC	16	1/2
有效载荷	136	16/21，8/9（可选）
	520	16/21，8/9（可选）

13.3.4 帧控制分集拷贝器

由表 13.1 可知，FC 是一个 16 字节（128 比特）的 PB，其进行 1/2 码率编码，用于产生 256 个输出比特。这些比特随后被信道交织器交织。由于比特已经交错，FC 分集拷贝器的目的是在所有可用的载波（没有陷波）上最大量地传播比特的拷贝。FC 信息通过 QPSK 传送，因此某些载波上的编码比特在同相（I）和正交（Q）分量上都重复。假设交织比特索引为 0～255，则交织比特被复制到 I 和 Q 分量上，并且其中 Q 和 I 信道之间有 128 的偏移，FC 多样性复制器的位寻址见表 13.2。

表 13.2　　　　　　　　　　　　　FC 多样性复制器的位寻址

使用的载波	I 信道上载波的编码比特索引	Q 信道上载波的编码比特索引
0	0	128
1	1	129
…	…	…
i	$i \bmod 256$	$(i+128) \bmod 256$

13.3.5 信道交织器

信道交织使信息和奇偶校验位的位置随机化，以防止发生突发性错误。IEEE 1901 FFT-OFDM 信道交织器本质上是一个矩形交织器。比特按列依次写入，再将交织的输出按行读出。信息比特和奇偶校验比特分别交织，然后交错在一起。信息（或奇偶校验）位依次写入到一个 $N×4$ 的交织器表，其中，N 取决于块的大小和所使用的码率。所有的块大小和码率的组合产生的编码位是 4 的倍数，因此交织器表始终完全填充。信息比特从第 0 行开始读出，然后按特定的步长递增到下一行，当到达最后一行时，则从第 1 行开始重复该过程，循环往复，直到所有的信息比特被读出。奇偶校验位的处理过程是完全一样的，但它不是开始于第 0 行，而是第 0 行的一个特定的偏移。如 IEEE 1901 FFT-OFDM 标准[10]规定的那样，交织信息比特和交织奇偶校验比特之后再进行相互间交织，来实现交织输出。信息和奇偶校验比特矩形交织的参数总结见表 13.3。

此外，从矩形交织器中读出来的每一行，再进行行间交织将输出数据流进一步随机化。该过程的详细信息请参考相关标准文献 [10]。

表 13.3　　　　　　　　　　信息和奇偶校验比特矩形交织的参数总结

PB 大小（字节）	码率	步长	行偏移（奇偶校验位）
16	1/2	4	16
136	1/2	16	136
	16/21	8	40
	8/9	11	16
520	1/2	16	520
	16/21	16	170
	8/9	11	60

13.3.6　ROBO 交织器

IEEE 1901 FFT-OFDM 使用 ROBO 模式来达到多种目的，诸如会话建立、广播和多播通信、信标传输和交换管理信息。IEEE 1901 FFT-OFDM 定义了 ROBO、HS-ROBO 和 MINI-ROBO 三种不同的 ROBO 模式。

所有的 ROBO 模式使用码率为 1/2 的 FEC 和 QPSK 调制。单个 PB 首先进行编码和交织。然后，对信道交织器的输出进行 ROBO 交织操作。ROBO 交织通过不同的载波和不同 OFDM 符号拷贝交织器的输出，分别引入了频率和时间分集。拷贝的次数取决于 ROBO 模式的类型。ROBO 交织通过多次读取信道交织器的输出，创建所需的冗余。其中信道交织器的输出具有不同的循环移位。不同 ROBO 调制对应的 PB 大小和冗余因子列于表 13.4 中。注意，数据速率取决于 1.8~30MHz 频带中使用的载波数目。HAM 频带陷波后，默认有 917 个子载波。此时，MINI-ROBO、ROBO、HS-ROBO 的数据速率分别是 3.8、4.9、9.8Mbit/s。可以看出，MINI-ROBO 具有最低的 PHY 速率和最优的鲁棒性（重复次数）。因此，它通常用于维持网络重要的信息传输，如使用 MINI-ROBO 发送信标。IEEE 1901 标准[10]有关于 ROBO 交织算法的细节。

13.3.7　映射

映射器负责使用特定的调制方式将输入比特流调制到每个载波上。映射器的操作可以总结如下：

（1）FC 符号：使用 QPSK 将成对的比特位调试到所用的载波上。

（2）ROBO、HS-ROBO 和 MINI-ROBO：使用 QPSK 将成对的比特位调试到所用的载波上。

（3）有效载荷符号：每个载波上的比特数取决于 TM。基于 TM，使用 BPSK、QPSK、$8-QAM$、$16-QAM$、$64-QAM$、$256-QAM$、$1024-QAM$ 或 $4096-QAM$ 将适当比特调制到所用的载波上。

若 TM 表示特定的载波加载的比特数为零，则映射器使用伪噪声（pseudo-noise，PN）发生器生成随机比特，然后进行 BPSK 调制，其中 PN 的多项式为 $S(x)=x^{10}+x^3$。然后，将比特加载到上述载波上，以评估载波的 SNR。当 SNR 改善到足以使子载波承载可支持调制方式的水平时，该载波就可以用来传输载荷数据了。在第一载荷 OFDM 符号开始时，所生成的 PN 序列的比特被初始化为全 1。当一个有用载波（没有陷波）加载比特数为 0 时，第一寄存器（X1）中的现有值进行 BPSK 调制，然后 PN 序列发生器运行。

表 13.4　　　　　　　　　IEEE 1901 FFT-OFDM ROBO 模式参数

ROBO 模式	PB 大小（字节）	重复次数
MINI-ROBO	136	5
ROBO	520	4
HS-ROBO	520	2

除了使用星座符号调制每个载波外，映射器还根据参考相位旋转每个载波上的星座点。IEEE 1901 FFT-OFDM 中指定的相位参考矢量要保持一定峰均比。映射器缩放星座符号，来

保持每种调制具有统一的平均功率。

13.3.8 符号生成（循环前缀、脉冲整形和重叠）

该模块负责产生电力线上传输的 PPDU 中的 OFDM 符号序列。在这一部分，将假定 100MHz 的采样频率。此块的功能是产生一个加窗的 OFDM 符号，如图 14－12 所示。此块的操作可以分成以下三个步骤：

（1）为 IFFT 输出端获得的 OFDM 符号添加循环前缀。IFFT 输出端的 OFDM 符号的持续时间为 $T＝40.96\mu s$（4096 个采样点）。循环前缀的持续时间为 t_{prefix}，被分成一个用于加窗/脉冲整形的滚降间隔（roll-off interval，RI）和用于消除 ISI 的 GI。循环前缀的持续时间取决于所用的 GI。RI 持续 $4.96\mu s$。指定了 5.56、7.56、$47.12\mu s$ 三个强制性 GI。此外，还支持其他八个可选的 GI。带有循环前缀的扩展 OFDM 符号持续 $T_E＝T＋t_{prefix}$。

（2）IEEE 1901 FFT-OFDM 标准[10]中在扩展 OFDM 符号的第一个 RI 和最后一个 RI 符号上采用脉冲整形窗口。脉冲整形有助于实现 HAM 频带所需的 30dB 陷波。

（3）将当前加窗符号的前 RI/2 个采样点与上一个加窗符号的后 RI/2 个采样点重叠。这使 OFDM 符号持续为 $T_s＝T＋GI＝40.96\mu s＋GI$。

随后，重叠符号序列被发送到 AFE 上，并在电力线上进行传输。

13.4 IEEE 1901 室内 MAC：功能概述

IEEE 1901 IH 网络支持室内音频/视频流应用。本节主要介绍 IEEE 1901 MAC 功能。1901 FFT-OFDM 和 1901 W-OFDM 系统支持类似的 MAC 功能。然而，这些功能的每一个细节是不同的。本节讨论 MAC 功能的不同细节，如应用于 1901 FFT-OFDM 系统中的 MAC 功能。IEEE 1901 网络的简要说明最初和 IEEE 1901 站协议实体一起提出。随后，提出了组建网络、信道 AC 机制、有效地利用介质进行信道估计、MAC 数据平面和不同的 MAC 包传输机制的细节。

1901 网络（也称为 BSS）由一组可以相互完全通信的站点组成。每个 BSS 是一个由 BM 管理的集中管理网络。BM 负责 BSS 的创建、维护和操作。BM 控制 BSS 信道 AC。BM 周期性地发送信标，其中包含了 BSS 功能的必要信息，例如网络中站点的列表和信道 AC 调度信息。图 13－8 给出了两个相邻 BSS 的网络拓扑与组件示例。

13.4.1 BSS 组建

BSS 是一组具有相同网络成员密钥（network membership key，NMK）的站点。NMK 是一个 128 位的高级加密标准（advanced encryption standard，AES）密钥。具有相同 NMK 的站点自动形成一个 BSS。由用户提供 NMK 给所有旨在加入 BSS 的站点。

将 NMK 配置给 BSS 中的每个站点称为授权。将 NMK 提供给同一 BSS 中各站点的方法主要有以下三种：

（1）直接输入：使用该技术的 NMK 配置要求每个站点上存在可用的用户界面。用户可以在每个站点上使用该界面输入 NMK。另一种方法，人性化技术就是在每个站点上输入网络密码（device password，NPW）。可以通过散列 NPW，产生 NMK。

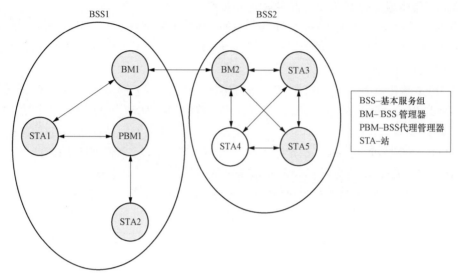

图 13-8　两个相邻 BSS 的网络拓扑与组件示意图

（2）远程输入：这要求远程站点上有用户界面。用户向该远程站点输入设备密码（device password，DPW）或新站的设备访问密钥（device access key，DAK）。远程站点可以发送 DAK 加密的 NMK 到新站点。DPW 是 DAK 的用户友好替代方式，可以通过散列 DPW 得到。

（3）简单连接：这是组建 BSS 的用户友好方式。可以通过在较短时间间隔内按下两个设备上的按钮来启动网络组建或添加新站到网络。当按钮被按下时，使用单播控制消息在两个节点之间交换临时加密密钥。该临时加密密钥交换 NMK。

授权的直接输入和远程输入方法提供了最高安全性，但这两种方法需要相当复杂的用户界面。授权的简单连接方法是非常人性化的，仅需要简单的用户界面。然而，该技术的安全性较低。

BSS 中的任何站都可以成为 BM。组建网络时，必须有一个 BM。BM 的选择方法如下：

（1）用户指定 BM：用户可以指定一个特定的站作为 BM。但用户应注意，在 BSS 中仅可任命一个 BM。

（2）BM 带宽管理能力：作为 BM 的每个站点具有不同带宽管理功能（仅仅包含载波侦听多路访问［carrier sense multiple access，CSMA］，不协调模式或协调模式）。在协调模式下将 BSS 站点改为 BM 的可能性最高。第 13.2 节中介绍了不同模式的操作细节。

（3）基于拓扑的 BM：BM 的选取取决于 BSS 的拓扑结构。网络中与其他站点具有最佳连接的站点是 BM 的最佳候选。

BM 负责维护 BSS 的功能。网络中的另一个站比 BSS 现有的 BM 更强大时，可以移交 BM 功能给该站。这可以在无缝方式下进行，而不会干扰 BSS 的操作。在 BSS 中总需要任命一个备份 BM，以应对 BM 故障的情况。备份 BM 将保持管理 BSS 所需的信息，从而使故障恢复是无缝的。

在 BSS 中一旦任命 BM，该 BM 启动关联过程。要做到这一点，BM 必须为 BSS 中的每个站（包括它本身），提供一个 8 位的终端设备标识符（terminal equipment identifier，TEI）。电源线的每次传输都有一个与之关联的 FC。TEI 可用于寻址所有的 FC，而不是与该站相关联的 6 字节的 MAC 地址。TEI 的租用时间是有限的。由站点更新租用时间。

IEEE 1901 网络是一个安全的网络。BM 生成一个称为网络加密密钥（network encryption key，NEK）的随机密匙。使用 NMK 将 NEK 分配给 BSS 中的所有站点，从而对 BSS 中的站点进行认证。所有网络中的传输，除了选择一些控制信息（例如，加入/组建 BSS 所需的信息，或者属于不同 BSS 的节点之间通信所需的消息），都需要使用 NEK 加密。为了保持较高的安全水平，NEK 需定期更新，并使用 NMK 提供给所有的站点。

在 BSS 中，BM 保持有效的 TEI 列表，并使用最新的有效 TEI 列表定期更新每个站点。当 BM 需要移除某个站点时，可以给 BSS 中除了该站点外的其他站点发送一个 NMK。

13.4.2　信道访问机制

IEEE 1901 FFT-OFDM 支持时分多址（time division multiple access，TDMA）和 CSMA 两种方式。BM 确定信道 AC 的方式及有效时间。AC 模式有效时间划分为信标周期，每个信标周期是两个 AC 线路周期（AC 线路周期频率为 60Hz 时，为 33.33ms；AC 线路周期频率为 50Hz 时，为 40ms）。每个 BSS 可工作在下述三种模式：

（1）单 CSMA 模式：在该工作模式下，整个信标周期仅可使用 CSMA 信道的 AC，包括信标传输的所有传输使用 CSMA 信道 AC。

（2）不协调模式：该工作模式出现在单 BSS 的场景下。在该工作模式下，信标周期被划分成至少两个区域：信标区域（保留用于信标传输）和持久性的 CSMA 区域（保留用于 CSMA AC，由网络中的所有节点共享）。其余的周期被分成多个 TDMA 区域和非持久 CSMA 区域。

（3）协调模式：该工作模式出现在多 BSS 和需要 TDMA 信道 AC 的情况下。每个 BSS 中的信标周期具有信标区域和一个共享的 CSMA 区域（对所有的网络非常常见），一个保持区域（其中，所有属于 BSS 的站将抑制传输）和一个预留区域（其中包括所有的 TDMA 分配和非持续 CSMA 分配）。邻近 BSS 的 BM 相互协调工作，并开拓出各自的保持区域。BSS 预留区域可配合其他 BSS 的保持区域工作。信标期间将包含多个信标时隙，其中的一个时隙可能保留用于传输特定的协调 BSS 信标。

13.4.2.1　CSMA 信道接入

IEEE 1901 FFT-OFDM 网络中使用的信道 CSMA AC 机制是一个优先级信道 AC。CSMA 期间的信道 AC 包括一个优先分辨率周期，随后是随机退避竞争期，最后是实际传输。

图 13-9 描述了 CSMA/CA 信道接入，其后为数据包传输（第 13.4.5 节中进行了详细介绍）。当一个站准备发送时，信号将在两个优先时隙完成。根据期望传输的优先级，站点可能发送优先级分辨信号（priority resolution signal，PRS）或在优先级时隙监听。如果一个站点在一个优先时隙检测到 PRS，它将失去优先竞争。表 13.5 描述了对应不同 MAC 优先级的不同类型的优先级信令（MA3 为最高，MA0 为最低优先级）。图 13-12 对帧的起始（Start of frame，SOF）、SACK、帧间响应间隔（response interframe space，RIFS）和 CIFS 进行了详细介绍。

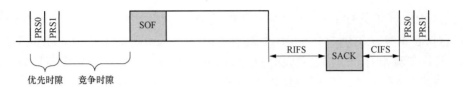

图 13-9 CSMA/CA 信道接入

表 13.5 不同 MAC 优先级的优先级信令

MAC 优先级	PSR0 的 PRS 信号	PSR1 的 PRS 信号
MA3	发送	发送
MA2	发送	接收
MA1	接收	发送
MA0	接收	接收

数据包传输的优先级取决于传输的有效载荷。用户可以使用 VLAN 标记[15]中的 QoS 段，为不同类型的流量指定优先级。IEEE 802.1D [16] 的子条款 7.7.3 中描述了到 4 个 MA 优先级的映射。信标是 BSS 运行所必需的信息，可以通过 MA3 传输。

IEEE 1901 FFT-OFDM 在 CSMA 期间使用修改的指数回退过程。每个站都为每个优先级设定了一个退避过程事件计数器（backoff procedure event counter，BPC）。当一个站准备发送数据前，它随机退避一定数量的竞争时隙，每个时隙持续 35.84μs。最大竞争窗口取决于 BPC。BPC 取决于传输数据的优先级、连续碰撞次数和相同优先级推迟传输的次数。将推迟传输的次数作为依据，是为了进一步降低冲突概率。一旦获得接入信道的权力，站点执行随机退避过程。如果在退避过程中，没有检测到其他的传输，站点将传输数据。否则，增加延迟计数器。如果传输碰撞或延迟计数器达到当前 BPC 对应的限值，BPC 计数器递增。当 BPC 递增或开始新的传输时，延迟计数器复位到零。成功传输后，连续碰撞计数器和 BPC 置零。表 13.6 为延迟计数器和连续碰撞的函数，表中提供了 MA0 和 MA1 优先退避机制的计数器的细节。

表 13.6 延迟计数器和连续碰撞的函数

BPC	连续碰撞	延迟计数器	竞争窗口（竞争时隙）
0	0	0	7
1	1	1	15
2	2	3	31
≥3	≥3	15	63

13.4.2.2 TDMA 信道接入

在 TDMA 信道 AC 期间，为源目的地节点对专门保留接入电力线的 AC。在保留时间内，源节点控制整个信道的 AC。在第 13.4.5 节中描述的不同类型的 MPDU 传输，都可以在 TDMA 信道 AC 中使用。要注意的是，节点对之间的所有传输只能在分配的特定时间内进行。

13.4.3 信道估计

电力线上有许多与之相连的设备，这导致了阻抗失配。信道上发送的信号被多次反射会引起接收端信号的多径时延扩展。这些设备和装置将显著的非 AWGN 噪声引入信道。引入的信道噪声随 AC 线路周期变化。这种现象也同样适用于较低的频率，并在第 2 章进行了详细介绍。此外各种家电设备的打开和关闭造成了信道特性的长期性变动。IEEE 1901 FFT-OFDM 信道估计可以处理电力线信道的这些动态特性。站点工作在 1.8～30MHz 和 1.8～50MHz 两个不同的频段。

作为信道估计过程的一部分，发射器和接收器决定了共同工作频带、一组载波映射和 AC 线周期的不同部分，在 AC 线周期的不同部分可以使用每种载波映射。一种载波映射对应唯一的每个载波的调制方式、FEC 码率和使用的 GI 长度的组合。

IEEE 1901 FFT-OFDM 有一个预定义的 ROBO 载波映射。这些载波映射足够鲁棒，可以处理最恶劣的信道环境，因此传输数据的效率不是很高。它们的数据速率为 5～10Mbit/s。当站点有数据要发送并且没有任何用户定义的载波映射时，它启动信道估计过程。在此期间，站点发送一个特殊的 MPDU（声音 MPDU）到接收器。当接收器接收到足够数量的声音 MPDU 时，它会产生一个默认与 AC 线路周期相关的载波映射。默认载波映射可以在 AC 线路周期的任何部位使用。一旦发射机接收该载波映射，它将使用该载波映射发送数据。为了处理动态信道的变化，接收器继续监视信道，并不断更新发射机的载波映射。如前面所述，线路周期的不同部分的电力线信道特性不同。图 13－10 描述了交流周期和信标周期的载波映射区域，即将 AC 线路周期分成四个载波映射区域，不同的载波映射对应不同的区域，使用特定载波映射的传输必须限制到特定区域，不能跨越多个区域。

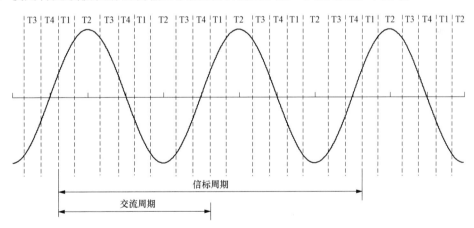

图 13－10　交流周期和信标周期的载波映射区域

13.4.4 MAC 数据平面

IEEE 1901 系统支持以太网包的发送。它限制了一些节点之间的数据类型，这些节点是与管理消息子集不相关的或没有认证的。这种站点之间不能进行数据交换。任何从数据 SAP 接收的以太网包称为 MAC 服务数据单元（MAC service data unit，MSDU），并在 MAC 子层将这些 MSDU 传送到指定的接收器。

每个发射器维护着如下三种队列：

（1）接收机的单播队列。

1）数据的四种优先级队列。

2）一个管理/控制帧队列。

（2）广播队列。

1）数据的四种优先级队列。

2）一个管理/控制帧队列。

（3）建立连接的特定队列。

任何到达的 MSDU 可能属于一个已建立的连接，也可能是独立的。根据这些 MSDU 的目的地址、连接类型以及是否是管理帧或数据帧，将它们进行分类。面向连接的 MSDU 存入对应于该连接的特定队列中。独立的数据 MSDU 存入特定接收机的一个优先级队列中。如 IEEE 802.1D［17］定义的那样，MSDU 用户定义的优先级映射到一个特定的信道 AC 优先级。

图 13－11 描述了数据通过 IEEE 1901 FFT-OFDM 站点的流程。在每个 MSDU 前面加上一个 MAC 帧头并在后面追加完整性检查向量（ICV），形成一个 MAC 帧。ICV 用于验证

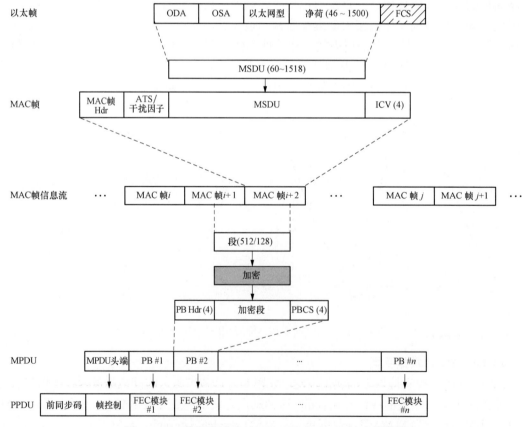

图 13－11　数据通过 IEEE 1901 FFT-OFDM 站点的流程

MAC 帧是否被正确接收。到达的 MSDU 包含发送该 MAC 帧的初始源地址（original source address，OSA）和 MAC 地址、初始目标地址（original destination address，ODA）（该 MAC 帧最终要到达的站点的 MAC 地址）和以太网类型。MAC 帧报头为两字节，携带 MAC 帧的有效性信息、到达时间戳（arrival time stamp，ATS）和 MAC 帧的长度。管理 MSDU 的 MAC 帧中包含了 4 个字节的干扰因素（伪随机值）。ICV 为 4 个字节长，其是由计算整个 MAC 帧的 CRC－32 得到的。将到达每个队列的 MAC 帧连接起来，以形成 MAC 帧流（MAC frame stream，MFS）。

然后，将 MFS 分割成 512 字节的块。这些分段作为 MPDU 的有效载荷的一部分进行传输。在 PHY 层，每个 512 字节的分段映射到一个 PDU 的单个 FEC 块。因为，PHY 错误出现在一个 FEC 块上，因此，只有出现错误的 FEC 块需要重传。MAC 帧分割提高了协议效率。每个分段映射到一个 PB 上。该分段使用 NEK 加密，并插入到 PHY 块体（PHY block body，PBB）。在 PBB 前面添加一个 4 字节的 PHY 块头，同时在其后追加一个 4 字节 PHY 块校验序列（PHY block check sequence，PBCS），来形成一个 PB。接收机可以利用 PBH 包含的信息，如 MAC 帧边界信息和分段序列号（segment sequence number，SSN），来重组分段。SSN 的 16 位字段被初始化为 0，每增加一个新的发送分段都增加 1。PBCS 包含一个 32 位的 CRC，其在 PBH 和 PB 上计算。错误的 PB 使用该字段进行标识。成功的 PB 被发送到接收器端相应的重组缓冲器中，并且通过 SACK MPDU 告知发送机错误的 PB。

一个 MPDU 通常包含多个 PB。一旦接收到 PB，通过 PBCS 可以判定 PB 是否正确接收。在广播传输的情况下，选定一个站点作为代理来传输 SACK。这增加了广播传输的可靠性。

13.4.5　MPDU 传输

电力线传输的单元称为一个 MAC 分组数据单元（MAC Packet Data Unit，MPDU）。每个 MPDU 包含一个前导和一个 FC，统称为定界符。此外，某些 MPDU 在定界符后面传输有效载荷。仅包含定界符的 MPDU 被称为短 MPDU，包含有效载荷的 MPDU 被称为长 MPDU。如图 13－9 所示，发送数据使用长 MPDU。发送的数据部分为带有 SOF 定界符的长 MPDU 的有效载荷。长分组传输之后是 RIFS 间隙，随后接收站发送一个 SACK MPDU。SACK MPDU 包含 SOF MPDU 的有效载荷的 FEC 块的接收状态。

如 13.4.3 节所述，使用用户自定义的载波映射传送的长 MPDU 的有效载荷不能跨越载波映射的区域边界。如果只能使用单个长 MPDU 传输数据，MAC 的效率将非常低。为了提高效率，可以使用 MPDU bursting。对于每种信道 AC，在一个 MPDU burst 中，发送器发送多个长 MPDU，并且连续的长 MPDU 之间存在非常低的帧间间隔[burst 帧间间隔（burst interframe space，BIFS）]。使用单个 SACK MPDU 确认整个 burst MPDU。MPDU bursting 显著提高了 CSMA 信道 AC 期间的 MAC 效率。在一个 burst 中，IEEE 1901 FFT-OFDM 允许传输多达四个 MPDU。图 13－12 描绘了一个 burst 中传输两个 MPDU 的情况。

另一种可支持的 MPDU burst 机制为双向 burst 机制。接收机可以在相反的方向上传输数据和 SACK。图 13－13 描述了双向 burst，在这个例子中，MPDU B 和 D 的帧反转（reverse start of frame，RSOF）分别确认了 MPDU A 和 C 中的有效负载。同样，MPDU C 的 SOF 确认了 MPDU B 中的有效负载。SOF 定界符中用于确认前面的 RSOF 的传输的比特数是非常少的。这限制了在嘈杂的信道的情况下，使用 RSOF 传输的数据量。这种双向数据交换最终以传输一个 SACK MPDU 终止。双向 burst 降低了往返延迟以及 TCP 传输和其他双向应用（例如 VoIP）的开销，从而提高了工作效率。

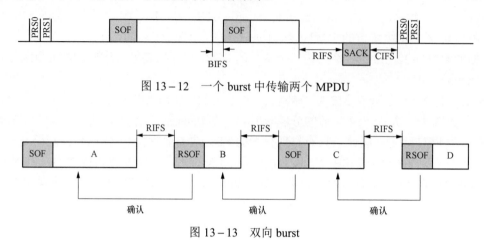

图 13-12　一个 burst 中传输两个 MPDU

图 13-13　双向 burst

13.5　IEEE 1901 FFT-OFDM 接入系统

IEEE 1901 FFT 接入系统需要前面所述的技术，如窄带电力线通信（narrowband power line communication，NB PLC），其使用 AC 电力线作为通信媒介。需要明确指出 AC 系统和 IH 系统之间的差异，来了解这两个领域的实际技术实施背后的不同方法和理念。

本章主要介绍 IEEE 1901 FFT AC 系统的相关功能，并指出 NB PLC 和 IEEE 1901 FFT IH 系统之间的差异。IEEE 1901 IH 和 AC 使用同一 FFT PHY 层，但两者之间有一些微小的差异。IH 和 AC 系统之间的本质区别是连接到一个小区的站点（station，STA）的数量。

13.5.1　接入 BPL 与 NB PLC

在过去的几年中，已开发并使用了各种 NB PLC 系统。在欧洲，这些系统工作在 9～150kHz 的频率范围内（ITU 区域 1）。最初设计这些 PLC 系统时，主要考虑整个系统应提供的应用。在大多数情况下，NB PLC 用于建立与一些较远点的低带宽连接。低信道衰减和高发射功率使得集线器和终端设备之间的点对点通信变得可行。在这种应用中，基于 PLC 的通信系统有一定的优势，这是由较低的信道衰减和高传输功率引起的。同时，150kHz 频率下的噪声水平增加了，这是由人为噪声引起的。现在和未来的智能电网对带宽及时延的要求更苛刻。第 11 章已介绍了 NB PLC 系统标准。

然而，宽带电力线（Broadband power line，BPL）使用更大的频率范围（2～30MHz）。高频处的噪声水平通常较低，并且比较容易消除。

越来越多的端点给窄带方法带来了另外一个问题，因为更多的设备将竞争信道资源，这将限制每个装置的可用带宽的范围。BPL 技术的更宽的频带使得设备在选择信号载波时更自由，并且更适合大规模的 AC 网络。

13.5.2　接入要求

相比 AC 网络，IH 网络的拓扑结构相对简单，因为这种网络限制在较小的区域。由于 IH 环境中链路长度短，两个站点通常可以直接通过电力线通信。在高信号衰减的情况下，可用中继器扩展链路范围。使用该基本机制，可以全面覆盖整个 IH 网络区域。第 20 章介绍了 IH 中继协议的效率。

AC 网络情况比较复杂。在一般情况下，站点之间的距离较远，因此，单个中继不足以全面覆盖网络。因此，就需要使用多个中继，但这会导致复杂的网络结构，如环状、树状或网状拓扑。

电力线网络面对的另一个普遍的挑战是动态链接。电气设备的打开或关闭，活动站点如电动汽车和普通干涉现象将导致链路状态频繁变化，而普通的局域网 local area network，LAN）链路状态通常相对稳定。

复杂的网络结构和动态链接行为形成了一种通用的拓扑结构，这种拓扑结构向基于 BPL 的 AC 网络系统提出了独特的需求。电力线网络的规模和站点的数目要求上述 PHY 建立一个完全覆盖的通信网络。此外，AC 网络还要实现一些面向应用的要求，下面将进行叙述。

在过去的几年中，已将 BPL AC 网应用于智能电网，如智能抄表、变电站自动化和用于电网监控的远程传感器网络。这种方法的概念简单有效，因为智能电网中大多数通信源或链路连接到了电力线网络。在这种情况下，输送能量的电力线也用于通信。智能电网应用对 BPI 提出了更多的要求，如 AC 网络中大量的设备，可用带宽和可靠性。

智能电网应用的大型网络可能包含数百个节点，但其中大部分可能每小时仅工作几分钟。为了能够充分利用该情况，这些站点需要工作在睡眠模式下。

13.6　IEEE 1901 FFT-OFDM 接入：系统描述

IEEE 1901 标准定义了 AC BPL 网络的系统架构，该网络和 IH 网络的体系结构共享一些共同的机制。AC 系统的 FFT-OFDM PHY 层与 IH 系统相同（见第 13.3 节）。本节主要介绍 IH 和 AC 系统 MAC 层之间的不同，以及路由和网桥等更高层方面的差异。

13.6.1　衰减域

一般情况下，电力线网络共享介质：连接到网络的所有站点竞争带宽，并且彼此相互干扰。因此，电力线网络就像一个总线系统。唯一限制这种设置的物理层约束是与频率和长度相关的电力线衰减。

对于连接到电力线网络的每一个站点而言，衰减造成的边界是唯一的，并且取决于交换信息所需的 SNR。由于使用鲁棒调制发送信标，因此信标所需的 SNR 较低。数据交换所需信噪比较高，这导致了更小的衰减域（attenuation domain，AD）。每个站点可以"看到"自己的 AD。图 13－14 展示了单个站点 1（single station 1，STA1）的 AD。

STA1 的管理衰减域（M-AD）包括 STA2、STA3 和 STA4。这些 STA 接收 STA1 发送的管理消息，如 AC 信标。数据传输衰减域（data transmission attenuation domain，DT-AD）发送的 AC 包括 STA2 和 STA3。该区域提供令人满意的数据交换速率所需的 S/N。

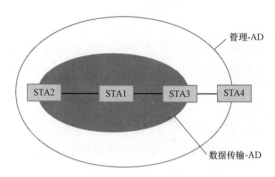

图 13-14　STA1 的 AD 示例

13.6.2　网络架构

BPL AC 系统需要一个专用上行链路连接到骨干网，因此，IEEE 1901 FFT AC 系统组织一个小区结构中的站点。一个小区是一组由头端（head end，HE）管理的站点集合。HE 提供和管理到骨干/回程网络的连接。网络终端单元（network termination unit，NTU）是 AC BPL 小区和所连客户端设备（CPE）之间的网关。HE 和 NTU 是 BPL AC 网络的边缘设备。在 BPL AC 网络中，中继站（repeater station，RP）支持 HE 和 NTU 之间的连接。

图 13-15 展示了一个网状 AC 网络拓扑。在现实中，特别是在智能电网应用中，部署在一个小区的 STA 数目基本上更大。这将导致更多的连接和可能的通信路径。

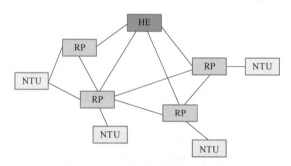

图 13-15　网状 AC 网络拓扑示例

13.6.3　接入子小区

AC 网络的智能抄表功能的特定安全性，要求小区内一个子集站点的加密隔离。在这种情况下，可以应用 AC 子小区的概念。包括 HE、RP 和 NTU 的核心小区共享相同的 NEK，其可由一个或多个子小区扩展。一个子小区包含一组 NTU AC CPE，并且这些 NTU AC CPE 连接到核心小区。NTU 到一组 CPE 的 MAC 和 PHY 业务使用单独加密，即与核心小区中使用的 NEK 不同。可以使用中继器来扩展子小区的范围。核心小区的 HE 管理子小区。

13.6.4　寻址

为了在网络中适当地寻址，每个站点需要唯一的标识符。因为使用标准的 48 位以太网 MAC 地址会产生不必要的帧开销，IEEE 1901 FFT AC 系统使用本地小区的基础设施和自己的寻址方法；每一个小区都被赋予一个短网络标识（short network identification，SNID）。SNID 为 6 比特，可以支持 63 个相邻网络。在一个小区中，使用 TEI 作为站点的唯一标识。

TEI 为 12 比特，可支持 4078 个站点。剩余的地址空间为指示新站点、HE 和广播信息所保留。SNID 和 TEI 的组合必须可以唯一标识 AC 网络中的站点，其只有 18 比特。相比于 48 位的以太网 MAC 地址，TEI/SNID 组合是更有效的，尤其考虑到 IEEE 1901 FFT AC 系统的路由方法需要维护和传送多达四个点的地址信息。

13.6.5 接入小区间网关

一个站点通常仅使用单一的 TEI/SNID 与一个 HE 相关联。为了改善两个或多个小区之间的连通性，可以使用接入小区间网关（access intercell gateway，AIG）。支持 AIG 的功能的站点可以与其范围内所有可能的小区关联。因此，AIG 获得多个身份，在不同的小区中有不同的身份，每个小区一个，并为这些小区之间提供了桥接功能。使用 AIG，可通过跨越不同小区实现更加灵活的数据传输。

13.6.6 小区管理

管理信息，如时间同步，使用周期性 AC 信标在小区内传播。在 IH 网络中，信标传输的方法比较简单。若小区管理者无法到达所有站点，可指定一个代理站点将信标信息传输到未到达的站点。

在 AC 网络中，使用多跳机制发送一个指定的 AC 信标。

HE 开始广播 AC 信标消息，且其信标级（beacon level，BL）字段设置为零。接收到该信标消息的每个站处理包含在该信标中的信息。已经收到过较低 BL 值信标的站点将忽略本次收到的 AC 信标；其他所有站点将使 BL 加 1 并重传 AC 信标。此过程被重复，直到小区内的每个站收到信标为止。通过使用 BL 技术，避免了不必要的信标重复。图 13-16 给出了一个特定网络的 BL AD 示例。如前面所述，AC 信标的 AD 将包括比 IEEE 1901 FFT 的数据连接更多的 STA。

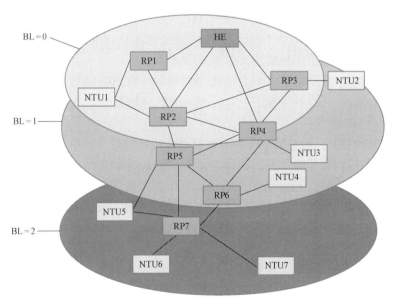

图 13-16 BL AD 示例

为了最大限度地减少 BL 的数量，使用鲁棒调制发送信标消息（参见 13.3.6 节），其可以增加传输范围，且具有更大的 AD。周期性地发送 AC 信标，来保持网络更新并同步，并且可能包括加入到 AC 小区的新的站点。此外，可通过 AC 信标散布的管理信息有：有效的比特加载估计（bit-loading estimate，BLE）（到 HE 的链路质量估计），TDMA 时间表，备份 HE 的状态和某些站点的能力。图 13 – 17 给出了图 13 – 16 信标分配所得的层次结构。

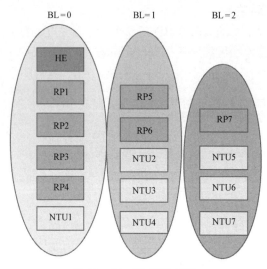

图 13 – 17　BL 层次结构

13.6.7　小区隶属

新小区是基于 AC 信标中的信息形成的。一个新的站点扫描 AC 信标一段时间。然后，它使用 AC 信标内的有效的 BLE 来导出到 HE 的最佳连接。为了获得完整的功能，新的站需要关联和认证到一个小区。在关联过程中，HE 许可其加入小区，并提供了一个 TEI。认证过程确保站点获得 NEK，其中 NEK 仅在一个特定的小区内有效。该 NEK 用于加密小区内的数据传输，来确保数据的机密性（参见 13.4.1 节）。

已经成功加入了一个小区的站点继续接收相邻小区的 AC 信标。它会判断相邻小区是否提供了更好的性能。在这种情况下，它可通过跳跃到相邻小区，来改善其连接性。

13.6.8　备份 HE 的选择

在网状 AC 网络中，几乎每个设备可以使用替代路线进行备份。在一个设备出现故障时，小区的动态构造允许即时调整。然而，提供与骨干网连接的 HE 有可能成为故障的唯一点。为了应付 HE 故障，IEEE 1901 FFT AC 标准建议在相同的位置上安装工作在待机模式下的 HE。两个 HE 显示为单个站点，但其中只有一个站点是工作的。在检测 HE 没有响应的情况下，另一个处于待机模式下的 HE 代替其工作。

13.7　IEEE 1901 FFT–OFDM 接入：信道接入

13.7.1　信道接入管理

IEEE 1901 FFT AC 提供了一种机制，即为不同的 MAC 类型定义时间区域。这允许使用载波侦听多址接入（carrier sense multiple AC with collision avoidance，CSMA/CA）进行优先宽分配的准并行处理，同时允许采用时分多址接入（time divisional multiple AC，TDMA）分配预留带宽。

图 13-18 给出了信标间隔的三种不同区域，即两个 AC 信标之间的小区范围内的同步时间间隔被分成了三个时隙：

第一个为信标时隙，为发送信标预留；

第二时隙是非竞争周期（contention-free period，CFP），其用于基于 TDMA 的预留带宽传输；

第三时隙为竞争周期（contention period，CP），使用 CSMA/CA 竞争信道 AC。

该系统可以将 CFP 时隙设置为零。此时，整个 AC 信道使用 CSMA/CA 接入。

HLE 应用需要的不同业务优先级，使用优先业务流映射到连接层。不同业务类别决定了不同的优先级，以及采用 CSMA/CA 还是 TDMA 来进行带宽分配。

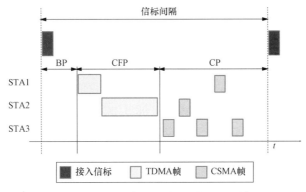

图 13-18　信标间隔的三种不同区域

图 13-19 为纯 CSMA 模式，整个信标间隔为竞争周期。

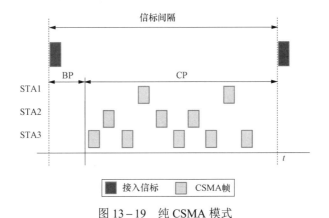

图 13-19　纯 CSMA 模式

13.7.2　CSMA/CA

IEEE 1901 FFT AC 标准将 CSMA/CA 作为信道 AC 管理的主要协议。然而，AC 网络的多跳结构带来了隐蔽节点的问题。为了解决这一问题，使用请求发送（request to send，RTS）/

清除发送（clear to send，CTS）来降低数据冲突。在站点开始传输数据前，首先发送一个 RTS 分组到接收站点。在所需的信道可以被分配的情况下，接收站发送 CTS 分组给发送站以确认。在相同 AD 内的其他站了解了将要进行的传输，因此，停止使用 AD 传送数据一段时间。

13.7.3 TDMA

CSMA/CA 的主要缺点是，它是基于一个统计算法，不能给出一个确定的信道 AC 或保证一些特定 HLE 应用（如音频或视频数据流）需要的带宽分配。

为了满足这些顾虑并提供独占媒介的高度一致的带宽，IEEE 1901 FFT AC 标准支持 TDMA。

如果一个站点想要使用 TDMA 服务，它需要基于其 HLE 所需的服务水平请求一个信道。随后，HE 通过启动远程和分布式程序授权小区内公开的 TDMA 信道，其中 RP 分配所需时隙。然后，每个 RP 根据其可用时间和带宽资源负责分配。在两个基于 TDMA 相同通信的站点路由发生变化时，分散式重分配过程可确保 TDMA 路由适应变化网络的情况。

13.8 IEEE 1901 FFT-OFDM 接入：路由

该路由算法负责基于底层网络基础设施数据传输优化路径的自动构建。在分布式网络中，每个站维护一个路由表，其包含了数据分组最终目的地到其下一跳目的地的映射。由于电力线网络的链路结构极为动态，这就要求路由算法必须适应链路质量的变化以及站点的消失。因为 IEEE 1901 标准着重于 PHY 和 MAC 层，因此标准没有规定路由方法，其仅建议了基线方法和距离向量方法两种不同的路由方法，这两种方法与 IEEE 1901 标准的物理层/MAC 架构兼容，其路由协议都是积极的，即提前构建路由和动态更新路由。

13.8.1 基线法

基线法侧重于建立到 HE 的路由。类似于加入小区的过程，每一个站点首先监听 AC 信标，其携带了相邻点的连接级信息，例如链接的 BLE，到 HE 的跳数以及 BL。然后，每个站点根据收集的信息，选择 HE 的下一跳站点。各站通过监听相邻站点的 AC 信标（信标中可能携带了改变的链路状态信息），不断尝试优化来自或到 HE 的路由。最终，基准线路由算法动态地重构了用于数据传输的优化分级网络树。

13.8.2 距离向量法

如果将数据传输到 HE 占主导地位，那么基线方法是最好的选择。反过来，如果小区内的任意站之间的通信占主导地位，那么应采用距离向量法，每个站维护一个路由表，根据分发的 AC 信标信息，选择路径。

13.8.3 循环检测

变化的链路结构可能会造成路由频繁变化，并因此导致循环。在这种情况下，数据包被连续循环发送却不能到达预定目的地。为了解决该问题，数据包的报头包含初始化为最大跳数的跳数计数器，并且在每次重传时该计数器递减。如果一个站点接收到跳计数器为零的数据包，则表明有环路发生，启动路由修复过程。

13.8.4 桥接

HE 与 NTU 位于 AC 小区的边缘，并且可通过其连接到其他（可能非 BPL）网络。为了支持基于 MAC 地址的数据传送，这些站点应该支持桥接功能。为此，IEEE 1901 FFT AC 帧格式采用的是双层寻址机制。MAC 帧头利用边缘设备的 MAC 地址确定端至端的通信。内部报头中包含了边缘站的原始源 TEI（source TEI，STEI）和原始目的 TEI（original destination TEI，ODTEI）以及单跳传输的 STEI 和目的 TEI（destination TEI，DTEI）。如果一个站点接收到的数据帧中的 ODTEI 与该站点的 TEI 不匹配，则该站点直接传输数据帧到下一跳站点而不通知 HLE。边缘站点的桥接表用于映射 MAC 地址到 ODTEI，反之亦然。

13.9　IEEE 1901 FFT-OFDM 接入：能量管理

BPL AC 网络通常包含大量站点。因此，整个 AC 系统所需的总能量成本可能成为一个网络提供商考虑的主要经济因素。为了解决这个问题，IEEE 1901 FFT AC 标准定义了睡眠模式功能。由于调度多跳距离的睡眠周期的复杂性，AC 网络中的能量管理比 IH 环境中更难建立。大量的睡眠模式的站点可能会增加因链接更改而导致的网络故障的风险。该标准建议了集中式或分布式能量管理方法。在集中能量管理中，HE 控制小区内每个站点的省电行为。它将能量节省周期设定为信标周期的倍数，并分配该周期的一部分给一个站点。在这段时隙内，该站点可能进入能量节省模式。在分布式能量管理中，该站点与 HE 协商，其打算停止服务一段时间。集中式能量管理时间示意如图 13-20 所示。

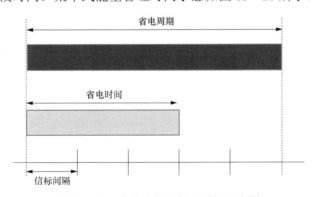

图 13-20　集中式能量管理时间示意图

13.10　结论

本章主要介绍 IEEE 1901，描述了整体系统架构以及 PHY 层和 MAC 层的主要功能。IEEE 1901 规定了 IH 和 AC 系统的高速 BPL 通信。IEEE 1901 支持两种非兼容的 PHY 层，其可以通过使用 ISP 共存。本章着重介绍基于 FFT 的 OFDM PHY，同时也介绍了 wavelet-PHY 和 ISP。IEEE 1901 IH 和 AC 使用相同的 FFT PHY 层，它们仅有细微差异。IEEE 1901 FFT 先进 IH PHY 和 MAC 层功能支持鲁棒和高速传输，其 PHY 层速率高达 500Mbit/s。IEEE 1901 FFT AC 定义具有满足 BPL AC 系统目前和未来需求的先进网络架构能力。IEEE 1901 FFT AC 概念灵活，包括 MAC 层加密，能量管理功能和缺陷预防，注定了其在智能电网中的应用。就鲁棒性和可扩展性方面而言，BPL 超过了窄带电力线技术。通过使用 CSMA 和 TDMA，提供了两种不同的信道 AC 技术，因而可满足高 QoS 需求。AC 网络的一个主要挑战是多跳环境导致的动态网络拓扑，桥接和路由概念可以保证其高度灵活。

参考文献

[1] ISO/IEC 7498 – 1：1994：Information Technology-Open systems interconnection-Basic reference model：The basic model. ISO International Standards，1994. Available online iso.org/iso/home/store/ catalogue_ ics.

[2] Z. Wang and G. B. Giannakis，Wireless multicarrier communications：Where Fourier meets Shannon，IEEE Signal Processing Magazine，17（3）：29 – 48，May 2000.

[3] R. Prasad，OFDM for Wireless Communication Systems，Artech House，Norwood，MA，2004.

[4] C. Berrou，A. Glavieux and P. Thitimajshima，Near Shannon limit error-correcting coding and decoding：Turbo-codes，IEEE International Conference on Communications，（ICC'93），Geneva，Switzerland，pp. 1064 – 70，May 1993.

[5] C. Berrou and A. Glavieux，Near optimum error correcting coding and decoding：Turbo-codes，IEEE Transactions on Communication，44：1261 – 1271，October 1996.

[6] W. E. Ryan，Concatenated codes and iterative decoding，in Wiley Encyclopedia of Telecommunications，J. G. Proakis ed.，Wiley & Sons，New York，pp. 556 – 570，2003.

[7] K. Gracie and M. H. Hamon，Turbo and turbo-like codes：Principles and applications in telecommunications，Proceedings of the IEEE ，95（5）：1228 – 1254，June 2007.

[8] A. D. Rizos，J. G. Proakis and T. Q. Nguyen，Comparison of DFT and cosine-modulated filter banks in multicarrier modulation，in Proceedings of the IEEE Global Communications Conference，（GLOBECOM'94），San Francisco，CA，pp. 687 – 691，1994.

[9] S. Galli，H. Koga and N. Kodama，Advanced signal processing for PLCs：Wavelet-OFDM，in IEEE International Symposium on Power Line Communications and its Applications（ISPLC），Jeju Island，Korea，April 2 – 4，pp. 187 – 192，2008.

[10] IEEE Std 1901 – 2010：IEEE standard for broadband over power line networks：Medium access control and PHY layer specifications，IEEE Standards Association，2010. Available online standards. ieee.org/store.

[11] C. Douillard and C. Berrou，Turbo codes with rate-m/(m + 1) constituent convolutional codes，IEEE Transactions on Communications，53（10）：1630 – 1638，October 2005.

[12] C. Weiss，C. Bettstetter，S. Riedel and D. J. Costello，Jr.，Turbo decoding with tail-biting trellises，in Proceedings of the International Symposium on Signals，Systems，and Electronics（ISSSE – 98），Pisa，Italy，pp. 343 – 348，1998.

[13] C. Douillard and C. Berrou，Turbo codes with rate-m/(m + 1) constituent convolutional codes，IEEE Transactions on Communications，53（10）：1630 – 1638，2005.

[14] T. Lestable，E. Zimmerman，M. – H. Hamon and S. Stiglmayr，BlockLDPC codes vs. Duo-binary turbo-codes for European next generation wireless systems，in Proceedings of the 64th IEEE Vehicular

Technology Conference（VTC'06），Montreal，Quebec，Canada，pp．1－5，2006.

[15] IEEE Std 802.1Q－1998：IEEE standard for local and metropolitan area networks：Virtual bridged local area networks，IEEE Standards Association，1998.

[16] IEEE Std 802－2001：IEEE standard for local and metropolitan area networks：Overview and architecture，IEEE Standards Association，2002.

[17] IEEE Std．802.1D－2004：IEEE standard for local and metropolitan area networks：Media access control（MAC）Bridges，IEEE Standards Association，2004.

14

HomePlug AV2：下一代宽带电力线通信

14.1 引言

随着高清（high-definition，HD）和 3 维（3－dimensional，3D）视频的发展，各种多功能设备的语音、视频和数据的融合推动了对家庭网络连接解决方案的需要。家庭网络必须可以支持高吞吐量连接，并保证同一时间高水平的可靠性和覆盖率（能够在两个节点或多节点网络中，维持一个给定吞吐量的链接的百分比）。这些新的家庭网络需要支持一些应用，如高清电视（HD television，HDTV）、互联网协议电视（Internet protocol television，IPTV）、互动游戏、整个家庭音响、安全监控和智能电网管理。

在过去十年里，室内电力线通信（power line communication，PLC）受到了来自业界和研究团体的越来越多的关注。使用现存电力线部署宽带服务是室内 PLC 技术的主要吸引力。PLC 的另一个主要优点是，广泛分布的电力线可提供整个家庭网络的连接解决方案。然而，由于最初电力线介质并不是为数据通信设计的，其信道的频率选择性和不同类型噪声（背景噪声、脉冲噪声和窄带干扰）使得电力线成为具有挑战性的环境，这就要求其具有最先进的设计解决方案。

2000 年，行业领导组织的 HomePlug 联盟 [1] 成立了，其通过采取 HomePlug 规范促进电力线组网的发展。2001 年，HomePlug 联盟发布了 HomePlug 1.0.1 规范，随后于 2005 年发布了第二个版本 HomePlug AV（AV 代表音频、视频）。HomePlug AV 迅速成为室内 PLC 最普遍采用的解决方案。为满足未来市场的需求，2012 年 1 月，HomePlug 联盟发布了 HomePlug AV2 规范 [2]。在与其他室内连接技术完全互操作的情况下，如 HomePlug AV、绿色 HomePlug PHY [3]（参见第 10 章）和 IEEE 1901 [3]（参见第 13 章），HomePlug AV2 通过充分利用电力线实现了千兆级的连接速度。联盟的 AV 技术工作组（Technical Working Group，AV TWG）在物理层和 MAC 层同时定义了新功能。这些是根据在不同国家中实际家庭方案进行广泛的现场测试而制定的，并将其列入 HomePlug AV2 规范中。AV TWG 获得的现场结果验证了 HomePlug AV2 性能要求，如数据传输速率和覆盖范围。

本章重点突出了 HomePlug AV2 技术相比于 HomePlug AV 技术的不同功能特性。HomePlug AV2 的发送端和接收端 PHY 层如图 14－1 所示。在物理层（physical layer，PHY），HomePlug AV2 包括以下内容：

（1）带有波束成形的多输入多输出（Multiple-input multiple-output，MIMO）信号，可以提高整个家庭的覆盖范围，尤其在信道高度衰减的情况下。MIMO 使得 HomePlug AV2 设备可以在任何两线对上传输，这些两线对具有三线配置，即包括相线（L）、中性线（N）

和保护接地（PE），且在 MIMO 模拟前端完成耦合。

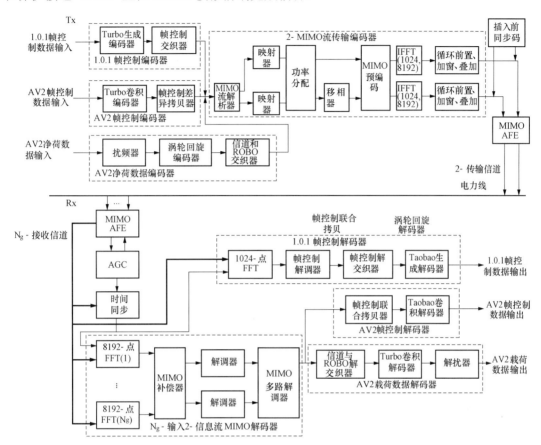

图 14-1 HomePlug AV2 的发送端和接收端 PHY 层

（2）为了增加吞吐量，尤其为了增加低到中等覆盖百分数的情况下的吞吐量，将频带扩展到 86MHz。

（3）高效陷波使得发射器可以创建极其尖锐的频率陷波。如果电磁兼容性（EMC）规定需要离散通信频谱，则扩展频率造成的吞吐量损失可以被最小化。

（4）当减少电磁辐射时，功率反馈可以增加 HomePlug AV2 的数据速率。

（5）EMC 友好型功率增大可以通过在发射调制器端监视输入端口反射系数（称为参数）来优化发射功率。

（6）额外的 PHY 改进，包括高阶正交幅度调制（4096-QAM），更高的码速率（8/9 码率）和更小保护间隔（guard interval，GI），这些可以帮助实现更好的峰值数据速率。

在介质访问控制（medium access control，MAC）层，HomePlug AV2 包括以下内容：

（1）省电模式，提高设备处于待机状态时的能源利用效率。

（2）短定界符，通过缩短前同步码和帧控制（frame control，FC）符号来降低传输开销。

（3）延迟确认，通过减少帧间间隔来增加整体的传输效率。

（4）立即重复，通过传输信号噪声比（signal to noise ratio，SNR）特性好的信号来扩大覆盖范围。

所有上述列出的功能通过提高覆盖范围和通信链路鲁棒性，改善了 AV2 电力线调制解调器的服务质量（quality of service，QoS）。另外，该 AV TWG 评估了 HomePlug AV2 系统的性能。所有这些功能使得 HomePlug AV2 比 HomePlug AV 具有更显著的优势。

14.2　系统架构

14.2.1　HomePlug AV 简介

HomePlug AV 采用可以提供 200Mbit/s 速率的 PHY 和 MAC 技术。PHY 工作在 2～28MHz 的频率范围内，并采用加窗的正交频分复用（OFDM）和一个强大的 turbo 卷积码（turbo convolutional code，TCC），其性能距香农极限只有 0.5dB。加窗的 OFDM 可提供 30dB 以上的频谱陷波。OFDM 符号具有 917 个有效子载波，并采用灵活可变的 GI。根据发送端和接收端的信道特性，每一个子载波可以自适应地应用从 BPSK 到 1024QAM 的不同调制方式。

在 MAC 层，HomePlug AV 在一个周期性时分多址接入（TDMA）分配上提供面向连接 QoS 非竞争服务，在一个载波侦听多路访问/冲突避免（CSMA/CA）分配上提供无连接、优先基于竞争的服务。MAC 接收 MAC 服务数据单元（MAC service data unit，MSDU），并将其封装到一个 MAC 帧中，该 MAC 帧包含一个帧头、可选到达时间戳以及校验信息。之后 MAC 帧又被分成若干 512 字节的区段，加密封装到串行的物理块并打包成 MAC 协议数据单元（MAC Protocol Data Units，MPDUs）到物理层模块中。最后物理层模块产生 PHY 协议数据单元（PHY protocol data unit，PPDU）并将其发送到电力线上[5]。HomePlug AV 规格包含了 IEEE 1901 标准中定义的两个物理层协议中的一个（见第 13 章）。

HomePlug AV2 显著提高了性能，并且为了适应新一代多媒体的应用，其可实现千兆级速率。

14.2.2　HomePlug AV2 技术

HomePlug 系统定义为使用电力线信道进行的室内通信。该室内通信通过时分双工（time division duplexing，TDD）的机制建立通信，来实现对等体间的对称通信，而不是像 ADSL 中经典的接入系统，使用不同的下行和上行吞吐量。

PHY 层采用 OFDM 调制方案用以获得更高的效率并适应信道状况（如频率选择性衰减、窄带干扰和脉冲噪声的影响）。HomePlug AV2 的 OFDM 将 100MHz 划分为 4096 个载波，但仅 1.8～86.13MHz 内的载波用于通信（3455 个载波）。HomePlug AV 根据电力线相干带宽特性，选择 24.414kHz 作为子载波间隔。为了实现互操作性，HomePlug AV2 也将其作为子载波间隔。

HomePlug AV2 系统可支持 AV-only 模式和混合模式两种网络工作模式，如图 14-1 中 1.0.1FC 编码器。混合模式可以保证和 HomePlug 1.0.1 站点共存。为了达到这个目的，1.0.1 FC 编码器应用在混合模式，而 AV2 FC 编码器应用于混合及 AV-only 模式。AV-only 模式用于仅包含 HomePlug AV 和 HomePlug AV2 站点的网络通信。

图 14-1 中展示了两条 OFDM 路径来表明如何通过两个传输端口实现 MIMO 功能。

除了混合或 AV-only FC 符号，可以在每个子载波采用自适应比特加载或配有固定正交相移键控（quadrature phase shift keying，QPSK）星座图的鲁棒模式（robust mode，ROBO），并将数据的多个拷贝在时间和频率上交织比特，来发送载荷数据。

通过图 14-1 所示框图的数据路径信息，可以看出：在发送端，PHY 层接收来自 MAC 层的输入。图中存在三条不同的数据处理链，是因为针对 HomePlug 1.0.1 FC 数据、HomePlug AV2 FC 数据和 HomePlug AV2 的载荷数据使用不同的编码方式。AV2 FC 数据由 AV2 FC 编码器处理，其包含一个 turbo 卷积编码器和 FC 多样性重复编码器，而 HomePlug AV2 的载荷数据流通过一个扰频器、一个 turbo 卷积编码器和一个交织器。HomePlug1.0.1 FC 数据则通过一个独立的 HomePlug 1.0.1 FC 编码器。

FC 编码器和载荷数据编码器的输出进入了一个共同的 MIMO OFDM 调制结构，其包含以下部分：

（1）MIMO 流分析器（MIMO stream parser，MSP），其提供最多两条独立的数据流到两条发射路径，该路径包括两个映射器，一个对其中一个数据流施加 90° 相移的移相器（减小两个信号的相干叠加）；

（2）一个应用发送端波束赋形的 MIMO 与编码器；

（3）两个快速傅立叶逆变换（inverse fast Fourier transform，IFFT）处理器；

（4）插入前导码和循环前缀；

（5）符号加窗和重叠模块，将信号送入模拟前端，其使用一个或两个发送端口最终将信号耦合到电力线介质上。

对于潜在的 MIMO 耦合器的配置，有兴趣的读者可以参考第 1 章。

在接收端，具有 N_R（$N_R=1，2，3，4$）个接收端口的 AFE 与单独的自动增益控制（AGC）模块和一个或多个时间同步模块一起操作，为 FC 和有效负载数据的恢复电路提供数据。插入电源插座的接收端连接三根导线（L，N 和 PE），其可能利用多达三个差模接收端口和一个共模（common-mode，CM）接收端口。

从接收信号中恢复 FC 数据时，首先需要通过一个 1024 点的 FFT（用于 HomePlug1.0.1 的定界符）和多个 8192 点的 FFT，之后经过 HomePlug AV2/HomePlug AV 解码器和 HomePlug 的 1.0.1 模式解码器。采样时域波形的载荷数据部分仅包含 HomePlug AV2 格式的符号。恢复该符号时要通过多个 8192 点 FFT（每个接收端口使用一个），一个 MIMO 均衡器（其接收个信号，进行接收波束形成并恢复两个发送流），两个解调器，一个组合两个 MIMO 流的解复用器和信道解交织器，一个 turbo 卷积译码器和一个解扰频器。

14.3　HomePlug AV2 物理层改进

14.3.1　波束成形下的 MIMO 容量

HomePlug AV2 规范包含具有波束成形的 MIMO 功能，它可以提高整个家庭网络的覆盖率，特别是对于那些难以到达的插座。MIMO 技术允许 HomePlug AV2 设备在三线配置中的任何两线对上进行发送和接收信号。图 14-2 为 MIMO PLC 信道不同的发送和接收选项，图中给出了 L、N 和 PE 的三线配置，以及耦合器设计原理示例（详见第一章）。HomePlug AV 总是在相线—中性线上（图 14-2 中的端口 1）进行数据发送和接收，而 HomePlug AV2

调制解调器可以在其他线对上发送和接收信号。由 L、N 或 PE 导线组成的任何两线对（即 L—N，L—PE 和 N—PE）可用于发送端口。在接收端口，最多四个接收端口可以使用（参见图 14－2）。图 14－2 中，端口 4 的 CM 信号是三线的总和和接地之间的电压差。

所用的发送端口的数量 N_T 和所用的接收端口的数量 N_R 定义为 MIMO 配置，这称为 $N_T \times N_R$ MIMO。例如，当使用 L—N 和 L—PE 发送和接收信号时，系统就是 2×2MIMO 配置。HomePlug AV2 规范支持 MIMO 配置最多两个发送端口和 N_R 个接收端口。

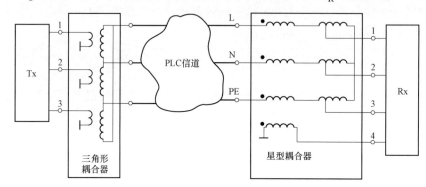

图 14－2　MIMO PLC 信道不同的发送和接收选项

一些家庭没有安装 PE 线。第 1 章中介绍了全球范围内 PE 导线可用性的调查。在这种情况下，HomePlug AV2 自动切换到单输入单输出（single-input single-output，SISO）工作模式。在 SISO 模式下，HomePlug AV2 还具有选择分集。用于发送和接收的端口可能与传统的 L—N 发送不同。例如，如果 L—PE 到 L—N 的路径提供了比 L—N 到 L—N 路径更好的信道特性，发送端可以选择使用 L—PE 端口发送。

许多文献已经研究了应用于电力线信道［6－18］的 MIMO 传输性能。第 1～5 章介绍了关于 MIMO PLC 信道特性和信道建模的更多信息。

对于每一个 OFDM 子载波 c，MIMO PLC 信道可描述为一个的信道矩阵：

$$H(c) = \begin{bmatrix} h_{11}(c) & \cdots & h_{1N_T}(c) \\ \vdots & \ddots & \vdots \\ h_{N_R 1}(c) & \cdots & h_{N_R N_T}(c) \end{bmatrix} \tag{14.1}$$

式中：c 为效子载波的集合，取决于频带和陷波。

HomePlug AV2 支持一个或两个数据流。由于 HomePlug AV2 支持具有多达两个发送端口和多达 N_R 个接收端口的 MIMO 配置，因此 AV2 中支持的最大数据流的数目为两个。底层 MIMO 流从信道矩阵的奇异值分解（Singular Value Decomposition，SVD）中获得[19]：

$$H(c) = U(c)D(c)V(c)^H \tag{14.2}$$

式中：V 和 U 为酉矩阵，即 $V^{-1} = V^H$ 和 $U^{-1} = U^H$（H 为埃尔米特运算）；D 为包含 H 的奇异值的对角矩阵。

关于 MIMO 信道矩阵和基于 SVD 的底层 MIMO 流的详细信息，参考第 8 章。

通过 SVD 分解成的并行和独立的数据流展示了 MIMO 增益：与具有一个空间流的 SISO

相比，$2 \times N_R$（$N_R \geqslant 2$）MIMO 配置具有两个独立的空间流，其相比 SISO 容量增倍[6, 17, 20]。第 9 章介绍了 MIMO PLC 信道容量和吞吐量的研究分析。

（1）MIMO 数据流解析器。根据传输中数据流的数量，载荷数据比特必须被划分到不同的空间流中。这个任务由 MIMO 数据流解析器（MIMO stream parser，MSP）执行。MSP 根据 MIMO 模式和载波映射信息将输入的比特分成一个或两个数据流（参见图 14-1）。为了 SISO 传输或发送点波束赋形的单数据流载荷数据，MSP 将其输入端的所有数据发送到第一个映射器。在这种情况下，MSP 如同仅有一个输出，并且被连接到第一个映射器（参见图 14-1）。为了发送特征波束赋形的两个数据流载荷数据，MSP 将比特分配给两个流。

（2）预编码。预编码的空间复用或波束成型被选为 MIMO 方案，这是因为它通过采用最佳方式发送到 MIMO PLC 信道的基本本征模式，而实现了最佳性能，且可以在各种信道条件下实现这种性能。一方面，当每个符号通过每个可用的 MIMO 路径传输时，可以在高度衰减和相关的信道条件下，获得充分的空间分集增益；另一方面，当所有可用的空间流被使用时，可以在信道低衰减的情况下，获得最大比特率增益。就接收端设计而言，波束赋形有许多优点。采用波束赋形后，可以使用最简单的检测器或均衡器算法，即迫零（zero-forcing，ZF）检测。当发送端采用最优预编码时，一些更复杂的检测算法如最小均方误差（minimum mean squared error，MMSE）或排序连续干扰消除（ordered successive interference cancellation，OSIC）检测算法，并不能带来性能增益[18]。对接收端配置而言，波束赋形提供了灵活性。当仅有一个接收端口可用时，仅有一个空间流在发送端被激活，即如果插座没有配备第三线或者采用了简化的接收端实现方式，那么只支持一个空间数据流。因为波束赋形的目的是最大限度地提高一个 MIMO 流，与没有预编码的空间复用方案相比，不采用第二条数据流的性能损失相对较小。特别是在深衰减和相关信道中，第二条 MIMO 数据流承载了少量信息时，这种性能损失就更小了。这些信道对于 PLC 而言是最关键的，同时适当的 MIMO 方案也很重要。参考文献［18，20，21］和本书第 8、9 章中比较和分析了不同的 MIMO 方案。

波束成形需要发送端了解信道状态信息，来决定如何应用最佳的预编码。通常，只有接收端通过信道估计能获得信道状态信息。因此，有关预编码的信息需要从接收端反馈到发送端。HomePlug AV2 规范支持自适应调制[22, 23]。自适应调制的应用也需要每个子载波星座的反馈信息，即反馈路径是必需的。根据 PLC 信道的改变，载波映射和预编码信息（由信道估计给出）同时更新。预编码的信息被有效地量化，而且预编码信息和载波映射所需的开销具有相同的规模。因此，管理消息的开销和所需存储器可以保持较低水平。

预编码空间复用系统的最优线性预编码矩阵 F 可以分解成两个矩阵 V 和 P[24]：

$$F = VP \tag{14.3}$$

P 是一个对角矩阵，描述了总发送功率到各个发送流的功率分配（PA）。14.3.1.4 中对 PA 进行了更详细的介绍，V 是信道矩阵 SVD 分解的右酉矩阵（见公式 14.2），通过酉矩阵 V 的预编码通常称为酉预编码或特征波束赋形。

图 14-3 表示发送端基本 MIMO 结构。MSP 后为两个数据流的映射器（见图 14-1），两个数据流的两个符号随后由 PA 系数加权并乘以矩阵 V。最后，每个数据流分别独立地进

行 OFDM 调制。

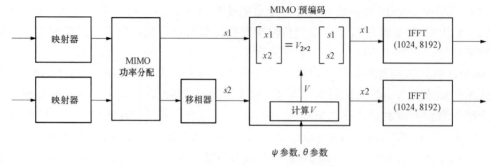

图 14-3　发送端基本 MIMO 结构

　　图 14-4 展示了在 1~30MHz 频带内，SISO 和几个 MIMO 工作模式的互补累积分布函数（complementary cumulative distribution function，C—CDF）或比特率覆盖，图中所示的 MIMO 方案包括未经预编码的空间复用（SMX：ZF）[19]、波束赋形的不同模式，以及作为额外参考的 Alamouti 方案——一种采用两个发送端口［1998 Alamouti］的简单有效的空时码。该分析中所用的 MIMO PLC 信道（总共 338 条信道）是在 ETSI STF410 测量活动[13-15]中获得的。在图 14-4 中的高覆盖点（C-CDF 值接近 1 处），未预编码和 ZF 检测的空间复用相比 SISO 未表现出性能增益。而波束赋形和 Alamouti 方案却实现了最佳性能。这两种方案利用了完整的空间分集，这对于在高度衰减和相关的信道情况下（图 14-4 中高覆盖点处），获得良好的性能是必不可少的。在低覆盖点处（C-CDF 值接近 0），包括低衰减的好信道，未预编码的空间复用接近波束成形的性能水平。在这种情况下，Alamouti 方案接近 SISO 性能，这是因为 Alamouti 每个符号发送两次，因此其不能通过两个流获得复用增益。空间复用方案使用了两个流，因而其获得的比特率是 SISO 和 Alamouti 的两倍。总体而言，波束赋形为所有的信道条件提供了最好的比特率。

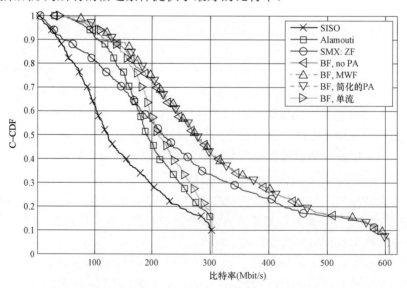

图 14-4　SISO 和 MIMO 工作模式的互补累积分布函数或比特率覆盖

在图 14-4 中，未经预编码的 MIMO 2×4 空间复用（SMX：ZF）和波束形成的不同模式，发射功率到 65dB 的噪声功率，频率范围高达 30MHz，在 10^{-2} 的目标 BER 下，使用星座高达 4096-QAM 的自适应调制（没有错误编码）。

（3）波束赋形和波束赋形矩阵的量化。预编码矩阵 V 可由信道矩阵 H 的 SVD 分解得到（见式 14.2），其有两种可能的工作模式。如果仅使用了一个空间流，使用单流波束赋形（或点波束赋形）。在这种情况下，预编码由 V 的第一列向量描述，即预编码简化为一个列矢量的乘法。注意，尽管仅使用一个空间流，但预编码矢量将信号分离到两个发送端口。如果这两个空间流都使用了，那么双流波束赋形（或特征波束赋形）和充分的预编码矩阵 V 应用到 MIMO 预编码模块中（见图 14-3）。

由于预编码矩阵的信息必须从接收端反馈到发送端，因此需要适当的量化。为了实现这一目标，使用了 V 的特殊性质。

V 的酉属性为 V 的列 v_i（$i = 1, 2$）是正交的，也就是说，列矢量是正交的，且每个列向量的范数等于 1 [26]。SVD 存在多个解：V 的列矢量相位是不变的，也就是说，任意相位旋转乘以 V 的每个列向量得到一个有效的预编码矩阵。

这些性能仅通过两个角度 θ 和 ψ 就可以表示复数 2×2 矩阵 V：

$$V = \begin{bmatrix} v_1 & v_2 \end{bmatrix} = \begin{bmatrix} v_{11} & v_{12} \\ v_{21} & v_{22} \end{bmatrix} = \begin{bmatrix} \cos\psi & \sin\psi \\ -e^{j\theta}\sin\psi & e^{j\theta}\cos\psi \end{bmatrix} \tag{14.4}$$

式中：表示所有可能的波束赋形矩阵的 θ 和 ψ 的范围是 $0 \leqslant \psi \leqslant \pi/2$，$-\pi \leqslant \theta \leqslant \pi$。

不失一般性，如式（14.4）中所示，根据相位不变性，每列 (v_{11}, v_{12}) 的第一项也可以设定为实数。可以很容易地证明酉预编码矩阵特性得到了满足。列向量的范数是：$|v_{11}|^2 + |v_{21}|^2 = |v_{12}|^2 + |v_{22}|^2 = \sin^2(\psi) + \cos^2(\psi) = 1$。此外，这两列是正交的：

$$v_1^H v_2 = \sin(\psi)\cos(\psi) - \sin(\psi)\cos(\psi)e^{-j\theta}e^{j\theta} = 0 \tag{14.5}$$

在两种模式中，点波束赋形和特征波束赋形的波束赋形向量或波束赋形矩阵，分别由两个角度 θ 和 ψ 表示。因此，在这两种模式中 θ 和 ψ 是相同的。

如果 MIMO 均衡器基于 ZF 检测，则检测矩阵是信道矩阵 H 的伪逆 H^P。

$$W = H^P = (H^H H)^{-1} H^H \tag{14.6}$$

在预编码矩阵为 V 的特征波束赋形情况下，H 可以由式（14.6）中的等效信道 HV 置换，此时检测矩阵可表示为：

$$W = V^H H^P = D^{-1} U^H \tag{14.7}$$

检测后，MIMO 数据流的信噪比可通过下式计算：

$$\left. \begin{aligned} SNR_1 &= \rho \frac{1}{\|w_1\|^2} \\ SNR_2 &= \rho \frac{1}{\|w_2\|^2} \end{aligned} \right\} \tag{14.8}$$

式中：ρ 为发射功率与噪声功率的比；$\|w_i\|$ 为检测矩阵 W 的第 i 行的范数。

图 14-5（a）展示了 MIMO PLC 信道的第一个数据流的 SNR。这个链路的平均衰减为

40dB。发射功率与噪声功率之比为 $\rho = 65$dB。虚线表示未预编码的空间复用 SNR，实线表示特征波束赋形。第二个流的 SNR 如图 14-5（b）所示。

图 14-5（a）中的两个标记 X 频率为 13MHz，波束赋形在这一频率下表现良好。根据式（14.6）和式（14.8），不同的预编码矩阵影响两个 MIMO 流的 SNR。

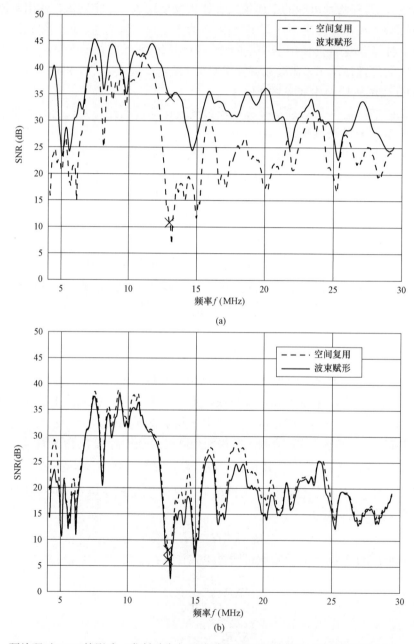

图 14-5　预编码对 SNR 的影响（发射功率与噪声功率之比为 65dB，平均信道衰减为 40dB）（一）

（a）具有预编码的数据流信噪比；（b）不具有预编码的数据流信噪比

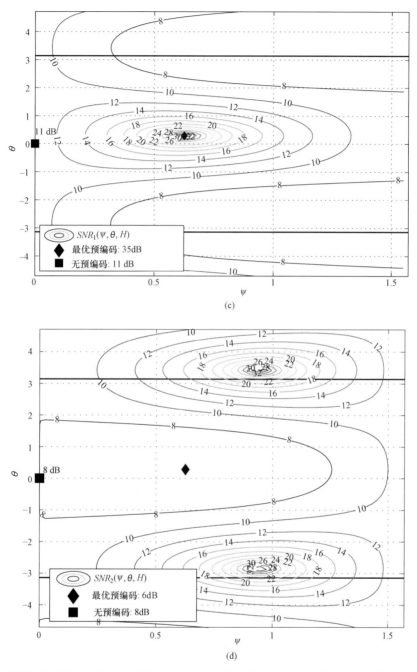

图 14－5　预编码对 SNR 的影响（发射功率与噪声功率之比为 65dB，平均信道衰减为 40dB）（二）
（c）第一个数据流在 BMHZ 预编码矩阵对 SNR 的影响；（d）第二个数据流在 BMHZ 预编码矩阵对 SNR 的影响

图 14－5（c）和图 14－5（d）表示，在图 14－5（a）、（b）中的标记频率 X 下，波束赋形的增益或信号消除水平。图 14－5（c）、（d）的曲线为信噪比。根据预编码矩阵，信噪比在 6～35dB 之间变化。无波束成形（$\psi=0$，$\theta=0$）情况下信噪比为 11dB。如图 14－5（c）所示，在由 ψ 和 θ 跨越的区域中有一个 SNR 最大值。由于两个流是正交的，当一个流表现

出 SNR 最小值时，在这个位置，另一个流表现出它的最大值。图 14-5（c）、（d）中的 SNR 在 θ 上是以 2π 为周期的，其中黑色水平线表示 $\theta = \pm\pi$。

波束赋形矩阵进行了有效的量化，用来减小反馈的开销。总共用 12 位来描述预编码矩阵 V。信道矩阵 H 的实部和虚部的正态分布导致了 V 的均匀分布。同时，这导致 θ 的均匀分布和 ψ 的正态分布。将 θ 量化为 7 位，ψ 量化为 5 位，可以实现最佳性能。量化后相比于未经量化的最佳波束赋形，检测后的信噪比损耗〔参照式（14.6）和式（14.8）〕在 0.2dB 以内。

（4）功率分配。MIMO PA 被应用到双流 MIMO 传输中。PA 只调整其中一个数据流上的载波功率。对于 SISO 传输和 MIMO 点波束赋形传输，可以不进行 MIMO 功率分配，这是因为只有一个传输流。在这种情况下，唯一可用的选项是将所有的功率分配给单一的数据流。该 PA 模块位于映射器和预编码块之间（见图 14-1），并在波束赋形之前，对两个 MIMO 流进行处理。AV2 中的 PA 的设计需要非周期地从接收端到发送端反馈附加信息。PA 通过评估两个流的载波映射方式来设置它们的 PA 系数。结果表明，它们的性能非常接近最佳的 PA（MWF）〔27〕。PA 提高了高度衰减信道下的高覆盖率点。

基于每个数据流上的载波映射信息，自适应调制分别对每个子载波进行星座图映射。如果一个数据流上的某个子载波 SNR 过低以至于不能承载任何信息，那么所有功率都映射到另一个数据流上。功率调整的步进为 0.5dB。

每个 AV2 的发送端根据监管要求和其传输实现来调整功率。并将该功率以信号的形式发送给接收节点，希望其在 SNR 估计和产生载波映射时，将该因素考虑在内。

（5）分组预编码。与 HomePlug AV 设备相比，HomePlug AV2 设备支持扩展频谱（参见 14.3.2 节，高达 86.13MHz）和一个额外的数据流（MIMO 使用）。因此，HomePlug AV2 设备需要存储两个载波映射（每个流一个）和每个载波的一个预编码矩阵（precoding matrix，PCM）。这会导致对 AV2 调制解调器的内存要求的增加。为了节约存储器，HomePlug AV2 设备仅仅发送和存储预编码导频载波（precoding pilot carriers，PPC）的 PCM。在发送端，两个相邻 PPC 之间的 PCM 通过内插法求得。PPC 之间的间距从一组预定义的值之中选择，这种选择取决于存储器功能或信道条件。调制解调器中嵌入的存储器越多，则精度越高。由于相邻子载波的预编码矩阵的高相关性，与各子载波的量化相比，预编码分组的性能损失无关紧要。文献〔18〕研究了不同 MIMO PLC 预分组算法。

不同类别的 AV2 设备可能具有不同的存储器实现分组预编码。内存较大的器件载波分组更加精细。内存有限的设备执行的载波分组较粗糙。由于接收端反馈 PCM，故对接收端来说，发送端存储器的内存大小是非常重要的。例如，如果 PCM 来自于一个内存较大的接收端，则一个内存有限的发送端将无法存储和使用 PCM。发送端支持的 PCM 分组通过发送端发送管理消息来告知接收端。

接收端转发导频载波的 PCM 到发送端。发送端重建导频 PCM 信息来获取所有载波的预编码矩阵。

图 14-6 展示了根据角度域内插进行的一种重建方法（类似于图 14-5（c）、（d）。标记 X 表示 MIMO PLC 信道的 17 个相邻子载波的预编码矩阵。实心圆标记表示量化的预编码矩阵（每个载波量化为 12 比特）。一些子载波使用相同的预编码矩阵，因此，图 14-6

中圆的数目少于 17。空心圆表示 8 个子载波分组的线性插值。内插子载波的预编码矩阵类似于最优预编码矩阵。

图 14-7 展示了陷波或屏蔽子载波附近的内插操作。PCM 的位置可能会出现在陷波频带，在该频带中接收端不评估 PCM。在这种情况下，接收端推断陷波边缘子载波的 PCM，以获得陷波内 PPC 的预编码矩阵。接收端了解施加在发送端的内插，并使用该信息来获得陷波内的 PPC 上的外推预编码矩阵。

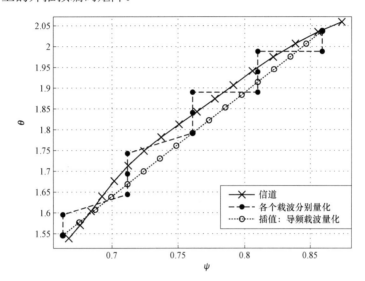

图 14-6　在角度域中的预编码矩阵的线性内插

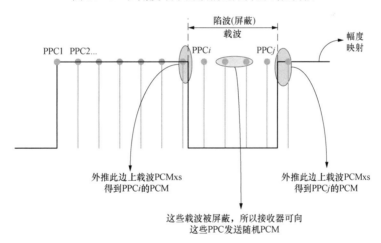

图 14-7　在陷波的边缘处的预编码矩阵的内插

14.3.2　扩展至 86MHz 的频段

在规范制定过程中，AV TWG 进行了一系列的测量活动。其中，在 30 个不同的欧洲国家及美国的室内环境中，进行了电力线信道和噪声的测量。这种测试的多样性对于了解 Homeplug AV 采用频段（1.8～30MHz）上的电力线特性非常关键。具体而言，就是在每一个室内环境，对至少五个不同的节点之间的所有可能的链接都进行了测试。

信道衰减和噪声 PSD 实例分别如图 14-8 和图 14-9 所示。

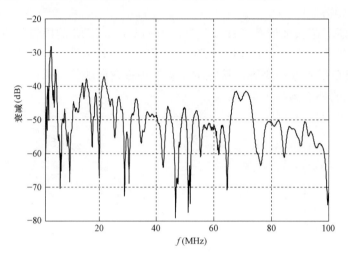

图 14-8　测量的信道传递函数实例

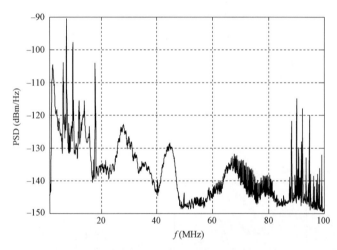

图 14-9　测量的噪声 PSD 实例

最终分析确定采用 30～86MHz 频段，这是基于测量得出的结论。目前，EMC 规则、覆盖范围和复杂性的目标主要由如下内容决定：

（1）必须避免频率调制（FM）频带区域（87.5～108MHz），因为这个频率区域相比于 30～86MHz 频带，呈现更高衰减和噪声（参见图 14-8 和图 14-9）。此外，在该频带中要求使用较低的发射功率，来保护 FM 广播服务。因此，在这个频段，具有极低的信噪比和可以忽略不计的覆盖范围的增加量。

（2）30～86MHz 频带似乎增加了吞吐量，特别是覆盖百分比在低到中等时。这是因为虽然相比于 1.8～30MHz，30～86MHz 衰减变大，但是其噪声较低。故对 30～86MHz 的 EMC 要求通常比 1.8～30MHz 更严格。监管机构（如 CENELEC）正致力于保障频率资源的有序使用，见第 6 章标准 FprEN50561-1。因此，可以预见，很快就会推出 30～86MHz 的发射功率屏蔽表。

（3）在 HomePlug AV2 规范中，可以灵活选择 30～86MHz 间的终止频率。特别是，从 1.8～X MHz 的 AV2 设备（30＜X＜86）可以与从 1.8～Y MHz 的设备（30＜Y＜86，X≠Y）兼容。

（4）30～86MHz 的频段扩展允许设备与使用 1.8～50MHz 频段的 IEEE 1901 设备实现完全互操作，即频带扩展的 HomePlug AV2 设备可以支持 IEEE 1901 的带宽。

14.3.3 高效陷波

HomePlug AV2 通过允许设备最大限度地减少因 EMC 陷波要求所产生的开销，来增加吞吐量。而在 HomePlug AV 中，用于实现 PSD 陷波的机制（加窗 OFDM）是固定和相对保守的。如果采取额外的技术来获得更锐利的 PSD 陷波，HomePlug AV2 设备可能获得高达 20%的效率增益。这 20%包括 HomePlug AV 调制解调器排除的保护载波的增益和在时域中减少的过渡时间间隔（transition interval，TI）增益。这样的装置可以在频带边缘获得附加载波，并且可以利用更短的循环扩展来降低 OFDM 符号的持续时间。

（1）加窗对频谱和陷波形状的影响。FFT 使用矩形窗从一个连续流切出数据，将它们从时间转换为频域。时域矩形函数的 FFT 在频域内是 $\sin(x)/x$ 的函数。$\sin(x)/x$ 在 π 的整数倍变为 0。信号在两个零点之间的部分形成了不需要的 FFT OFDM 系统信号旁瓣。

在时域内将 OFDM 符号乘以一个窗口（见图 14－11）的目的是抑制 OFDM 符号的开始和结束部分的尖角，来获得平滑过渡。这在频域上影响了旁瓣的形状和距离[29]。有许多类型的窗口函数，图 14－10 比较了汉明、巴雷特（三角形）、凯泽、布莱克曼和升余弦（Hann）。加窗方式对旁瓣的抑制情况，该图有助于说明加窗的缺点。即旁瓣被抑制，但主瓣保持较宽。

第一次频谱到达零时，所有采用加窗所处的频率至少是纯 FFT 矩形窗频率的两倍。在信号处理中，加窗被认为是最先进的[30]。

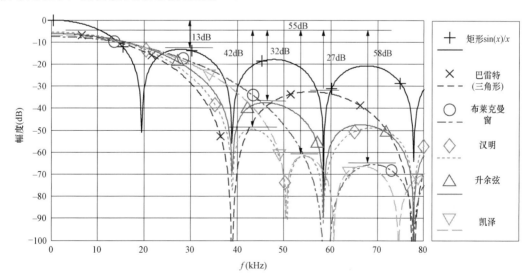

图 14－10 单载波 OFDM 旁瓣（各窗口功能的比较）

图 14-11 展示加窗过程。原始 OFDM 符号或发送端 IFFT 的输出被标记为 FFT 部分。
GI 间隔从符号尾部复制到符号开始的位置。为了进行加窗，必须像 GI 那样进一步从符号
开始处复制比特到符号尾部，来实现扩张。然后，将这种扩张乘以平滑递减窗口。在时域
内信号更平滑地趋近于零，则在频域内旁瓣就越低。因为这种符号的扩张不携带有用信息，
并需要在接收端进行丢弃，因此产生了通信资源的浪费。

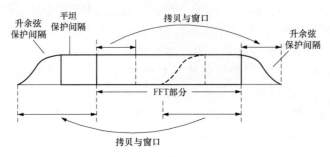

图 14-11　加窗过程示意图

在时域中，为了节省连续 OFDM 符号的通信资源，两个滚降部分可以进行重叠。连续
的 OFDM 符号、GI、RI 和窗口重叠如图 14-12 所示。新符号时间 T_s 是在测量符号前后滚
降间隔（roll-off interval，RI）中心得到的。重叠区域 RI（见图 14-12）与参数 β 和 OFDM
码元时间 T_s 相关：

$$RI = \beta T_s \qquad (14.9)$$

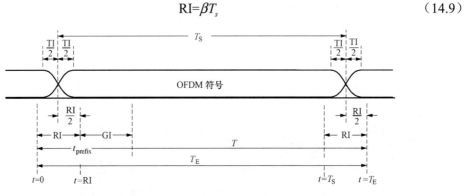

图 14-12　连续的 OFDM 符号、GI、RI 和窗口

总符号长度 T_E 为：

$$T_E = (1 + \beta) \cdot T_s \qquad (14.10)$$

HomePlug AV 规范允许使用多种 GI[31,32]。如果选择最短的 GI，HomePlug AV 使用的 β
为 RI/$(T + GI) = 4.96\mu s/（40.96 + 5.56\mu s）= 0.106\,6$。

在 HomePlug AV2 中引入了 TI。它和发送端独立实现的加窗是相关的，并且不影响互
操作性。为了最小化时域开销和实现有效陷波，甚至可以将脉冲整形窗口和 GI 减少到零。
为了保证与以前的 HomePlug 版本兼容，参数 RI 的定义和定时必须保持稳定，如图 14-12
所示。与 RI 相反，新参数 TI 可以减少到零。

这些间隔之间存在一个平衡，并可因此获得更好旁瓣衰减。

图 14-13 所示为使用不同的滚降实现的 OFDM 频谱的不同陷波宽度和深度，其表明了通过改变升余弦窗滚降因子（β 值）可以获得任意 OFDM 系统的频谱陷波。增大滚降系数可直接增加陷波衰减的深度。然而，这会导致符号长度的增加。

为了在 OFDM 频谱实现陷波，采用了一种模型，即使用 QAM 调制和省略各种数量（1～5 和 10）的载波的陷波。通过选取其中的最大值实现频谱陷波。10 个载波的陷波表明了加窗的频谱益处。只对 5 个载波进行陷波，则很难看到加窗的影响。在 5 个载波陷波时，没有加窗和采用最高仿真 β 值之间的差别大约为 5dB。β 的权衡使符号时长增加了 11%。若采用 10 个载波陷波，在中心频率处不加窗的衰减为 15dB，而采用 HomePlug AV 加窗则增加到 30dB。

相比改进的陷波深度，时域中的额外开销是非常大的。使用小滚降系数加窗足以抑制频谱带外旁瓣，但对单个载波陷波的深度没有帮助。

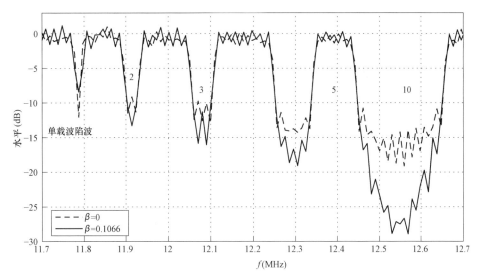

图 14-13　使用不同的滚降实现的 OFDM 频谱的不同陷波宽度和深度

在 HomePlug AV 规范使用 $\beta=0.106\,6$ 的情况下，受保护的频率范围左侧和右侧部分的保护载波必须被省略，来保证陷波深度。北美载波屏蔽要求 1.7～30MHz 之间具有 10 个陷波。该频谱的第一个载波和最后一个载波进行了陷波处理。这两处陷波分别只有 1 个斜坡用于载波通信。所有其他陷波都有 2 个斜坡，因此共有 18 个陷波斜坡。在频域中，频谱丢失了近 6% 的通信资源。此外，β 导致时域近 11% 的资源浪费。假定可以实现时域和频域的最大锐度，将有可能在施加北美载波屏蔽时，重新获得丢失的通信资源。如果因即将实施的规范[33]产生了额外的陷波，频谱就会变得更加分散，此时这些损耗将变得更加明显。

（2）提高陷波深度和坡度的数字自适应带阻滤波器。上述过程是假定在理想状态下实现的，实际上数字带阻滤波器增加了陷波的锐度，并将半导体缩小为较小结构，从而可在芯片上集成额外的功能，即将平衡转移到了硬件上。

HomePlug AV2 规范给芯片制造商提供了最大的自由度。滤波算法、阶数和结构都与实现相关，参见文献［34］中的实例。进行更多的滤波处理，可以实现更好的陷波斜坡锐度，这反过来又导致 GI 长度变短，因此，就会有更多的资源用于通信。在短的 PLC 信道，且无多径反射或符号间干扰的情况下，GI 下降为零（见 14.3.5.1）是可能的。

14.3.4　HomePlug AV2 功率优化技术

HomePlug AV2 标准引入了可用于优化发射功率的两种新颖的技术：一是发送功率回退技术，它可降低一组选定载波的发射功率谱密度（power spectral density，PSD），且不影响性能；二是 EMC 型功率提升技术，它允许发送端在规定限制内增加载波功率。

（1）发送功率回退技术。在 PLC 上，发射功率限值通常定义为适用于标准频率范围内的 PSD 屏蔽，并且由于电力线调制解调器直接连接到电线上，因此将它们设计为在每个频率上使用最大的允许传输 PSD 来传输数据（即它们对有限的电池供给并不敏感）。

在许多情况下，最大限度地提高发射功率会获得最佳性能，然而，PSD 屏蔽的特定定义结合特定的信道状况可能产生下述情况，即调制解调器可从小于最大允许功率水平的发射中受益。

以北美法规限制为例，说明发送功率控制的好处。FCC 法规适用于北美电力线设备，1.8～30MHz 允许 -50dBm/Hz 的传输 PSD 及 30～86MHz 允许 -80dBm/Hz 的传输 PSD。

一个限制因素是 PSD 下降 30dB（在 30MHz 处）时，与来自低频带的信号载波（高达 30MHz），来自较高频率的载波信号（30MHz 以上）的幅度更小。因此，当总的信号进行数字域量化时，高频带信号的分辨率比低频带信号的分辨率低，并具有有限的信噪比。这种情况在发送端较明显，发送端下降 30dB 将导致高频带信号减少 5 比特的分辨率。如果在低频段发送功率进行回退操作，那么这种 PSD 的跳变将会减小，高频段的信号可以用高分辨率进行量化从而在发送端外增加 SNR。另一个限制因素是模数转换器（ADC）有限的动态范围，以北美 PSD 限值为例来说明其影响。为简单起见，假设图 14-14 为平坦电力线信道和平坦噪声谱，电力线信道（Rx signal 为曲线信道衰减后的发送信号）和噪声（Rx noise 曲线）对接收到的信号的贡献被单独显示。此外，在模拟放大器前后（图 14-14 中虚线，实线）不同的信号也在图中展示出来。图 14-14 左侧是无功率回退的场景：1.8～30MHz 发送的信号比 30～86MHz 发送的信号大 30dB。模拟放大器对接收信号进行放大来优化 ADC 转换。由于噪声主要来自于 ADC 转化器（图 14-14 黑色曲线），在 30MHz 上下，模数变换后的 SNR 分别为 35dB 和 5dB。在图 14-14 右侧是采用功率回退的场景：1.8～30MHz 发送的信号衰减了 10dB，因此，它仅比 30～86MHz 所发送的信号大 20dB。模拟放大器将接收信号带到了级别 A。然而，在这种情况下，占主导地位的噪声不再是 ADC 噪声，并且在 1.8～30MHz 和 30～86MHz 所获得的 SNR 分别为 30、10dB。

在这个例子中，功率回退技术导致了较低频段的载波信噪比减少了 5dB，较高频段的载波信噪比增加了 5dB。假设高频段上的带宽较大，则由于传输功率回退，可以获得一个总的吞吐量增益。

发射功率回退也是一种有效的干扰抑制技术。例如，文献［33］提出在欧洲 PLC 发送端可根据链路衰减情况减少发射功率，以达到干扰抑制的目的。但文献［33］中描述的方法没有考虑 PLC 调制解调器的 QoS 要求。

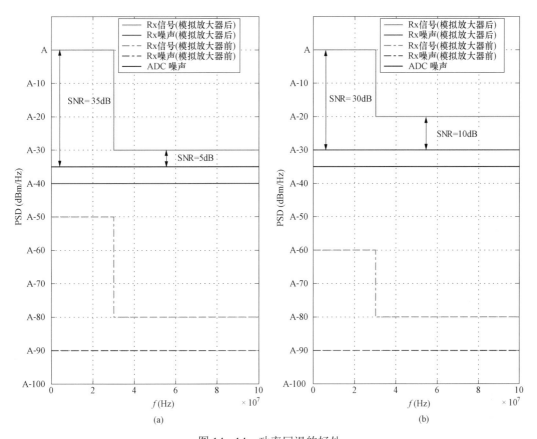

图 14－14　功率回退的好处

（a）无功率回退；（b）10dB 的功率回退

（2）EMC 型功率提升技术。EMC 型功率提升是 HomePlug AV2 规范引入的一种机制，即通过监测发射器输入端口的反射系数来优化发射功率，该反射系数称为参数 S_{11}。HomePlug AV2 规范中提出了 PSD 限值，该限值是基于设备端口和电力线网络接口处阻抗匹配的代表性统计数据得出的。在实践中，电力线网络的输入阻抗是频率选择性阻抗，其随不同的网络配置而变化，这导致在发送端消耗了部分发射功率。输入端口反射系数或输入回波损耗，其特征取决于参数 S_{11}，并且在发送端内消耗的发射功率为 20lg（$|S_{11}|$）dB。在阻抗失配大的情况下（参数 S_{11} 大），只有一小部分功率被有效地传递到电力线上。在这种情况下，PLC 调制解调器带来的电磁干扰（electromagnetic interference，EMI）会减小，并且比 EMC 规范的限值低得多。

为了补偿设备端口和电力线网络接口处的频率选择性阻抗不匹配，HomePlug AV2 调制解调器根据发送端测得的 S_{11} 参数，调整其传输频谱。通过阻抗失配补偿（impedance mismatch compensation，IMC）因子，增加发射信号功率，使更多的功率传送到电力线介质。

同时发射功率的增加将会导致辐射 EMI 的增加，IMC 因子确保了 EMI 持续低于目标 EMC 规定值。

HomePlug 技术工作组对 S_{11} 参数的真实值和 EMC 型功率提升技术的有效性进行了统计分析，该分析基于 ETSI 专家工作组［13－17，35］的一系列测量值。S_{11} 参数和 EMI 测量是在德国、瑞士、比利时、英国、法国和西班牙六个国家的不同地点进行的，频率范围为 1～100MHz。[13]中介绍了用于测量的调制解调器。

在这个研究中，S_{11} 测量包括 3 种差分馈送（L—N、N—PE 和 PE—L）和 1 种 CM 馈送可能性。对于 EMI 测量，考虑采用不同馈送可能性的测量，也就是其他具有 50Ω 的未终结或终止差分端口的差分馈送和 CM 馈送测量。

将本分析进行的 478 次频率扫描作如下分类：

（1）德国的六个不同位置和法国的三个不同位置；

（2）264 次户外 10m 测量、43 次户外 3m 测量和 171 次室内测量。

经过对上述实验数据进行统计分析，能够设计实际可实现的 EMC 友好功率提升技术。IMC 因子定义如下：

$$\mathrm{IMC}(k) = \min\left(\max\left(10 \times \lg\left(\frac{1}{1-\left|S_{11}(k)\right|^2} \right) - M(k), 0 \right), IMC_{\max} \right) \qquad （14.11）$$

式中：IMC(k)为 IMC 因子，dB；$S_{11}(k)$为参数依赖于载波的 S_{11} 估计；M 为参数 S_{11} 测量中不确定性估计的裕量；$IMC_{\max}$ 为 IMC 因子的最大允许值，dB。

图 14－15 所示为参数 S_{11} 的统计 CDF 以及相应 IMC_0 因子，且其是通过 0dB 的裕量 M 计算得到的。这些统计是基于 ETSI STF410 测量收集到的实验数据进行的。

在图 14－15 所示的 S_{11} 参数 CDF 中，可以看到在 80%的情况下 S_{11} 大于 -10dB，这意味着 10%以上的能量被反射回发送端。

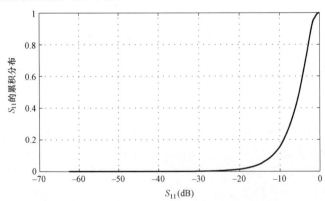

图 14－15 S_{11} 参数的 CDF

图 14－16 为 IMC 参数的 CDF，由图可得出由 EMC 型功率提升技术增加潜在功率的方法：

（1）对于 40%的记录，发射功率可以增加 2dB 以上来补偿阻抗失配。

（2）对于 10%的记录，发射功率可以增加超过 4dB 来补偿阻抗失配。

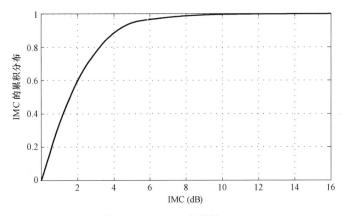

图 14-16 IMC 参数的 CDF

图 14-17 为运用 EMC 型功率提升技术前后对辐射 EMI 的影响。

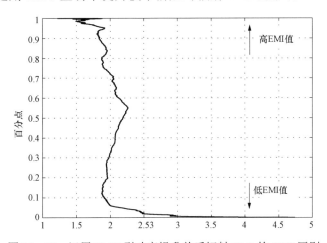

图 14-17 运用 EMC 型功率提升前后辐射 EMI 的 CDF 区别

从图 14-17 可以得到以下结论：

（1）EMC 友好功率提升的应用导致辐射场的 CDF 增加 1.2～4.8dB，其中 4.8dB 的极值出现在辐射场最低值处。事实上，辐射场的最低值与监管机构规定的限值相差很远。因此，即使增加几个 dB，辐射场也不会超过限值。

（2）在一般情况下，EMC 友好功率提升技术的应用将辐射功率 CDF 提高了约 2dB。更重要的是，在 25%的辐射情况下，辐射功率 CDF 的增加低于 2dB。这意味着，在调制解调器产生最大 EMI 的情况下，IMC 因子的应用不会使 EMI 提升 2dB 以上。可将 CDF 值和图 14-16 中 IMC 因子的 CDF 进行比较。在 40%的情况下 IMC 因子大于 2dB，在 10%的情况下 IMC 因子大于 4dB，EMC 友好型功率提升技术的应用对辐射功率 CDF 的极值提升未超过 2dB（当然，EMI 增加 2dB 是不能接受的）。因此，使用 IMC 因子提高发射功率时，应用了 2dB 的余量 M。在实践中，这意味着发送功率可通过由 IMC 因子所指示的值来提升。其结果是，即使在辐射最大的情况下，EMC 友好功率提升技术的应用也不会增加感知的 EMI。

基于此研究可得出结论：EMC 友好型功率提升技术的应用使得大量配置的发射功率得

到了显著提高，其中，阻抗不匹配导致了发送端信号的损耗。另外，统计分析表明，这种技术不会增加辐射干扰，即使在 EMI 最差的情况下，在计算 IMC 因子时使用 2dB 的余量 M 就可以不增加辐射干扰，如式（14.11）所示。IMC 因子的最大允许值的建议限值为 6dB。

14.3.5 其他 PHY 改进

除了 MIMO 技术、频带扩展、高效陷波和功率优化技术（如功率回退和 EMC 友好型功率提升），PHY 层的其他部分也在如下四方面进行了修改。

（1）新的时域参数。在 HomePlug AV2 规范中，对大量的时域参数进行了修改。例如，将采样频率从 75MHz 提高到 200MHz，对于给定的符号持续时间，采样数增加了 8/3。IFFT 间隔的长度为 8192 个采样，同时增加了 HomePlug AV GI 的采样数量。此外，还添加了下述新功能：

1）TI 定义了 RI 专用过渡窗的一部分，这使得选择加窗类型更加灵活（见 14.3.3）。

2）为 HomePlug AV2 短定界符定义了新的 GI。

3）载荷数据符号 GI 为变量，其可短至 0μs，也可提高到 19.56μs，以适应更多的信道条件，并且可以去除多径效应不明显或者主要受接收噪声而非 ISI 限制的信道 GI 开销。

（2）额外星座。在 HomePlug AV 中，最大星座为 1024-QAM，其对应于每个载波上加载 10 个编码比特位。HomePlug AV2 还提供了 4096-QAM，其对应于每个载波加载 12 位比特。较大的星座使得 PHY 峰值速率增加了 20%。实际上，在信道较好的情况下，增加吞吐量是可行的；在一些较差的信道场景下，具有较高 SNR 的频带也可利用高阶调制增加吞吐量。

（3）前向纠错编码。HomePlug AV2 和 HomePlug AV 使用相同的双二进制 Turbo 码。除了 1/2 和 16/21 的码率，HomePlug AV2 还提供了 16/18 的码率。对于这种新的编码率，HomePlug AV2 定义了一种新的打孔结构和一个新的信道交织器。此外，定义了 32 字节的新物理块大小，其包括一个用于前向纠错（forward error correction，FEC）的新终止矩阵规范，以及一个新的交织器种子表。32 字节的物理块用于 PHY 级信息确认，并且该技术允许进行更大的信息包确认，该数据包支持 HomePlug AV2 中增加的 PHY 速率。

（4）线周期同步。HomePlug AV2 规范还描述了在没有交流（alternating current，AC）线路周期 [（例如，一个直流（direct current，DC）电源线]，或 AC 线路周期不为 50Hz 或 60Hz 情况下的装置操作。在上述情况下，中央协调器（central coordinator，CCO）预先配置并选择 50Hz 的信标周期（即信标周期为 40ms）或 60Hz 的信标周期（即信标周期为 33.33ms）。在电动汽车充电过程中（使用直流电源），对于向配备多媒体的电动汽车传输数据来说，线周期同步功能是非常实用的。

14.4 HomePlug AV2 MAC 层改进

14.4.1 省电模式

HomePlug AV2 站点通过采用特定的省电模式提高在待机状态下的能效，该省电模式已经在绿色 HomePlug PHY 规范中进行了定义[3]（参见第 10 章）。在省电模式下，站点通过周期性地转换清醒状态和睡眠状态，减少平均功耗。在清醒状态下，站点可通过电力线发送和接收数据包；在睡眠状态下，站点暂停通过电力线包发送和接收数据包。

介绍一些用于描述省电模式的基本术语：

（1）清醒窗口：在此期间，站点能够发送和接收帧。清醒窗口的时间范围为从几毫秒至几个信标周期（信标期为工频交流周期的两倍：50Hz 时为 40ms；60Hz 为 33.3ms）。

（2）睡眠窗口：在此期间，站点不能发送或接收帧。

（3）省电周期（Power save period，PSP）：从一个清醒窗口的开始到下一个清醒窗口开始的间隔，PSP 被限制为信标周期的 $2k$ 倍。

（4）省电调度（Power save schedule，PSS）：清醒窗口的持续时间和 PSP 值的组合。为了能够和省电模式下的站点通信，在逻辑网络（AVLN）中的其他站点需要知道它的 PSS。

规范允许增强的 PSS 由 1.5ms 的清醒窗口和 1024 个信标周期的 PSP 组成，这相比于 HomePlug AV，可节省 99%以上的资源。实际上，一些室内应用需要更低的延迟和响应时间，因此减小增益可带来一定的平衡。这对于 PLC 利用率可变的应用程序而言，是非常实用的（例如白天利用率高和夜间利用率低）。HomePlug AV2 规范可灵活地允许网络中的每个站点具有不同的 PSS，因此，在不影响通信的情况下，为了保证高效省电，一个网络中的所有工作站点都需要知道其他站点的 PSS。

网络 CCO 的关键作用是，会赋予不同站点请求进入和退出省电模式的能力。此外，它向网络中的所有站点，分发不同的 PSS。同时，CCO 还具有可选的禁用 AVLN 所有站的省电模式，可选的唤醒处于省电模式的站点功能。

PSS 的共享允许站点在共同的清醒窗口期间通信（HomePlug AV2 和 HPGP 规范已经构建协议确保所有的清醒窗口之间至少有一次重叠）。这一重叠间隔也可用于传输 AVLN 内所有站点都需要接收的信息。

图 14-18 为 HomePlug AV2 和 HPGP 能量节省实例，图中 PSS 有 A，B，C 和 D 四个站点。相比于 HomePlug AV，所有站点节省了 75%的资源。注意，在这个例子中，站点 A 和 B 可以每两个信标周期通信一次。此外，所有站点总是每四个信标期间同时清醒一次，以保持相互间的通信。

14.4.2　短定界符和延迟确认

HomePlug AV2 添加了短定界符和延迟确认功能，该功能通过减少与电力线上发送的载荷数据相关的开销来提高效率。在 HomePlug AV 中，上述开销会导致传输控制协议（transmission control protocol，TCP）载荷数据效率降低，而短定界符和延迟确认功能可以改善 TCP 效率，使其接近 UDP 效率。

为了对噪声信道上发送的载荷数据进行分组，接收端需要信令来检测分组的开始和评估信道，以便载荷数据可以被解码，并且需要附加的信令来确认载荷数据是否被成功接收。由于处理时间不同，载荷数据传输和确认帧之间需要帧间间隔。事实上，帧间间隔包含接收端对载荷数据译码的时间、检查准确接收和对确认消息编码的时间。由于 TCP 确认载荷数据必须在相反的方向传送，因此，这项开销对 TCP 载荷数据更加重要。

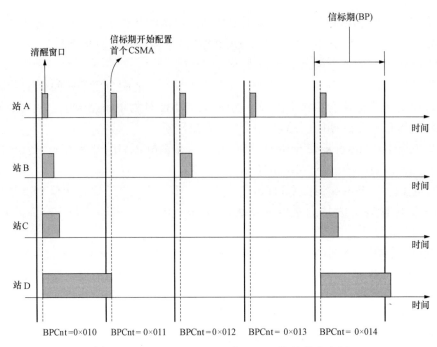

图 14-18　HomePlug AV2 和 HPGP 能量节省实例

（1）短定界符。HomePlug AV 指定的定界符包含前导和 FC 符号，同时，该定界符也用于数据 PPDU 的开始及立即确认。HomePlug AV 的定界符长度为 110.5μs，并且可以表示每个信道访问的最大开销。HomePlug AV2 中定义了一种新的单个 OFDM 符号定界符，该定界符通过将长度减少为 55.5μs，来减少与定界符有关的开销。短定界符如图 14-19 所示，在第一 OFDM 码元中，每四个子载波分配为前导载波，其余载波则编码 FC。后面的 OFDM 码元编码的数据与 HomePlug AV 相同。

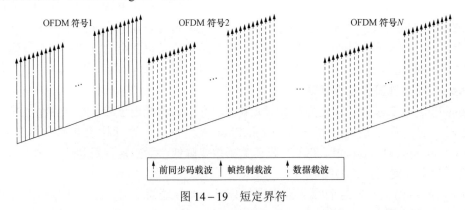

图 14-19　短定界符

短定界符效率提高如图 14-20 所示，HomePlug AV2 短定界符用于 CSMA 长 MPDU 确认时，效率比 HomePlug AV 高，其定界符从 110.5μs 减至 55.5μs，响应帧间间隔（response interframe space，RIFS）和竞争帧间间隔（contention interframe space，CIFS）分别减少为 5μs 和 10μs（HomePlug AV 定时的第五部分）。RIFS 的减少要求延迟确认，详见 14.4.2.2 节。

HomePlug AV2 支持后向兼容，当和 HomePlug AV 设备竞争接入信通时，使用相同长度域进行虚拟载波侦听，从而使优先权分辨率符号（priority resolution symbol，PRS）的起始位置相同。在长 MPDU 的 FC 的一个字段表明了 HomePlug AV2 设备的短定界符格式，可以据此确定负载数据的长度。

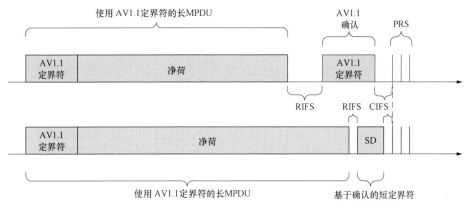

图 14-20　短定界符效率提高

（2）延迟确认。最后一个 OFDM 符号译码和确认信息编码的处理时间较长，因此要求具有一个相当大的 RIFS。在 HomePlug AV 中，前导是一个固定的信号，因此，当接收端在对译码最后一个 OFDM 符号和编码进行信息确认时，可发送确认信息的前导码部分。在短定界符下，前导码和确认信息的 FC 编码在同一 OFDM 符号中，所以其 RIFS 比 HomePlug AV 中的大，以消除短定界符提供的增益。

延迟确认如图 14-21 所示，其通过确认下一个 PPDU 的确认消息中对上一个 PPDV 的最后一个 OFDM 符号进行确认。这就可以实现一个非常小的 RIFS，将 RIFS 开销减小至接近零。HomePlug AV2 还具备第二至最后一个 OFDM 符号段结束的延迟确认选项，以提高灵活性。

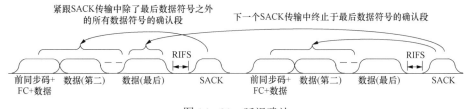

图 14-21　延迟确认

14.4.3　立即重复

HomePlug AV2 支持数据的重复和路由，这不仅可以解决隐藏站点问题，也可提高覆盖率（即在最坏的信道条件下）。

在 HomePlug AV2 中，隐藏节点是极其罕见的。然而，一些链路可能不支持应用所需的数据速率，诸如 3D 高清视频流。在包含多个 HomePlug AV2 设备的网络中，通过连接转发器可传输更高的数据速率，该速率比 5%的最坏信道条件下的直接连接速率高。

立即重复是 HomePlug AV2 的一个新功能，它可以实现高效的重复。立即重复编码提供了单信道访问重复器的一种机制，并且确认消息不使用重复器。如图 14－22 所示，其中站点 A 传送到重复器 R。在相同的信道接入中，重复器 R 转发来自站点 A 的所有载荷数据到站点 B。B 直接发送一个确认消息到站点 A。重复之后，延迟减少了。使用立即重复方式的首要准则是假定得到的数据率更高。此外，因为重复器使用并立即释放了内存，所以重复器所需的资源可以最小化，并且其无需重传失败的片段。

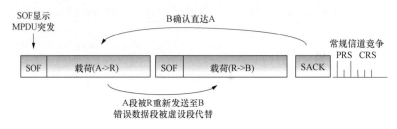

图 14－22　CSMA 的立即重复信道接入

14.5　HomePlug AV2 相比于 HomePlug AV 的增益

表 14.1 比较了 HomePlug AV2 和 HomePlug AV 在覆盖范围方面的性能。这些初步结果是在佛罗里达州的六个室内现场测试得到的，这些室内空间大小为 170～300m²。表 14.1 列出了 2 节点网络的改善情况：相比于 HomePlug AV，95%的节点吞吐量提高了 136%以上（这意味性能增强近 2.4 倍）。在有利的连接情况（如 5%的覆盖值改善）下效益更高。表 14.2 为 4 节点网络的改善情况，其中一个源节点发送携带不同数据的三个流（如机顶盒）到三个不同的目的地（如电视）。在这种情况下，相比于 HomePlug AV，99%的网络总吞吐量会提升 131%以上。

表 14.1　　　　　　　　　　HomePlug AV2 的一个 2 节点网络的改善情况

基于 UDP 吞吐量的覆盖率（%）	相比于 HomePlug AV，HomePlug AV2 的吞吐量提高的百分比（%）
95	>136
5	>220

表 14.2　　　　　　　　　　HomePlug AV2 的一个 4 节点网络的改善情况

基于 UDP 吞吐量的覆盖率（%）	相比于 HomePlug AV，HomePlug AV2 的吞吐量提高的百分比（%）
99	>131
5	>173

实际上，HomePlug AV2 技术对网络节点的改善情况将优于表 14.1 和 14.2 中所示的数据，这是因为，在佛罗里达测试的仅仅是一个 2×2MIMO。而 2×3 或 2×4MIMO 可能会提供更优的性能。

不同系统的最大 PHY 速率见表 14.3，该值代表最佳信道条件下 PHY 层所发射的吞吐量，由此可以看出，如果使用表中频率范围，HomePlug AV2 可在 SISO 配置下提供 1Gbit/s 的吞吐量，在 MIMO 配置下提供 2Gbps 的吞吐量。

表 14.3   **不同系统的最大 PHY 速率计算**

系统配置（北美音调掩码）	最大 PHY 速率（Mbit/s）
HomePlug AV（1.8～30MHz） （917 个载波，每个载波 10 比特，5.56μs GI）	197
IEEE 1901（1.8～50MHz） （1974 个载波，每个载波 12 比特，1.6μs GI）	556
HomePlug AV2 SISO（1.8～86.13MHz） （3455 个载波，每个载波 12 比特，0.0μs GI）	1012
HomePlug AV2 MIMO（1.8～86.13MHz） （3455 个载波，每个载波 12 位，0.0μs GI，双流）	2024

14.6　结论

本章介绍了 HomePlug AV2 规范及其整体系统架构，以及在 PHY 和 MAC 层引入的关键技术的改进。HomePlug AV2 在确保与 HomePlug AV 兼容的同时，实现了性能的提高。此外，HomePlug AV2 通过使用系统共存协议保证了其与其他电力线技术的共存（见第 10 章）。

基于现场测量仿真，AV TWG 评估了 HomePlug AV2 的性能，结果表明，在可达数据速率和覆盖范围方面，HomePlug AV2 的功能优势十分明显。

参考文献

[1] HomePlug Alliance, http://www.homeplug.org，accessed 15 October 2013．

[2] HomePlug Alliance, HomePlug AV Specification Version 2.0, HomePlug Alliance, January 2012．

[3] HomePlug Alliance, HomePlug GreenPHY, The Standard for In-Home Smart Grid Powerline Communications, http://www.homeplug.org, 2010．

[4] IEEE Standard 1901－2010, IEEE standard for broadband over power line networks：Medium access control and physical layer specifications, http://standards.ieee.org/findstds/standard/1901－2010. html（accessed 15 October 2013），2010．

[5] HomePlug Alliance，HomePlug AV White Paper，http://www.homeplug.org．

[6] R. Hashmat，P. Pagani，A. Zeddam and T. Chonavel，MIMO communications for inhome PLC networks：

Measurements and results up to 100MHz，in Proceedings of the IEEE International Symposium on Power Line Communications and Its Applications（ISPLC'10），Rio de Janeiro，Brazil，March 2010，pp. 120－124.

[7] R. Hashmat，P. Pagani，A. Zeddam and T. Chonavel，A channel model for multiple input multiple output in-home power line networks，in Proceedings of the IEEE International Symposium on Power Line Communications and Its Applications （ISPLC'11），Udine，Italy，April 2011，pp. 35－41.

[8] R. Hashmat，P. Pagani，A. Zeddam and T. Chonavel，Analysis and modeling of background noise for in-home MIMO PLC channels，in Proceedings of the IEEE International Symposium on Power Line Communications and Its Applications （ISPLC'12），Beijing，China，March 2012，pp. 120－124.

[9] R. Hashmat，P. Pagani，T. Chonavel and A. Zeddam，A time domain model of background noise for in-home MIMO PLC networks，IEEE Transactions on Power Delivery，27（4），2082－2089，2012.

[10] D. Rende，A. Nayagam，K. Afkhamie et al.，Noise correlation and its effect on capacity of inhome MIMO power line channels，in Proceedings of the IEEE International Symposium on Power Line Communications and Its Applications （ISPLC'11），Udine，Italy，April 2011，pp. 60－65.

[11] D. Veronesi，R. Riva，P. Bisaglia et al.，Characterization of in-home MIMO power line channels，in Proceedings of the IEEE International Symposium on Power Line Communications and Its Applications （ISPLC'11），Udine，Italy，April 2011，pp. 42－47.

[12] F. Versolatto and A. M. Tonello，A MIMO PLC random channel generator and capacity analysis，in Proceedings of the IEEE International Symposium on Power Line Communications and Its Applications （ISPLC'11），Udine，Italy，April 2011，pp. 66－77.

[13] ETSI TR 101 562，PowerLine Telecommunications （PLT）；MIMO PLT；Part 1：Measurement Methods of MIMO PLT，http://www.etsi.org/deliver/etsi_tr/101500_101599/10156201/01.03.01_60/tr_10156201v 010301p.pdf （accessed 15 October 2013），2012.

[14] ETSI TR 101 562，PowerLine Telecommunications（PLT）；MIMO PLT；Part 2：Setup and Statistical Results of MIMO PLT EMI Measurements，http://www.etsi.org/deliver/etsi_tr/101500_101599/10156202/01.02.01_ 60/tr_10156202v010201p.pdf （accessed 15 October 2013），2012.

[15] ETSI TR 101 562，PowerLine Telecommunications（PLT）；MIMO PLT；Part 3：Setup and Statistical Results of MIMO PLT Channel and Noise Measurements，http://www.etsi.org/deliver/etsi_tr/101500_101599/ 10156203/01.01.01_60/tr_10156203v010101p.pdf （accessed 15 October 2013），2012.

[16] P. Pagani，R. Hashmat，A. Schwager，D. Schneider and W. Bäschlin，European MIMO PLC field measurements：Noise analysis，in Proceedings of the IEEE International Symposium on Power Line Communications and Its Applications （ISPLC'12），Beijing，China，March 2012.

[17] D. Schneider，A. Schwager，W. Bäschlin and P. Pagani，European MIMO PLC field measurements：Channel analysis，in Proceedings of the IEEE International Symposium on Power Line Communications and Its Applications （ISPLC'12），Beijing，China，March 2012.

[18] Schneider，D.，Inhome power line communications using multiple input multiple output principles，Doctoral thesis，University of Stuttgart，Stuttgart，Germany，2012.

[19] A. Paulraj，R. Nabar and D. Gore，Introduction to Space-Time Wireless Communications，Cambridge University Press，New York，2003.

[20] L. Stadelmeier，D. Schneider，D. Schill，A. Schwager and J. Speidel，MIMO for Inhome power line communications，in Proceedings of the Seventh International ITG Conference on Source and Channel Coding（SCC'08），Ulm，Germany，January 2008.

[21] A. Canova，N. Benvenuto and P. Bisaglia，Receivers for MIMO PLC channels：Throughput comparison，in Proceedings of the IEEE International Symposium on Power Line Communications and Its Applications（ISPLC'10），Rio de Janeiro，Brazil，March 2010，pp. 114-119.

[22] S. Katar，B. Mashburn，K. Afkhamie，H. Latchman and R. Newman，Channel adaptation based on cyclo-stationary noise characteristics in PLC systems，in Proceedings of the IEEE International Symposium on Power Line Communications and Its Applications（ISPLC'06），Orlando，FL，March 2006，pp. 16-21.

[23] A. M. Tonello，A. Cortés and S. D'Alessandro Optimal time slot design in an OFDM-TDMA system over power-line time-variant channels，in Proceedings of the IEEE International Symposium on Power Line Communications and Its Applications（ISPLC'09），Dresden，Germany，April 2009，pp. 41-46.

[24] A. Scaglione，P. Stoica，S. Barbarossa，G. B. Giannakis and H. Sampath，Optimal designs for space-time linear precoders and decoders，IEEE Transactions on Signal Processing，50（5），1051-1064，2002.

[25] Alamouti，S. M.，A simple transmit diversity technique for wireless communications，IEEE Journal on Selected Areas in Communications，16（8），1451-1458，1998.

[26] R. A. Horn and C. R. Johnson，Matrix Analysis，Cambridge University Press，New York，1985.

[27] A. Lozano，A. M. Tulino and S. Verdu，Optimum power allocation for parallel Gaussian channels with arbitrary input distributions，IEEE Transactions on Information Theory，52（7），3033-3051，2006.

[28] L. Yonge，J. Abad，K. Afkhamie，L. Guerrieri，S. Katar，H. Lioe，P. Pagani，R. Riva，D. Schneider，and A. Schwager，An overview of the HomePlug AV2 technology，Hindawi Journal of Electrical and Computer Engineering，2013，Article ID 892628，2013.

[29] S. D'Alessandro，A. M. Tonello and L. Lampe，Adaptive pulse-shaped OFDM with application to in-home power line communications，Telecommunications Systems Journal，51（1），3-13，2011.

[30] Harris，F. J.，On the use of windows for harmonic analysis with the discrete Fourier transform，Proceedings of the IEEE，66（1），51-83，1978.

[31] K. H. Afkhamie，H. Latchman，L. Yonge，T. Davidson and R. Newman，Joint optimization of transmit pulse shaping，guard interval length，and receiver side narrow-band interference mitigation in the HomePlugAV OFDM system，in Proceedings of the IEEE Sixth Workshop on Signal Processing Advances in Wireless Communications（SPAWC'05），New York，June 2005，pp. 996-1000.

[32] A. M. Tonello，S. D'Alessandro and L. Lampe，Cyclic prefix design and allocation in bit-loaded OFDM over power line communication channels，IEEE Transactions on Communications，58（11），3265-3276，2010.

[33] CENELEC，Power line communication apparatus used in low voltage installations-Radio disturbance characteristics-Limits and methods of measurement-Part 1：Apparatus for in-home use，Final Draft European Standard FprEN 50561-1，June 2011.

[34] Schwager，A.，Powerline communications：Significant technologies to become ready for integration，

Doctoral thesis，University of Duisburg-Essen，Essen，Germany，2010.

[35] A. Schwager，W. Bäschlin J. L. Gonzalez Moreno et al.，European MIMO PLC field measurements：Overview of the ETSI STF410 campaign & EMI analysis，in Proceedings of the IEEE International Symposium on Power Line Communications and Its Applications（ISPLC′12），Beijing，China，March 2012.

15

IEEE 1905.1：融合的数字家庭网络

15.1　引言

随着宽带室内网络的应用及用户对随时随地接入网络服务需求量的日益增大，室内网络技术已经成为当今的前沿发展技术。

有线和无线室内网络技术能够为终端用户保证一定的覆盖率和通信性能，因此具有较大的市场占有率。无线网络提供了灵活性，而有线技术则提供了更宽的带宽并保证了信息传输的无处不在。有线和无线技术互相补充，使室内网络的覆盖率不断提高。

多种互联技术的综合应用能够为建立多样化的应用、领域、环境及拓扑结构提供帮助。但如今尚未形成一个标准方案，能够完全利用现有的技术产生一个网络，提供更高的带宽和鲁棒的传输。在过去十年，市场上建立了 10 亿多的网络设备，标准方案需要与这些设备互联互通。

图 15-1 中为一个典型混合式室内网络示意图。网络中有很多问题都需要解决，以此

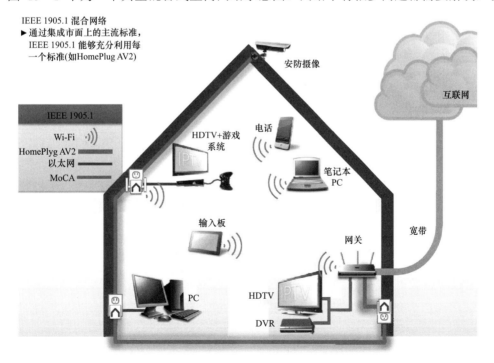

图 15-1　一个典型混合式室内网络示例图

保证向终端用户传输信息的性能。实际上，由于终端用户可能并不了解室内网络相关技术，这也使上述问题变得更具挑战性。通信公司及零售商们正在寻找一些解决方案，可以不需要合格技术人员进行用户访问并最小化设备回退率。这些方案必须简单和安全，同时在尽量减少甚至没有用户参与的情况下保证性能。

混合式室内网络需要解决的问题可以归纳为设置/安装、配置、性能管理及维护/故障排除几大类。尽管不同厂商提供的设备在核心方案和算法上有差异，但设备在接口上是标准化的，以实现网络中多种设备的有效互联。本章简要介绍了 IEEE 1905.1 制定的系列接口标准。

15.2 节介绍了 IEEE 1905.1 的体系架构和基本处理信息过程；15.3 节给出了拓扑发现协议，能够实现网络的设置、运行和维护；15.4 节介绍了链路度量和分布方法，以及网络算法采用这些指标实现不同目的，如实现应用性能等。15.5 节描述了在底层拓扑规范不改变的情况下，一些跨多种技术简单配置的安全程序。15.6 节提供了一些用于配置和维护的数据模型规范。最后，展示了电力线和 Wi-Fi 混合网覆盖率和容量性能。

15.2　IEEE 1905.1

15.2.1　IEEE 1905.1 抽象层

IEEE 1905.1 为多个室内网络技术定义了一个抽象层（AL 或 1905.1 AL），其提供给了与目前已在现场部署的流行的室内网络技术兼容的共同接口：电力线载波通信（IEEE 1901）、Wi-Fi（IEEE 802.11）、以太网（IEEE 802.3）和 MoCA 1.1（如图 15－2 所示）。IEEE 1901 规定了电力线媒介间的数据传输，而 MoCA 1.1 是在同轴电缆上通信。MoCA 主要是针对美国家用，因为其大多数室内网络均提供同轴电缆。IEEE 1905.1 的设计相对灵活，它的可扩展性能充分适应未来室内网络技术的发展。

1905.1 抽象层支持来自任意接口或应用的传输数据包对接口的选择。

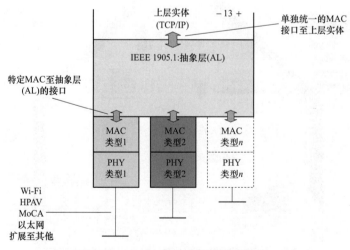

图 15－2　IEEE 1905.1 抽象层的概述

1905.1 抽象层并不需要对底层室内网络技术进行修改，因此不会对现有室内网络技术进行任何的改变。

1905.1 抽象层可以使服务连接生态系统中的所有成员都受益——终端用户、业务提供商、芯片供应商以及原始设备制造商（OEMs）：

（1）对终端用户来说，1905.1 规定了协议及使用说明，在设备接入网络、设置网络安全、扩充网络覆盖率、提高网络性能等方面提供更简单的用户体验。

（2）对业务提供商来说，1905.1 提供了网络管理的特性，这样能够提高相邻点发现、拓扑发现、路径选择、服务质量（QoS）、网络控制和管理等方面的特性。

（3）对芯片供应商及 OEMs 来说，1905.1 抽象层使得兼容且用户体验增加的产品更快地推广到市场，同时能够提高他们所支持应用的性能。

IEEE 1905.1 抽象层解决以下问题：

（1）有助于为室内网络多连接技术设备提供安装和操作/管理；

（2）通过提供更高、更可靠的带宽提高终端用户体验；

（3）为现有及未来的技术提供扩展性强、可重复使用的规范；

（4）在多技术融合室内网络中增加 QoS 敏感应用使用的机会。

IEEE 1905.1 通过简化网络安装提高了用户的网络体验，并实现了无缝体验。一些技术领先的芯片制造商、设备供应商及业务提供者一起协同将 IEEE 1905.1 发展成熟。这样广泛的支持也表明了该技术在提高用户体验、保证用户的下一代互联业务的潜力。

从技术角度来说，抽象层是在逻辑链路控制（Logical Link Control，LLC）和一个或多个 1905.1 支持的 MAC/PHY 标准的媒介接入控制（MAC）服务接入点（Service Access Points，SAPs）。

对于 LLC，1905.1 抽象层可看作是一个单独的 MAC 层，因为它有单独的 MAC 地址并且隐藏了室内网络的异构性，但是它能输出底层链路度量使高层应用进行路径选择。

AL 层的加入对底层 MAC 本地桥接功能没有影响。

一个 IEEE 1905.1 设备中的 1905.1 AL 通过可扩展的唯一标识符 EUI—48（IEEE 定义的 EUI—48，1905.1 AL MAC 地址）来进行识别。1905.1 AL MAC 地址能够分别作为数据的源/目的地址和 IEEE 1905.1 设备发送/接收的控制信息数据单元（CMDUs）。

各个 1905.1 AL 在本地管理 1905.1 AL MAC 地址，这样就不会与网络中互联的 1905.1 AL MAC 地址或其他 MAC 地址发生冲突。

15.2.2 架构

1905.1 抽象层是 LLC L2 层与底层 MAC 层之间的一个中间层，其模型结构如图 15 – 3 所示。

1905.1 抽象层通过在各自网络技术底层 MAC/PHY 上建立一个虚拟的 MAC 来对融合室内网络异构 MAC、PHY 技术进行抽象。

1905.1 AL 为更高层提供服务接入点（SAPs）：

（1）对于数据层平面，为 LLC 提供一个 1905.1 MAC SAP；

（2）对于管理层平面，提供一个 1905.1 抽象层管理实体（ALME）控制（CTRL）SAP

以调用抽象层管理功能。

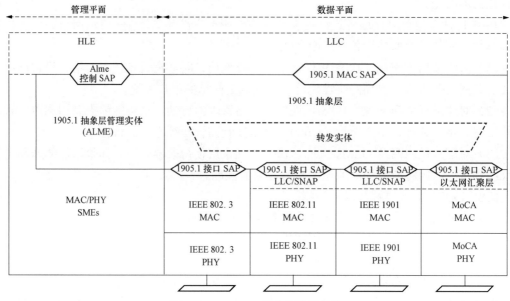

图 15-3　1905.1 抽象层模型结构

1905.1 AL 在以下两个部分间转发 802.3 MAC 协议数据单元（MPDUs）：

（1）1905.1 MAC SAP 与底层 1905.1 接口间；

（2）底层 1905.1 接口之间。

如果存在转发实体，应能够与室内、外不同网络间的 IEEE 802.1 互通。

图 15-4 为由 IEEE 1905.1 设备通过 1905.1 链路互联所形成的 1905.1 网络结构示意。

CMDUs 在 1905.1 AL 间交换，所有 CMDUs 都被相邻的 1905.1AL 接收，其中一些接收 CMDUs 通过中继传输到其他 1905.1ALs。

CMDUs 将 1905.1 协议类型—长度—值（TLV）项从一个发送 IEEE 1905.1 设备发送到一个或多个接收 IEEE 1905.1 设备（根据 DA 为单播地址或多组地址而定）。如果发送消息过大，不能通过一个以太帧发送，那么可以在 TLV 边界创建多个片段以形成多条消息。更多关于 CMDU 的内容可以参考 IEEE 1905.1 标准［1］。

以太网 LLC 数据单元（LLCDUs）在 1905.1ALs 间进行交换。

15.2.3　CMDU 传输

IEEE 1905.1 协议利用 CMDUs 发送至单播 DA 或 1905.1 多播地址 01—80—C2—00—00—13。多播地址在 802.1D/Q 兼容网桥定义的范围内，也就是说 CMDUs 不会在 802.1D/Q 网桥中被阻塞。

另外，IEEE 1905.1 消息头定义了一个中继指示比特，其共有以下三种 IEEE 1905.1 控制 CMDU 传送行为。

（1）点对点：这种 CMDUs 采用单播地址。

（2）通知相邻节点：这种 CMDUs 采用多播地址，中继指示比特设为 0。

（3）全网络通告：这种 CMDUs 采用多播地址，中继指示比特设为 1。

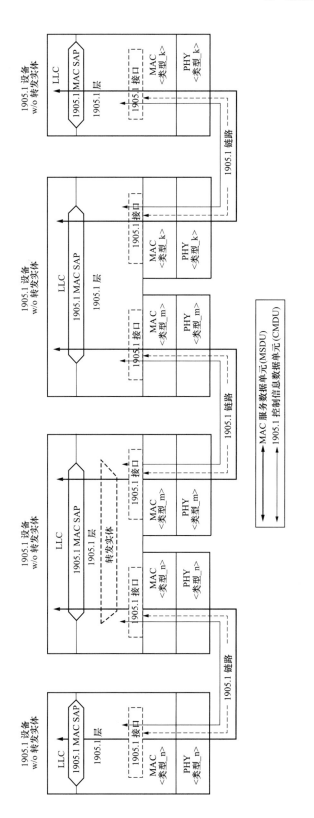

图 15－4　IEEE 1905.1 设备互联网络结构示意

当一个 IEEE 1905.1 设备收到一个 CMDU 后，会检测 CMDU 中的一些信息来判断其是否被处理过，检测的信息主要有报文标识符和信息源。如果对该设备来说该 CMDU 为未处理的，设备就会对 CMDU 进行处理并检测其中继指示比特。若中继指示比特为 1，该设备就会将其重传至网络中其他所有设备。

15.3 拓扑发现协议

IEEE 1905.1 AL 通过监测目的节点的可用路径、容量及最优路由，为更高层的应用，如网络管理应用或网络流量优化应用等提供服务，以实现不同技术类型下的多接口设备的网络管理。上述应用需要的主要服务是拓扑发现。

15.3.1 拓扑发现

IEEE 1905.1 AL 为各个应用提供以下信息：

（1）网络中的 IEEE 1905.1 设备类型；

（2）各个 IEEE 1905.1 设备包含的接口类型及其连接的网络类型，应注意的是网络认证是媒体特指的，如 Wi-Fi 网络采用服务设备标识符（SSID）；

（3）IEEE 1905.1 设备如何与其相邻 IEEE 1905.1 设备连接，是直接连接还是通过 802.1D/Q 兼容连接的。

拓扑发现的过程包括以下四个模块：

（1）设备必须通过广播一个拓扑发现消息来使自己被发现；

（2）设备可以通过一个拓扑查询消息来查询其他设备；

（3）设备必须采用一个拓扑应答消息回应查询；

（4）如果本地拓扑信息发生变化，设备必须采用一个拓扑通知消息来发送通知。

上述强制要求使其他设备能够发现一个特定的 IEEE 1905.1 设备。拓扑发现的一些可选模块能够使设备中的一个应用发现与它功能所需一样多的网络拓扑，只是在网络开销和处理的努力程度上有所差别。例如，一个管理应用可能需要发现全网络拓扑，但一个带宽管理应用可能只需要发现与该设备相邻的设备的拓扑。下面以图 15-5 所示的拓扑结构进行详细介绍。

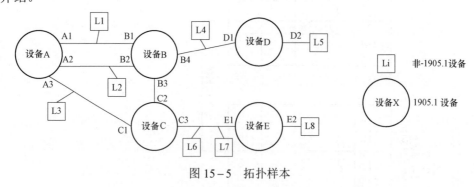

图 15-5　拓扑样本

（1）拓扑发现消息。各个 IEEE 1905.1 设备需要定期（至少每 60s）在各个接口发送对相邻节点进行通告的拓扑发现消息（中继指示比特设为 0 时也不例外）。每个拓扑发现消息含有以下两个 TLVs：

1）对发送设备进行识别的 TLV（采用 AL MAC 地址）；

2）对发送消息的接口进行识别的 TLV（采用 MAC 地址）。

例如，图 15-5 中的设备 B 通过所有四个接口发送四个拓扑发现消息。各个消息含有两个 TLV：第一个对设备 B 进行识别；第二个对消息发送接口进行识别，也就是 B1、B2、B3 或 B4。

接收到拓扑发现消息的设备能够对下面的内容进行推导：

1）与其相邻的设备是一个 IEEE 1905.1 设备：拓扑发现消息没有通过其他 IEEE 1905.1 设备进行转发；

2）通过识别拓扑发现消息从哪个接口发送，以及本设备的哪个接口接收到拓扑发现消息，对 IEEE 1905.1 设备间的连通性进行识别。

根据之前的拓扑，设备 C 一旦在 C2 接口接收到来自设备 B 的 B3 接口发送来的拓扑发现消息，能够推导出设备 B 为与其直接相连的相邻节点，且其自身 C2 接口与设备 B 的 B3 接口互联。

不论设备何时在其任意接口处发送拓扑发现消息，它都会发送一个标准 802.1AB 链路层发现协议（LLDP）消息。标准兼容 802.1D 或 802.1Q 网桥将会桥接 IEEE 1905.1 拓扑发现消息，但不会桥接 802.1AB 消息。因此，接收到 1905.1 拓扑发现消息的设备能够判断相邻节点及其自身节点的接口之间是否存在 802.1D/Q 网桥。

拓扑发现消息所含信息量较少，相对长度较短。

（2）拓扑查询/应答消息。IEEE 1905.1 设备使用拓扑查询消息来获取网络中其他任意设备（并不仅是其相邻点）的更多的具体信息。一个 IEEE 1905.1 设备接收到拓扑查询消息，需要进行拓扑应答。这两种消息均为单播消息，也就是点对点消息。

拓扑应答消息包含以下 TLVs：

1）包含所有本地接口的列表，类型及连接的网络（Wi-Fi 网络中的是 SSID，IEEE 1901 网络中的是网络标识符［NID］）的 TLV。

2）确认与该设备所有接口相连的 IEEE 1905.1 设备组的 TLV。

3）确认与该设备所有接口相连的非 IEEE 1905.1 设备组的 TLV。识别这些相邻点的机制是否包含地址学习。

4）确认设备桥接的 TLV：作为广播区域的接口组——在一个接口接收到广播或多播数据包将会洪泛到其他接口。

例如，图 15-5 中的设备 B 可能会向设备 D 发送一个拓扑查询消息，设备 D 也需要回复一个拓扑应答消息，其包含下列 TLVs：

1）本地接口信息：D1 和 D2 列表及其类型信息（如 Wi-Fi 或 IEEE 1901）。

2）每个接口的 IEEE 1905.1 相邻设备列表：（D1，设备 B），（D2，空），也就是说 D1 与 IEEE 1905.1 相邻设备 B 直接相连，D2 没有任何相邻的 IEEE 1905.1 设备。

3）每个接口的非 IEEE 1905.1 相邻设备列表：（D2，{L5}），（D1，{L1~L4，L6~L8}）。根据网络的整体桥接拓扑，与设备 D 的 D1 接口连接的非 IEEE 1905.1 相邻设备的实际列表可能更小，即如果所有来自这些设备的数据包都通过桥接到达 D1。

4）设备的桥接行为：（D1，D2）—设备 D 可以算作两个接口间的网桥，任何到达一个接口的广播数据包都会洪泛到另一个。

需要注意的是，尽管设备需要对接收到的消息进行应答，但也不必要发送拓扑查询消息。根据各自的需要，设备可以不进行查询，或者对网络中其他 IEEE 1905.1 设备中的一部分或全部进行查询。

拓扑查询消息较短，而拓扑应答消息包含了大量的拓扑信息。

（3）拓扑通知消息。IEEE 1905.1 为设备提供了一个告知网络中其他设备有关拓扑信息变化的机制。这个消息可消除对拓扑信息进行的轮训。不论何时，当一个 IEEE 1905.1 设备认知到已发送（或将要发送）的拓扑应答消息发生变化时，需要再发送拓扑通知消息。拓扑通知消息在网络中作为通告发送——也就是说，使用 1905.1 多播地址，中继指示比特为 1。这就保证了网络中的每个设备均能收到消息。拓扑告知消息包含一个 TLV，用来识别发送设备。

设备接收到拓扑通知消息后，会发送一个拓扑查询消息来获得最新的拓扑信息。例如，图 15–5 中设备 E 发现一个非 IEEE 1905.1 设备连接至自身 E2 接口后（E2 接口收到了一个来自新 MAC 地址的数据包），必须发送一个拓扑通知消息。这则消息中不会包含任何关于非 IEEE 1905.1 设备的信息，仅包含设备 E 的识别符。网络中希望获取更多消息的其他设备可以直接向设备 E 发送拓扑查询消息。

拓扑告知消息较短，含有的信息较少。

15.3.2 拓扑发现场景

1905.1 拓扑发现的基本构件细颗粒度能够保证拓扑发现可扩展：设备尽可能的根据自身需要获取网络信息。下面具体介绍两个例子。

（1）本地拓扑发现。路径选择应用可能只需要选择数据包下一跳路由的路径。这需要获取本地拓扑（而非全网）发现。

图 15–6 为本地拓扑发现过程，从过程中可以看出，设备较为被动——发现相邻节点后

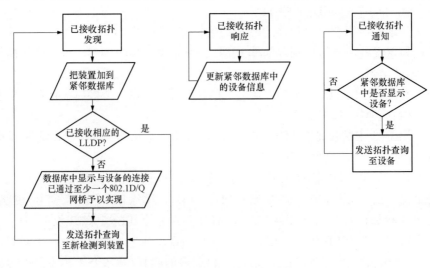

图 15–6 本地拓扑发现过程

查询其相关的消息，之后不再进行任何操作。用图 15-5 中的拓扑样本，设备 A 仅能查询设备 B、C 却不能查询设备 D 和 E。

（2）全局拓扑发现。网络管理应用可能需要获得全网络拓扑信息，特别是在 IEEE 1905.1 标准中构建数据模型的一些应用，如 TR-069 代理。全局拓扑发现处理过程如图 15-7 所示（1905.1 基本要求除外）。

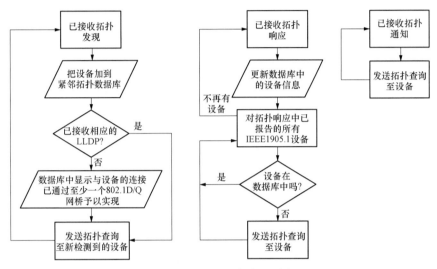

图 15-7　全局拓扑发现过程

全局拓扑发现过程是一个迭代过程，最终网络中各个设备都能够被发现：因为各设备都能被发现（从直接相邻的设备开始），对它们进行查询以获得它们的相邻点，再查询这些相邻点以获得相邻点的相邻点——重复这个过程直到没有新的设备被发现。根据图 15-5 所示的拓扑样本，也就是设备 A 查询设备 B，从 B 中发现设备 D，之后对设备 D 进行查询（设备 C 发现设备 E 的过程也类似）。

一旦完成初始拓扑发现，设备仅在接收到拓扑通知消息后才会进行维护。这导致了网络维护阶段的拓扑信息是按需更新的。

15.3.3　IEEE 1905.1 拓扑发现设计的折中

作为 1905.1 拓扑发现过程的一部分，所提供信息的设计需要降低拓扑发现的开销，并支持多个场景。

强制拓扑发现消息，包括拓扑发现和拓扑通知（以及 802.1AB LLDP 消息），是较短的消息。可选拓扑查询消息信息量也较小，拓扑应答消息（应答并不可选，但只被可选的查询数据包触发）数据量较大。这些占用了拓扑发现的大部分开销。不同的拓扑发现需要利用这些来获取局部或全部的拓扑信息——根据各自所需花费一定的成本。

15.4　链路度量与信息分发协议

为促进负载平衡和路径选择以满足室内网络中一个特定数据流的 QoS 要求，1905.1 支持一种链路度量信息分发协议。该协议允许任何 IEEE 1905.1 设备对其他 IEEE 1905.1 设备进行查询来获取链路度量信息。

1905.1 发送链路度量包括以下内容：

（1）数据包差错：在测量周期内，估计链路发送端侧丢失数据包的数量。

（2）发送数据包：在对数据包差错进行估计的相同测量周期内，对链路发送端发送的数据包数量进行估计。

（3）MAC 吞吐能力：再发送端估计链路的最大 MAC 吞吐量，单位为 Mbit/s。

（4）链路可用性：对链路可用于数据传输的平均时间百分比进行估计。

（5）PHY 速率：对 IEEE 802.3、IEEE 1901 或 MoCA 1.1 来说，这是在发送端估计 PHY 速率，单位为 Mbit/s。

1905.1 接收链路度量包括以下内容：

（1）数据包差错：在测量周期内，估计丢失数据包的数量。

（2）接收数据包：在对数据包差错进行估计的相同测量周期内，统计在接口处接收到的数据包的数量。

（3）接收信号强度指示（RSSI）：对 IEEE 802.11 来说，这是在链路接收端侧估计 RSSI，单位为 dB。

这里需要注意，一些度量仅适用于某些媒质，如 PHY 速率仅适用于以太网和 IEEE 1901，不适用于 Wi-Fi。对于 Wi-Fi，RSSI 更能代表媒介质量。

链路度量信息分发协议可以使 1905.1 管理实体通过查询和应答信息获取存储在其他 IEEE 1905.1 设备的链路度量消息。一个接收到查询信息的 IEEE 1905.1 设备提供链路度量相关的信息到它所有的接口并发送给特定的或所有的 IEEE 1905.1 相邻设备。

1905.1 链路度量消息分发协议包括对链路度量查询消息和链路度量应答消息处理过程。

图 15-8 为链路矩阵查询示例，图中描述了设备 A 向设备 B 发送查询链路度量消息的过程。设备 A 有一个接口 A1，设备 B 则有 B1、B2、B3 和 B4 四个。设备 C 和 D 也对应的有自己的接口。在图 15-8 中，设备 A 可能会向相邻设备 B 发送链路度量查询消息，来获得设备 B 所有接口的链路度量消息（如链路 B1-A1，B2-C1，B3-C2，B4-D1）。设备 A 也可能会向设备 B 发送链路矩阵查询消息，来询问设备 B、C 间所有接口的链路度量消息（如链路 B2—C1、B3—C2）。

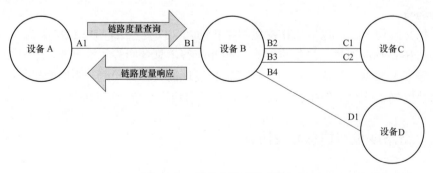

图 15-8　链路矩阵查询示例

设备 A 也可以向设备 B 发送链路度量查询消息，来获得设备 B 与其相邻设备间接口的链路度量消息。这里需要注意的是，并没有限制仅能获取查询直接相邻设备的消息——设备 A 可以对设备 C、D 之间链路度量消息进行查询（如果存在的话）。

根据上述例子，包含在链路度量应答消息中的所有发送端链路度量参考设备 B 接口上的数据包传输测试。相似的，包含在链路度量应答消息中的所有接收端链路度量参考设备 B 接口上的数据包传输测试。

15.5 IEEE 1905.1 安全设置

15.5.1 1905.1 设备接入网络

1905.1 提供了统一的安全设置，便于 IEEE 1905.1 设备仅通过所支持的所有 1905.1 底层网络技术的单一操作加入一个给定的 1905.1 网络。1905.1 安全设置主要依赖于各个底层网络技术的安全机制。为提供配置网络的灵活性，1905.1 提供以下三种安全设置方法：

（1）1905.1 用户—配置密码/密钥（1905.1 UCPK）方法，用户在本地各 IEEE 1905.1 设备中配置 1905.1 网络密钥；

（2）1905.1 按钮配置法（1905.1 PBC）方法，用户在一个 IEEE 1905.1 设备上按下按钮，紧接着按下另一个 IEEE 1905.1 设备按钮来实现两个设备加入同一网络；

（3）1905.1 近距离通信（NFC）网络密钥（1905.1 NFC NK）方法，用户使用一个 NFC 使能密钥装载设备（KCD）获得并转移设备间的 1905.1 网络密钥。

1905.1 PBC 方法是必要的，1905.1 UCPK 法和 NFC NK 方法是可选的。任何给定的 1905.1 网络都可能会用到 1905.1 PBC、1905.1 UCPK 或 NFC NK 来建立设备的安全性。

（1）1905.1 用户—配置密码/密钥设置法。在一个 1905.1 网络中，大多数设备都处于整个室内网络的覆盖中，不同设备采用的接口技术也不同，有对应的不同的安全措施（如 Wi-Fi 密码，IEEE 1901 密码）。对用户来说分开输入和管理每个设备的密码是一件较为麻烦的事。为解决这个问题，1905.1 支持 1905.1 UCPK 设置法。

在 1905.1 UCPK 设置法中，各个 1905.1 设备均配置相同的单一 256 位 1905.1 网络密钥。用户可选择 64 位十六进制字符作为 1905.1 网络密钥，以保证网络安全，但这样会造成设备输入不便，故可选择一个 1905.1 网络密码（8～63 个字符）和一个 1905.1 网络名称（1～63 个字符），以便于记忆和输入。网络密码需要保密处理，但网络名称可以公开且不会影响安全性。通过 PBKDF2 方法[1] 两项输入能够转化为 256 位的网络密钥。

生成 1905.1 网络密钥后，1905.1 设备会产生网络技术相关的用户密钥（u-keys）并自动地提供给底层接口：

1）WPA/WPA2 密码 u-key；

2）1901 室内共享密钥、基于设备安全网络（DSNA）、网络主密钥（NMK）及直接输入 NMK-HS u-key；

3）1901 配对安全网络（PSNA）配对密钥（PWK）u-key；

4）MoCA 1.1 隐私密码 u-key。

（2）1905.1 按钮配置法（1905.1PBC）。UCPK 配置法通过允许用户在网络所有设备间使用一个网络密钥或密码来简化安全设置，但该方法需要用户手动地在各设备上输入密码。为进一步简化安全设置，1905.1 推出了 1905.1 按钮配置法。

1905.1 PBC 方法在网络内 IEEE 1905.1 设备和网络外 IEEE 1905.1 设备间工作。这里的按钮是指物理按钮或逻辑按钮（如用户接口的按钮是指屏幕上用户可点击的按钮）。

当用户在网络内设备上点击按钮时，设备接口将会启动底层的 PBC 序列，它会通过按钮事件通知（PBEN）消息将事件转发告知给其他网内设备。用户在网络外设备上点击按钮，就启动了设备每个接口上的底层网络指定技术按钮配置序列。

当网内设备接收到这样的 PBEN 消息后，设备会开启所有接口的 PBC 序列，802.11 接口除外。对 802.11 接口来说，如果满足下述条件就会启动 802.11 PBC 序列：

（1）它是一个接入点（AP）并配置为注册管理器，PBEN 消息并不能说明 802.11 PBC 已启动。这是为避免当多个 AP 执行 PBC 时引起会话重叠从而导致 PBC 失效。

（2）它是一个站点（STA）且与 AP 没有关联。

PBC 操作顺利完成后，设备会向整个网络发送 1905.1 按钮加入通知消息。

这里需要注意，各个网络技术的按钮都会生成各自对应的密码，这个密码不像 UCPK 法那样能够根据一个单一的密码推导出，因此，在同一 1905.1 网络中不要同时使用 UCPK 和 PBC。

（3）1905.1 近距离通信网络密钥法。NFC 用来在 IEEE 1905.1 设备间传输 1905.1 网络密钥，密钥的传输能够通过使用 KCD 实现。KCD 是一种在用户端能够存储、生成和显示 1905.1 网络密钥的 NFC 设备。

在物理访问设备较为复杂时可使用 NFC NK。例如，屋顶上安装的卫星盘或高墙上分布的摄像头。NFC NK 为这些设备接入室内网络提供了一种更为友好的方法。适用 NFC NK 的情况见表 15.1。

表 15.1   适 用 NFC NK 的 情 况

NFC KCD 含有 1905.1 网络密钥吗	1905.1 网络密钥是否配置在本地 IEEE 1905.1 设备中	指 令
否	是	KCD 复制 1905.1 设备中的 1905.1 网络密钥
是	否	IEEE 1905.1 设备复制 KCD 的 1905.1 网络密钥
是	是，但与 KCD 不同	告知高层实体
否	否	告知高层实体

在将 1905.1 网络密钥复制进 IEEE 1905.1 设备之前，必须验证密钥（如 NFC 可能会提供一种安全的方法来传输或复制 IEEE 1905.1 设备密钥，KCD 高层实体以及 IEEE 1905.1 设备相互认证）。

如果网络密钥是由 IEEE 1905.1 设备或存储的密钥最新生成的，KCD 高层实体将会为用户提供一种选择可能性。如果用户想要设置一个新的 1905.1 网络，那么需要产生初始化网络密钥。为了向 1905.1 网络中增加更多的设备，该密钥需要存储并在新设备加入时使用。

15.5.2 自动配置 AP

为覆盖整个房屋，在 1905.1 网络中会存在多个 AP。这些 AP 需要在没有用户干预的情况下自动完成配置并保持同步。1905.1 AP 自动配置协议提供了配置和同步的功能，其允许有一个未配置 AP 接口的 IEEE 1905.1 设备从注册管理器实体中获取 802.11 参数信息，这些信息包括 1905.1 网络的 802.11 认证信息。

AP 自动配置操作过程分为两个阶段：

（1）注册管理器探寻阶段：在 1905.1 网络中寻找可用注册管理器的信息。

（2）802.11 参数配置阶段：在注册管理器和入网 AP 间传输配置数据（Config Data）。1905.1 AL 为 Wi-Fi 采样配置（WSC）帧 M1 和 M2 提供透明的传输协议。

上述过程在各接口中进行，并在未配置的各 IEEE 802.11AP 接口重复进行。

在注册管理器探寻阶段，入网 AP 发送 AP 自动配置探寻消息，注册管理器会回应一条 AP 自动配置应答消息。当入网 AP 接收到来自注册管理器的自动配置应答消息后，会继续第二阶段——802.11 参数配置阶段。

在 802.11 参数配置阶段，入网 AP 和注册管理器交换 AP 自动配置 WSC（M1）和 AP 自动配置 WSC（M2）两类消息。802.11 配置数据发送至 M2 的入网 AP 处（见文献［1］配置数据的具体内容）。

在注册管理器接收到 M1 后，会在 M2 中发送由 KeyWrapKey 加密的配置数据。

如果 802.11 参数配置阶段不能顺利完成，入网 AP 将会重启注册管理器探寻阶段。

如果注册管理器中的 802.11 参数发生变化，注册管理器通过发送更新后的 AP 自动配置消息给网络中的所有设备，来告知入网 AP 这种变化。一旦收到这样的信息，入网 AP 会（重新）启动 802.11 参数配置。

每个频带会定义一个 AP 自动配置过程。如果注册管理器支持多频带配置，那么 AP 自动配置过程会重复多次。

15.6 IEEE 1905.1 数据模型

通过混合式网络设备间的互操作式连接，IEEE 1905.1 能够实现一个复杂的室内网络拓扑部署。这些设备可能来自不同的供应商，但需要兼容 IEEE 1905.1 并且该网络在操作层面能够满足用户应用和服务的要求。但是，网络需要对管理和维护进行配置和诊断。这对用户和服务提供商来说比较重要，需要不同服务商部署的设备能够互操作。为了降低诊断和检修网络故障的操作成本，提高用户的满意度，IEEE 1905.1 采用 TR-069 管理体系和宽频论坛（BBF）定义的协议，并指定 IEEE 1905.1 数据模型（见文献［2］）。这些模型应用于 BBF 架构中时，通过使用自动配置服务器（ACS）进行配置，同时收集性能和操作统计数据，对网络进行诊断和检修。下面就对这些模型及其性能进行介绍。

本部分描述了用户端设备（CPE）广域网（WAN）管理协议（CWMP）的 IEEE 1905.1 设备数据模型。TR-069 定义了管理协议中的一般要求，其可应用到任何 TR-069 CPE。1905.1 数据模型与 IEEE 1905.1 设备所支持的其他数据模型（如 TR-098，TR-181 i2 数据模型）不同，详见文献［3］。

数据模型应符合文献［4，5］中符号和数据类型定义。设备模型的整体结构和等级顺序下的子模型/元件的具体内容见文献［1］。IEEE 1905.1 数据模型结构如图 15－9 所示。

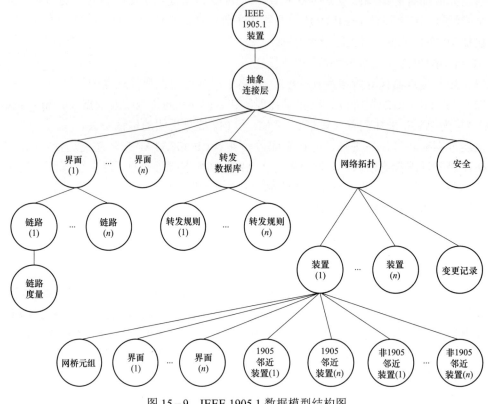

图 15－9　IEEE 1905.1 数据模型结构图

（1）设备对象：这是 IEEE 1905.1 数据模型分层结构中最底层的数据模型，提供规范版本。

（2）抽象层对象：描述了设备协议栈的 AL，其包含一个 AL 标识符、设备状态、设备处于工作状态的时间、底层接口列表及接口列表中的实体数量。

（3）接口对象：接口对象含有标识符的信息及其状态（如上部分抽象层描述）、最后改变状态的时间、低层列表、媒介类型、功率状态以及接口所连链路的数量。

（4）链路对象：该部分描述和识别了网络中 1905.1 链路，包含与链路相连的接口的标识符、链路连接的相邻点的标识符以及媒介类型。

（5）链路度量对象：链路度量对诊断可能出现的故障、保证网络健全十分重要。对每条链路来说，链路度量包含在一个链路度量对象中。每个 IEEE 1905.1 规范的链路度量对象包含丢包率、已发送数据包、已接收数据包、MAC 吞吐量、链路可用性、PHY 速率及可用 RSSI。

（6）转发表对象：该部分在诊断回路、其他数据包传输及路由方面十分重要，其包含转发规定列表、接口列表（数据包转发经过的接口）、目的 MAC 地址、源 MAC 地址、以太网类型、虚拟 LAN（VLAN）ID 和优先代码点（PCP）。

（7）拓扑对象：如诊断工具一样，对全网拓扑的认知和拓扑改变的日志是运行中很重要的工具。全网拓扑对象包含设备、接口、相邻节点和接口桥接元组的信息。拓扑改变日志则包含拓扑变化的时间戳、事件类型、事件申报设备、事件发生的接口，以及发生变化的接口的相邻点等方面信息。

（8）安全对象：描述了与安全配置相关的内容，包括配置方法（UCPK 或 PBC），以及生成安全密钥的 IEEE 通用密码。

IEEE 1905.1 定义了一些使用方便的数据模型配置文件[5]，这些文件是代表网络/设备特定属性的相关对象/元素的集合。特定配置文件主要包含设备配置文件、功率配置文件、接口选择配置文件、链路度量配置文件和网络拓扑配置文件等。

15.7 混合网络性能

本节提出了这样一个问题：在一些当前流行的代表性例子中，混合式（Hy-Fi）网络能否满足用户的数据流速率要求？混合网包含可支持 Wi-Fi 和 HomePlug AV 技术的混合式设备，这些设备兼容 1901 标准（见第 13 章）。同时，与单独的 Wi-Fi 网或电力线载波通信（PLC）网络相比，混合式网络有哪些优点？本节重点关注了一些具有代表性的室内网络场景，每一种场景都规定了个体流的网络拓扑和速率要求。在研究中，考虑了多个给定布局（平面图）的房屋，而每个房屋考虑了网络 AP 和用户设备多个可能的放置位置。将每一种放置位置称为一种配置情况。因为路径损耗，设备的放置位置对 Wi-Fi 链路的数据速率有很大的影响；同样由于房屋线路，PLC 链路的数据速率也受设备放置位置影响。这里定义了一些性能指标，如覆盖率和剩余容量（之后定义）。这些性能指标对性能进行表述，并展示出混合网络与单独的 Wi-Fi 或 PLC 网络相比的优点。

15.7.1 小节描述了分析中一些重要的假设；15.7.2 小节考虑在独立居所中的 Wi-Fi 覆盖范围；15.7.3 小节考虑一些类似视频流［数字视频录像机（DVRs）和机顶盒（STBs）］和数据（便携设备）的应用覆盖率。

15.7.1 仿真参数

HomePlug AV 在插座（或不同位置）间的 PHY 数据速率可通过一系列测试得到，详见表 15.2。通过文献［7］中 3D 射线跟踪模型/软件对 Wi-Fi 进行分析，该模型在室内传输建模方面比简单的传输模型更加准确。

表15.2		插座间 HomePlug AV 数据率			（Mbit/s）
插座	1	2	3	4	5
1		219	18	32	74
2	178		53	88	238
3	39	74		48	101
4	58	104	88		232
5	78	206	37	208	

表 15.3 列举了无线路径损耗的相关参数。DVR 和 STB 的发送端（Tx）天线数量为 2，

GW 为 3。接收端天线的数量在 1（笔记本电脑）和 2（DVR 和 STB）间变化。Tx 天线功率设定为 27dBm，天线增益设为 0dBi（Rx）和 3dBi（Tx）。

表 15.3　　　　　　　　　　　　　　无线路径损耗的相关参数

参　　　数	数值	参　　　数	数值
中断点距离	10m	穿透损耗，内清水墙，5GHz	7dB
阴影衰落	0dB	穿透损耗，外清水墙，5GHz	16dB
穿透损耗，内清水墙，2.4GHz	3.5dB	穿透损耗，外混凝土墙，2.4GHz（15.24cm，即 6in）	23dB
穿透损耗，外清水墙，2.4GHz	6.5dB	穿透损耗，外混凝土墙，5GHz（15.24cm，即 6in）	40dB

在整个仿真过程中，噪声功率设为 5dB，热噪声功率为 –92dBm。最小的 Wi-Fi 竞争窗口数量设为 16。

15.7.2　单个房间中的 Wi-Fi 覆盖

本部分对比了一处居所中单独的 5GHz 无线路由器和混合网络的无线覆盖范围。选择的居所面积为 202m²，配置 5 个混合设备并放置在不同位置，电源插座布局如图 15–10 所示。该居所为单层建筑，主要建筑材料为木材、灰泥和清水墙。

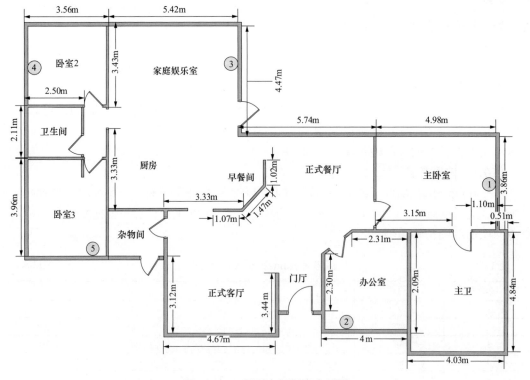

图 15–10　居所电源插座布局图

居所的无线环境是在 5GHz 的 WinProp 条件下仿真的，WinProp 有自己的路径损耗模型。

路径损耗参数具体见表 15.3，对比以下两种场景。

（1）场景 1：位置 2 处与 GW 连接的一个独立 5GHz 无线路由器；

（2）场景 2：一个混合系统，既有位置 2 处的一个 5G 无线路由，又有两个分别处于位置 1 和 5 的 HomePlug AV 无线继电器。

在场景 1 中，无线覆盖率用最强 AP 下的路径损耗（如图 15－11 所示）及 UDP 吞吐量（如图 15－12 所示）。两种方式表示场景 2 与场景 1 类似，对应的平面图分别为图 15－13 和图 15－14。

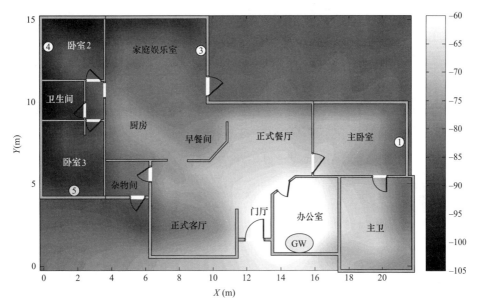

图 15－11　场景 1 中最强 AP 下路径损耗（单位：dB）

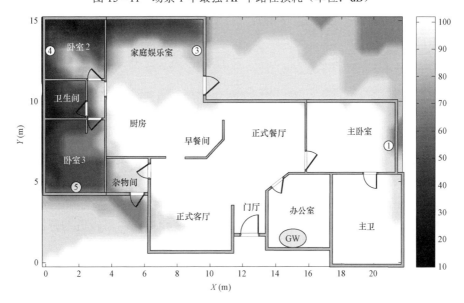

图 15－12　场景 1 中的 UDP 数据速率（单位：Mbit/s）

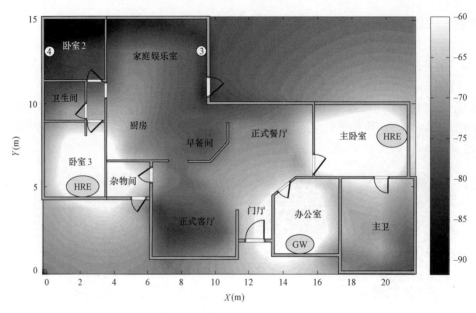

图 15-13　场景 2 中最强 AP 下路径损耗（单位：dB）

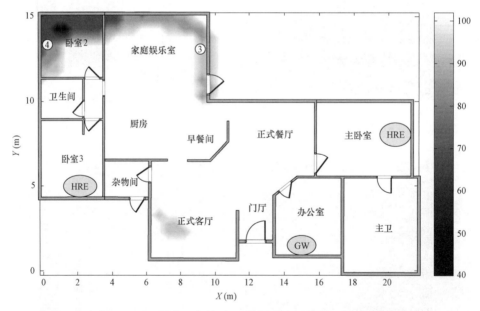

图 15-14　场景 2 中的 UDP 数据速率（单位：Mbit/s）

根据结果可知，混合系统可以提供一个更加均匀的高数据速率覆盖率。这与预期一致，因为混合中继能够带来额外的带宽。独立路由器仅能在距离路由器较近的范围提供较好的覆盖率，但在居所较远的区域覆盖率较差。

15.7.3　6 个不同房间的数据覆盖

本小节主要介绍下述问题：如果供应商将设备出售给用户，用户将这些设备随意放置在住所中，那么网络能支持的最大数据率是多大？为对该场景进行仿真，在这里选出了 6

处不同的居所（代表 6 名不同的用户），并研究了设备随机放置在居所时数据覆盖性能。

在以下三种场景中对网络可支持的数据量进行评估：

（1）仅为 Wi-Fi 场景（2.4GHz）；

（2）仅为 HomePlug AV 场景；

（3）混合网络场景（Wi-Fi 及 HomePlug AV）。

图 15－15 为一个典型应用场景示意，在系统中 GW 和其他设备间输入两条速率可变的高清晰度（HD）数据流（各数据流为 2x Mbit/s）和两条速率可变的一般清晰度（SD）数据流（各数据流为 x Mbit/s），并研究了随着速率 x 增加，配置是否能满足数据流的需求。由于事先并不知道用户放置 GW 的位置（主要根据 WAN 在何处接入住所），在所有不同的位置放置了 GW 和其他设备，以详细研究所有可能的组合。接下来，检测设备是否支持系统中的负载，若支持就意味着对应的配置可行。

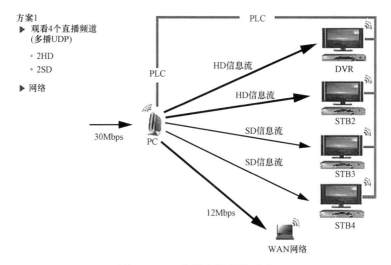

图 15－15　典型应用场景示意

在 6 处居所中重复进行上述操作，成功配置的百分比绘制成总数据速率的函数，SD 及 HD 覆盖范围结果（GW AP2.4GHz）如图 15－16 所示。例如，在 95%的成功配置处，仅 Wi-Fi 环境不能满足需求，仅 HomePlug AV 能满足 40Mbit/s 的总通信量，而混合网络能实现 140Mbit/s 的总通信量。

这里仍需注意，当 x＝3Mbit/s 视频流（单 SD 流的标准速率为 3Mbit/s，两条 HD 数据流为 6Mbit/s）时，总通信量为 18Mbit/s。仅 HomePlug AV 和混合网络所有的配置情况都能支持该数据速率，而仅 Wi-Fi 却不能支持。

表 15.4 对比了混合网络与仅为单 Wi-Fi 和仅为单 HomePlug AV 的性能。

从图 15－17 中也可以看出剩余的 Wi-Fi 数据速率能够满足笔记本电脑的需求。当总通信量增加时，混合网络能够提供比仅为 Wi-Fi 环境更高的吞吐量。这是因为在单 Wi-Fi 环境下，Wi-Fi 带宽完全被 SD 和 HD 数据流消耗（总吞吐量超过 96Mbit/s），但在混合网络中负载能够共享 HomePlug AV 网络和 Wi-Fi 网络，因此也就可提供更多的 Wi-Fi 带宽供笔记本电脑使用。

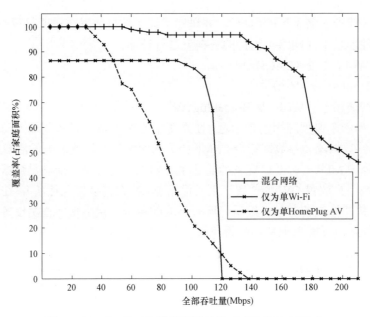

图 15-16　SD 及 HD 覆盖范围结果（GW AP 2.4GHz）

表 15.4　　　　混合网络与仅为单 **Wi-Fi** 和仅为单 **HomePlug AV** 的性能比较

场　　景	95%的配置能否支持标准 SD 和 HD 速率（$x=3$Mbit/s）	支持的总通信量	与单 HomePlug AV 性能的提升
单 Wi-Fi（2.4GHz）	否	N/A	N/A
单 HomePlug AV	是	40Mbit/s	N/A
混合网络	是	140Mbit/s	250%

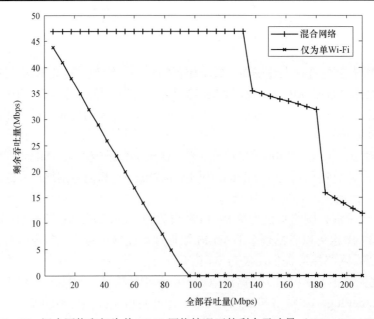

图 15-17　混合网络和仅为单 Wi-Fi 网络情况下的剩余吞吐量（GW AP 2.4GHz）

15.8　结论

在典型的室内环境中，能够发现终端设备间有很大区别，如 STBs、智能电视、台式计算机、笔记本电脑、外围设备、手持设备（平板电脑、智能手机等）及其他连接无线、有线技术的室内网络的用户设备。在未来，终端设备列表有望包括家庭应用、家庭自动化和安全化，以提供丰富的应用和业务环境。这些运行不同应用的设备具有不同的吞吐量和时延要求，例如，对发送给 DVRs 和 STBs 的流媒体和向笔记本电脑或其他手持设备传送数据流的设备的性能要求是不同的。室内网络的解决方案需要在一定延时条件下同时满足所有数据流的吞吐量需求。

为满足上述需求，室内网络需要设计一种能同时适应在无线和有线可用媒介间进行无缝传输数据的方案。本章列出的 IEEE 1905.1 规范提供了适用于 Wi-Fi（IEEE 802.11）、电力线载波通信（PLC）、以太网（IEEE 802.3）和同轴电缆上的多媒体（MoCA 1.1）混合网络的一种有效可扩展的 AL。AL 作为一种特定技术 MAC 层和上层实体间的中间协议，在不需要底层室内网络系统作任何改变的情况下，实现了异构技术的无缝融合。因此，终端用户的体验就有了很大的提升，也有利于 QoS 和网络管理。

在吞吐量水平优化和覆盖率扩展方面，IEEE 1905.1 为高层应用提供了一些新的业务。拓扑发现协议为网络中 IEEE 1905.1 设备提供信息，并识别出与媒介连接相关的特征，因此提供了整个网络最优的路由和网桥。链路度量信息分布协议共享了每条可用链路的量化信息，如丢包率和链路容量，这样就能选择最合理的路径，平衡各个数据流中的负载。高效安全协议的定义也为异构网络提供了一定的安全性。

本章列举的仿真说明了 IEEE 1905.1 规范如何通过将 HomePlug AV 电力线技术作为骨干网，显著提升典型室内网场景中 Wi-Fi 的覆盖范围。另外，根据 6 处居所的测量统计数据能够证明，IEEE 1905.1 可通过混合网络提升吞吐率并扩大覆盖范围，在典型场景下能够显著提升用户体验：在 95%覆盖范围的条件下，可支持的总通信量从 40Mbit/s 增加至 140Mbit/s。综上所述，IEEE 1905.1 为一种适用于室内网络的关键规范，其用户体验到目前为止是最佳的。

参考文献

[1]　IEEE 1905.1－2013, 1.IEEE standard for a convergent digital home network for heterogeneous technologies, 2013, P1905.1™/D08 draft.

[2]　TR－069 Amendment 4, July 2011, CPE WAN Management Protocol, Broadband Forum.Available online, http://www.broadband-forum.org/technical/download/TR－069_Amendment－4.pdf, accessed 28 September 2013.

[3]　TR－181 Issue: 2, May 2010, Device Data Model for TR－069, Broadband Forum Technical Report.www.broadband-forum.org/technical/download/TR－181_Issue－2.pdf, accessed 28 September 2013.

[4]　Simple Object Access Protocol（SOAP）1.1.

[5] TR – 106 Amendment 6, July 2011, Data Model Template for TR – 069 – Enabled Devices, Broadband Forum.www.broadband-forum.org/technical/download/TR – 106_Amendment – 6.pdf, accessed 28 September 2013.

[6] The Interfaces Group MIB; http://tools.ietf.org/html/rfc2863（accessed 2013）.

[7] AWE Communications: WinProp Software Package.Free evaluation version and user manual of a rigorous 3D ray tracing tool for urban and indoor environments, http://www.awe-communications.com.

16

智能波束赋形：改善 PLC 电磁干扰特性

16.1 引言

多输入多输出（MIMO）技术利用多个端口发送和接收信号（详见第 8、9、12、14、24 章），增强了 PLC 系统的性能。现有的一些电力线载波通信（PLC）系统采用了波束赋形或预编码（见第 12、14 章），极大地改善了系统性能（见第 8、9 章）。第 7 章介绍了 MIMO传输对电磁干扰（EMI）的影响，并特别分析比较了在发送端口和传统零线、火线之间的差分馈线上传输 MIMO 信号对 EMI 的影响。然而，第 7 章没有详细介绍当发射机端使用特定 MIMO 方案和在多个端口进行同步传输时，对电磁干扰的影响。第 8 章比较了适用于 PLC的多种 MIMO 方案，本章则讨论了预编码或波束赋形对 EMI 的影响。本章的分析是基于ETSI STF410 一系列测试中的 MIMO EMI 测试（见第 5 章、第 7 章和参考文献［1－3］）。16.2 节简要回顾了 EMI 测试步骤。16.3 节基于发送信号的相关性，从理论上分析了不同波束赋形模式下的预期电磁干扰。16.4 节对不同波束赋形模式下的电磁干扰进行了详细的统计分析，重点是能否找到一种合适的预编码减小电磁干扰的影响，于是提出一种 EMI 友好的波束赋形想法。16.6 节讨论了 PLC 调制解调器如何获取 PLC 网络的 EMI 特性信息的问题。

16.2 测试及系统配置

第 7 章的图 7－1 对 EMI 的测试步骤进行了详细介绍。发射器和 EMI 的测试步骤如图 16－1 所示，图中主要侧重于发送器的功能方面，图左侧为具有两个空间流的特征波束赋形发送器［图 16－1（a）］、具有一个空间流的点波束赋形［图 16－1（b）］和单输入单输出（single input single output，SISO）［图 16－1（c）］。图 16－1（a）、（b）描绘第 8 章中的典型 MIMO 正交频分复用（MIMO – orthogonal frequency division multiplexing，OFDM）发送器；图右侧是用于评估 MIMO 传输的电磁干扰的天线。ETSI STF410 在天线的水平和垂直极化频率高达 100MHz 的情况下，在幅度和相位两方面测量了每个 MIMO 馈线的 k 因子（见第 7 章）。k 因子的单位为 dBμV/m-dBm。在假定给定发射功率（单位为 dBm）的情况下，这个因子以 dBμV/m 为单位，用于计算电场强度。在 MIMO 传输时［见图 16－1（a）、（b）］，两个发送端口的信号 EMI 互相干扰。h_1 是第一发射端口到天线位置的 k 因子，h_2 是给定频率下第二个发射端口的 k 因子。进一步假设，S_1 和 S_2 是给定频率下的两个信号，这两个信号组合成一个矢量 $s = \begin{bmatrix} s_1 \\ s_2 \end{bmatrix}$，给定频率下天线位置得到的磁场由 $h_1 S_1 + h_2 S_2$ 表示。

图 16-1（a）为在预编码矩阵 F 下的波束赋形。如果 $b = \begin{bmatrix} b_1 \\ b_2 \end{bmatrix}$ 是在给定频率下两个信号在预编码前的矢量，那么这两个发送信号的矢量可由 $s = Fb$（参见第 8 章）表示。在点波束赋形的情况下［参见图 16-1（b）］，只使用一个空间流，即 $b = b_1$，并且预编码矩阵简化为一个预编码矢量 f。图 16-1（c）为 SISO 传输。

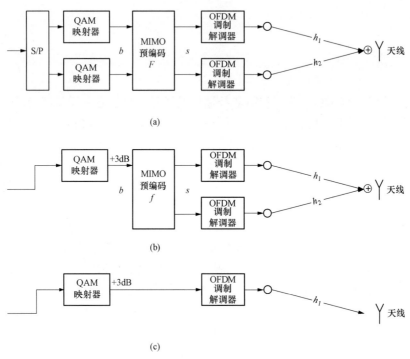

图 16-1　发射器和 EMI 的测试步骤

（a）双流 MIMO：特征波束赋形；（b）单流 MIMO：点波束赋形；（c）SISO 传输

对于所有系统配置，总的传输信号的能量是相同的［见图 16-1（a）～（c）］。在三种配置中，OFDM 和预编码模块可以是相同的。正交幅度调制（quadrature amplitude modulation，QAM）映射器是发送信号的源，决定了发射信号的能量。为了对比更清楚，点波束赋形［图 16-1（b）］和 SISO［图 16-1（c）］配置输出能量的提高 3dB。MIMO 预编码将输入能量分配到两个输出端口，但是不放大或衰减信号。OFDM 模块不改变输入和输出之间的能量。这就保证了这三种配置具有相同的发送功率。

16.3　特征和点波束赋形的区别

两个发送端口发送的信号之间的相关性影响了天线处的电磁场强度，并且决定了信号干扰的大小。下面讨论采用波束赋形的传输信号的空间相关性。

在图 16-1（a）中，两个 MIMO 流分别在两个 QAM 映射器进行调制。如果每个 MIMO 流调制是独立的，则这两个信号在空间上不相关，此时：

$$E\{\boldsymbol{bb}^{H}\} = \boldsymbol{I}_2 \qquad (16.1)$$

式中：$E\{\cdot\}$ 为期望；$\boldsymbol{I}_2$ 为 2×2 单位矩阵。

因此，如果没有应用预编码，则 $\boldsymbol{s}=\boldsymbol{b}$，那么发送信号也是不相关的，即 $E\{\boldsymbol{ss}^H\} = E\{\boldsymbol{bb}^H\} = \boldsymbol{I}_2$。如果应用了预编码，$\boldsymbol{b}$ 是不相关的，发送信号的相关矩阵为：

$$E\{\boldsymbol{ss}^H\} = E\{(\boldsymbol{Fb})(\boldsymbol{Fb})^H\} = \boldsymbol{F}E\{\boldsymbol{bb}^H\}\boldsymbol{F}^H = \boldsymbol{FF}^H \qquad (16.2)$$

对于 $\boldsymbol{F}=\boldsymbol{V}$ 的特征波束赋形（两个空间流），$\boldsymbol{V}$ 的酉特性可以将式（16.2）简化为 $\boldsymbol{VV}^H=\boldsymbol{I}_2$，并且发射信号保持不相关性。因此，特征波束赋形不影响电磁场强度。无预编码的空间复用和采用任意酉预编码矩阵的波束赋形产生相同的 EMI。

如果采用点波束赋形并且 $\boldsymbol{F}=\boldsymbol{v}_1$（其中，$\boldsymbol{v}_1$ 为 $\boldsymbol{V}$ 的第一列矢量），则简化式 $\boldsymbol{v}_1\boldsymbol{v}_1^H=\boldsymbol{I}_2$ 是无效的。这将导致发射信号之间的相关性，这就意味着预编码矢量将影响电磁场强度。

16.4 波束赋形辐射结果

酉预编码矩阵 $\boldsymbol{V}$ 可以用两个角度 ψ 和 ϕ 来表示：

$$\boldsymbol{V} = [\boldsymbol{v}_1 \quad \boldsymbol{v}_2] = \begin{bmatrix} \cos(\psi) & \sin(\psi) \\ -\mathrm{e}^{j\phi}\sin(\psi) & \mathrm{e}^{j\phi}\cos(\psi) \end{bmatrix} \qquad (16.3)$$

式中：ψ 和 ϕ 分别表示所有可能的波束形成矩阵，其范围分别为 $0 \leqslant \psi \leqslant 2\pi$ 和 $-\pi \leqslant \phi \leqslant \pi$（参见第 14 章）。点波束赋形的预编码矢量由 $\boldsymbol{v}_1 = \begin{bmatrix} \cos(\psi) \\ -\mathrm{e}^{j\phi}\sin(\psi) \end{bmatrix}$ 表示。图 16-2 所示为相对于 SISO 的电磁场强度，图中等高线是相对于 SISO 的电磁场强度，其取决于预编码矢量。等高线之间的距离为 1dB。如果这两个发送端口的信号相互抵消，则几乎可以消除辐射干扰（见图 16-2 中 $\psi=1.1$，$\phi=-2.8$）。同时，在一些预编码矢量情况下，信号同相将会获得一个较大的辐射干扰，例如在 $\psi<1.1$ 及 $-1<\phi<1$ 时。加粗等高线表示中线，即 50%的波束赋形角度组合引起的电磁场强度（相对于 SISO）大于中值 -3.5dB，而另外 50%的组合引起的辐射小于该中值。最大值（-0.5dB）比中值高 3dB。在图 16-2 中有一个小峰，表示电磁场已完全除去；平坦区域时表明电磁场水平高于中值。

图 16-3 为相对于 SISO 的电磁场辐射累积分布函数（cumulative distribution function，CDF），图中的信道和频率与图 16-2 一致。为了得到该 CDF，其中一个数据流的波束赋形使用了所有可能的预编码矢量。中值表示在这种信道和频率下，辐射比图 16-1（c）中 SISO 情况大 3.5dB。最大辐射强度的统计概率较低，其比中值高 3dB（见图 16-3 右上角）。图 16-3 中的辐射强度未达到 SISO 传输的水平。低辐射强度（-18dB）的统计概率非常低（参见图 16-3 左下角）。点波束赋形辐射的中值等于双流 MIMO 的辐射强度（特征波束赋形或无预编码的空间复用）。

每个测试都进行了图 16-3 中的计算（即每个测试点，每个频率和每个天线位置）。在这些统计中共使用了 100 863 个测试点的数据（在 1~100MHz 的 1601 个频率点上进行了

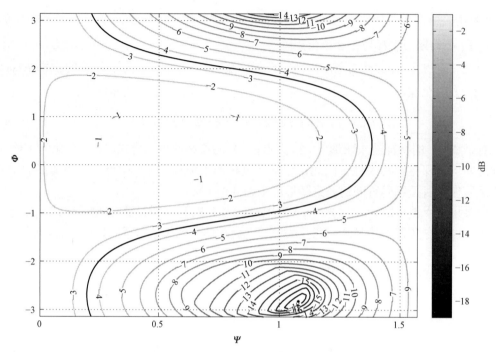

图 16-2　相对于 SISO 的电磁场强度

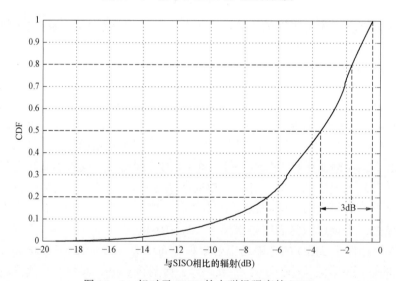

图 16-3　相对于 SISO 的电磁场强度的 CDF

63 次扫描）。图 16-4 给出了不同 MIMO 配置下，测试得到的辐射强度的 CDF，其中 D1 和 D3 的（见第 1 章的图 1-2）用作馈送端口。在决定 CDF 之前，计算每一对测试中 MIMO 和 SISO 之间的辐射差。如 16.3 节所述，双流 MIMO 的辐射强度与波束赋形矩阵不相关，而与未采用预编码的空间复用相同。因为这些情况产生的辐射强度都相同，故在图 16-3 中只用一条曲线来表示（即无预编码或双流 BF）。点波束赋形辐射强度最小，20%、50%、80% 及最大值与不同波束赋形角度对应的 CDF 值相关。点波束赋形的中值等于双流 MIMO

或空间复用，而其最大值则比双流 MIMO 大了 3dB，比 SISO 大 2.4dB。图 16－3 中还给出

了一种特殊的点波束赋形 $f = \begin{bmatrix} 1/\sqrt{2} \\ 1/\sqrt{2} \end{bmatrix}$，其中信号通过两个发送端口传输，两个端口功率相

同且没有相位差（图中标记为 Equal BF）。两个相同的信号通过两个发送端口传输，但有趣
的是电磁场强度相比双流 MIMO 和 SISO 下降的非常明显。

图 16－4 和图 16－5 分别为 D1、D2 为馈送端口和 T1、T2 为馈送端口时，所有测试场
景下（馈送端口、天线位置和频率）辐射的 CDF。

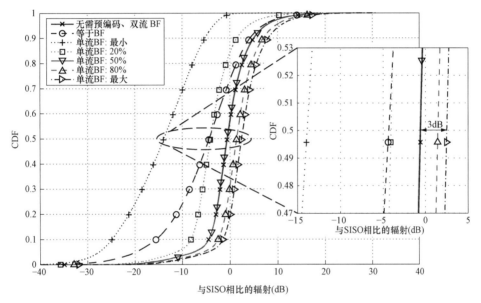

图 16－4 所有测试场景下（馈送端口、天线位置和频率）辐射的 CDF（D1、D2 为馈送端口）

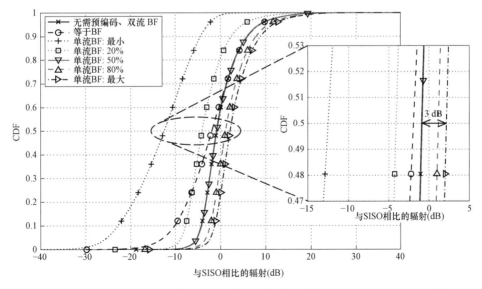

图 16－5 所有测试场景下（馈送端口、天线位置和频率）辐射的 CDF（T1、T2 为馈送端口）

图 16-5 与图 16-4 的辐射特性相同。从图 16-5 中的放大部分可以看出，点波束赋形辐射强度最大值比双流 MIMO 大 3dB，而最小值小 12dB。

图 16-4 与图 16-5 的 CDF 表明，一些信道在 MIMO 场景下会产生较高的 EMI 辐射，而在大多数测试中是 SISO 配置产生更高电磁辐射。图 16-6 为一个基于 k 因子的 SISO 和点波束赋形比较示例，该图比较了 SISO（实线，馈送端口为 D1）和点波束赋形的 k 因子（虚线，单流 BF，馈送端口为 D1、D3）。在这个信道中，SISO 辐射在某些频率下较高，而在其他频率下 MIMO 产生更高的 EMI。这与图 16-4 和图 16-5 中 CDF 曲线对应。

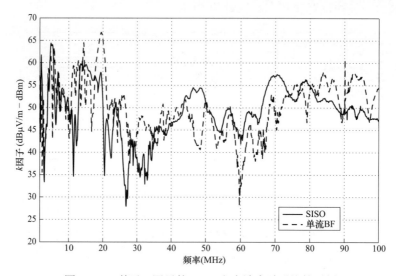

图 16-6　基于 k 因子的 SISO 和点波束赋形比较示例

假设 MIMO PLC 调制解调器在所有信道和频率下采用特征波束赋形模式，而点波束赋形只应用在高衰减信道或频率场景下。在信号噪声比（SNR）不支持特征波束赋形的情况下，可通过仿真来研究多少信道和频率可以采用点波束赋形。在仿真中，先作如下假设：

（1）发送噪声功率比设定为 75dB，对应发送功率谱密度为 -55dBm/Hz，平坦噪声功率谱密度为 -130dBm/Hz；

（2）系统参数与表 9.3 相同；

（3）采用 ETSI 测试信道。

仿真结果表明，由于第二个流不能提供足够的 SNR，所有信道下只有 5% 的子载波采用点波束赋形，而其他 95% 的子载波支持特征波束赋形。

16.5　EMI 友好型波束赋形

如 16.4 节所述，波束赋形通过消除某些位置的信号或减小辐射到空中的信号的电磁场强度，来降低来自 PLC 的 EMI 干扰。在实验中，如果 EMI 干扰降低了，那么在相同 EMI 限制的情况下可以增加 PLC 调制解调器的发射功率电平。用于最大限度地减少电磁干扰的波束赋形矢量通常不是网络中 PLC 接收器的最佳波束赋形矢量。因此，通过波束赋形来优化通信链路会带来一定的吞吐量的损失。但是增加发送功率带来的增益可以在一定程度上补偿这种损失。当然，在推广这种实验的时候需要考虑现有的 EMC 规范。

图 16-7 所示为相对于 SISO 的电磁场强度，图中空气中来自电力线的电磁场（实等高线），记为取决于预编码 E—场，该场取决于由两个角度 ψ 和 ϕ（类似于图 16-2 所示的曲线图）表示的预编码矢量，图中电磁场强度相对于 SISO-PLC 辐射的电磁场，频率为 30MHz，天线放置在室内。由图 16-7 可知，标记为黑色正方形的预编码矢量引起的辐射最大（相对于本例中的 SISO，小于 3dB）。标记为灰色星形的预编码矢量得到了最大信号消除（相比于 SISO 的 E 电场，最大减少 -14dB），见图中 $\psi \approx 1$ 和 $\phi \approx -3$。该测试馈送端口到室内其他馈送端口的通信链路也进行了测试。在图 16-7 这个例子中，可以得到两个链路。这两个接馈送端口的最佳（点波束赋形）预编码矢量标记为两个菱形符号表示的 1 和 2。图 16-7 中的虚线等高线表示取决于预编码矢量的第一条链路的可用信噪比。通过优化该链路的预编码矢量，可以得到最高 30dB 的信噪比（参见图 16-7 中的灰色圆圈）。当不采用这个最优预编码时，信噪比会降低。优化通信链路的预编码矢量和优化电磁场强度的预编码矢量是不相同的。从图 16-7 的例子可以看出，两个矢量之间有一段相当长的距离：第一个菱形符号的下标（0.88）表示测得的与最小化 E 场的最佳预编码矢量的距离，这个距离可能在 0（相同的预编码矢量）～1（最遥远的预编码矢量或正交矢量）变化，关于这个距离的定义可以参考文献 [4]。

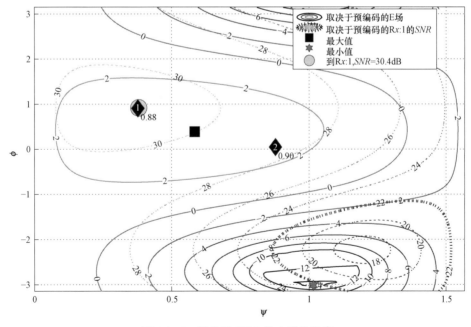

图 16-7 相对于 SISO 的电磁场强度

一方面，假设为了消除 E 场优化了预编码矢量（图 16-7 中的星形符号），辐射的电磁场为 $E_{reduced} = 2dB - (-14dB) = 16dB$，其值低于为了优化该链路采用的预编码矢量引起的辐射强度，这意味着，发送功率可以增加 16dB 从而获得相同的电磁场强度。另一方面，未使用这个链路的最佳的预编码矢量造成的信噪比损失为 $SNR_{loss} = 8dB$（30dB - 22dB），虚线等高线与星形符号的交汇处。故可以得到本例信噪比的增加量为 $SNR_{gain} = E_{reduced} = SNR_{loss} = 8dB$，这可以获得更高的比特速率。

  图 16-8 与图 16-7 类似，以同一栋楼的同一个馈送端口作为发送端口，只是将两个不同的天线放置到室外距外墙 10m 的位置，图中电磁场的等高线与图 16-7 中的相似。然而，

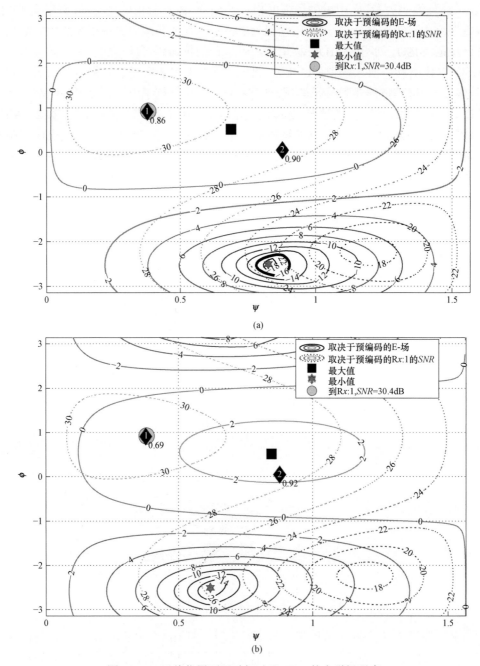

(a)

(b)

图 16-8 天线位置不同时相对于 SISO 的电磁场强度

（a）第一个天线的位置；（b）第二个天线的位置

两个最佳 E 场矢量之间的距离并不大。这表明在一定程度上，最佳电磁场预编码相对于天线的位置是独立的。

美国的 PLC 产品认证评估（见第 6 章）就是检查室外的电磁场强度。如果这个电磁场强度通过智能波束赋形降低了 10dB，那么 PLC 调制解调器的发送功率也可以增加 10dB。

由图 16-7 和图 16-8 可以看出，EMI 可以被完全消除。从理论上说，作为一个极端的例子，MIMO 调制解调器产生的电磁场强度可能比环境噪声还低，从而可以相应地增加发送功率。当然，在现实中必须考虑限制因素。EMI 信息必须相当准确且波束赋形的角度通常可量化为一组特定的值。为了研究友好 EMI 波束赋形和相应的 SNR 增益，波速赋形算法应用到了所有得到的 EMI 数值和相应的 S21 测试中。波束赋形角度的量化比特为 12 位（ψ 为 5 比特，ϕ 为 7 比特），它们是 HomePlug AV2 的波束赋形参数（见第 14 章）。每一个频率和测量位置的 SNR 增益都受两个因素影响：一是由该链路的非最佳波束赋形造成的 SNR 损失；二是来自 EMI 友好波束赋形的发送功率增益。如果 SNR 增益小于 0dB，接下去的仿真则采用典型的点波束赋形。图 16-9 给出了所有测量中信噪比增益 SNR_{gain} 的 CDF。在中值附近，观察到了近 10dB 的信噪比增益。在 CDF 数值 90%处，即 10%的情况下 SNR 增益为 20dB 或更高。如果 EMI 友好波束赋形没有带来信噪比增益，那么可将信噪比增益总是大于 0dB 的点波束赋形作为默认方案。

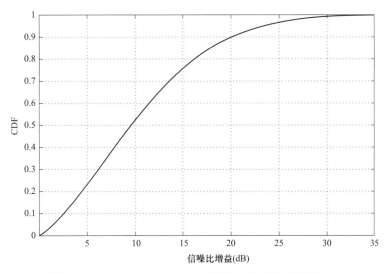

图 16-9　由 EMI 友好波束赋形带来的信噪比增益的 CDF

16.6　不通过测试获得 EMI 特性

调制解调器不能测量实际电力线网络的辐射或 EMI 特性，如果调整波束赋形以减轻 EMI，则必须回答一个重要问题——调制解调器如何知道 EMI 特性？通常，调制解调器不能测量实际电网的辐射或电磁干扰特性。一种方法可能是使用电流探针测量每根导线上的电流。由 Biot–Savart 定律可知共模电流是引起辐射的主要原因。根据 EMI 与馈电端口特性或电网特性的关系，可以将电流探头放于发送端或网络的其他地方。在一个训练相位中，发射调制解调器以预定的方式切换所有可能的预编码向量，并且预编码向量所发的探测信号在三相线中产生平衡电流。

为了研究上述方法，可在消声室中进行测试。图 16−10 为 EMI 电流测量配置。人工电源网络包括熔断器柜、导线、配电盘和多个电器或阻抗。电场探头[5]放置在距离人工电源大约 3m 的位置。MIMO 电流探头由三个电感器组成，分别插到相线、地线和中性线上，并且连接到网络中的多个位置。探头的传输阻抗为：

$$Z_T(dB\Omega)=V(dB\mu V)-I(dB\mu A)=21.5dB\Omega \tag{16.4}$$

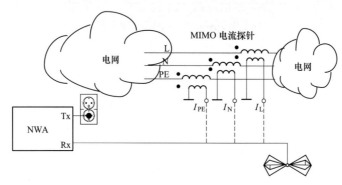

图 16−10　EMI 电流测量配置

多端口 NWA 使用 PLC 耦合器将信号馈送到电网，同时记录电磁场及线路电流值。室内耦合因子（k 因子）可以通过式（7.1）得到，电流 I_{wire} 可通过下式进行计算：

$$I_{wire}=P_{Tx}+S_{21}-Z_T+Conv_{dBm2dB\mu V} \tag{16.5}$$

式中：$P_{Tx}=12dBm$ 为 NWA 注入信号的功率；S_{21} 为 NWA 记录的离散因子；$Conv_{dBm2dB\mu V}=107dBm\text{-}dB\mu V$ 为从 dBm 至 dBμV 的转换因子。

图 16−11（a）所示为电网中测试点通过探针得到的相线、中性线、地线电流值。在本例中，同一信号通过两个发送端口进行传输。通过调整波束赋形来减小相线上的电流，从而平衡中性线和地线上的电流。选择最小化相线上的电流，是因为采用了 D1（L−N）和 D3（L−PE）作为馈送端口。图 16−11（b）所示为波束赋形对探针测得电流的影响。正如预期的那样，火线上的电流最小化了，而零线和地线上的电流具有相同的幅度。

图 16−12 为采用两种不同预编码（即平等预编码和平衡地线—中性线电流的预编码）的 k 因子。采用平衡电流的预编码在多数情况下，其 k 因子都较小。

图 16−13 为图 16−12 所示的不同预编码下由图可知，k 因子的 CDF，在中值位置，基于电流平衡的波束赋形比平等波束赋形大了 4dB 的增益。

另一个方法是发送端使用 S_{11} 参数确定最佳波束赋形矢量以减小 EMI 辐射。S_{11} 参数测量的是反射能量。通过切换所有可能的波束赋形矢量（或波束赋形矢量子集），并监视相应的 S_{11} 值来观测 EMI 干扰。

网络中其他调制解调器的传输函数也有助于确定减小 EMI 干扰的波束赋形。在一个或多个 PLC 接收端接收信号最小的波束赋形矢量，可以认为产生的辐射干扰也较小；而在一个或多个 PLC 接收端接收信号最大的波束赋形矢量，可以认为产生的辐射干扰较大。由接收端接收的信号强弱变化可以确定信号辐射损失的能量值。天线或电平表提供了一个反馈信道，可以检测不同波束赋形矢量下的干扰强度并确定最佳的波束赋形矢量。

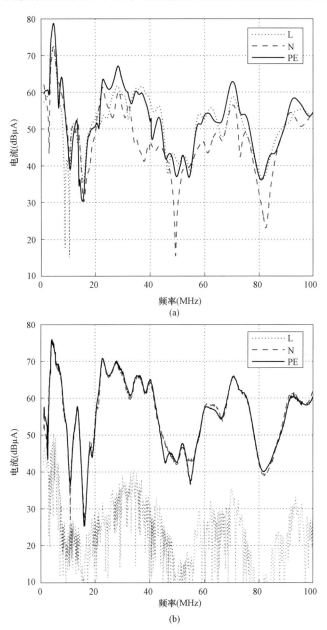

图 16-11 不同预编码下相线、中性线、地线电流幅度

（a）相线、中性线、地线电流值；（b）波束赋形对探针测得电流的影响

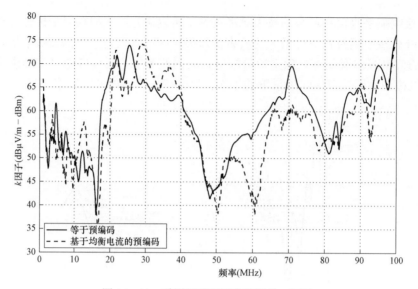

图 16-12　采用两种不同预编码的 k 因子

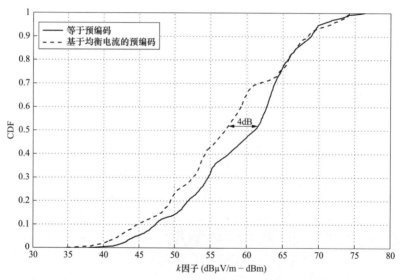

图 16-13　不同预编码下 k 因子的 CDF

可通过网络中的其他 PLC 调制解调器给出需要减小干扰的位置，该 PLC 将信道参数传输给产生干扰的发送器，发送器计算出波束赋形角度，从而减小网络中的干扰。

16.7　结论

本章主要研究 MIMO 特别是波束赋形相比于 SISO 对电磁场强度的影响。结果表明，在中值处 MIMO 辐射比 SISO 小。每个 MIMO 端口发送功率与 SISO 端口发送功率之间的差值可以小于 3dB。以下三种配置的电磁场强度是一致的：

（1）双流 MIMO（独立于任意酉预编码矩阵，特征波束赋形）；

（2）无预编码的空间复用（双流 MIMO 的特例）；

（3）单流波束赋形的中值。

空间复用和特征波束赋形产生相同的 EMI。在单流波束赋形或点波束赋形的情况下，预编码矢量影响电磁干扰。信号叠加可能会增强或削弱干扰。在极端情况下波束赋形带来的辐射干扰比双流 MIMO 多 3dB。但这种极端情况只在一种有特殊波束赋形矢量下才会出现。假设，在大部分时间和几乎所有的信道上，MIMO PLC 调制解调器工作在特征波束赋形模式下，则采用波束赋形是可以消除辐射的。

波束赋形可以用在未来的 PLC 系统中，以减轻电磁干扰和辐射的影响。如果为了最小化辐射优化波束赋形，那么调制解调器的吞吐量将会下降。通常在发射机端应用波束赋形，从而获得接收器最佳吞吐量性能。通过波束赋形降低了 EMI，则发送功率可以适当增加，以弥补吞吐量的损失。

未来一个研究方向是：调制解调器如何获得 EMI 的特性，从而正确地调整波束赋形来减轻电磁干扰？方法之一是采用电流探针探测每条相线上的电流，在不同波束赋形矢量间切换，最后使得相线上的电流达到平衡。实验室测试表明，相线上的电流与 EMI 间存在一定的关系，因此可以利用这一点来调整波束赋形矢量从而降低 EMI。

运用这一理念可以消除相邻公寓中 PLC 调制解调器的干扰，通过相邻调制解调器反馈回来的信道参数，可以计算最佳的波束赋形矢量。

参考文献

[1] ETSI, TR 101 562 – 1 v1.3.1, PowerLine Telecommunications (PLT), MIMO PLT, Part 1: Measurement methods of MIMO PLT, Technical Report, 2012.

[2] ETSI, TR 101 562 – 2 v1.2.1, PowerLine Telecommunications (PLT), MIMO PLT, Part 2: Setup and statistical results of MIMO PLT EMI measurements, Technical Report, 2012.

[3] ETSI, TR 101 562 – 3 v1.1.1, PowerLine Telecommunications (PLT), MIMO PLT, Part 3: Setup and statistical results of MIMO PLT channel and noise measurements, Technical Report, 2012.

[4] D.Schneider, Inhome power line communications using multiple input multiple output principles, Dr. – Ing.dissertation, Verlag Dr.Hut, Munich, Germany, January 2012.

[5] SCHWARZBECK MESS-ELEKTRONIK; EFS 9218: Active electric field probe with biconical elements and built-in amplifier 9kHz–300MHz.http://www.schwarzbeck.com/Datenblatt/m9218.pdf, accessed 16 October 2013.

17

使用时间反转的 PLC 辐射干扰抑制

17.1　引言

在室内或办公环境，室内 PLC 使用低压（LV）线路设施。每个房间会有几个电气接口，这样可以建成无所不在的通信网络。此外，不同接口间距离较短会减小系统运行时的衰减。目前，室内宽带系统（broadband，BB）主要运行在 2～30MHz 的频率范围。然而最新的标准，例如 IEEE[3]或 ITU-T G.9960[4]，允许信号传输的频率高达 100MHz。另外，窄带（narrowband，NB）PLC 系统运行的频率低于 500kHz，无论在室内还是室外、使用低压还是中压线路[5]，这些系统（如 ITU-T G.9955）可以为智能电网长距离传输指令和控制信息。

低压和中压电力线最初并不用于传输频率高于 1kHz 的通信信号，因此发送端（Tx）和接收端（Rx）之间的通信信道不是一个理想信道，会产生衰减和多径传输效应。所以，信道的传输能力有限，这就需要最优的信号处理方法，以使传输速率最大化并保证服务质量（QoS）。

本章重点关注 PLC 技术相关的限制，即由电网不平衡特性产生的辐射信号[7]。连接网络的负荷阻抗变化及相线和中性线长度不等（由于单相切换）使得不同的 PLC 信号转变为共模电流流过电网。因此，用于传输有用信号的铜导线起到了天线的作用，将部分传输功率辐射出去了，这不仅会增大接收端的信号衰减，而且会产生电磁辐射问题（electromagnetic compatibility，EMC），这种辐射信号可能干扰其他运行的服务，如业余无线电（HAM）或短波无线电（SW）。已经有不少学者和机构研究了 PLC 传输对 EMC 的影响，例如 ICT FP7 计划 OMEGA[8]和贯穿 ETSI 专家工作组 410[9]。PLC 对 EMC 的影响详见第 7 章。

为了避免 PLC 系统和其他频谱用户互相干扰，电力线上传输的电磁信号有严格的防辐射规定。在美国，联邦通信委员会（Federal Communications Commission，FCC）详细列出了载流系统电磁辐射的最高水平（包括 PLC），要求系统规范定义发送功率限制。图 17－1 是 IEEE 1901 北美标准功率频谱密度（PSD）示例，图中观察到的凹陷用于保护特殊系统，如 HAM 频带。在欧洲，目前正在起草 CENELEC 用于室内 PLC 的管理标准[11]。NB 和 BB PLC 系统当前的管理情况详见第 6 章。

不考虑当地的规章限制，本章着重研究如何减少由 PLC 系统无意产生的辐射。不少文献介绍了一些方法来解决这个问题。文献［12］介绍了一种应用辅助信号消除空间给定点电磁场的方法来减少辐射。仿真表明了该方法具有良好的性能，但是电磁干扰（electromagnetic

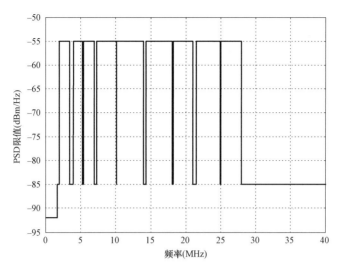

图 17-1   IEEE 1901 北美标准功率频谱密度（PSD）示例

interference，EMI）仅可以在单个位置减弱。文献［13］使用额外的硬件连接墙上插座来减少电力线的不对称，但却增加了 PLC 网络的复杂性。

目前，希望通过信号处理，实现以下两个互补：一是在接收端聚集发送信号，与能量聚集有关的功率增益反过来可以降低发送端所需功率的水平，因此产生较少的 EMI；二是减少除接收端外任何位置的能量水平，特别是要减小来自电力线的辐射功率。在无线传输领域，时间反转（time reversal，TR）[14]，是一种已知的能够实现上述两个目标的技术。超宽带（ultra-wideband，UWB）无线电波试验显示了这种技术聚焦和减小干扰的能力[15,16]。

本章把 TR 作为减小有线信号传输辐射的一种方法，进行了实验分析。研究集中于高频 BB PLC，也可以延伸到 NB PLC 和其他有线传输系统，如数字用户线（digital subscriber line，DSL）。本章 17.2 节介绍了 TR 技术的概念及其在有线系统的应用。17.3 节详细介绍了如何利用实验评估 TR 在 BB PLC 的优势，对相应结果的统计分析见 17.4 节。17.5 节在频域的测量证明了这种观点。最后，结论见 17.6 节。

17.2   电力线载波通信的时间反转

17.2.1   无线传输的时间反转

TR 技术也称为频域相位共轭，最先被应用在声学领域[17,18]，后来被成功地延伸到了电磁波领域，其丰富的多径信道为其应用提供了很好的条件[14]。TR 的基本原理较简单，$\delta(\tau)$ 为理想的狄拉克脉冲，由发送端天线发射，其单位脉冲和时间反转的 CIR 如图 17-2 所示。定义，在任何接收端位置 r_0，接收信号由信道脉冲响应（channel impulse response，CIR）$h(\tau, r_0)$ 给出。CIR 是由多径传输信道多次反射组成的。

TR 在 Tx 端使用这种信道状态信息（channel state information，CSI）提前滤除所要传输的信号。进一步来说，CIR $h(\tau, r_0)$ 是时间反转和归一化的，作为需要传输信号的输入滤波器［图 17-2（b）］。物理上，每一个组成了 TR 滤波器延迟的回声通过其最初的传播路径在

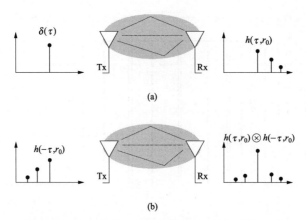

图 17-2 理想的狄拉克单位脉冲和时间反转的 CIR
（a）单位脉冲；（b）时间反转的 CIR

其他多径中传播，导致多回声在 Rx 端不断增加，最后聚集了接收到的能量。数学上，应用 TR 使得任意位置 r 的任何接收端推导出等式 CIR $h_{TR}(\tau, r)$ [19]，注意这个公式需用实数 CIR 值：

$$h_{TR}(\tau, r) = \frac{h(-\tau, r_0)}{\sqrt{\int |h(\tau, r_0)|^2 d\tau}} \otimes h(\tau, r) \tag{17.1}$$

式中：$\otimes$ 为时域卷积。

式（17.1）在频域可表示为：

$$H_{TR}(f, r) = \frac{H^*(f, r_0)}{\sqrt{\int |H(f, r_0)|^2 df}} \times H(f, r) \tag{17.2}$$

式中：$H(f, r)$ 为复数值的信道传输函数（channel transfer function，CTF）。因此，TR 也称为频域相位共轭。

由式（17.1）和式（17.2）可以得出以下两个结论。

（1）在既定的接收端位置 r_0，感知的 CIR 可简化为：

$$h_{TR}(\tau, r_0) = \frac{1}{\sqrt{\int |h(\tau, r_0)|^2 d\tau}} \times R_h(\tau, r_0) \tag{17.3}$$

式（17.3）中，$R_h(\tau, r_0)$ 表示函数 $h(\tau, r_0)$ 的时域自相关。类似地，感知的 CTF 可简化为：

$$H_{TR}(f, r_0) = \frac{1}{\sqrt{\int |H(f, r_0)|^2 df}} \times |H(f, r_0)|^2 \tag{17.4}$$

在时域，TR 滤波器的作用是把 CIR 转变为自相关。对于丰富的多径环境，CIR 自相关在 $\tau = 0$ 处出现峰值，次级回声相应减小。实验研究证明这样得到的信道在时域上多径传播不明显[15, 16]，因此减少了可能产生的码间干扰（intersymbol interference，ISI）。在频域，感知 CTF 与实际 CTF 的平方呈比例。TR 除了可以为接收端提供实数值 CTF，还可以获得接收功率增益，这是因为 TR 更好地利用了信道的频率选择特性。在文献［19］中，TR 应用于平坦的瑞利衰落信道，可以使总接收功率获得 3dB 的增益（即没有频域功率的衰落）。考虑实际 UWB 广播信道的频域功率衰减时，这种增益会增加到 5dB。

（2）对于其他任何不同于 r_0 的位置 r，TR 的发送滤波器和信道不匹配，这可从式（17.2）给出 TR 频域表达式中看出。感知 CTF 与两个独立 CTF 产生的 $H(f,r)$ 和 $H^*(f,r_0)$ 相对应，但有非常不同的频率衰减结构。更准确地说，第一次 CTF 最小化可以在第二次 CTF 最大化时随机发生。因此，平均整个频率，在非目标位置的总接收功率减少。对于无线 TR 分析，这种效应称为空间聚焦效应，这种效应一般通过给定距离 $\|r-r_0\|$ 下，最大 $h_{TR}(\tau,r)$ 和最大 $h_{TR}(\tau,r_0)$ 之间的比值来评估。−10dB 的空间聚焦因子见文献［19，20］。

17.2.2　时间反转扩展至有线传输

无线传输 TR 方案具有在既定的接收端位置可增加接收功率和在任何其他位置减小接收功率的两个主要特点，这些特点在有线传输系统中也是非常有用的，其中发送功率水平受到来自线路产生的无意辐射的限制，这些辐射可能会对其他系统造成 EMI。

由此进行了实验研究，分析 TR 减少有线传输系统不必要的辐射的潜力。TR 扩展到有线传输原理如图 17–3 所示。

假设有一个在室内低压电力网络上，由发送端 PLC 调制解调器到接收端 PLC 调制解调器的既定传输。由于典型的电网存在多条分支，并且网络终端（插口）和节点处阻抗不匹配，PLC 信道是一种具有丰富多径传输的信道[21-24]，其与无线信道的相似性可以为 TR 应用于 PLC 提供参考。

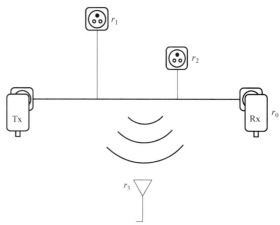

参照图 17–3，接收端调制解调器被置于既定位置 r_0，发送端调制解调器被置于源点。通过在发送端使用 TR 滤波，在 r_0 处的接收端功率将会增加，因此，接收端调制解调器的信噪比（signal-to-noise ratio，SNR）

图 17–3　TR 扩展到有线传输原理

将会增加。这种功率的增加也可以反过来减小发送端功率以获得相似的性能。在网络插座处选定位置，如 r_1 或 r_2，接收功率将会减小。在设计多用户传输方案时也可以利用这种效应。

为了达到减小辐射的目的，考虑位置 r_3，这个位置可以是邻近电网空间中的任何一点。估计这一位置的辐射水平，例如，等效 Tx 端调制解调器与 r_3 处理想天线之间的传递函数 $H(f,r_3)$，利用 TR 方案［式（17.2）］，在位置 r_3 处应用了 TR 后的感知传输函数将会与乘积 $H^*(f,r_0)\times H(f,r_3)$ 成比例。由于函数 $H^*(f,r_0)$ 与 $H(f,r_3)$ 不相关，它们的频率衰落的结构不同，特别是在频率选择性衰落引起的深凹陷不会在同频率出现时。因此，当与单独的 $H(f,r_3)$ 相比，乘积 $H^*(f,r_0)\times H(f,r_3)$ 的衰减更加平均，所以 r_3 处的整个功率辐射将会减小。在无线信道的研究中也有类似的结果[14,15,18]。因此，TR 可以作为一种减小有线通信 EMI 的有效方法。

TR 应用于有线传输的理论基础正在建立，这种方法的评估实验将会在下面的章节介绍。

17.3 实验设置

17.3.1 设备

可利用实验验证使用 TR 可以减小有线通信的 EMI，实验装置配置示意如图 17-4 所示。在这个配置中，信号发生器 Tx 作为通用的发送端。采用一台数字抽样示波器（digital sampling oscilloscope，DSO）对接收端接收到的信号进行抽样。在发送端产生的信号定义为 $s(t)$，在 DSO 接收的信号定义为 $y(t)$。两个普通的 PLC 耦合器耦合发送信号和接收信号到电力线上。发送端耦合器位于源点，接收端耦合器连接到 r_0 处的插座。这些耦合器在 ETSI 专家工作组 410 的框架下进行改进[25]。为了测量任意位置 r_3 处接收到辐射的功率密度，将双锥形天线连接到 DSO 的第二个端口。

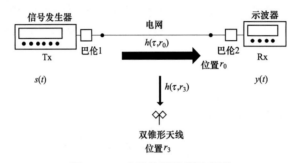

图 17-4　实验装置配置示意图

17.3.2 校准

参照图 17-5 所示的测量路径示意图，可以将测量路径分为两条：路径 1 用于测量 CTF，它由发送端、同轴电缆 1、一个 30dB 的放大器、同轴电缆 2、巴伦 1、电源、巴伦 2、同轴电缆 3、一个 20dB 的衰减器和接收端组成。考虑巴伦作为信道的一部分，通过与同轴电缆 2 和同轴电缆 3 直接相连进行路径 1 的校准。

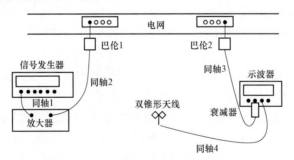

图 17-5　实验测量路径示意图

路径 2 是由发送端、同轴电缆 1、一个 30dB 放大器、同轴电缆 2、通向自由空间传输信道的线路［由 CTF $H(f, r_3)$ 表示］、双锥形天线、同轴电缆 4 和 DSO 组成的。路径 2 通过连接同轴电缆 2 和同轴电缆 4 进行校准。天线的增益通过后期处理从测量中移除。

信号发生器和 DSO 通过它们的 10MHz 参考时钟直接连接同步。两个设备的抽样率都设置为 f_s=100MHz。

17.3.3　信号处理

在最初系统校准后，测量按以下三个步骤执行：

（1）使用特殊的发送帧估计 CTF $H(f, r_0)$，频率带宽为 2.8～37.5MHz。

（2）使用 $H(f, r_0)$ 的相位和幅值生成 TR 滤波器。

（3）使用一个发送帧测量 CTF $H(f, r_0)$ 和 $H(f, r_3)$ 以及感知的 CTF $_S H_{TR}(f, r_0)$ $H_{TR}(f, r_0)$ 和 $H_{TR}(f, r_3)$。采用一个示波器的两个端口同时对接收端插座的位置 r_0 和任意空间位置 r_3 进行测量，一个连接到接收端巴伦，另一个连接到双锥形天线。

发送信号根据 HomePlug 标准[26]产生。使用的帧叫做 PHY 协议数据单元（protocol data unit，PPDU），它是由前导（包括帧控制）和许多有效载荷字符组成的，如图 17-6 所示。每一个有效载荷字符由 3072 个采样点的正交频分复用（orthogonal frequency division multiplexing，OFDM）字符组成，详见 HomePlug 规范[26]。为了估计 CTF $_S H_{TR}(f, r_0)$ 和 $H_{TR}(f, r_3)$，OFDM 字符被预先定义的字符填充。

图 17-6　HomePlug 帧 PHY 协议数据单元结构

在 TR 滤波器计算之前，用于校准和最初测量 CTF 的帧如图 17-7 所示。在计算 TR 滤波之后，用于测量 CTF 和 EMI 的帧如图 17-8 所示，注意在这个帧中，TR 滤波仅对最后三个字符［由信号 $s'(t)$ 表示］进行了处理。通过这个特殊的帧结构，不论是否采用 TR 准同步，CTF 和 EMI 都是可以进行估计的。在这个阶段，重新计算 CTF 可以监测校准信道和测试信道之间的变化。

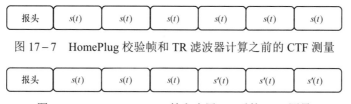

图 17-7　HomePlug 校验帧和 TR 滤波器计算之前的 CTF 测量

图 17-8　HomePlug CTF 帧和应用 TR 后的 EMI 测量

实际上，整个信道估计过程类似于 HomePlug AV 标准中定义的信道侦听过程。在实验中，使用典型的迫零（zero-forcing，ZF）信道估计接收信号 CTF，包括接收端高 SNR 情况。实际系统中 SNR 较低，更复杂的方法，如最小均方误差估计可以更有效地抵消噪声的增加。发送端利用一个可编程波形发生器在时域模拟 TR 滤波器，这是为了使测量结果尽可能地接近实际 PLC 调制解调器 TR 方案的数据。

为了在测量频带内持续估计信道的衰减，故在此法研究中没有实现频谱凹陷。在实际系统中，发送端的功率谱密度是确定的，其中发送功率在预先定义的频率处会进行陷波，这是为了保护现有使用相同频谱的服务。HomePlug 标准采用加窗技术，这是为了更好地利用在带宽内的功率同时保护带外业务。现有的研究集中于有效减少 PLC 系统频带内的 EMI。所以，上述结果也适用于实际系统，包括频谱凹陷。

17.3.4　测试环境

测试在法国拉尼翁的 Orange 实验室内进行，使用 13 个不同拓扑的 230V 电网。测试在面积大约为 20m² 的不同房间内进行，实验现场如图 17-9 所示。

发送端和接收端的调制解调器连接到同一房间的两个插口，两个插口距离为 2～8m。一般的，房间会有 4～10 个插口，约一半的插口连接传统的办公电器（灯、台式计算机等）。对于每一种拓扑，测量一个 CTF，首先不应用 TR 测量 CTF，然后应用 TR 滤波测量 CTF。另外，对于每一种拓扑，选择 3～5 个位置用双锥形天线测量接收到的电磁场。总计收集 13 个 CTF 和 43 个电磁场测量的数据用于统计分析。

图 17-9　实验现场图

17.4　结果和统计分析

17.4.1　初步结果

将 17.3 节示例网络的初步结果分为两部分内容进行介绍：一是在 r_0 处的 CTF；二是在 $r_3 \neq r_0$ 处的电磁场和其联合功率密度。

图 17-10 为 TR 前、后的信道衰减，首先考虑测试的 CTF（实线）。某些频率处的深凹陷是网络终端的反射，体现了 PLC 网络多径特性。在 TR 之前，平均衰减 $\bar{H}(r_0)$ 定义如下：

$$\bar{H}(r_0) = 10\lg\left(\frac{1}{f_{\max} - f_{\min}} \int_{f_{\min}}^{f_{\max}} |H(f, r_0)|^2 \, df\right) \tag{17.5}$$

式中：$f_{\min}$ 和 $f_{\max}$ 分别为侦听到的最小和最大的频率。

平均衰减对应的是接收端感知到的信道衰减。通常，HomePlug AV 标准的 OFDM 系统能够在很宽的频带，利用接收到的全部功率。在本例中，平均衰减约为 11dB。

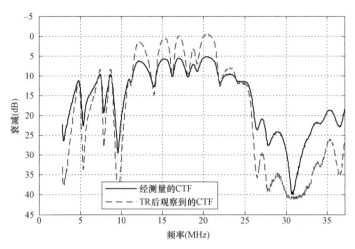

图 17-10 TR 前、后的信道衰减

现在关注应用 TR 后的感知 CTF。由 TR 滤波器的数学定义可知，TR 分配给那些衰减小的频段更多的功率，同时衰减大的频段功率受到限制。特别的，对于信道 $H(f, \boldsymbol{r}_0)$ 的衰减高于平均衰减 $\bar{H}(\boldsymbol{r}_0)$ 的频段，在应用 TR 后，感知信道衰减更多，这在频率范围为 26～37.5MHz 时可以清楚地观察到。对于信道衰减小于 $\bar{H}(\boldsymbol{r}_0)$ 的频率，使用 TR 提高了信道的响应，这在频率范围为 11～22MHz 时可以清楚地观察到。采用 TR 后，平均衰减 $\bar{H}_{\mathrm{TR}}(\boldsymbol{r}_0)$ 为：

$$\bar{H}_{\mathrm{TR}}(\boldsymbol{r}_0) = 10 \lg \left(\frac{1}{f_{\max} - f_{\min}} \int_{f_{\min}}^{f_{\max}} \left| H_{\mathrm{TR}}(f, \boldsymbol{r}_0) \right|^2 \mathrm{d}f \right) \tag{17.6}$$

在应用 TR 后可以观察到平均衰减约为 7.5dB。因此，在这个特例中，TR 的应用为整个接收功率提供了 3.5dB 的增益。

注意测量 CTF（实线）是物理上的。因此，测量 CTF 在某种程度上会像信道衰减一样使得传输信号减小。相反，在应用了 TR 后，在接收端感知的 CTF（虚线）对应一个逻辑信道，其测量 CTF 的影响与发送端 TR 滤波器的影响相关联。因此，感知 CTF 可能在有限的频率范围内表现出一些增益。

现在考虑电场和在 $\boldsymbol{r}_3 \neq \boldsymbol{r}_0$ 处的联合功率密度。电场 $E(f, \boldsymbol{r}_3)$ 的值，单位为 dBμV/m，由 CTF $H(f, \boldsymbol{r}_3)$ 计算得到，而 CTF $H(f, \boldsymbol{r}_3)$ 是在发送端巴伦和天线连接器之间测量的，假设注入 PSD $P_{\mathrm{feed}} = -55$dBm/Hz，使用下式进行计算[25]：

$$E(f, \boldsymbol{r}_3) = P_{\mathrm{feed}} + 20 \lg \left(\left| H(f, \boldsymbol{r}_3) \right| \right) + 107 + AF(f) \tag{17.7}$$

式中：$AF(f)$ 为天线因数；107 为从 dBm 到 dBμV 的换算。

此外，平均辐射功率密度 $\bar{S}(\boldsymbol{r}_3)$，单位为 dB(W/m²)，可用下式计算：

$$\bar{S}(\boldsymbol{r}_3) = 10 \lg \left(\frac{1}{f_{\max} - f_{\min}} \int_{f_{\min}}^{f_{\max}} \frac{1}{120\pi} \left| E(f, \boldsymbol{r}_3) \right|^2 \mathrm{d}f \right) \tag{17.8}$$

式中：$f_{\min}$ 和 $f_{\max}$ 分别为侦听到的最小和最大的频率；$E(f, \boldsymbol{r}_3)$ 的单位是 V/m；120π 为自由空间的阻抗值，Ω。

注意 $E(f, \boldsymbol{r}_3)$ 和 $\overline{S}(\boldsymbol{r}_3)$ 也可以在应用 TR 滤波器后计算：

$$E_{\text{TR}}(f, \boldsymbol{r}_3) = P_{\text{feed}} + 20\lg\left(\left|H_{\text{TR}}(f, \boldsymbol{r}_3)\right|\right) + 107 + AF(f) \tag{17.9}$$

以及：

$$\overline{S_{\text{TR}}(\boldsymbol{r}_3)} = 10\lg\left(\frac{1}{f_{\max} - f_{\min}} \int_{f_{\min}}^{f_{\max}} \frac{1}{120\pi}\left|E_{\text{TR}}(f, \boldsymbol{r}_3)\right|^2 \mathrm{d}f\right) \tag{17.10}$$

应用 TR 前、后的电场如图 17-11 所示。对于这种特殊的电场，频率带宽为 26～37.5MHz 时辐射明显减小，平均辐射功率密度减小约 7.5dB。这样，在这个例子中可以观察到 TR 滤波器的应用可以有效地减小没用的辐射功率。

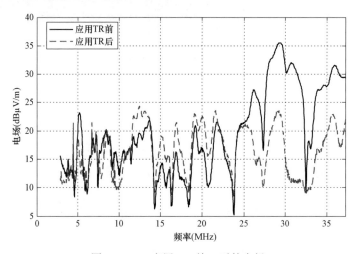

图 17-11　应用 TR 前、后的电场

17.4.2　时域测量结果的统计分析

本节介绍测量数据的统计分析，这些数据采集来自拉翁尼地区 Orange 实验室。所有的测试包含 13 个 CTF 测试和 43 个电场测试。

（1）计算应用 TR 滤波器后观测感知 CTF $H_{\text{TR}}(f, \boldsymbol{r}_0)$ 获得的信道增益 G_{TR}。由于 OFDM 系统可以利用给定频带内接收到的所有功率，对于总的接收功率这个增益计算如下：

$$G_{\text{TR}} = \overline{H}(\boldsymbol{r}_0) - \overline{H}_{\text{TR}}(\boldsymbol{r}_0) \tag{17.11}$$

G_{TR} 的累积分布函数（cumulative distribution function，CDF）如图 17-12 所示。这个参数常常为正增益，试验中介于 1.4～6.6dB 之间，也符合类似无线实验中的结果[19]。约 60% 的案例，信道增益高于 3dB。这意味着在接收端，使用 TR 会有更好的接收性能。这种信道的增益反过来可以减少发送端注入的 PSD，因此通过同样的方法减少 EMI。

（2）计算 EMI 的减少系数 R_{TR}。由于 TR 滤波器的应用，该系数相当于减小的辐射功率。辐射信号的减小量计算如下：

$$R_{\text{TR}} = \overline{S(\boldsymbol{r}_3)} - \overline{S_{\text{TR}}(\boldsymbol{r}_3)} \tag{17.12}$$

EMI 减少系数 R_{TR} 的 CDF 如图 17-13 所示。结果表明超过 60% 的例子中 TR 的简单应用减少了 EMI。在最差的情况下，EMI 减少了 2dB。一些特殊例子表明，当 CTF$_S H(f, \boldsymbol{r}_0)$ 和

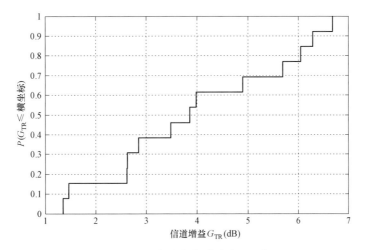

图 17-12　时域实验中信道增益 G_{TR} 的 CDF

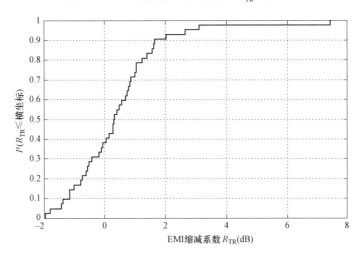

图 17-13　时域实验中 EMI 减少系数 R_{TR} 的 CDF

$H(f, r_3)$ 相关时，能够更有效地减少 EMI。在复杂的电网拓扑中，这是有可能的，因为其丰富的多径环境将会导致不同位置 Rx 的不同频率的衰减结构。

通过观察信道增益 G_{TR} 和 EMI 减少系数 R_{TR} 的统计数据，提出了一个最小化 PLC 系统 EMI 的最佳方法。实际上，图 17-12 显示的是减小信道衰减，应用 TR 提升系统性能。在保持系统性能稳定的前提下，又可以更加灵活地减小发送端的功率，进一步减小 EMI。更准确地说，当应用 TR 时，可以把发送功率降低 G_{TR} dB，同时保证接收到的总功率不变。

（3）计算有效的 EMI 抑制因子 M_{TR}。由减小的发送功率和 EMI 减少系数之和求得：

$$M_{TR} = G_{TR} + R_{TR} \tag{17.13}$$

EMI 抑制因子 M_{TR} 的 CDF 如图 17-14 所示，由这些统计结果可以得出以下结论：

（1）在所有实验中，TR 都能够减小由 PLC 传输产生的 EMI。在这方面，可以总结为由应用 TR 得到的增益 G_{TR} 允许发送端功率减少，很大程度上补偿 EMI 可能的增加量，如图 17-13 所示。

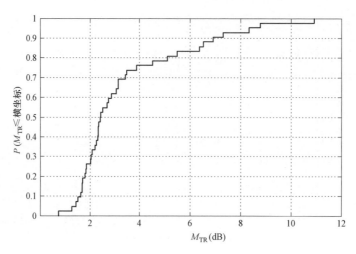

图 17-14　EMI 抑制因子 M_{TR} 的 CDF

（2）40%的例子中，不希望出现辐射功率减少超过 3dB。

（3）最好的情况是 EMI 减少量超过 10dB。这个实验中发送端和接收端调制解调器之间的 CTF 和 EMI 频谱不相关。

17.5　基于频域测试的验证

17.5.1　频域测试数据库

为了验证 PLC 系统中以辐射减小量表示的 TR 技术增益，进行了大量的实验。这些数据来自位于法国和德国的九座房屋和公寓，在 ETSI STF410 测试框架内[9]。测试使用矢量网络分析仪（vector network analyser，VNA）记录。

第一步，记录房屋中的任意插口处，发送调制解调器和接收调制解调器之间的 PLC CTF $H(f, r_0)$。

第二步，记录发送调制解调器和任意位置为 r_3 处天线之间的 CTF　$H(f, r_3)$。小型双锥天线便于在屋内或屋外不同位置自由放置。室外测量位置选择为距离外墙 3~10m 的位置。共 114 对 $CTF_S H(f, r_0)$ 和 $H(f, r_3)$ 可用于统计分析。为了与时域的实验结果比较，在计算中频带也是为 2.8~37.5MHz。

关于 ETSI STF410 的测试，信道、噪声特性的分析结果见第 5 章。基于实验的 PLC 信道 EMI 特性见第 7 章。

17.5.2　频域测量结果的统计分析

在分析应用 TR 滤波器后，从感知 CTF $H_{TR}(f, r_0)$ 获得的信道增益 G_{TR}，见式（17.11）。图 17-15 是整个测量中频域信道增益的 CDF。由数据分析可知，TR 技术的信道增益常常大于 0.9dB，且最高可达 15.6dB。大约 95%的信道增益大于 3dB，70%的信道增益大于 6dB。

与应用 TR 相关的 EMI 减小系数 R_{TR} 定义见式（17.12）。该参数频域实验中 EMI 减小系数 R_{TR} 的 CDF 如图 17-16 所示。可以观察到 55%的例子中，采用 TR 技术减小了总的功率密度，最大可达 8dB。但是，在观测的 45%中，EMI 实际却是增加的，最大增加量为 5dB。

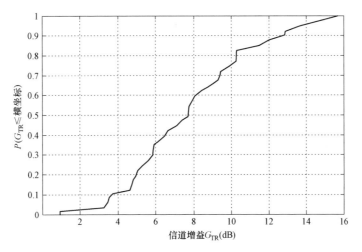

图 17-15　频域信道增益的 CDF

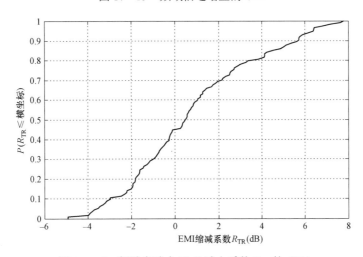

图 17-16　频域实验中 EMI 减小系数 R_{TR} 的 CDF

图 17-16 所示的统计数据显示,在大量的例子中采用 TR 技术,EMI 实际增加了。但是,同时需要注意的是,由于 TR 信道的增益,接收端调制解调器接收到的总功率增加了。所以,最佳的方法是把发送端功率降低 G_{TR} dB。这种智能功率退避可以进一步减小 EMI,同时维持接收端接收到的总功率,以保证系统的性能。最终 EMI 的减小由 EMI 减小因数 M_{TR} 定义,见式(17.13)。频域测试时,参数 M_{TR} 的 CDF 如图 17-17 所示。98%的例子中,EMI 的结果是减

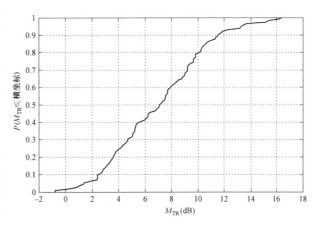

图 17-17　频域有效的 EMI 缓解因子 M_{TR} 的 CDF

小的，减小幅度最大为 16.4dB。

17.6 结论

本章提出采用 TR 技术以减小有线通信系统产生的 EMI。TR 作为一种把发送信号集中到既定接收端周围时域和空间的方法，最初使用在无线传输领域。后来这种技术被应用到有线媒介中，如电力线通信中的电网。因此，希望 TR 技术减小由辐射流失的能量。

为了证明 TR 方法是可行的，研究人员设计了一系列实验。在时域内进行的实验使用类似于 HomePlug AV 工业标准的信号帧。此外，使用任意波形发生器实现 TR 滤波器，然而这样得出的结果在实际应用时可能会存在不足。

结果证明在有线媒介中，TR 可以提供 1～7dB 的传输信道增益，这与在无线信道观测到的增益类似。另外，只用一个 TR 滤波器就可以有效减小 60%试验案例中的 EMI，最大减小量达 7dB。最后，通过实验证明了 TR 在观测的所有案例中都有效地减小了 EMI。在 40%的实验中，EMI 的减小超过 3dB，最大超过 10dB。这些令人振奋的结果又由一系列在频域的二次统计分析所证实。这些测试来自法国和德国，并在 ETSI STF410 的框架内进行。第二次统计研究证明了观测的趋势，并有更大的极值。首先，观测到 TR 信道的增益在 1～16dB 之间。其次，最佳的 EMI 减小方法在 98%的实验中有效地减小了 EMI，最多减小 16dB。仅在 2%的实验中 EMI 是增加的，但增加小于 1dB。从这些观测中可以看出，TR 技术可以帮助解决 PLC 和其他有线媒介相关的 EMC 问题。

本章 TR 方法产生的 CTF 增益可以应用于功率退避，来减小 EMI。当保持恒定的 EMI 时，可以达到增加容量的目的。所以，进一步分析将权衡信道吞吐量的增加和 EMI 的减小。此外，未来研究将关注更高频率和其他媒介，如 DSL 电缆等有线 TR 的研究。最后，将研究优化协议从而在未来标准中实现 TR 技术。特别是进一步研究应用 TR 多播或广播，包括一个发送调制解调器和多个接收调制解调器。

参考文献

[1] A.Mescco, P.Pagani, M.Ney and A.Zeddam, Radiation mitigation for power line communications using time reversal, Hindawi Journal of Electrical and Computer Engineering, Article ID 402514, 2013.

[2] H.C.Ferreira, L.Lampe, J.Newbury and T.G.Swart, eds., Power Line Communications:Theory and Applications for Narrowband and Broadband Communications Over Power Lines, Wiley, Chichester, U.K., 2010.

[3] IEEE 1901－2010, IEEE standard for broadband over power line networks:Medium access control and physical layer specifications, December 2010. Copyright(c)20101 IEEE. All rights reserved.

[4] ITU-T G.9960, Unified high-speed wireline-based home networking transceivers-System architecture and physical layer specification, June 2010.

[5] S.Galli, A.Scaglione and Z.Wang, For the grid and through the grid: The role of power line communications in the smart grid, Proceedings of the IEEE , 99(6), 998－1027, June 2011.

[6] V.Oksman and J.Zhang, G.HNEM:The New ITU-T standard on narrowband PLC technology, IEEE Communications Magazine, 49(12), 36−44, December 2011.

[7] M.Ishihara, D.Umehara and Y.Morihiro, The correlation between radiated emissions and power line network components on indoor power line communications, IEEE International Symposium on Power Line Communications and Its Applications, Orlando, FL, March 2006, pp.314−318.

[8] Seventh Framework Programme, Theme 3 ICT−213311 OMEGA, Deliverable D3.3, Report on electromagnetic compatibility of power line communications and its Applications, December 2009.

[9] A.Schwager, W.Bäschlin et al., European MIMO PLC field measurements:Overview of the ETSI STF410 campaign & EMI analysis, IEEE International Symposium on Power Line Communications and Its Applications(ISPLC), Beijing, China, March 2012, pp.304−309.

[10] Federal Communications Commission, Title 47 of the Code of Federal Regulations, part 15.2007.

[11] CENELEC, Final Draft European Standard FprEN 50561−1 Power line communication apparatus used in low voltage installations-Radio disturbance characteristics-Limits and methods of measurement-Part 1:Apparatus for in-home use, June 2011.

[12] A.Vukicevic, M.Rubinstein, F.Rachidi and J.−L.Bermudez, On the impact of mitigating radiated emissions on the capacity of PLC systems, IEEE International Symposium on Power Line Communications and Its Applications, Pisa, Italy, March 2007, pp.487−492.

[13] P.Favre, C.Candolfi and P.Krahenbuehl, Radiation and disturbance mitigation in PLC networks, 20th International Zurich Symposium on Electromagnetic Compatibility, Zürich, Switzerland, January 2009, pp.5−8.

[14] G.Lerosey, J.de Rosny, A.Tourin, A.Derode, G.Montaldo and M.Fink, Time reversal of electromagnetic waves, Physical Review Letters, 92, 193904, 1−3, May 2004.

[15] A.E.Akogun, R.C.Qiu and N.Guo, Demonstrating time reversal in ultra-wideband communications using time domain measurements, 51st International Instrumentation Symposium, Knoxville, TN, May 2005.

[16] A.Khaleghi, G.El Zein and I.H.Naqvi, Demonstration of time-reversal in indoor ultra-wideband communication:Time domain measurement, Fourth International Symposium on Wireless Communication Systems, Trondheim, Norway, October 2007, pp.465−468.

[17] A.Derode, P.Roux and M.Fink, Acoustic time-reversal through high-order multiple scattering, Proceedings of the IEEE Ultrasonics Symposium, vol.2, Seattle, WA, November 1995, pp.1091−1094.

[18] D.R.Jackson and D.R.Dowling, Phase conjugation in underwater acoustics, Journal of the Acoustical Society of America, 89, 171−181, January 1991.

[19] P.Pajusco and P.Pagani, On the use of uniform circular arrays for characterizing UWB time reversal, IEEE Transactions on Antennas and Propagation, 57(1), 102−109, January 2009.

[20] C.Zhou and R.C.Qiu, Spatial focusing of time-reversed UWB electromagnetic waves in a hallway environment, Southeastern Symposium on System Theory, Cookeville, TN, March 2006, pp.318−322.

[21] M.Tlich, A.Zeddam, F.Moulin and F.Gauthier, Indoor power line communications channel characterization up to 100MHz-Part I:One-parameter deterministic model, IEEE Transactions on Power Delivery, 23(3), 1392−1401, July 2008.

[22] M.Tlich, A.Zeddam, F.Moulin and F.Gauthier, Indoor power line communications channel characterization up to 100MHz-Part II:Time-frequency analysis, IEEE Transactions on Power Delivery, 23(3), 1402 – 1409, July 2008.

[23] A.M.Tonello and F.Versolatto, Bottom-up statistical PLC channel modeling-Part I:Random topology model and efficient transfer function computation, IEEE Transactions on Power Delivery, 26(2), 891 – 898, April 2011.

[24] A.M.Tonello and F.Versolatto, Bottom-up statistical PLC channel modeling-Part II:Inferring the statistics, IEEE Transactions on Power Delivery, 25(4), 2356 – 2363, October 2010.

[25] ETSI TR 101 562 – 1 V2.1.1 Technical Report, Powerline Telecommunications(PLT), MIMO PLT, Part 1:Measurements methods of MIMO PLT, Chapter 7.1, 2012.

[26] HomePlug, HomePlug AV specification, version 1.1, May 21, 2007.

18

多载波和多播 PLC 的线性预编码

18.1 引言

20 世纪 60 年代以来，多载波技术作为离散通信信道中高速传输的解决方案，得到了广泛的研究，并应用于多个通信标准[1]。众所周知，正交频分服用（Orthogonal Frequency Division Multiplexing，OFDM）技术，最初是为无线通信设计的，之后其多载波的概念也衍生出用于数字用户线路（Digital transmission over copper wire subscriber loop，DSL）系统的离散多频调制（Digital multitone，DMT）技术。10 年来，多载波方案已经成为所有调制通信标准的物理层基础，从欧洲的数字视频广播（digital video broadcasting，DVB）到美国的 IEEE 802.11 无线局域网（WLAN），以及全世界的 4G 蜂窝系统。在 PLC 领域，多载波方案也被 HomePlug 联盟采纳，作为 HomePlug AV 标准的基本技术。

多载波技术之所以被广泛应用，是因为它在频率选择性衰落信道中具有鲁棒性，便携和可移动接收，以及灵活性等优点。多载波技术是将一个高速数据流转变为多个低速数据流，并将这些低速数据流分布到相互正交的子载波上。如果子载波的数目足够多，任何频率选择信道可以被转换为互不干扰的平缓衰落的子信道。这样，补偿由信道引起的信号畸变只需要抽头频率均衡器，而不需要像单载波系统那样采用时域滤波均衡器。最后，多载波系统通过每个子载波上的信噪比（Signal-to-Noise Ratio，SNR）自适应地调整其承载数据的大小，从而实现频谱的有效利用，这一原理称为自适应加载，且在 PLC 系统中易于实现，这是因为接收端能够精确地测量 SNR 并可通过反馈信道将数值传输给发送端。

除了多载波技术，扩频是另一种应用在蜂窝通信和个人通信中的重要通信方法[2]。之所以称为扩频，是因为其发送信号占据了比传输信号更宽的频谱。扩频技术具备许多优势，如可以减少多径效应、抗干扰、低功率传输和信号隐藏能力。扩频信号最初是为军用设计，用于克服有意或无意的干扰，但现在更多的是为各种商业应用提供可靠的通信。例如，扩频技术在 2.4GHz 的未许可 ISM 频段，被无绳通信、无线局域网和蓝牙所采用。更有趣的是，扩频技术可以通过使用伪随机码和码分多址（code division multiple access，CDMA），为多个用户同时提供通信服务。CDMA 被多个无线蜂窝标准所采用，如 IS－95、WCDMA 和 UMTS 等。

多载波技术和扩频技术各自具有诸多优势，这鼓舞了许多学者去研究如何使两种技术更有效地结合起来[3]。多载波扩频技术（multicarrier spread spectrum，MC-SS）就是这两种技术的结合，它涵盖了两者主要的优势：高频谱利用率、高灵活性、多址接入能力、抑制窄带干扰、简化的单抽头均衡等。如果需要传输的数据流通过扩频序列进行预编码，那么 MC-SS 技术实际上可以看作多载波思想的延伸。在 20 世纪 90 年代，为了实现最有效的预编码函数与多载波调制技术配合，从 MC-SS 这一理念中衍生出多种技术。这些技术本质上取决于预编码函数的执行方式：时间上或频率上，多载波调制之前或之后。然而，这个概念已经被提出并应用于多载波接入方案，它还可以扩展用于单用户多载波系统，称为线性预编码 OFDM（linear precoded OFDM，LP-OFDM）系统[4]。至于有线通信系统，MC-SS 首先在文献［5，6］中提出用于 xDSL 传输，后来用于 PLC 通信[7,8]，使比特率最大化的预编码概念得到了广泛应用。

本章介绍了自适应 LP-OFDM 通信系统的基本原理和一些主要结论。优化自适应多载波系统的措施也可以同时改进自适应 LP-OFDM 系统。因此，以 PLC 为背景，介绍和分析了比特率最大化问题。通过采用一个简单的预编码函数，改进传统的比特加载算法并结合波形修正，可以获得极大的比特速率增益。为了展示预编码带来的增益，首先在简单的目标误符号率（Symbol Error Rate，SER）或在噪声容量约束条件下分析比特率最大化问题，之后采用更具挑战的目标误比特率（Bit Error Rate，BER）约束。充分利用预编码的灵活性，提出了从频率、时间甚至二维预编码来优化 LP-OFDM 系统，还通过室内电力线信道仿真了点对点和多点对多点的传输，定量分析了比特率增益。

本章的结构如下：18.2 节介绍了多载波系统和线性预编码函数。在该小节，考虑离散比特分配情况，在资源分配方面提出了一项综合研究。18.3 节分析了采用离散调制时，比特率最大化的资源分配问题。18.4 节分析了时频预编码的应用。18.5 节研究了多播场景并给出了大量的例子展示线性预编码的突出性能。18.6 节对本章进行了总结。

18.2　多载波系统的线性预编码

18.2.1　系统模型

18.1 节中提到，所提出的参考模型基于线性预编码多载波调制（以下简称 LP-OFDM）。本节首先介绍 OFDM 系统和相关的信号，然后介绍 LP-OFDM 系统。

（1）OFDM 系统。OFDM 系统结构如图 18−1 所示，忽略其中的预编码和解预编码模块，在这个模型中，比特信息数据流进入一个调制编码模块产生一系列 n 个数字调制符号，例如正交振幅调制（quadrature amplitude modulation，QAM）映射字符。这 n 个字符之后在频域上进行串并转换并确保它们在 n 个正交子载波并行传输。假设可以根据信道特性方便地选择 OFDM 参数并且接收端可实现精确的时间和频率同步，OFDM 系统本质上可以被看成为 n 个独立的、非干扰的平坦衰落的链路或与 OFDM 调制的 n 个子载波对应的子信道。因此，第 i 个子载波的输入输出关系可以直接在频域表示为：

$$y_i = h_i s_i + v_i, \quad i=1, \cdots, n \tag{18.1}$$

式中：$\{s_i\}_{i=1}^n$ 和 $\{y_i\}_{i=1}^n$ 分别为子载波 i 的发送和接收符号；$\{v_i\}_{i=1}^n$ 为方差为 σ^2 的高斯白噪声抽样；$\{h_i\}_{i=1}^n$ 为复信道系数。

PLC 信道具有长时变特性和短时变特性[9]，这种特性需要周期性地进行估计信道，以实现均衡或信道自适应[10]。信道可以认为是准静态的，发送端就可以对资源进行分配。这意味着 OFDM 发送机可以选择每个子载波上调制符号的阶数，并根据已知的信道增益，

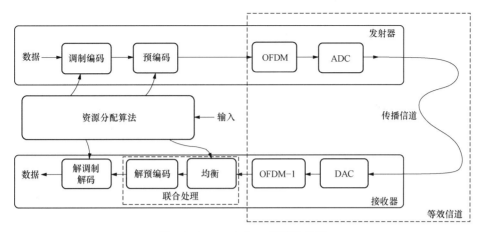

图 18−1　LP-OFDM 系统结构图

给这些符号分配恰当的功率。在这种思路下，发送符号可以表示为：

$$s_i = \sqrt{p_i} x_i \qquad (18.2)$$

其中，无论选择什么星座序列，x_i 被假设为单位功率符号，即 $E[x_i x_i^*] = 1$，$\forall i$，通过功率分配算法获得功率尺度因素 p_i，详见 18.3 小节。

使用矩阵表示如下：

$$Y = HP^{1/2} X + N \qquad (18.3)$$

式中：Y、X 和 N 分别为长度 n 的列向量，元素分别为 y_i、x_i 和 v_i；H 和 P 分别为 $n \times n$ 的对角矩阵，元素分别为 h_i 和 p_i。

假设接收端通过信道估计函数可以获得有效的信道状态信息（channel state information，CSI），那么信道增益 h_i 可以很容易通过线性检测器补偿，这个检测器由每个子载波的单抽头均衡器组成，于是可得出

$$Z = WY = WHP^{1/2} X + WN \qquad (18.4)$$

式中：W 为均衡矩阵，其中的元素可以来自各种均衡标准，例如，迫零（zero forcing，ZF）或均方误差（mean square error，MSE）。在 OFDM 中，所有标准都可以获得等效的系统性能，W 选择如下：

$$W = (H^* H)^{-1} H^* \qquad (18.5)$$

（2）LP-OFDM 系统。LP-OFDM 在一般的系统模型中，通过激活预编码和解预编码功能来实现，如图 18−1 所示。因此，资源分配算法不得不考虑波形的结构限制。这部分将在 18.3 节中就系统吞吐量最大化进行充分研究。

正如在 18.1 节中所讨论的，执行方式（时域、频域或者时频）不同，预编码函数也有所不同。在 PLC 领域，文献［11］中的 MC-DS-CDMA 采用了时域预编码，文献［12］提出了频域预编码用于 MC-CDMA，而文献［13］研究时频二维预编码。本节主要对频域预编码进行了综合完整的研究，而时域预编码和时频二维预编码则将在 18.4 节介绍。

对于频域预编码，更新了 OFDM 符号的数学表达式以对应 LP-OFDM 信号。这可以通过定义预编码矩阵 $C \in R^{m \times n}$ 而获得，该矩阵用于式（18.2）中的符号矢量 S。接收信号可以

表示为：

$$Y = HCP^{1/2}X + N \qquad (18.6)$$

矩阵 C 中包括预编码序列，可将符号集 X 分布到多载波系统结构定义的 n 个子信道上。可以建立多种方法或给出一个特定的结构来定义预编码矩阵 C，本章随后将详细介绍。如果简单地选择 $C = I_n$，I_n 是 $n \times n$ 的单位矩阵，这样就等效为传统的 OFDM 系统。

与 OFDM 的例子相同，接收端可以使用线性检测器处理信道畸变。但是，信道的频率选择性衰减破坏了嵌入在 LP-OFDM 信号中的预编码结构，引起了预编码间的干扰，即码间干扰（mutual code interference，MCI）。因此，检测器的性能非常依赖其处理 MCI 的能力，同时减小高斯噪声的影响。例如，MRC 检测器在 LP-OFDM 中性能较差[14]，而 ZF 和最小均方误差（minimum mean square error，MMSE）检测器却表现良好。ZF 标准推导出的检测器一般表达式如下[15]：

$$W_{ZF} = (P^{1/2}C^*H^*HCP^{1/2})^{-1}P^{1/2}C^*H^* \qquad (18.7)$$

式（18.7）中的检测器结合了均衡和预编码，可以很好地补偿 MCI，且没有干扰地获得信息字符 x_i，它可以看作是去相关检测器，但这样会导致噪声增加。

MMSE 检测器表达式为：

$$W_{MMSE} = (P^{1/2}C^*H^*HCP^{1/2} + \sigma^2 I_n)^{-1}P^{1/2}C^*H^* \qquad (18.8)$$

因为 MMSE 检测器权衡了 MCI 与噪声的影响，故它是最优线性检测器。但是，其复杂性远远高于 ZF 检测器。

18.2.2 最优线性预编码

在 LP-OFDM 系统设计和资源分配最优化中，第一步是研究系统中所使用的预编码种类。最优的选择可以通过计算发送和接收 LP-OFDM 信号间的约束互信息获得，该互信息是矩阵 C 的函数。假设信息向量 X 和 Y 定义为高斯向量，并且利用 LP-OFDM 信号的多载波波形结构作为 n 个互不干扰的高斯链路，则有[12]：

$$I(X\,|\,H, Y\,|\,H) = \log_2 \det\left(I_n + \frac{1}{\sigma^2}HCR_sC^*H^*\right) \qquad (18.9)$$

式中：$R_s = E[SS^*]$ 为数据字符的 $n \times n$ 协方差矩阵。从之前对的 S 定义可知，R_s 是对角元素为 $\{p_i\}_{i=1}^n$ 的对角矩阵，服从：

$$I(X\,|\,H, Y\,|\,H) = \log_2 \det\Big(\underbrace{I_n + (1/\sigma^2)HCPC^*H^*}_{A}\Big) \qquad (18.10)$$

之后，使用 Hadamard 不等式[16]找到一个上边界以确定矩阵 A 行列式，不等式如下：

$$|\det(A)| \leqslant \prod_{i=1}^n \|A_i\|_2 \qquad (18.11)$$

式中：A_i 为矩阵 A 第 i 列；$\|\cdot\|_2$ 为欧几里得范数。

当且仅当向量 A_i 相互正交，即 $\forall i \neq j$，$A_i^*A_j = 0$，该行列式最大化，则有

$$A_i^* A_j = \frac{2}{\sigma^2} \Re(h_i h_j^*) C_i^T P C_j + \frac{1}{\sigma^2} h_i h_j^* \sum_{l=1}^{n} C_l^* P C_i |h_i|^2 C_j^* P C_l \qquad (18.12)$$

从式（18.12）可以看出，P 为单位矩阵，对于任意 $i \neq j$，C_i 与 C_j 正交是 $A_i^* A_j = 0$ 的充分条件。当给每个编码序列 C_i 分配相同的功率，即对于所有 $i \in [1,n]$，$p_i = p$，就可以获得矩阵 C 作为 Hadamard 矩阵。为使预编码过程具有一般性和灵活性，可使用由 Hadamard 矩阵组成的正交矩阵集 $\boldsymbol{C}$。设 $\boldsymbol{C}$ 为最优预编码矩阵，则应满足：

$$\left. \begin{array}{l} C \in \boldsymbol{C} \Leftrightarrow c_{i,j} \in \{-1,0,1\} \\ C_i^T C_j = 0, \forall i \neq j \end{array} \right\} \qquad (18.13)$$

从式（18.13）可以看出预编码矩阵是稀疏矩阵。因此，由 C 预编码的字符没有必要在整个多载波频谱中展开，而仅需限制到一个子载波子集中。其对应的系统可以看作文献[17]中的多块系统。以如下的稀疏预编码矩阵为例：

$$C = \begin{pmatrix} 1 & 1 & 1 & 1 & 0 & 0 \\ 1 & -1 & 1 & -1 & 0 & 0 \\ 0 & 0 & 0 & 0 & 1 & 1 \\ 1 & 1 & -1 & -1 & 0 & 0 \\ 0 & 0 & 0 & 0 & 1 & -1 \\ 1 & -1 & -1 & 1 & 0 & 0 \end{pmatrix} \qquad (18.14)$$

这个矩阵是正交的，具有两个预编码块：第一块对应前四列，四组字符分布到四个子载波；第二块与后面两列有关，两组字符分布到另外两个子载波。

当预编码矩阵不稀疏时，C 转换成传统的 n 阶 Hadamard 矩阵，具有如下的性质：

如果 $\exists i$，那么对于所有 $j \in [1,n]$，$\|C_i\|_2^2 = n$，$\|C_j\|_2^2 = n$，C 是 Hadamard 矩阵，$n \in \{1,2,4s \mid s \in \boldsymbol{N}\}$ 和 $CC^T = nI_n$。

Hadamard 猜想提出存在阶数 $n=1$，$n=2$ 或 n 为 4 的倍数的 Hadamard 矩阵。因此，著名的 Sylvester 方法[18]，给出了解决构造阶数为 $n = 2^s$ 的 Hadamard 矩阵的简单方法，但不足以构造所有可能的 Hadamard 矩阵。Paley、Turyn 或 Williamson 方法[18]帮助发现了其他阶的矩阵。例如，阶数 $n = 12$ 的 Hadamard 矩阵如下：

$$C = \begin{pmatrix} +1 & -1 & -1 & -1 & -1 & -1 & -1 & -1 & -1 & -1 & -1 & -1 \\ +1 & +1 & -1 & +1 & -1 & -1 & -1 & +1 & +1 & +1 & -1 & +1 \\ +1 & +1 & +1 & -1 & +1 & -1 & -1 & -1 & +1 & +1 & +1 & -1 \\ +1 & -1 & +1 & +1 & -1 & +1 & -1 & -1 & -1 & +1 & +1 & +1 \\ +1 & +1 & -1 & +1 & +1 & -1 & +1 & -1 & -1 & -1 & +1 & +1 \\ +1 & +1 & +1 & -1 & +1 & +1 & -1 & +1 & -1 & -1 & -1 & +1 \\ +1 & +1 & +1 & +1 & -1 & +1 & +1 & -1 & +1 & -1 & -1 & -1 \\ +1 & -1 & +1 & +1 & +1 & -1 & +1 & +1 & -1 & +1 & -1 & -1 \\ +1 & -1 & -1 & +1 & +1 & +1 & -1 & +1 & +1 & -1 & +1 & -1 \\ +1 & -1 & -1 & -1 & +1 & +1 & +1 & -1 & +1 & +1 & -1 & +1 \\ +1 & +1 & -1 & -1 & -1 & +1 & +1 & +1 & -1 & +1 & +1 & -1 \\ +1 & -1 & +1 & -1 & -1 & -1 & +1 & +1 & +1 & -1 & +1 & +1 \end{pmatrix} \qquad (18.15)$$

对于 $n > 12$，存在多个不同的 Hadamard 矩阵。第一个未知的 Hadamard 矩阵的阶数为 668，到目前为止，仅有 13 个低于 2000 阶的矩阵是未知的。在后续的理论分析中，承认任意阶 Hadamard 矩阵都可使用。在实际的系统中，有足够的 Hadamard 矩阵用于设计预编码系统。

18.2.3　电力线局限性和比特率最大化问题

应从电力线受到的功率谱、离散阶数的星座、目标 SNR 差额和 BER 等制约因素[19]，综合考虑资源分配最优化问题。

（1）功率谱。首先受限的是功率谱，它限制了 OFDM 信号每个子载波的传输功率。因此，PLC 的发送不得不满足峰值功率条件，而不是功率之和。每一个子载波的功率上限为 p，可以推导出 OFDM 信号的峰值功率的限制如下：

$$E[\| p^{1/2}X \|_{\infty}^2] \leqslant p \tag{18.16}$$

使用式（18.2），它满足如下不等式：

$$p_i \leqslant p \quad \forall i \in [1;n] \tag{18.17}$$

现在考虑 LP-OFDM 系统，在式（18.15）中考虑加入预编码矩阵 C，峰值功率的限制如下：

$$E[\| CP^{1/2}X \|_{\infty}^2] \leqslant p \tag{18.18}$$

推出：

$$\sum_{i=1}^{n} p_i \leqslant p \tag{18.19}$$

式（18.19）用于非稀疏矩阵。随着统一的功率分配，这种限制使得对所有 i，都有 $p_i \leqslant p/n$。从这个式子中，可以注意到预编码函数具有如下性质：正交预编码使得峰值功率限制转变为功率之和限制。

实际上，预编码引入了一些发射端的数据字符间的依赖关系，这个发射端可以将峰值限制转变为总和限制。与峰值限制相反，总和限制允许灵活充分地利用多种选择 p_i 分配限制功率 p。

考虑到在 PLC 功率谱中有许多凹陷，不能认为有效的峰值功率在整个频带是统一的。但是，通过功率谱波动与信道传输函数的整合，可以转换为统一的峰值功率限制，即定义新的信道系数 $h_i' = \alpha_i \cdot h_i$，其中 α_i 是取决于功率模块的加权因子。对于 LP-OFDM，重要的是集合 C 如何保持最优，甚至在非统一峰值功率的限制下也要最优。从这些角度来看，功率谱可以认为是平坦的。

（2）离散阶数的星座。第二个限制是星座大小的不相关性。每一个星座符号包含的 r_i 比特即是每个二维符号的比特率，而且定义在集合 $\{0, \beta, 2\beta, 3\beta, \cdots, r_{\max}\}$ 内，$\beta > 0$。最大的星座大小由 $r_{\max}$ 确定，星座的颗粒度由 β 确定，β 与 r_i 有同样的单位。实际上当考虑峰值功率限制，这个影响非常大。当星座大小的可能受限时，就无法很好地适应峰值功率 p 的可用数量。换句话说，由于峰值功率不足，峰值功率限制需要 β 越小越好，以减小比特率损失。考虑到调制和信道编码间的关系，有可能能定义 β 小于 1。相反，没有信道编码，$\beta = 1$ 对应所有大小的正方形和矩形 QAM。实际上，最终测量的是通信系统的编码错误率。但是，编码错误率与非编码的关系非常密切，信道编码和调制的设计密不可分[20, 21]。

（3）目标 SNR 差额和 BER。最后需要考虑的限制是服务质量（quality of service，QoS），建议考虑最好性能的应用，这样意味着系统不得不在最大的比特率下运行。从物理层角度，QoS 最大程度地限制目标错误率。实际上，通常引入 SNR 差额是为了给目标错误率提供一些依据[22]。SNR 差额或功率差额，是分析系统的一种有效机制，这类系统包括传输速率小于信道容量的系统、传输能力受限的系统，以及没有高斯输入的系统，比特率变为：

$$r_i = \log_2\left(1 + \frac{snr_i}{\gamma_i}\right) \qquad (18.20)$$

这个差额 γ_i 依赖星座图、编码形式和错误概率。在 SER 的限制下，QAM 逼近可以得出 $\gamma_i = \gamma$，与 i 无关[22]。随着 BER 的限制，QAM 逼近的精确性较低，使用 γ_i 代替 γ[23]会产生更高的比特率，认为 SER 和 BER 两种限制都可以用于设计 LP-OFDM 系统。结论主要由 SER 限制得出，BER 限制被看作延伸。

综上所述，最优的 PLC 系统由上述限制中考虑的比特率最大化所组成。

比特率最大化建立在：每个载波的峰值功率限制为 p，每 2D 符号的比特或比特率 r_i 离散且有限，$r_i \in \{0, \beta, 2\beta, 3\beta, \cdots, r_{max}\}$，对错误率或噪声边界进行限制，采用定义在 C 中的预编码矩阵。

18.2.4　连续比特率考虑

在解决先前所述的问题之前，首先分析一下放宽离散星座的限制。以此方式，可以在系统中使用连续比特率，即 $r_i \in R_+$。之后，有可能使用凸优化工具，用分析的方法找到最优的功率分配 $\{p_i\}_{i=1}^n$，使其用于 LP-OFDM 系统，获得最大的整体比特率。在下文中沿用这个结论，作为限制离散情况的基准。

为了明确而又不失一般性，分析在假设非稀疏预编码矩阵 C 的前提下进行，其中 C 为 Hadamard 型。正如式（18.7）和式（18.8）所示，检测器的 W 矩阵实现了均衡和解预编码过程。本小节分析了去相关检测器、最优线性检测器及在 ZF 准则下的预失真技术。在分析最优线性检测器之前，首先比较预失真技术与 ZF 准则下的均衡技术。

（1）去相关检测器。检测矩阵的一般表达见式（18.7），在非稀疏预编码矩阵条件下有可逆方阵，检测器矩阵可以简化为：

$$W = \frac{1}{n} P^{-1/2} C^T H^{-1} \qquad (18.21)$$

从而得到：

$$Z = X + \frac{1}{n} P^{-1/2} C^T H^{-1} N \qquad (18.22)$$

式（18.22）证明了均衡和解预编码功能是可以分离的，如图 18-1 所示。估算符号 Z 可以看作发送符号被有色噪声干扰后的结果。最终系统可以看作比特率 $\{r_i\}_{i=1}^n$ 之和，以获得整体连续的比特率。

$$R = \sum_{i=1}^{n} \log_2 \left(1 + \frac{1}{\gamma} \frac{n^2}{\sum_{j=1}^{n} (1/|h_j|^2)} \frac{p_i}{\sigma^2} \right) \qquad (18.23)$$

注意，式（18.3）中：$\gamma = 1$ 时，就得到了系统容量；$\gamma > 1$ 时，在给定 SER 情况下获得的比特率。在连续比特率情况下，比特率最大化问题可以描述为满足功率限制 $\sum_{i=1}^{n} p_i \leq p$ 时，如何最大限度地获得系统比特率 $\max\{p_i, i \in [1, n]\} R$，$R$ 由式（18.22）确定。

在这个问题中，功率限制是总和限制，正如之前在 Hadamard 预编码矩阵中所描述的。式（18.23）中与信道状态相关的部分，即 $\sum_{i=1}^{n} |h_i|^{-2}$，不依赖参数 i，这样可以直接得出整个可获得的比特率表达式如下[7]：

$$R \leq n \log_2 \left(1 + \frac{1}{\gamma} \frac{n}{\sum_{j=1}^{n} (1/|h_j|^2)} \frac{p_i}{\sigma^2} \right) \qquad (18.24)$$

这表明最优功率分配由 $p_i = p/n, \forall i$ 获得，最优比特分配是每预编码序列 R/n 比特。这一结果印证 18.2.2 小节中有关最优预编码矩阵的分析。

具有 ZF 接收器并采用 Hadamard 预编码矩阵的 LP-OFDM 系统，在满足等功率和总功率限制下的比特分配时，可以获得最大的连续比特率。

现以 OFDM 和 LP-OFDM 为例，分析预编码因子 n 对比特率最大化的影响。在连续比特率情况下，可以看出：

$$n \log_2 \left(1 + \frac{1}{\gamma} \frac{n}{\sum_{j=1}^{n} (1/|h_j|^2)} \frac{p_i}{\sigma^2} \right) \leq \sum_{i=1}^{n} \log_2 \left(1 + \frac{1}{\gamma} \frac{|h_i|^2}{\sigma^2} \frac{p}{} \right) \qquad (18.25)$$

当且仅当对于所有 i，$|h_i|$ 为常量，式（18.5）等式成立。一旦发送信号遭受频率选择性衰减，就意味着预编码系统的连续比特率低于未预编码系统的连续比特率。换句话说，OFDM 系统在这个实例中达到了最高的吞吐量。更进一步，考虑到指数分布的调和均值为零，并且假设 $|h_i|$ 是独立同分布的瑞利衰落信道系数，当预编码矩阵的大小趋于无穷时，由它得出 LP-OFDM 系统的连续比特率以零为上界，即可以理解为 LP-OFDM 系统遭受了 ZF 检测器引入的噪声，当信道频率选择性较强时，系统遭受的破坏性更大。

（2）预失真与均衡。如果发送端 CSI 已知，在限制总功率的条件下，可通过注水算法获得最优的功率分配[24]。实际上注水过程可以看作发送信号的预失真。然而，随着峰值功率的限制，先前的结果表明每个子载波满功率分配是发送 OFDM 信号的最佳分配策略。所以在这种情况下，不建议使用预失真技术。然而，在采用预编码后，峰值功率限制转变为总功率限制，从而引出预失真对 LP-OFDM 系统是否有用的问题。下面就在 ZF 准则下对该问题进行分析。

设 W 是预失真矩阵，代替均衡矩阵。在 LP-OFDM 系统中，有：

$$Z = \frac{1}{n} P^{-1/2} C^T (HWCP^{1/2} X + N) \qquad (18.26)$$

在发送端应用 ZF 准则意味着仅有衰减最严重的子载波可以采用最大的峰值功率 p，其他子载波的功率相应减小，即预失真矩阵与 H^{-1} 成比例：

$$W = H^{-1} \times \|H\|_{\infty} \tag{18.27}$$

很明显，这个方法的不足是可用功率在发生端未得到充分利用。为了减小这个不足，可以在发送端和接收端应用传统的平方根函数以修正信道，或者在发送端使用 W^{α} 修正，在接收端使用 $W^{1-\alpha}$，保证对 W 整体的修正，$\alpha \in [0,1]$。此时，连续比特率为：

$$R = \sum_{i=1}^{n} \log_2 \left(1 + \frac{n^2 \max_{j \in [1,n]} |h_j|^{2\alpha}}{\sum_{j=1}^{n} (1/|h_j|^{2(1-\alpha)})} \frac{p_i}{\sigma^2} \right) \tag{18.28}$$

注意 $\alpha = 1$ 时，得到全预失真；$\alpha = 0$ 时，得到全均衡；平方根 $\alpha = 1/2$ 时，得到统一分配。函数 $f(\alpha): \alpha \to R$ 实际上是一个递减函数，在 $\alpha = 0$ 时得到最大值。因此，最优的方法是利用所有的可用功率，处理由信道接收端引起的失真。这是由于预失真常常导致传输功率减小，并且比特率有限。考虑到预编码多载波系统并且遵循 ZF 准则，对于连续和离散比特率，均衡的比特率高于预失真的比特率。

（3）最优的线性检测器。由于上述检测器在实际的应用中复杂性较高，文献[14，25]中提出了简化的接收器，其在每个子载波应用 MSE 准则，服从下式：

$$W = \frac{1}{n} P^{-1/2} C^T (HPH^* + \sigma^2 I_n)^{-1} H^* \tag{18.29}$$

结果检测符号 Z 由有用项、MCI 项和噪声项组成。它们都依赖信道系数 h_i、功率分配 p_i 和噪声方差 σ^2。如果 MCI 是一个额外的噪声分量，则计算后可得出总连续比特率，作为 i 维比特率之和[26]：

$$R = \sum_{i=1}^{n} \log_2 \left(1 + \frac{1}{\gamma} \frac{T_r (HH^*(HH^* + \lambda I_n)^{-1})^2 p_i}{\sum_{\substack{j=1 \\ j \neq i}}^{n} (C_i^T HH^*(HH^* + \lambda I_n)^{-1} C_j)^2 p_j + \text{Tr}(HH^*(HH^* + \lambda I_n)^{-2})\sigma^2} \right)$$

$$\tag{18.30}$$

其中：

$$\lambda = \frac{\sigma^2}{\sum_{i=1}^{n} p_i} \tag{18.31}$$

首先可以看出由式（18.30）获得的比特率与一般情况下使用式（18.8）计算的比特率相同。然而，式（18.8）需要融合预编码功能与信道均衡功能，式（18.30）允许使用兼容结构，使用传统的 OFDM 均衡，接收器均衡每一子载波的信道，之后进行解预编码。

当维度趋近于无穷，即 $n \to \infty$，$C_i^T C_j$ 中一半元素为 1，另一半元素为 -1，式（18.30）渐近极限减小为：

$$\lim_{n\to\infty}\sum_{i=1}^{n}\log_2\left(1+\frac{1}{\gamma e_n 2}\frac{E\left[\frac{|h_i|^2}{|h_i|^2+\lambda}\right]^2 p_i}{\frac{n-1}{n}\left(E\left[\left(\frac{|h_i|^2}{|h_i|^2+\lambda}\right)^2\right]-E\left[\frac{|h_i|^2}{|h_i|^2+\lambda}\right]^2\right)(1-p_i)+E\left[\frac{|h_i|^2}{|h_i|^2+\lambda}\right]\sigma^2}\right)$$

（18.32）

在 i 上的总和只与 p_i 有关，与其他功率 p_j 无关。最大比特率功率分配方式为均匀分布，与 ZF 情况相同。因此，可以令对所有 i，都有 $p_i = p / n$，则：

$$\max_{\{p_i\}i\in[1,n]}\lim_{n\to\infty}R=\frac{1}{\gamma e_n 2}\frac{E\left[\frac{|h_i|^2}{|h_i|^2+\lambda}\right]^2}{E\left[\left(\frac{|h_i|^2}{|h_i|^2+\lambda}\right)^2\right]-E\left[\frac{|h_i|^2}{|h_i|^2+\lambda}\right]^2+\frac{\sigma^2}{p}E\left[\frac{|h_i|^2}{\left(|h_i|^2+\lambda\right)^2}\right]}$$

（18.33）

与 ZF 接收器相反，MMSE 接收器的连续比特率不趋近于 0，但它仍然低于 OFDM 的连续比特率。在高 SNR 的情况下，它趋近于 0，这是因为 MMSE 接收器的性能接近 ZF 接收器的性能。有限维 n 的情况下，由于近似不再保持，所以不是很容易分析。简单地以两个子载波为例，在信道高失真的情况下，当全部功率聚集在单维，比特率达到最大，即 $p_1 = p$ 和 $p_2 = 0$，然而在信道低失真的情况下，均匀的功率分配方法使得比特率最大。在任何情况下，可用的连续比特率在 LP-OFDM 中比在 OFDM 中更低。注意 $\gamma=1$，连续 OFDM 比特率是信道容量，它不可以被任何线性和非线性接收器超越；当 $\gamma>1$，对于 OFDM 和 LP-OFDM 系统，可以获得同样的结论。

此时，可以得出结论：预编码功能并不完善，它与非预编码系统相比会引起大量的吞吐量损失。下面将证明，在离散调制的情况下，预编码功能会得到不同的实验结果。

18.3　LP-OFDM 资源分配

现在，就 LP-OFDM 系统中存在的资源分配问题，给出一些解决办法，说明采用有限阶数的自适应调制方式时，预编码函数在比特和功率分配上的灵活性，以及由此带来的性能增益。

一般来说，自适应调制可以根据发送端和接收端之间的链路质量，优化传输方案的性能。例如，在多载波系统中，它可以给不同的子载波分配不同的比特量，从而使波形参数适应传输条件。通过这种方式，经历不同信道增益的不同子载波可以分配到足够量的比特及适量的功率，最终获得同样的误码率。许多文献都针对多载波系统设计了不同的资源分配算法，以优化比特率或系统鲁棒性。通常，与此相关的问题都涉及速率最大化和边界最大化的优化问题[27]。然而，一旦预编码功能被整合到了多载波系统，考虑到波形和系统特点，不得不设计新的资源分配算法。实际上，一些额外的参数，如预编码序列的数量或长度，就需要自适应地计算。

本小节详细介绍了与传统 OFDM 系统相比，LP-OFDM 资源分配机制的几个关键点。假设发送端可以获得良好的 CSI，这意味着接收端的信道估计需要非常精确，同时接收端到发送端的信息反馈链路需要非常鲁棒。然而，实际上获得良好的 CSI 是非常困难的。不良 CSI 所引起的问题已经在 OFDM 系统中讨论过，LP-OFDM 系统改进的方案可参见文献[28, 29]，其比特率最大化问题考虑了信道估计误差。

18.3.1 多载波系统

为了提供对比要素，首先简要地推导在峰值功率限制条件下 OFDM 系统的比特率最大化算法。由式（18.3）和式（18.9），在最大峰值功率 p 条件下，最高可用连续比特率为：

$$R = \sum_{i=1}^{n} \log_2\left(1 + \frac{|h_i|^2 p}{\gamma\sigma^2}\right) \tag{18.34}$$

式（18.34）的离散形式 r 为：

$$r = \sum_{i=1}^{n} \lfloor r_i \rfloor_\beta = \sum_{i=1}^{n} \left\lfloor \log_2\left(1 + \frac{|h_i|^2 p}{\gamma\sigma^2}\right) \right\rfloor_\beta \tag{18.35}$$

式中：$\lfloor r_i \rfloor_\beta$ 为根据连续比特率 r_i 在子载波 i 上获得的离散比特率。

$\lfloor r_i \rfloor_\beta$ 实际分配给子载波 i 的功率可以由下式计算：

$$p_i = (2^{\lfloor r \rfloor_{i\beta}} - 1)\frac{\gamma\sigma^2}{|h_i|^2} = p - \varepsilon_i \tag{18.36}$$

式中：ε_i 对应的是子载波 i 剩余的可用功率，遵循峰值功率 p 的限制，该功率不足以使子载波 i 承载更多的比特。

因此，得出结论：向下取整运算限制了系统利用所有可用功率的能力。这种限制可以用功率效率因子估计，定义子载波 i 的功率效率因子 q_i 为：

$$q_i = 1 - \frac{\varepsilon_i}{p} = \frac{2^{\lfloor r_i \rfloor_\beta} - 1}{2^{r_i} - 1} \tag{18.37}$$

假设 $r_i - \lfloor r_i \rfloor_\beta$ 服从 $[0, \beta)$ 的均匀分配，q_i 的均值为：

$$m_{qi} = \left(2^{\lfloor r_i \rfloor_\beta} - 1\right)\left(\frac{1}{\beta}\log_2 \frac{2^{\lfloor r_i \rfloor_\beta + \beta} - 1}{2^{\lfloor r \rfloor_{i\beta}} - 1} - 1\right) \tag{18.38}$$

通过计算可知，平均功率效率 m_{q_i} 比 $\beta = 1$ 时的调制低 72%，比 $\beta = 2$ 时的调制低 54%。这些数据表明通过更好的利用功率，可以提升系统空间，即可以通过尽可能地选择数值较低的 β 获得利用功率，这意味着要使用大量不相同的调制编码。然而，这需要接收机采用大量并行信道解码，从而增加了接收机结构的复杂度。后文将介绍线性预编码，它可以提供更优的功率效率因数，同时降低了复杂度。

18.3.2 线性预编码和多载波

在 18.2.4 小节中已经证明，为了连续速率而比特率最大化需要等功率分配，并且每个预编码序列等比特率。在 OFDM 系统中，对于离散调制的一种简单分配算法是对连续比特率进行向下取整运算，保留比特率和功率的均匀分布。然而，对于离散比特率系统，这是次优的算法，下面进行详细说明。

（1）去相关检测器。预编码系统的最大连续比特率为：

$$R = n\log_2\left(1 + \frac{1}{\gamma}\frac{n}{\sum_{j=1}^{n}(1/|h_j|^2)}\frac{p}{\sigma^2}\right) \tag{18.39}$$

对于离散比特率，可根据下式计算出最大可用比特率。

LP-OFDM 系统的最大离散比特率[7]为

$$r = n\left\lfloor \frac{R}{n} \right\rfloor_\beta + \beta\left\lfloor n\frac{2^{R/n-\lfloor R/n\rfloor_\beta}-1}{2^\beta-1} \right\rfloor_1 \tag{18.40}$$

式中：R 由式（18.40）确定。

将式（18.40）与式（18.36）相比，LP-OFDM 可以获得比在连续比特率中应用简单的向下取整运算更多的比特率，这一点与 OFDM 系统相反，即 LP-OFDM 可通过采用预编码提升离散比特率。现用数学例子简单地解释：先考虑平坦衰减的信道，以及 $\beta=1$ 的离散调制，并且对于所有子载波，其连续比特率低于 1，即 $r_i = 1-\varepsilon$，$\varepsilon > 0$。没有采用预编码的 OFDM 系统获得的比特率是 0。在系统中整合预编码功能，式（18.39）得出的连续比特率为 $R = n(1-\varepsilon)$，式（18.40）得出的离散比特率为 $r = \lfloor n(2^{1-\varepsilon}-1)\rfloor$。对于 ε，如果 n 足够大，那么离散比特率 r 可以超过 1，至少可以传输 1 比特（注意实际上，n 受到 OFDM 系统中最大子载波数量的限制）。即可以理解为预编码功能具有聚合多载波系统中每个子载波可用功率的能力，与非预编码技术相比，它会找到资源分配额外的比特。与之相反，传统的 OFDM 系统利用子载波的功率资源，没有任何聚集效应。

由式（18.40）可以定义比特率分配策略，其遵循 LP-OFDM 系统的最大离散比特率，这可由下面的推论得出：

$\left\lfloor n(2^{R/n-\lfloor R/n\rfloor_\beta}-1)/(2^\beta-1) \right\rfloor_1$ 预编码序列传输 $\lfloor R/n\rfloor_\beta+\beta$ 比特，且 $n-\left\lfloor n(2^{R/n-\lfloor R/n\rfloor_\beta}-1)/(2^\beta-1) \right\rfloor_1$ 预编码序列传输 $\lfloor R/n\rfloor_\beta$ 比特，则可获得最大离散比特率。

最优分配保证了每维或每预编码序列最低的比特率偏差，如同 OFDM 系统评估预编码系统的功率效率。有用的功率是必要的，式（18.40）给出了足够的功率来传输比特率，即

$$\sum_{i=1}^{n} p_i = \left(2^{\lfloor R/n\rfloor_\beta}\left(n+(2^\beta-1)\left\lfloor n\frac{2^{R/n-\lfloor R/n\rfloor_\beta}-1}{2^\beta-1} \right\rfloor_1\right)\right) - n\sum_{i=1}^{n}\frac{\gamma\sigma^2}{n^2|h_i|^2} \tag{18.41}$$

由式（18.41）推导出功率效率因子为：

$$q = \frac{2^{\lfloor R/n\rfloor_\beta}\left(1+\frac{2^\beta-1}{n}\left\lfloor n\frac{2^{R/n-\lfloor R/n\rfloor_\beta}-1}{2^\beta-1} \right\rfloor_1\right)-1}{2^{R/n}-1} \tag{18.42}$$

注意到：

$$\lim_{n \to \infty} q = 1 \qquad (18.43)$$

平均功率效率的数字实例，注意在式（18.42）中，OFDM 系统的功率效率因子 q 是基于 $n=1$ 的。

表 18.1   平均功率效率的数字实例

$\lfloor R/n \rfloor$	$\beta = 1$			$\beta = 2$		
	$n=1$	$n=2$	$n=16$	$n=1$	$n=2$	$n=16$
1	0.58	0.75	0.96	0.40	0.60	0.93
2	0.67	0.81	0.97	0.48	0.66	0.94
5	0.72	0.84	0.98	0.53	0.70	0.95
10	0.72	0.84	0.98	0.54	0.70	0.95

由表 18.1 得出的结论是预编码矩阵需要足够大，才能使功率效率因子趋于 100%或等效地使得离散比特率趋近最大的连续比特率。同时，如 18.2.4 小节中声明的，由于信道频率选择性的影响，随着预编码矩阵大小的增加，连续比特率趋于 0。最后，在确定预编码尺寸的时候，应在功率效率增加和频率选择性最小化之间权衡，这种权衡是必须考虑的信道条件。

（2）最优线性检测器。与去相关 ZF 接收器相反，没有解决 MMSE 接收器的离散比特率分配的解析方法。一种近似算法是采用增量分配过程，其基本思路是用 β 比特反复地加载预编码序列，在每一个循环中验证离散比特率分配的偏差最小。这样获得的比特率分配能够尽可能接近连续比特率情况。很明显，只要满足功率约束，离散分配就可以不断迭代。为了评估每个额外 β 比特上的功率分配，定义矩阵 $A = (a_{i,j})_{\{i,j\} \in [1,n]^2}$ 如下：

$$\begin{cases} a_{i,j} = \left(1 - 2^{r_i}\right)\left(C_i^T HH^* (HH^* + \lambda I_n)^{-1} C_j\right)^2, \forall i \neq j, \\ a_{i,i} = \dfrac{1}{\gamma} Tr\left(HH^* (HH^* + \lambda I_n)^{-1}\right)^2 \end{cases} \qquad (18.44)$$

对角矩阵 $B = (b_{i,j})_{\{i,j\} \in [1,n]^2}$ 为：

$$b_{i,i} = (2^{r_i} - 1)\sigma^2 Tr\left(HH^* (HH^* + \lambda I_n)^{-2}\right) \qquad (18.45)$$

式中：r_i 为 i 维的连续比特率。使用式（18.30），可以得到：

$$a_{i,i} p_i + \sum_{\substack{j=1 \\ j \neq i}}^{n} a_{i,j} p_j = b_i, \qquad \forall i \in [1,n] \qquad (18.46)$$

因此，对于给定的比特率分配集合 $\{r_i\}_i \in [1,n]$，可以简洁地写作：

$$AP = B \qquad (18.47)$$

故具有 MMSE 检测器的 LP-OFDM 系统功率分配应满足，假设比特率分配为 $\{r_i\}_i \in [1,n]$，则功率之和最小的功率分配是对角矩阵 P，且 $P = A^{-1}B$。

为了减少计算的复杂性和迭代次数，可应用最大离散比特率的求解方法用于初始化过程。

综上所述，第一步实现的比特和功率分配（如同采用 ZF 检测器）；第二步进行迭代，每个序列都增加 β 比特进行迭代，每次重新计算功率分配。采用上述策略后，MMSE 接收器获得的离散比特率大于或等于 ZF 接收器获得的离散比特率。

18.3.3　BER 约束

由 18.3.2 节可知，SER 约束下的资源分配可以推导出简单的最优策略，这是由于噪声边界 γ 不依赖星座的阶数。然而，在实际的系统中，通常由 BER 或 BER 得到的错包率来表示 QoS，而不是 SER。BER 约束通常指的是平均 BER，文献[30]定义平均 BER 约束如下：

$$\frac{\sum_{i=1}^{n} r_i ber_i(r_i)}{\sum_{i=1}^{n} r_i} \leqslant ber \qquad (18.48)$$

式中：$ber_i(r_i)$ 为维度为 i，与 r_i 比特相关联的 BER；ber 为目标 BER。

维度 i 对应 OFDM 系统的第 i 个子载波或 LP-OFDM 系统的第 i 个预编码序列。

然而，平均 BER 约束导致采用贪婪算法的优化方案需要更长的计算时间。从根本上说，这些算法需要每次在一个维度上迭代分配 β 比特以最小化平均 BER 测量。一种替代的次优算法是考虑峰值 BER 而不是平均 BER，每一个维度的 BER 分别被目标 BER 约束，约束条件为：

$$ber_i(r_i) \leqslant ber \qquad (18.49)$$

正如式（18.20）介绍的，BER 约束可以通过 SNR 差额 γ_i 予以考虑，这个差额与星座阶数，即比特率 r_i 有关。对于 SNR 差额 $\gamma(r_i)$，可利用式（18.41）给出 LP-OFDM 在目标 BER 约束下的最优比特率分配。

带有预编码的最大离散比特率[31]为：

$$r = n\left\lfloor \frac{R}{n} \right\rfloor_\beta + \beta \left\lfloor n \frac{2^{R/n} - 2^{\lfloor R/n \rfloor_\beta}}{(2^{\lfloor R/n \rfloor_\beta + \beta} - 1)\frac{\gamma(\lfloor R/n \rfloor_\beta + \beta)}{\gamma(\lfloor R/n \rfloor_\beta)} - 2^{\lfloor R/n \rfloor_\beta} + 1} \right\rfloor = n\left\lfloor \frac{R}{n} \right\rfloor_\beta + \beta n' \qquad (18.50)$$

式中：R 由式（18.39）确定。

取 $\gamma(\lfloor R/n \rfloor_\beta) = \gamma(\lfloor R/n + \beta \rfloor_\beta) = \gamma$，即其对于 SNR 差额为常量，式（18.49）等同于式（18.40）。因此，式（18.50）可以理解为在 SNR 不是常量的情况下，式（18.40）的延伸。注意到最优的比特分配遵循促进比特率误差在维度 i 上最小化的准则，因此有如下推论：

由携带 $\lfloor R/n \rfloor_\beta + \beta$ 比特的 n' 个序列和携带 $\lfloor R/n \rfloor_\beta$ 比特的 $n-n'$ 个序列，可获得最大离散比特率。

在方波调制、高 SNR 渐近状态和高阶调制方式时，SER 和 BER 约束会产生等效的性能[32]，本质上是因为很容易获得 SER 到 BER 的转变。在非渐近状态，从 SER 转变到 BER

非常困难，因此在相同的操作点，等效性不复存在。在这个例子中，由于操作点不同，性能比较是不相关的。

18.3.4 实际系统设计

前文已介绍，最大化连续和离散比特率的分配过程可衍变为非稀疏预编码矩阵，即仅考虑阶数为 n 的 Hadamard 矩阵。为了解决分配问题，需要找到最优的矩阵使得在式（18.13）中给定的集合 C 下比特率最大。正如在 18.2.2 中提到的，这种稀疏矩阵导致多块预编码系统，每一块相当于阶数低于 n 的 Hadamard 矩阵。分配算法需要为每个预编码块找到最优的尺寸，以及如何把它们交错到 n 个子载波中。非稀疏预编码矩阵的最优尺寸应该在功率效率的增加与系统连续比特率的减小之间平衡。

遗憾的是，没有解析的方法去最优地设计稀疏矩阵。实际上，优化问题变成一个组合的优化问题，可以描述如下：如何在阶数为 1、2 和所有 4 的倍数的子集中分配 n 个子载波。最优方法是在子集尺寸约束情况下，穷举搜索 n 个元素的集合的分区数量。这些分区是由下面的函数产生的：

$$\exp\left(x + \frac{x^2}{2!} + \sum_{n=1}^{\infty} \frac{x^{4n}}{4n!}\right) = 1 + x + x^2 + \frac{2}{3}x^3 + \frac{11}{4!}x^4 + \cdots = \sum_{n=1}^{\infty} q(n)\frac{x^n}{n!} \quad （18.51）$$

式中：$q(n)$ 为分区数量。

表 18.2 总结了一些不同 n 值对应的分区数量。为了减少排列组合的数量，把这个问题分为两个问题是很有必要的。令 M 为一个矩阵且 $C = \prod M$，其中 $\prod$ 是置换矩阵，M 矩阵如下：

$$M = \begin{bmatrix} M_1 & & & 0 \\ & \cdot & & \\ & & \cdot & \\ & & & \cdot \\ 0 & & & M_k \end{bmatrix} \quad （18.52）$$

表 18.2 不同 n 值对应的分区数量

N	1	2	5	10	20	50	100	1000
$q(n)$	1	2	31	28 696	1.64×10^{12}.	7.18×10^{42}	1.80×10^{106}	7.87×10^{1835}
$q'(n)$	1	2	4	14	71	1780	73 486	7.49×10^{16}
$q''(n)$	1	2	3	4	7	14	27	252

$(M_l)_{l} \in [1,k]$，$n_l \times n_l$ 的 Hadamard 矩阵变为：

$$\sum_{l=1}^{k} n_l = n \quad （18.53）$$

之后，问题转换为寻找 k 个预编码矩阵 M_l 和组合矩阵 $\prod$。在后文[7]将分析矩阵 $\prod$ 的设计方法。

对于给定的矩阵 M，能够获得的最大连续比特率的置换矩阵 $\prod$ 为：如果 M_1 分布在子载波集 $H_l = \{h_{\pi(s_l+1)}, ..., h_{\pi(s_l+n_l)}\}$，$M_m$ 分布在子载波集 $H_m = \{h_{\pi(s_m+1)}, ..., h_{\pi(s_m+n_m)}\}$，那么对于所有 $l \neq m$，$|h_l| > |h_m|$，其中 $h_l \in H_l$，$h_m \in H_m$，有 $s_l = \sum_{i=1}^{l-1} n_i$。即 $\prod$ 生成步骤：第一个 Hadamard 矩阵 M_1 分配在 n_l 个子载波，对应最高的幅值 $|h_i|$，M_2 分布在余下的 n_l 个子载波等。现举例说明，令信道矩阵为：

$$H = \begin{pmatrix} 1 & 0 & 0 & 0 \\ 0 & 0.4 & 0 & 0 \\ 0 & 0 & 0.3 & 0 \\ 0 & 0 & 0 & 0.6 \end{pmatrix} \tag{18.54}$$

则 M 预编码矩阵为：

$$M = \begin{pmatrix} 1 & 1 & 0 & 0 \\ 1 & -1 & 0 & 0 \\ 0 & 0 & 1 & 1 \\ 0 & 0 & 1 & -1 \end{pmatrix} \tag{18.55}$$

矩阵 M 由两块矩阵 M_l 组成，$n_l = 2$。

由于置换矩阵必须以递减的方式，每两个聚焦信道增益，记作：

$$\prod = \begin{pmatrix} 1 & 0 & 0 & 0 \\ 0 & 0 & 1 & 0 \\ 0 & 0 & 0 & 1 \\ 0 & 1 & 0 & 0 \end{pmatrix} \tag{18.56}$$

最后，获得了如下预编码矩阵：

$$C = \begin{pmatrix} 1 & 1 & 0 & 0 \\ 0 & 0 & 1 & 1 \\ 0 & 0 & 1 & -1 \\ 1 & -1 & 0 & 0 \end{pmatrix} \tag{18.57}$$

注意，以上升序列代替下降序列排列信道增益可以获得同样的结果。

解决寻找组合矩阵 $\prod$ 问题，还需找出 Hadamard 矩阵 M_l 的最优集合，也就是说，找到矩阵的数量 k 和它们的尺寸 n_l 以获得比特率最大。这又是一个最优组合问题。在这种情况下，方案的个数是由整数 n 的分区数量给定的，其中 n 取整数 1、2 和 4 的倍数作为加数，生成分区的函数如下：

$$\frac{1}{1-x} \frac{1}{1-x^2} \prod_{n=1}^{\infty} \frac{1}{1-x^{4n}} = 1 + x + 2x^2 + 3x^3 + 4x^4 + \cdots = \sum_{n-1}^{\infty} q'(n)x^n \tag{18.58}$$

即使 $q'(n)$ 比 $q(n)$ 小，实际在大量子载波的系统中，最优方案的寻找是复杂的，表 18.2 给出了 $q'(n)$ 的值。

也可以通过下述探索式的解决方案寻找组合矩阵 $\prod$。对于所有 $\{l, m\} \in [1, k]^2$，强制令 $n_l = n_m$。在这种情况下，解决方案 $q''(n)$ 的数量是尺寸小于 n 的 Hadamard 矩阵数量。这是

集合 K 的基,满足 $K = \{n_l \mid n_l \in \{1, 2, 4s\}, s \in N, n_l \leq n\}$。由于 $q''(n)$ 的数量仍然不足,在这个矩阵子集中寻找最优方案变得不容易。这种方法通过选择合适的 n_t,可以获得不错的性能,甚至接近最优方案[12,33]。注意,如果 n 不是 n_l 整数倍,则余下的子载波需要集中在一个或多个不同尺寸的矩阵中,以避免子载波的浪费。

18.3.5　比特率最大化:实例

在本小节,对已介绍的自适应多载波系统进行了性能对比评估。特别地,将在峰值功率约束下,以比特率最大化的形式评估它们的性能。为此,使用以室内网络应用为背景的电力线信道模型[34]。这个模型定义了九种信道,它们根据不同容量和不同 PLC 测试环境划分。可用的信道带宽设定为 1.8～87.5MHz,功率图[35]如图 18－2 所示。就多载波参数而言,子载波间隔和保护时间与 HPAV 相同。每个子载波 SNR 如图 18－3 所示,对应的信道种类为 2、5 和 9。这些 SNR 值反应了信道传输函数,同时也考虑了图 18－2 给定的功率谱约束,有色背景噪声和无线广播干扰噪声遵循[36]中定义的模型。此外,模数转换噪声也整合在了 SNR 中,它在图中 SNR 上限 48dB 处比较明显。注意在这三种类型中,种类 9 给出了最高的 SNR 值,而种类 2 对应的是最差的信道环境。关于比特分配,最大比特率设定为 $r = 10$,颗粒度因子 $\beta = 1$。其他方面,使用的调制是从 BPSK 到 1024 $-$ QAM 的 QAM,全部都是方形和矩形星座图。SNR 差额 γ 选为 4dB,对应的是没有信道编码的 1% 的 SER。注意在 48dB 的模数转换噪声高于 1% 的 SER 的 1024 $-$ QAM 所需的 SNR,这种噪声不会限制 OFDM 系统获得的最大比特率。

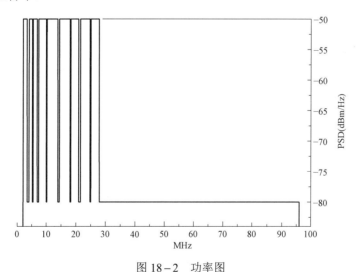

图 18－2　功率图

在使用这些系统和信道参数之前,首先介绍对于使用各种长度的预编码序列的 LP-OFDM 系统,在目标 SER 的约束下获得的比特率的仿真结果。图 18－4 给出了获得的比特率与预编码序列长度关系,图中三条曲线分别对应信道种类 2、5 和 9。注意在预编码序列长度统一的情况下获得 OFDM 系统的性能,而 LP-OFDM 系统的性能是在不同长度下获得的。描绘的曲线很清楚地解释了应该权衡预编码序列长度使得可用利用功率最大化,同时减小由 ZF 均衡引起噪声功率剧增的影响。最优预编码序列长度在 12～100 之间,这证

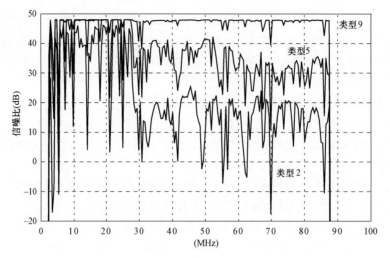

图 18-3 信道类型 2、5 和 9 的子载波 SNR

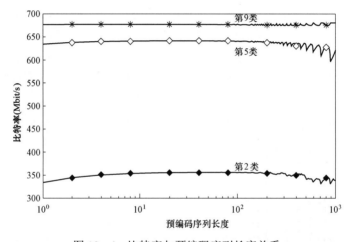

图 18-4 比特率与预编码序列长度关系

明了当使用离散调制时 OFDM 不是最优系统。本质上，这是由于在 OFDM 中，峰值功率约束下的有限阶数调制发生了功率损耗。与之相反，预编码功能的功率聚合能力可以转换为额外的传输比特率。为了进一步分析，图 18-5 介绍了预编码比特率增益的渐近分布函数（cumulative distribution functions，CDFs），单位 Mbit/s，以及相关比特率增益，以 OFDM 中比特率为百分比。这些 CDF 是在 $n_l = 32$ 且信道 2、5 和 9 分别进行 1000 次仿真运行得到的。曲线趋势表明比特率增益在不良的信道中比在良好的信道中更明显。这可以理解为在 SNR 值低时功率聚集效应更大。比特率增益仍然低于 10%，但是与 OFDM 相比，在信道 2 或 5 中可以获得至少 20Mbit/s 的额外比特率。考虑到实际终端设备的应用，后面的数据绝不可以忽略，实际上可以看作一个更高清的 TV 流。注意图 18-4 中给出的信道 2 的比特率约为 350Mbit/s，信道 5 小于 650Mbit/s，信道 9 大于 650Mbit/s。

图 18-6 用 1% 的 BER 约束代替 SER 约束，在同样没有信道编码的情况下，得出了类似的仿真结果。图 18-6 使用与图 18-5 同样的预编码序列长度，即 $n_l = 32$。作为对应信

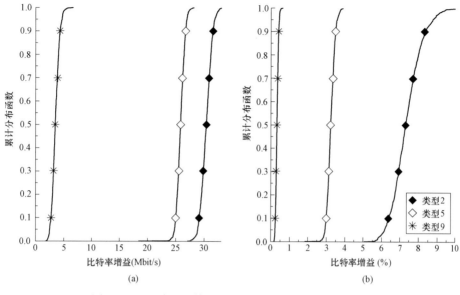

(a)　　　　　　　　　　　　　(b)

图 18-5　预编码比特率增益的 CDF，$n_t = 32$ ，$\gamma = 4$ dB
（a）绝对比特率增益；（b）相对比特率增益

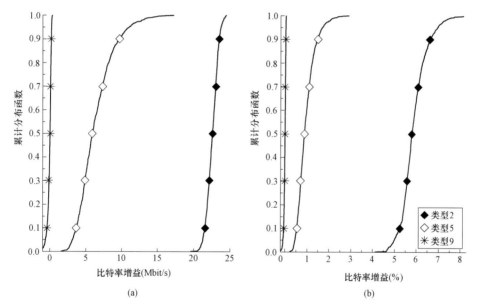

(a)　　　　　　　　　　　　　(b)

图 18-6　预编码比特率增益的 CDF，$n_t = 32$ ，10^{-2} 的 BER 限制
（a）绝对比特率增益；（b）相对比特率增益

道 2 的 CDF 曲线，预编码增益变为负值，这意味着与 OFDM 相比比特率减小了，故这个预编码矩阵的尺寸不是最佳选择。在 $10-2$ BER 限制下的 CDF 如图 18-7 所示，如果预编码序列长度适应信道条件，比特率增益总为正，图中给出了最优预编码序列长度的 CDF，这个长度是在 18.3.4 节讨论的在所有可能的长度中尽可能寻找的。因此，描绘预编码比特率增益的 CDF，考虑到了使用的最优长度。注意到预编码尺寸在好信道中比在不良信道低，

这与之前的结论一致。然而，每个信道分类中最优预编码序列长度不是唯一的，实际上应该自适应地寻找以获得每个信道的最大比特率，从而获得最高增益。然而，出于复杂性的考虑，选用固定值更加合理。通过仿真，同时也证明了无论预编码尺寸是多少，MMSE-LP-OFDM 系统在小于 0.1% 的范围内比 ZF-LP-OFDM 系统性能要好。这可以理解为，置换矩阵 Π 的设计导致了非常低的频率选择性。因此，MMSE 接收器无法高效地提高 ZF 接收器的性能，对比特率的影响变得微不足道。

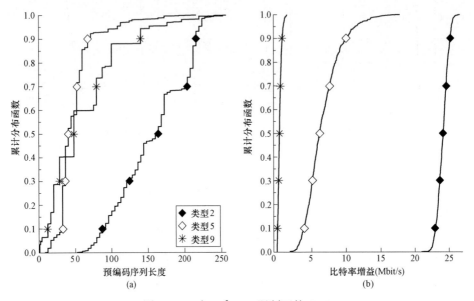

图 18-7　在 10^{-2} BER 限制下的 CDF
（a）最优预编码序列长度的 CDF；（b）比特率增益的 CDF

18.4　时域预编码到二维预编码的扩展

在前面的章节，已经研究了当预编码函数在 MC-CDMA 系统中沿着频率轴应用时 LP-OFDM 系统的资源分配问题。接下来将把预编码研究延伸到时域[11]（如 NC-DS-CDMA 系统）甚至时频二维（如在[37]中提出的移动通信）中。

在时域进行预编码，数据字符被分配到 n 个 OFDM 字符，而不是像频域预编码那样分配到 n 个子载波。由式（18.40）可得子载波 i 的离散比特率 r_i 为：

$$r_i = n\left\lfloor \frac{R_i}{n} \right\rfloor_\beta + \beta\left\lfloor n\frac{2^{R_i/n - \lfloor R_i/n \rfloor_\beta} - 1}{2^\beta - 1} \right\rfloor_1 \qquad (18.59)$$

其中：

$$R_i = n\log_2\left(1 + \frac{|h_i|^2 p}{\gamma\sigma^2}\right) \qquad (18.60)$$

注意式（18.60）采取传统未预编码的 OFDM 系统的子载波可获得速率的形式［见式

（18.34）], 因为式（18.39）中的信道衰落 h_j 在预编码序列长度上可以认为是保持不变的。在连续比特率方面，OFDM 和 LP-OFDM 两个系统可以获得的速率是相同的。采用离散调制后，相应 OFDM 子载波 i 的比特率是式（18.35）给出比特率的 n 倍，即为：

$$r_i = n \left\lfloor \frac{R_i}{n} \right\rfloor_\beta \tag{18.61}$$

比较式（18.59）和式（18.61）可以总结出，如果两个系统采用离散调制，LP-OFDM 会比 OFDM 有更高的吞吐量。这些结论也可以由目标 BER 约束推导出，其中用 γ_i 代替 γ。接下去，可以得出下面的推论。

推论 18.3 OFDM 系统经过时间预编码后获得的离散比特率比未进行预编码时高。

OFDM 的性能受到星座尺寸颗粒度即 β 的限制。由于预编码的功率聚集效应可以提高这种颗粒度。因此，可以补偿部分 OFDM 产生的功率损失。随着 n 的增加，离散比特率将接近连续比特率，差额大小主要取决于连续比特率。可用式（18.59）和式（18.60）来进行差额评估：

$$\frac{R_i}{n} - \frac{\beta}{2^\beta - 1} + \frac{\log(\beta \ln 2 / 2^\beta - 1) + 1}{\ln 2} \leqslant \lim_{n \to \infty} \frac{r_i}{n} \leqslant \frac{R_i}{n} \tag{18.62}$$

当 $R_i / (n\beta) \in \mathbf{N}$，右边的等式成立。如图 18-8 为不同系统子载波上离散比特率 r_i / n 与连续比特率 n 的对比。上述不同系统包括 OFDM 系统[对应式（18.61）]; 当 $n=4$ 时为 LP-OFDM 系统；当 $n = \infty$ 时为 LP-OFDM 系统。这些结果以连续比特率情况作为参考，

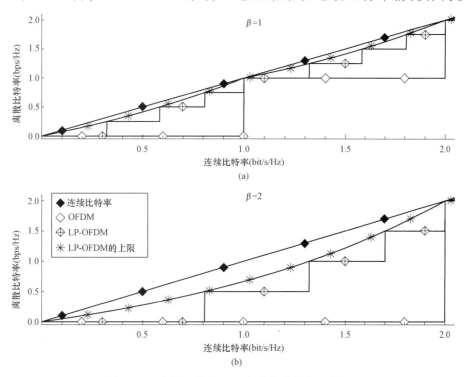

图 18-8　离散比特率 r_i / n 与连续比特率 n 的对比

（a）$\beta = 1$；（b）$\beta = 2$

并突出了离散比特率趋近于连续比特率的过程。阶梯函数是典型的离散调制分配类型，它表明无论颗粒度 β 是多少，预编码操作都可以提高比特率，而 OFDM 比特率由 β 值决定。连续比特率和上边界 LP-OFDM 的比特率之间的差额由式（18.62）确定，约为：0.0861，$\beta=1$；0.3378，$\beta=2$。

下面评估由时域预编码产生的比特率增益，令 q_i 为：

$$q_i = r_i(\text{LP-OFDM}) - r_i(\text{OFDM}) \tag{18.63}$$

比率 q_i / n 的上界由下式决定：

$$\lim_{n\to\infty} \frac{q_i}{n} = \frac{\beta}{2^\beta - 1} \left(2^{R/n - \lfloor R/n \rfloor_\beta} - 1 \right) \tag{18.64}$$

假设 $R/n - \lfloor R/n \rfloor_\beta$ 是在 $[0, \beta]$ 上的均匀分布，这个上界的平均值写作：

$$E\left[\lim_{n\to\infty} \frac{q_i}{n} \right] = \frac{1}{e_n 2} - \frac{\beta}{2^\beta - 1} \tag{18.65}$$

式（18.65）在 $\beta=1$ 时为 0.44；在 $\beta=2$ 时为 0.77。这意味着如果在传输中考虑非编码 QAM 调制，使用预编码可以获得每个子载波 0.44 比特的增益。

由预编码带来的比特率增益是有上界的，一般随着 β 增加而增加。为了达到上界，应该使用大尺寸矩阵。这个方法的不足之处是接收端解码时，需要等到所有与预编码矩阵有关联的 OFDM 字符被接收到才能进行。这会对接收器的信号译码产生很大的延时。一个可能的解决方法是把部分预编码矩阵放到频域，这样会产生所谓的 2D 预编码。通过这种方法，系统可以获得时域预编码增益，同时避免太长的解码延时；同样的，在限制频率选择性影响时，可以利用频域预编码增益。为了达到这个目的，需要通过权衡下面的条件，精确地选择时域和频域的 2D 预编码尺寸：

（1）对于时域预编码长度，比特率增益和延时；

（2）对于频域预编码长度，比特率增益和频率畸变。

最佳的选择是在时域和频域中尽可能地使用较长的预编码序列，同时限制频域畸变，获得适当的延时。故 2D 预编码是一种多载波系统最优比特率有效的解决方法。

18.5 多播场景

多播是一种可以使数据和数据包传输到指定目的地的技术[38]。同样的数据在同一时间被传送到多个接收端。比起单播或广播，多播是一种支持群通信的有效方式，这是因为它可以使用较少的网络资源传输多个地址[39]。由于它具有节省网络资源的能力，对于高速率数据多媒体服务特别实用。与单播不同，多播服务不会重复传输；与广播不同，多播数据在接收端解码。由于知道接收器的情况，发送端可以评估每条链路的信道条件。根据信道估计和服务要求，发送端有能力依据信道条件调整多播比特率。

18.5.1 资源分配

本节假设多载波系统能够很好地适应信道，同时在时间和频率上可以实现同步。假定发送端和接收端的 CSI，考虑 n 个子载波和 n 个接收端，接收器 j 接收到的信号为：

$$Y_j = H_j P^{1/2} X + N \qquad (18.66)$$

式中：H_j 为发送端和第 j 个接收端之间通信链路的信道系数。OFDM 多播离散比特率为：

$$r = u \sum_{i=1}^{n} \min_{j \in [1,u]} \left\lfloor \log_2 \left(1 + \frac{p}{\gamma \sigma^2} |h_{i,j}|^2 \right) \right\rfloor_\beta \qquad (18.67)$$

式中：$h_{i,j}$ 为考虑了接收端角标 j 后，修正信道增益 h_i 的符号。可以看到多播比特率由多播环境中信道条件最差的链路决定。因此，可以使用等效的信道计算分配：

$$|\tilde{h}_i| = \min_{j \in [1,u]} |h_{i,j}| \qquad (18.68)$$

OFDM 多播离散比特率为：

$$r = \sum_{i=1}^{n} u \lfloor r \rfloor_i = u \sum_{i=1}^{n} \left\lfloor \log_2 \left(1 + \frac{|\tilde{h}_i|^2 \, p}{\gamma \sigma^2} \right) \right\rfloor_\beta \qquad (18.69)$$

经由独立同分布瑞利衰落信道，使用阶数统计[40]，对所有 i 有：

$$\lim_{n \to \infty} u r_i = \frac{p}{\gamma \sigma^2 \ln 2} \qquad (18.70)$$

因此得出：

$$\lim_{u \to \infty} r = 0 \qquad (18.71)$$

上述基于最差信道条件的多播方法的不足是，当接收端数量增加时，其比特率会急剧下降，而多速率多播方式所以克服这种不足，其基本思路是要求多播数据成层，这样每个接收端可以根据链路质量，解码不同层的任意组合，以适应 OFDM 传输[41]，该方法可以扩展到 LP-OFDM 信号[26]。下面，就具体证明预编码功能如何在单速率多播情况下提高比特率。

（1）线性预编码和多播。首先考虑应用在频域和 ZF 接收的非稀疏预编码矩阵。离散多播比特率由提式（18.40）和式（18.41）得到[33,42]。与 OFDM 系统类似，不论预编码序列长度为多少，当接收端的数量趋于无穷，离散比特率收敛为 0。注意若考虑稀疏预编码矩阵，可以应用 18.3.4 小节中的方法，然而对于无限数量的接收端，比特率同样会趋于 0。那是否可以通过单速率多播方法获得更好的性能呢？

为此，需要把连续多播比特率表示为最小连续预编码比特率。在这种情况下，比特率的计算考虑了接收端的多样化[43]。使用式（18.39）得到：

$$R = u \min_{j \in [1,u]} n \log_2 \left(1 + \frac{1}{\gamma} \frac{n}{\sum_{i=1}^{n} (1/|h_{i,j}|^2)} \frac{p}{\sigma^2} \right) \qquad (18.72)$$

对于所有 $i \in [1,n]$、$j \in [1,u]$，有 $|\tilde{h}_i| \leqslant |h_{i,j}|$，其下界为：

$$R \geqslant u n \log_2 \left(1 + \frac{1}{\gamma} \frac{n}{\sum_{i=1}^{n} (1/|\tilde{h}_i|^2)} \frac{p}{\sigma^2} \right) \qquad (18.73)$$

由式（18.73）可知预编码可以提高多播连续比特率，然而在稀疏矩阵的情况下，仍然需要找到最优矩阵 C。

（2）实际解决方案。实际解决方案与18.3.4 小节相似，即在等效信道下设计转置矩阵 $\prod$ 时采用相同的探索方法。就可以得出结论。

多播离散比特率为：

$$r = u \sum_{l=1}^{k} n_l \left\lfloor \frac{R_l}{un_l} \right\rfloor_\beta + u\beta \left\lfloor n_l \frac{2^{R_l/un_l - \lfloor R_l/un_l \rfloor_\beta} - 1}{2^\beta - 1} \right\rfloor_1 \qquad （18.74）$$

其中：

$$R_l = u \min_{j \in [1,u]} n_l \log_2 \left(1 + \frac{1}{\gamma} \frac{n_l}{\sum_{i=1}^{n_l} (1/\left| h_{\pi(n_1+\cdots+n_{l-1}+i)} \right|^2)} \frac{p}{\sigma^2} \right) \qquad （18.75）$$

在 BER 约束下，也可以应用式（18.74），只是用式（18.74）代替（18.40）。

18.5.2　比特率最大化举例

通过 18.3.5 节中介绍的信道模型，评估预编码分量带来的多播性能增益。离散多播比特率和预编码序列长度之间的关系与图 18−4 所示的单播情况类似，因此，分布长度为 $n_l = 64$。

图 18−9 为接收机数量不同时的多播比特率，图中比较了 OFDM 系统，采用 ZF 检测器和 MMSE 检测器的 LP-OFDM 系统在三个不同信道中获得的比特率，可以看出在信道最差时，预编码函数对增益的提升最明显。如单播情况一样，预编码在好的信道对比特率的提升并不明显，这从第 9 类信道结果可以看出。对于第 2、5 类信道，相对增益与接收端数量相互独立，绝对增益与接收端数量成正比。当接收端的数量不多，该结论仍然成立。考虑多接收端情况时比特率将会饱和。MMSE 检测器产生的额外增益比 ZF 检测器小。综上所述，ZF 检测器是平衡性能和复杂度最好的选择。

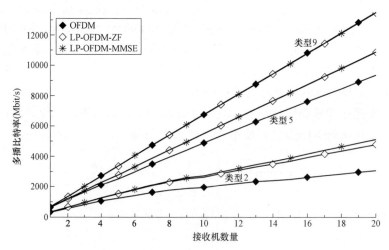

图 18−9　接收机数量不同时的多播比特率，$n_l = 64$，$\gamma = 4\text{dB}$

　　图18-10给出了在各种信道实例下LP-OFDM比特率增益的CDF：每一条链路是从九种信道类别中挑选出来的[34]。预编码长度为4、8和64，在多播网络中使用$u=5$个接收端。在图18-10左边，增益计算以OFDM为参考；在图18-10右边，比较了MMSE、ZF检测器性能。很明显看出，LP-OFDM比OFDM性能好，在超过90%的情况中比特率增益高于100Mbit/s。最高增益是在$n_l=64$时获得的，此时预编码分量的子载波聚集效应已经很高了。与MMSE检测器比，ZF检测器的增益更加平稳。例如，在概率为50%左右时，MMSE带来的增益小于10Mbit/s。此外，MMSE和ZF之间的性能差别与预编码长度的关系非常小。

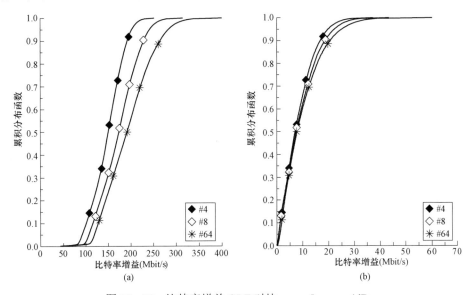

图18-10　比特率增益CDF对比，$u=5$，$\gamma=4\text{dB}$

（a）LP-OFDM和OFDM比特率增益CDF对比；（b）LP-OFDM-MMSE和LP-OFDM-ZF比特率增益CDF对比

　　上述对比说明，在多载波环境下，LP-OFDM更加适用，使用简单的ZF检测器就可以获得所期望的增益。

18.6　结论

　　本章回顾了自适应预编码OFDM通信系统的原理和主要结论。在传统的OFDM系统中采用简单的预编码，就可以提升点对点通信和多播电力线环境下的比特率。比特率增益高达30Mbit/s，可以实现家用高清TV数据流的传输。一种基于Hadamard矩阵的简单的比特率增加方法受益于快速Hadamard变换的高效实现，并且可以应用于增强型OFDM系统。

参考文献

[1]　S. Weinstein, The history of orthogonal frequency-division multiplexing, IEEE Communications Magazine, 47(11), 26-35, November 2009.

[2]　M. Simon, J. Omura, R. Scholtz and B. Levitt, Spread Spectrum Communications Handbook.McGraw-Hill,

New York, 2001.

[3] S. Hara and R. Prasad, Overview of multicarrier CDMA, IEEE Communications Magazine, 35(12), 126 – 133, December 1997.

[4] M. Debbah, W. Hachem, P. Loubaton and M. de Courville, MMSE analysis of certain large isometric random precoded systems, IEEE Transactions on Information Theory, 49(5), 1293 – 1311, May 2003.

[5] S. Mallier, F. Nouvel, J. – Y. Baudais, D. Gardan and A. Zeddam, Multicarrier CDMA over lines-Comparison of performances with the ADSL system, in IEEE International Workshop on Electronic Design, Test and Applications, Christchurch, New Zealand, January 2002, pp. 450 – 452.

[6] O. Isson and J. – M. Brossier et D. Mestdagh, Multi-carrier bit-rate improvement by carrier merging, Electronics Letters, 38(19), 1134 – 1135, September 2002.

[7] M. Crussière, J. – Y. Baudais and J. – F. Hélard, Robust and high-bit rate communications over PLC channels: A bit-loading multi-carrier spread-spectrum solution, in International Symposium on Power-Line Communications and Its Applications, Vancouver, British Columbia, Canada, April2005, pp. 37 – 41.

[8] M. Crussière, J. – Y. Baudais and J. – F. Hélard, New loading algorithms for adaptive SS-MC-MA systems over power line channels: Comparisons with DMT, in International Workshop on MultiCarrier Spread Spectrum, Oberpfaffenhofen, Germany, 14 – 16 September 2005, pp. 327 – 336.

[9] M. Raug, T. Zheng, M. Tucci and S. Barmada, On the time invariance of PLC channels in complex power networks, in IEEE International Symposium on Power Line Communications and Its Applications, Copacabana Rio de Janeiro, Brazil, March 2010, pp. 56 – 61.

[10] K. – H. Kim, H. – B. Lee, Y. – H. Kim and S. – C. Kim, Channel adaptation for time-varying powerline channel and noise synchronized with AC cycle, in IEEE International Symposium on Power Line Communications and Its Applications, Dresden, Germany, April 2009, pp. 250 – 254.

[11] M. Crussière, J. – Y. Baudais and J. – F. Hélard, Improved throughput over wirelines with adaptive MC-DS-CDMA, in International Symposium on Spread Spectrum Techniques and Applications, Manaus-Amazon, Brazil, 28 – 31 August 2006, pp. 143 – 147.

[12] M. Crussière, J. – Y. Baudais and J. – F. Hélard, Adaptive linear precoded DMT as an efficient resource allocation scheme for power-line communications, in IEEE Global Communications Conference, series 5, no. 1, San Francisco, CA, December 2006, pp. 1 – 5.

[13] J. – Y. Baudais and M. Crussière, Resource allocation with adaptive spread spectrum OFDM using 2D spreading for power line communications, EURASIP Journal on Advances in Signal Processing, 2007, 1 – 13, 2007 (special issue on Advanced Signal Processing and Computational Intelligence Techniques for Power Line Communications).

[14] S. Kaiser, OFDM code-division multiplexing in fading channels, IEEE Transactions on Communications, 50(8), 1266 – 1273, August 2002.

[15] S. Verdú, Multiuser Detection. Cambridge University Press, New York, 1998.

[16] I.S. Gradshteyn and I.M. Ryzhik, Table of Integrals, Series, and Products, 7th edn. Elsevier Academic Press publications, San Diego, CA, 2007.

[17] M. Crussiére, J. – Y. Baudais and J. – F. Hélard, Adaptive spread spectrum multicarrier multiple access over

wirelines, IEEE Journal on Selected Areas in Communications, 24(7), 1377 − 1388, July 2006 (special issue on Power Line Communications).

[18] A.S. Hedayat, N.J.A. Sloane and J. Stufken, Orthogonal Arrays: Theory and Applications. SpringerVerlag, New York, 1999, Chapter 7.

[19] TR 102 494, Powerline Telecommunications (PLT) technical requirements for in-house PLC modems, ETSI, June 2005.

[20] A.J. Goldsmith and S. − G. Chua, Adaptive coded modulation for fading channels, IEEE Transactions on Communications, 45(5), 595 − 602, May 1998.

[21] D.P. Palomar, J.M. Cioffi and M.A. Lagunas, Joint Tx-Rx beamforming design for multicarrier MIMO channels: A unifid framework for convex optimization, IEEE Transactions on Signal Processing, 51(9), 2381 − 2401, September 2003.

[22] J.M. Cioffi A multicarrier primer, ANSI T1E1.4/91 − 157, Committee Contribution, Technical Report, November 1991.

[23] A. Maiga, J. Y. Baudais and J. F. Hélard, An efficient channel condition aware proportional fairness resource allocation for powerline communications, in International Conference on Telecommunications, Marrakech, Morocco, 25 − 27 May 2009, pp. 286 − 291.

[24] D.P. Palomar and J.R. Fonollosa, Practical algorithms for a family of waterfilling solutions, IEEE Transactions on Signal Processing, 53(2), 686 − 695, February 2005.

[25] K. Fazel and S. Kaiser, Multi-Carrier and Spread Spectrum Techniques. John Wiley & Sons Ltd, Chichester, U.K., 2003.

[26] A. Maiga, J. − Y. Baudais and J. − F. Hélard, Bit rate optimization with MMSE detector for multicast LP-OFDM systems, Journal of Electrical and Computer Engineering, 2012, 1 − 12, 2012.

[27] N. Papandreou and T. Antonakopoulos, Bit and power allocation in constrained multicarrier systems: The single-user case, EURASIP Journal on Applied Signal Processing, 2008, 1 − 14, 2008.

[28] F.S. Muhammad, J. − Y. Baudais and J. − F. Hélard, Rate maximization loading algorithm for LP-OFDM systems with imperfect CSI, in IEEE Personal, Indoor and Mobile Radio Communications Symposium, Tokyo, Japan, 13 − 16 September 2009, pp. 1 − 5.

[29] F.S. Muhammad, J. − Y. Baudais and J. − F. Hélard, Bit rate maximization for LP-OFDM with noisy channel estimation, in Third International Conference on Signal Processing and Communication Systems, Omaha, NE, 28 − 30 September 2009, pp. 1 − 6.

[30] S.T. Chung and A.J. Goldsmith, Degrees of freedom in adaptive modulation: A unified view, IEEE Transactions on Communications, 49(9), 1561 − 1571, September 2001.

[31] A. Maiga, J. − Y. Baudais and J. − F. Hélard, Very high bit rate power line communications for home networks, in IEEE International Symposium on Power Line Communications and Its Applications, Dresden, Germany, March 2009, pp. 313 − 318.

[32] J. − Y. Baudais, F.S. Muhammad and J. − F. Hélard, Robustness maximization of parallel multichannel systems, Journal of Electrical and Computer Engineering, 2012, 1 − 16, 2012.

[33] A. Maiga, J. − Y. Baudais and J. − F. Hélard, Increase in multicast OFDM data rate in PLC network using

adaptive LP-OFDM, in Second International Conference on Adaptive Science and Technology (ICAST), Accra, Ghana, IEEE, New York, 14 – 16 December 2009, pp. 384 – 389.

[34] M. Tlich, A. Zeddam, F. Moulin and F. Gauthier, Indoor power-line communications channel characterization up to 100 MHz – Part I: One-parameter deterministic model, IEEE Transactions on Power Delivery, 23(3), 1392 – 1401, July 2008.

[35] P. Pagani, R. Razafferson, A. Zeddam, B. Praho, M. Tlich, J. – Y. Baudais, A. Maiga et al., Electromagnetic compatibility for power line communications. Regulatory issues and countermeasures, in IEEE Personal, Indoor and Mobile Radio Communications Symposium, Istanbul, Turkey, September 2010, pp. 1 – 6.

[36] W.Y. Chen, Home Network Basis: Transmission Environments and Wired/Wireless Protocols. Prentice Hall PTR, Upper Saddle River, NJ, 2004.

[37] A. Persson, T. Ottosson and E. Strom, Time-frequency localized CDMA for downlink multicarrier systems, in International Symposium on Spread Spectrum Techniques and Applications, Vol.1, Sun City, South Africa, September 2002, pp. 118 – 122.

[38] ATIS – 0100523.2011, ATIS Telecom Glossary. Alliance for Telecommunications Industry Solutions, Washington, DC, 2011.

[39] U. Varshney, Multicast over wireless networks, Communications of the ACM, 45(12), 31 – 37, December 2002.

[40] H.A. David and H.N. Nagaraja, Order Statistics, 3rd edn. Probability and Statistics Series. WileyInterscience, Hoboken, NJ, 2003.

[41] C. Suh and J. Mo, Resource allocation for multicast services in multicarrier wireless communications, in 25th IEEE International Conference on Computer Communications, Barcelona, Catalunya, Spain, April 2006, pp. 1 – 12.

[42] A. Maiga, J. – Y. Baudais and J. – F. Hélard, Bit rate maximization for multicast LP-OFDM systems in PLC context, in Third Workshop on Power Line Communications, Udine, Italy, October 2009, pp. 93 – 95.

[43] A. Maiga, J. – Y. Baudais and J. – F. Hélard, Subcarrier, bit and time slot allocation for multicast precoded OFDM systems, in IEEE International Conference on Communications, Cape Town, South Africa, 23 – 27 May 2010, pp. 1 – 6.

19
PLC 多用户 MIMO 技术

19.1 引言

共享媒介网络中有多种不同的信道接入方式，不同网络用户可以在时域范围（时分复用 Time Division Duplex，TDD）、频域（频分复用 Frequency Division Duplex，FDD）以及码域（码分多址 Code Division Multiple Access，CDMA）进行区分。然而，如果发送端和接收端有若干个发送接收端口［多输入多输出（MIMO）］，那么不同的用户也能在空间上得到区分。MU-MIMO 是应用于多用户的 MIMO，其已被证明是一种可提高无线通信中 MIMO 性能的方法[1-4]。MIMO 算法允许不同用户在相同的频带和时隙内同时传输空间数据流。这样，就增大了整体的吞吐量。

如今，MIMO 已成功地应用在电力线载波通信（PLCs）领域中。第 8、9 章详细介绍了 MIMO 信号的产生方法及其带来的容量增益。第 12、14 章介绍了现有 MIMO PLC 系统。但到目前为止，MIMO 仅应用于单用户（SU）情况，即一个发送端和一个接收端之间的链路。

本章重点研究了 PLC 中 MU-MIMO 技术的可行性。

MU-MIMO 可用在 PLC 网络的很多场景中。例如，一个路由器可以向不同房间里的两台电视机同时传送两路不同的高清视频信号。这种场景与蜂窝网络中基站到不同用户的下行链路是很相似的。另一些场景可能包括几个用户对之间通过空间复用实现同时同频通信。

令 MU-MIMO 适应 PLC 场景的一种方法是减少传输端口的数量。一方面，如第 1 章所述，将室内 PLC 的传输端口数量限制在两个，有限的传输单口数量也就减少了 MI-MIMO 编码策略的可能性；另一方面，数量相对较多的接收端口（见第 1 章），最多可达到四个，能够减小多用户间干扰（MUI）。

同频带同时隙条件下多用户间空间干扰的处理方法有很多种。一方面，MUI 能够通过发射器得到预取消处理，这样的处理方法需要获得信道状态信息（CSI）以利用 MU-MIMO 的优点。这样的话，接收器端受到的干扰就会极大的减少甚至是零干扰。MU-MIMO 系统被分解为并行的未耦合信道或数据流，用户数据也能够在不同空间中传送。另一方面，由于接收端口的数量较多，MUI 能够在接收端被消除。这同蜂窝网络中许多用户到基站的上行链路是类似的，一般基站相比移动用户会有更多的天线。这两种技术都会限制空间数据流的数量，因此在发送和接收端口数量受限的条件下，同时传送数据的用户数量也会受限。

文献［5-7］中提到的信息理论表明使用 Costa 的"脏纸"编码或者汤姆林森-哈拉希玛预编码技术能够达到 MU-MIMO 下行链路系统的总容量，其中，总容量的含义是所有独立链路容量的总和。但是，这些技术需要使用一种复杂的球形编码器或者一种近似最近点解决方案，在实际应用中并不容易实现[8]。本章提出的 MU-MIMO 算法属于线性算法。

图 19-1 所示为信道接入方法和 MIMO、MU-MIMO 算法，图中给出了不同信道接入方法的顶层概述，并且与 MIMO 和 MU-MIMO 进行了对应。对 TDD 和 FDD 来说，MIMO 算法适用于点对点连接或 SU 连接。如第 8 章内容所述，可能会采用不同的 MIMO 方案，例如，时空频编码（STFC）或可选择预编码的空间多路复用（SMX）方案，即波束赋形（BF）。在本章，采用 BF 的 TDD 技术可以作为 MU-MIMO 性能评估的参考。MU-MIMO 算法能够分离在其他算法中，这些算法有的能够在接收端消除 MUI，有的则能够在发送端进行预编码处理。预编码技术为非线性（如 DPC）或线性的。线性预编码的其中一个形式是基于块对角化，本章主要集中在多用户正交空分多路复用（MOSDM），这是一种 NuSVDC 迭代计算方法。

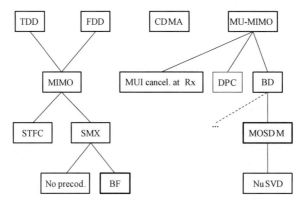

图 19-1　信道接入方法和 MIMO、MU-MIMO 算法

本章的组织结构如下。19.2 节介绍了两种不同的 PLC 方案，均应用了 MU-MIMO 算法。19.3 节介绍了一种基于 BD 的 MU-MIMO 算法，即 MOSDM。这种算法适用于 19.2 节介绍的两种方案。19.4 节对所列算法的性能进行了评估。与 BF 的 TDD 技术相比，上述 MU-MIMO 方案可以获得最多 20% 的性能增益。这些算法仿真的基础是欧洲电信标准协会（ETSI）STF410 测试所规定的 MIMO PLC 信道（详见第 5 章[9-11]）。

19.2　MU-MIMO 场景

近年来，MU-MIMO 算法的研究和发展主要集中在无线应用方面。为找出 MU-MIMO 在 PLC 场景和无线场景间的相似性和差异性，首先对典型的无线装置进行简要的回顾。这里，基站主要为大量用户或移动电台（MS）提供服务。基站可能是蜂窝网络（如 4G 或 LTE 网络）中的蜂窝塔，或者是无线局域网（LAN）的接入点。基站侧的 MU-MIMO 算法允许至不同用户的空间数据流采用相同的频率和时隙传输。通常，基站有大量的天线，而（移动）用户的天线尺寸小且数量有限。当应用 MU-MIMO 算法时，下行链路（从基站到用户）将会是最具挑战的部分，因为基站需要保证传输至不同用户的空分数据流相互之间不受干扰[2-4]。对上行链路来说，基站能够使用大量的天线来取消不同用户间的干扰。

在一个 PLC 网络中，描述的实例场景如下：一个室内服务器向不同的用户发送不同的视频流，或者一个配有 PLC 调制解调器的路由器与网络内的多个用户通信。如第 1、5 章中所描述，多达 2×4 结构的 MIMO 能够用于室内 PLC。图 19-2（a）描述了一个发送器和多个接收器的场景，其中发送器含有两个传送端口，接收器有四个接收端口，这种场景也被称为 MU。如第 8 章中所描述，SU-MIMO 中的空间数据流数量受发送端口和接收端口数量的限制。在本例中，两个空间数据流是可用的，每一个空间数据流均可以分配至任一个用户。图 19-2（a）中发送端到用户 1、2 的信道分别标记为 H1 和 H2，给用户 1 传送信息时可能会对用户 2 产生干扰，相反也同样会有干扰出现。这样的干扰需要在发送端（Tx）或接收端（Rx1 和 Rx2）得到处理。在上行链路［图 19-2（a）中由 Rx1、Rx2 到 Tx］中，能够发送更多的空间数据流，因为接收端能够使用多于四个接收端口。

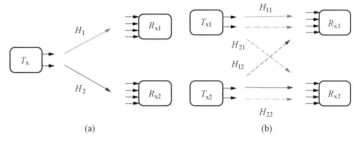

图 19-2　MU-MIMO 简介
（a）MU 系统；（b）SDD 系统

在一个网状的 PLC 网络中，之前描述的情况能够扩展至图 19-2（b）所描述的情况，这里，描述了两条不同的通信链路——发送端 1（Tx1）与接收端 1（Rx1）相互通信，发送端 2（Tx2）与接收端 2（Rx2）也同时进行信息传送。Tx1 的传送信息将会对 Rx2 造成干扰，Tx2 传送信息也会对 Rx1 造成干扰。在这种场景下，MU-MIMO 算法能够同时同频地采用空分多路复用这两个链路，这称作空分复用（SDD）。

MU-MIMO 术语将会贯穿出现于本章中，以便描述 MU-MIMO 通信系统。该系统用户采用 SMX 的方式，能够同时同频地接收数据。术语 MU 用来描述一个发送器与多个接收器进行通信的特殊场景。第二种场景是特指 SDD。

MU 和 SDD 场景在预编码算法的实现中会有所不同。即使采用相同的预编码技术，场景之间的差异也会对最终的结果产生影响。因此，在下一部分对编码技术的研究中会强调这两种场景间的区别。19.4 节会介绍两者之间的差异。

所描述的两种场景间的联系也是存在的。但是，由于这两种场景已经提供了大量的可能性，两者之间的联系并未在本章中列举。需要注意的是，任何形式的多路复用，如 TDD，都能用于 MU-MIMO 算法，这对增加系统的灵活性很有必要。

19.3　MU-MIMO 预编码

文献［12］重点研究了 MU 预编码技术对 PLC 环境的适应性。一些算法因为其尺寸约束不适合 PLC 信道，就没有仿真和实现的必要。例如，文献［13－16］提出的算法在无线环境中的应用较为成功，但是因为发送端的端口数量有限，在 PLC 并不可行。在文献［12］所研究和仿真的预编码算法中，可以分为两个不同的方向：一是发送端干扰抑制算法，如 BD；二是接收端干扰抑制的算法。

本章 19.3.1、19.3.2 节将对 BD 算法进行详细介绍，因为这个算法在 PLC 环境中的仿真结果是最佳的。19.3.3 节则对接收端的干扰解码算法进行简要的介绍。

如本章引言所述，MIMO 广播信道的总容量能够通过 DPC[6]实现。然而，一个性能趋近于 DPC 的实际方案仍然不可实现，更差的是实现总容量的编码方式与数据有关。文献[17,18] 提出了一些算法可以接近 DPC 算法总容量。但是，这些算法比较复杂，实现成本也较高。一种能够在无线环境中广泛使用并且可替代 DPC（非线性）的线性预编码技术是 BD。BD 是在发送数据前对每一个用户的数据通过一个线性矩阵进行预编码处理，这个特殊矩阵的关键在于所有其他在线用户信道矩阵的零空间。因此，假定发送端已知所有在线用户的信道矩阵，并且 CSI 也较为理想，每一个接收端可以实现用户间零干扰，这就可以采用简单接收器结构。这些算法在总吞吐量性能方面是次优的，但从复杂度方面看却是可行的。

19.3.1　块对角化

首先，介绍只有一个发送端的 MU 场景下的 BD 系统模型。然后将展示 MU 场景与 SDD 场景的不同之处。系统模型应用了本章中所介绍的预编码算法。文献［19－20］也采用了 BD 系统模型。需要注意的是，下面出现的矩阵运算是针对单载波系统的，但它能够很容易地扩展到正交频分多路复用（OFDM）系统，其中每一个子载波都需要单独地进行矩阵运算。

（1）MU 场景。假定一个有 M 个用户的 MU-MIMO 系统的下行链路，其中 N_T 表示发送端口的数量，N_R 表示所有用户接收端口数量的总和，而 $N_{R,j}$ 表示第 j 位用户接收端口的数量。用户 j 的发送端符号矢量设为长度为 k_j 的矢量 s_j。这里，k_j 指用户 j 的空间模式的数量。每个特定用户通过 $N_T \times k_j$ 维预编码矩阵 T_j 对 s_j 进行预编码处理。在接收端 j 处，$N_{R,j} \times k_j$ 维检测矩阵 R_j 应用于接收信号，以获得正确的符号。用户 j 的检测后字符向量 y_j 为：

$$y_j = R_j^H \left(H_j T_j s_j + \sum_{m=1, m\neq j}^{M} H_j T_m s_m + n_j \right),$$

$$= R_j^H H_j T_j s_j + R_j^H \sum_{m=1, m\neq j}^{M} H_j T_m s_m + R_j^H n_j \qquad (19.1)$$

式中：n_j 为用户 j 的噪声矩阵；$(\bullet)^H$ 为埃尔米特操作符；矩阵 $H_j \in CN_{R,j} \times N_T$ 为 j 用户的信道矩阵；T_j 和 R_j 为酉矩阵（见 19.3.2 小节）。

空间数据流的总数受发送端口数量的限制：

$$\sum_{j=1}^{M} k_j \leqslant N_T \qquad (19.2)$$

式（19.2）中具体的约束条件将在 19.3.2 小节中列出。

图 19-3 所示为 PLC MU 下的 BD 系统模型，图中描述了 MU 场景中 $M=2$ 的应用情况。发送器有 $N_T=2$ 个发送端口。根据式（19.2），每个用户的空间数据流数量为 $k_1=k_2=1$，即每个用户都有一种空间模式。发送到两个用户的符号 s_1 和 s_2 分别通过两个 2×1 维预编码矩

阵 T_1 和 T_2 进行加权，$2×1$ 维符号矢量 $x = T_1 s_1 + T_2 s_2$ 传输至信道中。在接收端，根据式（19.1）估算出发送字符。

注意在图 19-3 中，$\hat{y}_j$ 代表未经过 R_j 解码的接收矢量。

BD 的目标是为每一个用户 j 找到预编码矩阵 T_j，以减少对其他用户的干扰。例如在图 19-3 中，根据式（19.1），用户 1 估计的符号为：

$$y_1 = R_1^H H_1 T_1 s_1 + R_1^H H_1 T_2 s_2 + R_1^H n_1 \tag{19.3}$$

用户 2 估计的符号为：

$$y_2 = R_2^H H_2 T_2 s_2 + R_2^H H_2 T_1 s_1 + R_2^H n_2 \tag{19.4}$$

为充分消除干扰，式（19.3）和式（19.4）需要满足条件 $R_1^H H_1 T_2 = 0$ 和 $R_2^H H_2 T_1 = 0$。需要注意的是，这个例子中的接收器仅含有一个接收端口，因为对每一个用户而言仅存在一种空域模式。当然，更多接收端口会带来分集增益，从而提升接收端性能。

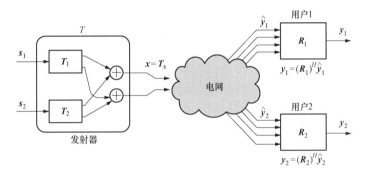

图 19-3　PLC MU 下的 BD 系统模型

一般来说，$N_T×k_j$ 维预编码矩阵 T_j 及 $N_{R,j}×k_j$ 维译码矩阵 R_j 需要满足：

$$R_j^H H_j T_m = 0, j \neq m, 1 \leqslant j, m \leqslant M \tag{19.5}$$

接着，用户 j 检测后的符号矢量为：

$$y_j = R_j^H H_j T_j s_j + R_j^H \sum_{m=1, m \neq j}^{M} H_j T_m s_m + R_j^H n_j,$$
$$= R_j^H H_j T_j s_j + R_j^H n_j \tag{19.6}$$

在零噪声和 T_j、R_j 合理设计的情况下，y_j 需要通过对角矩阵进行均衡化，以便获得对 s_j 的估算。

从式（19.5）和式（19.6）中可以看出，在预编码矩阵 T_j 和检测矩阵 R_j 合适的情况下，用户内部之间的干扰能够消除。在这里定义了总的 MU 发送权重矩阵：

$$T = [T_1 \cdots T_M] \tag{19.7}$$

MU 传输矢量为：

$$s = \begin{bmatrix} s_1 \\ \cdots \\ s_M \end{bmatrix} \tag{19.8}$$

图 19-3 中，T 向量的维数为 $2×2$，s 向量的维数为 $2×1$。

如果 BD 得到成功的应用，就可以获得 MU 系统等效块对角模型。图 19-4 即为图 19-3 实例的等效块对角模型。λ_j 为用户 j 的等效信道增益，而 $\tilde{n}_j$ 则代表过滤后的等效噪声采样值。

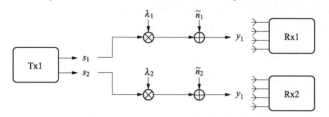

图 19-4　MU 场景下的等效块对角模型

（2）SDD 场景。需要考虑 BD 应用在 MU 场景中和 SDD 场景中的不同。SDD 场景中，一些调制解调器在相同的频带和时隙传送信息。为简化对模型的描述，这里仅以含有两个发送器和两个接收器的通信系统为例。这个模型在遇到三个或多个发送-接收共存的情况下都可以简单地进行扩展。

图 19-5 所示为 PLC SDD 场景下的 BD 系统模型，图中描述了一个链路条数 $M=2$ 的情况，在该图中，发送器 1 向接收器 1 传送信息，发送器 2 向接收器 2 传送信息。每一个发送器含有两个发送端口，接收器则含有四个接收端口。

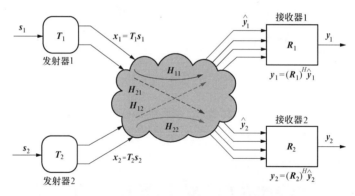

图 19-5　PLC SDD 场景下的 BD 系统模型

接下来，假定发送器 1 向接收器 1 传送信息，发送器 2 向接收器 2 传送信息。在 SDD 场景中，发送端和接收端的端口数量与 MU 场景下保持一致，即 $N_{\mathrm{T},j}=2$ 且 $N_{\mathrm{R},j}=4$，这里 j 为链路序号（$j=1$，2）。发送器 1 和接收器 1 间的信道用矩阵 $\boldsymbol{H}_{11}$ 来表示，对应的发送器 2 和接收器 2 间的信道矩阵为 $\boldsymbol{H}_{22}$。这种情况下，可能存在两种干扰。发送器 1 向接收器 1 传送信息，可能会对接收器 2 产生干扰；与之相同，发送器 2 也可能对接收器 1 产生干扰。信道间产生的干扰分别用矩阵 $\boldsymbol{H}_{21}$ 和 $\boldsymbol{H}_{12}$ 来表示，矩阵下标的前一个数字表示接收器的序号，后一个数字表示发送器的序号。根据这样的描述，发送器 1 的预编码操作应该能够滤去对接收器 2 产生的干扰，发送器 2 的预编码操作也应该能够滤去对接收器 1 产生的干扰。

在 SDD 方案中，发送器间需要进行同步操作，这样便于接收器估计与干扰调制器间的信道。同时，用于进行信道估计的信号需要经过特殊设定，目的是为了实现每一个接收器能够根据估计与发送调制器之间的信道。与 MIMO 系统的信道估计相同的地方是，训练符号要进行正交化，这样能够对不同的信道进行区分。

与 MU 场景不同的是，在 SDD 场景中每个用户的空间数据流 $k=2$ 的传输方式是可以实现的。例如，两个符号会同时传送至用户 1，而另外的字符会同时同频地发送至用户 2。然而，正如接下来要讨论的，每条链路中的空间数据流数量会受干扰消除操作的限制。

根据图 19-5 中描述的矩阵，接收器 1、2 均衡后的符号矢量与式（19.3）相似，为：

$$
\begin{aligned}
\boldsymbol{y}_1 &= \boldsymbol{R}_1^H(\boldsymbol{H}_{11}\boldsymbol{T}_1\boldsymbol{s}_1 + \boldsymbol{H}_{12}\boldsymbol{T}_2\boldsymbol{s}_2 + \boldsymbol{n}_1), \\
&= \boldsymbol{R}_1^H \boldsymbol{H}_{11}\boldsymbol{T}_1\boldsymbol{s}_1 + \boldsymbol{R}_1^H \boldsymbol{H}_{12}\boldsymbol{T}_2\boldsymbol{s}_2 + \boldsymbol{R}_1^H \boldsymbol{n}_1
\end{aligned} \tag{19.9}
$$

同时，有：

$$
\begin{aligned}
\boldsymbol{y}_2 &= \boldsymbol{R}_2^H(\boldsymbol{H}_{21}\boldsymbol{T}_1\boldsymbol{s}_1 + \boldsymbol{H}_{22}\boldsymbol{T}_2\boldsymbol{s}_2 + \boldsymbol{n}_2) \\
&= \boldsymbol{R}_2^H \boldsymbol{H}_{21}\boldsymbol{T}_1\boldsymbol{s}_1 + \boldsymbol{R}_2^H \boldsymbol{H}_{22}\boldsymbol{T}_2\boldsymbol{s}_2 + \boldsymbol{R}_2^H \boldsymbol{n}_2
\end{aligned} \tag{19.10}
$$

一般来说，接收器 n 的均衡后符号矢量可以表示为：

$$
\boldsymbol{y}_n = \boldsymbol{R}_n^H\left(\sum_{m=1}^{M}(\boldsymbol{H}_{nm}\boldsymbol{T}_m\boldsymbol{s}_m) + \boldsymbol{n}_n\right) \tag{19.11}
$$

$$
= \boldsymbol{R}_n^H \boldsymbol{H}_{nn}\boldsymbol{T}_n\boldsymbol{s}_n + \boldsymbol{R}_n^H \sum_{m=1,m\neq n}^{M}(\boldsymbol{H}_{nm}\boldsymbol{T}_m\boldsymbol{s}_m) + \boldsymbol{R}_n^H \boldsymbol{n}_n \tag{19.12}
$$

式中：$\boldsymbol{T}_m$ 为 $N_{\mathrm{T},m} \times k_m$ 维预编码矩阵；$\boldsymbol{s}_m$ 为第 m 个发送器的 $k_m \times 1$ 维发送符号向量，k_m 为空间数据流的数量；$\boldsymbol{R}_n$ 为 $N_{\mathrm{R},n} \times k_m$ 维接收矩阵；$\boldsymbol{H}_{nm}$ 为从发送器 m 到接收器 n 的信道矩阵。

预编码的目的是消除对其他接收器的干扰。在图 19-5 所示的例子中，发送器 1 将不会对接收器 2 产生干扰，发送器 2 也不会对接收器 1 产生干扰。在式（19.9）和式（19.10）中，需要分别满足 $\boldsymbol{R}_1^H \boldsymbol{H}_{12}\boldsymbol{T}_2 = 0$ 和 $\boldsymbol{R}_2^H \boldsymbol{H}_{21}\boldsymbol{T}_1 = 0$。

一般来说，为消除干扰需要满足下式：

$$
\boldsymbol{R}_n^H \boldsymbol{H}_{nm}\boldsymbol{T}_m = 0, (n,m = 1,\cdots,M, n \neq m) \tag{19.13}
$$

如果满足式（19.13），则式（19.11）可简化为：

$$
\boldsymbol{y}_n = \boldsymbol{R}_n^H(\boldsymbol{H}_{nn}\boldsymbol{T}_n\boldsymbol{s}_n + \boldsymbol{n}_n) \tag{19.14}
$$

均衡后符号矢量也仅与所需的发送符号矢量相关。

SDD 场景中第 j 个用户的等效块对角化模型如图 19-6 所示，其中 $\lambda_k^{(j)}$ 代表链路 j 中数据流 k 的等效增益，$\tilde{n}_{jk}$ 为链路 j 中空间数据流 k 过滤后的等效噪声采样。

接下来将介绍如何设计预编码和译码以消除干扰，同时也会给出基于 BD 的 MOSDM 算法。

19.3.2　多用户正交空分复用

如文献［21］中所定义的，在 MU 系统中对

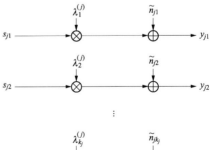

图 19-6　第 j 个用户的等效块对角化模型

发送器和接收器进行联合优化，MU 信号能够投射在正交化子空间中，这样各个独立用户间存在的 MUI 能够得到消除，在发送器和接收器的权重矩阵也能够联合迭代优化。这种方法假设发送端已知所有 MU 信道的 CSI。这对建立每个子空间用的数学模型很有必要。不同子空间都存在信道矩阵，因此能够把它们投射到等效的正交子空间中。这样处理的目的是通过发现联合权重矩阵 $T, R_1, R_2 \cdots R_M$ 来实现对 MU 信道对角化操作。然后根据文献[21]会描述适用于 MU 方案的算法，之后并扩展到 SDD 场景中。

（1）MU 场景。回顾式（19.5）中所定义的干扰消除的必要条件，式（19.5）能够转化为矩阵符号：

$$R_j^H H_j T = [0_1 \quad \cdots \quad 0_{j-1} \quad \Lambda_j \quad 0_{j+1} \quad \cdots \quad 0_M] \tag{19.15}$$

对用户 $j = 1$，$\cdots$，M 来说，有：

$$\Lambda_j = diag(\lambda_1^{(j)} \quad \lambda_2^{(j)} \quad \cdots \quad \lambda_{k_j}^{(j)}) \tag{19.16}$$

Λ_j 是 $k_j \times k_j$ 维的，$\lambda_m^{(j)}$ 代表 j 用户第 m 条空间数据流的信道增益，式（19.15）和式（19.16）不仅表述了干扰消除方法并且描述了用户 j 的酉预编码矩阵 T_j 和酉译码矩阵 R_j^H，这样的矩阵把用户 j 的链路分成了 k_j 条并行独立的空间数据流。这与第 8 章中出现的特征波束形成是较为相似的。

一般来说，如果一种适用于式（19.15）和式（19.16）的解决方案出现，那么就存在更多不同的解决方案。这些可用的方法中，能够选出一种可优化 MIMO 整体系统性能的方法[21]。这种方法用数学公式来表述：

$$(T, R_1, R_2, \cdots, R_M)_{\mathrm{opt}} = \arg \max_{T, R_1, \cdots, R_M} \sum_{j=1}^{M} \|\Lambda_j\|^2 \tag{19.17}$$

式中：$\|\cdot\|$ 为矩阵的弗罗贝尼乌斯形式。

图 19-6 描述了第 j 个用户的 k_j 条并行空间数据流。

权重矩阵的计算过程如下：首先，假设对于其他用户接收权重因子 $\{R_m\}_{m \neq j}$ 已经给出，找出特定用户 j 的最佳发送和接受权重因子，权重因子的设定应该满足等效信道增益最大，且不存对其他用户的共存信道干扰（CCI）；然后，将其他用户的权重矩阵逐步更新直至收敛。

首先，$\left(\sum_{m=1}^{M} k_m\right) \times N_{\mathrm{T}}$ 维等效 MU 信道矩阵 H_{e} 定义为：

$$H_{\mathrm{e}} = \begin{bmatrix} R_1^H H_1 \\ \cdots \\ R_M^H H_M \end{bmatrix} \tag{19.18}$$

假设发送器已知接收矩阵 R_1，$\cdots$，R_{j-1}，$\cdots$，$R_{j=1}$，$\cdots R_M$（$m \neq j$），这样找到最好的 T_j 和 R_j 就能优化第 j 个用户链路的性能：

$$(T_j, R_j)_{\mathrm{opt}} = \arg \max_{T_j, R_j} \|\Lambda_j\|^2 \tag{19.19}$$

根据下式，也不会对其他用户造成 CCI 干扰：

$$H_e T_j = \begin{bmatrix} 0_1^T \\ \cdots \\ 0_{j-1}^T \\ \Lambda_j \\ 0_{j+1}^T \\ \cdots \\ 0_M \end{bmatrix} \qquad (19.20)$$

式（19.20）与式（19.15）是相似的，这又一次描述了消除干扰的机制，其中每一个子块都代表用户 j 的等效空间数据流。为满足式（19.19）和式（19.20），$\left(\sum_{m=1,\ m \neq j}^{M} k_m \right) \times N_T$ 维干扰矩阵 $\tilde{H}_e^{(j)}$ 定义为：

$$\tilde{H}_e^{(j)} = \begin{bmatrix} R_1^H H_1 \\ \cdots \\ R_{j-1}^H H_{j-1} \\ R_{j+1}^H H_{j+1} \\ \cdots \\ R_M^H H_M \end{bmatrix} \qquad (19.21)$$

当设定这些定义后，满足式（19.20）并消除用户间干扰的条件：

$$T_j \in null\left\{ \tilde{H}_e^{(j)} \right\} \qquad (19.22)$$

式中：$null\{\cdot\}$ 为矩阵的零空间。

根据式（19.22）可知，只有零空间存在时 T_j 才存在，这样会对空间数据流的数量造成一些限制。对一个含有 M 个用户的系统来说，若每个用户具有 k_j 种空间模式，则发送器的端口数量需要大于等于整个系统的可用空间模式的数量[21]：

$$\sum_{j=1}^{M} k_j \leqslant N_T \qquad (19.23)$$

对 MU 系统中的每一个用户来说，接收器的端口数量不能少于用户接收到有效空间模式的数量[21]：

$$k_j \leqslant N_{R,j}, \forall j \qquad (19.24)$$

这与 SU-MIMO 中的 SMX 类似。

以具有两个发送端口（$N_T = 2$）的室内 PLC 为例。根据式（19.23）中的限制条件，两个用户且每个用户具有一个空间数据流的方案是可行的。在每条空间数据流中，$\tilde{H}_e^{(j)}$ 是 1×2 维的，并且根据式（19.22）可知预编码矢量也是 1×2 维的。

为了对系统进行优化，先对零空间的基进行定义：$Q_j = [q_1^{(j)}, q_2^{(j)} \cdots]$，其中 $q_m^{(j)}$ 代表矩阵 Q_j 的第 m 个列向量。接着将预编码矩阵 T_j 分解为 $T_j = Q_j B_j$。在这个分解过程中，B_j 为基向量 Q_j 下的坐标转换矩阵。在 MU 系统中 Q_j 将负责对干扰进行消除，一旦干扰消除，已独立的信道就可以通过矩阵 B_j 实现优化。下一步就是选择出矩阵 B_j：

$$(\boldsymbol{B}_j, \boldsymbol{R}_j)_{\text{opt}} = \arg\max_{B_j, R_j} \left\| \Lambda_j \right\|^2 \tag{19.25}$$

以及：

$$\boldsymbol{R}_j^H \boldsymbol{H}_j \boldsymbol{Q}_j \boldsymbol{B}_j = \Lambda_j \tag{19.26}$$

如果用户 j 的预编码矩阵 $\boldsymbol{T}_j$ 已经计算出，那么就能够保证系统中不存在用户间的干扰。由于零空间的特性，用 $\boldsymbol{T}_j$ 进行预编码实际上是将信道矩阵投射到一个子空间，该子空间与其他用户的子空间正交。

一旦干扰消除（假设各矩阵维度满足要求），剩下的问题就简化为一个优化任务，这个任务就是找出支撑多空间数据流的 SU-MIMO 系统的 $(\boldsymbol{B}_j, \boldsymbol{R}_j)_{\text{opt}}$。

如第 8 章所述，可容纳多空间数据流的 SU-MIMO 系统的最优化预编码方式为特征波束形成，预编码矩阵通过奇异值分解（SVD）来获得：

$$\boldsymbol{H}_j \boldsymbol{Q}_j = \boldsymbol{U}_j \Lambda_j \boldsymbol{V}_j^H \tag{19.27}$$

同时，$\boldsymbol{R}_j$ 和 $\boldsymbol{B}_j$ 通过以下方式获得：

$$(\boldsymbol{R}_j)_{\text{opt}} = \boldsymbol{U}_j l_{1 \leftrightarrow k_j} \tag{19.28}$$

$$(\boldsymbol{B}_j)_{\text{opt}} = \boldsymbol{V}_j l_{1 \leftrightarrow k_j} \tag{19.29}$$

其中 $l_{1 \leftrightarrow k_j}$ 表示在矩阵 $\boldsymbol{R}_j$ 和 $\boldsymbol{B}_j$ 中只有 k_j 列向量对应有 k_j 个最大奇异值。最终，最优化预编码矩阵通过下式获得：

$$(\boldsymbol{T}_j)_{\text{opt}} = \boldsymbol{Q}_j (\boldsymbol{B}_j)_{\text{opt}} \tag{19.30}$$

通过这种算法最终获得的预编码矩阵不是酉矩阵。但是，这种方法对列数进行了归一化处理，保证了所有发送端口有相同的发送功率。

（2）NuSVD：MOSDM 的迭代计算。文献 [21] 提出了一种逼近 MOSDM 的迭代算法，这种方法叫做迭代定向零空间 SVD（iterative NuSVD）。根据上文的定义和介绍，算法的步骤如下：

1）初始化译码矩阵为单位矩阵，$\boldsymbol{R}_j = I$。

2）计算 MU 系统中每个用户的矩阵 $\tilde{\boldsymbol{H}}_e^{(j)}$，获得矩阵 Q_j 作为 $\tilde{\boldsymbol{H}}_e^{(j)}$ 的零空间基。计算 $\boldsymbol{H}_j \boldsymbol{Q}_j$ 的 SVD 来优化每条链路，根据式（19.29）和式（19.28）中的 $\boldsymbol{R}_j$ 得到最优预编码矩阵 $\boldsymbol{B}_j$。

3）计算等效信道矩阵 $\boldsymbol{H}_e \cdot \boldsymbol{T}$ 的非对角元素。非对角范数代表了系统的干扰水平。随着迭代的次数增多，干扰的程度降低。

① 计算 $\varepsilon = off(\boldsymbol{H}_e \cdot \boldsymbol{T})$

② $off(\boldsymbol{A}) = \sum\limits_{k,l,k \neq l} \left| a_{k,l} \right|$

其中，$|\cdot|$ 为矩阵 A 的各个元素的绝对值。如果 ε 小于设定的门限值，即 $\varepsilon \leq \boldsymbol{T}_\varepsilon$，就进行步骤 4），否则继续步骤 2）。根据仿真实验定义门限值 $\boldsymbol{T}_\varepsilon = 10^{-12}$。

4）当 $\varepsilon \leq \boldsymbol{T}_\varepsilon$ 时，表示迭代收敛。这时，预编码矩阵 $\boldsymbol{T}$ 的列需要进行归一化处理，以满足功率约束。

需要注意的是，这种算法需要发送端知道所有信道的 CSI，这样才能执行所描述的计算过程。这就意味着每一个接收器在迭代过程开始前，需要将其对应的信道矩阵反馈至发送器。一旦迭代算法完成收敛且得到译码矩阵，发送器需要在通信过程开始前必须将这些译码矩阵发送至每一个接收器。

（3）SDD 场景。MOSDM 的自适应过程以及它在 SDD 场景中的迭代计算（NuSVD）与 MU 场景有很多相似的地方，主要区别在于 SDD 含有两个发送器。下文将介绍含有两个发送器和两个接收器的情况（如图19–5所示）。

式（19.3）和式（19.4）表示受第二个发送器干扰的均衡后的符号矢量。与式（19.18）相似，等效信道可以定义为：

$$H_{e1} = \begin{bmatrix} R_1^H H_{11} & R_1^H H_{12} \end{bmatrix} \tag{19.31}$$

$$H_{e2} = \begin{bmatrix} R_2^H H_{21} & R_2^H H_{22} \end{bmatrix} \tag{19.32}$$

类比式（19.20），为消除来自第二个发送器的干扰，预编码矩阵需要满足以下条件：

$$\left. \begin{matrix} H_{e1}T_1 = \begin{bmatrix} \Lambda_1 & 0 \end{bmatrix} \\ H_{e2}T_2 = \begin{bmatrix} 0 & \Lambda_2 \end{bmatrix} \end{matrix} \right\} \tag{19.33}$$

类比式（19.21），干扰矩阵为：

$$\left. \begin{matrix} \tilde{H}_{e1} = R_2^H H_{21} \\ \tilde{H}_{e2} = R_1^H H_{12} \end{matrix} \right\} \tag{19.34}$$

类比式（19.22），为了消除发送端的干扰，预编码矩阵需要属于对应的等效干扰矩阵的零空间：

$$\left. \begin{matrix} T_1 \in null\{\tilde{H}_{e1}\} \\ T_2 \in null\{\tilde{H}_{e2}\} \end{matrix} \right\} \tag{19.35}$$

式（19.35）表述了能够发送的空间数据流数量。假定每个发送器含有两个发送端口，如果两个发送端各发送两条数据流 $\tilde{H}_{e1}$ 和 $\tilde{H}_{e2}$［根据式（19.34）可知均为2×2维］，那么根据式（19.35）可知零空间为空。这样两条数据流的发送就不能实现。这种情况下每个发送端只能发送一条数据流。根据式(19.34)可知 $\tilde{H}_{e1}$ 和 $\tilde{H}_{e2}$ 应该为1×2维的且预编码矩阵是2×1维的。

根据式（19.33）可知，预编码矩阵 T_1 和 T_2 需要对矩阵子空间 H_{e1} 和 H_{e2} 进行块对角化处理，以便获得等效信道，并消除发送器 1 对接收器 2（以及发送器 2 对接收机 1）产生的干扰。一旦预编码矩阵消除了信道中的干扰，MU 场景中的信道最优化方法也能够应用在这里，也就是式（19.25）～式（19.30）所描述的内容，以及 NuSVD 中的迭代计算。

19.3.3　SU–预编码：特征波束赋型

假定接收器比发送器的端口数量多，如2×4 MIMO 系统，则多余的接收端口就用来消除干扰。每一条链路都经过 SU 预编码实现优化，即第 8 章介绍的特征波束形成操作。首先，假设 MU 场景中含有一个发送器和两个接收器。如果发送器含两个发送端口，每次就可能发送两条数据流，分别对应每一个用户端。对于每条链路，可以计算出最优化编码矢量，例如根据 CSI 接收机反馈最优预编码矢量。发送端将两个预编码矢量结合为最终的预编码矩阵。但是，矩阵的列数并不正交。这可能会带来更多的用户间干扰。尽管每个接收器都能够检测出直接发给它的数据流，检测矩阵自身还是会带来一些噪声和干扰。Sanchez 调查研究了一种迫零检测算法，与 SU-MIMO 的性能相似。与简单的 ZF 检测相比，一些较为复杂的检测算法（见第 8 章）能够提高性能。

SDD 场景中也引入了相似的概念。每条链路使用特征波束形成来将性能提升至最优。同样地，接收器将接收端口数量最大化，以检测给特定接收器的空间数据流同时消除干扰。对 2×4 MIMO 系统来说，4 个接收端口能对 4 条数据流进行译码操作，其中 2 个用来解码来自特定发送端的信号，另外 2 个用来消除来自其他发送器的干扰。与 SU-MIMO 情况不同，检测矩阵需要考虑其他用户的干扰。对 ZF 来说，两个接收器检测矩阵的计算方法为：

$$\left.\begin{array}{l} W_1 = pinv([H_{11}T_1, H_{12}T_2]) \\ W_2 = pinv([H_{22}T_2, H_{21}T_1]) \end{array}\right\} \quad (19.36)$$

式中：$pinv(A)$ 为矩阵 A 的伪逆矩阵，即 $pinv(A) = (A^H A)^{-1} A^H$。

但遗憾的是，检测后的信号与干扰加噪声比（SINR）比 SU-MIMO 情况下的更低，性能并不像 BD 算法那样理想。

19.4 仿真结果

19.4.1 系统参数

为研究 19.3 小节中提出的 MU-MIMO 算法的性能，这里进行了一些仿真实验。仿真中采用了第 9 章给出的 MIMO-OFDM 系统，下面总结出系统的一些主要参数。系统在 4～30MHz 频率范围内，采用了 1296 个载波。预编码矩阵和检测矩阵的计算都是针对每一子载波的。根据第 8 章中的等效信道，可以计算出检测后的每个子载波的 SINR。第 9 章介绍的自适应调制算法用来推导未编码情况下误比特率 $P_b = 10^{-3}$ 时的吞吐率。系统未使用前向纠错编码（FEC），同时假设信道环境均为理想状况。作为 SU-MIMO 情况下的参考，特征波束赋形展示了最佳的性能。为比较 MU-MIMO 和 SU-MIMO 特征波束赋形的吞吐率，SU-MIMO 情况下的比特率需要除以用户的数量 M，在室内 PLC 场景中设 $M=2$。这样对比是合理的，因为采用 TDD（或 FDD）的 SU-MIMO 需要通过 M 倍的时间（或 M 倍的带宽）才能提供与 MU-MIMO 相同的服务。

MIMO PLC 信道采用了 ETSI 中的信道（见第 5 章）。图 19-7 为一个室内信道测试示例，在这个例子中，记录了 5 个端口间的传输函数（实线所示）。MU 情况（参考图 19-3）用虚线所示，采用了 P4 到 P2、P3 的信道。SDD 情况（参考图 19-5）则用点划线表示，采用了 P1 到 P2 和 P3 到 P5 的信道。每个房间每种场景（MU 或 SDD）的所有可能组合情况以及所有测试点都进行了仿真。

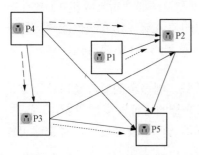

图 19-7 室内信道测试示例

这样，MU 方案中存在 357 条信道组合，而 SDD 方案中存在 201 条信道组合。同时，噪声类型假定为加性高斯白噪声（AWGN），且在接收端口间不存在相关性。发送器的发送端口数量 $N_T = 2$，接收器的端口数量 $N_R = 4$。

19.4.2 MU 场景

图 19-8（a）为 357 条信道的平均比特率比较，图中展示了比特率随发送功率与噪声功率比变化的情况，这些数据是 357 条信道求平均后所得的比特率。用户数量 $M=2$，也即一个发送器向两个接收器发送信号。图 19-8（b）则对图 19-8（a）中的某一段进行了放大。与采用特征波束赋形的 SU-MIMO 方案相比，采用 NuSVD 算法的 MU-MIMO 获得的增益比较小。在噪声功率为 56dB 的条件下，与 SU-MIMO 相比 MU-MIMO 增益为 1.35Mbit/s，或 1.6% 的增益。

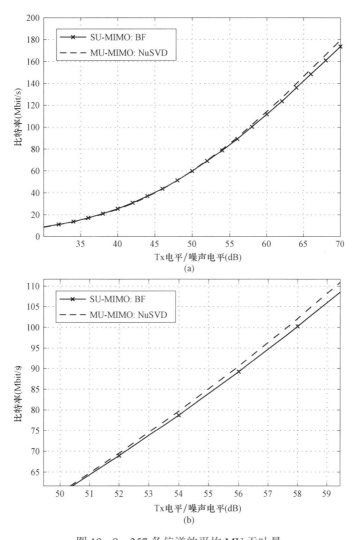

图 19-8 357 条信道的平均 MU 吞吐量

（a）357 条信道的平均比特率比较；（b）在 56dB 附近 357 条信道的平均比特率比较

MU 情况下 MU-MIMO 和 SU-MIMO 间性能相似的主要原因是 MIIMO PLC 信道的空间

相关性较高（MIMO PLC 的空间相关性详见第 4、5 章）。假设以下包含 2 个接收器的 MU-MIMO 理想情况。第一条链路的 MU-MIMO 预编码矢量与该链路下 SU-MIMO 特征波束赋形矩阵的第一列相同。这样，消除对其他用户所带干扰的预编码矢量就等同于将特定用户数据流中 SINR 最大化的预编码矩阵。另外，第二条链路的 MU-MIMO 预编码矩阵与该链路下 SU-MIMO 特征波束赋形矩阵的第一列相同。如果进一步假设 SU-MIMO 特征波束赋形的第二条空间数据流的 SINR 条件不允许在该数据流上进行数据传输，那么 MU-MIMO 的总比特率与 SU-MIMO 相比会增加一倍。为了表述简单，假设到两个接收器的信道相互正交，且每个链路可以进行独立优化。但由于空间相关性较高，这不可能实现，且消除对用户干扰的预编码算法还远未达到最佳。

能够观察到，若采用随机信道矩阵作为 MU-MIMO 信道，那么 MU-MIMO 可以获得相比 SU-MIMO 更高的性能增益。

图 19-9 描述了含 357 信道的 MU-MIMO 系统吞吐量的累计分布函数。中值点处有 6.6Mbit/s 的微小增益，在高吞吐率（CDF 达 0.7~0.9）的区域 MU-MIMO 方案比 SU-MIMO 的效果更好，增益分别为 9.6Mbit/s 和 12.1Mbit/s。但在低吞吐率的区域，SU-MIMO 的效果比 MU-MIMO 更好（高覆盖率，低 CDF 值）。

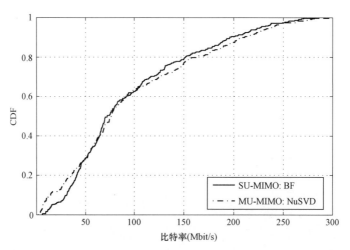

图 19-9　发送噪声功率比 56dB 水平下 357 条信道的 MU-CDF

19.4.3　SDD 场景

接下来介绍 SDD 场景下的模型，通过对 201 条实际测试信道取平均获得吞吐率的结果，如图 19-10 所示，图中描述了 SU-MIMO（使用特征波束形成方法）和 MU-MIMO（使用 NuSVD 算法）间的对比，这里假设发送器—接收器是两两成对的。

从图 19-10 中可以看出 SDD 场景与 MU 场景下仿真结果的区别。图 19-10 表述了 MOSDM 与采用特征波束赋形 SU-MIMO 相比的性能增益。BD 算法在成对的发送器—接收器间仅使用一条空间数据流，吞吐率可提高将近 20%（与 SU-MIMO 相比）。发送噪声功率比设为 56dB。图 19-11 为发送噪声功率比 56dB 时 201 条信道的 CDF，可以观测到同样的增益，也展示了吞吐率的 CDF。

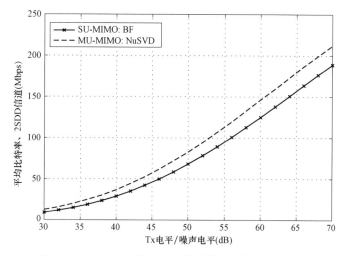

图 19－10　SDD 场景下 201 条信道的平均比特率对比

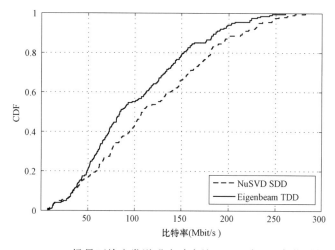

图 19－11　SDD 场景下给定发送噪声功率比 56dB 时 201 条信道的 CDF

19.5　结论

本章研究了 MIMO PLC 环境中的 MU-MIMO 算法。目标是分析 MU-MIMO 算法在 MIMO PLC 系统中的可行度，研究其能为 PLC 系统带来的性能提高。无线 MU-MIMO 方案应用到 MIMO PLC 中面临着很多挑战，如发送器端口数量受限（仅两个）以及空间相关性较高。

19.2 节中介绍了两种可能的场景：一是 MU 场景中单发射器多接收器的情况与无线环境有极高的相似性，在一个蜂窝网络中一个 BS 为多个用户提供服务；另一个是 SDD 场景中包含了多于两对发送器—接收器间同时同频运行的情况。

特别地，本章将一种 MOSDM 算法[21]引入 PLC 中，这种算法被证明是一种 MIMO PLC 较好的解决方案[12]。它在发送端应用预编码以消除对其他用户的干扰。

为对比和评估 MU-MIMO 和 SU-MIMO 的性能，本章进行了一些仿真实验。SU-MIMO 系统主要基于特殊波束形成的算法，仿真信道采用 ETSI MIMO PLC 中的信道（见第 5 章）。MU 场景中使用 357 条信道，SDD 场景下使用 201 条信道。MU-MIMO 的吞吐率性能在 MU 场景下比 SU-MIMO 高 1.5%，在 SDD 场景下高 20%。MU 场景下仅有很小的性能提升，但在 SDD 场景下当两个发送器同时工作时吞吐率的提高可达 20%。

在 SDD 场景下，需要保持发送器间的同步，这样便于接收器对干扰进行估计和消除。在 MU 场景下不要求这种同步，因为仅使用一个发送器。

未来，对 PLC 领域中 MU-MIMO 的研究可扩展以下两个方面：

（1）可用频带应扩展至 30MHz 以上，这样能够提高 MU-MIMO 效率，因为与低频段相比，超过 30MHz 后信号间的空间相关性会降低很多；

（2）发现一些可提前检测的信道参数或特征，在吞吐率性能方面 MU-MIMO 预编码能优于 SU-MIMO 预编码技术，反之亦然，这样的话，就能够研究出一种在 MU-MIMO 和 SU-MIMO 情况下可切换使用的混合算法。

参考文献

[1] R. Heath, M. Airy and A. Paulraj, Multiuser diversity for MIMO wireless systems with linear receivers, in Conference Record of the Thirty-Fifth Asilomar Conference on Signals, Systems and Computers, Vol. 2, Pacific Grove, CA, pp. 1194–1199, 2001.

[2] Q. Spencer, C. Peel, A. Swindlehurst and M. Haardt, An introduction to the multi-user MIMO downlink, IEEE Communications Magazine, 42(10): 60–67, 2004.

[3] P. Fernandes, P. Kyritsi, L. T. Berger and J. Mártires, Effects of multi user MIMO scheduling freedom on cellular downlink system throughput, in IEEE 60th Vehicular Technology Conference, Vol. 2, Los Angeles, CA, pp. 1148–1152, September 2004.

[4] D. Gesbert, M. Kountouris, R. Heath, C.-B. Chae and T. Salzer, Shifting the MIMO paradigm, IEEE Signal Processing Magazine, 24(5): 36–46, 2007.

[5] S. Vishwanath, N. Jindal and A. Goldsmith, On the capacity of multiple input multiple output broadcast channels, in IEEE International Conference on Communications (ICC), Vol. 3, New York, pp. 1444–1450, 2002.

[6] M. Costa, Writing on dirty paper, IEEE Transactions on Information Theory, 29(3): 439–441, May 1983.

[7] G. Caire and S. Shamai, On the achievable throughput of a multiantenna Gaussian broadcast channel, IEEE Transactions on Information Theory, 49(7): 1691–1706, 2003.

[8] V. Stankovic and M. Haardt, Generalized design of multi-user MIMO precoding matrices, IEEE Transactions on Wireless Communications, 7(3): 953–961, 2008.

[9] ETSI, TR 101 562-1 v1.3.1, PowerLine Telecommunications (PLT), MIMO PLT, Part 1: Measurement Methods of MIMO PLT, Technical Report, 2012.

[10] ETSI, TR 101 562-2 v1.2.1, PowerLine Telecommunications (PLT), MIMO PLT, Part 2: Setup and Statistical Results of MIMO PLT EMI Measurements, Technical Report, 2012.

[11] ETSI, TR 101 562-3 v1.1.1, PowerLine Telecommunications (PLT), MIMO PLT, Part 3: Setup and Statistical Results of MIMO PLT Channel and Noise Measurements, Technical Report, 2012.

[12] Y. Sanchez, Multiuser MIMO for power line communications, Master's thesis, University of Stuttgart, Stuttgart, Germany, 2011.

[13] M. Rim, Multi-user downlink beamforming with multiple transmit and receive antennas, Electronics Letters, 38(25): 1725–1726, 2002.

[14] L.-U. Choi and R. Murch, A transmit preprocessing technique for multiuser MIMO systems using a decomposition approach, IEEE Transactions on Wireless Communications, 3(1): 20–24, 2004.

[15] X. Chen, J. Liu, R. Xing and H. Xu, A suboptimal user selection algorithm for multiuser MIMO systems based on block diagonalization, in Third International Conference on, Communications and Networking in China, ChinaCom 2008, Hangzhou, China, pp. 877–881, 2008.

[16] W. Liu, L. L. Yang, and L. Hanzo, SVD-assisted multiuser transmitter and multiuser detector design for MIMO systems, IEEE Transactions on Vehicular Technology, 58(2): 1016–1021, 2009.

[17] R. Zamir, S. Shamai and U. Erez, Nested linear/lattice codes for structured multiterminal binning, IEEE Transactions on Information Theory, 48(6): 1250–1276, 2002.

[18] M. Airy, A. Forenza, R. Heath and S. Shakkottai, Practical costa precoding for the multiple antenna broadcast channel, in Global Telecommunications Conference, GLOBECOM'04, IEEE, Vol. 6, Dallas, TX, pp. 3942–3946, 2004.

[19] Z. Shen, R. Chen, J. Andrews, R. Heath and B. Evans, Sum capacity of multiuser MIMO broadcast channels with block diagonalization, IEEE Transactions on Wireless Communications, 6(6): 2040–2045, 2007.

[20] S. Shim, J. S. Kwak, R. Heath and J. Andrews, Block diagonalization for multi-user MIMO with other-cell interference, IEEE Transactions on Wireless Communications, 7(7): 2671–2681, 2008.

[21] Z. Pan, K.-K. Wong, and T.-S. Ng, Generalized multiuser orthogonal space-division multiplexing, IEEE Transactions on Wireless Communications, 3(6): 1969–1973, 2004.

[22] S. J. Leon, Linear Algebra with Applications, 7th edn. Prentice Hall, Englewood Cliffs, NJ, 2006.

20
室内 PLC 中继协议

20.1 引言

节能正在先进通信设备的发展中起着重要作用。例如，IEEE 802.3az 以太网标准[1]和 HomePlug Green physical（Green physical，PHY）（GP）的电力线通信（power line communication，PLC）规范（HomePlug GP[2]）的开发都致力于解决节能的问题。多媒体应用，如高清晰度电视（HDTV）或 3D 虚拟视频游戏，不仅需要节能而且需要具有高传输速率。因此有必要考虑先进的通信技术，如采用比特和功率加载的多载波调制技术，协作通信算法及跨层优化算法等。

在本章中，研究了利用协同半双工时分中继协议来节约能量，提高速率并将覆盖范围扩展到室内 PLC 网络。该网络中的通信设备物理层采用多载波调制，即正交频分复用（orthogonal frequency division multiplexing，OFDM）的室内 PLC 网络[3]。

20.1.1 相关文献

在中继网络中，源节点和目的节点之间的通信是通过使用一个或多个中继完成的。更精确地说，中继接收到发往目的地节点的信号，根据给定的中继协议处理它并将其转发到目的节点。目的节点将来自源节点和中继节点的信号组合起来进行译码。文献 [4] 提出了许多中继协议：放大和转发（amplify and forward，AF），经典多跳，压缩和转发（compress and forward，CF），解码和转发（decode and forward，DF）和多径 DF。在本章中专注于研究 AF 和 DF。在 AF 中，中继仅放大和转发接收到的发往目的节的信号，而在 DF 中，中继在转发之前将解码和重新编码信号。研究 AF 和 DF 同时考虑了半双工和全双工传输模式，即在同一时刻，节点仅发送或接收信号，或者也可以同时发送和接收信号。在本章的其余部分，研究了半双工模式，由于全双工的高复杂性，全双工通常不可能实现[4]。

中继网络资源分配的问题已得到了解决，本章会介绍一些关于该主题的论文。

在文献 [5-7] 中，介绍了在瑞利衰落中继信道中容量最大化的最佳功率和时隙分配。文献 [8-12] 介绍了在总功率限制下，单跳并行高斯中继信道（如 OFDM 系统）下容量最大化的功率分配。特别是，在文献 [8] 中，作者提出了一个次优的功率分配，这种功率分配考虑了源节点和中继节点的总功率限制和半双工 AF。文献 [9] 中有先前的问题的最佳解决方案。在文献 [11] 中，作者提出了在每个 OFDM 子信道中，受到总功率限制（源节点和中继节点）并且适用于半双工 AF 和 DF 的最佳的功率分配。文献 [12] 研究了受到总功率限制（源节点和中继节点）并且适用于全双工 DF[5]的功率分配。文献 [10] 给出了在每个子信道中源节点和中继节点功率受限的情况下，适用于 AF 和 DF 混合应用以及直接链路传输的最佳功率分配。在文献［13］中，作者提出了在源节点和目的节点的总功率限制下，适用于全双工和半双工 DF 的最佳的功率分配。在文献［14，15］中，广泛地处理了多个中继协作或带有多个天线的中继的问题。

在本章中考虑了中继在室内 PLC 环境中的独特应用。与无线情况不同，PLC 的协作通信方案尚未进行深入研究。在下面给出了相关论文的列表。

文献［16］提出了一种在大型 PLC 网络上使用中继的方法。在这种网络中，源节点和目的节点相距很远且不能直接通信。文献［17］对文献［16］进行了扩展。特别是，提出了使用单频网络洪泛方法来简化使用多个中继的数据传输。在文献［18］中，作者将分布式空时编码应用到由多个中继组成的单频网络，目的是改善所需发送功率和多跳延迟方面的网络性能。不同的地理路由方案——即利用 PLC 设备位置的路由方案——适用于在低压和中压配电网中的低数据速率智能电网应用。文献［19］对这些方案进行了比较，并在文献［20］中进行了优化。在文献［21］中，作者研究了在单跳中继 PLC 网络上的分集增益，即将中断率的渐近衰变作为信噪比（the signal to noise ratio，SNR）的函数。特别是，他们发现在所检查的环境中，一般情况下不能达到分集增益。这个是由于 PLC 网络的特有电力特性造成的，它与某些 MIMO 无线环境下的匙孔信道（Keyhole channel）表现类似。尽管如此，相比直接传输，在 PLC 网络中采用中继可以获得更多的信道容量增益。在文献［22］中，作者为两跳的 DF 中继方案提出了实用子信道和功率分配算法，目的是改善在 PLC 室内网络中正交频分多址（orthogonal frequency division multiple access，OFDMA）实现的速率。通过使用少量测量信道并假设每个网络节点的总功率限制获得了数值结果。文献［23］比较了 PLC 信道上 AF 和 DF 方案实现的速率，其中假设网络节点在物理层采用 OFDM 技术，并且功率平均分配在所有 OFDM 子频道上。数值结果表明，相比于直接传输方案，使用半双工单中继方案可以提升可实现的速率。但是，这个结果只是部分正确，因为并没有考虑中继的伺机使用，并且对中继位置的依赖性并没有进行彻底调查。最后，在文献［24］中，作者考虑了信道估计误差的影响。

20.1.2 本章贡献

在本章中考虑一种网络，在该网络中，节点的物理层基于 OFDM 并且源节点和目的地节点之间的通信遵循一种机会协议，即可以在任何允许的情况下使用中继（w.r.t. DT）：

（1）在功率谱密度（PSD）约束下可获得速率提升。

（2）在 PSD 和速率目标约束下，节省功率。

这里，讨论了机会解码转发（Opportunistic decode and forward，ODF）和机会放大转发（opportunistic amplify and forward，OAF）两种方式。由于现有的一些通信标准，如无线 IEEE 802.11 标准、电力线 IEEE1901 标准和双绞的 xDSL 的标准等都需要中继，所以假设网络节点发送的信号满足 PSD 约束[25]。根据这些假设和高斯噪声模型，找到最优的资源分配，即最佳化功率和时隙分配，并且在源节点和中继节点，实现 ODF 和 OAF 速率最大化或总发射功率最小化。

此外，在特定的室内 PLC 场景下，考虑了最佳中继定位。实际上，不同于无线情况，可以把中继放在任何地方的源节点和目标节点间，在室内 PLC 网络中，中继只能放置在网络中的访问点，也就是插座或主面板（main panel，MP），或原则上在可访问的分配盒中（盒中导线被连接以产生分支或扩展）。

本章在第 20.2 节描述了采用的 PLC 系统模型。在第 20.3、20.4 节中，分别研究了 ODF 和 OAF 的资源分配问题。在第 20.5 节讨论了数值结果。最后，第 20.6 节给出了本章小结。

20.2　PLC 系统模型

考虑在一个室内 PLC 网络中，源节点（S）和目的节点（D）之间的通信使用了中继（R）（参见图 20-1 所示的两跳中继网络，图中变量的含义将在下面进行说明）。特别是，认为源节点和目的节点之间的通信遵循一种机会协作协议，即在任何允许的情况下，根据速率提升或省电的目标使用中继。源节点和中继节点之间通过时分多址（TDMA）完成复用。时间被分成持续时间 T_f 的帧，每帧被划分成两个时隙，其持续时间是 τ 和 $T_f - \tau$。当中继被使用时，在第一时隙期间源节点发送其数据到中继节点和目的节点——尽管源节点可能不会直接到达目的节点；在第二时隙期间，源节点沉默，并且根据所采用的机会协作协议，也就是 ODF 或 OAF，中继转发所接收的数据到目的节点。当 ODF 被使用时，中继使用一个独立的码本[6,26]，解码、重新编码和转发所接收的数据，而在 OAF 中，中继仅放大和转发数据，时隙分配 DT，DF 和 AF 如图 20-2 所示。

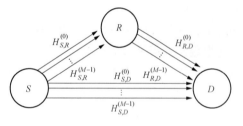

图 20-1　两跳中继网络

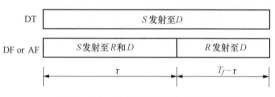

图 20-2　时隙分配 DT，DF 和 AF

在物理层中假设 OFDM 有 M 个子信道。每对节点之间的信道频率响应表示为 $H_{x,y}^{(k)}$，其中，下标 x 和 y 表示 $\{S, R\}$，$\{S, D\}$ 或 $\{R, D\}$ 和 k 是子信道序号，也就是，$k \in K_{on}$，其中 K_{on} 是有效子载波（接通）的子集，在宽带和窄带 PLC 系统[27,28]的情况下其满足带有 PSD 及陷波约束。这样，第 y 个节点的第 k 个子信道的接收信号为：

$$z_y^{(k)} = a_x^{(k)} H_{x,y}^{(k)} + \omega_y^{(k)}, \{x,y\} \in \big\{ \{S,D\}; \{S,R\}; \{R,D\} \big\}, \ k \in K_{on} \qquad (20.1)$$

式中：$a_x^{(k)}$ 为节点 x 在子信道 k 使用 DT、DF 或 AF 模式的传输符号；$\omega_y^{(k)}$ 为背景噪声。

假设噪声和传送的符号独立同分布（independent and identically distributed，i.i.d.），并分别服从零均值、功率分别是 $P_{\omega,y}^{(k)}$ 和 $P_{x,mode}^{(k)}$ 的正态分布。本节假设网络节点发送的信号都遵循 PSD 约束，同时假设在子信道上 PSD 是恒定的，即 $P_{x,mode}^{(k)} \leqslant \overline{P} \ \forall k \in K_{on}, x \in \{S;R\}$ 和 mode$\{DT; DF; AF\}$。需要强调的是，当考虑一个更一般的非恒定的 PSD 时，所有将要提出的功率分配算法也是有效的。

正如第 20.1 节的讨论，感兴趣的是通过使用 ODF 和 OAF，是否可以实现速度提升、节省功耗和覆盖范围的扩展。为此，在下文中，描述了一个典型的 PLC 网络拓扑，这种拓扑结构有助于理解中继的放置位置，并且突出了与无线环境的差异。它代表了大多数的意大利和欧盟住宅的布线结构[29]。尤其是，它具有布线拓扑由两层构成的特点。图 20-3 为室内网络中的两个子拓扑结构，其中每个子拓扑由 CB 反馈，图中插座被放置在底层，与超级节点相连。超级节点也称为分配盒。所有由相同的分配盒供电的插座被放置位置比较接近。这样，该位置被划分为多个称为簇的元素，一个簇包含一个分配盒及与之相连的插座。每个簇表示一个房间或少量的临近房间。不同的簇通常通过带有专用电缆的分配盒互连。这组互连形成了拓扑的第二层。连接相同簇内不同插座对的信道为簇内信道，而属于不同簇的插座间的信道为簇间信道。

主面板（Main panel，MP）通过断路器（circuit breaker，CB）连接能源供应商网络与家庭网络，因此起着特殊的作用，区分两种情况：第一种情况称为单子拓扑网络，是一个单一的 CB 馈送家庭网络的所有分配盒的情况；第二种情况称为多子拓扑网络，它包括许多子拓扑结构，每一个拓扑结构包括一组分配盒，具有自己的电路，并在主面板上通过 CB 互连。后者的情况可以是一个多楼层的房子，其中每层是一个子拓扑。

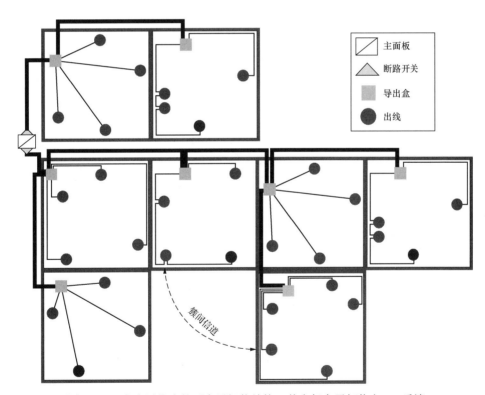

图 20-3　室内网络中的两个子拓扑结构，其中每个子拓扑由 CB 反馈

现在，考虑在中继的帮助下源节点和目的节点之间的通信。特别是，认为源节点和目的节点之间的信道是簇间信道，即插座属于不同的簇。如文献［30］所示，相比于簇内的信道，这些信道具有更高的衰减。因此，它们可以从中继的存在中受益更多。显然，这些好处也依赖于中继位置。为此，对于单子拓扑网络，中继可以策略性地按如下列方式放置：

（1）插座中继安排（Outlet relay arrangement，ORA）。中继被放置在随机选择的网络插座。

（2）主面板单子拓扑结构（Main panel single sub-topology，MPS）。在主面板的 CB 后放置中继。

（3）随机分配盒（Random derivation box，RDB）。中继被放置在随机选择的网络分配分配盒中。在一般情况下，尽管分配盒没有一个已安装的插座，但它们是可访问的。因此，中继可以安装在盒内或其附近。

（4）骨干分配盒（Backbone derivation box，BDB）。中继位于随机选择的分配盒中，这种分配盒属于源节点和目的节点之间的骨干。需要注意的是，对于簇间信道，源节点和目的节点中间至少有一个源节点分配盒和一个目的分配盒（destination derivation boxes，DDBS）。

（5）源分配盒（Source derivation box，SDB）。中继位于反馈源节点的分配盒中。请注意，对于簇间信道，源节点和目的节点之间的路径至少包括馈送源节点的分配盒和馈送目的节点的分配盒。

（6）DDB。中继位于馈送目的节点的分配盒中。

当考虑多子拓扑网络时，假设源节点和目的节点位于两个不同的子拓扑结构。在这样的情况下，可以考虑为中继进行以下的战略配置：

（1）主面板多子拓扑结构（Main panel multi-sub-topology，MPM）。中继位于馈送子拓扑的 CB 中。

（2）插座中继安排源子拓扑结构（Outlet relay arrangement source sub-topology，ORAS）。中继位于一个随机选择的插座，这个插座属于源节点相同的子拓扑。

（3）插座中继安排目的子拓扑（Outlet relay arrangement destination sub-topology，ORAD）。中继位于一个随机选择的插座，这个插座属于目的节点相同的子拓扑。

20.3　机会译码转发

在 ODF 中，源节点根据 DT 或 DF 两种模式将数据发送到目的节点。假设一帧的归一化持续时间 $T_f=1$，可以计算 ODF 的可实现的速率[6]为：

$$C_{\mathrm{ODF}}(\tau) = \max\left\{C_{\mathrm{DT}}, C_{\mathrm{DF}}(\tau)\right\} \tag{20.2}$$

式中：C_{DT} 和 $C_{\mathrm{DF}}(\tau)$ 分别为 DT 的容量和 DF 可实现的速率[5]，它们由下式给出：

$$C_{\mathrm{DT}} = C_{S,D} \tag{20.3}$$

$$C_{\mathrm{DF}}(\tau) = \min\left\{\underbrace{\tau C_{S,R}}_{f_i(\tau, P_{S,\mathrm{DF}})}, \underbrace{\tau C_{S,R} + (1-\tau)\tau C_{R,D}}_{f_i(\tau, P_{S,\mathrm{DF}}, P_{R,\mathrm{DF}})}\right\} \tag{20.4}$$

在式（20.3）和式（20.4）中，$C_{S,D}$、$C_{S,R}$ 和 $C_{R,D}$ 分别表示链路 S—D，S—R 和 R—D 的容量；此外，式（20.4）中取最小值是由于在 DF 模式中，中继和目的节点都需要对信号进行译码，并且统一项目由 $T_f=1$ 给出。现在，假设第 20.2 节中的系统模型[26]为：

$$C_{x,y} = \frac{1}{MT} \sum_{k \in K_{on}} \log_2(1+SNR_{x,y}^{(k)}), \{x,y\} \in \left\{\{S,D\};\{S,R\};\{R,D\}\right\} \left.\right\}$$

$$SNR_{x,y}^{(k)} = P_{x,\text{mode}}^{(k)} \frac{\left|H_{x,y}^{(k)}\right|^2}{P_{x,y}^k} = P_{x,\text{mode}}^{(k)} \eta_{x,y}^{(k)}$$

（20.5）

式中：$SNR_{x,y}^{(k)}$ 为链路 x—y，$k \in \{0, \cdots, M-1\}$ 中子信道 k 的信噪比；T 为采样周期；$\eta_{x,y}^{(k)}$ 为链路 x—y，$k \in \{0, \cdots, M-1\}$ 中子信道 k 的归一化的 SNR。式中：$P_{S,DF}$ 和 $P_{R,DF}$ 分别为在源节点和中继节点中子信道功率向量（有 $|K_{on}|$ 元素）。在下文中，将清楚地看到，可以很方便的通过函数 f_1 和 f_1 来表示式（20.4）中最小化的参数。

为了简化概念，在式（20.5）中，没有明确给出容量对发射功率分配的依赖性，如果需要，将会在下面给出。如果考虑实际的编码和调制方案应用，在式（20.5）中可以使用 SNR 差额，例如，HPAV 宽带 PLC 系统[31]采用 Turbo 码，此编码允许有一个 SNR 差额，即需要额外的编码增益数量来获得香农容量[32]——小于 3dB。此外，在式（20.5）中，已经隐含地假设了完美信道状态信息，这是因为要研究理论的性能。然而，在这方面注意到，在几个 OFDM 符号的持续时间内，可以认为 PLC 信道是不随时间变化的，这样可以得到精确的 SNR 估计。还应当指出分析是就可实现的速率而言的，并且这种速率对应于延迟受限容量的定义[6,33]。这种容量的制定是合适的，尤其是对延迟敏感的应用，如不能容忍长延时的语音和视频。在这方面，足够长的编码可以实现式（20.5）定义的瞬时容量，这是因为可以假设在很长的一段时间，PLC 信道是恒定的。信道会随着拓扑变化而变化。在实践中，引入容许延迟的适度长的编码应该接近理论极限。

由式（20.2）～式（20.4），可以注意到使用 $C_{S,D} \geqslant \min\{C_{S,R}, C_{R,D}\}$ 的一个必要条件。在其他情况下，为了看通信是否遵循 DT 或 DF 模式，需要计算 C_{DT} 和 $C_{DF}(\tau)$，并像式（20.2）中一样将它们进行比较以确定最大值。还注意到式（20.2）～式（20.4）已经考虑到了目的节点不能听到源节点的情况。

在第 20.3.1、20.3.2 小节中，将分别处理速度提升和 ODF 的省电的功率分配。

20.3.1 ODF 的速率提升

在式（20.2）中，ODF 的可达速率是发射功率分布和时隙分配的函数。为了使它最大化，当使用 DT 时，只需要在源节点的子信道之间最优地分配功率。与此不同，当使用 DF 模式时，需要在源节点和中继节点最优化地分配功率和时隙。

假设网络节点必须满足 PSD 约束，则可知最大限度地提高了点对点通信容量的子信道功率分配对应于 PSD 约束本身[34]给出的子信道功率分配。因此，对于两种 ODF 传输模式，设置 $P_{x,\text{mode}}^{(k)} = \bar{P}$，其中 $x \in \{S, R\}$ 和 $k \in K_{on}$。现在，为了最大化 ODF 可达速率［式（20.2）］，只需要计算可以实现最大化的最优时隙持续时间［式（20.4）］，也就是：

$$\tau_{mr}^* = \arg\max_{\tau \in [0,1]} \left\{C_{DF}(\tau)\right\}$$

（20.6）

式中：τ_{mr}^* 为最大化可达速率的时隙持续时间。为解式（20.6），观察到，一旦设置了源节点和目的节点的发射功率，则式（20.4）中最小化参数是 τ 的线性函数。假设 $C_{S,R} \geqslant C_{R,D}$，则最佳时隙持续时间（$0 \leqslant \tau \leqslant 1$）由交点 $f_1(\tau_{mr}^*, P_{S,DF}) = f_2(\tau_{mr}^*, P_{S,DF}, P_{R,DF})$ 给出，其中 $P_{S,DF}^{(k)} = P_{S,DF}^{(k)} = \bar{P} \forall k \in K_{on}$。

20.3.2 ODF 的节能

现在考虑使用 ODF 以实现节能和覆盖范围的扩展。如前一节中所讨论的，在 ODF 中，当使用中继时，DF 的可得速率比 DT 的更高。假设使用中继，想要实现 PSD 约束下给定的目标速率，可以有三种情况。

第一种情况是，使用 DT 或 DF 可达到目标速率。在这样的情况下，由于 DF 可得到的速率比 DT 高，降低 DF 速率到目标值可节省的功率将高于降低 DT 速率到目标速率的节省功率。

第二种情况是，当只有 DT 速率低于目标速率。在这种情况下，使用中继可以增加网络的覆盖范围。

第三种情况是，当这两种模式的可得到的速率都低于目标速率，使用中继可能增加可得速度以接近目标速率。

注意到，在第一种情况下，使用一个中继相对于 DT 节省发送功率，同时可以研究实际的实现问题和硬件/电路的功耗问题[35]。例如，使用一个休眠/唤醒协议可以降低接收机在聆听时段的功耗。在通信受 PSD 约束情况下，计算 ODF 达到目标速率 R 时所需的功率，为：

$$P_{\mathrm{ODF}} = \min\{P_{\mathrm{DT}}, P_{\mathrm{DF}}\} \tag{20.7}$$

式中：P_{DT} 和 P_{DF} 分别为在 PSD 约束下，DT 和 DF 模式到达速率 R 所需的最低功耗。

$$\left. \begin{array}{l} P_{\mathrm{DT}} = \min \sum_{k \in K_{on}} P_{S,\mathrm{DT}}^{(k)} \\ \mathrm{s.t.} C_{S,D} = R, 0 \leqslant P_{S,D}^{(K)} \leqslant \bar{P} \, \forall k \in K_{on} \end{array} \right\} \tag{20.8}$$

$$\left. \begin{array}{l} P_{\mathrm{DF}} = \min \sum_{k \in K_{on}} \tau P_{S,\mathrm{DF}}^{(k)} + (1-\tau) P_{R,\mathrm{DF}}^{(k)} \\ \mathrm{s.t.} C_{\mathrm{DF}}(\tau) = \min\{\tau C_{S,R}, \tau C_{S,D} + (1-\tau) C_{R,D}\} = R, 0 \leqslant \tau \leqslant 1 \\ 0 \leqslant P_{S,\mathrm{DF}}^{(k)} \leqslant \bar{P}, 0 \leqslant P_{R,\mathrm{DF}}^{(k)} \leqslant \bar{P}, \forall k \in K_{on} \end{array} \right\} \tag{20.9}$$

式（20.8）和式（20.9）的目标函数和不等式约束函数是凸函数，但其等式约束不是仿射函数。因此，它不是一般的凸问题[36]。然而，注意到等效问题[36]，对于等效问题的定义——考虑到变量的变化是一个凸优化问题，变量为 $P_{S,\mathrm{DT}}^{(k)} = (2^{b_{S,\mathrm{DT}}^{(k)}} - 1)/\eta_{S,D}^{(k)}$，其中 $b_{S,\mathrm{DT}}^{(k)} = \log_2(1 + P_{S,\mathrm{DT}}^{(k)} \eta_{S,D}^{(k)})$。等效问题的解决方案（假设它存在）中增加了 Karush–Kuhn–Tucker（KKT）条件[34,37]。因此，原有问题的解决方案可以应用等效问题解决方案变量的逆变换，即：

$$\left. \begin{array}{l} P_{S,\mathrm{DT}}^{(k)} = P_{S,\mathrm{DT}}^{(k)}(v) = \left[v - \dfrac{1}{\eta_{S,D}^{(k)}} \right] \\ [x]_a^b = \begin{cases} b, x \geqslant b \\ x, a < x < b \\ a, x \leqslant a \end{cases} \end{array} \right\} \tag{20.10}$$

v 等于式（20.8）的等式约束解决方案，也就是：

$$\frac{1}{MT}\sum_{k\in K_{on}}\log_2(1+P_{S,\mathrm{DT}}^{(k)}(v)\eta_{S,D}^{(k)})=R \tag{20.11}$$

当必须满足非均匀 PSD 约束时，式（20.8）的解决方案和式（20.10）相同，假设每个子信道的最大允许功率根据相应的功率约束设定为相同[34]。

相比于式（20.8），式（20.9）更加难以解决，这是因为其目标函数不是一般的凸函数。对于给定的 k，与自身目标函数相关联的 Hessian 矩阵，既不是半正定阳性也不是半正定阴性。因此，Sylvester 准则没有给出有关凸性的任何信息[38]。

式（20.9）最优解决方案可以通过将其分割成两个凸问题[39]而找到。每个子问题可以通过施加 KKT 条件解决。然而，可以证明，KKT 条件的解决方案需要迭代过程。因此，它的复杂性不小于求解不等式约束最小化问题的常规方法，如内点法[36]。

为了降低计算复杂性，下文总结了文献［39］中提出的简化算法。它给出了一个次优的解决方案，其给出的结果非常接近最佳结果。

20.3.3 DF 功率分配的简化算法

假设最佳时隙持续时间 τ_{mp}^* 等于式（20.7）中计算出的 τ_{mr}^*，也就是 $\tau_{\mathrm{mp}}^*=\tau_{\mathrm{mr}}^*$，其中考虑了在 PSD 约束下可达速率的最大化。此外，对 τ_{mp}^* 强加的约束，在式（20.9）的第二行的最小化的参数等于 R。在这些假设下，式（20.9）可以分为两个子问题：第一个子问题是允许独立地计算中继节点和源节点的功率分配。这可以通过强加 $C_{\mathrm{DF}}(\tau_{\mathrm{mp}}^*)=\tau_{\mathrm{mp}}^*R$ 到式（20.9）得到。一旦知道源节点的功率分配，可以计算出中继节点的功率分配；第二子问题是，通过强加 $C_{\mathrm{DF}}(\tau_{\mathrm{mp}}^*)=\tau_{\mathrm{mp}}^*C_{S,D}+(1-\tau_{\mathrm{mp}}^*)C_{R,D}=R$ 到式（20.10）中得到。

特别的，源节点的功率分配通过下式给出：

$$P_{S,\mathrm{DF}}^{(k)}=P_{S,\mathrm{DF}}^{(k)}(v)=\left[v-\frac{1}{\eta_{R,D}^{(k)}}\right] \tag{20.12}$$

其中，v 通过下面的解决方案给出：

$$\sum_{k=K_{on}}\log_2\left(1+P_{S,\mathrm{DF}}^{(k)}(v)\eta_{S,R}^{(k)}\right)=\frac{MRT}{\tau_{\mathrm{mp}}^*} \tag{20.13}$$

中继节点的功率分配可以解决式（20.9）中第二个子问题，并且由下式给出：

$$P_{S,\mathrm{DF}}^{(k)}=P_{S,\mathrm{DF}}^{(k)}(v)=\left[v-\frac{1}{\eta_{R,D}^{(k)}}\right]_0^{\bar{P}} \tag{20.14}$$

其中，v 通过下面的解决方案给出：

$$\sum_{k=K_{on}}\log_2(1+P_{R,\mathrm{DF}}^{(k)}(v)\eta_{R,D}^{(k)})=MT\frac{R-\tau_{\mathrm{mp}}^*C_{S,D}}{1-\tau_{\mathrm{mp}}^*} \tag{20.15}$$

最后，在 PSD 约束 $\bar{P}$ 限制下，DF 模式达到速率 R 所需的功率为：

$$P_{\mathrm{DF}}=\tau_{\mathrm{mp}}^*P_{S,\mathrm{DF}}+(1+\tau_{\mathrm{mp}}^*)P_{R,\mathrm{DF}} \tag{20.16}$$

因此，用式（20.10）和式（20.16）解出式（20.7）。值得注意的是，可能存在一些情况，在目标速率和 PSD 约束下，最小化问题的解决方案不存在。特别是，当只有 DT 或 DF 有

443

解决方案时，算法将选择一种包含解决方案的模式。当 DT 和 DF 都不存在解决方案时，则算法将选择可获得最高速度的模式。

最后，从式（20.10）、式（20.12）和式（20.14）可看出，DT 和 DF 模式下源节点的功率分配和 DF 模式下中继节点的功率分配遵循经典的注水原则，其中每个子信道的最大容许功率受到功率约束的限制。

20.4　机会放大转发

为了比较带有简单的中继方案的 ODF 的性能，考虑了 OAF。下文对 OAF 协议的本质作详细介绍。

假设第 20.2 节的系统模型，OAF 的可达速率可以通过下式计算：

$$C_{OAF} = \max\{C_{DT}, C_{AF}\} \tag{20.17}$$

其中，C_{DT} 由式（20.3）给出。AF 的可达速率可以通过如下方法计算出来。假设一个帧的归一化持续时间为 $T_f = 1$，并且进一步地，假设中继放大子信道 k 中接收信号的倍数为：

$$g^{(k)} = \sqrt{\frac{P_{R,AF}^{(k)}}{P_{S,AF}^{(k)}\left|H_{S,R}^{(k)}\right|^2 + P_{W,R}^{(k)}}} \tag{20.18}$$

这是为了在第二个半帧期间，在子信道 k 中，保证中继发送功率 $P_{R,AF}^{(k)}$。最后，假定接收机采用最大比率组合来自源节点和中继节点的两个时隙接收到的数据。因此，AF 可达速率[4,8,11]可以写成：

$$C_{AF}(P_{S,AF}, P_{R,AF}) = \frac{1}{2MT}\sum_{k=K_{on}}\log_2\left(1 + P_{S,AF}^{(k)}\eta_{S,D}^{(k)} + \frac{P_{S,AF}^{(k)}\eta_{S,R}^{(k)}P_{R,AF}^{(k)}\eta_{R,D}^{(k)}}{1 + P_{S,AF}^{(k)}\eta_{S,R}^{(k)} + P_{R,AF}^{(k)}\eta_{R,D}^{(k)}}\right) \tag{20.19}$$

从式（20.19）可知，log 函数第二、三项分别表示直接链路和中继链路中获得的信噪比。此外，术语 1/2 表示时隙的持续时间。显然，当源节点不能直接到达目的节点时，第二项为空。

20.4.1　OAF 的速率提升

为了最大化 OAF 的可达速率，需要为 DT 和 AF 模式最佳地分配功率。如 20.3.1 中所述，假设网络节点必须满足 PSD 约束，DT 容量的最大化的子信道功率分配对应于 PSD 约束本身给出的子信道功率分配，即当 $P_{S,DT} = \bar{P}, \forall k \in K_{on}$ 时，DT 的容量最大化。

为了最大化 PSD 约束下 AF 的可达速率，注意到，式（20.19）是源节点和中继节点的功率单调递增函数之和。因此，由于对 PSD 有一个约束，最优功率分配等于由相同的 PSD 给定的功率分配，即 $P_{x,AF}^{(k)} = \bar{P}$，其中 $x \in \{S, R\}$，并且 $k \in K_{on}$。

最后，为了计算当系统受到 PSD 约束时 OAF 的可达速率，可以简单地计算 DT 和 AF 的可达速率，其中包括设定功率 $\bar{P}$，然后可以选择能够提供最高可达速率的模式。

20.4.2　OAF 的节能

在 20.3.2 节中，已经解释了使用 ODF 相较于 DT 省电的原因。出于同样原因，OAF 也可以这样做。

当通信受到目标速率 R 和 PSD 约束时，可以通过下式计算出 OAF 使用的功率：

$$P_{OAF} = \min\{P_{DT}, P_{AF}\} \tag{20.20}$$

式中：P_{DT} 和 P_{AF} 分别为在 PSD 约束下 DT 和 AF 模式为了达到速率 R 所需的最小功率，DT 的最优功率分配见式（20.8），P_{AF} 是解决以下问题的方法：

$$\left.\begin{array}{l} P_{AF} = \min \dfrac{1}{2} \sum_{k \in K_{on}} (P_{S,AF}^{(k)} + P_{R,AF}^{(k)}) \\[2mm] C_{AF} = R \\[2mm] 0 \leqslant P_{S,AF}^{(k)} \leqslant \overline{P}, 0 \leqslant P_{R,AF}^{(k)} \leqslant \overline{P}, \forall k \in K_{on} \end{array}\right\} \tag{20.21}$$

式（20.21）不是凸面的，这是因为等式约束不是传输功率仿射函数。还没有找到一种方法将问题简化成等效的凸面优化问题。因此，显示数值结果时，使用内点法解出式（20.21）[36]。

20.5　数值结果

在本节中，分析了室内 PLC 网络在速度提升、省电和覆盖范围扩展等方面 ODF 和 OAF 协议的性能。为此，首先描述了 OFDM 系统参数（20.5.1 小节）。然后，在 20.5.2 小节中，描述了统计信道生成。数值结果将在 20.5.3 小节和 20.5.4 小节中呈现和讨论。

20.5.1　多载波系统参数

考虑了参数类似于 HomePlug AV 宽带 PLC 系统[40]的多载波方案。特别的，除非另有说明在频带 0～37.5MHz 设定 $M = 1536$ 个子信道。定义 K_{on} 个子信道可有效地确保传输频带为 1～28MHz。为了满足 EMC 规范[25]，考虑了 -50dBm/Hz 的 PSD 约束，这个约束接近文献 [41]中所指定的 PSD 约束。此外，假设中继与目的节点都遇到白高斯噪声，其 PSD 等于 -110 dBm/Hz（最坏情况）或 -140 dBm/Hz（最好情况）。

20.5.2　统计信道发生器

根据实验证据和规范，文献[30，42，43]开发了统计学上有代表性的室内电力线信道发生器。它代表了欧盟拓扑，使用一个统计拓扑模型和通过传输线理论计算出的信道响应。为了更准确，与给定面积 A_f 的位置计划包含区域 A_c 的 $N_c = [A_f/A_c]$ 簇（见图 20-3）。插座只沿簇周边分布。属于给定簇的插座数量被建模为强度为 $\Lambda_o A_c$ 的泊松变量。此外，插座被均匀地沿周边分布，同时考虑负载的影响，特别是室内场景下一组共 $N_L = 20$ 个测量载荷，如灯或计算机变压器。文献[44]已经给出了负载的特性（2.5.2 小节）。此外，S，D 和 R 节点的阻抗设置为 50Ω。

为了生成网络拓扑，假定家庭和簇区域为：单个子拓扑网络中 $A_f = 200\text{m}^2$ 和 $A_c = 20\text{m}^2$，而在两个子拓扑网络中 $A_f = 300\text{m}^2$。设置没有负载连接到一个给定的插座的概率为到 0.3。强度 Λ_o 设为 0.33（插座/m^2）。此外，在两个子拓扑网络中，将每个 CB 建模为具有频率衰减，其中的衰减是从实验测量得到的，在 1～28MHz 频段，约为 -0.1～-3.8dB 单调递减。

关于网络拓扑生成的更多细节可以在文献[42]中找到。给出了相对较大拓扑区域的结果，这是因为在面积小于 150 m^2 的区域中 ODF 和 OAF 获得的增益较小。最后，显示结果时，考虑了 100 个网络拓扑结构。对于每个网络拓扑，考虑了 10 对插座（链路 S—D），并为每对插座都是随机挑取的，根据 20.2.1 小节给出的配置放置中继。

20.5.3 ODF 和 OAF 的速率提升

表 20.1 为在生成的信道上使用 ODF 和 OAF 可变中继配置时的平均可达速率，表中列出了考虑所有 20.2.1 小节提出的战略中继配置的平均可达速率值，该值是根据式（20.7）计算时隙 τ 得到的。

从表 20.1 中可看到链路 S—D 的平均容量值随中继配置变化。这是因为网络的电气性能依赖于中继的位置，而中继的位置在每个配置中又有所不同。

从表 20.1 中看出，使用 ODF 可以获得高的可达速率增益。在图 20-4 给出了几种模式下可达速率的互补累积分布函数（complementary cumulative distribution function，CCDF），包括没有中继连到网络上的 DT 模式、SDB 配置下的 DT 模式以及 BDB 模式下的 DT 模式。此外，还展示了 OAF 的两个最优中继配置所获得的结果，从图中可以看出，当概率等于 0.8 时，SDB 和 BDB ODF 的中继配置相对于 DT 可达速率提高了约 50%。而且，从表 20.1 中看到，ORA ODF 配置相对于 DT 获得的可达速率性能提升较小，虽然没有在图 20-4 中显示，对于低噪声场景中可以获得相同的定性性能，但是相对于 DT，SDB 可获得 20% 的增益。

表 20.1　　在生成的信道上使用 ODF 和 OAF 可变中继配置时的平均可达速率

子拓扑	Conf.	C_{DT}（Mbit/s）	C_{DF}（Mbit/s）	C_{ODF}（Mbit/s）	使用中继的百分率	C_{AF}（Mbit/s）	C_{OAF}（Mbit/s）	使用中继的百分率
				ODF			OAF	
噪声 PSD＝－110（dBm/Hz）								
单	SDB	182.8	220.2	220.2	99.9	128.9	183.8	12
	BDB	183.2	216.5	216.8	99.9	127	186.4	18.8
	RDB	190.3	104.3	207.6	52.8	113.9	191.9	11.1
	MPS	190.2	99.2	205.9	48.5	112.5	191.7	9.5
	ORA	193.6	70.6	202.7	29.8	107.7	194.2	6.6
	DDB	182.9	189	189.9	99.4	106.2	183	0.7
双	MPM	116.4	131.5	148.6	91.3	87.6	120.2	28.6
	ORAS	121.2	73.2	128.2	33.8	71	122	7.5
	ORAD	121.3	51.8	127.9	31.5	70.7	121.9	6.1
噪声 PSD＝－140（dBm/Hz）								
单	SDB	421	454.8	454.9	99.9	255.7	421	0.3
	BDB	421.3	453.3	453.9	99.9	255.7	422	3.5
	RDB	429.4	238.8	447.6	53	240.4	430	2.3
	MPS	429.3	223.8	445	48.1	237.7	429.8	1.6
	ORA	433.8	181.3	444.7	32.5	233.7	434	1
	DDB	420.9	426.2	427.6	99.6	228.3	420.9	0
双	MPM	341	339	376	91.7	215.6	342.3	5
	ORAS	348	232.8	357	38.4	191.9	348.3	1.5
	ORAD	348	161.7	356.4	40.1	191.2	348.2	1.2

现在，考虑两个子拓扑的情况。从表 20.1 中看到，MPM 中继配置提供了最好的性能。尤其是对于高、低噪声水平，它提供的可达速率提升分别为 27%和 10%。对各种配置的中继使用百分比的观察，不使用直接链路的所需要的最重要条件是 $C_{S,D} < \min\{C_{S,R}, C_{R,D}\}$。当中继节点位于骨干网络中源节点和中继节点之间时，该条件满足特别对于 SDB，BDB，DDB 和 MPM 中继配置来说都是适用的。因此，这些配置也是大多数中继使用的配置。

现在，把注意力转移到 OAF 协议的可达速率提升上。从图 20－4 中可以看出，一般相对于 DT，OAF 并没有带来明显的可达速率提升。特别的，就可靠性而言，最佳的中继位置是 BDB。当概率等于 0.8 时，对于高、低噪声水平（虽然低噪声水平的结果未示出），可以保证相对于 DT 可达速率增益分别为 5.6%和 0。该结果与文献[24，45]的结果相同，即在低信噪比场景下，AF 协议表现得并不是很好。这是因为在中继处，噪声也得到了放大。可以注意到，就平均可达速率而言，BDB 中继配置不能给出最佳的性能。事实上，从表 20.1 中可以看到，为 OAF 产生最高平均可达速率的中继配置是 ORA。

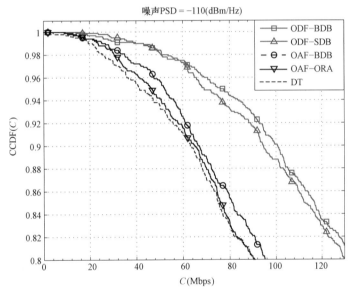

图 20－4　CCDF 的可达速率

前面的结果强调的是在研究室内电力线网络拓扑结构上，ODF 相对于 DT 在单、双子拓扑结构的网络上，提供了良好的速度提升，然而 OAF 不会带来任何实质性的好处。此外，当中继被放置在一个骨干节点时，ODF 增益是更显著的。

20.5.4　ODF 和 OAF 的功率节省

为了评估所描述的 ODF 功率分配算法的性能，设置目标速率等于 DT 链路的容量，也就是当 $P_{S,DT} = \bar{P}, \forall k \in K_{on}$ 时，$R = C_{R,D}$。图 20－5 是考虑各种单子拓扑中继配置时，DT 和 ODF 的总发射功率的累积分布函数（cumulative distribution function，CDF）。噪声被设定为 -110 dBm/Hz。从图 20－5 中可以看出，最好的中继位置是 SDB。当概率等于 0.8 时，可以节省 2.6dB 功率。当具有相同的概率时，BDB 中继配置可以节省约 1.2dB 功率。在低噪声水平情况下可以获得类似的结果。特别是，当概率等于 0.8 时，SDB 和 BDB 配置分别节省 2dB 和 0.9dB 的功率。

虽然图 20-5 中没有展示出相对于 DT，使用 OAF 可以产生较小的功率节省，但因为 OAF 的可达速率接近 DT 的可达速率，因此可以预见到这个结果（见图 20-4）。

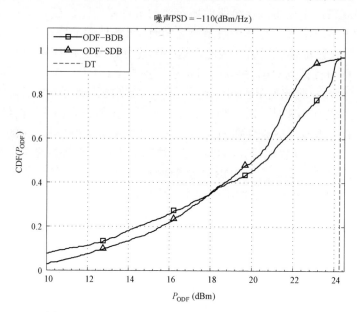

图 20-5　DT 和 ODF 的总发射功率的累积分布函数

　　综上，通过使用中继可获得网络覆盖范围（满足目标速率的链路数量）提升。为此，研究了双子拓扑网络中 MPM、ORAS 和 ORAD 中继配置。

　　由于 S—D 链路经历了高度的衰减，这种衰减是由 MP 中存在 CB 造成的。因此，推断使用中继可以扩大覆盖范围。为了验证猜想，研究了以下场景。设定了 100Mbit/s 的目标速率，例如，多媒体应用将数据从起居室传输到位于楼上的卧室所需的速率。在表 20.2 中，给出了满足测量和产生信道要求的链路百分比，这些信道使用 DT 及中继配置为 MPM、ORAS 和 ORAD 的 ODF，还给出了平均总发射功率。可以看出，将中继放置在属于源节点或目的节点的子拓扑结构（ORAS 和 ORAD 配置）的随机插座时，中继基本上不会增加覆盖范围。值得注意的是，当把中继放置在 MP 的 CB（MPM 配置）之间时，对于高噪声电平，覆盖范围增加47%，并且相应地减小了功率1.9dB。当噪声电平低时，通过使用中继仍然可以获得较高的功率节省，但相关联的覆盖扩展增益减少到5%以下。这就可以简单地解释，对于低噪声水平，通过使用 DT 也可以实现目标速率。但对于 OAF，它并没有带来任何明显的功率节省或覆盖范围的增加。

表 20.2　　　　　　　　　满足测量和产生信道要求的链路百分比和平均发射功率

Conf.	DT		ODF	
	满足链路的百分比（%）	$E[P_{DT}]$（dBm）	满足链路的百分比（%）	$E[P_{ODF}]$（dBm）
噪声 PSD=-110　（dBm/Hz）				
ORAS	54.9	21.8	59.3	21.5
ORAD	55.2	21.8	59.1	21.5
MPM	52.4	22	77	20.1

续表

Conf.	DT		ODF	
	满足链路的百分比（%）	$E[P_{DT}]$（dBm）	满足链路的百分比（%）	$E[P_{ODF}]$（dBm）
噪声 PSD＝−140（dBm/Hz）				
ORAS	97.9	9.5	99	7.2
ORAD	97.9	9.5	98.7	7.6
MPM	97.8	9.8	99.9	2.6

注　速率目标是 100Mbit/s。

20.6　结论

在室内 PLC 网络上，采用半双工时分 ODF 和 OAF 中继协议可以提升可达速率，节约功率以及扩展覆范围。

最佳功率和时隙分配算法可以在 PSD 约束下最大化 ODF 可达速率。而且，可以采用基于两个凸子问题的解决方案的简化算法，来解决目标速率约束下 ODF 的功率最小化问题。

数值结果考虑了室内 PLC 的场景下算法的具体和特有的应用，这些结果表明，在一般情况下，ODF 性能比 OAF 好。ODF 根据中继位置与网络大小，可以获得显著速率提升和功率节省。当中继被放置在馈送源节点分配盒或位于源节点和目的节点之间的骨干链路的分配盒时，ODF 在单一电路（单子拓扑）网络可以提高可靠性，提升可达速率（增益高达50%）并减小功率（最多 3dB）。在连接 MP 的双电路网络中（例如一个典型的双层室内网络），最好的中继位置是在 MP 处。此外，在这种情况下，通过大量数据可观测到可达速率的提升（高达 27%）、功率节省（高达 1.9 dB）和覆盖范围扩展（高达 47%）。

参考文献

[1]　IEEE Std. 802.3az. 2010. Management Parameters for Energy Efficient Ethernet. ISBN 978-0-7381-6486-1.

[2]　HomePlug Alliance. 2012. HomePlugGren PHY 1.1-The Standard for In-Home Smart Grid Powerline Communications: An application and technology overview. Version 1.02, 3 October 2012.

[3]　Tonello, A.M., S. D'Alessandro and L. Lampe. 2010. Cyclic prefix design and allocation in bit-loaded OFDM over power line communication channels. IEEE Trans. Commun. 58(11) (November): 3265–3276.

[4]　Kramer, G., I. Maric, and R. Yates. 2006. Cooperative Communications. Hanover, MA: NOW Publishers Inc.; Found. Trends Networking 1(3): 271–425.

[5]　Host-Madsen, A. and J. Zhang. 2005. Capacity bounds and power allocation for the wireless relay channel. IEEE Trans. Inf. Theory 51(6) (June): 2020–2040.

[6]　Gündüz, D. and E. Erkip. 2007. Opportunistic cooperation by dynamic resource allocation. IEEE Trans. Wireless Commun. 6(4) (April): 1446–1454.

[7]   Xie, L. and X. Zhang. 2007. TDMA and FDMA based resource allocations for quality of service provisioning over wireless relay networks. In Proceedings of the IEEE Wireless Communication and Networking Conference, Hong-Kong, China, pp. 3153–3157.

[8]   Hammerström, I. and A. Wittneben. 2006. On the optimal power allocation for nonregenerative OFDM relay links. In Proceedings of the IEEE International Conference on Communications, Istanbul, Turkey, vol. 10, June 2006, pp. 4463–4468.

[9]   Zhang, W., U. Mitra and M. Chiang. 2011. Optimization of amplify-and-forward multicarrier two-hop transmission. IEEE Trans. Commun. 59(5): 1434–1445.

[10]   Li, X., J. Zhang and J. Huang. 2009a. Power allocation for OFDM based links in hybrid forward relay. In Proceedings of the IEEE Vehicular Technology Conference, Barcelona, Spain, April 2009.

[11]   Li, Y., W. Wang, J. Kong and M. Peng. 2009b. Subcarrier pairing for amplify-and-forward and decode-and-forward OFDM-relay links. IEEE Commun. Lett. 13(4): 209–211.

[12]   Ying, W., Q. Xin-Chun, W. Tong and L. Bao-Ling. 2007. Power allocation subcarrier pairing algorithm for regenerative OFDM relay system. In Proceedings of the IEEE Vehicular Technology Conference, Dublin, Ireland, April 2007, pp. 2727–2731.

[13]   Liang, Y., V. Veeravalli and V. Poor. 2007. Resource allocation for wireless fading relay channels: Max-min solution. IEEE Trans. Inf. Theory 53(10): 3432–3453.

[14]   Gesbert, D., S. Hanly, H. Huang, S. Shamai-Shitz and W. Yu. 2010. Guest editorial: Cooperative communications in MIMO cellular networks. IEEE J. Sel. Areas Commun. 28(9): 1377–1379.

[15]   Bakanoglu, K., S. Tomasin and E. Erkip. 2011. Resource allocation for the parallel relay channel with multiple relays. IEEE Trans. Wireless Commun. 10(3): 792–802.

[16]   Bumiller, G. 2002. Single frequency network technology for medium access and network management. In Proceedings of the IEEE International Symposium on Power Line Communications and Its Applications, Athens, Greece, March 2002.

[17]   Bumiller, G., L. Lampe and H. Hrasnica. 2010. Power line communication networks for large-scale control and automation systems. IEEE Commun. Mag. 48(4): 106–113.

[18]   Lampe, L., R. Shober and S. Yiu. 2006. Distributed space-time block coding for multihop transmission in power line communication networks. IEEE J. Sel. Areas Commun. 24(7): 1389–1400.

[19]   Biagi, M. and L. Lampe. 2010. Location assisted routing techniques for power line communications in smart grids. In Proceedings of the IEEE International Conference on Smart Grid Communications, Gaithersburg, MD, October 2010, pp. 274–278.

[20]   Biagi, M., S. Greco and L. Lampe. 2012. Neighborhood-knowledge based geo-routing in PLC. In Proceedings of the IEEE International Symposium on Power Line Communications and Its Applications, Beijing, China, April 2012, pp. 7–12.

[21]   Lampe, L. and A.J.H. Vinck. 2012. Cooperative multihop power line communications. In Proceedings of the IEEE International Symposium on Power Line Communications and Its Applications, Beijing, China, March 2012, pp. 1–6.

[22]   Zou, H., A. Chowdhery, S. Jagannathan, J.M. Cioffi and J.L. Masson. 2009. Multi-user joint subchannel and

power resource-allocation for powerline relay networks. In Proceedings of the IEEE International Conference on Communications, Dresden, Germany, June 2009.

[23] Tan, B. and J. Thompson. 2011a. Relay transmission protocols for in-door powerline communications networks. In Proceedings of the IEEE International Conference on Communications, Kyoto, Japan, June 2011, pp. 1–5.

[24] Tan, B. and J. Thompson. 2011b. Capacity evaluation with channel estimation error for the decode-and-forward relay PLC networks. In Proceedings of the European Signal Processing Conference, Barcelona, Spain, August 29–September 2, 2011, pp. 834–838.

[25] Tlich, M., R. Razafferson, G. Avril and A. Zeddam. 2008. Outline about the EMC properties and throughputs of the PLC systems up to 100 MHz. In Proceedings of the IEEE International Symposium on Power Line Communications and Its Applications, Jeju Island, Korea, April 2008, pp. 259–262.

[26] Cover, T.M. and J.A. Thomas. 2006. Elements of Information Theory. New York: Wiley & Sons.

[27] Bumiller, G. 2012. Transmit signal design for NB-PLC. In Proceedings of the IEEE International Symposium on Power Line Communications and Its Applications, Beijing, China, March 2012, pp. 132–137.

[28] D'Alessandro, S., A.M. Tonello and L. Lampe. 2011. Adaptive pulse-shaped OFDM with application to in-home power line communications. Springer Telecommun. Syst. J. 50: 1–11.

[29] ComitatoElettrotecnicoItaliano (CEI). 2007. Norma CEI per impiantielettriciutilizzatori – CEI norm for electrical systems. Milan, Italy: CEI, 2007.

[30] Tonello, A.M. and F. Versolatto. 2010. Bottom-up statistical PLC channel modeling – Part II: Inferring the statistics. IEEE Trans. Power Delivery 25(4): 2356–2363.

[31] Latchman, H. and R. Newman. 2007. HomePlug standards for worldwide multimedia in-home networking and broadband powerline access. In International Symposium on Power Line Communications and Its Applications, Speech II, Pisa, Italy. http://www.ieee-isplc.org/2007/docs/keynotes/latchman-newman.pdf (accessed September 23, 2012).

[32] Campello, J. 1999. Practical bit loading for DMT, in Proceedings of the IEEE International Conference on Communications (ICC '99), Vancouver, Canada, June 1999, vol. 2, pp. 801–805.

[33] Hanly, S. and D. Tse. 1998. Multiaccess fading channels – Part II: Delay-limited capacities. IEEE Trans. Inf. Theory. 44(7): 2816–2831.

[34] Papandreou, N. and T. Antonakopoulos. 2008. Bit and power allocation in constrained multi-carrier systems: The single-user case. EURASIP J. Adv. Signal Process. Article ID 643081: 2008: 1–15.

[35] Cui, S., R. Madan, A. Goldsmith and S. Lall. 2005. Energy-delay tradeoffs for data collection in TDMA-based sensor networks. In Proceedings of the IEEE International Conference on Communications, Seoul, South Korea, pp. 3278–3284.

[36] Boyd, S. and L. Vandenberghe. 2004. Convex Optimization. Cambridge, MA: Cambridge University Press.

[37] Kuhn, H.W. and A.W. Tucker. 1951. Nonlinear programming. In Proceedings of Second Berkeley Symposium on Mathematical Statistics and Probability, California, Berkeley, CA, August 1951, pp. 481–492.

[38] Weisstein, E.W. Sylvester's criterion. http://mathworld.wolfram.com/SylvestersCriterion.html (accessed September 23, 2012).

[39] D'Alessandro, S. and A.M. Tonello. 2012. On rate improvements and power saving with opportunistic relaying in home power line networks. EURASIP J. Adv. Signal Process. 194: 1–16.

[40] Afkhamie, K., S. Katar, L. Yonge and R. Newman. 2005. An overview of the upcoming HomePlug AV Standard. In Proceedings of the IEEE International Symposium on Power Line Communications and Its Applications, Vancouver, British Columbia, Canada, April 2005, pp. 400–404.

[41] CENELEC. 2012. Final Draft of EN-50561-1 Standard. Power line communication apparatus used in low-voltage installations-Radio disturbance characteristics-Limits and methods of measurement – Part 1: Apparatus for in-home use. Brussels, Belgium: CENELEC, 2012.

[42] Tonello, A.M. and F. Versolatto. 2010. Bottom-up statistical PLC channel modeling-Part I: Random topology model and efficient transfer function computation. IEEE Trans. Power Delivery 26(2): 891–898.

[43] Versolatto, F. and A.M. Tonello. 2012. On the relation between geometrical distance and channel statistics in in-home PLC networks. In Proceedings of the IEEE International Symposium on Power Line Communications and Its Applications, Beijing, China, March 2012, pp. 280–285.

[44] Ferreira, H.C., L. Lampe, J. Newbury and T.G. Swart. 2010. Power Line Communications: Theory and Applications for Narrowband and Broadband Communications over Power Lines. New York: Wiley & Sons.

[45] Laneman, J., D. Tse and G. Wornell. 2004. Cooperative diversity in wireless networks: Efficient protocols and outage behavior. IEEE Trans. Inf. Theory 50(12): 3062–3080.

21

窄带 PLC 信道与噪声模拟

随着智能电网和先进抄表技术的出现和普及，市场上涌现出越来越多的窄带电力线载波通信（Narrowband Power Line Communication，NBPLC）系统。这使得用户为应用选择最佳的 PLC 解决方案变得更加困难。与此同时，系统设计师和研究人员正在研发新一代的 PLC 调制解调器。针对 PLC 系统的验证与测试，工程师们不再满足于采用其他通信行业的测试方法与设备，如在移动电话和无线测试中广受欢迎的矢量信号发生器，而是基于矢量信号发生器建立一个发射机，生成测试信号，同时加入噪声和衰减用于评估接收机的性能，这样使发射的信号近似为通过了真正的信道。尽管这种方法准确、灵活，然而却需要被测设备（Device Under Test，DUT）的详细信息。如果要测试不同技术的多种设备，必须为每种设备单独建立一个发射机。此外，还可以用可调衰减器连接发射机和接收机，使用廉价的信号发生器生成噪声。在接收端，频谱分析仪和示波器可用于测量信号和噪声。如果衰减器支持双向衰减，这种方法还具有测试双向通信的性能。然而，通常情况下，衰减器在宽频带内的频响特性是平坦的，因此无法评估系统在频率选择性衰落下的性能，且这种方法灵活性差、成本高。也可以将 PLC 被测设备直接连接到电网上进行测试，使测试结果非常真实，但同时，这种方法缺乏可重复性和灵活性。

传统的设备和方法使得 NB-PLC 系统的测试极具挑战性。新的思路是开发一款硬件装置，基于该硬件装置，使实际电力线网络的复杂特性可以在实验室中展现出来，使用模拟的信道测试 PLC 系统方法如图 21-1 所示。由于该硬件装置模拟了实际的电力线信道，故称为信道模拟器，它为实现 PLC 调制解调器灵活、可靠与独立的性能评估开辟了一条全新的途径。

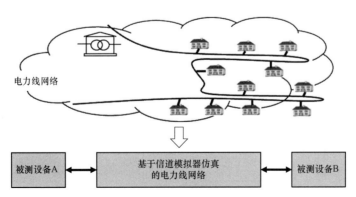

图 21-1　使用模拟的信道测试 PLC 系统方法

21.1 NB-PLC 信道模拟器

根据第 2 章中提到的信道模型开发了一款 NB-PLC 信道模拟器，其框图如图 21-2 所示。信道模拟器的硬件设计包括四个模块：

（1）输入模块采用数字开关的无源电感、电容、电阻网络来模拟接入阻抗。

（2）模拟前端（Analogue Front End，AFE）模块包含一个 12bit 的模数转换器（Analogue-to-Digital Converter，ADC）和两个 14bit 的数模转换器（Digital-to-Analogue Converter，DAC），ADC 和 DAC 的采样率可配置，并设置为 2MSPS，两个附加的数控衰减器用于实现精确的、宽范围的信噪比（Signal-to-Noise Ratio，SNR），每个衰减器的动态范围超过 75dB，分辨率为 0.37dB。

（3）现场可编程门阵列（Field-Programmable Gate Array，FPGA）模块是信道模拟中信号处理部分的关键部件，它实现了数字滤波并存储了多种不同信道的脉冲响应，所模拟信道传输函数的频率分辨率可达 2kHz。在滤波的过程中，滤波器可以在 10.5μs 内重新加载一套新的系数。此外，噪声单元再现 PLC 噪声情况，时变控制单元管理接入阻抗之间的切换、数字滤波器更新以及噪声参数的修改，事件表保存了相关切换事件的时间表，信噪比单元决定了信号和噪声路径的衰减值。

（4）输出模块将输出信号调整到一个合适的电压水平。

信道模拟器通过标准的串口连接到计算机，以实现对模拟过程的外部控制。

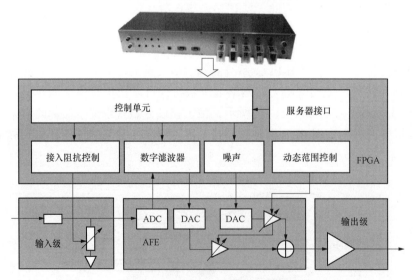

图 21-2　NB-PLC 信道模拟器框图

21.2 模拟窄带干扰

窄带噪声的模拟包括正弦波形的噪声类型。根据文献 [1]，这种类型的噪声带宽可达几千赫兹，且振幅大于背景噪声。窄带噪声模型包含中心频率 f_m、带宽 Δf 和振幅 A_{NBN} 三个参数。中心频率指的是噪声的本振，它可能会改变，其变化的范围由带宽来表示，振幅是噪声电压水平的度量。这里，正弦波形的产生采用了相位累积法。如图 21-3 所示，相位累积法采用一个相位累加器和一个查找表，相位累加器包含一个加法器和一个相位寄存器。当前相位 $P(n+1)$ 等于先前相位 $P(n)$ 和相位增量 I 的模 N 和：

$$P(n+1) = \mathrm{mod}_N[P(n) + I] \tag{21.1}$$

查找表也称为相位振幅转换器，它包含了一个正弦波形的周期。相位 $P(n)$ 作为一个输入地址送入到查找表中，并由此在输出端产生振幅值。乘以因子 A_{NBN} 后，最终形成具有一定本振的窄带噪声 nbn。

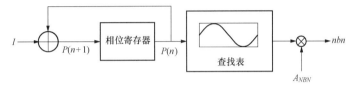

图 21-3   相位累加单元

中心频率 f_m 取决于时钟频率 f_a、存储的振幅值数目 N 和相位增量 I_m，即：

$$f_m(I_m) = \frac{f_a}{N} \cdot I_m \tag{21.2}$$

中心频率的变化可以通过增加或减少相位增量 I 来实现，即：

$$I = \begin{cases} I_m + \Delta I \\ I_m - \Delta I \end{cases} \tag{21.3}$$

当 I 达到它的下限 I_{max-} 时，它将随着每次时钟增加 ΔI。当 I 达到它的上限 I_{max+} 时，它将随着每次时钟减少 ΔI，由此产生的瞬时频率 $f(I)$ 为：

$$f(I) = \frac{f_a}{N} \cdot I \tag{21.4}$$

因此，带宽计算为：

$$\Delta f = \frac{2f_a}{N} \cdot (I_{max+} - I_{max-}) \tag{21.5}$$

21.3   使用 Chirp 函数模拟扫频噪声

鉴于扫频噪声（Swept Frequency Noise，SFN）独特的频谱特征，在频域上处理 SFN 是合理的。SFN 可以被建模为多个 Chirp 函数的叠加，例如：

$$y_{\mathrm{chirp}} = \sum_{n=1}^{N} m_n(t) \cdot \sin\left[2\pi \int_0^t f_n(\tau)\,\mathrm{d}\tau\right] \tag{21.6}$$

式中：N 为基本 Chirp 波形的数目；$m_n(t)$ 和 $f_n(\tau)$ 分别为第 n 个 Chirp 函数的包络和瞬时频率，$m_n(t)$ 可以由电压的缩尺波形近似估计得出。

对于具有重叠线性 Chirp 和时变包络的周期噪声，其瞬时频率为：

$$f_n(\tau) = f_0 + \frac{f_1 - f_0}{\Delta \tau} \cdot \tau \tag{21.7}$$

式中：f_0 和 f_1 分别为起始频率和截止频率；$\Delta \tau$ 为频率从 f_0 变化到 f_1 的持续时间。

具有上升和下降扫描频率的合成周期噪声如图 21-4 所示。

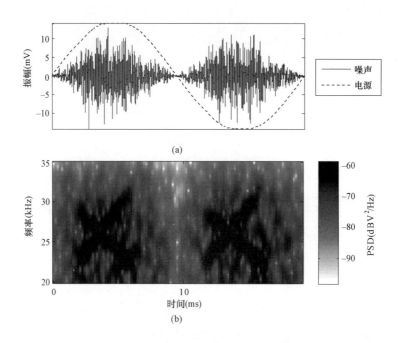

图 21-4　具有上升和下降扫描频率的合成周期噪声
（a）时域波形；（b）短时傅里叶变换

Chirp 函数（见第 2 章）具有一个非线性变化的瞬时频率，通过对频率轨迹的曲线拟合，瞬时频率可以估计为：

$$f_n(\tau) = f_1 \cdot \frac{(\tau - \tau_0)^{1.8}}{\tau_0^{1.8}} + f_0 \tag{21.8}$$

式中：τ_0 为对应最小频率 f_0 的时间；f_1 为最大频率。

在式（21.8）中谐波频率也可以方便地建模。包络可以由切比雪夫窗函数进行估计，且窗函数经短时傅里叶变换（Short-Term Fourier Transform，STFT）后的旁瓣幅度比主瓣幅度低 120dB。具有非线性扫描频率的合成周期噪声如图 21-5 所示。

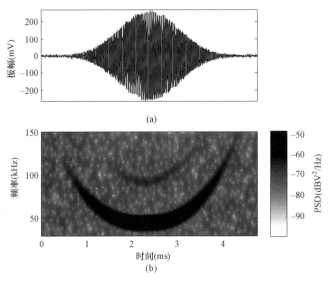

(a)

(b)

图 21 - 5　具有非线性扫描频率的合成周期噪声
（a）时域波形；（b）短时傅里叶变换

21.4　模拟脉冲噪声的时域波形

　　由于很多类型的脉冲噪声具有与背景噪声相似的幅度，因此在噪声功率谱密度（Power Spectral Density，PSD）较时域波形更为重要的情况下，可以假设脉冲噪声具有随机波形，

且这种脉冲的出现会立刻提高背景噪声的频谱水平。该类脉冲噪声可以根据控制脉冲序列切换背景噪声的打开和关闭状态来产生。用随机波形产生脉冲噪声示意如图 21 - 6 所示，有色背景噪声作为噪声源，缩放单元决定了噪声的最大振幅，开关位于噪声源和缩放单元之

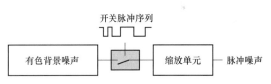

图 21 - 6　用随机波形产生脉冲噪声示意图

间。开关序列产生器发出一系列的"1"或"0"，"1"代表将噪声源连通到缩放单元，且脉冲的宽度由"1"电平的持续时间来确定。如果"1"电平以相同的时间间隔重复出现，即为周期性脉冲噪声，否则为非周期脉冲噪声。周期性脉冲噪声如果每 10ms 或 20ms 重复出现，即可以被定义为与工频同步，其他情况下对应为与工频异步的周期性脉冲噪声。脉冲噪声时域特征的模拟稍后会进行介绍。

　　当考虑具有指数衰减形式的振荡时，脉冲波形可以使用脉冲宽度、最大振幅和振荡频率三个参数来控制。脉冲噪声可以通过以指数形式衰减的包络对正弦波的调制来建模，正弦波形表示为：

$$y_0 = \sin(\omega_0 \cdot t) \qquad (21.9)$$

以指数形式衰减的包络表示为：

$$x_0 = A_0 \cdot \mathrm{e}^{-a_0 \cdot t} \qquad (21.10)$$

式中：$\omega_0 = 2\pi f_0$ 为正弦信号的角频率；A_0 为初始振幅；a_0 为指数衰减的时间常数。

已调信号可以表示为：

$$z_0 = x_0 \cdot y_0 = A_0 \cdot e^{-a_0 \cdot t} \cdot \sin(\omega_0 \cdot t) \tag{21.11}$$

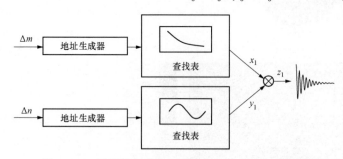

用指数衰减波形模拟脉冲噪声原理示意如图 21-7 所示。首先，在 Matlab 中产生具有同样 1000 个点的一段指数函数和一段正弦信号，并在 FPGA 硬件中以查找表形式存储。生成地址的步长可以通过参数 Δm 和 Δn 来配置。x_1 和 y_1 是两个查找表的输出，它们彼此相乘，乘积序列形成了经过调制的指数衰减振荡 z。

图 21-7 用指数衰减波形模拟脉冲噪声原理示意图

将 Δm 和 Δn 代入 x_0 和 y_0 的信号表达式，可以得到：

$$\left.\begin{aligned}x_1 &= A_0 \cdot e^{-a_0 \cdot (\Delta m \cdot T_s)} = A_0 \cdot e^{-a_1 \cdot T_s} \\ y_1 &= B_1 \cdot \sin(\omega_0 \cdot \Delta n \cdot T_s) = B_1 \cdot \sin(\omega_1 \cdot T_s)\end{aligned}\right\} \tag{21.12}$$

式中：T_s 为时钟周期，基于该时钟周期采样值从查找表中读出。通过改变这两个生成地址的步长可以实现采样周期的变化，这也可以分别解释为对指数衰减时间常数及振荡频率的改变。通过这种方式，可以方便地对正弦信号与指数衰减信号进行配置。所模拟的脉冲噪声实例如图 21-8 所示。

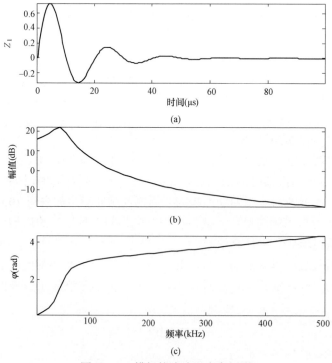

图 21-8 模拟的脉冲噪声实例图

（a）波形；（b）快速傅里叶变换的幅值；（c）快速傅里叶变换 FFT 的相位矢量

21.5 模拟时变背景噪声

图 21-9 为模拟的背景噪声，从图中可以看出，背景噪声的时变基本特征被重建出来。

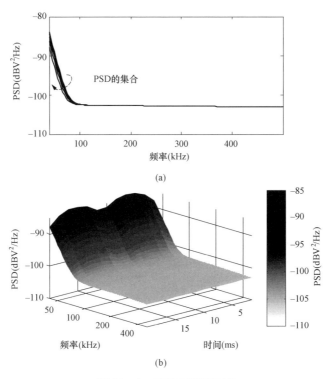

图 21-9　模拟的背景噪声
（a）随时间重叠的 PSD；（b）PSD 的时频表示

21.6 信道传输函数的模拟

本部分处理信道传输函数（Channel Transfer Function，CTF）的模拟。从信号处理的角度来看，CTF 以发射信号与信道冲激响应卷积的形式影响该信号，模拟 CTF 即意味着实现卷积算法。作为起点，所测量的 CTF 以幅度、相位响应和群时延的形式来表征，分别记为 $|H_{dB}(i)|$、$\varphi(i)$ 和 $\tau(i)$。

21.6.1 直接卷积与 FFT 卷积

有两种可实现的卷积：一种是在时域上使用数字滤波器的卷积；另一种是在频域上的块卷积。第一种卷积方法获得信道冲激响应的采样值，并将其存储为有限长单位冲激响应（Finite Impulse Response，FIR）滤波器的系数，发射信号与信道冲激响应的采样值相关。由于时域卷积相当于频域相乘，将发射信号变换到频域后与 CTF 的信号频谱相乘，再将乘积通过逆离散傅里叶变换（Inverse Discrete Fourier Transform，IDFT）反变换到时域。这种方法利用了高效的快速傅里叶变换（Fast Fourier Transform，FFT），因此也被称为 FFT 卷积。通过使用 FFT 算法计算离散傅里叶变换（Discrete Fourier Transform，DFT），这种卷积较直接卷积时域信号速度更快。实现 FFT 卷积的常见方法包括重叠相加法、加权重叠相加法和重叠保留法，这些方法的细节可参考文献 [2]。通过比较主要运算量，表明如果复数滤波器的阶数超过 20 或实数滤波器的阶数超过 40 时，重叠相加法比基于 FIR 的时域卷积更加快速、有效。除了提高效率之外，由于典型 NBPLC 信道呈现出的时变响应，CTF 模拟还必须能够支持时变卷积。FFT 卷积是达到上述目的非常简单和直接的方法。多个 CTF 可以被预先存储，从一个 CTF 向另一个 CTF 的切换则代表了信道响应的改变，且切换频率取决于每个 FFT 块的长度。原则上，在一个 FFT 块的持续期间内 CTF 不允许改变。因此，对于时变 CTF 的模拟来说，其时间分辨率与 FFT 块的长度相同[3]。

FFT 卷积的一个不足是其信号处理过程存在固有时延，以基于重叠相加法的系统为例来具体说明。图 21-10 说明了一个简化框图，系统使用一个 N_{FFT} 点的 FFT 卷积来模拟电力线信道的滤波效应，FPGA 在各个模块上消耗的时钟周期以及相应的时延分别记为 N_1 到 N_4、τ_1 到 τ_4。假设信道具有一个 N_{ir} 点的冲激响应，添加（$N_{FFT}-N_{ir}$）个 0 后，变换为频率响应 H 并存储在系统中。发射信号由 ADC 转换为数字采样值后，"重叠相加输入"模块采集（$N_{FFT}-N_{ir}$）个采样值，添加 N_{ir} 个 0 后构建一个 FFT 块并送入 FFT 模块。因此，第一个采样值 $s_i(1)$ 必须等待至少 N_1 个采样周期以获得 FFT 模块的处理，且满足：

$$N_1 = N_{FFT} - N_{ir} \qquad (21.13)$$

FFT 模块执行一个 N_{FFT} 点的 FFT 运算，FPGA 需要 N_2 个时钟周期完成该运算，此时钟频率可不同于信号的采样频率。FFT 的结果逐个传送给下一个模块。同时，将它们与 H 相乘。这种情况下，乘法运算将至少持续 N_{FFT} 个时钟周期。乘积向量通过与 FFT 长度相同的逆快速傅里叶变换（Inverse Fast Fourier Transform，IFFT）转换为时域波形，且 IFFT 需要与 FFT 模块相同的时钟周期。"重叠相加输出"模块将当前产生的 IFFT 块与之前的 IFFT 块以一定的重叠比例相加，最终获得了对应于 $s_i(1)$ 的输出值。表 21.1 列出了每个模块产生的延时。

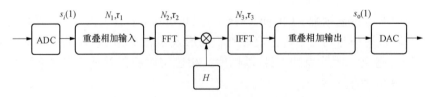

图 21-10　重叠相加法的实现

表 21.1　　　　　　　　　　　　模 块 产 生 的 延 时

N_{FFT}	N_{ir}	N_1	τ_1（μs）	N_2	τ_2（μs）	N_3	τ_3（μs）	N_4	τ_4（μs）
4096	1536	2560	25.6（100MS/s）1280（2MS/s）	12 445	31.51（395MS/s）	4096	10.37（395MS/s）	12 445	31.51（395MS/s）

以使用 4096 点 FFT 和 IFFT 的系统为例，信号采样率为 100MS/s。信道冲激响应为 15.36μs，因此，脉冲响应的长度为 1536 个采样点。每个信号块包含 2560 个采样值，导致在输入模块有 2560 个采样周期的延迟。FPGA 需要 12 445 个时钟周期计算 FFT 或 IFFT[4]。假设 FFT、IFFT 和乘法运算均在最大时钟频率下执行，以 Virtex 5 FPGA 的 395MHz 时钟频率为例，FFT 和 IFFT 的延时均为 31.51μs，乘法运算则持续 10.37μs。这样最低总延时达到 99μs，超过信道冲激响应时长的 6 倍。当基于 2MS/s 采样率实现同样条件下的卷积时，总延时约为 1.35ms。注意到这个大的延时不是由数据传输信道引起的，而是来自卷积算法本身。对于采用前导实现帧同步时，该延时可能不会对数据传输造成影响，因为前导信号和发射信号被同样地延时了。然而，存在利用工频电压过零点以实现比特和符号同步的 PLC 系统，且基于这种同步方式的系统多是采用单载波频移键控（Single-Carrier Frequency Shift Keying，S-FSK）的系统、其他单载波系统以及一些正交频分复用（Orthogonal Frequency Division Multiplexing，OFDM）的系统[5]。卷积的延时会引入一个"人为"的同步误差，进而影响数据传输，对通信系统的评估造成不良影响。

与 FFT 卷积形成对比的是，直接卷积不存在固有延时。延时可以通过适当地移位滤波器核来降低。如今，集成电路的发展使得实现面向实时应用的复杂信号处理算法成为可能。经过两种卷积的结果比较，选择在时域上的直接卷积来模拟 CTF。

21.6.2 数字滤波器

针对直接卷积，主要工作集中在滤波器核的设计上，最简单和直接的方法为加窗频率抽样法，滤波器核可由理想频率响应的 IFFT 来获得。

21.6.3 频率抽样法

滤波器的长度记为 N_{fir}，即滤波器具有 $N_{\text{fir}}-1$ 阶。将频率抽样值以线性标尺表示为：

$$H(i) = 10^{\frac{|H_{\text{dB}}(i)|}{20}} \cdot \exp[j\varphi(i)] \qquad (21.14)$$

抽样值集中在感兴趣的频率上，且抽样形成的向量应使得其经过 IFFT 的输出为实向量。为此，向量的实部和虚部须在抽样值 0 处分别满足偶对称和奇对称[6]。频域向量对称性如图 21-11 所示，其中，零频被移动到中心位置。实部和虚部均被归一化了，同时该图进行了放大，以使得实部、虚部重要的值均可以清楚地显示。

IFFT 的直接结果不能用于滤波器核，因为它在卷积的过程中可能会导致时域混叠。IFFT 的直接输出和相应的滤波器核如图 21-12 所示，图中的实线给出了图 21-11 中所示 CTF 的 IFFT 结果，IFFT 结果需要被移位和加窗以获得有效的滤波器核[6]。显然，直接 IFFT 结果具有显著的旁瓣。移位 IFFT 在两端不趋近于 0，从而导致时域混叠、频域旁瓣和滤波器响应动态范围的损失。

为减少不必要的影响，移位 IFFT 向量可以乘以一个窗函数。窗函数具有类似钟的波形，其最大值在中间，两端下降至零。这里使用了凯泽（Kaiser）窗函数。根据零阶修正的贝塞尔函数，凯泽窗接近椭球波函数。它试图在所感兴趣的频段内最大化受限的能量[7]。凯泽窗定义为：

$$\omega(i) = \begin{cases} \dfrac{I_0[\pi\alpha\sqrt{1-(i/(N_{\text{fir}}/2))^2}]}{I_0[\pi\alpha]}, & 0 \leqslant |i| \leqslant \dfrac{N_{\text{fir}}}{2} \\ 0, & \text{其他} \end{cases} \qquad (21.15)$$

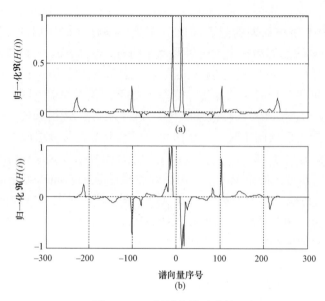

图 21-11 频域向量对称性

（a）实部偶对称；（b）虚部奇对称

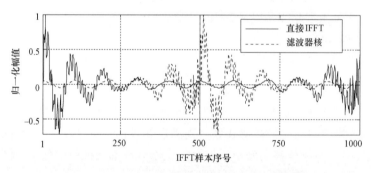

图 21-12 IFFT 的直接输出和相应的滤波器核

$I_0(x)$ 为零阶修正的第一类贝塞尔函数：

$$I_0(x) = \sum_{k=0}^{\infty} \left[\frac{(x/2)^k}{k!} \right]^2 \tag{21.16}$$

式中：α 为定义窗宽度的参数，它在频域上决定了旁瓣的衰减。

图 21-13 显示了当 $\alpha=32$ 时的凯泽窗以及加窗的滤波器核。旁瓣大幅度减少，而位于序号 250～750 之间的最重要部分则很好地保留下来。

原始的滤波器核本身会引起 $N_{fir}/2$ 的延迟，该延迟可以通过在右侧填充零并将滤波器核移位到左侧来降低，且所有频率的延迟是恒定的。这实际上是 FIR 滤波器的延迟。假设该延迟记为 t_L，在滤波器的设计中，须通过添加它为一个常量以达到所需群时延的方式加以考虑。所需复数 CTF 的延迟表达式如下：

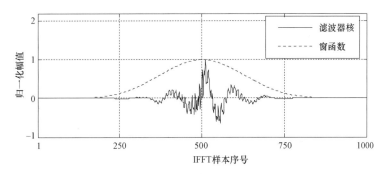

图 21-13　$\alpha=32$ 时的凯泽窗以及加窗的滤波器核

$$H_{\text{shift}}(i) = H(i) \cdot \exp\left(j2\pi \cdot i \cdot (1 - \frac{N_{\text{shift}}}{N_{\text{fir}}}) \right) \tag{21.17}$$

式中：N_{shift} 为抽样的 CTF 向量需被移位的采样值数量。令 f_s 为抽样率，N_{shift} 可由下式获得：

$$N_{\text{shift}} = \left\lfloor \frac{t_L}{f_s} \right\rfloor \tag{21.18}$$

在时域上，滤波器核也应向左移位 N_{shift} 个抽样值。由此产生的滤波器核为：

$$h_{\text{shift}}(i) = \begin{cases} h(i + N_{\text{shift}}), & 1 \leqslant i \leqslant N_{\text{fir}} - N_{\text{shift}} \\ 0, & N_{\text{fir}} - N_{\text{shift}} < i \leqslant N_{\text{fir}} \end{cases} \tag{21.19}$$

式（21.20）的运算忽略了 $h(1) \sim h(N_{\text{shift}})$，因而导致信号能量的损失。如果向左或向右移位太多，很大一部分具有重要能量的滤波器系数可能会丢失，进而与理想 CTF 的偏差变得不可接受。在 199kHz 时相位误差达到 35°。群时延的最大相对误差超过 18%。加窗还会造成问题是，所需幅度响应不连续的任意一边存在严重的控制误差。两个相邻抽样值间的频率响应是不受约束的，因此，由此产生的频率在抽样值之间能够偏离所需的响应。所获得的滤波器核应该是次优的。

21.6.4　频率抽样法的延伸

幅度响应的尖角可以通过上述处理步骤进行平滑。除此之外，大部分的幅度响应能够被保留下来。这些尖角在实际的 PLC 信道中并不重要，如图 21-14 所示的尖角极少出现在我们关心的频率范围内。因此，这里重点研究减少相位和群时延响应的误差。现提出一种迭代算法来减少相位误差至低于所定义的边界 $e_b(f)$，即：

$$|\Delta\varphi(f)| \leqslant e_b(f) \tag{21.20}$$

边界定义为：

$$e_b(f) = \frac{e_1}{|H(f)|^{e_2}} + e_3 \tag{21.21}$$

式中：e_1、e_2 和 e_3 分别为可调参数；$|H(f)|$ 为线性标尺下所需的幅度响应。

显然，如果 e_1 是一个非零值，则上述边界是与频率有关的。具有高幅度衰减频率处的相位误差较其他频率处的相位误差来说不是那么重要，因此它们受到较少的限制。原则上，幅度衰减越低，则相位误差的边界越低。参数 e_3 在所有抽样频率上是恒定的，并决定了相位误差边界的偏移分量。e_2 调整高衰减与低衰减频率之间的边界差异，一个较大的 e_2 会导致较大的边界差异。e_1 决定了频率选择性边界分量与偏移分量的比值。表 21.2 列出了减少 CTF 误差的步骤。

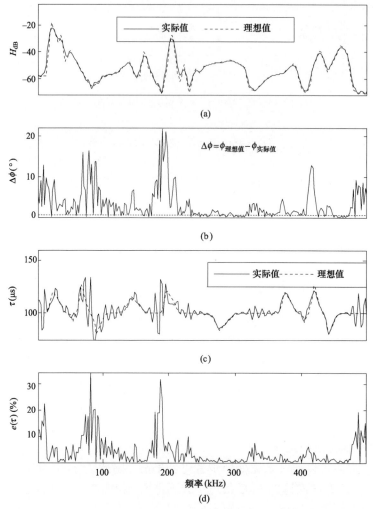

图 21-14　由移位、截短和补零导致与所需 CTF 的偏差
（a）幅度响应；（b）相位响应误差和阈值；（c）群时延；（d）群时延的相对误差

表 **21.2**　　　　　　　　　　　减少 **CTF** 误差的步骤

序号	操　　作
1	采用式（21.19）移位和截短滤波器核，并获得 h_{shift1}
2	h_{shift1} 经 FFT 获得 H_{shift1}，并计算相位误差 $\Delta\varphi_1$
3	将 H_{shift1} 与 $\exp(j\cdot\Delta\varphi_1)$ 相乘，计算 IFFT 并获得 h_{shift2}
4	重复执行一次步骤 1 和 2，并计算 H_{shift2}、$\Delta\varphi_2$ 和 $\left|H/H_{shift2}\right|$

序号	操　　作
5	将 H_{shift2} 与 $|H/H_{shift2}|$ 相乘，计算 IFFT 并获得 h_{shift3}
6	重复执行步骤 1 和 2，并计算 H_{shift3} 和 $\Delta\varphi_3$
7	检查式（21.20）的不等性，并找到不满足不等性的频率 f_x
8	将 $H_{shift3}(f_x)$ 与 $\exp[j\cdot\Delta\varphi_3(f_x)]$ 相乘，计算 IFFT 并获得 h_{shift4}
9	重复步骤 6、7 和 8，直至所有频率处的相位误差均满足式（21.20）

图 21-15 显示了通过应用迭代误差降低方法获得的改进结果，$e_1=10^{-9}$，$e_2=1.9$，$e_3=7.9\times10^{-3}$，$E\{e(\tau)\}=1.71\%$，边界是频率相关的，且边界的峰值与高幅度衰减具有很好的相关性。与图 21-14 相比较，以幅度响应急剧变化处的误差为代价，相位和群时延误差

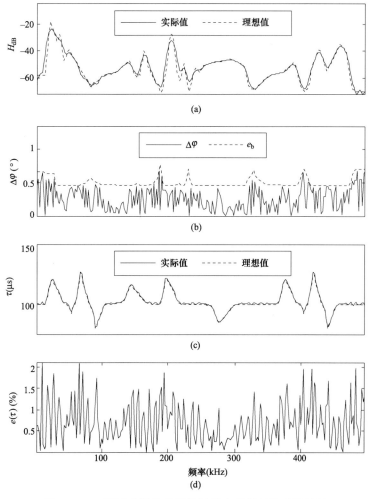

(a)

(b)

(c)

(d)

图 21-15　通过应用迭代误差降低方法获得的改进结果
（a）幅度响应；（b）相位响应误差和阈值；（c）群时延；（d）群时延的相对误差

在很大程度上得以降低。较大的相位和群时延误差发生在频率为 16、84、188、230、328、404kHz 和 490kHz 附近，在这些频率处幅度具有高衰减，并与此同时伴随尖锐的棱角。对应于中、低幅度衰减的群时延甚至低于 1%。相对误差的期望值为 1.71%。与 e_3 相比，这组系数具有相对较大的 e_2。因此在不同频率处的边界差异在边界曲线中占主导地位。

频率抽样法的迭代延伸提供了一种灵活、简单的方式来设计具有自定义频率响应的 FIR 滤波器。此外，所实现滤波器的冗余也同样能够被降低，以满足实时应用的要求。在滤波器长度方面，该方法同时适用于短的和长的 FIR 滤波器。然而，不同于传统的优化算法，使用这种方法获得的滤波器系数仍然是次优的。用户需要调整参数 e_1 到 e_3 来获得满意的系数。其效果还取决于误差边界的定义。如果边界定义不合适，迭代将面临收敛问题。

21.6.5 验证

所模拟的 CTF 由矢量网络分析仪（Vector Network Analyzer）进行验证。图 21-16 比较了理想的 CTF（理想），使用扩展频率抽样法设计的 CTF（设计），以及硬件实现后测量获得的 CTF（测量）。针对幅度响应，模拟的总体质量是很高的。在 400～500kHz 频率范围内，所测量幅度和设计结果间存在偏差。这是由于抗混叠滤波器在 800kHz 附近有 6dB 的衰减。所测量的群时延具有良好的一致性。

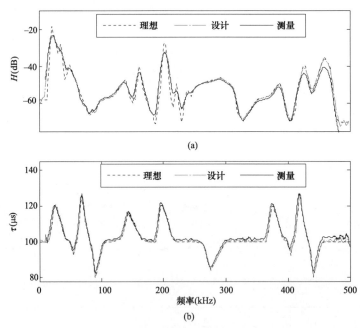

图 21-16 理想的、设计的与测量的 CTF 的比较

（a）幅度响应；（b）群时延

21.6.6 短时时变的实现

前面提到过信道响应具有长时和短时变化的特征。本部分重点研究后者的模拟。文献[3]在每个工频周期内采用八个基本状态对信道的时变性进行了建模。为了改善时间分辨率，在基本状态之间进行了线性插值，因此更多的频率响应被创建，且分辨率达到了每帧一个响应。在线性插值的帮助下，频率响应的变化实现了平稳过渡。基于 FFT 的快速卷积

提供了一种在频域上实现线性插值的便捷方法。一个新的频率响应可以通过简单地在原有每个频率的响应上添加一个增量来计算。考虑到线性插值：

$$H_n(k) = H_{n-1}(k) + \Delta H_m(k) \qquad (21.22)$$

其中，n、m 和 k 分别为插值状态的索引，基本状态和频率点。增量 $\Delta H_m(k)$ 由下式获得：

$$\Delta H_m(k) = \frac{H_{m+1}(k) - H_m(k)}{T_m} \qquad (21.23)$$

式中：T_m 是第 m 个基本状态的持续时间。

显然，$\Delta H_m(k)$ 在一个基本状态中保持不变。

针对这里实现的基于 FIR 滤波器的直接卷积，在时域操作的帮助下实现频域插值是可取的。在时域，$H_n(k)$ 的冲激响应 $h_n(i)$ 可由下式获得：

$$h_n(i) = \frac{1}{N} \cdot \sum_{k=0}^{N-1} H_n(k) \cdot \mathrm{e}^{\mathrm{j} \cdot \frac{2\pi \cdot k \cdot i}{N}} \qquad (21.24)$$

将式（21.22）代入式（21.24），一个新的冲激响应可以表示为之前状态的冲激响应和一个增量之和的形式：

$$h_n(i) = \frac{1}{N} \cdot \sum_{k=0}^{N-1} [H_{n-1}(k) + \Delta H_m(k)] \cdot \mathrm{e}^{\mathrm{j} \cdot \frac{2\pi \cdot k \cdot i}{N}} = h_{n-1}(i) + \Delta h_m(i) \qquad (21.25)$$

式中：$\Delta h_m(i)$ 是 $\Delta H_m(k)$ 的逆 DFT，由于 $\Delta H_m(k)$ 在第 m 个状态中保持不变，$\Delta h_m(i)$ 也同样保持不变。

图 21-17 显示了 S1～S6 基本状态的频率响应，这些频率响应并非来自实际测量，而是人为构造的，以便清楚地观察到状态转换。S1、S2、S3 和 S4 具有带通特征，S5 的衰减水平随频率线性减小，S6 为随机频率响应。在连续两个基本状态之间线性地插入了 49 个附加状态。图 21-18 为频率响应的内插状态的频谱，其转换是平滑的，且边界模糊。

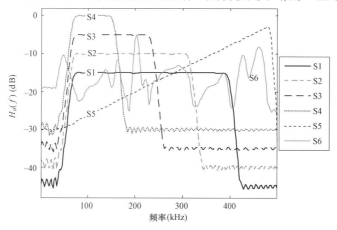

图 21-17　S1～S6 基本状态的频率响应

直接卷积在采样速率下为每一个新的输入提供输出。理论上，如果新的滤波器系数在每个采样周期内也可用，该分辨率可达到与采样周期相同。因此，分辨率仅取决于一个完整的系数集交付给 FIR 滤波器的速度。

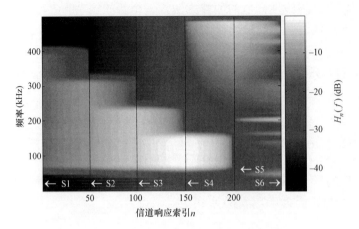

图 21-18　频率响应的内插状态的频谱

21.7　基于模拟器的测试平台

图 21-19 显示了一个基于信道模拟器的测试平台，它包括一台个人电脑、一个信道模拟器、两个耦合电路（Coupling Circuit，CC）、两个线性阻抗稳定网络（Line Impedance Stabilisation Network，LISN）和一个不间断电源（Uninterruptible Power Supply，UPS）。通过将发射机与接收机分别插入预留的 Tx/Rx 插座，使 DUT 连接到平台，且对应于 P2～P7 的路径。与此同时，DUT 的数字接口通过 P1 和 P8 连接到测试服务器。个人电脑是一个测试服务器，它产生不同的信道，配置 DUT，控制信道模拟器并管理整个测试过程。UPS 提供工频电压作为电源，以及为基于过零点检测的 DUT 提供同步源。同时，它将测试环境与实际电源网络相隔离。每个 LISN 为测试环境提供了明确稳定的阻抗，并防止发射信号从电源电压路径 P9—P10—P11 到达接收端。

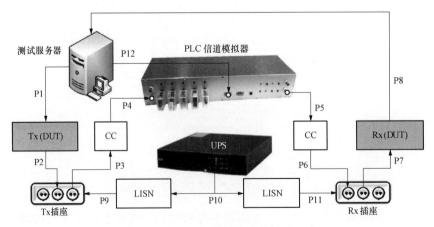

图 21-19　基于信道模拟器的测试平台

来自 UPS 的高频噪声也可被 LISN 滤除。CC 对于将模拟器与高压侧隔离以及在模拟器与 DUT 之间交换"纯"通信信号是必需的。从信号/数据流的角度来看，存在一个闭环数字值（也称为测试向量），其由测试服务器生成并通过 P1 传送到发射机，之后模拟信号生成，并通过 P3 和 P4 到达信道模拟器。

21.8   OFDM 系统的性能评估

鉴于所提出的测试平台具有再现实际电力线信道特性的能力，使得 NB PLC 系统可以在实验室环境下进行性能评估。为了研究实验室内测试获得的系统性能与实际信道下系统性能的匹配程度，这里进行了一个案例研究，具体包括以下三个步骤：

（1）对相关的信道特性，例如衰减和噪声的情况进行测量。在每个测量暂停阶段，使用两个基于 OFDM 的 PLC 系统实现数据传输。在每次数据传输过程中，记录误比特率（Bit Error Rate，BER）用于评估链路质量。

（2）电力线信道属性由一个 PLC 信道模拟器来描述和再现，并将同样的 PLC 系统连接到模拟器，进行相同的数据传输以及误比特率测量。

（3）将基于平台测得的误比特率与在实际 PLC 信道下测得的误比特率进行比较，详细的过程和比较结果将在本部分给出。

21.8.1   被测设备

用于测量平台的 FPGA 还拥有一个灵活和容易更新的 OFDM 调制解调器内核，可以方便地配置实现不同的多载波系统。本案例研究中，在该 FPGA 上配置了一个简单的 OFDM 实例。该系统使用了 79～95kHz 的 48 个载波，每个载波使用差分二相相移键控（Differential Binary Phase Shift Keying，DBPSK）以实现鲁棒的数据传输。每个平台配备了一个工频电压的过零点检测器，OFDM 符号与工频过零点的下降沿保持同步。包括保护间隔在内的总的符号持续时间设置为工频周期的 1/6，在 50Hz 环境中即为 3.3ms，帧长度为 9 个 OFDM 符号。针对每次误比特率测试产生 200 帧随机值，这对应于 86400 位二进制数据，在测量误比特率为 0.1 和 0.001 时精度可分别达到 1% 和 3.4%[8]。

21.8.2   信道传输函数

NB-PLC 信道衰减呈现出微小变化和弱时变特征，最高与最低衰减值之间的差异小于 10dB，在相同频率处的衰减变化不超过 6dB，且频率越高变化越小。因此，首先对测量的衰减曲线进行平均，且每条数据链路仅对平均的衰减进行模拟。进一步地，对所测量的衰减曲线进行插值，以使得测量的频率分辨率能够与模拟的频率分辨率相匹配。图 21-20 为测量与模拟传输函数的比较，其中星号对应于测量的衰减值，实线为模拟的 CTF。与实际信道相比，所模拟的信道具有几乎一致的频率选择性衰减。对于从 S1 至 S3 的链路，在 30kHz 附近存在一个 1.5dB 的误差。然而，考虑到相比该频率处的衰减值（大于 50dB）该误差相对较小，且它处于传输频带之外，故误差的影响可以忽略不计。由于平台的发射机具有非常低的输出阻抗，因此耦合损耗也相对较小，故它的影响可以忽略，且这里不对接入阻抗进行模拟。

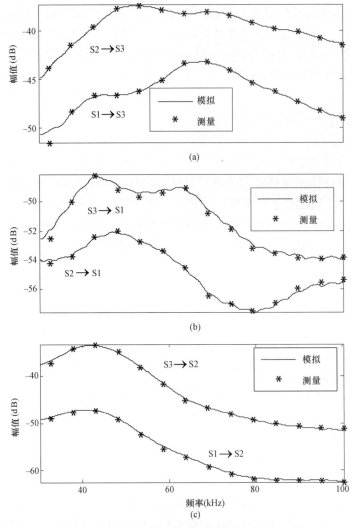

图 21-20　测量与模拟传输函数的比较

（a）S2→S3 和 S1→S3；（b）S3→S1 和 S2→S1；（c）S3→S2 和 S1→S2

21.8.3　模拟噪声情况

针对噪声模拟，以在地点 S2 测量的情况为例。由于数据传输位于 60～100kHz，因此噪声的分析和模拟也在这个频率范围内进行。考虑噪声的时变和频率选择性，这里使用了 STFT 在时频域上进行分析。图 21-21 为 S2 测量的噪声。由图 21-21（b）可以看出，在 65.5、67.5、71、76.5kHz 和 88kHz 附近出现周期性衰落的窄带干扰。所有的衰落近似为与工频电压同步，且每 10ms 出现一次。在 40ms 内，总计有 12 个窄带频谱峰值出现，它们是宽带脉冲噪声的频谱分量，这些脉冲可以分为三组。表 21.3 显示了组序号及各脉冲到达时间。显然，每组中的脉冲具有 100Hz 的重复率。最后，在该频率范围内有色背景噪声具有弱时变特征，它可以通过时不变的指数函数来建模。通过应用每种噪声类型的模拟方法，S2 的总体噪声情况得以再现，如图 21-22 所示，所模拟的噪声保留了本质特征。

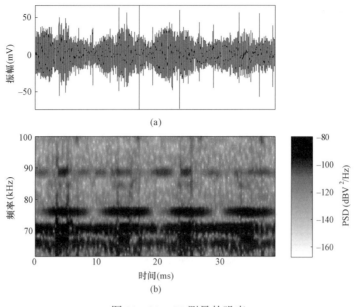

图 21-21 S2 测量的噪声

（a）时域噪声波形；（b）噪声波形的 STFT

表 **21.3**	组序号及各脉冲到达时间
组 序 号	到达时间（ms）
1	3.3、13.3、23.3、33.3
2	5.5、15.5、25.5、35.5
3	6.8、16.8、26.8、36.8

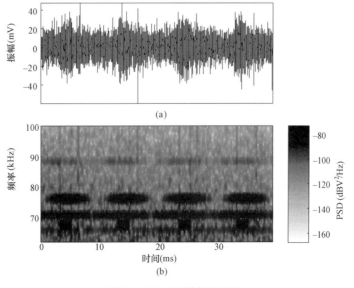

图 21-22 S2 模拟的噪声

（a）时域振幅；（b）时频域 PSD

21.8.4　测试结果

图 21-23 为该比特率结果比较，说明了信道测量过程以及基于模拟器的测试平台所测得的误比特率结果。S3-S2 链路具有最佳的通信质量，而 S1-S2 与 S2-S1 两条链路则有很高的误比特率。使用测试平台测得的误比特率与现场测试得到的结果非常接近，因此，实验室测试平台也被用于预测 PLC 系统在实际信道下的性能。甚至可以产生测量获得的最差情况下的信道条件，并将其用于不同 PLC 系统的测试。能够克服这些最差情况实现通信的 PLC 系统将在实际应用中具有可靠和鲁棒的性能。通过这种方式，可大大降低选择最佳 PLC 方案的复杂度和周期。

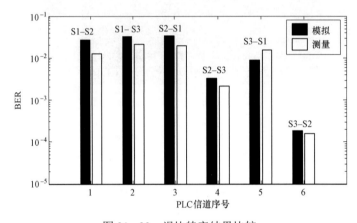

图 21-23　误比特率结果比较

21.9　结论

本章介绍了用于低压电网 NB-PLC 信道的信道模拟器。信道模拟基于一个三级等效电路模型，使用该模拟器搭建了测试平台，用于 PLC 物理层数据传输性能的评估。数字 FIR 滤波器用于模拟 CTF，而扩展的频率抽样算法提供了一种灵活、简单的方法，可以为任意自定义复数 CTF 的模拟设计相应的 FIR 滤波器。此外，给出了降低滤波器实现冗余环节的建议，以便满足实时应用的要求。

相比背景噪声，窄带干扰在频域上具有显著的噪声水平，且许多窄带干扰的包络表现出强烈的动态和时变特征。针对时变包络的估计，提出了一种基于带通滤波器的方法，该方法可以检测宽带脉冲噪声，并消除其对估计结果的影响。典型的窄带干扰正弦波形可以通过使用相位累积法来产生。所估计的包络可通过非对称的三角函数来建模。除了典型的窄带干扰，对一类具有时变频率的、本文称为扫频噪声的干扰，也分别在室内和接入网环境下对其进行了观测。这种干扰通常由许多终端用户设备电源单元中的有源功率因数校正（Power Factor Correction，PFC）电路所导致，如荧光灯和个人电脑，可使用 Chirp 函数进行模拟。

对于脉冲噪声，可以通过将分段噪声波形的功率与恒定阈值进行比较来实现检测。在噪声波形的精确过程不重要的情况下，可以根据控制脉冲序列开关背景噪声来产生脉冲噪声。另外，它可以被模拟为一个指数衰减振荡。对于有色背景噪声，只有在其他噪声类型均被去除后才能获得精确的估计，且它的功率水平取决于所连接活跃电气设备的数量和类型。有色背景噪声也表现出与工频同步的循环平稳特征，且它的平滑的频谱可以由两个指数函数的和来估计。

在大学校园中一个小的低压电网上开展的案例研究表明，使用测试平台获得的测试结果与现场测试结果非常接近。因此，实验室的测试平台也可以用来预测 PLC 系统在实际信道下的性能。信道模拟器为真正实现 PLC 调制解调器灵活、可靠与独立的性能评估开辟了一条全新的途径。

参考文献

[1] J.Bausch, T. Kistner, M. Babic and K. Dostert, Characteristics of indoor power line channels in the frequency range 50–500kHz, in IEEE International Symposium on Power Line Communications and Its Applications, Orlando, FL, 2006, pp. 86–91.

[2] L. R. Rabiner and B. Gold, Theory and Application of Digital Signal Processing, Prentice-Hall, Englewood Cliffs, NJ, 1975.

[3] F. J. Cañete, L. Díez, J. A. Cortés, J. J. Sánchez-Martínez and L. M. Torres, Time-varying channel emulator for indoor power line communications, in IEEE Global Communications Conference, New Orleans, LA, 2008, pp. 2896–2900.

[4] XILINX, LogiCORE IP fast Fourier transform v7. 1, product specification, DS260, March 2011.

[5] T. Kistner, M. Bauer, A. Hetzer and K. Dostert, Analysis of zero crossing synchronization for OFDM-based AMR systems, in Proceedings of the IEEE International Symposium on Power Line Communications and Its Applications, Jeju Island, Korea, April 2008, pp. 204–208.

[6] S. W. Smith, The Scientist and Engineer's Guide to Digital Signal Processing, 2nd edn. , California Technical Publishing, San Diego, CA, 1999.

[7] F. J. Harris, On the use of windows for harmonic analysis with the discrete Fourier transform, Proc. IEEE , 66(1), 51–83, January 1978.

[8] M. G. Bulmer, Principles of Statistics, Dover Publications, Inc. , New York, 1979.

22

EN 50561-1：2012 中的认知频率排除

本章详细介绍了欧洲标准（European Norm，EN）50561-1 中规定的"认知频率排除"的思想。在对其标准化历史概述之后，展示了高频（High-Frequency，HF）无线电传输及其对电力线载波通信（Power Line Communication，PLC）频谱的影响。此后，介绍了短波（Short Wave，SW）无线电接收机的灵敏度。当接收机的灵敏度已知时，可针对可接收的无线电广播信号定义相应的门限。如果已获得需被排除的频率，即可定义 PLC 陷波的要求。在计算陷波对 PLC 吞吐量的影响之前，本章还描述了自适应调制的过程，这使得陷波能够以最小吞吐量损失和最低复杂度实现。在理论层面的探讨之后，通过硬件演示系统对陷波进行了验证。

22.1　引言

2012 年秋季，欧洲国家成员批准了 EN 50561-1[1]，该标准涵盖了针对传导干扰与 PLC 端口通信信号的新要求，这在之前统一的电磁兼容（Electromagnetic Compatibility，EMC）标准中是没有涉及的。

过去，EMC 标准明确规定了固定和永久的限值，它通常使用给定频率范围内以线性或对数图表示的一条直线来描述。在设备生产时，实现该标准的制造商通过屏蔽措施来确保产品的合规性，限值线在任何时候不允许被突破。

而 EN 50561-1 中的新要求是自适应、灵活与认知的，它仅在存在干扰的风险时才发挥作用。这种智能化的手段也被称为"动态频谱管理"、"认知 PLC"或者"智能陷波"，它无需任何用户交互过程即可自主地运行在 PLC 调制解调器上，在任何时间和地点均可保证电磁兼容性，且 PLC 调制解调器由通信系统实现操作，其基本指导思想是"未出现的业务不需要被保护"。为此，EN 50561-1 要求 PLC 调制解调器的功率谱密度（Power Spectral Density，PSD）模板实现灵活和/或永久的频率排除，即相比当前的 PLC 调制解调器设计，在有 PLC 工作的建筑物中可提供对无线电业务的增强保护。

EN 50561-1 的一般性要求规定将 ITU-R 无线电规则[2]分配给航空、业余无线电和广播业务的敏感频率范围予以排除。航空与业余无线电频谱的频率排除是永久性的，而无线电广播频率可以被永久或动态地陷波。相比动态陷波，永久陷波致使 PLC 通信资源面临严重损失。实际上，陷波仅需当无线电广播业务在 PLC 工作地点可接收时在少数的广播频率上使用。

22.2　"认知频率排除"的标准化

Stott 和 Salter 发表过有关 PLC 对高频无线电广播干扰的报告[3]。新的高速 PLC 调制解调器使用了在不同频率上的多载波和自适应星座映射技术，这使得认知频率排除得以实现。这个想法在 ETSI PLT[4]进行了热烈的讨论。为了证明这种新技术能够可靠工作，在 ETSI 特别任务组（STF 332）的组织下，对 PLC 调制解调器样机和短波无线电接收机进行了测试，以说明它们的功能。在 2007 年 10 月和 11 月 ETSI 的测试期间，为了突出认知频率排除的思想进行了各种测试和测量。该演示系统与测试亮点的描述将在后续部分给出。

测试完成与结果发布之后，欧洲广播联盟（European Broadcasting Union，EBU）发表了一份公开声明，对任何完全符合该规范的 PLC 系统将为高频广播传输提供充分保护这一事实予以认可。这促使规定"智能陷波"的 ETSI TS 102 578[5]标准获得了一致通过。

国际无线电干扰特别委员会（Special International Committee on Radio Interference，CISPR）宣布，未来他们将在 CISPR/I/257/CD[6]涉及 PLC 设备的任何委员会草案（Committee Draft，CD）或供投票的委员会草案（Committee Draft for Voting，CDV）中致力于推进自适应动态陷波工作。最终，他们采用了自适应电磁干扰（Electromagnetic Interference，EMI）抑制技术作为最新 CIS/I/301/CD[7]和 CIS/I/302/DC[8]文档的规范性附录。接受自适应机制在 EMI 标准范围内几乎是"革命性"的。

IEEE 也将"独立动态陷波"的概念引入至 IEEE 1901 标准[9]。

22.3　短波无线电广播概述

传统 PLC 调制解调器的频率范围（2～30MHz）与由 ITU-R[2]定义的高频无线电广播频率相重叠。私人住宅中的电力线是非屏蔽的，并且由于线路分支、配电箱等因素，电力线网络结构具有一定程度的不对称性。不对称的电力线网络可将差分馈入的信号转换成共模信号，潜在干扰无线电装置。如果一个短波无线电接收机［调幅（Amplitude Modulation，AM）或数字调幅（Digital Radio Mondiale，DRM）］[10]在有 PLC 活跃的室内工作，其无线电接收质量可能会下降。当无线电装置连接到市电电源，且其电源端口的去耦合不充分时，其受到 PLC 的传导干扰将占据主导地位。事实上，短波无线电接收机在其电源端口不具有足够的去耦合能力，因为它们以与 PLC 同样的方式使用电网，并将电力线作为一根天线来使用。通常，一个短波无线电接收机配备了一根鞭状或者单极天线。当接收机连接到电网时，电网促使其能够等效形成一个偶极子天线以改善无线电业务的接收质量。

当然，有些人可能会质疑，高频无线电广播变得越来越不重要。尽管调频（Frequency Modulation，FM）广播提供了显著更好的信号质量，但它不是一个全球服务。卫星广播或即将到来的网络广播服务与今天的调幅传输相竞争，这种情况在工业化国家或发达国家确实存在，但是人们对于信息的需求是全球化的。高频频率具有独特的属性，其传输距离可跨越全球的一半。当然，如果传输距离可跨越全球的一半，对于干扰来说也是如此。

高频无线电广播也是相对便宜的：建造一个高频广播发射站的成本，以及每年的运营成本，是现代技术所无法比拟的。如果一个高频广播发射站位于泰国，其广播可覆盖 60% 的世界人口，而希望接收此广播的人仅需拥有一个价格约 10€的收音机。高频无线电广播对发展中国家基础设施落后的农村地区尤为重要，且往往是唯一的选择。目前，高频无线电广播主要应用在以下场合：

（1）应用在要求传输距离非常远的新兴工业化国家发展中国家，且 FM 传输基础设施的部署过于昂贵。

（2）游客习惯性地想接收来自他们家乡的消息，尽管卫星或网络服务在大多数工业化国家的宾馆中都是可用的。

（3）业余无线电听众或爱好者。PLC 的干扰情况对他们来说是不同的。通常他们不使用配有鞭状天线的收音机，此外，他们知道如何通过使用额外的滤波器以保护自身的设备免受干扰。然而，鉴于对接收非常微弱信号的期望以及设备的灵敏度限制，来自 PLC 的干扰仍是不可避免的。

（4）军事业务永久地使用高频频率范围，同时他们也使用专业的天线。军队的作战区域一般远在国外，往往不存在高频传输的替代手段。当然，军队在本国国内训练相关操作，这应该尽可能地接近真实的条件。对于一架飞越欧洲的飞机来说，PLC 是一种干扰源，但坦克和海军陆战队通常不会在 PLC 调制解调器附近出现。

（5）新的即将到来的数字服务，例如 DRM[10]。DRM 接收机的销售没有达到预期，然而，观察这些业务将如何发展是非常有趣的。如果频率资源被占用，则未来的部署将十分困难。

（6）各国家广播电台使用高频频段以及多种语言发送信息。目前在欧洲最常收听的短波无线电广播是中国广播电台。不同于互联网，高频无线电广播难于审查，只有人为干扰是可能的。但更重要的是，广播听众不应由政府部门监管。

（7）在危机、灾难或地震发生时，卫星天线可能失效，在这种情况下，高频无线电广播是最鲁棒和成熟的技术，并有望成为重建信息的首要来源。

没有发达有线电信基础设施的国家希望通过 PLC 为人们提供互联网服务。这些国家也是高频无线电传输的主要目标区域。因此，PLC 与高频无线电接收之间的共存是非常重要的。

EN 50561-1 规定了解决方案，以解决来自 PLC 对短波收音机的干扰问题。

所有高频无线电频带的永久陷波将导致传统使用 2～30MHz 频率范围的 PLC 调制解调器面临 21%的通信频谱损失。

高频频率是否可用于无线电传输取决于天气条件和电离层的反射质量。电离层结构根据一天的时间和季节的变化而改变。每 11 年的太阳黑子周期也会影响无线电接收，详见 ETSI TR 102 616 附录 A[11]。广播电台永久性地在其目标区域内运行监测站以测量信号的接收质量，并相应安排他们的业务。

针对高频频段新的数字广播服务 DRM[12]，规范中包括了一个服务描述信道，它在传输调度变化之前告知接收机在哪个频率上传输将继续。

通常情况下，一个高频传输频带要么完全分配给无线电业务，要么是相对空闲的。这就是不必要对所有高频频带永久陷波的原因，否则会导致 PLC 调制解调器过多吞吐量的损失。

EN 50561－1中规定的认知频率排除提供了PLC与高频无线电广播之间最优的干扰降低措施，以及对PLC数据吞吐量和服务质量（Quality of Service，QoS）需求的最小影响。

22.4 "认知频率排除"的思想

"认知频率排除"是一种自适应过程，它从PLC中自动地排除所有正在被可接收无线电业务使用的频率，且无需任何用户或网络运营商的干预。

PLC调制解调器可以通过在插座上检测"噪声"（包括电缆上的无线电广播）来检测广播信号的出现。在被确认的高频无线电广播信号频率处，可以通过在发送PLC频谱中插入陷波，来将该频率排除出PLC发送信号。

从无线电台天线发出的高功率无线电广播信号将会被起天线作用的任何导线接收，如电网。无线电信号进入室内电源线示意如图22－1所示，广播信号可以在无线电广播信号的接收范围内实现检测。由于电力线是无源的，因此相互作用是适用的，即传递函数或者天线增益对信号的辐射和接收是相同的。在具有较高干扰可能性的频率处，广播信号的进入是非常明显的，相反在非辐射频率处可能没有干扰。

PLC调制解调器连接到电网上，并配备非常灵敏的模拟前端。为实现自适应调制，PLC调制解调器对电网上的噪声信号进行监测。该噪声信息可由调制解调器进行分析以识别可接收的无线电台。成功识别后，所有可接收无线电台的频率将从PLC发送频谱中排除。

无线电广播
发射台

图22－1　无线电信号进入室内电源线示意图

22.4.1 电力线上的无线电信号频谱

对于无线电信号频谱的研究，开始时是进行电网上的测量信号与空中天线现场测量信号的比较，但立刻就两个位置的高频无线电广播电台信号强度进行比较是非常困难的。鉴于时域上无线电信号传输的强动态衰落效应，即便在很短的时间内，接收到的高频信号也不具有相同的电平。这种时变效应通过在一段时间内对高频无线电台的电平监测来进行进一步研究。

（1）广播电台的衰落效应。图 22-2 所示为时域上高频无线电广播信号的衰落，图中显示了两个长时间监测的广播电台电平（6918、7106kHz）。这两个信号的传输均表现出强烈的衰落效应。6918kHz 信号的传输在记录 700s 后，信号电平下降了 40dB。显然，广播的传输时间安排发生了变化，且这种变化在高频广播中是非常普遍的。ETSI TR 102 616[11]的附录 A 中给出了高频广播频率调度的概述。

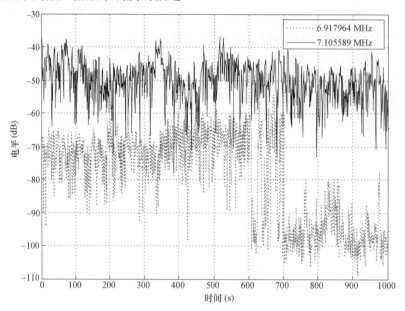

图 22-2　时域上高频无线电广播信号的衰落

相较具有典型特征的 6918kHz 电台，7106kHz 信号显示出相对平缓的衰落。在曲线的形状上存在着平坦处以及波谷处。衰落效应是由发射机与接收机之间信号的多径传播导致的。不同路径的来波可能相互叠加或抵消，这取决于它们到达接收机时的相位差。每条路径的相位可能会随着电离层的动态变化而变化。根据天气状况，电离层可以以 100km/h 以上的速度移动。这就是即使发射机与接收机位置相对固定，多普勒效应仍会影响高频信号接收，以及自动频率控制（Automatic Frequency Control，AFC）对短波无线电接收机十分有益的原因。在几秒钟之内，一个电台信号电平的变化范围可超过 30dB，因此，短波无线电接收机的自动增益控制必须具有较大的动态范围，以应对信号电平的这种波动。如果在电力线上检测高频广播电台，PLC 调制解调器也必须考虑信号电平的这种动态性。

（2）记录信号频谱的设置。图 22-3 所示为建筑物内的无线电业务测量布置，图中展示了用于比较空中电磁场和电力线上信号水平所需的设备。该测量在私人住宅、宾馆和办公楼内进行，使用垂直对齐双锥形探针的天线置于房间的中心位置，测量过程的照片可参见 ETSI TR 102 616[11]。施瓦茨贝科电场探针 EFS 9218[13]支持校准的现场测量，它为感兴趣的频率提供了一个恒定的天线系数。频谱分析仪通过使用一个探头交替连接到电网或者天线上。使用频谱分析仪的最大值保持功能记录信号的最大电平约 1min，分别得到图 22-4 和图 22-5 所示的室内任意位置 49m 频段的电场快照和连接到电源插座在 49m 频段测得的信号水平。

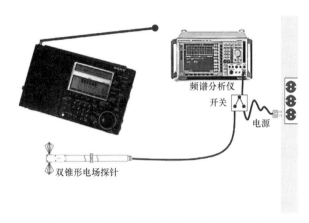

图 22-3　建筑物内的无线电业务测量布置

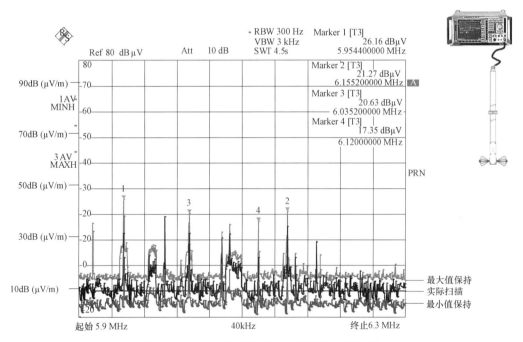

图 22-4　室内任意位置 49m 频段的电场快照

（3）记录的频谱。图 22-4 为室内任意位置 49m 频段的电场快照。ITU-R 将高频范围划分为多个频段[2]，每个独立的频段在其传输特性上都有优缺点。一些频段在白天的接收效果较好（如 19、16m），而另一些则在夜间表现出色（如 41、31m）。图 22-4 的 x 轴表示5.9～6.3MHz 的频率范围，每个间隔为 40kHz。图 22-4 的 y 轴由频谱分析仪以 dB（μV/m）表示，考虑到 18dB（μV/m）的天线系数[13]，y 轴转换为-2～98dB（μV/m）的电场，且每间隔采用 10dB 的比例。一些调幅广播可以轻松地识别出来，如 5954、6035、6155、6120kHz以及更多。例如，在 5950kHz，一个 DRM 传输是可见的。

图 22-4 和图 22-5 的全部扫描通过最大值保持（上方的曲线）和最小值保持（下方的

曲线）来记录，以获得不同信号的衰落情况。在图22-4中，5920kHz的调幅信号在记录期间被关闭了，该信号在最小值保持结果以及图22-5中均不可见。5954kHz的信号显示了平均衰落（约为20dB），且6005kHz的信号几乎没有衰落。黑色曲线代表快照被记录之前最新的频率扫描。

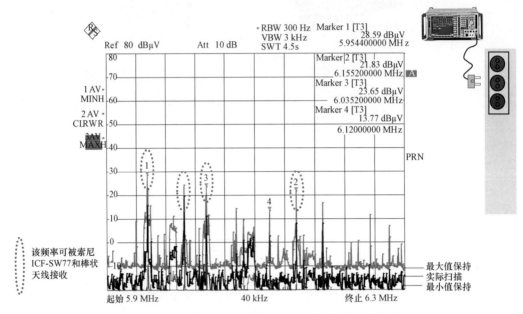

图22-5　连接到电源插座在49m频段测得的信号水平

考虑衰落情况以及在测量过程中一些电台可能被打开或关闭，图22-4和图22-5几乎相同。

图22-5记录了电力线上的传导信号，纵轴表示以dB（μV）为单位的电压。

1）一个DRM频谱的特征。DRM传输使用了正交频分复用（Orthogonal Frequency Division Multiplex，OFDM）——一种在10kHz频谱上具有88~228个载波的调制方案。DRM使用的载波数取决于对应典型传播条件下的传输模式。一个HF-DRM信号的频谱显示为10kHz宽的矩形谱。DRM规范[12]还允许采用5kHz和20kHz的带宽分配，而在高频频带通常使用10kHz频谱。某些DRM信号还可能在它们频谱的中央具有非常高的单载波，这对确保传统发送放大器的线性度是必要的。尤其是，DRM可使用部分原有调幅传输设施，如天线和放大器，以避免大量新投资。联播传输使用了一个周围具有DRM载波的调幅中心载波（如图22-4中5954kHz）。相比调幅信号，DRM具有更为多变的峰均比（Peak to Average Ratio，PAR），这在一些老旧的发射台曾经出现过，这也解释了位于频谱中心的载波（从30%调制深度的AM信号中已知）被保留的原因。在这种情况下，一些位于该DRM信道中间的OFDM载波将不被使用，且中央载波须由接收机予以滤除。

2）DRM和AM。如果一个PLC调制解调器需要检测这些信号，它将不区分AM或DRM。目前，PLC调制解调器OFDM的子载波间隔 f_{CS} 大约为20kHz，且子载波间隔是由系统的

奈奎斯特频率 f_{Nyquist}（ADC/DAC 采样时钟频率的一半）除以 PLC 调制解调器实现的 FFT 点数 *FFT_size* 来获得的。在文献［14］中描述的系统参数如下：

$$f_{\text{CS}} = \frac{f_{\text{Nyquist}}}{FFT\_size} = \frac{40\text{MHz}}{2048} = 19.531\text{kHz} \tag{22.1}$$

上述发送 OFDM 系统的子载波间隔 f_{CS} 与使用相同 FFT 点数 *FFT_size* 和采样频率的接收系统的分辨率带宽是相同的。PLC 系统的分辨率带宽也与噪声测量有关。文献［14］提出了提高噪声测量分辨率带宽的方法。如果将要检测的 AM 或 DRM 信号带宽小于测量系统的分辨率带宽，则其形状并不重要。由于 DRM 可重复使用调幅设备传输设施（放大器、天线），故它与 AM 载波应具有相同的信号功率。

图 22-5 中标注虚线环的电台可通过索尼 ICF-SW77 短波收音机的自动频率扫描功能接收。在白天单一时间以及该位置上，索尼 ICF-SW77 总计可接收到 22 个短波电台，其场强介于 29~68dB（μV/m）。在 ETSI 测试期间得到了相同数量级的测试结果，并公布在 ETSI TR 102 616[11] 中。

J·Stott 的英国广播公司研发白皮书 114[15] 给出了类似的测量结果。

所有这些测量有助于回答这样一个问题——哪些空中的调幅载波可以在电力线网络上被检测到？强于 20dB（μV/m）的无线电信号（采用 9kHz 的分辨率带宽测量）可显著增加电力线的本底噪声。

由于高频无线电广播信号振幅随时间显著变化，PLC 调制解调器应周期性地检测无线电信号的进入电平。这些信号的电平也取决于调制解调器的位置及所在电网的接线形式。

3）电力线上的噪声。如上文所描述和测量的那样，许多其他的噪声信号可能出现在电力线的频谱上。此外，诸如开关电源的噪声源会提高无线电广播信号的进入电平。在本章后续部分，当该进入的信号可被无线电装置接收时，定义了一个绝对门限和一个相对门限。

4）其他 PLC 传输。针对 PLC 的潜在干扰作进一步研究，由于 PLC 是在一栋建筑物内，可使用图 22-3 的测量布置来考察 PLC 的辐射干扰水平。通过并行地建立一个 PLC 传输，图 22-6 显示的 PLC 辐射频谱与图 22-4 相同，且 PLC 所辐射的噪声电平覆盖了大多数的无线电服务。

22.4.2　短波无线电接收机的灵敏度

文献［14］评估了高频无线电接收机的灵敏度。一对 AM 接收机在电磁屏蔽室内进行测试，以得到解调音频信号的信噪比（Signal-to-Noise Ratio，SNR）。此外，还进行了附加测试，以确定接收机自动电台扫描在何种电平下停止。进一步地，基于文献［16, 17］与 DRM 无线电规划参数开展了理论研究。所有的评估结果显示，高频无线电接收机的最小灵敏度为 22dB（μV/m）。

22.4.3　检测无线电信号的门限

高频无线电的传播特性是不稳定的。正如图 22-2 所示，时域上的衰落在接收端产生了严重的信号电平波动。在文献［18］中，ITU-R 规定了一个传输被目标设备接收的概率。如果 PLC 调制解调器使用最大值保持检波器检测高频无线电广播信号的进入，也需要考虑信号的这种短时变化。图 22-7 给出检测 HF 广播进入的门限值。

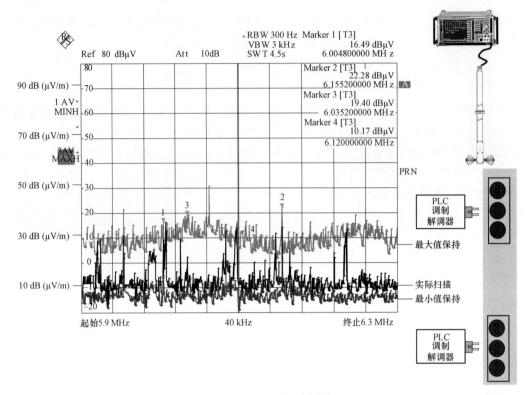

图 22 – 6　PLC 辐射频谱

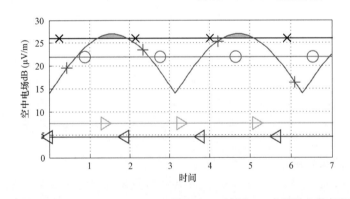

x——26dB（μV/m）的，留有 1dB
裕量的最大值保持；+——14～
27dB（μV/m），HF 广播的衰落；
o——22dB（μV/m），最小接收
机灵敏度；>——7dB（μV/m），
固有噪声与人为噪声；<——4dB
（μV/m）的底线，接收机的固有
噪声水平（等同于人为噪声）

图 22 – 7　检测 HF 广播进入的门限

图 22 – 7 中底线 "<" 是可预期的高质量接收机的固有噪声水平，7dB（μV/m）的线
">" 考虑了加性的人为噪声，而 $E_{min}=22$dB（μV/m）的线 "o" 包括了理论上 DRM[16] 或
所测量 AM 接收机的最小灵敏度[14]。基于文献 [18] 的统计信息，衰落线 "+" 显示了在
接收机位置所预期的信号。这种信号不可避免地受到一个大/小程度的衰落，且信号最大值
高于最小接收机灵敏度 $D_{u}S_{h}=5$dB[18]。DRM 的交织器用于使接收机免受这种衰落的影响。
如果 PLC 调制解调器需要一个 1dB 的检测裕量 $M_{to\_detect\_threshold}$，则根据衰落统计值，规定
在任意大于 10s 的时间间隔内需以 30% 的概率超过此门限。PLC 调制解调器须通过将线 "x" 提
高至 26dB（μV/m）来检测衰落线 "+"。为了检测衰落的最大水平，空中场强 $E_{field\_to\_detect}$

检测门限的计算如下：

$$E_{field\_to\_detect} = E_{min} + D_u S_h - M_{to\_detect\_threshold}$$
$$= 22dB(\mu V/m) + 5dB - 1dB = 26dB(\mu V/m) \qquad (22.2)$$

在图 22－7 中，26dB（uV/m）的门限由线"x"给出。如果 PLC 调制解调器使用平均值检波器而非最大值保持检波器，门限还会降低 5dB，这种情况与 PLC 调制解调器制造商的具体实现密切相关。

接收系数（Reception Factor，ReFa）描述了空中无线电广播电台电场强度与在插座上测量所得信号接收功率之间的关系，其定义参见 ETSI TR 102 616 测试报告[11]。公寓内接收系数的测量布置如图 22－8 所示。一个短波无线电接收机用于扫描频谱。如果某个电台可接收，则其电场及其在电力线上的信号电平就需要被测量。

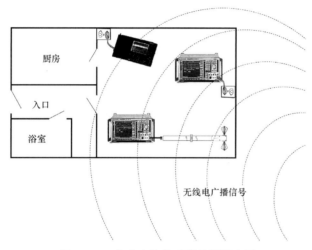

图 22－8　公寓内接收系数的测量布置

由图 22－8 所示的测量布置，可得到接收系数的累积统计概率，如图 22－9 所示。

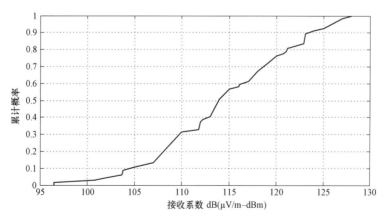

图 22－9　接收系数的累积统计概率

图 22－9 中，接收系数的值越低，电力线的天线增益越好。接收系数的中位值为 114dB

(μV/m)$-$dBm，80%累积概率处的值为 $ReFa_{80\%} = 121$dB(μV/m)$-$dBm。覆盖 80%情况，即具有 80%置信度的接收系数，可以从图 22$-$9 所示的分布函数导出。基于该值，电力线上信号电平的检测门限 $P_{\text{detect\_on\_mains}}$ 可由下式获得：

$$P_{\text{detect\_on\_mains}} = E_{\text{field\_to\_detect}} - ReFa_{80\%}$$
$$= 26\text{dB}(\mu\text{V/m}) - 121\text{dB}(\mu\text{V/m})\text{-dBm} = -95\text{dBm}$$

（22.3）

这个电平可以通过使用 9kHz 分辨率带宽和平均值检波器的频谱分析仪进行验证。

除了上述门限，还需一条准则以将短波电台与电网上的干扰源相分离。如图 22$-$5 所示，电力线上的广播无线电台在 PLC 调制解调器所测量的噪声中表现为窄带干扰。当前 PLC 调制解调器尚不能解调 AM 或 DRM 信号。然而，频域上的窄带干扰，即使是非常稳定的窄带干扰，在电力线的所有噪声源中也是唯一的，并可以由 PLC 调制解调器实现检测。被确认为可接收无线电台并值得由 PLC 调制解调器进行保护的窄带干扰，其电平必须满足以下两个标准。

（1）标准 1：一个相对门限，因为可用信号必须有一个最小的 SNR；

（2）标准 2：一个当信号超过无线电接收机最小灵敏度时的绝对门限。

PLC 调制解调器无法针对解调的调幅信号应用加权窗，并且不能如文献［19］中规定的那样测量信噪比，因此需要更为简单易行的方法。一个 PLC 调制解调器可能同时测量噪声以及信号的峰值电平。根据 ETSI TR 102 616[11]中的描述，对于最鲁棒的 DRM 传输来说，一个电台的最小 SNR 为 14.6dB，即为噪声与峰值信号电平之间的距离。

典型的噪声源不只有一个噪声电平。噪声与时间和频率均是相关的。为衡量一个广播电台的 SNR，需要使用该电台相邻的噪声。只要传输条件允许，一个高频传输频段将被密集地分配给无线电台。因此，测量所述频段内的噪声将导致一个积累了所有无线电信号的值，而并非周围的噪声。这就是 EN 50561$-$1 规定在低于或高于高频无线电频段的相邻频率上测量噪声基底的原因。相邻频率块必须由 PLC 调制解调器完整无缝地检测，以防止 PLC 调制解调器随意选取噪声值。最后，噪声基底为所有测量值的中位值，因为中位值不会受到个别较强带外电台峰值的影响。

在 EN 50561$-$1 中，当一个广播无线电台被定义为可接收时，给出了以下两个标准。

（1）标准 1：高于噪声基底 14dB。它比一个调幅收音机可成功收听语音所需的 SNR 低 3dB，并且比通常 DRM 传输所要求的 SNR 低约 11dB[16]。

（2）标准 2：由式（22.3）所得的绝对门限$-$95dBm。

在此基础上，允许 PLC 调制解调器有 15s 的处理时间。若不满足上述两个标准，则陷波将保持至少 3min。这个时间的滞后是在消费者对收听一个受干扰广播的接受程度以及 PLC 调制解调器的陷波处理能力之间取得的折中。该时间通过 STF332 任务组在测试过程中确定，且在 ETSI TR 102 616[11]中进行了验证。

22.4.4　陷波要求

当电力线上进入的信号被确认为一个可接收的广播电台时，其频率应从 PLC 通信中排除。在 OFDM 通信系统中，该频率排除的过程被称为陷波。EN 50561$-$1 就陷波的底部电平、宽度或坡度进行了描述。在 MIMO PLC 调制解调器的情况下，陷波必须被应用到每个传输信道。

（1）陷波的底部电平。陷波的底部电平可由两种不同方法获得：一是考察 EMC 标准中的电平[20]；二是以该电平将信号馈入到电源插座，并评估其是否会影响无线电接收。

1）考察方法。CISPR 22[20]规定了 B 类信息技术设备（5～30MHz）传导骚扰的电平为 $U_{AMN}=50dB\mu V$（分辨率带宽为 9kHz，平均值检波器）。

一个人工电源网络（Artificial Mains Network，AMN）（在 CISPR 16[21]中规定）被用来验证电源端口的限值。在测量输出端，它测量了差分馈入电压的一半。它遵循在 PLC 调制解调器连接的插座处，允许 U_{outlet} 为差分电压的两倍：

$$U_{outlet} = 2U_{AMN} = 50dB\mu V + 6dB = 56dB\mu V \qquad (22.4)$$

当将 $dB\mu V$ 使用一个 $Z=100\Omega$ 的特性阻抗转换为 dBm 时，在给定插座所允许的功率为：

$$P_{outlet} = 56dB\mu V - 110dB(mW/\mu V) = -54dBm \qquad (22.5)$$

在陷波的底部，基于式（22.1）可得 PLC 调制解调器的输出功率谱密度 PSD_{outlet} 如下：

$$\begin{aligned} PSD_{outlet} &= -54dBm - 10 \cdot lg(9kHz) \\ &= -54dBm - 39.5dB(Hz) = -93.5dBm/Hz \end{aligned} \qquad (22.6)$$

2）主观评价。噪声在插座附近馈入电网，且将无线电接收机也连接至该处。改变噪声的电平，评估其何时对短波无线电接收机的干扰最明显。通过人耳辨别接收情况来验证附加的噪声是否对短波无线电接收构成影响。当接收质量被视为受损时（评价信号质量、干扰、噪声、传播和整体（SINPO）[22]），记录下信号的电平。在多栋建筑物内的多处插座处，通过将无线电接收机调谐到不同的频率进行多次测试，ETSI TR 102 616[11]记录了其中的一些评价结果。如式（22.4）所示的噪声电平（$U_{outlet}=56dB\mu V$）对接收机影响不明显，当信号由此电平注入电网时噪声是难以察觉的。如果噪声额外增加了 10dB，人耳就能够检测到干扰。但是，如果收音机并非连接到电源而是由电池供电，干扰即会消失。通常，将无线电接收机连接到另一个插座也可解决干扰问题。

式（22.4）的值被认为是对陷波底部电平的一个好的选择，其中，EN 50561-1 规定了用于确认此电平的 PLC 调制解调器的测试环境。为使在频谱分析仪扫频的过程中底部电平可见，选择了 300Hz 的分辨率带宽。在比较进入信号电平的绝对值，CISPR 22 所给出的值以及陷波的底部电平时必须小心，需使用各自的分辨率带宽。

具有如 EN 50561-1 所规定陷波底部电平的 PLC 调制解调器将不会对一个短波无线电接收机造成干扰。

（2）陷波的宽度或坡度。为了避免干扰一个无线电广播电台，一个陷波的最小宽度应至少为 10kHz（无线电广播载波频率±5kHz）。通常，无线电广播业务的信道以最小 5kHz 为间隔进行划分，即中心频率为 5kHz 的倍数。如果 PLC 调制解调器检测出数个相邻的无线电广播电台，那么一个陷波的宽度应被调整为 5kHz 的整数倍。

在无线电广播中，来自相邻信道其他电台的载波间干扰（Intercarrier Interference，ICI）是一个严重的问题。相邻载波的信号幅度往往相差超过 30dB。这就是潜在载波间干扰的坡度被精确规定的原因，参见文献 [10, 16, 23, 24]。EN 50561-1 定义了一个陷波，其陷波坡度近似满足短波接收机（AM，DRM）保护比的要求。

PLC 调制解调器噪声测量的分辨率带宽通常与其 OFDM 子载波的宽度是一致的。为使用单载波陷波来保护一个广播电台，PLC 调制解调器需要提高其接收快速傅里叶变换（Fast Fourier Transformation，FFT）的分辨率带宽，以便能够精确定位高频载波的频率位置。

22.4.5　自适应 OFDM，信道与噪声估计

基于反馈信息的自适应通信最早于 1968 年提出[25]。如今，PLC 调制解调器为实现具有最小复杂度的陷波提供了良好的条件。载波自适应 OFDM[26]被用于有线和无线通信，它能够将一个子载波的比特加载［正交幅度调制（Quadrature Amplitude Modulation，QAM）星座］与信道的衰减和噪声情况相匹配。信道自适应过程是动态的，当信道发生改变时（例如电灯开关被打开），必须重新启动自适应过程。一些通信系统能够在几毫秒内做到这一点。自适应调制系统要求发射机（Tx）知晓接收机（Rx）的 SNR 信息，信道的传递函数由 Rx 进行测量并反馈至 Tx。自适应调制系统通过在发射机处利用信道信息，可以改善传输速率和误比特率。相比其他系统，特别是在衰落信道下，自适应调制系统表现出显著的性能提升。由于在实现一个自适应 OFDM 的过程中已经对信道和噪声进行了估计，因此噪声信息可以被重新分析用以确定可接收的无线电广播电台。在一个自适应 OFDM 系统中，每个子载波加载单独数量的信息。如果某些子载波由于被陷波而不携带信息，它也不会对系统造成额外的负担。这种自适应地使用载波、到陷波、到再次重用载波的方法，不会导致任何额外的工作。

图 22-10 为一个 PLC 链路 SNR 估计结果示例，具有最优 SNR 的频率使用了 4096-QAM 并被标记为“12 比特/载波”。具有较低 SNR 的频率使用了低阶星座映射，从 1024-QAM 至二相相移键控（Binary Phase Shift Keying，BPSK）。低于最鲁棒星座映射所需 SNR 的频率将不再用于通信，并可被陷波或抑制，如图 22-10 中 10MHz 附近子载波所示。

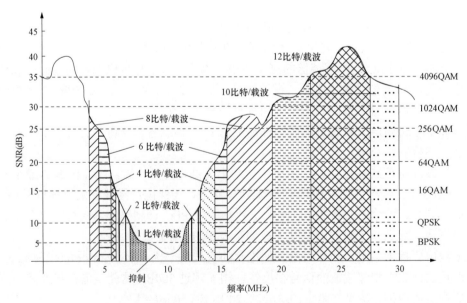

图 22-10　PLC 链路 SNR 估计结果

在以下两种情况时，需要从通信中删除一个载波：

（1）在该频率上无法满足实现最低阶星座映射所需的 SNR；

（2）在该频率上一个无线电台需要被保护。OFDM 仅提供了较低的旁瓣抑制（见 14.3.3 小节），其陷波的形状需要由额外的滤波器来改善。这些滤波器仅当陷波被触发以保护一个无线电业务时获得应用。

为了估计 SNR，需要测量信道的传递函数和噪声，这是通过对接收机解调数据的重新编码并将它们与接收信号进行比较来完成的。通信过程中的噪声测量甚至在陷波的子载波处也是有效的。如果噪声是通过计算所接收 OFDM 符号的方差来测量，那么子载波是被使用还是被陷波均不重要。图 22-11 为 PLC 演示系统在通信过程中进行的信道和噪声测量，其来自 PLC 调制解调器原型实现[14]的快照，显示了用每数据突发的 4 个训练符号测量的信道和噪声，图中频率范围为 0～40MHz，子载波间隔为 19.53kHz，纵轴为以 dB 为单位表示的相对电平，索引为 211 和 1506 的子载波分别是第一个和最后一个用于通信的子载波。图 22-11 中曲线（黑色实线）是通过 4 个训练符号的平均获得的信道传递函数，它显示了一个相对平坦的仅有 1 个 30dB 衰落的信道；其他三条曲线是通过计算 4 个接收到的训练符号的方差所测量的噪声；虚线显示了在截图之前最后一次测得的噪声信号，它在单个噪声值上具有较高的变化（>10dB），粗线代表最近 20 次噪声测量结果的中位值，而第三条噪声曲线（点线，黑色）则是这 20 次测量结果的最大保持值。对于检测门限来说，平均值和最大保持值更为合适。由高频无线电广播进入导致的窄带干扰清晰可见。

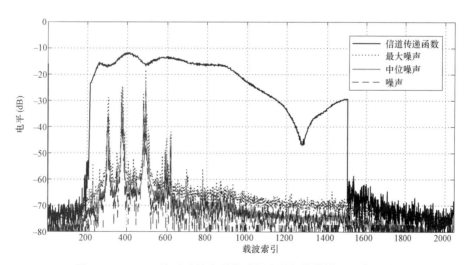

图 22-11　PLC 演示系统在通信过程中进行的信道和噪声测量

当多个 OFDM 符号顺序链接时，存在这样的缺陷，即在通信过程中的测量无法检测到以整数倍精确匹配训练符号重复频率的噪声频率。这种噪声不会提高所接收到训练符号之间的差异。为了克服这个问题，必须在前导、帧控制和数据符号之前插入可变的保护间隔。每个保护间隔的长度应该是独一无二的，以避免一个恒定的正弦波对同等影响每个训练符号的多个训练序列重复频率的频率造成干扰。HomePlug[27]或者 IEEE 1901 标准支持在一个数据突发内的多种保护间隔。IEEE 1901[见图 13-4 物理层协议数据单元（PHY Protocol Data Unit, PPDU）] 的数据突发从前导开始（一个 5.12μs 序列的 10 次重复），随后是具有 18.32μs 保护间隔的帧控制符号，然后是两个具有 7.56μs 保护的数据符号和进一步具有保护间隔的数据符号，该保护间隔可以根据信道特征从 13 个候选中选出。

如果噪声是在通信过程中测量的，则噪声在接收调制解调器被记录，而发射调制解调器负责无线电广播信号的检测和陷波。然而，在 PLC 通常使用的时分双工通信中，可以使用噪声测量的返回路径。为了在 Rx ADC 的动态范围内捕获通信信号和噪声信号，实现本章中所规定的动态功率控制是在通信期间测量噪声的先决条件。

另外，也可以在没有 PLC 通信的任何期间内测量噪声，这样一个静默期的最小长度由包括子载波间隔和符号持续时间在内的基本 OFDM 系统参数给出。OFDM 的符号持续时间为子载波间隔的倒数。例如，IEEE 1901 的子载波间隔 $f_{CS}=24.41\text{kHz}$ 产生的符号持续时间 T_{Symbol} 如下所示：

$$T_{Symbol} = \frac{1}{f_{CS}} = \frac{1}{24.41\text{kHz}} = 40.96\mu s \tag{22.7}$$

为了捕获一个噪声快照，该系统的 FFT 必须被立即填充，这里所需的时间等于系统的符号持续时间 T_{Symbol}。在一个多节点通信系统中，分配资源由设备的媒体接入控制（Medium Access Layer, MAC）层来实现。例如，对一个载波侦听多址接入（Carrier Sense Multiple Access, CSMA）的 MAC 层，无竞争帧间隔往往比符号持续时间更长，所有这样的间隙均可被用于测量噪声。

最后，为激活一个陷波，噪声可以在通信期间或者传输间隙测量。对于一个拟重用陷波频率的 PLC 系统，噪声必须在静默期间或在通信过程中的陷波频率内测量，且没有信号在用于测量噪声的陷波频率上传输。

22.5 在一个演示系统上的实现

为证明"认知频率排除"功能开展了一项可行性研究。在文献 [14] 中对所采用的 PLC 系统进行了详细描述，它主要关注于实现所需的功能，并支持快速开发。该系统采用了专有的 PLC 技术，且并不遵循任何诸如 HomePlug[27]、HD-PLC[28] 或 ITU-G.Hn[29] 的 PLC 标准。作为一个应用，该 PLC 系统从 Tx 到 Rx 传输高清晰度的视频流，并测量最大有效载荷数据，其物理层的最大吞吐量为 212Mbit/s。

22.5.1 PLC 调制解调器系统

使用如 24.2 小节描述的类似平台实现了 PLC 演示系统，该系统不具有 MIMO 特征。此处，基于各种噪声记录技术开展了统计评估，包括最大值保持、中位值和最新测量结果（如图 22-11 所示）。该可行性研究与传统 PLC 调制解调器相比增加了陷波滤波功能。

22.5.2 陷波滤波器环境

陷波滤波功能的实现需要一个可以检测无线电信号存在噪声测量单元和一个陷波滤波器。

22.5.3 无线电信号存在的检测

需要在被记录的噪声测量结果数量与激活一个陷波所需的检测速度方面找到一个平衡点。在 EN 50561-1 中，激活一个陷波的规定时间为 15s。结合图 22-7 的讨论，建议实现最大值保持检波器，以限定大量的噪声记录，并且确保衰落信号上部的 1dB 裕量可以被捕获。如果超过门限，必须对这些噪声值进行比较，陷波必须在超过该门限的频率处被激活。

22.5.4 陷波

陷波可以采用多种技术来实现。一种实现陷波的简单方法为使用小波变换 [30]，该方法对于从通信中删除一个载波是可行的，并且频谱的陷波深度取决于所使用小波的旁瓣。小波的波形决定了陷波的形状。而本节所描述的陷波可行性研究则采用了一个 FFT 变换的过程。FFT 的输出在时域上是非常尖锐的，但在频域上相比于小波的传输却能提供弱化的旁瓣。可以采用加窗技术实现 FFT 系统的频谱整形。另一种方法为在发送信号频谱中使用附加的滤波器来设计陷波，解决方案如下所述。

（1）加窗对频谱和陷波形状的影响。在起草 HomePlug AV2 规范时考虑了高效的陷波技术（详见第 14.3.3 节）。

（2）自适应带阻滤波器。实现陷波的另一可选择方法为使用可调带阻滤波器来滤除非预期的频率。在这里所描述的可行性研究中，实现了一个二阶无限长单位冲激响应（Infinite Impulse Response，IIR）滤波器的级联结构。该滤波器块由五个乘法器、四条延迟线和一个加法器构成。如在 EN 50561-1 中规定的那样，滤波器块个数与陷波频率有关，最多需要三个滤波器块来实现一个陷波。使用滤波器的单位圆可以对计算滤波器系数的算法进行说明。零点位于由角度所规定频率的单位圆上，极点以相同角度位于零点附近，且在单位圆内以保证稳定性。零点和极点之间的距离决定了陷波的衰减。文献 [14] 中详细描述了该算法。

22.6 在建筑内对"认知频率排除"的验证

PLC 原型系统应在建筑内实际与嘈杂的环境下进行测试，以验证"认知频率排除"的功能。

如前面所述，高频无线电广播传输会不时地改变它们的发送频率。为了符合 EN 50561-1 下的所有标准，高频广播电台的跳频需要 PLC 实现"认知频率排除"的功能。在私人建筑内的实际广播条件下对该场景进行监测是非常有趣的。在 ETSI 测试期间，一个位于斯凯尔顿（英国）的无线电广播电台可根据测试的需要来安排任意无线电业务的传输。为了验证 PLC 系统的动态行为，斯凯尔顿的电台从 7225kHz 切换至 7320kHz。在位于斯图加特（德国）的测试地点，使用了两个短波无线电接收机来监测这一事件，且每个收音机被调谐到其中一个频率上。此外在该建筑内，还有来自于"认知频率排除"演示系统的 PLC 信号在并行传输。

图 22-12 显示了在测试现场所发生动作的时间表。横轴表示时间，单位为秒。在电台发生跳频之前，被调谐到 7225kHz 的第一个收音机接收到了质量良好的 AM 信号。PLC 系统对该频率进行了陷波，即 PLC 系统对这个无线电台是没有干扰的。在第二个被调谐到

7320kHz 的收音机上该 PLC 信号被清晰地察觉到。

图 22-12 为演示验证系统记录的陷波跳频过程，将时间轴的触发设定为 0s，该时间对应无线电广播信号在第一个收音机上消失的时间，即斯凯尔顿发射台已经停止了广播。13s 过后，在第二个收音机上注意到 7320kHz 信号开始传输。1s 过后，7320kHz 的调幅信号正式开始。在第二个收音机上可以收听到该广播服务，但它仍然受到 PLC 传输的干扰。3s 之后，PLC 设备检测到了该电台的出现，并插入了一个陷波以保护 7320kHz，这在第二个收音机干扰停止后被观察到的。大约 1min 后，7225kHz 的频率由 PLC 系统重新使用，此时 PLC 信号由第一个仍然调谐到该频率上的收音机观察到。目前，EN 50561-1 在一个频率由 PLC 系统重新使用之前规定了一个 3min 的时间段，但是在早期 ETSI TS 102 578[5]规范草案仍处于修改时，1min 的时间滞后就足够了。

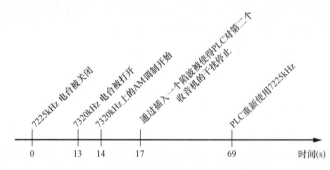

图 22-12　由演示验证系统记录的陷波跳频过程

为评价一个 AM 无线电台的质量，在文献［22］中对 SINPO 假设进行了标准化，涉及信号强度、干扰、噪声和传播特性的独立估计。可以使用频谱分析仪对信号强度和传播进行测量，噪声和干扰电平则通过人耳来估计。这种方式下很难对噪声源进行识别。听者的印象被记录下来而不采取任何进一步的行动。在 ETSI 测试期间，当"认知频率排除"未激活时，PLC 往往是占主导地位的干扰源。最终，整体估计由单独特性的平均来给出。在测试期间，根据 SINPO 进行了 168 次无线电信号质量评价，每次评价结果均记录在测试报告 ETSI TR 102 616[11]中，包括在电力线上的信号电平以及电场。图 22-13 显示了声音质量主观评价直方图，SINPO 共可分为以下五个等级。

（1）等级 1：不可用。没有听众会调整到如此恶劣质量的电台进行收听。

（2）等级 2：差。语音可能会被理解。

（3）等级 3：良。可能可以欣赏音乐，但质量有限。

（4）等级 4：好。调幅音频质量。

（5）等级 5：优秀。通常，一个调幅广播不会达到 5 级，只有 DRM 在高频频段支持该等级。

在测试现场，针对每个接收到的无线电台完成了三次 SINPO 评价。

（1）第一次：关闭 PLC（图 22-13 右列）；

（2）第二次：启动具有"认知频率排除"功能的 PLC 传输（图 22-13 中间列）；

（3）第三次：无陷波功能的 PLC 传输（图 22-13 左列）。

为确保每个电台均被捕获，使用索尼 ICF-SW77 在所有高频传输频带内执行电台扫描，并针对电台扫描停止处的每个电台进行 SINPO 评价。

图 22-13 表明，当 PLC 系统激活"智能陷波"来传输数据以及将 PLC 关闭时，HF 无线电业务的接收质量没有差别。右侧和中间列具有相同的高度。当 PLC 系统不插入陷波来发送数据时，许多广播电台退化到了无法使用的质量。

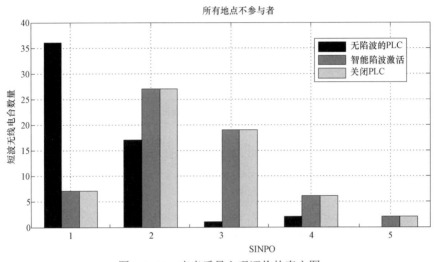

图 22-13 声音质量主观评价的直方图

22.7 对未来电磁兼容协调的展望

目前，认知无线电或动态频谱分配是一个庞大的研究领域。在 DVB、数字红利、OFDM 叠加系统、移动卫星服务的频率管理、DSL 动态频谱管理等方面有很多理念均与该概念相关。频率资源是极其稀缺的，故应尽可能高效率地分配频率资源。如果智能设备均能够适应本地情况而不会对其他应用造成干扰，那么 EMI 的传统观念将被颠覆。过去，针对 EMI 辐射与抗扰度总是存在恒定的限值，而认知系统则改变了这一模式。考虑具有大量载波的自适应 OFDM 传输，"认知频率排除"或"智能陷波"仅会对传输比特率造成轻微下降，这是因为只有低信噪比的载波被丢弃了。连续分析使得系统在最小化干扰的同时，根据当前条件优化吞吐量。

EN 50561-1 是首个嵌入了动态认知干扰抑制技术的 EMC 标准。

如下视频说明了在公寓内 PLC"智能陷波"系统的实现：

（1）PLC 与索尼 ICF SW 77[31]；

（2）PLC 与山进 ATS 909[32]；

（3）PLC 与罗伯茨 DRM 接收机[33]。

参考文献

[1]　EN 50561-1, Power line communication apparatus used in low-voltage installations-Radio disturbance

characteristics – Limits and methods of measurement – Part 1: Apparatus for in-home use.

[2] ITU-R Radio Regulations, edition of 2004.

[3] Stott, J. and Salter, J., BBC R&D White Paper WHP067, The effects of powerline telecommunications on broadcast reception: Brief trial in Crieff. http: //downloads.bbc.co. uk/rd/pubs/whp/whp-pdf-files/ WHP067.pdf, accessed May 2013.

[4] European Telecommunication Standardization Institute, Technical Committee on Power Line Transmissions(ETSI TC PLT). http: //www.etsi.org/WebSite/Technologies/Powerline.aspx, accessed May 2013.

[5] ETSI TS 102 578 V1.2.1 (2008-08), PowerLine Telecommunications(PLT);Coexistence between PLT modems and short wave radio broadcasting services.

[6] IEC, CISPR/I/257/CD, CISPR22 – Limits and method of measurement of broadband telecommunication equipment over power lines, February 2008.

[7] IEC, CIS/I/301/CD, Amendment 1 to CISPR 22 Ed.6.0: Addition of limits and methods of measurement for conformance testing of power line telecommunication ports intended for the connection to the mains, July 2009.

[8] IEC, CIS/I/302/DC, Comparison of the RF disturbance potential between Type 1 and Type 2 PLT devices compliant with the provisions of CISPR/I/301/CD and EUTs compliant with the limits in CISPR 22 Ed.6.0, July 2009.

[9] IEEE Std 1901-2010, IEEE Standard for Broadband over Power Line Networks: Medium Access Control and Physical Layer Specifications. http: //grouper.ieee.org/groups/1901/, accessed May 2013.

[10] Minimum Receiver requirements for DRM, Draft version 1.5.

[11] ETSI TR 102 616 V1.1.1 (2008-03) PowerLine Telecommunications (PLT); Report from Plugtests™ 2007 on coexistence between PLT and short wave radio broadcast;Test cases and results. http: //www.etsi.org/ plugtests/plt/plt1.htm, accessed May 2013.

[12] ETSI ES 201 980(V2.2.1). Digital Radio Mondiale(DRM); System Specification.http: //www. drm.org/, accessed May 2013.

[13] Schwarzbeck EFS 9218, Active electric field probe with biconical elements EFS 9218 and built-in amplifier. http: //www.schwarzbeck.com/Datenblatt/m9218.pdf, accessed May 2013.

[14] Schwager, A., Powerline communications: Significant technologies to become ready for integration. Doctoral thesis, University of Duisburg-Essen, Essen, Germany, 2010. http:// duepublico.uni-duisburg-essen.de/servlets/DerivateServlet/Derivate-24381/Schwager_Andreas_Diss.pdf, accessed May 2013.

[15] Stott, J. H., BBC R&D White Paper WHP114, Co-existence of PLT and radio services – A possibility?June 2005.http: //downloads.bbc.co.uk/rd/pubs/whp/whp-pdf-files/WHP114.pdf, accessed May 2013.

[16] ITU-R Rec. BS. 1615, Planning parameters for digital sound broadcasting at frequencies below 30MHz.

[17] ITU-R Rec.P.372-8, Radio Noise.

[18] ITU-R Rec.P.842-2, Compotation of reliability and compatibility of HF radio systems.

[19] EN 60315-3: 2000, Methods of measurement on radio receivers for various classes of emission. Receivers for amplitude-modulated sound-broadcasting emissions.

[20] CISPR 22: 1997, Information technology equipment – Radio disturbance characteristics – Limits and methods of measurement.

[21] CISPR 16-1-1, Specification for radio disturbance and immunity measuring apparatus and methods – Part 1-1: Radio disturbance and immunity measuring apparatus – Measuring apparatus.

[22] ITU-R Rec.BS.1284, General methods for the subjective assessment of sound quality. See http://stason.org/TULARC/radio/shortwave/08-What-is-SINPOSIO-Shortwave-radio.html, accessed October 2007.

[23] ITU-R Rec.BS.703, Characteristics of AM sound broadcasting reference receivers for planning purposes.

[24] ITU-R Rec.560-3 1, Radio-frequency protection ratios in LF, MF and HF broadcasting.

[25] Hayes, J.F., Adaptive feedback communications, IEEE Transactions on Communication Technology, COM-16, 29–34, February 1968.

[26] Lee, J.-J., Cha, J.-S., Shin, M.-C.and Kim, H.-M., Adaptive modulation based power line communication system, Advances in Intelligent Computing (Lecture Notes in Computer Science), Springer, Berlin, Germany, 2005, Vol.3645, pp.704–712.

[27] Homeplug. http: //www.homeplug.org/, accessed May 2013.

[28] HD-PLC Alliance. http: //www.hd-plc.org/, accessed May 2013.

[29] ITU-T.2011.G.9960, Unified high-speed wireline-based home networking transceivers – System architecture and physical layer specification.

[30] Sandberg, S. D. and Tzannes, M. A., Overlapped discrete multitone modulation for high speed copper wire communications, Journal on Selected Areas in Communications, 13(9), 1571–1585, December 1995.

[31] Video 'Smart Notching' demonstrator and AM receiver Sony ICF-SW77. http: //plc.ets.uni-duisburg-essen.de/sony/SmartNotching_ICF-SW77.wmv, accessed May 2013.

[32] Video 'Smart Notching' demonstrator and AM receiver Sangean ATS 909. http: //plc.ets. uni-duisburg-essen.de/sony/SmartNotching_Sangean.wmv, accessed May 2013.

[33] Video 'Smart Notching' demonstrator and DRM receiver Roberts MP-40. http: //plc.ets.uni- duisburg-essen.de/sony/SmartNotching_DRM.wmv, accessed May 2013.

23

降低 PLC 对广播电台的干扰

23.1　引言

近年来，智能电网受到了来自学术界与工业界的广泛关注，多种通信技术都被使用并作为实现智能电网的基础。然而，电力线载波通信（Power Line Communication，PLC）可以提供一个更为广泛和普遍的解决方案[2]。迄今，窄带（Narrow Band，NB）（3～500kHz）和宽带（Broad Band，BB）（2～100MHz）PLC 已经得到了逐步发展[3, 4]。特别是在过去的5 年里，具有 10～500kbit/s 的相对较高数据速率的多载波 NB PLC 的出现引起了工业界极大的兴趣，它被认为适用于部分智能电网。

虽然多载波 NB PLC 用于自动抄表（Automatic Meter Reading，AMR）是足够的，但是如果通信带宽被限制在 500kHz 以下，它可能将无法支持未来具有严格实时要求的智能电网业务。进一步地，鉴于高噪声功率、低接入阻抗和显著的时变性，用于数据传输的低频电力线信道被认为是一个相当恶劣的介质。一方面，高频电力线信道具有更低的噪声水平；另一方面，它们的衰减随着频率增加而增加（特别是地埋电缆）。即便如此，在接入网层面，低频和高频信道对于 PLC 链路来说均是不可或缺的。除此之外，注意到中波（Media Wave，MW）频段（0.500～1.6MHz）不仅可以在噪声与衰减之间取得一个有吸引力的折中，还可以扩大 NB PLC 的信道容量并增强 PLC 接入网的覆盖范围。因此，它被视为用于 PLC 传输的另一个潜在选择。

作为一个初步的例子，为了显示用于 PLC 接入系统的中波频率的潜力，通过同时对噪声和衰减特性进行研究，在中波波段和低于 500kHz 的低频信道间进行了简单的比较，其中相应的信道测量在我国典型的低压（Low Voltage，LV）电力线接入网上进行。为了方便比较，引入了链路质量指示（Link Quality Index，LQI）$LQI(f,t)$ 的概念，其定义如下：

$$LQI(f,t) = Noise(f,t) + Loss(f,t) \qquad (23.1)$$

式中：$Noise(f,t)$ 和 $Loss(f,t)$ 均在 PLC 接收机获得。

这样一来，在指定分辨率带宽、频率 f 和时间 t 的情况下，$LQI(f,t)$ 可被理解为在接收机获得一个等效的 0dB 信噪比（Signal to Noise Ratio，SNR）所需的发射信号电平。显然，$LQI(f,t)$ 越小，在接收机获得的 SNR 需要的发射电平越低，这表明信道更好的。根据测量结果，图 23－1 和图 23－2 分别显示了一组在 30～500kHz 和 0.5～1.6MHz 频段具有 10kHz 分辨率带宽的 LQI 曲线，其中，噪声和衰减的单位统一为 dBuV 和 dB，并且噪声通过频谱分析仪的均方根值检波器测得。从统计结果可以看出，中波频段具有更低的 LQI 值，显示了这个新的频率范围用于 PLC 传输的潜力。

494

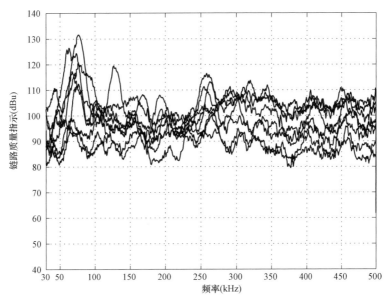

图 23-1   一组在 30～500kHz 频段具有 10kHz 分辨率带宽的 LQI 曲线

然而，注意到当使用 0.5～1.6MHz 频段时，可能对中波广播电台造成干扰。这是因为非屏蔽的低压电力线并不是为高频数据传输而设计的，它们的电磁辐射可能会干扰周围的无线电服务。表 23.1 为 505kHz 至 1.606 5MHz 频段我国无线电频率划分规定[5]，证实了广播为该频率范围内的主要应用。

实际上，许多文献都密切关注了 PLC 的辐射效应。例如，在实验室实验的基础上，文献［6］开展了与一个 PLC 系统相关的电磁兼容问题的深入研究。国家电网公司在 AMR 规范中规定了 PLC 的辐射限值[7]。

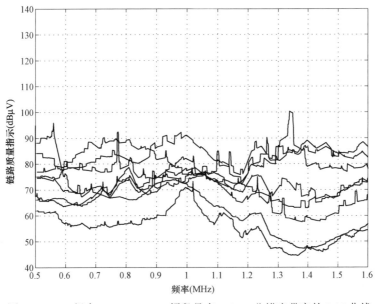

图 23-2   一组在 0.5～1.6MHz 频段具有 10kHz 分辨率带宽的 LQI 曲线

表 23.1 505kHz～1.606 5MHz 频段我国无线电频率划分规定

频 率 范 围	应 用
505～526.5kHz	海上移动业务，航空无线电导航
526.5～535kHz	广播，航空无线电导航
535kHz～1.606 5MHz	广播

为解决上述共存问题，认为 PLC 已被采用并作为一种潜在的检测与干扰抑制方案，其引入了陷波机制，通过使 PLC 不在广播频率上发射信号来保护合法的无线电业务。这个理念最早由施瓦格提出[8]，类似的研究也可以在文献［9，10］中找到。特别地，文献［11，12］针对认知 PLC 提出了基于频谱分析仪和 SNR 的检测作为 PLC 的动态陷波方法。进一步地，ETSI TS 102 578 和最近批准的 CENELEC FprEN50561-1 也规定了相应的检测和陷波标准，以在室内 PLC 和短波（Short Wave，SW）无线电广播之间实现一个和谐的共存[13,14]。

注意到之前大多数的研究工作局限于室内 PLC，而非针对智能电网应用的室外电力线接入网络，其中，后者具有一个不同的共存场景。一方面，室外 PLC 接入系统对室内无线电听众的影响程度尚未深入研究；另一方面，认知 PLC 也可以被用于保护 PLC 接入系统免受外部的无线电干扰。特别地，在本章中，采用认知 PLC 来挖掘中波频段用于 PLC 传输的潜力，这一点在过去尚未被详细研究。

本章余下部分内容分别为：第 23.2 节描述了测试场景与测量设置。第 23.3 节详细分析了我国两个典型的低压电力线接入网络取得的测量结果。第 23.4 节提出了作为认知 PLC 机制的自适应检测（Adaptive Detection，AD）方法。第 23.5 节总结了本章内容。

23.2　测试场景与测量设置

我国对两个典型的低压电力线接入网络开展了相关测量。

（1）测试现场 1：位于浙江省义乌市东北部郊区的一个村庄，代表了农村和架空线路环境。

测试现场 1 的部分低压电力线接入网络，如图 23-3 所示。根据网络的拓扑结构，选择了两个代表性的测量点（Measurement Point，MP）来研究中波广播电台对电力线的干扰，其中，MP1 表示配电室内变压器的低压出线端，MP2 为安装于一栋两层住宅外墙的一个单相电能表。

（2）测试现场 2：位于河北省邯郸市东部的居民住宅区，代表了城市和地埋电缆环境。

图 23-4 为测试现场工地部分低压电力线接入网络，可以看出，地埋电缆连接变压器与建筑物 A、B 的房屋接入点（House Access Point，HAP），电缆长度分别约为 50、350m。建筑物 A 有三个单元，每个单元有 6 层，并包含了一个有 12 个单相电表的表箱。建筑物 B 有一个单元，该单元有 8 层，并包含了一个有 16 个单相电表的表箱。电表箱和 HAP 之间的典型距离为 5～20m。在该测试场景下，四个测量点均被选择用于测量，其中，MP1 为配电室内变压器的低压出线端，MP2 为建设物 A 的 HAP，MP3 代表建筑物 A 第二个单元的电表箱，MP4 代表建筑物 B 的 HAP。

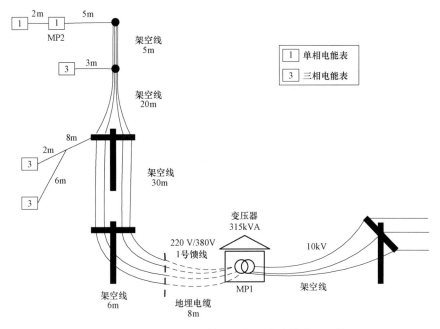

图 23-3 测试现场 1 的部分低压电力线接入网络

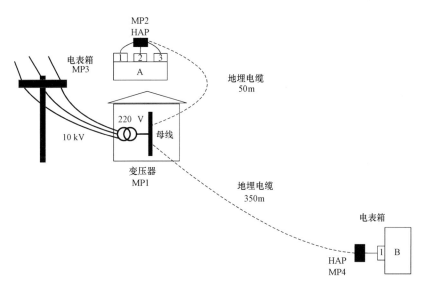

图 23-4 测试现场 2 的部分低压电力线接入网络

测量设备包括一个无源耦合器、一个外部衰减器、一台频谱分析仪和一个笔记本电脑。为了验证从电力线上取得的测量结果，还需要一个中波无线电接收机和一架环形天线。图 23-5 为基于频谱分析仪的测量设置，笔记本电脑上已经安装了专用软件来收集和处理数据。频谱分析仪和笔记本电脑均由自身电池供电，因此避免了由测量设备引入干扰。

无源耦合器在中波频段的插入损耗如图 23-6 所示，这表明 0.5～1.6MHz 范围内的中波频段信号可以无明显损失地通过。测试过程中频谱分析仪参数设置见表 23.2。

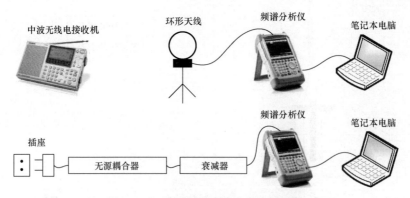

图 23－5　基于频谱分析仪的测量设置

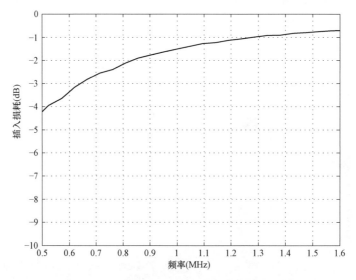

图 23－6　无源耦合器在中波频段的插入损耗

表 23.2 频谱分析仪参数设置

分辨率带宽（kHz）	视频带宽（kHz）	跟踪模式	检波器
10	10	平均 10 次	最大峰值

对各个测试现场的测量点，应按下述步骤进行测量：

（1）使用中波无线电接收机记录 0.5～1.6MHz 范围内可听见声音的广播频率。

（2）为了确认，基于环形天线对中波无线电信号进行测量。

（3）由频谱分析仪抓取低压电力线相线和中性线之间的噪声，并将其分别与步骤（1）、（2）得到的结果比较，以验证中波广播电台是否在电力线上引起了窄带干扰。

23.3 测量结果与分析

本节包括两部分：第一部分展示和分析了在每个测试现场所取得的测量结果，为了更深入地研究中波广播对电力线的干扰，也提供了这两个测试现场附近中波电台的详细信息供参考；第二部分介绍如何通过现场试验对 PLC 的电磁干扰（Electromagnetic Interference，EMI）进行评估。

23.3.1 电力线上基于频谱分析仪的测量

测试现场 1 的 MP1 获取中波频段具有 10kHz 分辨率带宽的环形天线和电力线测量结果分别如图 23-7 和图 23-8 所示，其中，前者对应于 23.2 节中测试步骤（1）、（2），后者侧重于在电力线上的噪声测量。在测试期间，使用了中波无线电接收机，且图 23-7 中标注的圆圈表示在这些频率处可以检测到一些具有可听声音的广播电台。可以看出，接收机发现了 10 个中波广播电台，其频率与那些由环形天线测量所得信号峰值的频率吻合得很好。在本节中，针对环形天线的测量结果，纵轴的单位通过使用自由空间阻抗（377Ω）、天线系数和测量接收机的输入阻抗（50Ω）统一为 dBm。由于环形天线的朝向也会显著影响测量结果，因此将天线在三维空间中旋转，以预先确定无线电信号的到达方向。注意到前两个低于 600kHz 的中波广播电台呈现出高于 -60dBm 的较强的功率水平，而其余的信号则相对较弱。事实上，参照当地的频率规定，义乌市没有中波广播电台。表 23.3 总结了义乌市附近中波广播电台的详细信息，它展示了在测量过程中所确定的 10 个可听频率的一部分，而其他可听频率可能对应于相邻省份的无线电台，此处省略了详细信息。

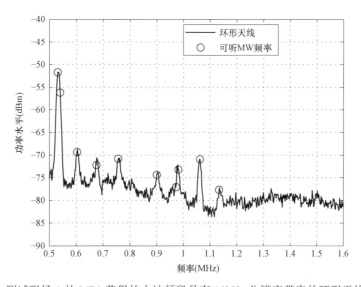

图 23-7 测试现场 1 的 MP1 获得的中波频段具有 10kHz 分辨率带宽的环形天线测量结果

然而，如图 23-8 所示，中波广播电台没有对电力线的噪声基底造成任何明显的干扰。

一个可能的原因是，MP1 中波频段的电力线噪声水平非常高，其中所记录的最大噪声功率达到−45dBm（−85dBm/Hz）。因此，它淹没了微弱的无线电信号；另一个潜在的原因是，根据接入网络的拓扑，电网可能不提供回路特性，由于这种天线效应，微弱的中波无线电信号可能较难在电力线上被检测到。

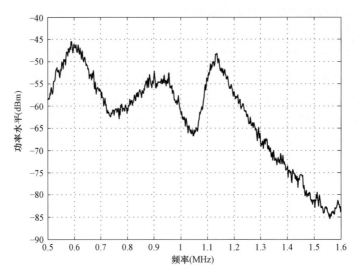

图 23−8　测试现场 1 的 MP1 获得的中波频段具有 10kHz 分辨率带宽的电力线测量结果

表 23.3　　　　　　　　　　　　义乌市附近中波广播电台的详细信息

频率（kHz）	省	市	功率（kW）	广播电台	时间	电台地址	到义乌的距离（km）
531	浙江	金华	10	浙江之声	24h	虎头村	45
540	浙江	宁波	10	中国之声	04:00～13:35	望江村	153
603	浙江	金华	1	经济之声	24h	虎头村	45
675	浙江	金华	1	金华新闻	05:30～00:00	虎头村	45
756	浙江	金华	1	中国之声	05:00～00:00	虎头村	45
1134	浙江	丽水	—	浙江之声	24h	大吉村	91

图 23−9 和图 23−10 分别为测试现场 1 的 MP2 获得的中波频段具有 10kHz 分辨率带宽的环形天线和电力线测量结果该位置代表了一处民房的一个单相电表。如第 23.2 节所述，MP2 比 MP1 更接近电力用户，且室外的架空线直接与该电表相连接。注意到这两个测量点之间电力线噪声基底的差异可能导致不同的广播电台检测结果。然而，与图 23−8 的结果类似，中波广播电台仍然无法在电力线上被检测到。

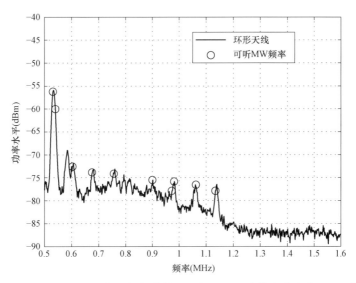

图 23－9 测试现场 1 的 MP2 获得的中波频段具有 10kHz 分辨率带宽的环形天线测量结果

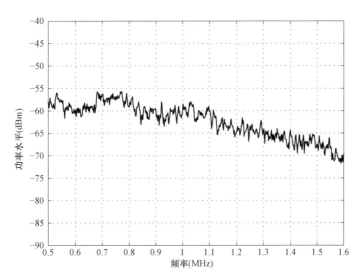

图 23－10 测试现场 1 的 MP2 获得的中波频段具有 10kHz 分辨率带宽的电力线测量结果

为了更仔细地研究中波广播对电力线的干扰，显示了另一组在测试现场 2 的每个测量点所取得的测量结果。标记于图 23－11 中的叉号表示按照当地频率规定的中波广播频率，且邯郸市中波广播电台的详细信息于表 23.4 中列出。与图 23－7 和图 23－9 中由环形天线测得的功率水平相比较，可以看出在该测试现场对应于本地中波广播的信号更强。这是因为广播电台的位置靠近测试现场，因此，由中波无线干扰引起的电力线窄带噪声也变得更加明显。在此基础上，它显示了在某些情况下中波广播信号可以在电力线上进行检测。然而，在电力线上也有一些峰值被检测到，但它们却并不代表实际的中波电台，应注意不要误检。

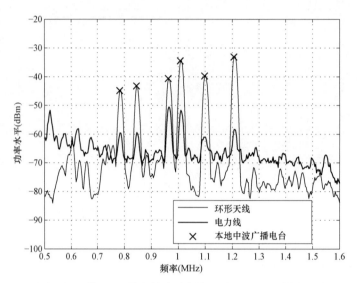

图 23-11　测试现场 2 的 MP1 获得的中波频段具有 10kHz 分辨率带宽的测量结果

表 23.4　　　　　　　　　　　邯郸市中波广播电台的详细信息

频率（kHz）	省	市	功率（kW）	广播电台	时间	电台地址	到测试现场 2 的距离（km）
783	河北	邯郸	—	河北新闻	05:00～15:00	南堡村	6.5
846	河北	邯郸	—	邯郸戏曲	05:00～22:00	南堡村	6.5
963	河北	邯郸	10	邯郸新闻	05:00～24:00	南堡村	6.5
1008	河北	邯郸	10	邯郸交通	05:00～24:00	南堡村	6.5
1098	河北	邯郸	—	邯郸交通	05:00～24:00	南堡村	6.5
1206	河北	邯郸	10	邯郸经济	05:00～24:00	南堡村	6.5

图 23-12 和图 23-13 分别展示了在测试现场 2 的 MP2 和 MP3 获得的中波频段具有 10kHz 分辨率带宽的测量结果。以 MP2 为例，由于无线电信号强度的变化，由环形天线测得的对应于 846kHz 广播电台的信号功率水平比图 23-11 中的相应曲线低近 20dB。这种趋势在图 23-13 所示的 MP3 更加明显。由于电表箱安装在建筑物 A 的第二个单元内，建筑物的外墙将阻止无线电信号被天线检测到，因此导致了更低的功率水平。考虑在电力线上的噪声测量，部分本地中波广播频率可以被识别出来。然而，在某些情况下，某些广播电台在电力线上可能仍无法检测出。注意到在 MP2 和 MP3 无法检测的广播频率可以在 MP1 被观察到，反之亦然。因此，通过将接入网不同地点获得的检测结果进行融合，可能形成一种更可靠检测方法。

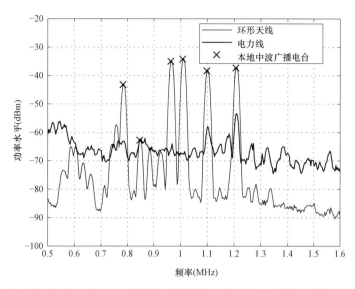

图 23-12 测试现场 2 的 MP2 获得的中波频段具有 10kHz 分辨率带宽的测量结果

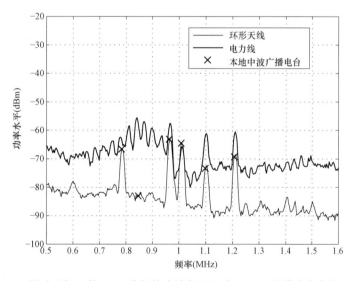

图 23-13 测试现场 2 的 MP3 获得的中波频段具有 10kHz 分辨率带宽的测量结果

众所周知，短波广播电台可能由于电离层的反射而具有一个动态的信号电平。因为中波广播信号主要通过地波来传播，因此与短波电台相比，在时域上中波信号强度的衰落可能不太明显。为了验证这一特性，图 23-14 和图 23-15 分别显示了在测试现场 2 的 MP4 针对本地中波广播电台电环形天线测得的具有 10kHz 分辨率带宽的一系列功率值和中波频段具有 10kHz 分辨率带宽的一系列电力线测量结果。在 2012 年 12 月 27 日 12:40～14:30 的时间间隔内，每 10min 进行 1 次测量，并分别针对环形天线和低压电力线取得了 12 组数据。从图 23-14 中可以看出，对应于表 23.4 列出的 6 个本地中波广播电台信号功率水平的曲线几乎是平坦的，1008kHz 频率除外。这些结果表明通过环形天线测得的中波电台功率水平是相对稳定的。然而，根据图 23-15 中所示的电力线测量结果，在整个 2h 内，部分本地中波广播电台可以被清晰地看到，而另一些电台可能仅出现一段时间，这直观地说明了一个测量位置时变的电力线噪声基底可能会导致不同的中波电台检测结果。

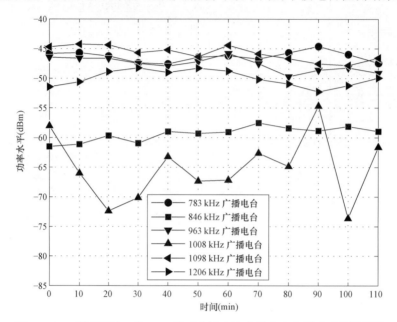

图 23-14 测试现场 2 的 MP4 针对本地中波广播电台由环形天线测得的
具有 10kHz 分辨率带宽的一系列功率值

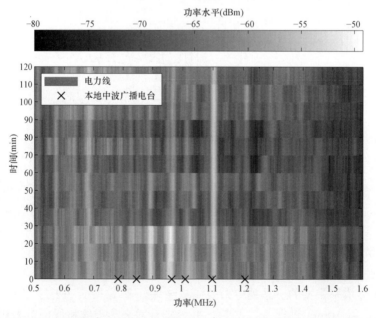

图 23-15 测试现场 2 的 MP4 获得的中波频段具有 10kHz 分辨率带宽的一系列电力线测量结果

23.3.2 PLC EMI 问题的现场测试

本节通过对测试现场 1 的 MP2 进行一项简单的现场测试来评估 PLC 的电磁干扰问题，

测量设置如图 23-16 所示，其中，使用了一台信号发生器将 0.5～1.6MHz 范围内的扫频信号注入到低压电力线上，且环形天线用于捕获相应的电磁辐射。在测试期间，频谱分析仪的分辨率带宽在最大值保持跟踪模式下设置为 30kHz，并使用了最大峰值检测器。通过将天线放置在距单相电表垂直方向不同距离的位置上，可以记录一组对应于不同距离的测量结果。

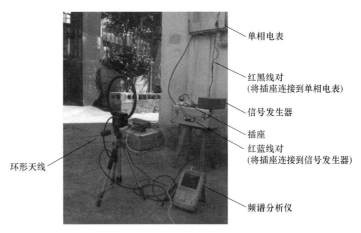

图 23-16   PLC EMI 问题评估的测量设置

在测试现场的 MP2 针对 PLC 的电磁辐射获得的具有 30kHz 分辨率带宽的测量结果如图 23-17 所示，作为辐射源，顶部的曲线显示了在电力线上测得的注入信号功率水平，由这个例子可以看出，注入 0～7dBm/30kHz 之间的信号水平较强，图中其余曲线显示了由天线测得的其至电力线不同距离情况下的功率水平。结果表明天线到电力线的距离越短，辐射越强。注意到当距离为 3m 时，根据测量结果，辐射信号的强度迅速下降到低于 -50dBm；然而，它仍然淹没了大部分当信号发生器关闭时由天线测得的无线电背景噪声。尽管图 23-16 所示的红—黑和红—蓝两个电力线对看上去不太对称，使高辐射是可以预见的，但这一现场测试仍然表明潜在的电磁干扰问题可能发生在电力线附近，这使得一定的检测与干扰缓解方案是必不可少的，以避免 PLC 的有害干扰。

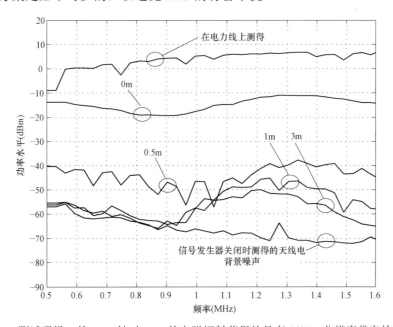

图 23-17   测试现场 1 的 MP2 针对 PLC 的电磁辐射获得的具有 30kHz 分辨率带宽的测量结果

23.4　认知 PLC 的自适应检测

23.3 节中的测量结果表明，在某些情况下，中波广播电台可以在电力线接入网络上被检测到。尽管一些可检测的中波电台的功率水平是相当微弱的，但是对于相应的 PLC 接入系统来说，为防止受到外部的无线电干扰，其认知的能力仍是必要的。注意到 ETSI TS 102 578 已规定了两个具有 9kHz 分辨率带宽的门限用于室内电力线上的短波广播检测，即一个绝对门限（−95dBm）和一个高于噪声基底的相对门限（14dB），其中，每个短波广播频段的噪声基底被定义为与该频段相邻频率块的中位功率值[13]。然而，本章中的测量结果显示上述结论在某些情况下不适用于中波频段，其原因主要有以下两点：

（1）中波频段的电力线噪声水平较短波频段要高得多。在很多情况下，整个中波频段在所需分辨率带宽下的噪声功率均高于−95dBm，这使得 ETSI TS 102 578 所规定的绝对门限并不适用。

（2）测量结果表明，由于中波电台引起的窄带干扰可能在多数情况下无法达到高于噪声基底 14dB，因此如果该检测标准被采用，将导致较高的漏检率。为了更直观，使用在两个测试现场所记录的电力线噪声进行了一项中波广播干扰水平高于噪声基底的统计分析。为了一致性，噪声基底由类似于 ETSI TS 102 578 的方法来确定，这里使用整个中波频段来计算噪声功率的中位值，相应的干扰水平直方图如图 23−18 所示。由图 23−18 可知，由中波电台导致的难以区分的弱窄带噪声并没有被列入统计。可以看出，近 80%的情况下，可观察到的无线电干扰高于噪声基底的水平均小于 14dB。这种趋势可以通过图 23−19 所示的高于噪声基底的中波广播干扰水平的分布函数看出来。

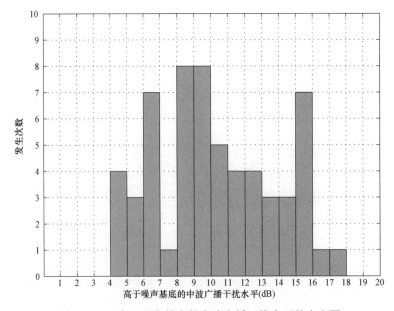

图 23−18　高于噪声基底的中波广播干扰水平的直方图

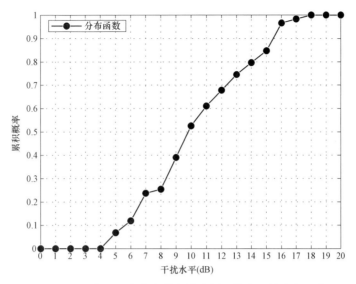

图23-19 高于噪声基底的中波广播干扰水平的分布函数

基于前面的分析，应设计一种不同的检测方法用于确定电力线上的中波电台。注意到由中位值来确定噪声基底的方法是非常简单的，然而，在某些情况下它可能无法反映真实的电力线噪声基底，因为噪声功率的中位值与用于计算的带宽以及出现在该子频段内的广播电台数目是密切相关的。如果由无线电信号引起的窄带干扰未占据该子频段的一半，而其余部分为电力线背景噪声，则中位值可以被视为该子频段合适的噪声基底。否则，不能应用中位值确定噪声基底。

在本节中，提出了自适应检测作为认知 PLC 的一种检测方法。该方法的主要思想为，首先通过采用迭代平均来确定合适的电力线噪声基底，然后在其基础上加上一个经验的相对门限以获得最终的检测门限。进一步地，所检测到的广播频率应从 PLC 的发送频谱中予以陷波。

设 F 为对应于不同频率的功率值的一串数字。由于电力线噪声基底在整个中波频段上可能随频率波动，因此按照子频段划分，首先将集合 F 分为 N 个子集，记为 F_1, F_2, $\cdots$, F_N，其中，选择的 N 值应使每个子集中噪声基底的变化较小。例如，在正交频分复用系统中，通过子载波频率分割信号可以实现子频段的划分。自适应检测算法在每个子频段内执行以下的迭代平均步骤：

（1）计算子频段 F_n（$n=1, 2, \cdots, N$）内的平均功率作为初始门限 ε_n（$n=1, 2, \cdots, N$）。

（2）将子频段 F_n（$n=1, 2, \cdots, N$）内每个样本的功率值与门限 ε_n（$n=1, 2, \cdots, N$）进行比较，如果它小于门限，则该样本的索引应包括在集合 H_0 中。

（3）计算对应于集合 H_0 的样本的平均功率作为 λ_n（$n=1, 2, \cdots, N$）。

（4）如果满足如下截止条件，则算法停止，且 λ_n（$n=1, 2, \cdots, N$）代表该子频段最终的噪声基底。否则，用 λ_n（$n=1, 2, \cdots, N$）对 ε_n（$n=1, 2, \cdots, N$）进行更新，并返回到步骤（2）进行迭代：

$$|\varepsilon_n - \lambda_n| \leqslant \tau, \quad n=1,2,\cdots,N \tag{23.2}$$

在先前给出的方程中，τ 是一个适当的停止准则。注意到在理想的情况下，如果噪声

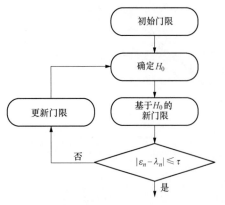

图 23-20　自适应检测算法中迭代平均过程流程图

基底是严格平坦的，$|\varepsilon_n - \lambda_n|\ (n=1, 2, \cdots, N)$ 将随着迭代明显趋向于零，即 $\tau \to 0$ 可以被视为一个适当的停止指示。然而，对于实际的电力线背景噪声，τ 可以视为由测量结果确定的经验值。自适应检测算法中迭代平均过程流程如图 23-20 所示。

确定噪声基底后，在其基础上还须添加一个相对门限。基于测量结果，选择 7dB 作为中波频段合适的相对门限。因此，可以获得最终的检测门限。

为了验证所提出算法的有效性，评估测试现场 2 的 MP1、MP2 和 MP3 的测量结果，通过分析 0.5～1.6MHz 的电力线噪声检测广播电台是否存在。为简单起见，采用如前所述的划分标准，整个中波频段可以划分为 0.5～0.75、0.75～1、1～1.25MHz 和 1.25～1.6MHz 四个子频段。针对每个子频段，噪声基底可以基于上述迭代平均过程独立确定，并将 7dB 相对门限添加在噪声基底上。

图 23-21 显示了测试现场 2 的 MP1 获得的中波广播电台检测结果，该检测等价于基于所提出算法确定的门限进行的一项二元假设检验。可以看出，除了对应于 1098kHz 的中波广播电台，其他本地中波广播电台均被成功地识别出。还有三个并不代表真正的中波广播被错误检测出的电台。自适应检测算法的检测结果见表 23.5。注意到 ETSI TS 102 578 已进一步规定了一定的时间要求以减少误检率，即在任意 10s 时间间隔内，−95dBm 和高于噪声基底 14dB 的标准均应满足超过 30%的时间[13]。由于研究工作刚刚开始，类似的步骤还没有被列入所提出的自适应检测算法中，但在未来对其深入研究是很有必要的。

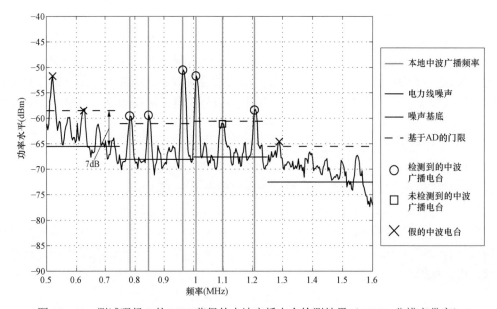

图 23-21　测试现场 2 的 MP1 获得的中波广播电台检测结果（10kHz 分辨率带宽）

表 23.5 自适应检测算法的检测结果

	检测到的中波广播电台	错误检测到的中波广播电台
MP1	5	3
MP2	2	2
MP3	5	3

此外，如第 23.3 节所讨论的那样，在一个位置检测中波广播电台是不够可靠的。因此，认知无线电中的协作检测被引入进来，其通过将变压器（MP1）、HAP（MP2）和电表箱（MP3）的检测结果进行合并以获得更好的检测性能，其中，与、多数、或规则均可以被采用：

（1）与规则：当且仅当每个 MP 均检测到其存在时，可认为一个中波广播电台存在。

（2）多数规则：如果超过半数的 MP 检测到其存在时，可认为一个中波广播电台存在。

（3）或规则：只要一个 MP 检测到其存在时，可认为一个中波广播电台存在。

表 23.6 为基于不同融合规则下 AD 的协作检测结果，由表中数据可以看出，尽管错误检测的电台数目达到了 7 个，但由于所有本地中波广播电台均被成功地检测出，因此或规则具有最佳性能。对于这些错误检测的频率，它们也可能被 PLC 接入系统陷波以使得电力线通信更为可靠。从这个角度来看，或规则可以视为协作检测融合方法的首要选择。

表 23.6 基于不同融合规则下 **AD** 的协作检测结果

项目	检测到的中波广播电台	错误检测到的中波广播电台
与规则	1	0
多数规则	5	1
或规则	6	7

最后，就设计方面而言，由于电力线接入网络的逻辑拓扑经常呈现出主—从特性，因此为认知 PLC 提出的无线电检测能力可以在网络的集中器处实现。这样一来，用于保护合法无线电业务和使 PLC 远离窄带干扰的动态陷波可以由中心节点更加有效地控制。

23.5　结论

本章对中波广播电台和使用 0.5～1.6MHz 频段的 PLC 接入系统之间的共存问题进行了研究。首先，展示了基于频谱分析仪对中波频段的测量结果，其覆盖了作为我国典型电力线接入网络的架空线路与地埋电缆环境。测量结果表明在低压接入电力线网络上，中波广播不像短波广播那样容易被检测到。其中一个可能原因是电力线网络作为一个潜在的天线，其在中波频段的辐射效应不如短波频段强；另一个原因是中波频段具有较高的噪声基底，不过，这还需要进一步深入研究。统计分析显示，高于电力线噪声基底的中波无线电干扰水平通常小于 14dB。因此，提出了用于识别中波电台的自适应检测作为认知 PLC 的检测方法，其中，采用了一种迭代平均过程以确定噪声基底，同时提出了小于 ETSI TS 102 578 针对短波无线电规定的 14dB 的高于噪声基底的相对门限（在本章中以 7dB 为例），以获得绝对检测门限。此外，对协作检测也进行了讨论，通过合并检测结果可以获得检测性能的提升。由于研究工作正在进行中，中波频段上电力线噪声的测量和分析仍需要深入研究，并且 PLC 接入系统与室内广播听众之间的干扰水平也需要评估。

参考文献

[1] Lu Y. and Liu W. 2013. Spectrum analyzer based measurement and detection of MW/SW broadcast radios on power lines for cognitive PLC. Proceedings of IEEE Seventeenth International Symposium on Power Line Communications and Its Applications(ISPLC), 2013, pp. 103−108, 24−27 March 2013.

[2] Galli S., Scaglione A. and Wang Z. F. 2011. For the grid and through the grid: The role of power line communications in the smart grid. Proceedings of the IEEE 99(6): 998−1027.

[3] Latchman H. and Yonge L. 2003. Power line local area networking(Guest Editorial). IEEE Communications Magazine 41(4): 32−33.

[4] Pavlidou N., Vinck A. H., Yazdani J. et al. 2003. Power line communications: State of the art and future trends. IEEE Communications Magazine 41(4): 34−40.

[5] Ministry of Industry and Information Technology of China. 2010. Radio frequency division regulation of China.

[6] Pagani P., Razafferson R., Zeddam A. et al. 2010. Electromagnetic compatibility for power line communications. Proceedings of IEEE 21st International Symposium on Personal Indoor and Mobile Radio Communications(PIMRC), Istanbul, Turkey, pp. 2799−2804.

[7] Q/GDW 374.3. 2009. Power user electric energy data acquire system technic specification, part 3: Communication unit. State Grid Corporation of China.

[8] Schwager A. 2010. Powerline communications: Significant technologies to become ready for integration. PhD dissertation, University of Duisburg-Essen, Essen, Germany.

[9] Weling N. 2011. Expedient permanent PSD reduction table as mitigation method to protect radio services. Proceedings of IEEE 15th International Symposium on Power Line Communications and Its Applications(ISPLC), Udine, Italy, pp. 305−310.

[10] Praho B., Tlich M., Pagani P. et al. 2010. Cognitive detection method of radio frequencies on power line networks. Proceedings of IEEE 14th International Symposium on Power Line Communications and Its Applications(ISPLC), Rio de Janeiro, Brazil, pp. 225−230.

[11] Weling N. 2011. Feasibility study on detecting short wave radio stations on the powerlines for dynamic PSD reduction as method for cognitive PLC. Proceedings of IEEE 15th International Symposium on Power Line Communications and Its Applications(ISPLC), Udine, Italy, pp. 311−316.

[12] Weling N. 2012. SNR-based detection of broadcast radio stations on powerlines as mitigation method

toward a cognitive PLC solution. Proceedings of IEEE 16th International Symposium on Power Line Communications and Its Applications(ISPLC), Beijing, China, pp. 52 – 59.

[13] ETSI TS 102 578 v1.2.1. 2008. Powerline telecommunications(PLT); coexistence between PLT modems and short wave radio broadcasting services.

[14] CENELEC FprEN 50561 – 1. 2012. Power line communication apparatus used in low-voltage installations-Radio disturbance characteristics-Limits and methods of measurement- Part 1: Apparatus for in-home use.

24

MIMO PLC 硬件的可行性研究

24.1 引言

为了证明多输入多输出（Multiple-Input Multiple-Output，MIMO）电力线载波通信（Power Line Communication，PLC）的理念开展了一项可行性研究。在索尼 EuTEC 实验室设计了 MIMO PLC 系统，它的基本参数是基于一个现有的单输入单输出（Single-Input Single-Output，SISO）PLC 系统来实现的[1]。设计的重点是比较 SISO 和 MIMO 的应用，并支持快速开发。因此，该设计没有基于任何 PLC 标准，相反它是一个专有的系统，用于理解和研究与现有宽带 PLC 系统相关的实现方面的具体问题。所实现的演示系统包括一个发射机和一个接收机在内的两个调制解调器，但不包括完整的多节点媒体接入控制（Media Access Control，MAC）层。作为一个应用，该系统可以传输高清（High-Definition，HD）视频流，并可以监控多个系统参数，比如所测量的最大比特率和误比特率（Bit Error Ratio，BER）。首先，本章给出了所实现系统的概述（见第 24.2 节）。在第 24.3～24.6 节中，给出了所实现 MIMO 模块的详细描述。第 24.7 节探讨了已实现系统架构可能的改变。最后，以系统验证总结了本章（第 24.8 节）。

24.2 系统架构

图 24-1 为 MIMO PLC 系统硬件构成。左侧的个人电脑（Personal Computer，PC）作为发射机，显示在右侧的 PC 作为接收机。在每个 PC 上安装了 4 个模拟前端，并允许每个 PC 作为一个发射机或接收机，且仅有两个前端使用了发送模式。两条同轴电缆将发射机前端与 Tx MIMO 耦合器（三角型耦合器）相连接；发送耦合器被连接到一个人造的 MIMO 信道 [MIMO 人工电源（MIMO Artificial Mains，MAM）网络；详见第 24.8 节]；接收耦合器被连接至 MAM（图中右下角），并将四个接收端口的信号耦合至接收机的 4 个模拟前端；每个发射机和接收机调制解调器均由运行 Linux 操作系统的一台标准 PC 构成，每台 PC 包括一个由两块 Xilinx Virtex 5 现场可编程门阵列（Field Programmable Gate Array，FPGA）组成的外围设备互联（Peripheral Component Interconnect，PCI）板卡，FPGA 可以实现演示系统的实时功能，同时 PC 在软件中实现了控制功能。文献 [1] 描述了软件实现的功能，这里对关键参数进行简单总结。运行在另一台远程 PC（未在图 24-1 中标出）上的 MATLAB 应用程序可以通过超文本传输协议（Hypertext Transfer Protocol，HTTP）来控制和监测 PLC 调制解调器。每个嵌入式的 MIMO PLC 调制解调器包括运行在 Linux 系统上的 Web 服务器，

用于和 PLC 驱动程序实现通信。类似视频流的多个应用产生用户数据报协议（User Datagram Protocol，UDP）载荷数据，并通过电力线发送和接收。PLC 驱动程序是一个标准 Linux 以太网驱动的扩展，实现了额外的应用编程接口（Application Programming Interface，API）和硬件接入功能。PLC 驱动程序既实现了与主 PC 互联网协议（Internet Protocol，IP）栈接口的网络驱动，也实现了与 FPGA 硬件接口的设备驱动。远程 PC 可以提供视频流。

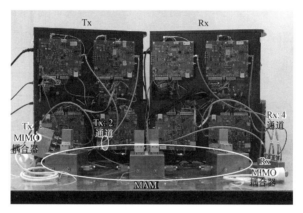

图 24-1　MIMO PLC 系统硬件构成

　　如图 24-2 所示为 MIMO 系统模块功能概述：上部分为发射机模块，下部分为接收机（从右向左）。发射机与接收机链路均在 FPGA 上予以实现。发射机的两个发送端口通过 MIMO PLC 信道与接收机的四个接收端口相连。如前所述，一个 MATLAB 的应用程序控制和监测 PLC 驱动，相应地依次控制发射机与接收机的 FPGA。注意到尽管 PLC 的驱动和接口在图 24-2 中仅描述了一次，但它们实质运行在每个 PC 上，而 MATLAB 的图形用户界面（Graphical User Interface，GUI）则位于另一台远程 PC 上。首先，输入比特流由前向纠错（Forward Error Correction，FEC）模块进行处理，主要用于插入冗余的比特。从功能的角度来看，在此处比特流将分裂成两个（逻辑的）MIMO 数据流。然而，两个 MIMO 流以更高的时钟频率被复用成一个信号路径。MIMO 流的数量由图 24-2 中的信号路径表示。由于选择这种设计，仅需要一个正交幅度调制（Quadrature Amplitude Modulation，QAM）映射器和一个正交频分复用（Orthogonal Frequency Division Multiplex，OFDM）调制模块。自适应 QAM 根据每个子载波的星座图将输入比特分配给复数的 QAM 符号。PLC 驱动记录下由每一个子载波使用的星座图。取决于 QAM 的星座图，该模块决定了每个子载波有多少位输入比特被调制。QAM 映射通过一个查找表（Look-Up Table，LUT）来实现，该查找表将每个输入比特组合分配给一个复数的 QAM 符号。接下来为功率分配（Power Allocation，PA）单元，这里使用了三个不同的 PA 系数 0、1、$\sqrt{2}$。PA 系数来源于星座图。如果一个流没有加载比特，则另一个流分配两倍的功率。每个流的复数符号被分配给一个矢量，该矢量与由每个子载波的码本索引确定的预编码矩阵 V 相乘（见 24.6 节）。码本包括预先定义的一组不同的预编码矩阵，其中索引规定了从这个预先定义的预编码矩阵集合中选择哪个预编码矩阵。码本索引由 PLC 驱动编程实现。下一个模块负责在进入 OFDM 调制之前插入训练符号。每一个突发由四个训练 OFDM 符号和多达 20 个数据 OFDM 符号组成。OFDM

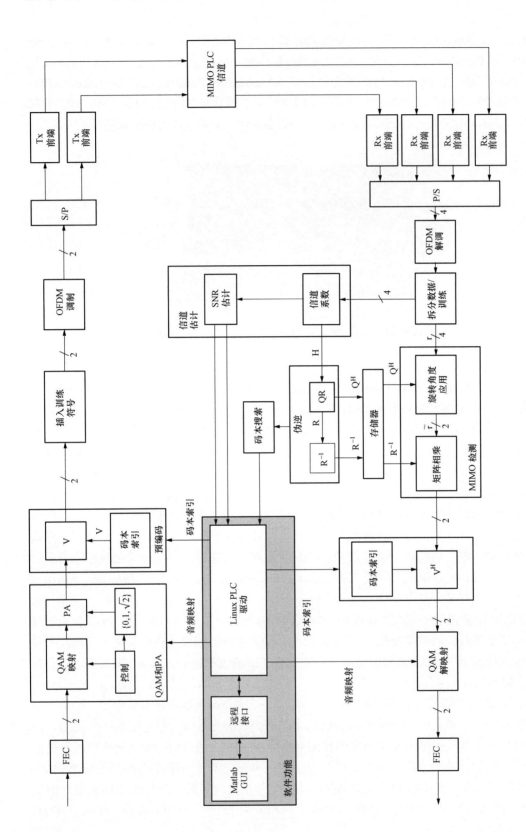

图 24-2　MIMO 系统模块功能概述

调制采用了一个 2048 点的逆快速傅里叶变换（Inverse Fast Fourier Transform，IFFT），并且所插入的 OFDM 保护间隔为符号长度的 1/16。保护间隔包括一个由 OFDM 符号尾部的复制形成的循环前缀，它能够防止由于多径信道所导致的符号间干扰（Intersymbol Interference，ISI）。发射机（Tx）前端模块包括多个子模块：一个数字四分之一周期混频器将复数基带信号搬移至 0～40MHz 以获得用于发送的实数信号。在每个突发之前插入前导，前导由具有零自相关恒定振幅（Constant Amplitude with Zero Auto Correlation，CAZAC）的序列组成，并用于接收机的时间同步。最后，由两个数模（Digital-to-Analogue，D/A）转换器、低通滤波器、线性驱动放大器和耦合器组成的模拟前端将信号注入信道。

类似的模块在接收机反向设置。接收机（Rx）前端包括四个模拟前端［耦合器、带通滤波器、自动增益控制（Automatic Gain Control，AGC）和模数（Analog-to-Digital，A/D）转换器］和四分之一周期混频器。带通滤波器将输入信号限制在 4～30MHz 感兴趣的频率内。AGC 包括一个可编程增益放大器（Programmable Gain Amplifier，PGA）来控制 A/D 的信号水平，一个四分之一周期混频器将接收信号转换至复数基带。每个接收路径的相关函数检测前导的 CAZAC 序列，以用于时间同步和确定每个 Rx 路径 AGC 的增益水平。OFDM 解调过程去除循环前缀，并通过快速傅里叶变换（Fast Fourier Transform，FFT）将信号变换至频域。一个拆分器将训练符号和数据符号分开。除了信道估计之外，训练符号还用于估计采样时钟偏移，该时钟偏移来源于发射机与接收机中不同的振荡频率。时钟偏移估计用于控制 A/D 的压控晶体振荡器（Voltage-Controlled Crystal Oscillator，VCXO），并确保发射机与接收机的时钟频率同步。根据子载波索引和 OFDM 符号索引，还可以通过 QAM 符号的相位旋转来实现数字时钟偏移补偿，而非使用一个昂贵的 VCXO。基于接收到的训练符号，信道和信噪比（Signal-to-Noise Ratio，SNR）估计可以分别得到每个子载波的信道矩阵以及两个逻辑 MIMO 流的 SNR 值（见第 24.5 节）。信道矩阵充当用于计算检测矩阵的伪逆模块的输入，而检测（或均衡）矩阵通过 MIMO 检测单元被用于接收的数据符号（见第 24.3 节）。由于训练符号未通过预编码，因此 MIMO 检测无法利用预编码，从而需要预编码的单独补偿。如果训练符号也被预编码，由此给设计带来的改变在第 24.7 节进行了讨论。根据 PLC 驱动编制的星座图，QAM 解调过程从接收到的 QAM 符号中恢复出比特序列。FEC 纠正了错误比特并删除冗余位。基于检测矩阵，每一个子载波的码本索引由码本搜索导出（见第 24.6 节）。码本索引和 SNR 值被送至 PLC 驱动，由 PLC 驱动根据 SNR 值来确定星座图，并将星座图和码本索引写入发射机和接收机，还有可能监测多个内部信号，例如，接收的训练符号或信道估计结果。

图 24-3 为发射机 FEC 结构示意。总的来说，在接收机中使用了相反的顺序。首先，将要被发送的输入比特由里德—所罗门（Reed-Solomon，RS）码添加冗余[2]。RS 是一种块编码，其根据码的长度纠正最大错误数。错误的比特可位于块内的任意位置。RS 码作为一种外码，用来纠正无法由内码纠正的错误。时域交织器重新排列比特的顺序，将突发错误离散化并孤立错误的比特，之后由 RS 码予以纠正。在脉冲噪声的情况下可能发生突发错误。使用了卷积编码器作为一种内码，在输入比特中添加冗余，相应地在接收端采用了维特比译码器[2]。频域交织器改变了比特的顺序，以确保相邻的比特不被映射到相邻的子载波上。如果不使用频域交织器，频率选择性噪声或者传输函数的深衰落可能仅影响少许子载波，

从而导致突发错误。更多先进的编码，如 Turbo 码或低密度奇偶校验（Low-Density Parity Check，LDPC）码可以用于进一步提高性能。然而，正如已经讨论过的，该演示系统的实现主要关注与 MIMO 相关的模块。

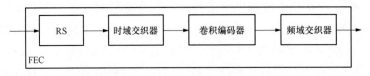

图 24-3　发射机 FEC 结构示意

表 24.1 总结了物理层基本参数。

表 24.1　　　　　　　　　　物 理 层 基 本 参 数

MIMO 参数	
MIMO 设置	2 个 Tx 端口和 4 个 Rx 端口
MIMO 模式	双流或单流波束成形（根据 7 比特码本的矩阵量化），空间复用（波束成形关闭），SISO
OFDM 参数	
采样频率（MHz）	80
频带（MHz）	0~40，有效子载波：4~30
FFT 点数	2048
有效子载波数量（4~30MHz）	1296
载波间隔（kHz）	19.53
符号长度（μs）	51.2
保护间隔（μs）	3.2（1/16）
QAM 和 FEC 参数	
自适应调制（每个子载波）	QPSK，16-QAM，64-QAM，256-QAM，1024-QAM
前向纠错	RS（204，188），卷积编码（维特比，码率 1/2 或 3/4）
最大传输速率，总的物理（Physical，PHY）层比特率（Mbit/s）	506

24.3　检测与伪逆计算

24.3.1　引言

图 24-2 显示了接收机的迫零（Zero-Forcing，ZF）检测过程。首先，计算每个子载波所估计信道矩阵的伪逆。将这些检测矩阵应用于接收的数据矢量。按照式（8.18），伪逆 $[\cdot]^{+}$ 计算如下：

$$
\begin{aligned}
\boldsymbol{H}^{+} &= (\boldsymbol{H}^{H}\boldsymbol{H})^{-1} \quad \boldsymbol{H}^{H}, \\
(2\times4) &= ((2\times4)(4\times2))^{-1} \ (2\times4).
\end{aligned}
\tag{24.1}
$$

该计算包括一个2×2矩阵的求逆：

$$\boldsymbol{H}^H \boldsymbol{H} = \begin{bmatrix} \boldsymbol{h}_1^H \\ \boldsymbol{h}_2^H \end{bmatrix} \begin{bmatrix} \boldsymbol{h}_1 & \boldsymbol{h}_2 \end{bmatrix} = \begin{bmatrix} \boldsymbol{h}_1^H \boldsymbol{h}_1 & \boldsymbol{h}_1^H \boldsymbol{h}_2 \\ \boldsymbol{h}_2^H \boldsymbol{h}_1 & \boldsymbol{h}_2^H \boldsymbol{h}_2 \end{bmatrix} = \begin{bmatrix} \boldsymbol{h}_1^H \boldsymbol{h}_1 & \boldsymbol{h}_1^H \boldsymbol{h}_2 \\ (\boldsymbol{h}_1^H \boldsymbol{h}_2)^H & \boldsymbol{h}_2^H \boldsymbol{h}_2 \end{bmatrix},$$

$$\boldsymbol{A} = \begin{bmatrix} a_{11} & a_{12} \\ a_{12}^* & a_{22} \end{bmatrix} \tag{24.2}$$

注意：a_{11} 和 a_{22} 是实数。矩阵 $\boldsymbol{A}$ 求逆的解析表达式为：

$$\boldsymbol{A}^{-1} = \frac{1}{a_{11}a_{22} - |a_{12}|^2} \begin{bmatrix} a_{22} & -a_{12} \\ -a_{12}^* & a_{11} \end{bmatrix} \tag{24.3}$$

式（24.1）～式（24.3）描述的方法其定点实现面临数值问题。特别地，逆矩阵的计算在数值上是不稳定的。如果两个乘积 $a_{11}a_{22}$ 和 $|a_{12}|^2$ 在同一数量级上，其差值将变得很小，而 $1/(a_{11}a_{22} - |a_{12}|^2)$ 将变大。由于数值原因，也应避免以 $\boldsymbol{H}^H \boldsymbol{H}$ 的形式计算"平方乘积"：全精度情况下，乘积输出的字长为输入字长的两倍。此外，该计算涉及很多乘法，将消耗许多硬件资源。这些原因促使了另外一种基于 QR 分解的更有效检测算法的使用。实现该算法使用了数值稳定的酉矩阵运算，非常适合并行与高效的实现[3, 4]。QR 分解将信道矩阵 $\boldsymbol{H}$ 分解为一个上三角矩阵 $\boldsymbol{R}$ 和一个酉矩阵 $\boldsymbol{Q}$：

$$\boldsymbol{H} = \boldsymbol{Q} \qquad \boldsymbol{R} = \boldsymbol{Q} \begin{bmatrix} r_{11} & r_{12} \\ 0 & r_{22} \end{bmatrix} \tag{24.4}$$

$$(4 \times 2) = (4 \times 2) \quad (2 \times 2)$$

用式（24.4）代替式（24.1），计算伪逆得到：

$$\boldsymbol{H}^+ = \boldsymbol{R}^{-1} \boldsymbol{Q}^H \tag{24.5}$$

$\boldsymbol{Q}$ 的计算仅包括酉矩阵运算或旋转。尽管可以有效地计算三角矩阵 $\boldsymbol{R}$ 的逆，但是仍需谨慎地选择定点参数以获得较好的数值结果。更复杂的算法可以避免 $\boldsymbol{R}^{-1}$ 的计算[5, 6]。这些算法也支持更复杂的检测算法，例如最小均方误差（Minimum Mean Squared Error，MMSE）或者排序串行干扰消除（Ordered Successive Interference Cancellation，OSIC）。然而，增加的计算复杂度需要更多的硬件资源。

使用之前的结果可以将检测算法表达为（忽略噪声）：

$$\check{\boldsymbol{s}} = \boldsymbol{H}^+ \boldsymbol{r} = \boldsymbol{R}^{-1} \underbrace{\boldsymbol{Q}^H \boldsymbol{r}}_{\tilde{\boldsymbol{r}}} = \boldsymbol{R}^{-1} \tilde{\boldsymbol{r}} \left(= \boldsymbol{R}^{-1} \boldsymbol{Q}^H \underbrace{\boldsymbol{H}}_{QR} \boldsymbol{s} = \boldsymbol{s} \right) \tag{24.6}$$

由于 $\boldsymbol{Q}$ 没有被明确地计算，因此在式（24.6）中给出了中间结果 $\tilde{\boldsymbol{r}} = \boldsymbol{Q}^H \boldsymbol{r}$。因此，$\boldsymbol{H}^+$ 也没有被明确地计算。$\boldsymbol{Q}$ 以多个旋转角度为特征，$\boldsymbol{r}$ 与 $\boldsymbol{Q}^H$ 相乘得到 $\tilde{\boldsymbol{r}} = \boldsymbol{Q}^H \boldsymbol{r}$ 实际上是这些分别描述 $\boldsymbol{Q}$ 和 $\boldsymbol{Q}^H$ 的旋转角度对 $\boldsymbol{r}$ 的旋转（如第24.3.2节所述）。图24-2给出了所描述操作的框图，见伪逆和 MIMO 检测模块。首先，将 QR 分解应用于所估计的信道矩阵 $\boldsymbol{H}$，产生 $\boldsymbol{R}$ 和描述 $\boldsymbol{Q}$ 的旋转角度，然后计算 $\boldsymbol{R}^{-1}$，将 $\boldsymbol{Q}^H$ 和 $\boldsymbol{R}^{-1}$ 存入一个存储器，存储的结果被用于接收数据矢量的检测。

24.3.2 基于 *QR* 分解的伪逆计算

本小节从 *QR* 分解思想的数学描述开始，其硬件架构由下面得出。

QR 分解的目的为将 *H* 变换为一个上三角矩阵 *R*：

$$H = \begin{bmatrix} h_{11} & h_{12} \\ h_{21} & h_{22} \\ h_{31} & h_{32} \\ h_{41} & h_{42} \end{bmatrix} \longrightarrow R = \begin{bmatrix} r_{11} & r_{12} \\ 0 & r_{22} \\ 0 & 0 \\ 0 & 0 \end{bmatrix} \tag{24.7}$$

算法迭代进行，通过应用酉旋转矩阵（所谓的吉文斯旋转）在每一步中引入 0。

在第一步中，通过与下面的矩阵相乘，将 *H* 第一列的元素转换为实数：

$$\begin{bmatrix} e^{j\alpha_1^{(1)}} & 0 & 0 & 0 \\ 0 & e^{j\alpha_2^{(1)}} & 0 & 0 \\ 0 & 0 & e^{j\alpha_3^{(1)}} & 0 \\ 0 & 0 & 0 & e^{j\alpha_4^{(1)}} \end{bmatrix} \begin{bmatrix} h_{11} & h_{12} \\ h_{21} & h_{22} \\ h_{31} & h_{32} \\ h_{41} & h_{42} \end{bmatrix} = \begin{bmatrix} \overline{h}_{11} & h'_{12} \\ \overline{h}_{21} & h'_{22} \\ \overline{h}_{31} & h'_{32} \\ \overline{h}_{41} & h'_{42} \end{bmatrix} \tag{24.8}$$

式中：$\mathrm{bar}(\overline{x})$ 为实数；$\mathrm{prime}(x')$ 为受到运算影响的矩阵元素。旋转角度计算如下：

$$\alpha_1^{(1)} = -\arctan \frac{\Im\{h_{11}\}}{\Re\{h_{11}\}}$$

$$\cdots \tag{24.9}$$

$$\alpha_4^{(1)} = -\arctan \frac{\Im\{h_{41}\}}{\Re\{h_{41}\}}$$

式（24.9）的上标（1）表示对应于 *H* 第一列的角度。基于式（24.8）右侧所获得的结果，在下一步中引入首个 0：

$$\begin{bmatrix} \cos\beta_1^{(1)} & -\sin\beta_1^{(1)} & 0 & 0 \\ \sin\beta_1^{(1)} & \cos\beta_1^{(1)} & 0 & 0 \\ 0 & 0 & 1 & 0 \\ 0 & 0 & 0 & 1 \end{bmatrix} \begin{bmatrix} \overline{h}_{11} & h'_{12} \\ \overline{h}_{21} & h'_{22} \\ \overline{h}_{31} & h'_{32} \\ \overline{h}_{41} & h'_{42} \end{bmatrix} = \begin{bmatrix} \overline{h}'_{11} & h''_{12} \\ 0 & h''_{22} \\ \overline{h}_{31} & h'_{32} \\ \overline{h}_{41} & h'_{42} \end{bmatrix} \tag{24.10}$$

$$\beta_1^{(1)} = -\arctan \frac{\overline{h}_{21}}{\overline{h}_{11}} \tag{24.11}$$

接下来第二个 0 类似地由下式引入：

$$\begin{bmatrix} \cos\beta_2^{(1)} & 0 & -\sin\beta_2^{(1)} & 0 \\ 0 & 1 & 0 & 0 \\ \sin\beta_2^{(1)} & 0 & \cos\beta_2^{(1)} & 0 \\ 0 & 0 & 0 & 1 \end{bmatrix} \begin{bmatrix} \overline{h}'_{11} & h''_{12} \\ 0 & h''_{22} \\ \overline{h}_{31} & h'_{32} \\ \overline{h}_{41} & h'_{42} \end{bmatrix} = \begin{bmatrix} \overline{h}''_{11} & h'''_{12} \\ 0 & h''_{22} \\ 0 & h''_{32} \\ \overline{h}_{41} & h'_{42} \end{bmatrix} \tag{24.12}$$

$$\beta_2^{(1)} = -\arctan \frac{\overline{h}_{31}}{\overline{h}'_{11}} \tag{24.13}$$

以及：

$$\begin{bmatrix} \cos\beta_3^{(1)} & 0 & 0 & -\sin\beta_3^{(1)} \\ 0 & 1 & 0 & 0 \\ 0 & 0 & 1 & 0 \\ \sin\beta_3^{(1)} & 0 & 0 & \cos\beta_3^{(1)} \end{bmatrix} \begin{bmatrix} \bar{h}_{11}'' & h_{12}'' \\ 0 & h_{22}'' \\ 0 & h_{32}'' \\ \bar{h}_{41} & h_{42}' \end{bmatrix} = \begin{bmatrix} \bar{h}_{11}''' & h_{12}''' \\ 0 & h_{22}'' \\ 0 & h_{32}'' \\ 0 & h_{42}'' \end{bmatrix} \tag{24.14}$$

$$\beta_3^{(1)} = -\arctan\frac{\bar{h}_{41}}{\bar{h}_{11}''} \tag{24.15}$$

完成上述步骤之后，即完成了第一列向量的操作，确定了 $r_{11} = \bar{h}_{11}'''$ 和 $r_{12} = h_{12}'''$。在之前的方程中，质数的数量表示影响该变量的迭代次数。算法的这种迭代属性将由硬件设计的反馈反映出来。

接下来，需要在第二列中引入 0。针对第一列所描述的运算操作需要在第二列中重复，且减少了一维。同样地，首先 h_{22}''、h_{32}'' 和 h_{42}'' 须转换为实数，以获得旋转角度 $\alpha_1^{(2)}$、$\alpha_2^{(2)}$ 和 $\alpha_3^{(2)}$。引入 0 提供了旋转角度 $\beta_1^{(2)}$ 和 $\beta_2^{(2)}$ 以及 $\boldsymbol{R}$ 的最后一个元素 r_{22}。所有旋转矩阵的乘积等于 $\boldsymbol{Q}^H$，因为旋转矩阵应用于左侧：

$$\boldsymbol{Q}^H \boldsymbol{H} = \boldsymbol{R} \\ \Leftrightarrow \boldsymbol{H} = \boldsymbol{Q}\boldsymbol{R} \tag{24.16}$$

所计算的旋转角度描述了 $\boldsymbol{Q}^H$。注意到 r_{11} 和 r_{22} 为实数，而 r_{12} 一般为复数。

总的来说，如前所述的 QR 分解算法包括两步操作：一是给定旋转角度下旋转的应用；二是这些旋转角度的计算。

（1）旋转。一个输入矢量 (x, y) 旋转角度 φ 由下式表示：

$$\left.\begin{array}{l} x' = x\cos\varphi - y\sin\varphi \\ y' = x\sin\varphi + y\cos\varphi \end{array}\right\} \tag{24.17}$$

注意到在式（24.8）、式（24.10）～式（24.14）中，旋转矩阵的应用将影响每列中的两个元素。图 24-4 为旋转输入矢量 (x, y) 旋转角度 φ 和相应框图。

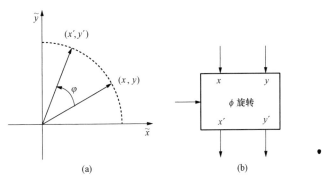

图 24-4　输入矢量 (x, y) 旋转角度 φ 和相应框图
(a) 输入矢量 (x, y) 旋转角度 φ；(b) 相应框图

（2）矢量。为了计算旋转角度，(x, y) 旋转的一个输出被置为 0。在式（24.8）和式（24.9）

中，虚部被强置为 0，而在式（24.10）～式（24.15）中，0 被引入矩阵。在式（24.17）中令 $y'=0$，结果如下：

$$\left.\begin{array}{l} x'=\sqrt{x^2+y^2}=x\cos\varphi-y\sin\varphi \\ y'=0=x\sin\varphi+y\cos\varphi \end{array}\right\} \qquad (24.18)$$

其中：

$$\varphi=-\arctan\frac{y}{x} \qquad (24.19)$$

为输入矢量（x, y）旋转至 $\tilde{x}$ 轴和相应框图，假设在复平面上 $\tilde{x}$ 和 $\tilde{y}$ 分别代表实部和虚部，则之前的公式可以计算相位角度和复数输入 $x+\mathrm{j}y$ 的绝对值。

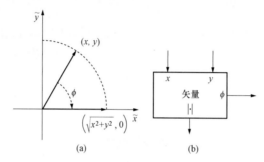

图 24-5　输入矢量（x, y）旋转至 $\tilde{x}$ 轴和相应框图

（a）输入矢量（x, y）旋转至 $\tilde{x}$ 轴；（b）相应框图

图 24-6 分别使用图 24-4 和图 24-5 所示的旋转与矢量模块给出了 QR 分解的系统架构[3, 4]。该架构即为一种脉动阵列实现，其将不同的处理单元并行排列。相比于线性的数据路径，它在不同的处理单元之间存在多条数据路径。该设计包括标记为外部单元 1 和外部单元 2 的两个模块。每个外部单元模块由两个如图 24-5（b）所定义的矢量模块组成。此外，内部单元模块由三个如图 24-4（b）所示的旋转模块组成。信道矩阵 **H** 的第一列作为外部单元 1 的输入，第二列作为内部单元的输入。反馈路径还包括用于将信号对齐的延迟单元（标记为 Δ）。

如图 24-6 所示，根据式（24.8），**H** 第一列的元素在外部单元 1 上方的矢量单元中经相位旋转而变为实数。矢量单元提供了相应的旋转角度以及第一列向量的实数元素。式（24.8）显示 **H** 的第二列以相同的角度进行了相位旋转，这个旋转在内部单元的首个旋转模块中被应用。第一个矢量单元的输出作为外部单元 1 第二个矢量单元（输入端 y）的输入。针对第一个元素 $\overline{h}_{11}$ 的处理，矢量单元的输入 x 由多路复用器设置为 0。由于该输入为 0，$\overline{h}_{11}$ 无变化地通过矢量单元并产生一个 $-\pi/2$ 的输出角度。当下一个元素 $\overline{h}_{21}$ 到达输入端 y 时，$\overline{h}_{11}$ 经反馈在输入端 x 是可用的，并且根据式（24.10）和式（24.11）引入了首个 0。该运算的结果为 $\overline{h}_{11}'$，按照式（24.12）和式（24.13），它将与下一个输入 $\overline{h}_{31}$ 相结合以产生第二个 0。下一个步骤之后，引入第三个 0 并获得 r_{11}。所获得的旋转角度用于在内部单元两个下方的旋转单元中按照式（24.10）、式（24.12）和式（24.14）来处理 **H** 的第二列。由于第二列的元素是复数，因此需要两个旋转单元，一个处理实部，另一个处理虚部。内部单元的输出提供了包括r_{12}在内的经处理后的第二列。该输出连接到第二个外部单元，从而引入剩余的0并计算相应的旋转角度。

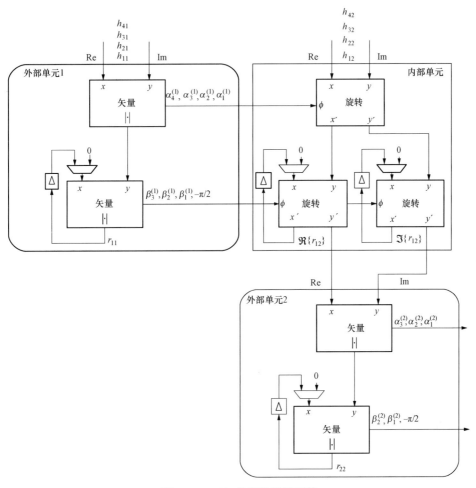

图 24-6　QR 分解的系统架构

向量与旋转算法可以通过坐标旋转数字计算机（Coordinate Rotation Digital Computer，CORDIC）算法高效地实现[7]。CORDIC 算法可以迭代地求解三角方程（也可以被用于求解广泛的方程组，包括双曲和平方根方程[8]）。CORDIC 算法迭代地采用预先定义的旋转角度，其仅通过使用移位和相加运算，使得在每次迭代过程中旋转角度逐渐变小。在流水线实现中，通过级联的 CORDIC 阶段实现了迭代，并且阶段的数量越多，算法的精度越高。为了满足 m 比特精度的 CORDIC 运算，需要 $m+1$ 次迭代，且数据路径的字长须为 $m+2+\log_2(m)$[9]。CORDIC 阶段的数量主要决定了延迟。矢量单元使用 CORDIC 算法，其延迟 L 需要在图 24-6 伪逆计算的设计中加以考虑。第二个矢量单元的反馈信号（输入端 x）与其第二个输入信号（输入端 y）需要对齐。因为反馈回路和矢量单元的延迟（$L>1$），输入端 y 的输入信号 $\overline{h}_{11}$，$\overline{h}_{21}$，$\overline{h}_{31}$ 和 $\overline{h}_{41}$ 需要按矢量单元的延迟进行延展，从而降低了吞吐量。然而，必须为每个子载波执行这样的计算，并且改变输入的顺序以避免矢量单元产生空闲周期。首先，最先 L 个子载波的 $\bar{h}_{11}$ 作为输入，随后是最先 L 个子载波的 $\bar{h}_{21}$，依此类推，通过这种方式改变顺序，矢量单元的反馈信号得以对齐，并且该设计为完全流水线结构，不存在任何空闲周期。旋转单元也可以在 CORDIC 的帮助下，根据式（24.17）的旋转通过乘法器与实现正弦和余弦功能的 LUT 来实现。FPGA 提供了数字信号处理（Digital Signal Processing，DSP）单元，其被用于实现乘法器。与 CORDIC 算法相比，乘法器和正弦/余弦 LUT 的结合具有延迟小的优点，并且充分利用了 FPGA 的可用 DSP 资源。该实现利用 Xilinx 的核，可供 CORDIC 算法[10]，正弦/余弦 LUTs[11] 和乘法器[12]使用。

（3）$\boldsymbol{R}^{-1}$ 的计算。到目前为止，已经计算了矩阵 $\boldsymbol{R}$。现在需要计算 $\boldsymbol{R}$ 的逆矩阵。2×2 上三角矩阵 $\boldsymbol{R}=\begin{bmatrix} \tilde{r}_{11} & \tilde{r}_{12} \\ 0 & \tilde{r}_{22} \end{bmatrix}$ 的逆矩阵计算如下：

$$\boldsymbol{R}^{-1}=\begin{bmatrix} \tilde{r}_{11} & \tilde{r}_{12} \\ 0 & \tilde{r}_{22} \end{bmatrix}^{-1}=\begin{bmatrix} \dfrac{1}{r_{11}} & -r_{12}\cdot\dfrac{1}{r_{11}}\cdot\dfrac{1}{r_{22}} \\ 0 & \dfrac{1}{r_{22}} \end{bmatrix} \qquad （24.20）$$

按照式（24.20），所实现的流水线设计使用了一个分频器[13]和三个乘法器来进行计算，细节参见文献［14］。

24.3.3　ZF 检测

图 24-2 显示了硬件中的 ZF 检测。首先，将 $\boldsymbol{Q}^H$ 应用于接收的数据矢量 $\boldsymbol{r}$。图 24-7 显示了旋转角度应用的实现；r_m 表示接收端口 m（$m=1,\cdots,4$）的接收符号。两个内部单元前后级联，该内部单元具有如图 24-6 所示内部单元同样的结构。

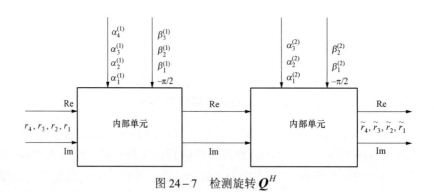

图 24-7　检测旋转 $\boldsymbol{Q}^H$

与 $\boldsymbol{R}^{-1}$ 相乘需要 8 个实数乘法，这 8 个乘法通过两个使用信号的四倍多路复用格式的硬件乘法器来实现。在更高时钟频率上的这种串行化类似于与预编码矩阵相乘（见第 24.4 节），细节可参见文献［14］。

24.3.4　硬件参数

在之前章节中描述的不同处理单元的流水线结构需要一些进一步的数据处理，以确保当信号传送至多个处理单元时均具有合适的格式。此外，当在设计的不同点对准信号时需要考虑模块的延迟，包括数据格式和控制逻辑等的实现细节可参见文献［14］。

为了验证定点实现，将被测模型嵌入至双精度环境中。针对伪逆的定点实现，图24-8显示了不同SNR情况下的BER性能。由于1024-QAM对错误最为敏感，因此这里选择它作为调制方式，且没有采用FEC和预编码，图中显示了针对随机生成信道矩阵的平均性能。将信道进行归一化使得每行的范数等于1，即SNR值对应于每个接收端口的SNR。图24-8将双精度（64bit）检测矩阵（精确的检测矩阵）与仅从定点模型获得旋转角度的检测矩阵（Q量化），以及完整的定点检测矩阵（R^{-1}和Q量化）进行比较，发现其性能损失是很小的，尤其是对于$10^{-3}\sim10^{-2}$之间BER的运算点来说。

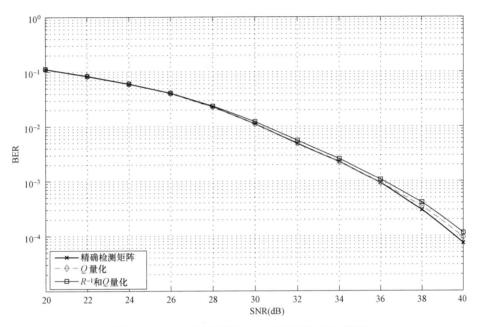

图24-8 定点伪逆不同SNR情况下的BER性能

24.4 预编码：与V相乘

图24-9所示为发射机基于码本的预编码（码本细节见第24.6节）。所有子载波的码本索引被存储在索引存储器中（图24-9中的索引存储器模块）。每次当新的码本索引可用时，由PLC驱动来写入该存储器。码本索引决定了出自码本的预编码矩阵V。在矩阵乘法模块，将预编码矩阵V应用于发送的符号矢量。在接收机处对预编码的补偿工作方式是相似的。

矩阵乘法描述为：

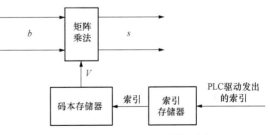

图24-9 发射机基于码本的预编码

$$s = Vb = \begin{bmatrix} v_1 & -v_2^* \\ v_2 & v_1 \end{bmatrix} \begin{bmatrix} b_1 \\ b_2 \end{bmatrix} = \begin{bmatrix} v_1 b_1 - v_2^* b_2 \\ v_2 b_1 + v_1 b_2 \end{bmatrix} \quad (24.21)$$

其中，预编码矩阵由码本项 v_1 和 v_2 构造（详见文献 [14]）。

为了导出所实现矩阵乘法的设计，将式（24.21）用实部和虚部符号改写为：

$$
\begin{aligned}
s = Vb &= \begin{bmatrix} \Re\{s_1\} + j\Im\{s_1\} \\ \Re\{s_2\} + j\Im\{s_2\} \end{bmatrix} \\
&= \begin{bmatrix} \Re\{v_1\} + j\Im\{v_1\} & -\Re\{v_2\} + j\Im\{v_2\} \\ \Re\{v_2\} + j\Im\{v_2\} & \Re\{v_1\} + j\Im\{v_1\} \end{bmatrix} \begin{bmatrix} \Re\{b_1\} + j\Im\{b_1\} \\ \Re\{b_2\} + j\Im\{b_2\} \end{bmatrix} \\
&= \begin{bmatrix} \Re\{v_1\}\Re\{b_1\} - \Im\{v_1\}\Im\{b_1\} - \Re\{v_2\}\Re\{b_2\} - \Im\{v_2\}\Im\{b_2\} \\ \Re\{v_2\}\Re\{b_1\} - \Im\{v_2\}\Im\{b_1\} + \Re\{v_1\}\Re\{b_2\} - \Im\{v_1\}\Im\{b_2\} \end{bmatrix} \\
&\quad + j \begin{bmatrix} \Im\{v_1\}\Re\{b_1\} + \Re\{v_1\}\Im\{b_1\} + \Im\{v_2\}\Re\{b_2\} - \Re\{v_2\}\Im\{b_2\} \\ \Im\{v_2\}\Re\{b_1\} + \Re\{v_2\}\Im\{b_1\} + \Im\{v_1\}\Re\{b_2\} + \Re\{v_1\}\Im\{b_2\} \end{bmatrix}
\end{aligned} \quad (24.22)
$$

实现矩阵的乘法需要 16 个实数乘法。图 24-10 为预编码框图，图中所示为使用了四个乘法与累加单元的设计。由于更快的时钟频率域，使用了四个时钟周期来描述一个子载波。描述发送符号矢量 b 的四个值被复用并作为所有四个乘法器的输入。按照式（24.22），描述预编码矩阵的四个值 $\Re\{v_1\}$、$\Im\{v_1\}$、$\Re\{v_2\}$ 和 $\Im\{v_2\}$ 需要被重复和重新排序以实现矩阵乘法，并且通过一种适当的码本存储器存取方式来实现重新排序。根据时钟周期，控制逻辑提供了每一个乘法与累加单元的标志，以实现式（24.22）中的加/减符号。

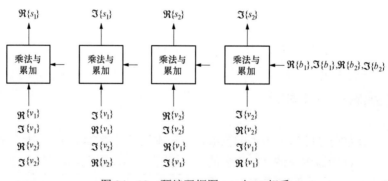

图 24-10　预编码框图——与 V 相乘

表 24.2 定义了特殊的码本项，用来支持不使用预编码的不同 MIMO 模式。相应的码本索引允许选择多个 MIMO 模式而无需额外的实现代价。如果使用第一项，预编码矩阵等于单位矩阵，即不采用预编码。第二项对于 MISO 模式中，其第二个 MIMO 流未携带信息，并且第二个发送符号被设置为 0。在这种情况下，这种码本项未针对 MISO 模式使用预编码。通过为所有子载波选择表 24.2 中相应的码本索引，在演示系统中选择了两个所描述的未采用预编码的 MIMO 模式中的一个。

表 24.2   特 殊 的 码 本 项

码本索引	1	2
码本项 $\begin{bmatrix} v_1 \\ v_2 \end{bmatrix}$	$\begin{bmatrix} 1 \\ 0 \end{bmatrix}$	$\begin{bmatrix} \frac{1}{\sqrt{2}} \\ \frac{1}{\sqrt{2}} \end{bmatrix}$
描述	未采用预编码	未采用预编码的 MISO（第二个输入必须为 0）

24.5 信道与 SNR 估计

24.5.1 信道矩阵的估计

信道估计是基于四个 OFDM 训练符号来实现的。这四个训练符号在每个突发的开始阶段被包含进来，并由接收机已知。MIMO 需要一种特殊形式的训练符号用于同时估计所有的 MIMO 路径。接下来，仅考虑一个接收端口的情况，其余接收端口的计算类似进行。假设 s_t 为一个子载波的训练符号，发送以下正交序列：

发送端口 1 为 $+s_t$ $+s_t$ $-s_t$ $-s_t$；

发送端口 2 为 $+s_t$ $-s_t$ $+s_t$ $-s_t$。

列表示时间，换句话说，两个正的训练符号在最开始的两个时间间隔发送，紧接着是两个负的训练符号。

基本上，仅需要两个训练符号来实现从每个发送端口至一个接收端口的两条 MIMO 路径的分离。四个训练符号的平均将改善估计的性能。$r^{(1)}$ 和 $r^{(2)}$ 为两个接收到的训练符号（上标表示时隙），它们连续地到达接收端口 1：

$$r^{(1)} = h_{11}s_t + h_{12}s_t$$
$$r^{(2)} = h_{11}s_t - h_{12}s_t \tag{24.23}$$

h_{11} 和 h_{12} 分别为从发送端口 1 和 2 至接收端口 1 的信道系数，此处忽略噪声。假设在四个时间间隔内信道系数没有改变，该假设对于准静态的 PLC 信道是成立的。将两个连续接收的符号相结合，结果为：

$$r^{(1)} + r^{(2)} = 2h_{11}s_t \Rightarrow h_{11} = \frac{r^{(1)} + r^{(2)}}{2s_t}$$

$$r^{(1)} - r^{(2)} = 2h_{12}s_t \Rightarrow h_{12} = \frac{r^{(1)} - r^{(2)}}{2s_t} \tag{24.24}$$

如果训练符号的绝对值等于 1，除以训练符号也可以简化为与训练符号的共轭复数相乘。如果训练符号经二相相移键控（Binary Phase-Shift Keying，BPSK）调制，即 $s_t \in \{+1, -1\}$，除法将进一步简化。在这种情况下，仅需要改变符号即可。根据式（24.24），实现 $|s_t| = 1$ 的信道估计。训练符号被分配给每一个子载波。信道估计可能由更先进的算法加以改进，特别地，通过利用相邻子载波的相关，训练阶段的持续时间可能会减少。训练符号仅分配给

少数被称为导频子载波的子载波，导频子载波的间隔应该与信道的相干带宽联系起来，并且需要对导频子载波之间的信道系数进行插值。

24.5.2　SNR 估计

自适应 QAM 调制需要了解每个子载波的 SNR。图 24-11 显示了基于接收训练符号的 SNR 估计。

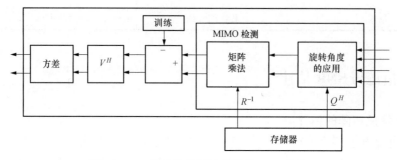

图 24-11　基于接收训练符号的 SNR 估计

首先，接收的训练符号为：

$$r = Hs_t + n \tag{24.25}$$

通过 MIMO 检测模块处理，其与用于数据符号的步骤相同（见第 24.3 节）。下一步，去除训练符号。在 ZF 检测和去除训练符号之后，仅剩下检测对噪声的影响：

$$H^+ r - s_t = H^+ Hs_t + H^+ n - s_t = H^+ n \tag{24.26}$$

训练符号未经过预编码。因此，需要通过与 V^H 相乘来考虑预编码对 SNR 的影响，这产生了考虑预编码影响的检测矩阵 $W = V^H H^+$。方差计算（由绝对值的平方实现）将产生两个逻辑 MIMO 流的 SNR。将 SNR 值在多个突发上进行平均可以获得更为精确的结果。

如图 24-11 所示，SNR 估计需要对接收的训练符号进行 MIMO 检测，系统设计包括了两个 MIMO 检测实例：一个用于接收的数据符号；另一个用于接收的训练符号（在 SNR 估计中）。如果训练符号由用于数据符号的检测单元进行均衡，则针对训练路径的第二个检测单元可能是不必要的。在训练符号的处理过程中，数据符号的检测单元不工作，并且可能重新用于训练符号的检测。这种替代的设计方案将带来所设计数据流的某些重组。

24.6　码本搜索

如第 24.2 节所述，酉预编码（波束成形）是基于一个预先定义的预编码矩阵（码本）集合来实现的。基于码本的矩阵量化是预编码矩阵的最优量化，因为它在预编码空间考虑了预编码矩阵的统计分布。这样一来，代表预编码矩阵的反馈开销可以降至最低。一种用于描述预编码矩阵的参数直接舍入标量量化方法也是可行的（见第 14 章）。在这里介绍的实现中，使用每矩阵 7 比特来量化预编码矩阵。在这种少量比特位的情况下，基于码本的量化相比直接量化取得了更好的性能。如果预编码矩阵要以一个更高的分辨率量化（如每矩阵 12 比特），基于码本的方法相比直接量化的性能增益将变小。这里使用的码本设计在文献［14］中进行了描述。

根据每个子载波的信道条件，出自码本的最优预编码矩阵（由码本中的索引定义）需要为每个子载波单独确定。通过利用相邻子载波之间的相关性，就不必要为每个子载波单独确定预编码矩阵。预编码矩阵可以仅针对子载波的一个子集（导频子载波）进行定义，而其他子载波的预编码矩阵可以由插值获得。或者，一个预编码矩阵可以针对一组相邻的子载波进行定义。这节省了关于预编码矩阵的反馈信息，并节约了用于存储预编码矩阵的存储空间。这些方法的详细分析可参见文献［14］。本部分解释了如何基于每个子载波的信道矩阵来为每个子载波搜索最优的预编码矩阵。假设 $\tilde{V}$ 为一个出自码本的预编码矩阵，H 为一个子载波的信道矩阵。用 $\tilde{V}$ 乘以信道矩阵 H 产生等效的信道 $\tilde{H} = H\tilde{V}$。ZF 检测采用等效信道矩阵的伪逆来获得检测矩阵：

$$W = \tilde{H}^+ = (\tilde{H}^H \tilde{H})^{-1} \tilde{H}^H = ((H\tilde{V})^H H\tilde{V})^{-1}(H\tilde{V})^H$$
$$= (\tilde{V}^H H^H H\tilde{V})^{-1} \tilde{V}^H H^H \qquad (24.27)$$

如果 $\tilde{V}$ 是一个酉矩阵，则逆矩阵 $\tilde{V}^{-1} = \tilde{V}^H$ 存在。则式（24.27）等于：

$$W = \tilde{H}^+ = \tilde{V}^H (H^H H)^{-1} \tilde{V} \tilde{V}^H H^H = \tilde{V}^H H^+ \qquad (24.28)$$

换句话说，预编码矩阵可以从信道矩阵的伪逆中分离出来。

如果 $i(1 \leqslant i \leqslant 2^q)$ 是码本内的索引（q 为量化预编码矩阵的比特数），则根据式（24.28），出自码本的每一个矩阵 T_i 将会产生一个不同的检测矩阵 W_i。两个 MIMO 流的 SNR 取决于检测矩阵 W_i 的行向量 $\left\| W_{1,i} \right\|^2$ 和 $\left\| W_{2,i} \right\|^2$ 的范数。$\left\| W_{1,i} \right\|^2$ 和 $\left\| W_{2,i} \right\|^2$ 越低，SNR 越高（见第 8 章）。出自码本的最优预编码矩阵可由下式得出：

$$c' = \arg\min_{T_i} \{ \left\| W_{1,i} \right\|^2, \left\| W_{2,i} \right\|^2 \}, \quad 1 \leqslant i \leqslant 2^q \qquad (24.29)$$

酉预编码矩阵 $\tilde{V}$ 可以用两个实参数 v_1（$0 \leqslant v_1 \leqslant 1$）和 ϕ_2（$-\pi < \phi_2 \leqslant \pi$）来表示。用 v_1 和 $v_2 = \sqrt{1 - v_1^2}\, e^{j\phi_2}$ 可得出 $\tilde{V}$ 为[14]：

$$\tilde{V} = \begin{bmatrix} \tilde{v}_1 & \tilde{v}_2 \end{bmatrix} = \begin{bmatrix} v_1 & -v_2^* \\ v_2 & v_1 \end{bmatrix} \qquad (24.30)$$

将式（24.30）代入式（24.28）有：

$$WW^H = \tilde{V}^H H^+ (\tilde{V}^H H^+)^H = \begin{bmatrix} \tilde{v}_1^H \\ \tilde{v}_2^H \end{bmatrix} \begin{bmatrix} p_1 p_1^H & p_1 p_2^H \\ p_2 p_1^H & p_2 p_2^H \end{bmatrix} \begin{bmatrix} \tilde{v}_1 & \tilde{v}_2 \end{bmatrix} \left. \right\} \qquad (24.31)$$

$$H^+ = \begin{bmatrix} p_1 \\ p_2 \end{bmatrix}$$

以及：

$$\left\| w_1 \right\|^2 = \left[WW^H \right]_{11} = p_1 p_1^H v_1^2 + p_1 p_2^H v_1 v_2 + (p_1 p_2^H v_1 v_2)^H + p_2 p_2^H |v_2|^2$$
$$= \left\| p_1 \right\|^2 v_1^2 + 2\Re\{ p_1 p_2^H v_1 v_2 \} + \left\| p_2 \right\|^2 |v_2|^2 \qquad (24.32)$$

$$\left\| w_2 \right\|^2 = \left[WW^H \right]_{22} = \left\| p_1 \right\|^2 |v_2|^2 - 2\Re\{ p_1 p_2^H v_1 v_2 \} + \left\| p_2 \right\|^2 v_1^2 \qquad (24.33)$$

式中：p_1 和 p_2 分别为 H^+ 的两个行向量；v_1 为实数。

为了找到最优的预编码矩阵（最大化 SNR），需要为不同的码本项寻找最小的 $\|w_1\|^2$ 与 $\|w_2\|^2$。

根据由两个参数 v_1 和 ϕ_2 所描述的预编码矩阵，图 24-12 显示了 $\|w_1\|^2$（等高线）。注意到 ϕ_2 以 2π 为周期。对于不同的信道矩阵 H，等高线 $\|w_1\|^2$ 有所差异。存在一个最小值和一个最大值（$-\pi < \phi_2 \leq \pi$）。最小值（钻石符号）由最优预编码向量（或预编码矩阵）获得。$\|w_1\|^2$ 的最大值（五角星符号）是 $\|w_2\|^2$ 的最小值，代表正交向量（或列变换的最优预编码矩阵）。正方形代表码本项。这里，反馈的比特数为 $q=7$，即 128 个码本项。码本搜索提供了最接近最优预编码矩阵的码本项，并用填充黑色的方块标记。评估 $\|w_2\|^2$ 产生最接近于正交向量的码本项（由黑圆标记）。这里，整体的最小值通过第一个索引获得（填充黑色的方块）。注意到 $\|w_1\|^2$ 给出了接收机 SNR 的一个指示。如果使用 ZF 均衡器，SNR 给定为 $\Lambda_1 = \left(1/\left(\|w_1\|^2\right)\right)(\rho/N_T)$，$\rho$ 为发送功率与噪声功率之比（参见第 8 章）。$\|w_1\|^2$ 越低，SNR 越高。

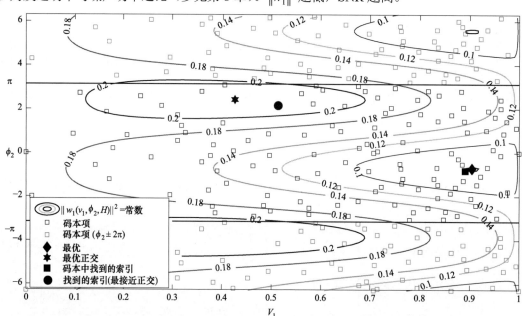

图 24-12　码本搜索：预编码矩阵对 $\|w_1\|^2$ 的影响，码本项数量：$2^q = 2^7 = 128$

针对所有可能码本项的搜索计算复杂且耗时。提出了一种更快和更有效的码本搜索方法，其首先确定码本项的一个子集，之后在该子集的范围内搜索最小值。算法的细节参见文献 [14]。

24.7　替代方法：预编码训练符号

在之前介绍的设计中训练符号未被预编码。如果训练符号也被预编码，在接收机就不

再需要 V 矩阵模块，这是因为信道估计适用于等效信道矩阵，并且检测算法可以处理该等效信道，并且与未经过预编码的实际信道矩阵相比，等效信道矩阵的条件数得以增加，因此等效信道的伪逆计算提高了数值精度。这对于相关信道来说尤其重要。训练符号的预编码或前导提高了覆盖率：到达某一接收机的概率得以增加。由于前导须由网络中的所有调制解调器接收，因此要确保在仅为一个接收机优化前导时没有产生隐藏节点。前导的波束成形可能根据具有最差信道条件的接收机进行优化，以提高覆盖率和避免潜在的隐藏节点。需要注意的是，一个随机的预编码（未预编码）也可能导致隐藏节点。

由于预编码需要根据实际信道而非等效信道进行优化，因此码本搜索需要能够适应。

假设 H_1 是具有最优预编码矩阵 V_1 的当前信道矩阵。如果信道变为 H_2，信道估计观察到等效信道矩阵 H_2V_1。需要找到 H_2 的最优预编码矩阵 V_2。进行新的等效信道的奇异值分解（Singular Value Decomposition，SVD）得到：

$$H_2V_1 = UDV^H \tag{24.34}$$

通过 SVD 代替 H_2 得到：

$$H_2V_1 = U_2D_2V_2^HV_1 = UDV^H \tag{24.35}$$

注意到在接收机 H_2 未知，它仅用于推导。从式（24.35）得出：

$$\begin{aligned} V_2^HV_1 &= V^H \\ \Leftrightarrow V_2 &= V_1V \end{aligned} \tag{24.36}$$

通过新的等效信道的 SVD 以及 V_1 计算得出新的预编码矩阵 V_2。由于预编码信息由接收机送回发射机，故接收机知晓发射机采用了哪个预编码 V_1。

算法可以简单地扩展到基于码本的预编码。假设 $ind1$ 是对应于 V_1 的码本索引。按照式（24.35），在等效信道 H_2V_1 上的码本搜索得到对应于 V 的 ind。根据式（24.36），如果 $ind1$ 和 ind 已知，任务是得到对应于 V_2 的 $ind2$。因为码本量化的缘故，存在可能组合的一个有限集合。对于 $ind1$ 和 ind 的每个可能的组合，预先计算好最优的索引 $ind2$ 并存入一个。接收机知晓发射机使用了哪一个预编码矩阵（V_1 或 $ind1$），并且码本搜索给出了等效信道的 ind。LUT 可提供针对输入组合 $ind1$ 和 ind 的 $ind2$。

24.8　MIMO PLC 演示系统的验证

本部分介绍所实现原型系统的验证。一个可配置的 MIMO PLC 信道（见第 24.8.1 小节）被用于在实验室中对系统进行测试。在实验室和建筑内真实条件下演示系统的测试结果在第 24.8.2 小节中给出。

24.8.1　MIMO 人工电源网络

MAM 是一个人工的、可配置的 MIMO PLC 信道[15]。MAM 网络基本组成如图 24-13 所示。每个 MIMO 路径的共模（Common Mode，CM）和差模（Differential Mode，DM）信号可以通过多个滤波器（低通、高通或带通滤波器）或者模拟典型 PLC 传输函数的衰减器来配置。MAM 的使用使得在实验室内对系统的简单测试成为可能。MAM 由三个单元组成，第一个和第三个单元负责向电网中引入不对称，这导致共模电流（见图 1-3）流向大地。另一个 CM 信道单元将从大地收集这些电流，并将它们发送给第二个 MIMO PLC 调制解调器。DM 信道单元提供了从发射机至接收机的对称信道。MIMO 信道可通过可插拔滤波器单元进行调整。作为滤波器单元，可利用具有一个或多个极点的低通、高通、带通或带阻滤波器，同时也需要衰减器来模拟一个典型的 PLC 传输函数。此外，MAM 包括多个同轴插头，可用于连接不同长度的同轴电缆。这些电缆引起信号反射，类似于在私人住宅电网上发现的短接线。每一个 CM 信道单元经过滤后连接至电源，使得 MIMO PLC 调制解调器连接到 MAM。

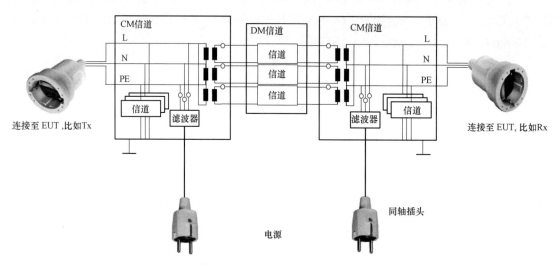

图 24-13　MAM 网络基本组成

24.8.2　演示系统的测试结果

参考图 24-1 所示的 MAM 的演示系统，给出了使用 MAM 作为 MIMO PLC 信道时系统的测试结果。图 24-14 显示了信道估计输出的绝对值，它与从每个发送端口（两列）到每个接收端口（四行）的信道传输函数的绝对值（幅度响应）成正比。y 轴的刻度基于这里使用的 16 比特符号定点数据格式得出，需要根据 AGC 的设置按比例缩放来获得幅度响应。幅度响应显示出电力线信道典型的频率选择性特征，不同路径之间的显著变化是可见的。

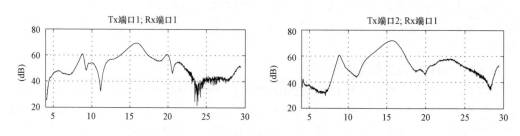

图 24-14　演示系统信道估计结果的绝对值（一）

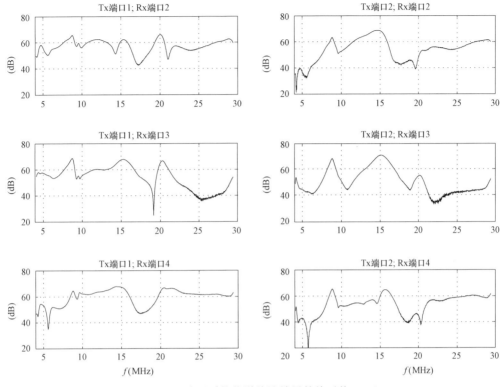

图 24-14　演示系统信道估计结果的绝对值（二）

图 24-15 显示了检测算法的一些信号，针对两个 MIMO 流，对检测矩阵行向量范数进行了说明，图中均包含有/没有预编码两种情况。计算基于 $\boldsymbol{R}^{-1}$ 进行（见第 24.3 节），它是从伪逆计算得到的结果。正如第 8.5.1 小节所解释的，$\left\|\boldsymbol{w}_p\right\|^2$，$p=1,2$，描述了两个逻辑 MIMO 流，并与 SNR 呈反比。实线显示了没有预编码的结果，训练符号未经过预编码，且 ZF 检测的结果不包括预编码。虚线显示了如果有预编码的结果。在该计算中使用了从演示系统码本搜索中获得的码本索引。有预编码和没有预编码之间的差别显示出预编码的增益。第一个流显著提高（在某些频率范围达到 20dB），而第二个流仅有轻微的下降。这导致 SNR 获得了等效的增益。

演示系统也支持仅使用一个发送端口和一个接收端口的 SISO 传输。将 SISO 传输的数据吞吐量与一个使用两个发送端口和四个接收端口的 MIMO 传输的吞吐量进行了比较。自适应调制被调整至实现最大吞吐量下的无差错传输。一个高清视频被发送，并且在接收端提供的视频中未监测到比特错误。此外，RS 译码器提供了一个输出信号，用来指示是否所有的比特错误均被纠正。该信号被持续地监测，以确保经过 FEC 之后的 BER 等于 0。

图 24-16 为在 SISO 传输期间监测应用程序的屏幕截图，该应用程序监测 SNR 值和 OFDM 子载波的星座图、传输 BER、数据吞吐量、AGC 设置四个传输关键参数。

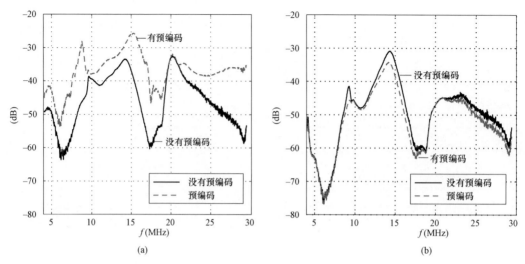

图 24-15 检测矩阵行向量范数
（a）流 1；（b）流 2

图 24-16（a）中的细线显示了 4～30MHz 频率范围内每个子载波的 SNR。SNR 信息由训练符号导出。所选择的星座图由粗线表示（QAM 阶数）。该传输的星座图范围从 QPSK 到 1024-QAM。如果一个子载波的 SNR 太低，则不使用该子载波（例如 18MHz 附近的一些子载波）。图 24-16（b）显示了 BER 的多个参数，在两个不同的位置对 BER 进行了监测：一是在维特比译码器（BER 维特比）之前；二是在 RS 译码器（BER RS）之前。BER RS 的值表明一个 RS 块被纠正的比特数目。如果 RS 译码器不能够纠正一个 RS 块，相应的值即表示错误数（RS 失败）。RS 失败等于 0 表明 RS 译码器可以纠正每个传输错误（虽然在一个 RS 块中很多比特被破坏了，但是如果 RS 译码器能够找到有效的码字，RS 失败将不会被检测到。该情况对较大的块长度来说是不可能发生的。事实上，这种情况将只有在一个具有高 BER 的极端错误的传输下才会发生。这里，维特比译码器的高 BER 即表明该情况）。

图 24-16（c）为实际数据速率。原始的物理层（Physical，PHY）速率（点划线）由每个 OFDM 符号的比特数除以 OFDM 符号的持续时间计算得出。考虑到 OFDM 前导（CAZAC 序列和训练符号）与保护间隔，产生的数据速率如图 24-16（c）中虚线所示（包括 OFDM 同步）。与 FEC 的编码速率相乘，进一步得到网络物理层数据速率（实线）。图 24-16（d）为四个接收机过去 60s 的 AGC 设置，注意到所有的前端均连接到耦合器，并接收所有接收端口的信号。然而，SISO 传输的情况下，在检测期间将不使用其中三个接收端口的信号。无差错高清视频传输的数据速率为 90Mbit/s。

图 24-17 显示了 SISO 传输后，监测应用程序的屏幕截图。没有观察到信道变化。总的来说，截屏显示了如前所述同样的参数。当然，MIMO 传输使用了两个（逻辑）MIMO 流。这两个流的 SNR 如图 24-17（a）所示，黑线代表第一个 MIMO 流的 SNR，而灰线代表第二个 MIMO 流。粗线（黑色和灰色）显示了两个 MIMO 流选择的星座图。数据速率为 255Mbit/s。

由于在该演示系统中MIMO传输两个发送端口每一个的发射功率与SISO传输时相同，因此SISO与MIMO之间的比较是不完全公平的。这样一来MIMO总的发射功率相比SISO来说高3dB。为了保持总发射功率一致，SISO传输的发射功率需要提高3dB。如第7章所讨论的那样，3dB的回退是一个预期的上限。结果表明增加3dB发射功率，提高了约15Mbit/s的数据速率（如果QAM增加1比特，根据未编码QAM SNR的BER性能差别约为3dB。因此，如果发射功率增加约3dB，相当于每个子载波的比特加载增加1比特。这导致比特率增加为1296/51.2μs＝25Mbit/s。仅使用偶数的QAM星座图，以及并不是所有的子载波均超过相应的SNR门限的事实，将产生约15Mbit/s的提升）。将校正的SISO比特率（约为105Mbit/s）与MIMO比特率进行比较，显示出比特速率提高了2倍多。然而，在图24-16和图24-17中，SISO和MIMO测试时不同的注入功率被接收机的AGC设置抵消了，在图24-16（d）和图24-17（d）中为AGC设置，MIMO情况下，所有AGC的放大器被设置为降低（电压）幅度6dB。到目前为止，AGC在工作范围之内；比较SISO与MIMO的吞吐速率是可以的。

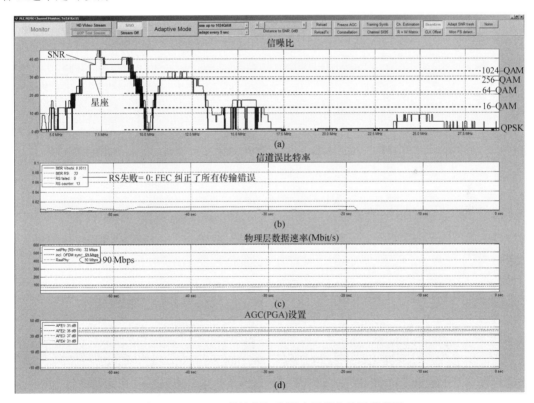

图24-16　SISO传输期间监测应用程序的屏幕截图

（a）SNR和选择的星座图；（b）过去60s的实际BER；（c）过去60s的实际数据速率；（d）四个接收机过去60s的AGC设置

演示系统也在私人住宅进行了验证。这里，公寓分为两层，面积为120m²。图24-18为现场测试设置：发射机通过一个三角型耦合器连接到楼上的电网；接收机通过一个星形耦合器连接至楼下的电网。发射机使用了两个发送端口，接收机使用了所有的四个接收端口（三个星形端口和一个共模端口）。为了接收共模信号，耦合器安装在一个由铜包裹的木板上，这种结构可以很容易地传输。也可以使用金属板，尺寸约为 1m² 以确保适当的共模接收。

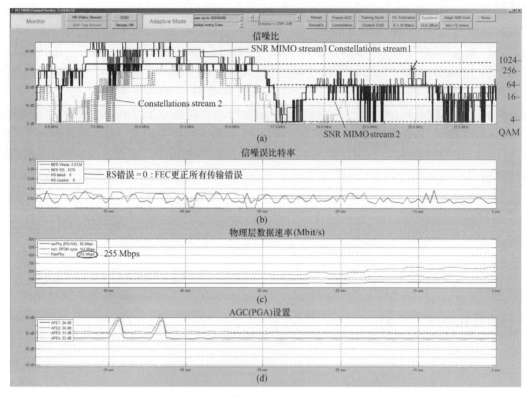

图 24-17　MIMO 传输后监测应用程序的屏幕截图

（a）SNR 和选择的星座图；（b）过去 60s 的实际 BER；（c）过去 60s 的实际数据速率；
（d）四个接收机过去 60s 的 AGC 设置

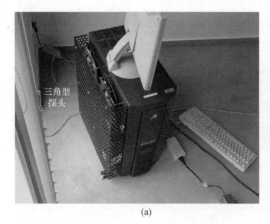

图 24-18　现场测试的设置

（a）发送机；（b）接收机

文献［16］记录了在建筑内的验证结果，记载了对于 SISO 传输，比特率为 143Mbit/s，以及对于 MIMO 传输，比特率为 315Mbit/s。

24.9 结论

本章介绍了一个 MIMO PLC 可行性研究在硬件中的实现。演示系统可以使用波束成形的 2×4MIMO。系统可以监测多个系统参数，包括比特速率和信道估计结果。系统也支持 SISO 模式。通过比较 SISO 和 MIMO 的传输，证明了 MIMO 所带来的增益。通过动态地激活波束成形，该演示系统还显示了预编码的增益。此外，研究了 MIMO PLC 传输的其他方面，例如接收端口数量的影响以及噪声的影响。在建筑内真实条件下对演示系统的验证表明，MIMO 的增益是 SISO 的 2 倍多。演示系统证明了 MIMO PLC 的理论研究，并支持 HomePlug AV2 的标准化工作。

参考文献

[1] A. Schwager, Powerline communications: Significant technologies to become ready for integration, Dr.－Ing. dissertation, Universität Duisburg-Essen, Essen, Germany, May 2010.

[2] D. J. C. MacKay, Information Theory, Inference and Learning Algorithms. Cambridge University Press, New York, 2003.

[3] C. Rader, VLSI systolic arrays for adaptive nulling, IEEE Signal Processing Magazine, 13(4), 29－49, 1996.

[4] R. Walke, R. Smith and G. Lightbody, Architectures for adaptive weight calculation on ASIC and FPGA, in Asilomar Conference on Signals, Systems, and Computers, vol. 2, Pacific Grove, CA, 1999, pp. 1375－1380.

[5] B. Hassibi, An efficient square-root algorithm for BLAST, in IEEE International Conference on Acoustics, Speech, and Signal Processing, vol. 2, Istanbul, Turkey, 2000, pp. 737－740.

[6] Z. Guo and P. Nilsson, A VLSI architecture of the square root algorithm for V-BLAST detection, The Journal of VLSI Signal Processing, 44(3), 219－230, September 2006.

[7] J. E. Volder, The CORDIC trigonometric computing technique, IRE Transactions on Electronic Computers, EC-8(3), 330－334, 1959.

[8] J. S. Walther, A unified algorithm for elementary functions, in Spring Joint Computer Conference, Atlantic City, NJ, 1971, pp. 379－385.

[9] J. Valls, M. Kuhlmann and K. K. Parhi, Evaluation of CORDIC algorithms for FPGA design, Journal of VLSI Signal Processing Systems, 32(3), 207－222, 2002.

[10] Xilinx, CORDIC v3.0, Xilinx, 2005.

[11] Xilinx, Sine/Cosine Look-Up Table v5.0, Xilinx, 2004.

[12] Xilinx, Multiplier v10.1, Xilinx, 2008.

[13] Xilinx, Divider v2.0, Xilinx, 2008.

[14] D. Schneider, Inhome power line communications using multiple input multiple output principles, Dr.－Ing.

dissertation, Verlag Dr. Hut, Munich, Germany, January 2012.

[15] A. Schwager, D. Schneider, W. Bschlin, A. Dilly and J. Speidel, MIMO PLC: Theory, measurements and system setup, in International Symposium on Power Line Communications and Its Applications, Udine, Italy, 2011.

[16] D. Schneider, A. Schwager, J. Speidel and A. Dilly, Implementation and results of a MIMO PLC feasibility study, in International Symposium on Power Line Communications and Its Applications, Udine, Italy, 2011.